U0379636

"十三五"江苏省高等学校重点教材
项目编号：2020-2-284

国 家 一 流 本 科 专 业 建 设 项 目
江苏高校品牌专业建设工程项目（TAPP）
江苏高校优势学科建设工程项目（PAPD）

城市工程系统规划教程

主　编　朱建达

副主编　吕飞　苏群

东南大学出版社
SOUTHEAST UNIVERSITY PRESS

·南京·

内容提要

本书是一部阐述城市工程系统规划的教材，主要包括：城市工程系统规划的范畴和给水、排水、供电、燃气、供热、通信、环境卫生等工程系统规划所包含的设计理念、规划价值、安全保障体系和负荷预测、设施布局、管网布置、技术要求及智能化发展等内容；城市管线综合和综合管廊规划的方法、原则、要求和智能化发展，综合防灾和防灾工程规划的城市设防标准、空间安全布局和防灾设施布置、灾害防治规划等内容。本书还包括了低影响开发雨水系统、新能源、特高压输电网、汽车充电设施、分布式能源系统、网络基础设施、算力基础设施等新型城市基础设施规划的内容。

本书为城乡规划专业、人文地理与城乡规划专业教材，适用于城市建设相关专业的规划教学，也可作为相关专业规划设计人员和工程管理人员的参考书。

图书在版编目（CIP）数据

城市工程系统规划教程 / 朱建达主编 . -- 南京：
东南大学出版社，2024. 12. -- ISBN 978-7-5766-1680
-4

Ⅰ. TU984.11

中国国家版本馆 CIP 数据核字第 2024UV6557 号

责任编辑：孙惠玉　　　责任校对：张万莹　　　封面设计：毕真　　　责任印制：周荣虎

城市工程系统规划教程
Chengshi Gongcheng Xitong Guihua Jiaocheng

主　　编：朱建达
副 主 编：吕飞　苏群
出版发行：东南大学出版社
出 版 人：白云飞
社　　址：南京市四牌楼 2 号　邮编：210096
网　　址：http://www.seupress.com
经　　销：全国各地新华书店
排　　版：南京凯建文化发展有限公司
印　　刷：南京玉河印刷厂
开　　本：787mm × 1092mm　1/16
印　　张：33.5
字　　数：735 千
版　　次：2024 年 12 月第 1 版
印　　次：2024 年 12 月第 1 次印刷
书　　号：ISBN 978-7-5766-1680-4
定　　价：89.00 元

本社图书若有印装质量问题，请直接与营销部调换。电话（传真）：025-83791830

本教材以城市工程性基础设施内容为主体，从国土空间规划的角度进行编写。当前，中国特色社会主义进入新时代，城市工程系统的规划、建设、运营模式和管理方法等处在重要的转型时期。城市基础设施建设运用新理念、新技术，引导其向体系化、品质化、绿色化、低碳化、智慧化发展。城市工程系统需要不断完善，增强城市承载能力，保障城市的可持续发展。

城市工程性基础设施是城市正常运行和健康发展的物质基础，而构建系统完备、高效实用、智能绿色、安全可靠的现代化基础设施体系，对于进一步提升人居环境质量、增强城市综合承载能力、提高城市运行效率、稳步推进新型城镇化、全面建设社会主义现代化国家具有重要作用。

根据所涉及专业的培养要求和专业特点，本教材涵盖了给排水、能源、通信、环境卫生、防灾减灾等城市工程性基础设施。教材内容以工程系统规划所包含的设计理念、规划价值、安全保障和负荷预测、设施布局、技术要求等的共性问题为主线，系统阐述了知识体系，突出了各工程系统与城乡规划的关系。本教材引入了新型城市基础设施和国家对城市工程系统基础设施的发展要求及现行国家标准、行业规范等相关内容，融入了课程思政的内涵，坚持创新、协调、绿色、开放、共享的新发展理念，坚持以人民为中心的发展思想，强调工程系统在城乡发展中的基础性定位，适度超前、努力把握学科发展前沿趋势和最新理念。

本教材由朱建达主编，吕飞、苏群为副主编。

各章的编写者为：第 1 章 朱建达；第 2 章 朱建达；第 3 章 朱建达、吕飞；第 4 章 朱建达；第 5 章 朱建达、苏群；第 6 章 苏群、朱建达；第 7 章 朱建达、苏群；第 8 章 吕飞、朱建达；第 9 章 朱建达；第 10 章 朱建达、吕飞；第 11 章 朱建达。

在本教材的编写过程中，得到了苏州科技大学和兄弟高校、江苏省城镇与乡村规划设计院有限公司等单位及众多同事、同行的大力支持，得到了南京东南大学出版社有限公司孙惠玉编辑的热情帮助，使本书得以顺利完成，感谢评审专家对本教材的审定并提出的宝贵意见，在此对他们表示衷心的谢忱。

由于科技不断发展，且编写人员水平有限，书中难免有不足之处，恳请使用本书的读者批评指正，提出意见和建议，共同探讨，进一步提高本教材的科学性。

朱建达

2023 年 11 月 30 日

目录

1 绪论

本章主要学习和掌握城市工程系统的基本概念及其在城市发展中的重要作用，了解新型城市基础设施和智能化城市工程系统的建设与发展，熟悉城市工程系统的构成与特征，掌握城市工程系统规划的范畴、层次、内容和规划原则，深刻领会城市工程系统规划的意义与价值。

1.1 概述

1.1.1 城市工程系统的相关概念

1）城市基础设施

城市基础设施是城市生存和发展所具备的工程性基础设施和社会性基础设施的总称。

城市工程性基础设施包括给排水设施、能源设施、交通运输设施、邮政通信设施、环境卫生设施、城市防灾设施等。社会性基础设施包括文教设施、体育设施、医疗设施、社会福利设施等。

2）城市工程系统

城市工程系统是指城市基础设施中的工程性基础设施。

随着科学技术的进步，城市工程系统的内涵也发生了深刻变化。2018年底，中央经济工作会议首次提出"新型基础设施"的概念。新型基础设施是以新发展理念为引领，以技术创新为驱动，以信息网络为基础，面向高质量发展需要，提供数字转型、智能升级、融合创新等服务的基础设施体系，主要包括5G（第五代移动通信技术）基站、特高压、城际高速铁路和城市轨道交通、新能源汽车充电桩、大数据中心、人工智能、工业互联网七大领域。就城市工程系统而言，目前新型基础设施主要有智能化城市工程性基础设施和低影响开发雨水系统、新能源、特高压输电网、汽车充电设施、分布式能源系统、网络基础设施、算力基础设施、综合管廊等设施。

传统基础设施与新型基础设施是相辅相成的关系：传统基础设施是经济社会发展的基础，新型基础设施代表经济社会发展需求和产业转型升级的发展方向，顺应新动能培育和经济社会可持续发展的要求。新型基础设施的建设离不开传统基础设施的基础支撑，两者在经济社会发展中互相促进，共同服务于城市发展和社会需求。

根据国家城乡发展一体化、城乡基本公共服务均等化等发展要求，现行国家相关发展政策，以及基础设施的特征，城市工程性基础设施应包括相应的乡村地区，要从区域层面统筹组织、合理规划。

3）城市市政基础设施

城市市政基础设施是指城市道路交通系统、城市地下管线系统、城市水系统、城市能源系统、城市环卫系统、城市绿地系统、智慧城市等系统的基本公共服务设施。

4）市政公用设施

市政公用设施是指一定区域内的城市道路（含桥梁）、城市轨道交通、供水、排水、燃气、热力、园林绿化、环境卫生、道路照明等设施及附属设施。

1.1.2 城市工程系统的构成

城市工程系统包括水、能源、交通、通信、环境卫生、防灾减灾六大工程系统。其中，"新型基础设施"按其特性，分类归入各工程系统。

在城乡规划等相关专业的教学中，道路交通方面的内容一般开设"城市道路与交通规划"等课程进行独立授课，因此本教材所称的城市工程系统主要涉及水、能源、通信、环境卫生、防灾减灾五大工程系统（图1-1）。

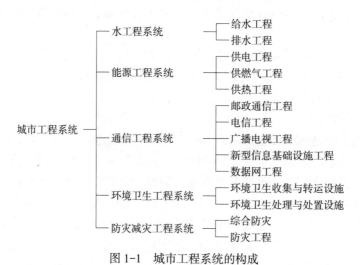

图1-1　城市工程系统的构成

城市工程系统中的各专业工程系统有其各自的特性、不同的构成形式与功能，在保障、支撑城市经济社会的活动中，承担相应的职能，发挥各自的作用，保障城市生活与生产的有序开展。

1）城市水工程系统

城市水工程系统由城市给水工程系统和城市排水工程系统组成。其中，城市给水工程系统承担供给城市安全、可靠的各类用水和保障居民生活与生产的职能；城市排水工程系统包括污水和雨水工程系统，担负着城市污染防治、排水防涝、保护城市环境、保障城市安全的职能。水是一个循环系统，是人类生存、生活和生产不可替代的宝贵资源，城市给水工程、排水工程协同承担水体生态系统保障的职能。

2）城市能源工程系统

城市能源工程系统由城市供电工程系统、供燃气工程系统和供热工程系统组成。其中，城市供电工程系统担负着向城市提供稳定可靠、高能高效的能源之职能；城市供燃气工程系统担负着向城市提供环保、安全的燃气能源之职能；城市供热工程系统担负着提供城市冬季取暖和特种生产工艺所需要的蒸汽、热水的职能。城市供电工程系统、供燃气工程系统、供热工程系统三者共同承担保障城市高能、高效和安全、环保、方便、可靠的能源供给之职能。

能源按其基本形态可分为一次能源和二次能源：一次能源指在自然界现成存在的能源，如煤炭、石油、天然气、水能等。二次能源指由一次能源加工转换而成的能源产品，如电力、煤气、蒸汽及各种石油制品等。一次能源又可分为可再生能源（水能、风能及生物质能）和非再生能源（煤炭、石油、天然气、油页岩等）。

3）城市通信工程系统

城市通信工程系统由邮政通信工程系统、电信工程系统、广播电视工程系统、新型信息基础设施工程系统、数据网工程系统等组成。它们共同承担城市内外信息交流、物品传递等职能，并担负着支持城市管理与服务的重要职能。

4）城市环境卫生工程系统

城市环境卫生工程系统由环境卫生收集与转运设施、环境卫生处理与处置设施等组成。它们共同担负着向城市提供卫生、方便的环卫设施，承担收集、运输和处理处置污废物、洁净城市环境之职能。

5）城市防灾减灾工程系统

城市防灾减灾工程系统由综合防灾系统和防灾工程系统组成。其中，综合防灾系统由城市防灾安全布局、灾害防御设施、应急保障基础设施、应急服务设施组成；防灾工程系统由消防工程系统、防洪工程系统、抗震工程系统、人防工程系统、地质灾害防治工程系统、城市生命线系统防灾工程等组成。它们协同担负着防、抗危害，坚守安全底线、尊重生命，保障城市安全的职能。

1.1.3　城市工程系统在城市发展中的重要性

工程性基础设施是城市正常运行和健康发展的物质基础，是城市社会经济发展、人居环境改善、公共服务提升、城市安全运转的支撑系统和保障系统，对于实现我国社会主义现代化强国具有十分重要的意义。

1）城市生存发展的基础

工程性基础设施是城市赖以生存和发展的基本条件。城市的生存发展，如果缺少了水源、能源、防灾等基础条件，是不可想象的。历史上有许多古城，由于自然条件的恶化，特别是水源枯竭或洪水、地震自然灾害频发等因素，城市由盛到衰，最后逐渐消逝甚至成为废墟。

2）城市正常运行的前提

现代城市要满足人们生活和生产的基本需要，应提供安全、卫生、舒适的生活和工作环境，这些条件的实现和赋予需要有供水、排水、供电、通信、燃气、供热、环境卫生、防灾等相应设施的支持；城市能否正常高效地进行生活和生产活动，取决于其基础设施的保障是否完备有力。如果缺乏这些设施的可靠支撑，将严重影响城市居民的生活和生产。

3）城市高质量发展的支撑

基础设施是城市经济社会发展的重要支撑体。我国城市化发展已由高速增长阶段转向高质量发展阶段，而基础设施的水准是城市高质量发展的重要决定因素；特别是在信息化时代的背景下，5G基站建设、特高压电网、新能源汽车充电桩、大数据中心、人工智能、工业互联网等新型基础设施对城市高质量发展的影响十分重大。

4）城市现代化实现的标志

基础设施的现代化是城市现代化的基本要件。城市工程性基础设施的完善程度、发展水平、智能化程度等不仅标志着基础设施的现代化水平，而且是衡量一个城市社会经济发展水平和文明程度的尺度。现代化的基础设施为城市创造安全、清洁、卫生、优美、舒适的工作条件和生活环境，为人民生活的高品质提供保障。

1.1.4　城市工程系统的特征

1）系统性与整体性

（1）系统性

城市工程系统是一个庞大的体系，包括水、能源、通信、环境卫生、防灾减灾五大工程系统，担负城市社会经济发展的支撑职能、城市生存与发展的保障职能；每个工程系统又包含若干子系统，并各自承担一定的职能。各个系统在一定区域内构成网络，形成群体结构，发挥功能效应，协同支撑着整个城市的正常运转。

（2）整体性

城市工程系统是一定地域内共享共用的，面向整个城市及其乡村地区，是直接为城市的生活和生产活动服务的。因此，城市工程系统必须以城市发展目标为依据，统筹协调相关规划，制定整体规划。城市基础设施的服务能力是由综合各工程系统形成的合力，缺一不可；其规划、开发、建设、运营、管理要全盘考虑、统筹安排。

2）基础性与超前性

（1）基础性

现代城市的建设大都是从平整土地，修筑道路，铺设上下水、燃气和热力网管，通电、通信线路等"七通一平"的基础设施开始的。城市工程基础设施布局决定了城市上部建筑的基本布局；其能力决定了整个城市的空间地域规模和发展潜力；基础设施的数量、质量及功能效率是制约城市经济社会运行的直接因素；工程系统的智能化水平直接关系到城市品质、公共安全和人居环境质量。这种无可替代的"硬件"是城市生产和居民生活的先决性条件，生活水平越高，城市居民对基础设施的依赖性越强。

（2）超前性

城市工程系统中的建设项目一般都具有规模大、投资多、施工周期长等特点。某项基础设施工程项目一经建成，其能力和容量在一段时期内就相对固定了，不可能随着城市人口和经济活动需求的逐渐增多而随时调整。因此，城市工程性基础设施的建设，往往要超前于社会经济发展进行全方位规划、区域性布局、规模化建设、智能化发展。当城市社会经济发展达到一定程度，超出基础设施功能的供应能力和水平时，就会引发各项基础设施新一阶段的发展。

3）公共性与服务性

（1）公共性

城市工程系统具有公共物品特征，属于基本公共服务的范畴，是"以人民为中心"，为整个城市提供社会化的服务。因此，在规划建设时，要体现城市工程系统基础设施标准的统一性、设施布局的均衡性、设施使用的方便性和安全性。

（2）服务性

构成城市工程系统的各组成部分都具有同一职能，即服务职能。无论何类工程基础设施，其服务对象都是整个城市的社会生产和居民生活。因此，城市的工程性基础设施是城市立足的基础，是城市社会经济运转的骨架，是城市居民获得安全美好生活的物质前提。

1.2 城市工程系统规划的范畴与层次

1.2.1 规划范畴

1）规划目的

城市工程系统规划通过合理布局和配置城市工程性基础设施，为居民提供更安全、更舒适的生活条件与环境，旨在不断提升居民生活质量，协调和指导城市各专业工程系统建设，促进城市可持续发展、提高城市综合竞争力；全面构建系统完备、高效实用、智能绿色、安全可靠的现代化基础设施体系。

2）规划统筹

城市工程系统涉及面广、内容多、技术性强、管理运行复杂、质量要求高，关乎人民群众对美好生活的追求。为科学进行城市工程系统规划，应明确城市各专业工程系统规划的理念与体系、内容与深度、原则与要求；建立与国土空间规划、城市发展、工程建设相协调的体系；系统协调和指导各专业工程系统的规划与建设，提高城市整体运行效率，保障城市健康发展。

3）规划领域

城市工程系统规划主要包括城市给水、排水、供电、燃气、供热、通信、环境卫生、防灾减灾工程以及城市工程管线综合规划等领域，包含设计理念、规划价值、安全保障体系和负荷预测、设施布局、管网布置、技术要求，以及智能化发展与建设等方面的内容，规划领域广，过程复杂，需要综合考虑、全面规划。

4）规划协调

城市各专业工程系统规划，在宏观层面应遵从国土空间总体规划和工程系统专项规划，在中观层面要与国土空间详细规划相协调。城市各专业工程系统规划是各项工程设施设计的基本依据，各项工程设施的设计应在工程系统规划的基础上，深化设计，以便科学合理地实施工程建设。

1.2.2 规划体系

1）工程系统规划体系

国土空间规划是国家空间发展的指南、可持续发展的空间蓝图，通过将主体功能区划分、土地利用规划、城乡规划等空间规划整合，实现"多规合一"。

基础设施规划是国土空间规划的重要组成部分。作为贯穿国土空间规划实施的关键环节，统筹推进传统基础设施和新型基础设施建设，打造系统完备、高效实用、智能绿色、安全可靠的现代化基础设施体系，是国家对建设现代化基础设施体系提出的具体要求。

根据目前我国"五级三类"空间规划体系，工程系统规划的相关内容应与之呼应，分级分类进行，即包括"五级三类"。

"五级"指与我国行政管理层级相对应的国家、省、市、县、乡镇，不同层级的规划体现不同空间尺度和管理深度要求的工程系统规划内容。其中，国家和省级规划侧重战略性，对涉及全国和省域国土空间格局中的重大工程性基础设施做出全局安排，提出对下层级规划的约束性要求和引导性内容；市县级规划承上启下，侧重传导性；乡镇级规划侧重实施性，实现各类管控要素精准落地。五级规划自上而下编制，落实国家战略，体现国家意志，下层级规划要符合上层级规划的要求，不得违反上层级规划所确定的约束性内容。

"三类"指总体规划、详细规划和相关专项规划。在国家、省、市、县编制国土空间总体规划，各地结合实际编制乡镇国土空间规划。在各层级的国土空间总体规划中，对涉及支撑国土空间保护、开发、利用、修复的工程性基础设施进行全局性安排，强调综合性。涉及工程性基础设施的相关专项规划一般可在国家、省、市、县层级编制，强调专业性。详细规划强调可操作性，是对具体地块涉及工程性基础设施的实施性安排，是开展国土空间开发保护活动、实施国土空间用途管制、核发城乡建设项目规划许可、进行各项建设等的法定依据。

2）相互关系

按照国土空间规划体系，国土空间总体规划是各工程系统专项规划的基础；详细规划中的工程系统规划以国土空间总体规划为依据，与专项规划相衔接；工程系统相关专项规划要遵循国土空间总体规划，不得违背总体规划中的强制性内容，其主要内容要纳入详细规划。

1.2.3 规划内容

按照国土空间规划体系，城市工程系统规划可形成与国土空间规划相对应的三类规划：总体规划、详细规划中的工程系统规划和工程系统专项规划。

1）国土空间总体规划之工程系统规划

在国土空间总体规划中，工程系统需要解决的主要问题有以下方面：

（1）结合经济社会发展要求，确定国土空间开发保护的工程性基础设施的量化指标；研究基础设施的国土空间支撑体系；落实国家和区域重大基础设施项目，统筹基础设施的区域布局与协同；完善城乡工程系统的设施网络体系。

（2）按照以水定城、以水定地、以水定人、以水定产原则，优化生产、生活、生态的用水结构和空间布局，重视雨水和再生水等资源利用，建设节水型城市。

（3）优化能源结构，推动风、光、水、地热等本地清洁能源的利用，提高可再生能源比例，鼓励分布式、网络化能源布局，建设低碳城市。

（4）基于地域自然环境条件，严格保护低洼地等调蓄空间，明确海洋、河湖水系、湿地、蓄滞洪区和水源涵养地的保护范围，确定海岸线、河湖自然岸线的保护措施。

（5）统筹存量和增量、地上和地下、传统和新型基础设施系统的布局，构建集约高效、智能绿色、安全可靠的现代化基础设施体系，提高城市综合承载能力，建设韧性城市。

2）国土空间工程系统专项规划

工程系统专项规划的内容，在国土空间总体规划相关编制内容的基础上还应包括以下方面：

（1）从各专业工程系统的现状基础、资源条件和发展要求等方面出发，分析研究对国土空间开发保护的影响；从本专业工程系统的角度出发，提出国土空间发展格局的支撑与保障对策。

（2）国土空间总体规划是工程系统专项规划的基础，专项规划要落实和深化国土空间总体规划所确定的基础设施规划与要求。工程系统相关专项规划要遵循国土空间总体规划，不得违背总体规划中的强制性内容；应与相关专项规划相衔接，相互协调。

（3）评估工程系统规划实施情况；协调各专业工程系统规划，统筹规划原则、安全保障和负荷预测、设施布局、管廊布置、管控要求等内容。

（4）根据国土空间总体规划，确定各专业工程系统的发展目标，科学预测负荷大小，合理布局重大设施和线网系统，制定主要技术政策、规定和实施措施。

3）国土空间详细规划之工程系统规划

在国土空间详细规划中，工程系统需解决的主要问题有以下方面：

（1）国土空间总体规划是详细规划编制的依据，要落实国土空间总体规划的相关要求；与相关专项规划相衔接，其工程系统的相关内容应纳入详细规划。

（2）确定工程系统的设施项目内容及用地范围，划定工程系统有关设施的城市黄线，明晰管控要求；从各专业工程系统的角度对编制单元的规划提出完善或优化意见。

（3）根据实际提出工程系统详细规划方案，确定工程系统的设施类型、数量、规模，布置工程设施和工程管线，提出工程建设技术要求和实施措施。

1.3 城市工程系统规划的原则

城市基础设施是保障城市正常运行和健康发展的物质基础，是实现经济转型的重要支撑、改善民生的重要抓手、防范安全风险的重要保障。城市工程性基础设施的发展，坚持目标导向和问题导向相结合，对标国家战略目标，围绕基础设施的体系化、品质化、绿色化、低碳化、智慧化发展展开。

城市工程系统规划要坚持以人民为中心的发展思想，以解决人民群众最关心、最直接、最现实的利益问题为立足点，以高效、便利、智能、安全为导向，全面构建系统完备、高效实用、智能绿色、安全可靠的现代化基础设施体系，实现经济效益、社会效益、生态效益、安全效益相统一，全面推进城市工程性基础设施的高质量发展。

城市工程系统规划以建设高质量城市基础设施体系为目标，以整体优化、协同融合为导向，响应碳达峰、碳中和目标要求，统筹系统与局部、存量和增量、建设与管理、灰色与绿色、传统与新型城市基础设施的协调发展，推进城市基础设施的体系化建设；推动区域重大基础设施的互联互通，促进城乡基础设施的一体化发展；完善社区配套基础设施，保障居民享有完善的基础设施配套服务体系。

1）绿色低碳，安全韧性

全面落实"创新、协调、绿色、开放、共享"五大新发展理念，推动新时期城市工程性基础设施的绿色低碳发展新模式、新路径。提高基础设施安全运行和抵抗风险的水平，加强重大风险预测预警能力，保障城市运行安全；提升基础设施建设运营的智能化管控水平，提高基础设施的供给质量和运行效率。

2）系统规划、适度超前

充分认识基础设施的系统性、整体性，坚持先规划、后建设，切实加强规划的科学性、权威性和严肃性，发挥规划的控制和引领作用，适度超前，有序推进基础设施建设，使其既要满足当前的需要，又能为未来发展预留空间和裕度。

发挥规划引领作用，科学确定目标指标，高起点高标准建设现代化基础设施体系。加强基础设施与城市发展的有效衔接，注重各行业、各环节的统筹协调，合理安排，保障规划高效实施。

坚持问题导向与目标导向相结合，从基础设施系统层面进行统筹，提高管控措施的针对性、有效性，不断增强城市工程系统的承载能力和辐射作用。

3）突出重点、合理布局

综合考虑经济发展、产业转型、社会治理、科技进步、民生服务等需求，因地制宜、合理规划、有序发展，优化基础设施的空间布局和供给结构，科学确定建设重点，统筹安排建设资源，准确把握建设时序，推进城市工程系统的联动建设、开放共享和协同发展。

优化和调整基础设施网络结构，科学确定各类工程性基础设施的规模和布局，形成规模合理、等级有序、联系密切的设施网络；做好基础设施的系统与局部、地上与地下、生产与生活、建设与管理、需求与时序等各方面的统筹协调工作。

4）安全为重、民生优先

立足城市工程系统对城市的基本保障功能，提高工程性基础设施的安全可靠性和韧性。加强老旧基础设施的更新改造，提高服务能力，满足人民对日益增长的美好生活需要，增强人民群众的获得感。

加强对短板基础设施的建设力度，保障基础设施的有效供给，提高设施水平和服务质量，优先加强涉及城市安全的基础设施建设，着力提高基础设施应对各种风险的能力，提升工程系统的设施运营标准和管理水平，消除安全隐患，保障城市健康运行。

5）区域协同、共建共享

加强基础设施的区域协同，推进优势互补、互利共赢，加大水资源、能源、防洪等领域协同发展。统筹城乡基础设施建设，因地制宜、分类施策，提高城乡一体化服务水平。加强区域之间、城市群之间、城乡之间基础设施的共建共享，提高设施使用效率。

6）节约集约、融合发展

坚持节水、节能优先，提高资源利用效率。高效利用工程性基础设施用地，加强存量用地的规划管控和利用，为基础设施新技术的应用和新型城市基础设施的发展留足战略空间。推进基础设施功能整合，注重与城市的功能融合和风貌协调，合理利用城市地下空间。

1.4 城市工程系统规划的意义与价值

1.4.1 规划意义

城市工程系统规划的意义主要体现在以下两个方面：

（1）实现城市可持续发展。通过科学编制，城市工程系统规划能够优化其设施的配置和资源利用，立足当前、面向未来，为城市发展提供基础条件，并推动城市工程性基础设施的绿色化、低碳化发展。

（2）保障城市高质量发展。通过系统规划，城市工程系统规划能有效指导城市工程性基础设施的整体建设和科学发展，提高建设的合理性和设施的体系化、品质化、智慧化发展；以人民为中心，充分发挥城市基础设施在城市发展过程中的先导与推动作用，推进城市健康、安全发展。

1.4.2 规划价值

城市工程系统规划的价值主要体现在以下方面：

（1）通过工程系统的全面调查与研究，分析其现状，评估其规划实施情况，研判存在的问题与不足，并根据发展需求，提出工程系统规划的实施政策和措施，体现规划的基础性与超前性。

（2）城市工程系统规划提出各工程系统的发展目标、规模和安全保障体系，贯彻新时代的新发展理念，统筹工程系统设施的系统性建设，开展相关专题研究，制定近期重点建设项目及实施政策，体现规划的全局性与整体性。

（3）工程系统总体规划对涉及支撑国土空间保护、开发、利用、修复的工程性基础设施进行全局性安排，保障经济社会的可持续发展。

（4）工程系统专项规划是在国土空间规划的基础上，对规划区域工程性基础设施做出的总体安排，合理布局各项工程设施和管网系统，为各项设施的建设提供指导依据，为设施的实施预留空间；并为详细规划提供规划依据，确保各项工程性基础设施的系统性与完整性。

（5）工程系统详细规划对其规划建设单元的工程设施和管线等做出具体安排与布置，可有效指导各项工程性基础设施的实施建设，保障基础设施基本公共服务职能的落实落地。

（6）通过城市各专业工程系统的规划和工程管线的综合规划，统筹各项工程性基础设施建设，协调设施布局，合理利用国土空间，确保各类工程管线的安全、畅通和使用方便、维护有序。

1.5 智能化城市工程系统建设

1.5.1 新型城市基础设施

新型城市基础设施建设是立足城市发展新形势，以城市提质增效为引领，以应用创新为驱动，面向城市高质量转型发展需要，以新一代信息技术赋能城市建设与管理，构建提升城市品质和人居环境质量、提升城市管理水平和社会治理能力的数字化城市基础设施体系。通过推进新型城市基础设施建设，促进城市高质量发展，全面提高城市建设水平。

2020年，住房和城乡建设部在重庆、福州、济南等16个试点城市开展首批新型城市基础设施建设试点，2021年增加天津滨海新区、烟台、温州、长沙、常德等为试点城市（区），为加快推进基于数字化、网络化、智能化的新型城市基础设施建设，探索与积累可复制可推广的机制模式。新型城市基础设施建设的主要任务之一是实施智能化工程系统的基础设施建设和改造，对供水、供热、供燃气、供电和排水等工程性基础设施进行升级改造和智能管理，提高运行效率和安全性能。

1）新型城市基础设施的构成

新型城市基础设施主要包括信息基础设施、融合基础设施和创新基础设施三个方面内容。

（1）信息基础设施

信息基础设施是新型城市基础设施的核心类型，是基于新一代信息技术演化生成的基础设施，是对技术、方法、网络等要素的具体体现。比如，以5G、物联网、工业互联网和卫星互联网为代表的通信网络基础设施，以人工智能、云计算和区块链等为代表的新技术基础设施，以及以数据中心、智能计算中心为代表的算力基础设施等。

（2）融合基础设施

融合基础设施是新型城市基础设施的功能体现，主要是指深度应用互联网、大数据和人工智能等技术，支撑传统基础设施转型升级，进而形成的融合基础设施，如智能化给水、排水、供电等工程性基础设施、智慧能源基础设施等。

（3）创新基础设施

创新基础设施是指支撑科学研究、技术开发和产品研制且具有公益属性的基础设施，如重大科技基础设施、科教基础设施和产业技术创新基础设施等。

在城市工程系统方面，新型城市基础设施建设主要是重点推进城市信息模型（City Information Modeling，CIM）平台建设，实施智能化工程系统基础设施建设和改造，以及低影响开发雨水系统、新能源、特高压输电网、汽车充电设施、分布式能源系统、网络基础设施、算力基础设施、综合管廊等设施建设，以利于加快转变城市开发建设方式，整体提升城市建设水平和运行效率，建设宜居城市、绿色城市、安全城市、智慧城市、人文城市，不断增强人民群众的获得感、幸福感、安全感。

2）智能化城市工程系统建设的主要任务

（1）工程性基础设施智能化

国家和地方组织实施的智能化工程系统基础设施建设和改造行动计划，是通过云计算、大数据、物联网、人工智能等新一代信息技术，基于数字化、网络化、智能化发展，对城市供水、排水、供电、供燃气、供热等工程系统基础设施进行升级改造和智能化管理，进一步提高工程性基础设施的运行效率和安全性能。

通过开展工程系统基础设施普查，全面掌握现状底数、明确智能化建设和改造任务；推进智能化感知设施建设，实现对工程系统基础设施运行数据的全面感知和自动采集。

（2）建设智能化管理平台

建立基于城市信息模型（CIM）平台的工程系统基础设施智能化管理平台，对水、电、气、热等运行数据进行实时监测、模拟仿真和大数据分析，实现对管网漏损、洪涝灾害、燃气泄漏等的及时预警和应急处置，促进资源能源节约利用，保障工程系统基础设施的安全运行。

城市信息模型（CIM）平台是以建筑信息模型（Building Information Modeling，BIM）、地理信息系统（Geographic Information System，GIS）、物联网（Internet of

Things，IoT）等技术为基础，整合城市地上与地下、室内与室外、历史现状与未来的多维度多尺度信息模型数据和城市感知数据，与城市体检、城市运行管理服务系统协同，聚焦城市现代化治理、数字经济发展、人民幸福生活的多场景信息系统。城市信息模型（CIM）平台分为国家、省和市三级平台，三级平台应执行现行《城市信息模型基础平台技术标准》（CJJ/T 315—2022）等规范的相关规定。

1.5.2 智能化城市工程系统

1）基本内涵

智能化城市工程系统基础设施是以新发展理念为引领、以技术创新为驱动、以信息网络为基础，面向城市高质量发展需要，以现代信息科技为支撑，旨在构建数字经济时代的关键基础设施，为推动实现经济社会数字化转型、提升城市品质和人居环境质量、提升城市管理水平和社会治理能力，提供数字转型、智能升级、融合创新等服务的新型工程系统基础设施体系。智能化城市工程系统基础设施建设主要涵盖城市供水、排水、供电、供热、供燃气、综合管廊等多个领域。

2）体系构成

智能化城市工程系统基础设施主要由信息化基础设施、融合化基础设施和创新化基础设施构成。基础是信息化基础设施，重任在融合化基础设施，基层为创新化基础设施。

信息化基础设施主要是指基于新一代信息技术演化生成的工程系统基础设施，涵盖智能化管网数据采集技术、探测技术、监测技术等的新技术工程系统基础设施。融合化基础设施主要是指深度应用互联网、大数据、人工智能等技术，基于传统工程系统基础设施转型升级形成的工程系统基础设施，助力于城市精细化管理与服务。创新化基础设施主要是指支撑科学研究、技术开发、产品研制且具有公益属性的工程系统基础设施，如重大科技基础设施、科教基础设施、产业技术创新基础设施等。伴随着科技革命、产业变革和经济社会数字化转型进程的深入推进，新型基础设施的内涵、外延也不是一成不变的，需要持续跟踪研究。

3）主要特征

正在兴起的智能化城市工程系统基础设施建设代表了一系列技术发展的趋势，催生了新的产业形态、商业模式，创造了新的产品和服务，改变了人类的生产与生活方式。与传统工程系统基础设施建设比较，智能化城市工程系统基础设施建设呈现出以下典型特征：

（1）技术形态创新迭代

从智能化工程系统基础设施的发展历程来看，运用物联网、5G、人工智能等创新技术与科技变革，实现设备运行的智能感知；结合大量应用，融合创新发展，不断向超高速、大容量应用演进；泛在化的无线网络、空前海量的电子数据云端存储、高性能的计算能力、高精度先进算法驱动的人工智能不断升级换代，为智能化工程系统基础设施的建设与更新迭代提供了技术支撑。

（2）软件与硬件兼备

传统基础设施基本上是物理空间的实体或硬件，以物品为传输对象；而智能化工程系统基础设施依托新一代的数字化、智能化网络，以数据物品为传输对象。智能化工程系统基础设施所依托的创新技术既有基础硬件，如高端芯片、传感器智能终端；又有基础软件，如操作系统、数据库管理系统、计算机辅助软件应用等。物理空间和数字空间的界限越来越模糊，现实世界与虚拟世界彼此交互和转换的功能越来越强大。硬件与软件完美的连接、协同和持续的升级，代表着智能化工程系统基础设施的创新和发展水平的攀升。

（3）依靠数据创新驱动

通过人工智能、纳米技术等，数据驱动的能量极大地服务了智能化工程系统基础设施建设，数据驱动已经成为创新化工程系统基础设施建设驱动的主要标志，成为社会治理的一种变革性力量。数字技术可以对海量的数据进行深度分析和解读，从中获得以往难以想象的洞察力，使新一代工程系统能够以前所未有的速度吸收、处理和响应这些信息。

（4）多种平台融合聚力

在智能化工程系统基础设施的发展过程中，新一代核心技术与工艺推动网络集感知、传输、存储、计算、应用于一体，促进数字化与智能化、互联网与物联网的协同融合。通过互联网、工业互联网、物联网平台等实现数据传输，通过大型数据中心、边缘数据中心进行存储、计算，通过算法、模型等对海量数据进行安全可信的加工处理，形成对政府、企业、个人不同的应用反馈，并最终反馈到各个智能终端应用系统，为工程系统的优化与完善提供技术支撑。互联网的集聚效应使平台型企业、平台型经济快速崛起，拥有庞大的规模、丰富的资源、活跃的创造力和空前的影响力。

（5）赋予行业全新价值

智能化工程系统基础设施建设与传统工程系统基础设施的根本区别在于，其运用网络化、数字化、智能化技术来提升创新链、产业链、价值链水平，对供水、排水、供热、供燃气、综合管廊等智能化工程系统基础设施赋予更多、更新的发展动能，开发更多、更好的产品和服务，在提升社会生产力的同时，满足人们对美好生活的需求。以城市供水为例，可以把传感器、无线发射器、5G基站以及其他数字技术安装于供水设施，融合成智能化的给水工程系统，为城市和运营商创造全新的服务和商业模式。

第1章思考题

1. 辨析城市工程系统、城市基础设施、城市市政基础设施、市政公用设施的基本概念。

2. 城市工程系统的构成与特征是什么？

3. 解读城市工程系统规划的体系及内容。如何理解其规划意义与价值？

4. 如何理解发展新型城市基础设施的意义？

5. 城市工程系统智能化建设的意义是什么？

2 城市给水工程系统规划

本章主要学习和掌握城市给水工程系统的组成、规划编制内容和规划原则，熟悉城市供水安全保障体系的构成及其价值；掌握城市用水的分类、用水量标准、用水量预测和水源选择、水源地选址及其保护规划；了解给水水质标准和给水处理基本方法，熟悉给水处理厂规划、给水管网规划、应急供水规划；了解给水管材和管网附属设施；了解智能化城市给水工程系统的建设与发展；学习和理解城市给水工程系统规划设计的现行国家标准。

2.1 概述

给水工程是向用水单位供应生活、生产等用水的工程。

给水工程的任务是供给城市生活、生产等所需的用水，并需满足用户在水量、水质和水压等方面的要求，同时要担负用水地区的消防任务。给水工程集取天然的地表水或地下水，经过一定的处理，使之符合工业生产用水和居民生活饮用水的水质标准，并用经济合理的输配方法输送到各类用户。

人类的生活与生产离不开水，给水工程是城市最基本的基础设施。通过给水工程系统向城市提供符合使用质量标准要求的水，为城市社会经济的发展提供必备条件。给水工程系统直接关系着城市的生存与发展、社会的稳定与有序、居民的身体健康与生活品质。

城市给水工程规划的目的就是以"人民为中心"，科学合理、安全可靠地供给城市生活和生产用水，以及用以保障人民生命财产的消防用水等。

城市给水工程系统规划应坚持"安全供水、保障服务、节约资源、保护环境、与水的自然循环协调发展"的原则。给水设施要保障对公众服务的基本功能，提供高质量和高效率的服务；要节约水资源、能源资源、土地资源；要减少污染物排放，保障水环境质量；要减少对水自然循环的影响和冲击，并使其保持在水自然循环可承受的范围内。要通过给水创新技术与新一代信息技术的融合应用，提高给水工程系统的智能化水平。

2.1.1　城市给水工程系统的组成

城市给水工程系统一般由取水工程、净水工程和输配水工程三个部分组成（图2-1、图2-2）。

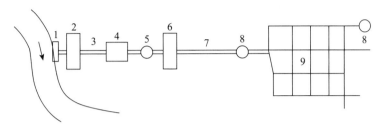

图 2-1　地表水源给水工程系统组成示意图

注：1.取水构筑物；2.一级泵站；3.原水输水管；4.给水处理厂；5.清水池；6.二级泵站；7.输水管；8.加压泵站、调节构筑物；9.管网。

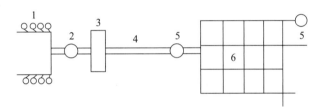

图 2-2　地下水源给水工程系统组成示意图

注：1.管井群；2.集水池；3.泵站或给水处理厂和泵站；4.输水管；5.加压泵站、调节构筑物；6.管网。

智能化给水系统是在传统给水设施上安装集成传感模块，通过供水技术与新一代信息技术的融合应用，实现供水安全、高效、稳定的目标。

1）取水工程

选择水源和取水地点、建造取水构筑物，保证从地面上的河、湖、水库和地下水、泉水等各种天然水源取得足够水量和质量良好的原水。地表水源取水工程设施主要包括取水构筑物、将原水从取水口提升至给水处理厂的一级泵站、原水输水管等设施；地下水源取水工程设施主要包括取水管井群、集水池等设施。

2）净水工程

建造给水处理构筑物，对天然水进行处理，以满足生活饮用水水质标准或工业生产用水水质标准。净水工程设施主要包括给水处理厂内的给水处理构筑物或设备、将处理后的水送至用户的二级泵站等设施。

3）输配水工程

将处理好的水用管道输送到各用户，并保证水量、水质和水压。输配水工程设施主要包括输水和配水管网及附属建（构）筑物、加压泵站或水塔、高地水池等给水调节构筑物等设施。

2.1.2 城市给水系统的形式

1）给水系统的分类

给水系统一般按照布置形式可分为统一给水系统、分质给水系统、分区给水系统、分压给水系统、区域给水系统、循环给水系统，以及多种供水系统的组合等。

（1）统一给水系统

城市综合生活用水、工业企业用水、浇洒城市道路及广场和绿地的用水、消防用水等都按照生活饮用水的水质标准，用统一的给水管网供给各类用户的系统称之为统一给水系统（图2-3）。

统一给水系统一般适用于规模不太大的城市和工业园区、开发区或大型厂矿企业中，用水户较为集中，地形较平坦且对水质、水压要求也比较接近的情况。这是一种简单、经济的给水系统，造价低、运行管理简单。

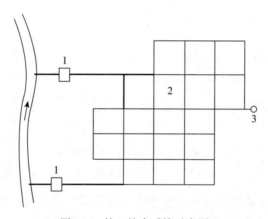

图2-3　统一给水系统示意图

注：1.水厂；2.管网；3.加压泵站、调节构筑物。

（2）分质给水系统

取水工程取来的原水经过不同程度的净化过程，用不同的管道分别将不同水质的水供给相应用户的系统称之为分质给水系统（图2-4）。

当用水量较大的工业企业相对集中且有合适的水源可利用时，经技术经济比较，可独立设置工业用水的给水系统采用分质供水。低质水供工业给水系统、再生水给水系统等，使水资源得到充分合理的利用。

再生水是指废水或雨水经适当处理后，达到一定的水质指标，满足某种使用要求，可以进行有益使用的水。

（3）分区给水系统

给水系统根据其城市布局特点，结合地形地貌分成若干个供水子系统，每个供水子系统中都有各自的管网、加压泵站等，承担某一片区的供水任务，这种给水系统称之为分区给水系统（图2-5）。有时各子系统之间保持适当联系，以保证供水安全和调度的灵活性。

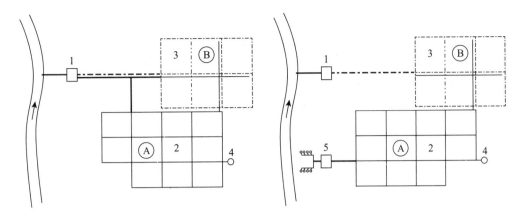

（a）同一水源分质给水　　　　　　　　（b）不同水源分质给水

图 2-4　分质给水系统示意图

注：Ⓐ表示生活区；Ⓑ表示工业区。1.地表水源水厂；2.生活用水管网；3.工业用水管网；4.加压泵站、调节构筑物；5.地下水源水厂。

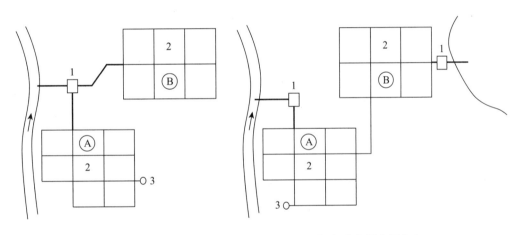

（a）单水源分区给水　　　　　　　　　（b）多水源分区给水

图 2-5　分区给水系统示意图

注：Ⓐ表示城市功能区甲；Ⓑ表示城市功能区乙。1.水厂；2.管网；3.加压泵站、调节构筑物。

当城市用水量很大，城市建设用地面积很大或用地空间延伸很长，或城市被自然地形分割成若干组团片区，或城市功能区比较明确的城市，可采用分区给水系统。对于远离水厂或局部地形较高的供水区域，可设置加压泵站，采用分区供水，可降低水厂的出厂水压，以达到节能降耗的目的。

（4）分压给水系统

向城市不同高程的区域或向水压要求不同的用户供水的系统称之为分压给水系统（图 2-6）。

当地形高差较大时，宜按地形高低不同，结合功能布局和使用需求，采用分压供水系统，以节省能耗和有利于保障供水的安全。当城市地形高差大时，如采用统一供水系统，为了满足所有用户的用水压力，则需大大提高管网的供水压力，这样会造成极大且不必要的能量损失，并因管道承受高压而给安全输送带来威胁。

当城市或大型厂矿企业用水户要求水压差别很大时，可采用分压给水系统，使输水管及管网供水安全性好，并且能节省运行费用。

分区给水系统可根据各用水区的水压使用需求采用不同的供水水压。

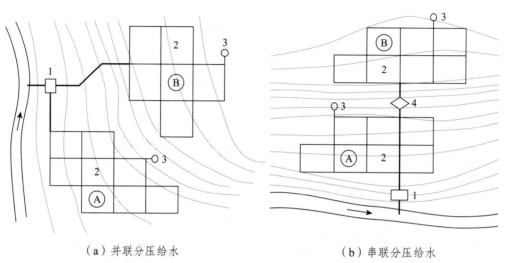

（a）并联分压给水　　　　　　　　（b）串联分压给水

图 2-6　分压给水系统示意图

注：Ⓐ表示低区；Ⓑ表示高区。1. 水厂；2. 管网；3. 加压泵站、调节构筑物；4 高区泵站。

（5）区域给水系统

在一个较广的范围内，统一取用较好的水源，组成一个跨越地域向多个城市、乡镇或工业园区等统一供水的系统，称之为区域给水系统（图 2-7）。

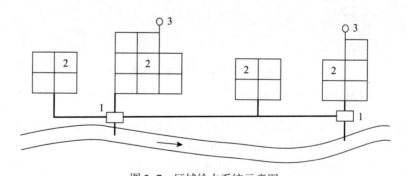

图 2-7　区域给水系统示意图

注：1. 水厂；2. 管网；3. 加压泵站、调节构筑物。

随着供水普及率的提高，受水源条件的限制，或统筹利用水资源，或发挥集中管理的优势，在一个较广的范围内，采用区域供水已在我国不少地区实施，特别是在我国城市化水平高、城镇密集地区得到了广泛应用。由于区域供水的范围较为宽广，跨越的城市、乡镇较多，供水系统的复杂度增加了。因此，当给水系统采用区域供水时，应对采用原水输送或清水输送以及输水管路的布置和加压泵站、调节构筑物等的设置，做出技术经济比较后综合选定。

（6）循环给水系统

循环给水系统是指使用过的水经适当处理后再行回用的给水系统。

循环给水系统可适用在某些工业园区或大型厂矿企业内，用水量大且水质要求差异较大，还可以根据实际工艺情况建设循环或循序给水系统。这样可以有效提高工业用水的重复利用率，达到清洁生产和节约用水的目的。

此外，城市给水系统还可按水源种类分为地表水（江河、湖泊、蓄水库、海洋等）给水系统和地下水（浅层地下水、深层地下水、泉水等）给水系统；按供水方式分为重力输配水给水系统、加压输配水给水系统和混合供水系统；按照给水水源的数量分为单水源给水系统和多水源给水系统；等等。

2）给水系统的形式选择

城市给水系统形式的确定在给水工程规划中最具全局意义。系统选择的合理与否将对整个给水工程产生重大影响。因此，在选择给水系统形式时，应根据当地地形、水源条件、城市规划、城乡统筹、供水规模、水质、水压及安全供水等要求，结合原有给水工程设施，从全局出发，通过技术经济比较后综合考虑确定。

（1）地形起伏大或供水范围广的城市，宜采用分区分压给水系统

分区给水有利于均衡管网压力，降低管网漏损和缩短水力停留时间。一般情况下，供水区地形高差大且界线明确宜于分区时，可采用并联分压系统；供水区呈狭长带形，宜采用串联分压系统。超大城市、特大城市和大城市宜采用分区或分区分压给水系统；分区供水的规模和范围应满足分区管网的水压均衡和水质稳定；各分区之间的给水系统应有适当的联系，以保证供水的可靠性和给水调度的灵活性。

（2）根据用户对水质的不同要求，可采用分质给水系统

在一定条件下可采用分质给水系统，包括：将原水分别经过不同处理后供给对水质要求不同的用户；分设城市生活用水和污水再生利用系统，将处理后达到水质要求的再生水供给相应的用户；也可采用将不同的水源分别处理后供给相应用户。

（3）有多个水源可供利用的城市，应采用多水源给水系统

当城市有多个水源可供利用时，多点向城市供水可减少配水管网投资，降低水厂水压；同时，通过多水源之间的相互调度调配，可提高供水的安全性。因此，为确保供水安全，有条件的城市应采用多水源供水系统。

（4）有地形可供利用的城市，宜采用重力输配水系统

水厂取水、送水的耗电量较大，要节约给水工程的能耗，往往首先从取水、送水泵站着手。当城市水源地的高程相对于供水区域较高时，应根据沿程地形状况，可考虑重力输配水系统，以便充分利用水源势能，达到节约输配水能耗、减少管网投资、降低水厂运行成本的目的。因此，当城市有可供利用的地形时，应对重力输配水与加压输配水系统进行技术经济比较，择优选用。

（5）给水系统应合理利用城市已建给水设施，并进行统一规划

给水工程规划必须对城市现有水源的状况、给水设施能力、净水工艺流程、管

网布置以及现状给水设施是否有扩建可能等情况充分了解。给水工程规划应充分发挥现有给水系统的能力，注意使新、老给水系统形成一个整体，做到既可安全供水又可节约投资。

（6）城市给水系统规划应统筹居住区、公共建筑再生水设施建设，提高再生水利用率

从经济的角度看，再生水的成本最低；从环保的角度看，污水再生利用有助于改善生态环境，实现水生态的良性循环。

2.1.3 城市给水工程系统规划的内容

城市给水工程规划的主要内容包括：制定供水规划目标及发展控制指标，确定规划原则；预测城市用水量，进行城市水资源与城市用水量之间的供需平衡分析，选择给水水源和水源地，确定给水系统布局，明确主要给水工程设施的规模、位置及用地控制，设置应急水源和备用水源，提出水源保护、节约用水和安全保障等措施。

给水工程规划应在科学预测城市用水量和用水负荷的基础上，合理开发利用水资源、统筹给水工程设施布局，与水资源规划、水污染防治规划、生态环境保护规划和防灾规划相协调，与城市排水和海绵城市等专项规划相衔接。

按照国土空间规划体系，相应的总体规划、详细规划中的给水工程系统规划和给水工程专项规划的主要内容有所侧重。国土空间总体规划是给水工程专项规划的基础；详细规划中的给水工程系统规划以国土空间总体规划为依据，与专项规划相衔接；与给水工程相关的专项规划要遵循国土空间总体规划，不得违背总体规划中的强制性内容，其主要内容要纳入详细规划。

1）总体规划中给水工程系统规划的内容

在国土空间总体规划中，给水工程系统规划的主要内容包括以下方面：

（1）现状分析：分析水资源利用现状；分析现状给水工程系统的重大设施和用水情况；评估给水供水规划实施情况。

（2）专题研究：结合实际开展水资源对国土空间开发保护的影响和对策、城乡发展与水资源要素配置等重大问题研究。

（3）统筹协调：落实国家和区域重大给水工程基础设施项目，明确空间布局和规划要求。制定水资源供需平衡方案，明确水资源利用上限；统筹水资源及其相关基础设施的区域布局与协同；完善城乡给水工程设施网络体系。

（4）发展目标：提出供水发展目标；明确用水总量及其结构等空间底线要求、每万元国内生产总值（Gross Domestic Product，GDP）水耗（m^3）等空间效率要求；提出公共供水普及率、供水保障率、水功能区水质达标率、水资源循环利用率等发展指标。

（5）空间布局：确定给水规模、给水工程的网络化布局要求；统筹给水水源、水厂及给水干管路由和应急水源、备用水源等重大设施的空间布局与管控要求。

（6）用地控制：确定水源地、水厂等重要供水设施的用地控制范围；划定取水工程设施（取水点、取水构筑物及一级泵站）和水处理工程设施等重要供水设施黄线；明确水源涵养地的保护范围，划定蓝线或绿线；与生态保护红线等控制线相协调。

（7）近期建设：编制近期给水工程重点建设项目，提出实施政策。

（8）政策机制：提出给水工程系统规划实施的政策；完善水源保护、节约用水和安全保障措施；提出水资源循环利用措施。

给水工程规划的相关成果是国土空间总体规划中基础设施规划的重要组成，成果内容包括图件和规划文本、附表、说明、专题研究报告等。

2）给水工程专项规划的内容

在国土空间总体规划相关编制内容的基础上，给水工程专项规划的内容还应包括以下方面：

（1）研究分析现状给水工程系统和用水情况。

（2）落实和深化国土空间总体规划所确定的给水基础设施规划与管控要求；与相关规划相衔接和统筹协调；结合实际开展相关专题研究。

（3）确定城市用水标准，预测用水量。

（4）平衡供需水量，选择水源，进行城市水源规划，确定取水方式和取水口位置。

（5）确定给水系统的形式、水厂供水能力。

（6）确定给水处理厂等供水重要设施的位置和用地面积。

（7）布局输配水干管、配水管网及配套设施，估算管径。

（8）制定水源保护、节约用水和安全保障等措施。

（9）提出近期给水工程系统的重点建设项目安排。

规划成果主要包括给水工程现状图、给水工程规划图等图件和规划文本、附表、说明和专题研究报告等。

3）详细规划中给水工程系统规划的内容

在国土空间详细规划中，给水工程系统规划的主要内容包括以下方面：

（1）分析供水条件。

（2）落实国土空间总体规划所确定的供水设施及用地和管控等规划要求，与相关的专项规划相衔接；明晰水源地保护范围，确定蓝线、绿线控制范围与管控要求；确定重要供水设施的黄线控制范围。

（3）计算用水量，提出给水水质、水压的要求。

（4）布置给水设施和给水管网。

（5）计算输配水管渠管径。

（6）选择供水管材。

（7）估算工程量。

规划成果主要包括给水工程现状图、给水工程详细规划图等图纸和规划文本、说明等。

2.1.4 城市给水工程系统规划的原则

城市给水工程规划应从全局出发，坚持保障供给、水资源可持续利用、贯彻执行国家和地方相关政策与法规、与相关规划相衔接和对应、近远期规划与建设相结合的原则。

1）保障供给

城市给水是为经济活动、社会活动和居民生活提供必需的基本公共服务。城市的给水水平直接关系到居民的用水需求和生活质量，关系到公共利益的实现，关系到公共安全和资源的有效利用，关系到经济社会的可持续发展。因此，应首先保障供给，满足水量、水质、水压的要求，做到安全可靠、技术先进、经济合理、管理方便，保障城市经济社会发展的需要。

2）水资源可持续利用

贯彻执行水资源可持续利用的原则，综合考虑水资源节约、水生态环境保护和水资源的可持续利用，严格控制用水总量，合理配置城市水资源，全面提高用水效率，满足建设节水型城市的要求。正确处理经济社会发展、水资源开发利用和生态环境保护的关系，通过全面建设节水型社会、合理配置和有效保护水资源，保障饮水安全、供水安全和生态安全。

水资源严重短缺是我国的基本水情，是经济社会发展的重要瓶颈制约。推进节水型社会建设，全面提升水资源的利用效率和效益，是缓解我国水资源供需矛盾、保障水安全的必然选择。

3）贯彻执行国家和地方相关政策与法规

贯彻执行《中华人民共和国城乡规划法》（2019年修正）、《中华人民共和国环境保护法》（2014年修正）、《中华人民共和国水法》（2016年修正）、《城市供水条例》（2020年修正）等法律、法规以及《城市给水工程规划规范》（GB 50282—2016）、《城市给水工程项目规范》（GB 55026—2022）、《生活饮用水水源水质标准》（CJ 3020—93）、《生活饮用水卫生标准》（GB 5749—2022）等现行国家标准，政策和法规是城市给水工程规划的指导方针。

4）与相关规划相衔接和对应

相关规划中的规划层级与发展定位、规划范围、规划规模、规划年限、功能分区布局、用水标准和建筑层数及相应的水量、水质、水压等，是给水工程系统规划的主要依据，应与相关规划相衔接和对应。

城市给水工程规划中的水压应根据城市供水分区布局特点确定，并满足城市直接供水建筑层数的最小服务水头。

城市给水工程规划中的生活饮用水水质应符合现行国家标准《生活饮用水卫生标准》（GB 5749—2022）等的规定，其他类别的用水水质应符合国家现行相应水质标准的规定。

当城市给水工程规划中的水源地位于城镇集中建设区范围以外时，水源地和输水管道应纳入城市给水工程规划范围；当超出该市辖区范围时，应与有关部门进行协调。当输水管道途经的城镇需由同一水源供水时，应对取水和输水工程规模进行统一规划。

城市给水工程规划应与其他相关规划相协调。城市给水工程规划与水资源、再生水、节水、排水、防洪排涝、消防、绿地、环境保护、道路交通、管线综合等规划关系密切，因而应与其相协调。

5）近远期规划与建设相结合

城市给水工程规划应近远期结合，并应适应城市长远发展的需要。

给水工程系统是一个长久持续的系统工程，建设项目一般都具有规模大、投资多、施工周期长等特点。为此，应处理好给水工程规划近期与远期的关系，一般可按远期进行规划，而按近期规划进行设计和分期建设。近期规划应具备可行性和可操作性；对城市远景的给水规模及城市远景采用的给水水源进行分析，要对城市远景的给水水源尽早地进行控制和保护，并对城市发展及产业结构起到导向作用。

2.2　城市供水安全保障体系

城市必须建设与其社会经济发展需求相适应的给水工程，城市给水工程应具有连续不间断供水的能力，满足用户对水质、水量和水压的要求。城市供水必须满足生产安全、职业卫生健康安全、消防安全、反恐和生态安全的要求。

保障城市供水安全对于保障公众健康、生命安全和社会稳定具有重要意义。城市供水系统的损坏不仅会给各类性质的用水户带来损失，引起人民生活的极大不便，有时甚至还会引起社会恐慌，威胁人民群众的生命安全和身体健康。

城市供水安全就是要保障水资源在运行过程中做到安全可靠、经济合理，达到优质供水、充足供水、平衡供水、持续供水的目标，是建构城市供水安全保障体系的价值所在。

供水安全是城市发展的基础保障，如何满足用户对水压、水质及水量的要求是一个体系化的问题。为此，国家先后出台了《中华人民共和国突发事件应对法》《城市供水条例》（2020年修正）等法律法规，从法律层面对供水安全保障与应急建设做了明确的要求。为了适应城市建设发展和给水工程技术进步的需要，更好地贯彻执行国家有关城市给水工程的法律法规和技术经济政策，应进一步提高城市给水工程规划的科学性和合理性，保障城市供水的安全。

2.2.1　供水安全保障体系的构成

1）体系组成

城市供水的安全保障体系一般包括水源安全、水质安全、供水量安全、设施安全、运行安全五个部分。要建立起从"源头到龙头"的安全保障体系。

2）安全保障建构

（1）供水水源安全

科学选择供水水源，并根据国家相关要求设置水源保护区。合理选择备用水源，以应对水源突发污染事故，提高供水安全。

（2）供水水质安全

根据国家水质标准测量供水水质，设置完善的水质自动监测体系，保证供水水质满足现行国家标准，为用户提供安全、健康的水。

（3）供水量安全

供水量充足是城市可持续发展的前提，而我国淡水资源是严重不足的，因此城市供水量应与可利用水资源相协调。一方面，城市供水的水源量要充足，同时制水、供水能力应满足城市发展需求；另一方面，要大力提高水资源的利用率，建立节水型社会，平衡水资源与供水量。

（4）供水设施安全

供水设施及其管网应具有高标准的设防。城市给水设施的防洪、抗震、消防等要采用较高的标准进行设防，在设施的选址、布局和地质条件、地面高程等方面具有较高的防灾能力。城市给水工程主要设施的抗震设防类别应为重点设防类，城市给水工程的防洪标准不得低于当地的设防要求。

为保障城市供水设施的正常运转，应根据《城市黄线管理办法》，宜将取水工程设施（取水点、取水构筑物及一级泵站）和水处理工程设施等城市供水设施的用地及其防护区域划定为黄线；在城市规划中，确定其用地位置和范围，划定其用地控制界线，保障城市供水设施的安全。

（5）供水运行安全

城市供水设施及其管网要科学设计和建设，保障其使用可靠。供水系统生产设备及管网设施要在不同季节、气候和使用要求等情况下，确保供水系统的安全运行，同时要做好运行过程中设备设施及物资储备的保障工作。

2.2.2　饮用水卫生安全保障系统

饮用水的安全问题直接关系到广大人民群众的健康和社会发展的保障。切实做好饮用水安全保障工作，是维护最广大人民群众根本利益、落实"以人民为中心"的基本要求。

生活饮用水应按照城乡统筹、合理布局、防治并重、综合治理、因地制宜、突出重点的原则编制饮用水安全保障规划，明确饮用水安全保障的目标、任务和政策措施。

1）饮用水卫生安全的内涵

城市饮用水安全是指饮用水具有合格的水质、充足的水量、良好的安全管理和应急供水能力。

城市饮用水卫生安全是指饮用水供水相关单位应保障饮用水供水全过程的卫生

安全，对水源、制水、输水、储水和末梢水进行全程安全控制，确保从源头到龙头的供水全流程管控。饮用水供水单位从事生产或供应活动应当符合国家卫生规范，饮用水水质应当符合现行国家卫生标准，杜绝因饮用水引起的重大传染病和中毒疾病的发生。

2）饮用水卫生安全保障

水是生命之源，饮水安全更是直接关系到人类健康。

应建立健全完善的饮用水卫生安全保障工作的法规、标准、管理和技术支撑体系，防范饮用水卫生安全问题的发生，确保城市供水卫生安全，维护公众健康，保障经济社会持续协调发展。

为了改善和提高城市生活饮用水水质，国家已经出台了饮用水卫生安全保障工作的相关法规、标准和规定，主要有《中华人民共和国水法》（2016年修正）、《中华人民共和国水污染防治法》（2017年修正）、《城市供水条例》（2022年修正）和《中华人民共和国传染病防治法》《生活饮用水卫生监督管理办法》《城市供水水质管理规定》《生活饮用水集中式供水单位卫生规范》及《生活饮用水卫生标准》（GB 5749—2022）、《二次供水设施卫生要求》（T/WSJD 28—2022）、《地表水环境质量标准》（GB 3838—2002）、《地下水质量标准》（GB/T 14848—2017）、《生活饮用水标准检验方法》（GB/T 5750.1—5750.13—2023）、《城市供水水质标准》（CJ/T 206—2005）等，保障了城市供水卫生安全。

2.2.3 城乡供水统筹

1）城乡供水均等化

在城乡基本公共服务均等化的发展目标下，实施城乡供水的均等化发展，需要通过统筹谋划、优化布局和创新机制，打破乡村传统供水方式的弊端，通过城市管网延伸、区域供水互通和提高乡村供水标准等措施，大力改善农村供水状况，着力解决城乡基本公共服务均等化存在的显著差距，实现农村供水与城市供水在管理、服务、水质、水价等方面同标准，为满足乡村民众对美好生活的向往提供坚实基础。

2）城乡供水一体化发展

应结合区域社会经济状况、自然条件及人口分布特点，以供水水源、重点水厂为依托，优化输水线路、配水管网，合理确定城乡一体化供水模式，将乡村分散的、独立的供水模式转变为集中的、联网的、现代化的供水模式，高质量满足城乡人民生活的需要和乡村社会经济发展的需求。

（1）统筹配置供水水源

综合考虑区域水源情况，对水资源进行高效配置，实施原水统筹，建立城乡一体化的原水供水格局，通过原水连通、就近供水、互为备用，提高水源的安全保障。

（2）优化城乡供水模式

①城市管网延伸的大伸展模式。改变城乡供水单元管网相对独立的状况，在城

市供水管网能覆盖的地区，供水区域向农村拓展和延伸，形成大管网供水系统，实现城乡供水一体化。

②区域联络管网的连通模式。对本地城市管网不能延伸的地区，鼓励打破行政区划限制，根据水源和地理条件，合理划分供水分区，采用区域间城乡一体化联网供水模式，优化区域规模化联络供水管网布设，实现区域互补、管网连通。

③整合区域供水单元的块状模式。整合城乡供水管网和水厂，形成一定区域范围内的供水主干管串接，厂站供水互为备用，从而提高供水安全保障。

2.2.4 水资源保护利用

1）水资源量

我国淡水资源匮乏。从多年平均来看，我国人均占有淡水资源量为 2 200 m³ 左右，仅为世界平均水平的 1/4，是世界严重缺水国家之一。淡水资源的地区分布极不均衡，长江流域及其以南地区水资源丰富，淮河流域及其以北、西北地区的水资源匮乏；水资源在时间分布上也很不均匀，旱涝灾害频仍，大部分地区的降雨集中在春末和夏季 4 个月，而北方地区普遍干旱少雨。

水资源是指地表和地下可供人类利用又可更新的水，通常是指较长时间内保持动态平衡，可通过工程措施供人类利用，可以恢复和更新的淡水。城市水资源是指用于城市用水的地表水和地下水、再生水、雨水、海水等。

城市水资源可利用量是指在城市所在区域内，经过技术经济评估后，可供城市生产、生活和生态等用途的水资源总量。影响城市可利用水资源量的因素可分为自然因素、人为因素。自然因素主要包括降水量与蒸发量和地理位置与地形条件，其中降水量是决定城市可利用水资源量的关键因素；蒸发量对城市可利用水资源量也有重要影响；地理位置靠近海洋或大型湖泊的城市通常拥有更丰富的水资源；地形条件会影响降水的分布和径流的形成，如高山地区可能会拥有丰富的冰川和雪水资源，而平原城市则更依赖河流、湖泊等地表水体。人为因素主要包括水资源的开发与利用、水污染等情况，过度开采地下水或不合理利用地表水会导致水资源枯竭，水污染会减少清洁水资源的数量，从而降低城市可利用水资源量。

2）水资源平衡

水资源供需平衡是指在水资源的开发利用过程中，水资源可利用量与城市用水需求量达到相对稳定的状态，既要满足人类生活和经济发展的需求，又要保护水资源的可持续利用。水资源供需平衡是实现水资源可持续利用的关键，对于保障人类生存和发展、维护生态平衡、保障社会经济可持续发展具有十分重要的意义。水资源平衡是一个复杂而重要的问题，涉及经济社会、生态环境等多个方面。为了实现水资源平衡，需要综合考虑多种因素并采取相应的措施。

在国土空间总体规划中，应对城市所在地区的水资源是否能满足城市的长远发展，或者能够支撑多大的城市发展规模进行判断，并按照"以水定城、以水定地、以水定人、以水定产"的原则，进行专题研究，实现供需平衡。只有通过科学规划、合理开发、高效利用和严格保护水资源，才能实现水资源的可持续利用和人与自然的和谐共生。

水资源可利用量的测算是一个复杂的过程，涉及多个因素和多种计算方法，一般由水资源相关管理部门或专业机构进行核定；用水需求量可采用城市综合用水量指标法等方法或通过智能化城市给水工程信息系统的辅助决策等系统进行预测。

水资源的供需关系应"供"大于"需"，即水资源可利用量与城市用水需求量的比值要大于1，并应具有一定的充裕度，以保证有充足的供应能力，从而保障城市供水的安全可靠性，否则说明水资源短缺，本地水资源可利用量不足以支撑规划所确定的发展规模和用水标准，需要从开源、节流等方面采取相应的措施，实现水资源的供需平衡。

开发水源：通过科学的修坝蓄水、修渠调水、合理开发与利用地下水、海水淡化和污水再生利用等方式，增加水资源的可供给量。

节约用水：在农业、工业、生活等各个领域推广节水技术和设施，提高用水效率，减少浪费。可通过适当限控城市规模、优化产业发展、调控用水标准，控制供水规模，降低城市用水需求量。

水资源调配：通过跨流域、跨地区的调配来实现水资源的均衡分配，如南水北调工程。

水资源保护与管理：加强生态保护和水土保持等措施，减少水资源的流失和污染，保护水资源的可持续利用。加强水资源管理，完善水资源法律法规和监管机制，保障水资源的合理利用。

推广雨水收集利用：通过建设雨水收集设施、绿色屋顶等方式收集和利用雨水，提高城市雨水的利用率。

水资源供需平衡是一个动态发展的过程，应能及时预判在城市发展的某些阶段、季节可能会出现水资源短缺的情况，并提出应对措施和处置手段，以实现水资源的平衡。

3）水资源利用

开发、利用水资源，应当首先满足城乡居民的生活用水，并兼顾农业、工业、生态环境用水等需要。要结合本地区水资源的实际情况，按照地表水与地下水统一调度开发、开源与节流相结合、节流优先和污水处理再利用的原则，合理组织开发、综合利用水资源。国土空间规划应保护水资源，科学开发和利用水资源，充分保证城市的用水需要。

（1）用保结合

城市水资源的利用与保护是城市可持续发展的重要基石，需要全社会的共同努力才能实现水资源的可持续利用。第一是水源地保护。对城市水源地实施严格保护，禁止在水源地周边进行可能污染水源的活动，确保水源地的水质安全。第二是加强水污染治理。加大对城市污水和工业废水的处理力度，提高污水处理率，减少污染物排放，保护水环境。第三是城市水资源的有序开发。水资源的利用不能以牺牲生态环境为代价，在开发利用过程中必须注重对城市水资源的保护和生态环境的维护，遵循自然资源可持续性法则，开发利用量不得超过水资源系统的补给资源量，以确保城市水资源的可持续利用。

（2）统筹协调

水资源的开发利用与保护要统筹兼顾各方利益。第一，要统筹兼顾上下游、左右岸和地区间、城乡间的利益，确保水资源的合理分配和利用。第二，要考虑生态环境和其他用水户的需求，实现经济效益、社会效益和生态效益的有机统一。第三，要建立统一的水资源管理体系，打破行政区划的界限，统筹与周边地区的协作，共同进行区域水资源的保护和开发利用。

（3）科学规划

科学规划水资源的利用是确保水资源可持续利用的关键。第一，落实"以水定城、以水定地、以水定人、以水定产"的原则，明确目标，保障人民生活用水和生产用水需求，保护水资源的生态环境，提高水资源利用效率。第二，全面调查与评估水资源现状，合理预测未来水资源的需求。第三，优化配置水资源，科学制定水资源的分配和利用方案，加强水资源保护。

（4）合理利用

城市的规模、产业发展和国土空间总体规划的用地结构、规划布局等应与水资源可利用条件相适应。第一，城市生活、生产用水集中，需水量大，水资源的供给十分充裕；第二，在各级各类国土空间规划中应特别注意水资源条件的约束，要落实"以水定地""以水定产"原则，对发展规模、产业和空间布局要充分论证；第三，在水资源不足的地区，应当对城市规模和建设耗水量大的工业、农业和服务业项目加以限制和调控。

（5）节约用水

从城市及其所在区域的具体情况出发，优化城市用水结构，节约用水，走挖潜优化内涵发展的道路。大力推行节约用水措施，推广节约用水的新技术、新工艺，发展节水型工业、农业和服务业，建立节水型社会。工业用水应当采用先进的技术、工艺和设备，增加循环用水次数，提高水的重复利用率。加强城市污水的集中处理，鼓励使用再生水，提高污水再生利用率。

2.2.5　水资源环境底线约束

按照新时代国土空间规划要求，从底线规模约束和空间布局指引两个方面探索落实"以水定城、以水定地、以水定人、以水定产"原则。坚持以水四定的目的在于通过水资源来确定人口、建设用地、经济发展规模以及城市发展布局优化等，其核心是落实"水—人—城"的和谐发展理念。

以水四定主要是依据可供应的水资源量，通过水资源底线约束来控制城市发展规模、优化用水结构，倒逼城市、产业、用地转型发展。

（1）"以水定城"主要通过可供应城市空间的水资源量和城市人均需水量来指引城市的发展规模。

（2）"以水定地"主要需要确定耕地与建设用地的承载规模，耕地承载规模可通过农业灌溉可用水资源量和农业灌溉用水定额来确定；建设用地发展规模需要确定规划总建设用地和规划城乡建设用地，通过可供城镇的用水量和相应的单位用地用水指标来确定。

（3）"以水定人"的关键要素指标包括人均综合用水量和人均综合生活用水量，通过可供水资源量和可供生活用水量来确定可承载的人口规模。

（4）"以水定产"的关键要素指标为万元国内生产总值（GDP）用水指标，通过明确三次产业总的可供水资源量来确定三次产业规模及三次产业结构引导方向。

国土空间的布局应充分尊重水环境、水生态、水安全，并划定相关控制线，对生态、农业、城镇空间布局提出指引和优化要求。

2.3 城市用水量预测

城市用水量预测是编制给水工程规划的基础性工作，也是重要的设计内容。城市用水量应结合水资源状况、节水政策、环保法规和社会经济发展状况及城市建设发展等进行预测。

2.3.1 用水分类

城市供水的对象一般有居住区、工业企业、各类公共服务设施等，它们对供水的水量、水质、水压有不同要求。城市用水概括起来可分为综合生活用水、工业企业用水、浇洒城市道路及广场和绿地用水、管网漏损水量、未预见用水、消防用水六类。

1）综合生活用水

综合生活用水主要是指居民生活用水和公共设施用水。综合生活用水的水质关系到居民的身体健康，必须符合现行国家标准《生活饮用水卫生标准》（GB 5749—2022）的规定，水压应能满足用户使用的要求。

综合生活用水量的多少取决于各地的气候、居住习惯、社会经济条件、水资源丰富程度等因素。随着我国人民生活水平的提高和居住条件的改善，综合生活用水量将有所增长。

（1）居民生活用水

居民生活用水是居民日常生活所需用的水，包括饮用、洗涤、冲厕、洗澡等。生活用水量的大小与人们的生活水平和生活习惯、卫生条件、水费、水压及气候情况等有关。

（2）公共设施用水

公共设施用水包括行政办公、科研、文化、教育、体育、医疗卫生、社会福利和商业服务业、商务金融、娱乐等设施用水。公共设施用水量的大小与人民的生活水平，城市的性质与特点，设施的性质与服务对象、等级与规模、卫生条件，当地气候情况等直接相关。

2）工业企业用水

工业企业用水主要是指工业企业生产过程和厂区内职工生活所需用的水。

（1）工业企业生产过程用水

因生产工艺、产品类型、生产流程的不同，工业企业生产过程用水对供水的水量、水质、水压要求均不同。在确定工业企业用水各项指标时，应深入了解企业的用水情况，熟悉用户的生产工艺过程，以确定其对水量、水质、水压的要求。工业企业可通过加强企业用水管理、改革生产工艺、提高工业用水重复利用率等途径来实现节水。

（2）厂区内职工生活用水

因企业性质、规模、职工工种及特点的差异，厂区内职工生活用水的需求是不相同的，同时该用水也与当地的气候、生活习惯、社会经济条件等因素直接相关。

3）浇洒城市道路及广场和绿地用水

浇洒城市道路及广场用水是指对城市道路、广场进行保养、清洗、降温和消尘等所需用的水。

绿地用水是指公园绿地、防护绿地等的养护、浇灌等所需用的水。

浇洒城市道路及广场和绿地用水量的大小与气候情况、城市社会经济条件、城市规模、城市性质与特点等直接相关。

4）管网漏损水量

管网漏损水量是指水在输配过程中漏失的水量。

5）未预见用水

未预见用水是指在给水工程系统规划设计中，对难以预测的各项因素而准备的水量。

6）消防用水

消防用水是指扑灭火灾所需用的水，一般供应室内和室外消火栓给水系统、自动喷淋灭火系统等。消防用水不经常使用，只在发生火灾时使用，可与城市生活、工业给水系统综合考虑，但短时用水量很大。对于防火要求高的区域，可设立专用消防给水系统，以保证对水量和水压的要求。

此外，还应根据规划区域的实际情况，将规划区内的生态、农业等用水和规划区周边的村镇生活、生产等用水纳入总的城市用水量。

2.3.2 用水量标准

用水量标准是确定给水工程和相应设施规模的主要依据之一。由于我国幅员辽阔，各地具体情况差异较大，因而在确定用水量标准时，必须根据现行的国家有关规范，再结合当地用水现状进行科学预测。用水量标准主要有城市综合用水量指标和分类用水量指标。

城市综合用水量指标一般适用于国土空间总体规划的给水工程规划和给水工程专项规划的用水量标准，也可适用于详细规划设计时的用水量标准。城市分类用水量指标一般适用于详细规划设计时的用水量标准。

城市用水量标准的人均综合用水量、综合生活用水量、不同类别用地用水量等指标，除了参照现行的国家标准外，还可以依托各地的智能化城市供水工程信息系统，通过大数据、物联网、人工智能等新一代信息技术而获取，其用水量指标更具有针对性且更加符合实际。

1）城市综合用水量指标

城市综合用水量指标是指平均单位用水人口所消耗的城市最高日用水量，包括人均综合用水量指标、综合生活用水量指标、不同类别用地用水量指标三类。

（1）人均综合用水量指标

表2-1是现行国家标准《城市给水工程规划规范》（GB 50282—2016）中所规定的城市综合用水量指标。在应用时宜结合当地自然条件、城市规模、社会经济发展水平、水资源状况、节水政策和居民的生活水平等来选择指标值。这个指标体系的基础数据是源自2000—2012年中国城市建设统计年鉴，数据的取样具有代表性和典型性；数据取自全国31个省区市，其中每个省份按东、西、南、北、中五个地理位置分别选取，并兼顾城市规模的代表性，涵盖城市规模的五类七档等七种类型的城市，共选取442个典型城市，占全国657个城市的67.3%。

对全国442个具有代表性的城市近13年的约2.9万个数据分析可知，城市综合用水量指标基本趋于稳定，大部分城市有所下降。因此，综合用水量指标可不考虑增长率。

表2-1　城市综合用水量指标 q_1　　　　　单位：万 m^3/（万人·d）

区域	城市规模						
	超大城市（$P \geqslant 1\,000$）	特大城市（$500 \leqslant P < 1\,000$）	大城市		中等城市（$50 \leqslant P < 100$）	小城市	
			Ⅰ型（$300 \leqslant P < 500$）	Ⅱ型（$100 \leqslant P < 300$）		Ⅰ型（$20 \leqslant P < 50$）	Ⅱ型（$P < 20$）
一区	0.50—0.80	0.50—0.75	0.45—0.75	0.40—0.70	0.35—0.65	0.30—0.60	0.25—0.55
二区	0.40—0.60	0.40—0.60	0.35—0.55	0.30—0.55	0.25—0.50	0.20—0.45	0.15—0.40
三区	—	—	—	0.30—0.50	0.25—0.45	0.20—0.40	0.15—0.35

注：一区包括湖北、湖南、江西、浙江、福建、广东、广西、海南、上海、江苏、安徽；二区包括重庆、四川、贵州、云南、黑龙江、吉林、辽宁、北京、天津、河北、山西、河南、山东、宁夏、陕西、内蒙古河套以东和甘肃黄河以东地区；三区包括新疆、青海、西藏、内蒙古河套以西和甘肃黄河以西地区。本指标已包括管网漏失水量。P 为城区常住人口，单位为万人。

（2）综合生活用水量指标

表2-2是现行国家标准《城市给水工程规划规范》（GB 50282—2016）中所规定的综合生活用水量指标。这个指标的基础数据源自2000—2012年中国城市建设统计年鉴，系根据全国442个具有代表性的城市近13年的约2.9万个数据分析确定的。在应用时宜结合当地自然条件、城市规模、公共设施水平、居住水平和居民的生活水平等来选择指标值。

表2-2　综合生活用水量指标 q_2　　　　　　　单位：L/（人·d）

区域	城市规模						
	超大城市（$P \geqslant 1\,000$）	特大城市（$500 \leqslant P < 1\,000$）	大城市		中等城市（$50 \leqslant P < 100$）	小城市	
			I型（$300 \leqslant P < 500$）	II型（$100 \leqslant P < 300$）		I型（$20 \leqslant P < 50$）	II型（$P < 20$）
一区	250—480	240—450	230—420	220—400	200—380	190—350	180—320
二区	200—300	170—280	160—270	150—260	130—240	120—230	110—220
三区	—	—	—	150—250	130—230	120—220	110—210

注：城市供水标准地域划分同表2-1。综合生活用水为城市居民生活用水与公共设施用水之和，不包括市政用水和管网漏失水量。P为城区常住人口，单位为万人。

（3）不同类别用地用水量指标

不同类别用地用水量指标是指平均单位不同类别建设用地所消耗的城市最高日用水量。

表2-3是根据自然资源部《国土空间调查、规划、用途管制用地用海分类指南》，结合现行国家标准《城市给水工程规划规范》（GB 50282—2016）中的规定，归纳的不同类别用地用水量指标。不同类别用地用水量指标是基于不同类别用地用水量指标调查数据的整理，使用时应根据当地实际情况，经综合分析与比较后选定相应的指标。

① 居住用地用水量包括了居民生活用水及居住区内的公共设施用水、道路浇洒用水和绿化用水等用水量的总和。居住用地用水量指标是在设定居住区内建筑以多层住宅为主情况下的用水量指标。高容积率住宅选用本指标时，宜根据居住用地实际情况对指标进行调整。

② 公共管理与公共服务用地、商业服务业用地的用水量不仅与城市规模、经济发展水平和商贸繁荣程度等因素密切相关，而且随着类别、规模、容积率的不同，用水量差异很大。因此，在指标选取时宜综合考虑以上因素。

③ 工矿用地的用水量在城乡规划领域主要涉及工业用地的用水量。工业用地用水量与城市性质、产业结构、经济发展程度等因素密切相关。同时，工业用地用水量随着主体工业、生产规模、技术先进程度的不同也存在很大差别。在城市规划中工业用地按污染程度划分为一类、二类、三类，而污染程度与用水量之间的对应关系不明显，因此，用水量指标不按城市规划工业用地类别划分。工业用水量指标宜根据城市的主体产业结构、现有的工业用水量和其他类似城市的情况综合分析确定。规划中若有明确意向的工业项目安排，应根据具体项目实际情况确定用水量。

④ 仓储用地中物流仓储用地的用水量指标与其业务类型、规模，处理、存储方式，运输方式等因素相关，应根据实际情况综合分析确定。

⑤ 交通运输用地的用水量指标与交通运输设施类型和运营需求相关。其中，城镇村道路用地的用水量与当地的气候、环境、习惯和城市性质、经济发展程度及洒水频次等相关，交通场站用地的用水量指标与场站类型、规模等因素密切相关，应

根据实际情况综合分析确定。

⑥公用设施用地的用水量指标与公用设施的类型、规模等直接相关，与城市性质、经济发展程度等因素关系密切。

⑦绿地与开敞空间用地的用水量指标与绿地和开敞空间的类型、当地气候条件、绿地布局和植被结构等因素密切相关，应根据实际情况综合分析确定。

表 2-3　不同类别用地用水量指标 q_i　　　　　单位：m^3/hm^2

用地类型		用水量指标
一级类	二级类	
居住用地	城镇住宅用地、城镇社区服务设施用地	50—130
公共管理与公共服务用地	机关团体用地	50—100
	科研用地	40—100
	文化用地	50—100
	教育用地	40—100
	体育用地	30—50
	医疗卫生用地	70—130
商业服务业用地	商业用地	50—200
	商务金融用地	50—120
工矿用地	工业用地	30—150
仓储用地	物流仓储用地	20—50
交通运输用地	城镇村道路用地	20—30
	交通场站用地	50—80
公用设施用地	供水用地、排水用地、供电用地、供燃气用地、供热用地、通信用地、邮政用地、广播电视设施用地、环卫用地、消防用地、水工设施用地、其他公用设施用地	25—50
绿地与开敞空间用地	公园用地、防护绿地、广场用地	10—30

注：本指标已包括管网漏失水量。超出本表的其他各类建设用地的用水量指标可根据所在城市的具体情况确定。

2）城市分类用水量指标

城市分类用水量指标是指按照城市用水的分类，对其六大类城市用水的定额标准进行的解析。

（1）综合生活用水量定额标准

城市统一供给的综合生活用水定额标准，应根据当地国民经济和社会发展、水资源充沛程度、用水习惯，在现有用水定额的基础上，结合总体规划和给水专项规划，并通过信息技术的融合应用，本着节约用水的原则综合分析确定。

表 2-2 是现行国家标准《城市给水工程规划规范》（GB 50282—2016）、《室外给水设计标准》（GB 50013—2018）中所规定的最高日城市综合生活用水定额标准，表 2-4 是现行国家标准《室外给水设计标准》（GB 50013—2018）中所规定的平均日城市综合生活用水定额标准，规划设计时应根据当地实际情况，经综合分析与比

较后选定相应的指标。经济开发区和特区等城市可根据用水实际情况，用水定额可酌情增加；当采用海水或污水再生水等作为冲厕用水时，用水定额相应减少。

表 2-4　平均日综合生活用水定额　　　　　　　　　单位：L／人

城市类型	超大城市	特大城市	I型大城市	II型大城市	中等城市	I型小城市	II型小城市
一区	210—400	180—360	150—330	140—300	130—280	120—260	110—240
二区	150—230	130—210	110—190	90—170	80—160	70—150	60—140
三区	—	—	—	90—160	80—150	70—140	60—130

注：城市规模分类引自《国务院关于调整城市规模划分标准的通知》（国发〔2014〕51号）。城市供水标准地域划分同表 2-1。经济开发区和特区城市，根据用水实际情况，用水定额可酌情增加。当采用海水或污水再生水等作为冲厕用水时，用水定额相应减少。

① 居民生活用水量标准

每个居民日常生活所用的水量称之为居民生活用水量标准，常用 L／（人·d）计。它包括居民的饮用、洗涤、烹调和清洁卫生等用水量。它与室内建筑设备完善程度、居民生活习惯和地区气候条件等有关。

城市建成区的居民生活用水量定额标准可以参照现行国家标准《室外给水设计标准》（GB 50013—2018）中所规定的城市居民生活用水定额标准（表 2-5、表 2-6）选用，并根据当地实际情况，经综合分析与比较后选定相应的指标。

表 2-5　最高日居民生活用水定额　　　　　　　　　单位：L／人

城市类型	超大城市	特大城市	I型大城市	II型大城市	中等城市	I型小城市	II型小城市
一区	180—320	160—300	140—280	130—260	120—240	110—220	100—200
二区	110—190	100—180	90—170	80—160	70—150	60—140	50—130
三区	—	—	—	80—150	70—140	60—130	50—120

注：城市规模分类引自《国务院关于调整城市规模划分标准的通知》（国发〔2014〕51号）。城市供水标准地域划分同表 2-1。

表 2-6　平均日居民生活用水定额　　　　　　　　　单位：L／人

城市类型	超大城市	特大城市	I型大城市	II型大城市	中等城市	I型小城市	II型小城市
一区	140—280	130—250	120—220	110—200	100—180	90—170	80—160
二区	100—150	90—140	80—130	70—120	60—110	50—100	40—90
三区	—	—	—	70—110	60—100	50—90	40—80

注：城市规模分类引自《国务院关于调整城市规模划分标准的通知》（国发〔2014〕51号）。城市供水标准地域划分同表 2-1。

现行国家标准《建筑给水排水设计标准》（GB 50015—2019），规定了住宅生活用水定额标准。住宅生活用水定额与气候条件、水资源状况、经济环境、生活习惯、住宅类别和建设标准等因素有关，设计选用时应综合考虑后选用。表 2-7 的住宅生活用水定额按住宅类别、建筑标准、卫生器具设置标准考虑。

表 2-7　住宅生活用水定额及小时变化系数

住宅类别	卫生器具设置标准	最高日用水定额（L/人）	平均日用水定额（L/人）	最高日小时变化系数 K_h
普通住宅	有大便器、洗脸盆、洗涤盆、洗衣机、热水器和沐浴设备	130—300	50—200	2.8—2.3
	有大便器、洗脸盆、洗涤盆、洗衣机、集中热水供应（或家用热水机组）和沐浴设备	180—320	60—230	2.5—2.0
别墅	有大便器、洗脸盆、洗涤盆、洗衣机、洒水栓、家用热水机组和沐浴设备	200—350	70—250	2.3—1.8

注：当地主管部门对住宅生活用水定额有具体规定时，应按当地规定执行。别墅生活用水定额中含庭院绿化用水和汽车抹车用水，不含游泳池补充水。

② 公共设施用水量标准

表 2-8 是现行国家标准《建筑给水排水设计标准》（GB 50015—2019）中所规定的行政办公、科研、文化、教育、体育、医疗卫生、社会福利设施和商业服务业、商务金融、娱乐等设施用水定额标准；其公共建筑的生活用水定额及小时变化系数应根据卫生器具的完善程度、区域条件和使用要求综合考虑后选用。

表 2-8　公共建筑生活用水定额及小时变化系数

序号	建筑物名称		单位	生活用水定额（L）		使用小时数（h）	最高日小时变化系数（K_h）
				最高日	平均日		
1	宿舍	居室内设卫生间	每人每日	150—200	130—160	24	3.0—2.5
		设公用盥洗卫生间		100—150	90—120		6.0—3.0
2	招待所、培训中心、普通旅馆	设公用卫生间、盥洗室	每人每日	50—100	40—80	24	3.0—2.5
		设公用卫生间、盥洗室、淋浴室		80—130	70—100		
		设公用卫生间、盥洗室、淋浴室、洗衣室		100—150	90—120		
		设单独卫生间、公用洗衣室		120—200	110—160		
3	酒店式公寓		每人每日	200—300	180—240	24	2.5—2.0
4	宾馆客房	旅客	每床位每日	250—400	220—320	24	2.5—2.0
		员工	每人每日	80—100	70—80	8—10	2.5—2.0
5	医院住院部	设公用卫生间、盥洗室	每床位每日	100—200	90—160	24	2.5—2.0
		设公用卫生间、盥洗室、淋浴室		150—250	130—200		
		设单独卫生间		250—400	220—320		
		医务人员	每人每班	150—250	130—200	8	2.0—1.5

序号	建筑物名称		单位	生活用水定额（L）		使用小时数（h）	最高日小时变化系数（K_h）
				最高日	平均日		
5	门诊部、诊疗所	病人	每病人每次	10—15	6—12	8—12	1.5—1.2
		医务人员	每人每班	80—100	60—80	8	2.5—2.0
	疗养院、休养所住房部		每床位每日	200—300	180—240	24	2.0—1.5
6	养老院、托老所	全托	每人每日	100—150	90—120	24	2.5—2.0
		日托		50—80	40—60	10	2.0
7	幼儿园、托儿所	有住宿	每儿童每日	50—100	40—80	24	3.0—2.5
		无住宿		30—50	25—40	10	2.0
8	公共浴室	淋浴	每顾客每次	100	70—90	12	2.0—1.5
		浴盆、淋浴		120—150	120—150		
		桑拿浴（淋浴、按摩池）		150—200	130—160		
9	理发室、美容院		每顾客每次	40—100	35—80	12	2.0—1.5
10	洗衣房		每千克干衣	40—80	40—80	8	1.5—1.2
11	餐饮业	中餐酒楼	每顾客每次	40—60	35—50	10—12	1.5—1.2
		快餐店、职工及学生食堂		20—25	15—20	12—16	
		酒吧、咖啡馆、茶座、卡拉OK房		5—15	5—10	8—18	
12	商场	员工及顾客	每平方米营业厅面积每日	5—8	4—6	12	1.5—1.2
13	办公	坐班制办公	每人每班	30—50	25—40	8—10	1.5—1.2
		公寓式办公	每人每日	130—300	120—250	10—24	2.5—1.8
		酒店式办公		250—400	220—320	24	2.0
14	科研楼	化学	每工作人员每日	460	370	8—10	2.0—1.5
		生物		310	250		
		物理		125	100		
		药剂调制		310	250		
15	图书馆	阅览者	每座位每次	20—30	15—25	8—10	1.2—1.5
		员工	每人每日	50	40		
16	书店	顾客	每平方米营业厅每日	3—6	3—5	8—12	1.5—1.2
		员工	每人每班	30—50	27—40		
17	教学、实验楼	中小学校	每学生每日	20—40	15—35	8—9	1.5—1.2
		高等院校		40—50	35—40		
18	电影院、剧院	观众	每观众每场	3—5	3—5	3	1.5—1.2
		演职员	每人每场	40	35	4—6	2.5—2.0
19	健身中心		每人每次	30—50	25—40	8—12	1.5—1.2

序号	建筑物名称		单位	生活用水定额（L）		使用小时数（h）	最高日小时变化系数（K_h）
				最高日	平均日		
20	体育场（馆）	运动员淋浴	每人每次	30—40	25—40	4	3.0—2.0
		观众	每人每场	3	3		1.2
21	会议厅		每座位每次	6—8	6—8	4	1.5—1.2
22	会展中心（展览馆、博物馆）	观众	每平方米展厅每日	3—6	3—5	8—16	1.5—1.2
		员工	每人每班	30—50	27—40		
23	航站楼、客运站旅客		每人次	3—6	3—6	8—16	1.5—1.2
24	菜市场地面冲洗及保鲜用水		每平方米每日	10—20	8—15	8—10	2.5—2.0
25	停车库地面冲洗水		每平方米每次	2—3	2—3	6—8	1.0

注：中等院校、兵营等宿舍设置公用卫生间和盥洗室，当用水时段集中时，最高日小时变化系数（K_h）宜取高值 6.0—4.0；其他类型宿舍设置公用卫生间和盥洗室时，最高日小时变化系数（K_h）宜取低值 3.5—3.0。除注明外，均不含员工生活用水，员工最高日用水定额为每人每班 40—60 L，平均日用水定额为每人每班 30—45 L。大型超市的生鲜食品区按菜市场用水。医疗建筑用水中已含医疗用水。空调用水应另计。

为了建设节水型社会，地方出台了取水定额标准体系，如北京市的《公共生活取水定额 第 3 部分：饭店》（DB11/T 554.3—2018）、天津市的《城市生活取水定额》（DB12/T 699—2019）等，在相应地区的用水量预测时选用。

（2）工业企业用水量标准

工业企业用水量包括工业企业生产用水和厂区内职工生活所需用水。

①工业企业生产用水标准

工业企业生产用水量一般可用单位产品用水量、单位生产设备单位时间用水量或企业万元产值取水量等作为工业用水量标准。它随生产性质、工艺过程、设备类型、水重复利用率的不同而不同。即使同一种产品，由于生产工艺和设备类型以及地区条件、管理水平等的不同，其用水量标准相差也很大。一般在计算生产用水量时，由生产工艺部门提供用水定额资料；在缺乏具体资料时，可参照同类型工业企业用水量标准或实际生产用水量。

为建设节水型社会，国家出台了工业企业产品取水定额标准，如《工业企业产品取水定额编制通则》（GB/T 18820—2011）、《取水定额 第 1 部分：火力发电》（GB/T 18916.1—2021）、《取水定额 第 2 部分：钢铁联合企业》（GB/T 18916.2—2022）、《取水定额 第 50 部分：聚酯涤纶产品》（GB/T 18916.50—2020）等等。工业生产中的取水定额是指在一定的生产技术和管理条件下，工业企业生产单位产品或创造单位产值所规定的合理用水的标准取水量。

目前，我国已形成了以《工业企业产品取水定额编制通则》（GB/T 18820—2011）为编制基础，覆盖电力、钢铁、石油和化工、造纸、纺织、食品和发酵、有色金属、煤炭等高用水工业行业的取水定额标准体系。地方也根据实际情况，出台了相应的取水定额标准，如天津市的《工业产品取水定额》（DB12/T 697—2019）、北京市的《工业取水定额 饮料》（DB11/T 1696—2019）、《安徽省行业用水定额》（DB34/T 679—2019）等等，这些标准在所在地区产业较为明确的情况下，在进行工业用水量预测时选用。

②厂区内职工生活用水标准

工业企业内工作人员的生活用水量一般与职工的工作类型、特点和建筑设备完善程度、居民生活习惯和地区气候条件等有关。

根据现行国家标准《建筑给水排水设计标准》（GB 50015—2019）可知，工业企业建筑管理人员的最高日生活用水定额应根据卫生器具完善程度和使用要求等情况确定，可取 30—50 L /（人·班）；车间工人的生活用水定额应根据车间性质确定，宜采用 30—50 L /（人·班）；用水时间宜取 8 h，小时变化系数宜取 2.5—1.5。工业企业建筑淋浴的最高日用水定额应根据现行国家标准《工业企业设计卫生标准》（GBZ 1—2010）中的车间卫生特征分级确定，可采用 40—60 L /（人·次），延续供水时间宜取 1 h。在进行总体规划编制时的用水量预测时，本项用水量一般可忽略不计。

（3）浇洒市政道路及广场和绿地用水量标准

浇洒市政道路及广场和绿地用水量应根据路面、绿化、气候和土壤等条件确定。

根据现行国家标准《室外给水设计标准》（GB 50013—2018）、《建筑给水排水设计标准》（GB 50015—2019）等规定，浇洒市政道路及广场用水可根据浇洒面积按 2.0—3.0 L /（m^2·d）核定，浇洒绿地用水可根据浇洒面积按 1.0—3.0 L /（m^2·d）核定，具体应根据规划区域的实际情况选用。

（4）管网漏损水量标准

城市配水管网的漏损水量按照上述三项用水量之和的 10%—12% 计算，当单位管长供水量小或供水压力高时可适当增加。

（5）未预见用水量标准

未预见用水量应根据水量预测时难以预见因素的程度确定，一般采用上述四项用水量之和的 8%—12%。

（6）消防用水量标准

消防用水量、水压及延续时间应符合现行国家标准《消防设施通用规范》（GB 55036—2022）、《建筑防火通用规范》（GB 55037—2022）、《建筑设计防火规范》（GB 50016—2014）（2018 年版）和《消防给水及消火栓系统技术规范》（GB 50974—2014）等的有关规定。水厂、泵站、管网和消火栓等必须满足消防的需求。

①市政消防给水设计流量

市政消防给水设计流量应根据当地火灾统计资料、火灾扑救用水量统计资料、灭火用水量保证率、建筑的组成和市政给水管网运行合理性等因素综合分析、计算确定。

城市市政消防给水设计流量应按同一时间内的火灾起数和一起火灾灭火设计流量经计算确定。同一时间内的火灾起数和一起火灾灭火设计流量不应小于表 2-9 中的规定。

表 2-9　城镇同一时间内的火灾起数和一起火灾灭火设计流量

人数 / 万人	同一时间内的火灾起数（起）	一次火灾灭火用水量（L/s）
$N \leq 1.0$	1	15
$1.0 < N \leq 2.5$		20
$2.5 < N \leq 5.0$	2	30
$5.0 < N \leq 10.0$		35
$10.0 < N \leq 20.0$		45
$20.0 < N \leq 30.0$		60
$30.0 < N \leq 40.0$		75
$40.0 < N \leq 50.0$		
$50.0 < N \leq 70.0$	3	90
$N > 70.0$		100

注：N 表示人数。

根据我国统计数据可知，城市灭火的平均灭火用水量为 89 L/s。近 10 年特大型火灾的消防流量为 150—450 L/s，大型石油化工厂、液化石油气储罐区等的消防用水量则更大。若采用管网来保证这些建构筑物的消防用水量有困难时，可采用蓄水池补充或市政给水管网来协调供水保证。

工业园区、商务区、居住区等市政消防给水设计流量宜根据其规划区域的规模和同一时间的火灾起数，以及规划中的各类建筑室内外同时作用的水灭火系统设计流量之和经计算分析确定。

②工厂、仓库、堆场、储罐区或民用建筑的室外消防用水量

工厂、仓库、堆场、储罐区或民用建筑的室外消防用水量应按同一时间内的火灾起数和一次灭火用水量确定。同一时间内的火灾起数应符合表 2-10 中的规定。

表 2-10　工厂、仓库、堆场、储罐区或民用建筑在同一时间内的火灾起数

名称	设施占地面积（hm²）	且附有居住区人数（万人）	同一时间内的火灾起数（起）	备注
工厂、堆场、储罐区等	≤ 100	≤ 1.5	1	按需水量最大的一座建筑物（或堆场、储罐区）计算
		> 1.5	2	其中，居住区应计 1 起，工厂、堆场或储罐区应计 1 起
	> 100	—	2	按需水量最大的两座建筑物（或堆场、储罐区）计算各计 1 起
仓库、民用建筑	—	—	1	按需水量最大的一座建筑物（或堆场、储罐区）计算

一起火灾灭火所需消防用水的设计流量应由建筑的室外消火栓系统、室内消火栓系统、自动喷水灭火系统、泡沫灭火系统、水喷雾灭火系统、固定消防炮灭火系统、固定冷却水系统等需要同时作用的各种水灭火系统的设计流量组成，并应符合下列规定：第一，应按需要同时作用的各种水灭火系统的最大设计流量之和确定；

第二，两座及以上建筑合用消防给水系统时，应按其中设计流量最大者确定；第三，当消防给水与生活、生产给水合用时，合用系统的给水设计流量应为消防给水设计流量与生活、生产用水最大小时流量之和。计算生活用水最大小时流量时，淋浴用水量宜按15%计，浇洒及洗刷等火灾时能停用的用水量可不计。

③ 建筑物室外消火栓设计流量

建筑物室外消火栓设计流量应根据建筑物的用途功能、体积、耐火等级、火灾危险性等因素综合分析确定。

建筑物室外消火栓设计流量不应小于表2-11中的规定。宿舍、公寓等非住宅类居住建筑的室外消火栓设计流量应按表2-11中的公共建筑确定。

表2-11　建筑物室外消火栓设计流量　　　　　　　单位：L/s

耐火等级	建筑物名称及类别			建筑体积（m³）					
				$V \leqslant$ 1 500	1 500 $<V$ $\leqslant 3\ 000$	3 000 $<V$ $\leqslant 5\ 000$	5 000 $<V$ $\leqslant 20\ 000$	20 000 $<V$ $\leqslant 50\ 000$	$V>$ 50 000
一级、二级	工业建筑	厂房	甲、乙	15	20	25	30	35	
			丙	15	20	25	30	40	
			丁、戊	15					20
		仓库	甲、乙	15		25		—	
			丙	15		25		35	45
			丁、戊	15					20
	民用建筑	住宅		15					
		公共建筑	单层及多层	15			25	30	40
			高层	—			25	30	40
	地下建筑（包括地铁）、平战结合的人防工程			15			20	25	30
三级	工业建筑		乙、丙	15	20	30	40	45	—
			丁、戊	15		20	25	35	
	单层及多层民用建筑			15		20	25	30	—
四级	丁类、戊类工业建筑			15		20	25	—	
	单层及多层民用建筑			15		20	25	—	

注：成组布置的建筑物应按消火栓设计流量较大的相邻两座建筑物的体积之和确定；火车站、码头和机场的中转库房，其室外消火栓设计流量应按相应耐火等级的丙类物品库房确定；国家级文物保护单位的重点砖木、木结构的建筑物室外消火栓设计流量，按三级耐火等级民用建筑物消火栓设计流量确定；当单座建筑的总建筑面积大于500 000 m²时，建筑物室外消火栓设计流量应按本表规定的最大值增加一倍。V表示建筑体积。

④ 构筑物消防给水设计流量

对消防有特别要求的构筑物主要包括：石油化工厂工艺生产装置、石油天然气工程工艺生产装置、可燃液体储罐；易燃、可燃材料露天、半露天堆场，可燃气体罐区；加油加气站、城市交通隧道洞口等。

以煤、天然气、石油及其产品等为原料的工艺生产装置的消防给水设计流量，应根据其规模、火灾危险性等因素综合确定。石油化工、石油天然气工程和煤化工工程等的专业性很强，消防要求高，其消防给水设计流量应按现行国家标准《石油化工企业设计防火标准》（GB 50160—2008）（2018 年版）和《石油天然气工程设计防火规范》（GB 50183—2015）等的规定实施。

易燃、可燃材料露天、半露天堆场，可燃气体罐区的室外消火栓设计流量不应小于表 2-12 中的规定。易燃材料单垛体积大，堆场总容量大，一旦起火损失和影响较大，因此要严格把控。据统计，可燃材料堆场火灾的消防用水量一般为 50—55 L/s，平均用水量为 58.7 L/s。

表 2-12　易燃、可燃材料露天、半露天堆场，可燃气体罐区的室外消火栓设计流量

名称		总储量或总容量	室外消火栓设计流量（L/s）
粮食（t）	土圆囤	30＜W≤500	15
		500＜W≤5 000	25
		5 000＜W≤20 000	40
		W＞20 000	45
	席穴囤	30＜W≤500	20
		500＜W≤5 000	35
		5 000＜W≤20 000	50
棉、麻、毛、化纤百货（t）		10＜W≤500	20
		500＜W≤1 000	35
		1 000＜W≤5 000	50
稻草、麦秸、芦苇等易燃材料（t）		50＜W≤500	20
		500＜W≤5 000	35
		5 000＜W≤10 000	50
		W＞10 000	60
木材等可燃材料（m³）		50＜V≤1 000	20
		1 000＜V≤5 000	30
		5 000＜V≤10 000	45
		V＞10 000	55
煤和焦炭（t）	露天或半露天堆放	100＜W≤5 000	15
		W＞5 000	20
可燃气体储罐或储罐区（m³）		500＜V≤10 000	15
		10 000＜V≤50 000	20
		50 000＜V≤100 000	25
		100 000＜V≤200 000	30
		V＞200 000	35

注：固定容积的可燃气体储罐的总容积按其几何容积（m³）和设计工作压力（绝对压力，10⁵ Pa）的乘积计算；当稻草、麦秸、芦苇等易燃材料堆垛的单垛重量大于 5 000 t 或总重量大于 50 000 t 时，木材等可燃材料堆垛的单垛容量大于 5 000 m³ 或总容量大于 50 000 m³ 时，室外消火栓设计流量应按本表规定的最大值增加一倍。W 表示总储量或总容量。

国内外发生的隧道火灾均表明，隧道特殊的火灾环境对人员逃生和灭火救援是一个严峻的挑战。为保障消防安全，城市交通隧道洞口外的室外消火栓设计流量一般不应小于 30 L/s。

2.3.3　用水量变化

用水量受城市居民作息时间和生产情况等的影响，总是时刻变化的。通常所说的城市用水量标准仅是一个平均值，不能确定给水系统的设计水量和各项单项工程的设计水量。为了准确进行取水工程、净水工程和输配水工程的规划设计，必须清晰了解用水量逐日、逐时的变化情况。用水量的动态变化情况，可通过给水工程智能化系统获取。城市用水量的变化规律用日变化系数和时变化系数来表示。

1）日变化系数

一年中每日的用水量随季节、气候和生活习惯、生产需求等的不同而有所变化。在规划设计年限内，将用水最多一日的用水量称为最高日用水量；将平均每日的用水量称为平均日用水量。

给水规模是指规划期末城市所需的最高日用水量，即城市给水工程统一供水的城市最高日用水量，一般用来确定给水系统中各项构筑物的规模。而在城市水资源平衡中所用的水量一般是指平均日用水量。最高日用水量与平均日用水量的比值叫日变化系数：

$$K_d = 最高日用水量 / 平均日用水量 \qquad (2-1)$$

2）时变化系数

在一天中，每小时的用水量也是在不断变化的，变化幅度与居民人数及人员构成、居民作息制度、房屋设备情况、生活习惯和生产用水特性等有关。最高日最大用水时段内的小时用水量称为最大时用水量；最高日用水时段内的平均小时用水量称为平均时用水量。最大时用水量与平均时用水量的比值称为时变化系数：

$$K_h = 最大时用水量 / 平均时用水量 \qquad (2-2)$$

城市供水的时变化系数、日变化系数应根据城市的性质和规模、国民经济和社会发展、供水系统布局，再结合现状供水曲线和日用水变化分析确定。现行国家标准《室外给水设计标准》（GB 50013—2018）规定，当缺乏实际用水资料时，最高日城市综合用水的时变化系数宜采用 1.2—1.6，日变化系数宜采用 1.1—1.5。当二次供水设施较多采用叠压供水模式时，时变化系数宜取大值。

2.3.4　用水量预测

城市用水量预测是指采用一定的方法，有条件地预测城市将来某一阶段可能的用水量。通常以历年的相关资料为依据，以经济发展、产业特点、人口变化、建设用地规模、土地使用强度和水资源情况、政策导向等为条件，对未来用水量的规律进行分析，结合国家及当地对于节水的要求，使预测的用水量尽量切合实际。

用水量的预测方法除了采用城市综合用水量指标法等方法外，还可以通过智能化城市给水工程信息系统的辅助决策等系统，建构预测模型，进行用水量预测。

城市用水量的预测涉及现状和将来发展的诸多因素，无论是总体规划中的给水工程规划，还是详细规划中的给水工程规划，或是给水工程专项规划，通常采用多种方法相互校核，综合分析后确定预测用水量。城市用水量预测的时限一般与相应的规划年限一致。

1）城市综合用水量指标法

城市综合用水量指标法是根据用水人口数，并合理选用城市综合用水量指标（参见前表 2-1）进行预测用水量的方法，一般适用于总体规划中的给水工程规划和给水工程专项规划。用该法预测的用水量计算公式如下：

$$Q = q_1 P \tag{2-3}$$

式中：Q——城市最高日用水量（万 m^3）；q_1——城市综合用水量指标（万 m^3/万人）；P——用水人口（万人）。

2）综合生活用水比例相关法

综合生活用水比例相关法是根据工业用水量与综合生活用水量的比值、其他用水系数，并合理选用综合生活用水量指标（参见前表 2-2）进行预测用水量的方法，一般适用于总体规划中的给水工程规划和给水工程专项规划。用该法预测的用水量计算公式如下：

$$Q = 10^{-7} q_2 P(1+s)(1+m) \tag{2-4}$$

式中：Q——城市最高日用水量（万 m^3）；q_2——综合生活用水量指标（L/人）；s——工业用水量与综合生活用水量的比值；m——其他用水（市政用水及管网漏损）系数，当缺乏资料时该系数可取 0.10—0.15。

在城市用水量中工业用水占有一定比重，而各城市的工业用水量因工业的产业结构、规模、工艺的先进程度等因素不尽相同，但同一城市的工业用水量与综合生活用水量之间往往有相对稳定的比例，因此可采用"综合生活用水量指标"结合两者之间的比例来预测城市生活与工业用水量。

3）不同类别用地用水量指标法

不同类别用地用水量指标法是根据不同类别的用地规模，并合理选用不同类别用地水量指标（参见前表 2-3）进行预测用水量的方法，一般适用于总体规划、详细规划的给水工程规划和给水工程专项规划。用该法预测的用水量计算公式如下：

$$Q = 10^{-4} \sum q_i a_i \tag{2-5}$$

式中：Q——城市最高日用水量（万 m^3）；q_i——不同类别用地用水量指标（m^3/hm^2）；a_i——不同类别用地规模（hm^2）。

4）分项加和法

分项加和法是分别对城市的综合生活用水、工业企业用水、浇洒城市道路及广场和绿地用水等各类用水进行预测，获得各类用水量，然后相加的预测用水量方法，一般适用于总体规划、详细规划的给水工程规划和给水工程专项规划。用该法预测的用水量计算公式如下：

$$Q = (q_{综合生活用水} + q_{工业企业用水} + q_{浇洒城市道路及广场用水} + q_{浇洒绿地用水})(1+m) \qquad (2-6)$$

式中：Q——城市最高日用水量（万 m^3）；$q_{综合生活用水}$——综合生活用水量（万 m^3）；$q_{工业企业用水}$——工业企业用水量（万 m^3）；$q_{浇洒城市道路及广场用水}$——浇洒城市道路及广场用水量（万 m^3）；$q_{浇洒绿地用水}$——浇洒绿地用水量（万 m^3）；m——其他用水（管网漏损、未预见用水）系数，当缺乏资料时该系数可取 0.15—0.20。

（1）综合生活用水量。可直接根据综合生活用水量标准（参见前表 2-2）的相关指标核定用水量，或者是分别根据居民生活用水量标准（参见前表 2-5、表 2-7）、公共建筑生活用水量标准（表 2-8），对居民生活用水和公共建筑生活用水进行预测后合计。

（2）工业企业用水量。可直接根据地均工业用地综合用水量指标（参见前表 2-3）进行预测，或者是分别根据工业企业生产用水和厂区内职工生活所需用水标准分别进行预测后合计。

（3）浇洒城市道路及广场和绿地用水、管网漏损水量、未预见用水量。通常按照常规办法进行分别预测。

消防用水量一般应按照现行国家标准《消防给水及消火栓系统技术规范》（GB 50974—2014）等的有关规定进行预测。根据现行国家标准《室外给水设计标准》（GB 50013—2018）的相关规定可知，水厂设计规模应按设计年限，规划供水范围内综合生活用水、工业企业用水、浇洒城市道路及广场和绿地用水、管网漏损、未预见用水的最高日用水量之和确定，消防用水量一般可不纳入总用水量。

5）统计分析法

统计分析法一般是依据城市用水历年统计数据，建立数学模型进行用水量预测的方法。因为计算原理和数学模型不同，有多种预测方法，如年增长率法等，基本计算公式如下：

$$Q = Q_0(1+\gamma)^n \qquad (2-7)$$

式中：Q——预测年城市用水量（万 m^3）；Q_0——起始年份用水量（万 m^3）；γ——城市用水量的平均增长率（%）；n——预测年限（a）。

采用统计分析法预测用水量，一般适用于用水相关资料齐全、经济社会发展平稳的总体规划、详细规划的给水工程规划和给水工程专项规划。

统计分析法可通过智能化城市给水工程信息系统的辅助决策等系统，建构预测模型，进行用水量预测。

2.3.5 用水量预测应注意的问题

1）关注预测方法

影响城市用水量预测的因素有很多，预测的思路应按照历年用水量资料对影响用水量大的因素进行研判，综合分析水资源状况、社会经济发展水平，然后建立模型预测，计算预测用水量。用水量预测方法应结合具体情况科学选用。在最充分地利用资料的条件下，应选用符合城市特性、最能显示其优点的预测方法。在规划时应采用多种方法进行预测，以相互校核，尽可能使预测精准。

2）分析历史数据

在不同的历史阶段，用水量有不同的变化规律。选用数据时应全面考虑各种历史因素，若采用不恰当的资料，可能会使预测结果有较大偏差。在现行国家标准《城市给水工程规划规范》（GB 50282—2016）中，对全国 442 个具有代表性的城市近 13 年的约 2.9 万个数据分析表明，城市综合用水量指标基本趋于稳定，大部分城市有所下降。

3）考虑地方特征

城市的经济发展状况、自然环境条件、水资源富裕程度、基础设施配置水平、人们的生活习惯、产业结构与规模等都是影响城市用水量的重要因素，各地有一定的区别，而国家标准和规范很难全面反映这些差异，因此在使用各种用水量指标进行预测时，可更多地采用地方标准进行预测，这样用水量预测结果更能切合实际。

4）注意人口特点

用水量预测时的用水量标准指标的选用通常是要根据城市人口规模取值的，并直接使用城市人口数作为变量，所以人口预测直接影响用水量预测。随着城乡统筹发展、区域交通快速化、区域经济一体化和户籍政策等的变化，用水量预测时要特别注意城市人口的构成特点和流动特性。

5）研判变化规律

一个特定的城市，在一定的城市化发展阶段，会受到经济社会发展和水资源的影响，城市用水量的需求是呈阶段性的。因此，用水量指标的确定应结合城市的具体情况和各项相关因素确定，尤其需要对一定时期的用水量和现状用水量进行调查，并对未来用水量的规律进行分析，再结合国家及当地对于节水的要求，使预测的用水量更切合实际。

2.4 城市给水水源规划

2.4.1 水资源种类

城市水资源是指用于城市用水的地表水和地下水、再生水、雨水、海水等。其中，地表水、地下水被称为常规水资源，再生水、雨水、海水等被称为非常规水资源。

1）常规水资源

（1）地表水

地表水包括江河水、湖泊及水库水等。

地表水源具有径流量较大，水的矿化度、硬度较低，铁、锰含量也较低等特点；其水量充沛，常能满足大用量供水的需要，所以是城市给水的主要水源。但地表水源常常受到地面各种因素的影响，往往呈现浑浊度较高、水温变幅大、易受人为活动污染、季节变化明显等特征。地表水作为水源时，因地形地质、水文和安全、卫生防护等方面较为复杂，且水处理成本较高，所以投资和运行费用较大。

① 江河水

我国江河水水源丰富，除山区河流外，一般径流量较大，适合于城市取水。但江河水质易受污染，常带有很多的悬浮物质，有些地区的河流含沙量较高，或有机物和细菌含量较高，矿化度、硬度较低。江河水被选作水源时一般都需要经过净化处理。

② 湖泊及水库水

湖泊及水库水可作为给水水源。该类水一般具有水量充沛、水质较清、泥沙和悬浮物较少等特点，但水中易繁殖藻类及浮游生物，在给水处理工艺中需加以注意。

（2）地下水

地下水是指地面以下岩土孔隙中的水，狭义层面是指潜水层面下饱水带中的重力水。地下水按贮存埋藏条件可分为包气带水（包括结合水、毛管水、重力水）和饱水带水（包括潜水、承压水），一般可开采潜水、承压水作为给水水源。地下水具有水质良好、水量稳定、分布广泛和浮杂质少、浑浊度低、有机物和细菌含量少等特点，但其矿化度和硬度较高，在给水处理工艺中应加以针对性处理。

地下水存在于土层和岩层中，透水性较好的土层和岩层被称作透水层，也叫含水层。透水性极差或不透水的为隔水层。

① 潜水

潜水埋藏在地表以下、第一个稳定隔水层以上，具有自由水面的重力水，主要靠河流和雨水下渗补给。潜水在我国分布广，储量丰富；潜水的分布区与补给区往往一致，水位及水量受自然因素的影响变化较大；潜水的埋深较浅，易被污染，如被用作给水水源必须加强卫生防护。

② 承压水

承压水是埋藏并充满两个稳定隔水层之间有压力的地下水。承压水在我国自然界中分布广泛，储量比较丰富；承压水的补给区与分布区不一致，动态变化不显著；承压水的埋深较深，不易受污染，常被用作给水水源。

2）非常规水资源

再生水、雨水、海水等非常规水资源一般可作为工业用水、市政用水或其他对水质要求较低用水的水源。

（1）再生水

再生水是指城市污水经过净化处理达到所要求的水质标准和水量要求，并用于景观环境、城市杂用、工业和农业的用水。再生水的可利用量应纳入城市水资源平衡分析的范围。

再生水具有量大、就近可取、水量受季节性影响小、投资和处理成本低等优点。再生水的利用应充分考虑对人体健康和环境质量的影响，应按照一定的水质标准进行处理和使用。

（2）雨水

雨水利用是一种综合考虑雨水径流污染控制、城市防洪以及生态环境改善等要求，建立屋面雨水集蓄系统、雨水截污与渗透系统、生态小区雨水利用系统等的方法。将雨水用作城市杂用水是城市水资源可持续利用的重要措施之一。

雨水利用是一种立足本地水资源、解决水资源短缺的现实可行的有效措施。雨水利用减少了市政供水量，缓解了城市用水供需矛盾。雨水利用从形式上可分为适当处理后的直接利用和强化雨水下渗的间接利用。在缺水地区修建一定的水利工程，形成雨水贮留系统，既可作为城市水源，也可减少洪涝之害。雨水可利用量受年际和季节性的影响较大，水量不稳定。一般在用水需求的指标中考虑雨水利用的影响，不直接参与城市水资源供需平衡计算。

由于天然雨水具有硬度低、污染物少等优点，因此它在减少城市雨洪危害、开拓水源方面正日益成为重要主题。对于大型公用建筑、居住区、建筑群体和设施农业等屋面及地面雨水，经收集和一定处理后，除用于浇灌农作物、补充地下水，还可用于景观环境、绿化、洗车场、道路冲洗、冷却水补充、冲厕及一些其他非生活用水用途。

（3）海水

海水利用包括海水的直接利用和海水淡化。在沿海淡水资源匮乏地区新建、改建和扩建高耗水工业项目，应优先考虑海水的直接利用。缺乏淡水资源的沿海或海岛城市宜将海水直接或经处理后作为城市给水水源。海水综合利用应作为水资源的重要补充，其利用量应纳入城市水资源供需平衡分析的范围。

海水作为工业生产用的冲洗水和冷却水在我国沿海地区已有使用，也可作为印染、制药、制碱、海产品加工的生产用水，还可用于以海水资源、沿海滩涂资源和耐盐植物为对象的特殊农业灌溉。海水作为饮用水水源，由于处理成本较高，目前还未普及。

2.4.2　水源选择

城市给水水源的水质是否良好和水量是否充足，将直接影响城市的生存与发展。因此，必须要对城市的水资源情况做深入细致的调查，合理选择城市给水水源。

城市给水水源应根据当地城市水资源条件和给水需求进行技术经济分析，按照优水优用的原则合理选择。

1）水源选择依据

城镇给水水源的选择应以水资源勘察评价报告为依据，应确保取水量和水质可靠，严禁盲目开发。进行水资源勘察与评价是选择给水水源和确定水源地的基础，也是保障城市给水安全的前提条件。要根据流域的综合规划进行城市水资源的勘查和评价，以确定水质、水量安全可靠的水源。水资源属于国家所有，国家对水资源依法实行取水许可证制度和有偿使用制度。不能脱离评价报告和在未得到取水许可时盲目开发水源。

据调查，一些项目在确定给水水源前，对所选择的水源没有进行详细勘察和论证，导致工程失误，造成先天不足；有些工程在建成后发现水源水量不足或与农业用水发生矛盾，不得不另选水源；有的工程采用兴建水库作为水源，而在设计前没有对水库汇水情况进行详细勘察，造成水库蓄水量不足。一些拟以地下水为水源的工程，没有进行详细的地下水资源勘察，未取得必要的水文资料，而盲目兴建地下水取水构筑物，以致取水量不足，甚至完全失败。因此，在给水水源选择前，必须进行水资源的勘察、论证。

2）水源选用原则

水源的选用应通过技术经济比较后综合确定，并应满足下列条件：

（1）水源应位于水体功能区划所规定的取水地段

水源的选用应根据各地的水资源保护与利用规划，要选择在水体功能区划中所划定的饮用水水源取水地段。

依据国家《水功能区监督管理办法》可知，水功能区分为一级区和二级区：一级水功能区从宏观上解决水资源开发利用与保护的问题，主要协调地区间的用水关系，长远考虑可持续发展的需求，包括保护区、保留区、缓冲区和开发利用区；二级水功能区对一级水功能区中的开发利用区进行划分，主要协调用水部门之间的关系，包括饮用水水源区、工业用水区、农业用水区、渔业用水区、景观娱乐用水区、过渡区和排污控制区。

（2）水源不易受污染，便于建立水源保护区

城市给水水源的选择应对水资源所涉及的区域发展、空间组织、产业布局及其水源的周边环境、上下游关系等相关影响因素进行全面调查、综合分析与研判，以保障给水水源不易受污染，便于建立水源保护区。

（3）水源使用可靠、管控可行

对水资源的选用要统一规划、合理分配、优水优用、综合利用，科学确定城市供水水源的开发次序。当城市给水水源有多种水源可供选择时，选择的次序一般是先当地水后过境水，先自然河道后需调节径流的河道，先地表水后地下水，以保障给水水源的使用可靠、管理方便、控制有效。

（4）可取水量充沛可靠

水源的水量要充足，必须能满足居民生产和生活等用水的需求。城市的公共供水极为重要，供水一旦不足将成为严重的公共事件，影响社会稳定。

当地表水作为城市给水水源时，取水量应符合流域水资源开发利用规划的规定，供水保证率宜达到90%—97%。水资源较丰富地区及大中城市的枯水流量保证率宜取上限，干旱地区、山区（河流枯水季节径流量很小）及小城镇的枯水流量保证率可取下限。当选择的水源枯水流量不能满足保证率要求时，应采取选择多个水

源、增加水源调蓄设施、市域外引水等措施来保证需求。

当地下水作为城市给水水源时，取水量不得大于允许开采量，严禁盲目开采。地下水开采后，应不引起水位持续下降、水质恶化及地面沉降。开发地下水必须做好地下水源的勘察工作，以防止过量开采地下水，造成地面下沉和地下水位下降等现象。目前我国不少城市出现过量开采地下水现象，为了保护和合理开采地下水，防止出现因地下水超采而造成的地面沉陷和地下水源枯竭状况，所以取水量不得大于地下水源允许开采量。

当城市之间使用同一水源或水源在规划区外时，应进行区域或流域范围内的水资源供需平衡分析，并根据水资源平衡分析制定保持平衡的对策。

（5）水质符合国家有关现行标准

水质符合要求是给水水源选择的重要条件。

采用地表水作为生活饮用水水源时，水源水质应根据现行国家标准《地表水环境质量标准》（GB 3838—2022）来判别，同时必须符合《生活饮用水卫生标准》（GB 5749—2022）等规定与要求。

采用地下水作为生活饮用水水源时，水源水质应符合现行国家标准《地下水质量标准》（GB/T 14848—2017）、《生活饮用水卫生标准》（GB 5749—2022）等规定。

（6）与农业、水利等综合统筹利用

应配合有关部门制定水资源开发利用规划，全面考虑、统筹安排，正确处理与给水工程有关部门（如农业、水力发电、航运、旅游、水产养殖、排水等）的关系，以综合利用和合理开发水资源。

（7）与城市建设和发展相协调

在城市给水水源选择时，必须考虑取水、输水、净水设施的安全、经济和维护方便，与城市长远发展相协调，并具有一定的交通、运输和施工条件。

2.4.3　水源地选址

水源地是指用于城市取水工程的水源地域。

水源地的选址应满足取水、原水输送设施的安全和维护需要，保障原水的卫生防护和输水的安全顺畅。

1）地表水源地选址

当选用地表水为水源时，水源地应位于水体功能区划规定的取水段，且水质符合相应的现行国家标准的区域，并应满足下列条件：

（1）位于水质较好的地带；

（2）靠近主流，有足够的水深，有稳定的河床及边岸，有良好的工程地质条件；

（3）尽可能不受泥沙、漂浮物、冰凌、冰絮等影响；

（4）不妨碍航运和排洪，并应符合河道、湖泊、水库整治规划的要求；

（5）尽量不受河流上的桥梁、码头、丁坝、拦河坝等人工构筑物或天然障碍的影响；

（6）靠近主要用水地区；

（7）供生活饮用水的地表水取水构筑物的位置应位于城镇和工业企业上游的清洁河段，且大于工程环评报告所规定的与上下游排污口的最小距离。

当水源为高浊度江河水时，水源地应选在浊度相对较低的河段或有条件设置避沙峰调蓄设施的河段，并应符合现行行业标准《高浊度水给水设计规范》（CJJ 40—2011）中的规定。

当水源为咸潮江河时，水源地应选在氯离子含量符合现行国家标准所规定的河段，或根据咸潮特点在避咸蓄淡水库取水或在咸潮影响范围以外的上游河段取水，经技术经济比较确定。

当水源为湖泊及水库水时，水源地应选在藻类含量较低、水位较深和水域开阔的位置，并应符合现行行业标准《含藻水给水处理设计规范》（CJJ 32—2011）中的规定。

2）地下水源地选址

当选用地下水为水源时，水源地应满足下列条件：

（1）位于水质好、不易受污染且可设立水源保护区的富水地段；

（2）尽量靠近主要用水地区或居民区的上游地段；

（3）施工、运行和维护方便；

（4）尽量避开地震区、地质灾害区、矿产采空区和建筑物密集区。

2.4.4 水源保护

水源保护是确保用水安全的第一道防线。为防止给水水源出现水质污染和水源枯竭，在城市规划中必须明确保护措施。

为保护和改善环境，防治水污染，保护水生态，保障饮用水安全，维护公众健康，推进生态文明建设，促进经济社会可持续发展，国家出台了《中华人民共和国水污染防治法》（2017年修正）、《地表水环境质量标准》（GB 3838—2002）、《地下水质量标准》（GB/T 14848—2017）、《饮用水水源保护区污染防治管理规定》（2010年修正）等法规，有效保障了人民饮用水的安全。

为防治水污染，保护地表水水质，应根据不同水质的使用功能划分水体功能区，从而可以实施不同的水污染控制标准和保护目标。在城乡规划活动中，必须结合水体功能分区进行城乡布局。根据现行国家标准《地表水环境质量标准》（GB 3838—2002），依据地表水水域环境功能和保护目标，按功能高低依次划分为 I—V 五类；对应地表水五类水域功能，将地表水环境质量标准的基本项目标准值分为五类，不同功能类别分别执行相应类别的标准值（表 2-13）。

表 2-13　地表水水域功能分类与水污染防治控制区及污水综合排放标准分级之间的关系

水质分类	地表水环境质量标准中的水域功能	水污染防治控制区	污水综合排放标准分级
I	源头水、国家自然保护区	特殊控制区	禁止排放污水

水质分类	地表水环境质量标准中的水域功能	水污染防治控制区	污水综合排放标准分级
Ⅱ	集中式生活饮用水地表水源地一级保护区、珍稀水生生物栖息地、鱼虾类产卵场、仔稚幼鱼的索饵场等	特殊控制区	禁止排放污水
Ⅲ	集中式生活饮用水地表水源地二级保护区、鱼虾类越冬场、洄游通道、水产养殖区等渔业水域及游泳区	重点控制区	执行一级标准
Ⅳ	工业用水区及人体非直接接触的娱乐用水区	一般控制区	执行二级或三级标准（排入城市生物处理污水处理厂）
Ⅴ	农业用水区及一般景观要求水域	一般控制区	

1）地表水源保护

（1）水源保护区

①饮用水地表水源保护区的划分：

一级保护区。在饮用水地表水源取水口附近划定一定的水域和陆域作为饮用水地表水源一级保护区。一级保护区的水质标准不得低于现行国家标准《地表水环境质量标准》（GB 3838—2022）中的Ⅱ类标准，并要符合《生活饮用水卫生标准》（GB 5749—2022）中的要求。

二级保护区。在饮用水地表水源一级保护区外划定一定的水域和陆域作为饮用水地表水源二级保护区。二级保护区的水质标准不得低于现行国家标准《地表水环境质量标准》（GB 3838—2022）中的Ⅲ类标准，应保证一级保护区的水质能满足规定。

准保护区。根据需要可在饮用水地表水源二级保护区外划定一定的水域和陆域作为饮用水地表水源准保护区。准保护区的水质标准应保证二级保护区的水质能满足规定。

②饮用水地表水源各级保护区及准保护区内均必须遵守下列规定：

禁止一切破坏水环境生态平衡的活动以及破坏水源林、护岸林、与水源保护相关植被的活动。

禁止向水域倾倒工业废渣、城市垃圾、粪便及其他废弃物。

运输有毒有害物质、油类、粪便的船舶和车辆一般不准进入保护区，必须进入者应事先申请并经有关部门批准、登记并设置防渗、防溢、防漏设施。

禁止使用剧毒和高残留农药，不得滥用化肥，不得使用炸药、毒品捕杀鱼类。

③饮用水地表水源各级保护区及准保护区内必须分别遵守下列规定：

在一级保护区内，禁止新建、扩建与供水设施和保护水源无关的建设项目；禁止向水域排放污水，已设置的排污口必须拆除；不得设置与供水需要无关的码头，禁止船舶停靠；禁止堆置和存放工业废渣、城市垃圾、粪便和其他废弃物；禁止设置油库；禁止从事种植、放养畜禽和网箱养殖活动；禁止可能污染水源的旅游活动和其他活动。

在二级保护区内，禁止新建、改建、扩建排放污染物的建设项目；原有排污口依法拆除或者关闭；禁止设立装卸垃圾、粪便、油类和有毒物品的码头。

在准保护区内，禁止新建、扩建对水体污染严重的建设项目；改建的建设项目不得增加排污量。

（2）水源卫生防护

饮用水地表水源的卫生防护应符合国家相关规范，主要有：

① 在取水点周围半径 100 m 的水域内，严禁捕捞、网箱养殖、停靠船只、游泳和从事可能污染水源的任何活动。

② 在取水点上游 1 000 m 至下游 100 m 的水域内不得排入工业废水和生活污水；在其沿岸防护范围内不得堆放废渣，不得设立有毒、有害化学物品仓库、堆栈，不得设立装卸垃圾、粪便和有毒有害化学物品的码头；在取水点上游 1 000 m 至下游 100 m 的水域内不得使用工业废水或生活污水灌溉及施用难降解或剧毒的农药，不得排放有毒气体、放射性物质，不得从事放牧等可能污染该段水域水质的活动。

③ 以河流为给水水源的集中式给水，可把取水点上游 1 000 m 以外一定范围的河段划为水源保护区，严格控制上游污染物的排放量。排放污水时应符合现行国家标准《污水综合排放标准》（GB 8978—1996）中的有关要求，以保证取水点的水质符合饮用水水源水质要求。

作为饮用水水源的水库和湖泊应根据不同情况的需要，将取水点周围的部分水域或整个水域及其沿岸划为水源保护区。

受潮汐影响的河流，其生活饮用水取水点上下游及其沿岸的水源保护区范围，应根据具体情况相应扩大。

④ 水厂生产区的范围应明确划定，并设立明显标志；在生产区外围方圆 30 m 范围内，不得设置生活居住区，不得修建渗水厕所、渗水坑和禽畜饲养场，不得堆放垃圾、粪便、废渣和铺设污水渠道；应保持良好的卫生状况和绿化。

在单独设立泵站、沉淀池和清水池的外围方圆 30 m 的范围内，卫生要求与水厂生产区的卫生防护要求相同。

2）地下水源保护

（1）水源保护区

① 饮用水地下水源保护区的划分：

饮用水地下水源保护区应根据饮用水水源地所处的地理位置、水文地质条件、供水的数量、开采方式和污染源的分布划定。饮用水地下水源保护区的水质均应达到现行国家标准《生活饮用水卫生标准》（GB 5749—2022）中的要求。

一级保护区。饮用水地下水源一级保护区位于开采井的周围，其作用是保证集水有一定的滞后时间，以防止一般病原菌的污染；直接影响开采井水质的补给区地段，必要时也可划为一级保护区。

二级保护区。饮用水地下水源二级保护区位于饮用水地下水源一级保护区外，其作用是保证集水有足够的滞后时间，以防止病原菌以外的其他污染。

准保护区。饮用水地下水源准保护区位于饮用水地下水源二级保护区外的主要补给区，其作用是保护水源地补给水源的水量和水质。

② 饮用水地下水源各级保护区及准保护区内均必须遵守下列规定：

禁止利用渗坑、渗井、裂隙、溶洞等排放污水和其他有害废弃物。

禁止利用透水层孔隙、裂隙、溶洞及废弃矿坑储存石油、天然气、放射性物质、有毒有害化工原料、农药等。

实行人工回灌地下水时不得污染当地的地下水源。

③ 饮用水地下水源各级保护区及准保护区内必须遵守下列规定：

在一级保护区内，禁止建设与取水设施无关的建筑物；禁止从事农牧业活动；禁止倾倒、堆放工业废渣及城市垃圾、粪便和其他有害废弃物；禁止输送污水的渠道、管道及输油管道通过本区；禁止建设油库；禁止建立墓地。

在二级保护区内，对于潜水含水层地下水源地，禁止建设化工、电镀、皮革、造纸、制浆、冶炼、放射性、印染、染料、炼焦、炼油及其他有严重污染的企业，已建成的要限期治理、转产或搬迁；禁止设置城市垃圾、粪便和易溶、有毒有害废弃物堆放场和转运站，已有的上述场站要限期搬迁；禁止利用未经净化的污水灌溉农田，已有的污灌农田要限期改用清水灌溉；化工原料、矿物油类及有毒有害矿产品的堆放场所必须有防雨、防渗措施。对于承压含水层地下水源地，禁止承压水和潜水的混合开采，做好潜水的止水措施。

在准保护区内，禁止建设城市垃圾、粪便和易溶、有毒有害废弃物的堆放场站；不得使用不符合现行国家标准《农田灌溉水质标准》（GB 5084—2021）要求的污水进行灌溉，合理使用化肥；保护水源林，禁止毁林开荒，禁止非更新砍伐水源林；当补给源为地表水体时，地表水体水质不应低于现行国家标准《地表水环境质量标准》（GB 3838—2022）中的Ⅲ类标准，并应符合相应的防护要求。

（2）水源卫生防护

饮用水地下水源的卫生防护应符合现行国家相关规范，具体如下：

① 水源保护区、取水构筑物的防护范围及影响半径的范围，应根据生活饮用水水源地所处的地理位置、水文地质条件、供水的数量、开采方式和污染源的分布等状况进行确定，其防护措施与地表水水厂生产区的要求相同。

② 在单井或井群影响半径范围内，不得使用工业废水或生活污水灌溉，不得施用难降解或剧毒的农药，不得修建渗水厕所、渗水坑，不得堆放废渣或铺设污水渠道，不得从事破坏深层土层的活动。

③ 在水厂生产区范围内，应按地表水水厂生产区的卫生防护要求执行。

2.5 城市给水处理工程设施规划

2.5.1 天然原水特点

无论是地表水还是地下水，都在不同程度上含有各种各样的杂质，这些杂质按其颗粒尺寸及存在形态可分为悬浮物质、胶体和溶解物质三种。

悬浮物质和胶体主要由泥沙、黏土、腐殖质、水生植物和有机高分子等组成，是造成水体产生混浊的主要原因，也会使水体具有令人不快的色、臭、味，甚至传播疾病，因而是给水处理的主要对象。

溶解物质主要是指溶于水中的气体和各种离子，气体有二氧化碳（CO_2）、氧气（O_2）、氮气（N_2）、硫化氢（H_2S）等，离子有钙离子（Ca^{2+}）、镁离子（Mg^{2+}）、钠离子（Na^+）、碳酸氢根离子（HCO_3^-）、硫酸根离子（SO_4^{2-}）、氯离子（Cl^-）等。它们和水构成均相体系，外观透明；但也有某些溶解杂质使水产生色、臭、味。溶解杂质主要是某些工业用水的处理对象，其处理方法不同于去除悬浮物和胶体。

1）地表水

江河水易受自然条件的影响，一般水的混浊度高，且受季节和地理条件的影响，混浊度相差较大；色度低，含盐量及硬度小；细菌含量较多；易受污染而含有各种有害物质。

湖泊及水库水主要由河水供给，水质与河水类似，混浊度低；但含有藻类和较多的腐殖质，会使水产生色、臭、味。由于湖水不断蒸发，因而水的含盐量较高。

2）地下水

地下水受地层渗滤的作用，水中的悬浮物和胶体大部分已被初步去除，故水质清澈，且地下水不易受污染，一般宜作为生活饮用水和工业冷却用水的水源。地下水往往含有较多的钙离子（Ca^{2+}）、镁离子（Mg^{2+}），称之为硬度，水的硬度对人的健康并无影响，但使用硬度高的水会在水壶中形成水垢，洗衣服时会浪费肥皂等。对于某些工业用水，如锅炉用水，硬度高的水易造成事故而不准使用，需处理后方可使用。另外，我国的松花江流域、长江中下游地区、黄河流域和珠江流域等地的地下水中含有较多的铁和锰，当含量超过饮用水标准时，需处理后方可使用。

3）海水

海水含有多种溶解盐类、气体、营养物质和微量元素，含盐量高，淡化成本高。海水一般必须经淡化处理后才可作为居民的生活用水。海水也可不经处理作为工业冷却水或生活杂用水。

2.5.2 给水水质标准

1）水质标准

给水水质标准是用水户所要求的各项水质参数应达到的指标和限值。随着科学技术的进步、水源污染的日益严重和人民生活水平的不断提高，水质标准也在不断修正。

水质标准是国家或行业部门所规定的各种用水在物理性质、化学性质和生物性质方面的要求。根据供水目的的不同，目前有《生活饮用水卫生标准》（GB 5749—2022）、《城市供水水质标准》（CJ/T 206—2005）、《工业循环冷却水水质标准》（GB 50050—2007）、《工业锅炉水质》（GB/T 1576—2018）、《城市污水再生利用 城市杂用水水质》（GB/T 18920—2020）等，绝大多数水厂的净水处理工艺只把原水处理达到《生活饮用水卫生标准》（GB 5749—2022）的要求，即"自来水"的水质标准。如果某些用户对供水水质有特殊要求，可自行二次处理。

2）生活饮用水卫生标准

《生活饮用水卫生标准》（GB 5749—2022）是从保护人群身体健康和保证人类生活质量出发，对饮用水中与人群健康的各种因素（物理、化学和生物）以法律形式做的量值规定，以及为实现量值所做的有关行为规范的规定，经国家有关部门批准、发布的法定卫生标准。

《生活饮用水卫生标准》（GB 5749—2022）包括两大部分：法定的量的限值，指为保证生活饮用水中各种有害因素不影响人群健康和生活质量的法定的量的限值；法定的行为规范，指为保证生活饮用水的各项指标达到法定量的限值，对集中式供水单位生产的各个环节的法定行为规范。

《生活饮用水卫生标准》（GB 5749—2022）规定了生活饮用水水质要求、生活饮用水水源水质要求、集中式供水单位卫生要求、二次供水卫生要求、涉及饮用水卫生安全的产品卫生要求、水质检验方法。根据现行国家标准《生活饮用水卫生标准》（GB 5749—2022）可知，生活饮用水水质应符合下列基本要求，以保证用户的饮用安全：

（1）生活饮用水中不应含有病原微生物。

（2）生活饮用水中的化学物质不应危害人体健康。

（3）生活饮用水中的放射性物质不应危害人体健康。

（4）生活饮用水的感官性状良好。

（5）生活饮用水应经消毒处理。

（6）生活饮用水的水质要求和出厂水末梢水中的消毒剂限值、消毒剂余量要求等，应符合现行国家标准《生活饮用水卫生标准》（GB 5749—2022）中的相关要求。

2.5.3 给水处理基本方法

给水处理的基本目的是通过科学的处理方法去除水中的悬浮物质、胶体、病菌和其他有害人体健康和影响工业生产的有害物质，使之符合生活饮用水或工业生产使用所要求的水质。

国家相关规范明确要求，水厂对原水进行处理后的出厂水水质不得低于现行国家标准《生活饮用水卫生标准》（GB 5749—2022）中的要求，并应留有必要的裕度。这里"必要的裕度"主要是考虑管道输送过程中水质还将有不同程度降低的影响。

给水处理，如取自高质量水源（如优质地下水或防护良好的给水专用水库）的原水，只需消毒即为成品水；取自一般河流或湖泊的原水，先要去除泥沙等致浊杂质，然后消毒；污染较严重的原水，还需去除有机物等污染物；含有铁、锰的原水，需要去除铁、锰。生活用水可以满足一般工业用水的水质要求，但工业用水有时需要进一步的加工，如进行软化、除盐等。

水处理方法应根据原水的水质和用水对象对水质的要求确定，主要包括以下步骤：

1）澄清和消毒

澄清和消毒是以地表水为水源的生活饮用水的常规处理工艺（图2-8）。应依据原水水质和用户对水质要求的差异进行处理，处理工艺可适当增加或减少。

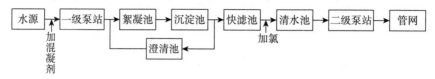

图 2-8　地表水给水处理工艺流程示意图

（1）澄清

水的澄清处理对象主要是原水中的悬浮物及胶体物质，降低这些物质在原水中形成的浑浊度。该步骤具体处理的工艺流程一般包括混凝、沉淀和过滤。

混凝：根据原水特点，在原水中投入相应的药剂，使药剂与原水经过充分地混合与反应，这样水中的悬浮物和胶体杂质形成易于沉淀的大颗粒絮凝体，俗称"矾花"。

沉淀：通过混凝过程的原水夹带大颗粒絮凝体以一定的水流速度流进沉淀池，通过沉淀池进行重力分离，将水中占比大的杂质颗粒下沉至沉淀池底部排出。

过滤：原水通过混凝、沉淀工艺后，水的浑浊度大为降低，但通过集水槽流入水池中的沉淀水仍然残留一些细小的杂质，通过滤池中的粒状滤料（如石英砂、无烟煤等）截留水中的细小杂质，使水的浑浊度进一步降低。当原水的浑浊度较低时，投入药剂后的原水也可以不经过混凝、沉淀等处理过程而直接进入过滤处理。

（2）消毒

消毒是在过滤之后的水中投加消毒剂，以杀灭水中的致病性微生物。当前，我国大多采用的消毒剂有氯、漂白粉、二氧化氯及次氯酸等。我国最常用的是氯消毒法。臭氧消毒在欧洲一些国家早已被广泛使用，我国也采用这一消毒方法。其他消毒方法还有紫外线、超声波等。

2）除臭、除味

除臭、除味是饮用水净化水中的特殊处理。当给水原水中臭、味严重，采用澄清和消毒工艺不能达到水质要求时方才采用。

除臭、除味的方法取决于水中臭和味的来源，一般可采用活性炭吸附法、药剂氧化法、曝气法等。如有机物产生的臭和味，可用活性炭吸附、投加氧化剂进行氧化或曝气充氧去除；因藻类繁殖而产生的臭和味，可以在水中投加硫酸铜去除藻类等。

3）除铁、除锰

铁、锰都是人体组织的微量元素，但铁、锰过多也会引起铁中毒和锰中毒。水中的铁、锰一般对工业生产有害而无益。因此，当生活饮用水地下水源中的铁、锰含量超过现行国家标准《生活饮用水卫生标准》（GB 5749—2022）中的规定时，或生产用水中铁、锰含量超过工业用水标准时，应进行除铁、除锰处理。

地下水除铁、锰常用的方法是氧化法和接触氧化法。氧化法通常设置曝气装置、氧化反应池和砂滤池；接触氧化法通常设置曝气装置和接触氧化滤池。还可采用药剂氧化法、生物氧化法等。通过上述处理方法使溶解性二价铁和锰分别转变成三价铁和四价锰并产生沉淀物而去除。

我国含铁、锰的地下水分布广泛，由于各地水文地质化学条件的差异，含铁、锰地下水的水质千差万别，故地下水除铁、除锰工艺流程的选择及构筑物的组成应根据原水水质、处理后的水质要求和除铁、除锰试验或参照水质相似水厂的运行经验，通过技术经济比较确定。

4）除氟

人体中的氟主要来自饮用水。氟对人体健康有一定的影响。长期过量饮用含氟高的水会损害牙齿和骨骼的健康，也可引起人体的慢性中毒。因此，当生活饮用水的地下水源中的含氟量超过现行国家标准《生活饮用水卫生标准》（GB 5749—2022）中的规定时应进行除氟处理。

饮用水除氟可采用混凝沉淀法、活性氧化铝吸附法、反渗透法等。其中，混凝沉淀法主要是通过絮凝剂形成的絮体吸附水中的氟，经沉淀或过滤后去除氟化物。活性氧化铝吸附法主要是通过氟离子与活性氧化铝中的交换来达到去除水中氟的过程。反渗透法主要是利用反渗透压去除水中的氟，一般是用机械压力使水分子能够透过一种反渗透（Reverse Osmosis，RO）膜，氟离子则不能透过而被去除。

5）除砷

砷对人体健康有害，长期摄入可引发各种癌症、心肌萎缩、动脉硬化、人体免疫系统削弱等疾病，甚至可以引起遗传中毒。因此，当生活饮用水原水中的含氟量超过现行国家标准《生活饮用水卫生标准》（GB 5749—2022）中的规定时应进行除砷处理。

饮用水除砷方法可采用铁盐混凝沉淀法，也可采用离子交换法、吸附法、反渗透或低压反渗透（纳滤）法等。铁盐混凝沉淀法是通过投加混凝剂，促使溶解状态的砷向不溶的含砷反应产物转变，从而达到除砷的目的。

6）软化

软化处理的主要目的是去除水中的钙离子、镁离子，降低水的硬度。

软化方法主要有离子交换法和药剂软化法。离子交换法使水中的钙离子、镁离子与阳离子交换剂上的离子互相交换以达到去除的目的；药剂软化法系在水中投入药剂，以使钙离子、镁离子形成难溶的沉淀物而从水中分离。

2.5.4　给水处理厂规划

1）水处理工艺流程选用

水处理工艺流程的选用及主要构筑物的组成是净水处理能否取得预期处理效果和达到规定的处理后水质的关键，应根据原水水质、设计生产能力、处理后水质要求，经过调查研究以及必要的试验验证或参照相似条件下已有水厂的运行经验，再结合当地的操作管理条件，通过技术经济比较综合研究确定。给水厂出水水质不得低于现行国家标准《生活饮用水卫生标准》（GB 5749—2022）中的有关规定，同时应留有必要的安全冗余度。

当采用地表水作为水源时，生活饮用水处理工艺流程中一般包括澄清和消毒两个部分，其中澄清通常包括混凝、沉淀和过滤三个步骤。混凝沉淀（或澄清）池及过滤池为水厂的主体构筑物，二者兼备，习惯上常称之为二次净化。工业企业用水或以地下水为水源时的综合生活用水，其净水工艺流程比较简单；如遇特殊原水水质，如含藻类、含氟等或以海水为水源时，则需进行相应处理。一般净水工艺流程见表2-14。

表2-14　一般净水工艺流程选择

可选择的净水工艺流程	适用条件
1. 原水→简单处理（如用筛网隔滤，沉沙池或消毒等）	对水质要求不高，如某些工业冷却用水，只要求去除粗大杂质时采用；或地下水水质满足要求时采用
2. 原水→混凝、沉淀或澄清	一般进水悬浮物含量应小于2 000—3 000 mg/L，短时间内允许达到5 000—10 000 mg/L，出水浊度为10—20度，一般用于水质要求不高的工业用水
3. 原水→混凝、沉淀或澄清→过滤→消毒	① 一般地表水水厂广泛采用的常规流程，进水悬浮物允许含量同上，出水浊度小于3度； ② 山溪河流的浊度通常较低，洪水时含沙量大，也可采用此流程，但低浊度时可以不加凝聚剂或跨越沉淀池直接过滤； ③ 含藻、低温低浊水处理时，沉淀工艺可采用气浮池或浮沉池
4. 原水→接触过滤→消毒	① 一般可用于浊度和色度低的湖泊水或水库水处理，比常规流程省去沉淀工艺； ② 进水悬浮物含量一般应小于100 mg/L，水质稳定、变化较小且无藻类繁殖时； ③ 可根据需要预留建造沉淀池（澄清池）的位置，以适应今后原水水质的变化
5. 原水→曝气→催化氧化过滤→消毒	① 适用于地下水含铁量小于2.0 mg/L、含锰量小于1.5 mg/L时，或含铁量在10 mg/L左右而不含锰时。 ② 地下水铁、锰含量超过上述标准时，应通过试验确定工艺流程。必要时可在曝气后采用两面三次过滤，第一级除铁，第二级除锰，流程较为复杂。 ③ 水中含硅酸盐影响除铁、除锰时，可考虑在二次过滤除锰前再一次曝气
6. 原水→调蓄预沉、自然预沉或混凝预沉→混凝沉淀或澄清→过滤→消毒	① 高浊度水二级沉淀（澄清），适用于含沙量大、沙峰持续时间较长时，预沉后原水含沙量可降低到1 000 mg/L以下。 ② 黄河中上游的中小型水厂和长江上游高浊度水处理时已较多采用两级混凝沉淀工艺。 ③ 利用岸边的天然洼地、湖泊、荒滩地修建调蓄兼预沉水库进行自然预沉。有效调蓄库容的调蓄时间为7—10天。出水浊度一般为20—100度。汛期或风季出水浊度在300度以下。可用挖泥船排泥。 ④ 中小型水厂有时会在滤池后建造清水调蓄水库。 ⑤ 西南地区很多水厂采用沉沙池、人字形折板絮凝池和组合沉淀池。后者是将平流沉淀池分成前后两段，前段为平流区完成沉淀，后段为斜管沉淀。进水浊度为1 000度时，沉淀水浊度小于10—15度。 ⑥ 高浊度水处理时，沉淀（澄清）池的池型选择有两种：一级沉淀构筑物，大中型水厂多采用辐流式沉淀池、水力循环澄清池。二级沉淀构筑物，在大型水厂一般采用组合沉淀池，中小型水厂多采用机械搅拌澄清池。 ⑦ 沉淀池采用重力流大口径直管就近排泥，并有冲洗措施，以防泥沙堵塞排泥系统。限于地形无法进行重力排泥时，可用泥浆泵进行压力排泥

2）水厂选址要求

水厂厂址选择正确与否涉及整个供水工程系统的合理性，并对工程投资、建设周期和运行维护等方面都会产生直接的影响。厂址的选择应符合国土空间总体规划和相关专项规划，通过技术经济比较综合确定，并应满足下列条件：

（1）合理布局给水系统。

（2）不受洪涝灾害威胁，有良好的工程地质条件。

（3）有较好的排水和污泥处置条件。

（4）有便于远期发展控制用地的条件。

（5）有良好的卫生环境，并便于设立防护地带。

（6）少拆迁，不占或少占农田。

（7）有方便的交通、运输和供电条件。

（8）尽量靠近主要用水区域。

（9）有沉沙特殊处理要求的水厂，有条件时宜设在水源附近。当原水浑浊度高、泥沙量大需要设置预沉设施时，预沉设施一般宜设在水源附近。

3）水厂布局原则

水厂总体布置应结合工程目标和建设条件，在确定的工艺组成和处理构筑物形式的基础上进行。平面布置和竖向设计应满足各建构筑物的功能和给水处理工艺流程的要求。水厂附属建筑和附属设施应根据水厂规模、生产和管理体制，再结合当地实际情况确定。

水厂的基本组成有两个部分：一是生产构筑物；二是辅助建筑物。水厂的布置应符合下列要求：

（1）应结合工程目标和建设条件，应满足确定的工艺组成和处理构筑物的形式，并兼顾水厂附属建筑和设施的实际设置需求。

（2）在满足水厂工艺流程顺畅的前提下，平面布置应力求功能分区明确、交通联络便捷和建筑朝向合理，确保生产的安全和卫生防护。

（3）在满足水厂生产构筑物水力高程布置要求的前提下，竖向布置应综合生产排水、土方平衡和建筑景观等因素统筹确定。

（4）扩建水厂，应在维持其布局基本框架不变的基础上，结合现实需求统筹规划。

（5）生产管理建筑物和生活设施宜集中布置，力求位置和朝向合理，并与生产构筑物保持一定的距离。采暖地区的锅炉房宜布置在水厂最小频率风向的上风向。

（6）水厂的防洪标准不应低于城市的防洪标准，并应留有适当的安全裕度；水厂生产和附属生产及生活等建筑物的防火设计应符合现行国家标准《建筑防火通用规范》（GB 55037—2022）、《建筑设计防火规范》（GB 50016—2014）（2018年版）中的要求。

（7）水厂应设置大门和围墙。围墙高度不宜小于2.5 m。有排泥水处理的水厂宜设置脱水泥渣专用通道及出入口。水厂的绿化面积不宜少于水厂总面积的20%。水厂周边应采取安全隔离措施。

4）水厂用地指标

水厂的面积应根据其水源类型、特点和给水规模、处理工艺流程等方面确定；用地指标根据室外给水排水技术经济指标确定，具体可参考表 2-15，再结合城市的实际情况选定；水厂厂区周围应设置宽度不小于 10 m 的绿化带。

表 2-15　水厂用地指标

给水规模（万 m³/d）	地表水水厂		地下水水厂 $[m^2/(m^3 \cdot d^{-1})]$
	常规处理工艺 $[m^2/(m^3 \cdot d^{-1})]$	预处理＋常规处理＋深度处理工艺 $[m^2/(m^3 \cdot d^{-1})]$	
5—10	0.50—0.40	0.70—0.60	0.40—0.30
10—30	0.40—0.30	0.60—0.45	0.30—0.20
30—50	0.30—0.20	0.45—0.30	0.20—0.12

注：给水规模大的取下限，给水规模小的取上限，中间值采用插入法确定。给水规模大于 50 万 m³/d 的指标可按 50 万 m³/d 指标适当下调，小于 5 万 m³/d 的指标可按 5 万 m³/d 指标适当上调。地下水水厂建设用地按消毒工艺控制，厂内若需设置除铁、除锰、除氟等特殊水质处理工艺时，可根据需要增加用地。本表指标未包括厂区周围绿化带用地。

2.6　城市给水管网规划

城市给水管网是指给水工程中向用户输水和配水的管道系统，由管道、配件和附属设施组成。

根据给水管网在整个给水系统中的作用，可将给水管网分为输水管和配水管网两个部分。输水管和配水管网是保证输水到给水区内并配水到所有用户的全部设施，它包括输水管（渠）、配水管网、泵站、水塔和水池等。一般情况下，配水管网也被称为给水管网。

2.6.1　输水管（渠）规划

输水管（渠）是指从水源地到水厂或者从水厂到配水管网的管线或管渠。因沿线一般不接用户管，仅起转输水量的作用，所以叫输水管。

输水管（渠）的线路选择与水源地情况、城市地形条件和给水水压、水质、施工等条件及城市发展规模、空间布局、经济社会因素有关。

1）定线原则

输水管（渠）线路的选择应通过技术经济比较综合确定，并应满足下列条件：

（1）沿现有或规划道路敷设、缩短管线的长度，避开毒害物污染区以及地质断层、滑坡、泥石流等不良地质构造处；

（2）减少拆迁、少占良田、少毁植被、保护环境；

（3）施工、维护方便，节省造价，运行安全可靠；

（4）在规划和建有城市综合管廊的区域，优先将输配水管道纳入管廊。

输水管（渠）定线时，可在地形图上初步选定几种可能的方案，然后进行实地勘察，从技术、经济、施工、管理等方面出发，结合当地情况，经综合比较定出最佳方案。

2）规划布置

（1）布局原则

输水管道的布置应符合国土空间总体规划，应以管线短、占地少、不破坏环境、施工和维护方便、运行安全为准则。

长距离管道输水系统的选择应在输水线路、输水方式、管材、管径等方面进行技术、经济的比较和安全论证。

（2）设计流量和设计压力

输水管道的设计水量和设计压力应满足使用要求。从水源至净水厂的原水输水管（渠）的设计流量，应按最高日平均时供水量确定，并应计入输水管（渠）的漏损水量和净水厂自用水量。从净水厂至管网的清水输水管道的设计流量，应基于最高日最高时的用水条件，由净水厂负担的供水量计算确定。

（3）输水管道条数

城市供水的事故水量应为设计水量的70%。原水输水管道应采用两条以上，并应按事故用水量设置连通管。在多水源或设置了调蓄设施并能保证事故用水量的条件下，可采用单管输水。

（4）输水管（渠）形式

原水输送宜选用管道或暗渠（隧洞）；当采用明渠输送原水时，应有防止水质污染和水量流失的安全措施。清水输送应采用有压管道（隧洞）。

（5）输水方式

原水输水管道系统的输水方式可采用重力式、加压式或两种并用方式，并应通过技术经济比较选定。清水输水方式一般采用加压式。输水管和管网延伸较长时，为保持管网末端所需水压，可考虑在管网中间增设增压泵房进行中途加压。

（6）管道敷设

输水管道应根据实际情况，可采用地面敷设、地下敷设方式。应优先考虑将输水管道纳入干线综合管廊。输水管道的平面位置、竖向位置、覆土深度、埋设深度、与其他工程管线之间及其与建构筑物之间的水平净距、与其他工程管线交叉时的垂直净距等，应符合现行国家标准《城市工程管线综合规划规范》（GB 50289—2016）等的相关规定，以保证供水安全。

2.6.2　给水管网规划

给水管网是将输水管线送来的水通过给水管网配送给城市用户。根据给水管网中各管线所起的作用和管径的大小，一般可分成干管、支管、分配管、接户管四类，如图2-9所示。

管网中同时起输水和配水作用的管道称之为干管。干管的管径较大，一般在

200 mm 以上，主要作用是输水至各个地区，同时为沿线用户供水。

从干管分出向用户供水的管道称之为支管。支管管径一般最小为 150 mm，常常接消火栓。

从干管或支管接通用户的管道称之为分配管，管上常设水表以记录用户用水量。分配管的主要作用是从干管或支管取水供给接户管和消火栓。分配管的管径较小，常常由消防流量来确定。

接户管是从分配管接至用户的管线，其管径大小视用户用水量的多少而定。一般的民用建筑均用一条接户管，对于用水可靠性要求较高的建筑物应采用两条及以上，且最好由不同的配水管接入，以保障供水的安全可靠性。

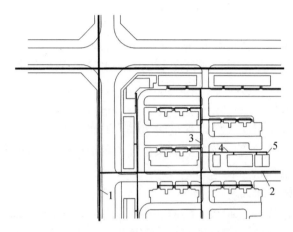

图 2-9　城市给水管网分级示意图

注：1. 城市支管（干管）；2. 小区干管（支管）；3. 小区支管（分配管）；4. 分配管；5. 接户管。

1）给水管网布局形式

给水管网的布置形式主要有枝状网和环状网两种形式。

城市供水安全性十分重要，一般情况下宜将配水管网布置成环状；当允许间断供水时，可采用枝状布置，但应考虑将来连成环状管网的可能。

（1）枝状网

图 2-10 为枝状给水管网的形式，即从水厂泵站或水塔到用户的管线布置形似树枝，干管向供水区延伸，管线的管径一般随所供给用户的减少而逐渐变小。这种管网的管线总长度短、构造简单、投资较节约；但供水的安全可靠性较差，只要管网中的任一段管线损坏，后续管线都会停水。而且在枝状网的末端，由于用水量小，管中的水流缓慢，水质易变坏。

（2）环状网

图 2-11 为环状给水管网的形式，即管线连接成环状，每条管线均由两个方向来水。如果任一管段损坏，水还可从另外的一段管线供给用户，因而供水安全可靠性大大提高。

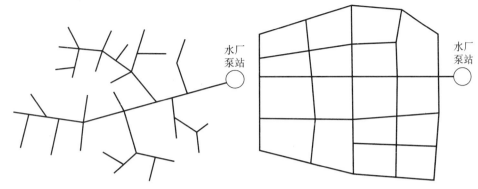

图 2-10　枝状给水管网示意图　　　　图 2-11　环状给水管网示意图

2）给水管网规划原则

给水管网布置的基本要求是保障供水的安全可靠，一般应遵循如下原则：

（1）应按照城市的规划布局布置管网，与相关规划相协调；应考虑给水系统分期建设的可能，并需有充分发展的余地。

（2）为保障供水的安全可靠，城市给水管网宜布置成环状，即给水管沿道路网布置几条平行干管，其间用连通管连接，形成环状网。给水干管的位置应尽可能选址在两侧用水量较大的道路上，以减少配水管的数量。平行的给水干管间距为500—800 m，连通管的间距为800—1 000 m。

（3）给水干管的布局应沿供水主要流向延伸。供水的流向取决于最大用水户或水塔等给水调节构筑物的位置，即要求管网中的干管输水到用水区的距离最近。

（4）给水干管应布局在高地，以保证用户附近的配水管中有足够的压力和降低管内压力，以提升管道的安全性。若城市地形高差较大时，可考虑采用分压供水系统或局部加压，这样不仅能节约能量，而且可以避免地形较低处的管网承受较大压力。

（5）输水管和管网延伸较长时，为保持管网末端所需水压，可考虑在管网中间设增压泵房。

（6）供水管网严禁与非生活饮用水管道连通，严禁擅自与自建供水设施连接，严禁穿过毒物污染区；通过腐蚀地段的管道应采取安全保护措施。

（7）设计水量和设计压力。配水管道的设计水量和设计压力应满足使用要求。配水管网应按最高日最高时的供水量及设计水压进行水力计算，并应按下列三种设计工况校核：

① 消防时的流量和水压要求；

② 最大转输时的流量和水压要求；

③ 最不利管段发生故障时的事故用水量和水压要求。

给水管网水压按直接供水的建筑层数确定时，用户接管处的最小服务水头，一层应为 10 m，二层应为 12 m，二层以上每增加一层应增加 4 m。当二次供水设施较多采用叠压供水模式时，给水管网水压直接供水用户接管处的最小服务水头宜适当增加。

管道内的消防供水压力应保证用水量达到最大时，最不利点处的水枪充实水柱不小于 10.0 m。

给水管网的最小服务水头是指城市配水管网与居住小区或用户接管点处为满足用水要求所应维持的最小水头。对于城市给水系统，最小服务水头通常按需要满足直接供水的建筑物层数的要求来确定。单独的高层建筑或在高地上的个别建筑，其要求的服务水头可设局部加压装置来解决，不宜作为城市给水系统的控制条件。

（8）负有消防给水任务管道的最小直径和室外消火栓的间距应符合现行国家标准《消防给水及消火栓系统技术规范》（GB 50974—2014）、《消防设施通用规范》（GB 55036—2022）、《建筑防火通用规范》（GB 55037—2022）等的有关规定，具体如下：

① 设有市政消火栓的市政给水管网宜为环状管网，但当城镇人口小于 2.5 万人时，可为枝状管网。

② 接市政消火栓的环状给水管网的管径不应小于 DN 150 mm，枝状管网的管径不宜小于 DN 200 mm；负有消防给水任务管道的最小直径为 DN 150 mm。

③ 工业园区、商务区和居住区等区域采用两路消防供水。

④ 市政消火栓的保护半径不应超过 150 m，间距不应大于 120 m。

⑤ 市政消火栓宜在道路的一侧设置，并宜靠近十字路口，但当市政道路宽度超过 60 m 时，应在道路的两侧交叉错落设置市政消火栓。

3）给水管线敷设要求

城市给水管一般敷设在道路人行道、绿化带下。给水管道的平面布置和竖向位置应保证供水安全，并符合现行国家标准《城市工程管线综合规划规范》（GB 50289—2016）中的有关规定，且应符合城市综合管廊规划的要求。管道敷设一般应遵循如下原则：

（1）敷设位置。给水管道应根据道路的规划横断面布置，一般设置在人行道、慢车道或绿化带下面；道路红线宽度超过 40 m 的城市干道宜两侧布置。

（2）覆土深度。给水管道的覆土深度应根据当地冰冻情况、外部荷载、管材性能、抗浮要求等因素确定。一般情况下，敷设在机动车道下的给水管道的最小覆土深度为 0.70 m，非机动车道、人行道下为 0.60 m。敷设在有冰冻危险地区的管道应采取防冻措施。

（3）埋设深度。给水管道的埋设深度应根据当地冰冻情况、施工组织、管材性能、抗浮要求以及与其他管道交叉等因素确定。

（4）与其他工程管线之间及其与建（构）筑物之间的最小水平净距。给水管道与建（构）筑物以及与其他工程管道等的水平净距应根据建（构）筑物基础、路面种类、卫生安全、管道埋深、管径、管材、施工方法、管道设计压力、管道附属构筑物的大小等因素确定。最小水平净距应符合现行国家标准《城市工程管线综合规划规范》（GB 50289—2016）中的有关规定，以保证供水安全。

（5）与其他工程管线交叉时的最小垂直净距。给水管道与其他工程管线交叉时，应符合现行国家标准《城市工程管线综合规划规范》（GB 50289—2016）中的相关规定，以保证供水安全。其中，给水、再生水和排水（雨水、污水）管线应按自上而下的顺序敷设；给水管道与再生水、排水管道交叉时，给水管道须敷设在上面，其净距应分别不小于 0.50 m、0.40 m。

（6）穿越交通设施。当给水管道穿越铁路、公路和城市道路时，应保证设施安全，并应符合现行国家标准《城市工程管线综合规划规范》（GB 50289—2016）中的相关规定。

（7）穿越河道。给水管道穿过河道时可采用管桥或河底穿越等方式，并应符合下列规定：

① 管道采用管桥穿越河道时，管桥高度应符合现行国家标准《内河通航标准》（GB 50139—2014）等的有关规定，以符合安全通航要求，并应按现行国家标准《内河交通安全标志》（GB 13851—2019）的规定在河两岸设立标志。

② 穿越河底的给水管道应避开锚地，管内流速应大于不淤流速。管道应有检修和防止河道水流冲刷破坏的保护设施。管道的埋设深度应同时满足相应防洪标准中的洪水冲刷深度和规划疏浚深度，并应预留不小于 1 m 的安全埋深；河道为通航河道时，管道埋深尚应符合现行国家标准《内河通航标准》（GB 50139—2014）中的有关规定。

2.6.3 给水管网水力计算

给水管网水力计算的目的，首先是根据最高日最高时用水量确定管段的流量，接着确定给水管管径，再计算管路的水头损失，确定所需供水水压。在给水工程专项规划中，还要确定各管段的流量、流向、压力参数，并结合管网的地形情况，确定加压泵站的水泵扬程或水塔高度等。

给水管网是压力管网，常采用环状布置，其水力计算较为复杂。下面做简单介绍：

1）管段流量计算

给水管网在定线后，下一步工作是确定管径和供水时的水头损失。要确定管径就先要确定设计管段的计算流量，而要确定计算流量则首先要确定各管段的沿线流量和节点流量。

（1）沿线流量

沿线流量是指供给该给水管段两侧用户所需的水量。沿线流量的计算一般采用长度比流量法或面积比流量法。

① 长度比流量法

城市供水地区在干管和分配管上承接了很多的用水户沿管线配水，其中，既有工厂、机关、学校等大用水量单位，也有数量很多但用水量较小的居民用户，情况比较复杂。因此，通常采用简化方法，假定用水量（q_1、q_2……）均匀分布在 $A—B$ 干管上（图 2-12），由此算出单位长度管线的流量，称之为长度比流量法。计算公式如下：

$$q_s = \frac{Q - \sum q}{\sum L} \tag{2-8}$$

式中：q_s——长度比流量［L/（s·m）］。Q——管网总用水量（L/s）。$\sum L$——干管总长度（m），不包括穿越广场、公园等无建筑物地区的管线；只有一侧配水的管线，长度按一半计算。$\sum q$——大用户集中用水量的总和（L/s）。

用长度比流量求出各管段沿线流量的公式如下：

$$q_L = q_s L \qquad (2\text{-}9)$$

式中：q_L——沿线流量（L/s）；L——该管段的长度（m）。

② 面积比流量法

假设所有用户用水量（q_1、q_2……）均匀分布在整个供水面积上，管段 1—2 中的流量均匀分布在管段 1—2 两侧的阴影区域面积上（图 2-13），则单位面积上的配水流量称之为面积比流量。

$$q_m = \frac{Q - \sum q}{\sum A} \qquad (2\text{-}10)$$

式中：q_m——面积比流量［L/（s·m²）］；Q——管网总用水量（L/s）；$\sum A$——供水区域总面积（m²），不包括供水区域内的非供水面积；$\sum q$——大用户集中用水量的总和（L/s）。

长度比流量法假定用水量全部均匀分布在干管上，忽略了沿线供水人数和用水量的差别，所以与各管段的实际配水量不一致。面积比流量法则比较精确，但计算较为复杂，对于干管分布均匀、干管间距大致相等的管网，没有必要采用按供水面积计算比流量的方法。

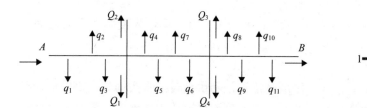

图 2-12 干管沿线配水情况示意图

注：A—B 为干管。

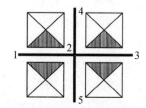

图 2-13 干管配水服务区域示意图

注：1—2、2—3、2—4、2—5 为管段。

（2）节点流量

给水干管各管段的沿线流量已由比流量法求出，但实际上管网中每一管段的流量包括两个部分：一部分是上述的沿该管段长度 L 配出的沿线流量 q_L；另一部分是通过该管段输送到后续管线中的转输流量 q_t。转输流量沿整个管段不变，而沿线流量由于管段沿线配水，管段中的沿线流量逐渐减少，直至管段末端为零。由于沿线流量沿整个管段是变化的，因此难以确定管径和水头损失，需对其做进一步简化，简化的方法是将沿线流量转化成从节点流出的流量。

沿线流量转化为节点流量的计算见公式（2-11），即任一节点的流量等于该节点相连各管段的沿线流量总和的一半。

$$q_i = 0.5 \sum q_L \qquad (2\text{-}11)$$

式中：q_i——节点流量（L/s）。

（3）管段的计算流量

当把管网各管段的沿线流量简化成各节点的流量后，则所有节点的流量之和就是由二级泵站送来的总流量，即总供水量。根据水流的连续性原理可知，流向某节点的流量应等于从该节点流出的流量，即流进等于流出。如以流向节点的流量为负，流离节点的流量为正，则每一节点必须满足所有流量的代数和为零。据此，每一管段就可以拟定水流方向和计算流量。任一管段的计算流量实际上包括了该管段两侧的沿线流量和该管段输送到之后管段的转输流量。

枝状给水管网各管段的计算流量容易确定，因为从二级泵站供水到各节点只有一个流向，因此任一管段的流量等于该管段之后（顺水流方向）所有节点流量的总和。

环状给水管网各管段的分配流量比较复杂，因为从二级泵站供给每一节点的流量可以有几个方向供给，不像枝状网只有一个方向。因而，环状网中每一根计算管段的水流方向和计算流量值都是不确定的，必须人为地拟定各管段的分配流量。

环状给水管网最高日最高时的流量分配将会影响管径的选择，所以要顾及经济与安全供水的要求适当分配，力求使管网在满足可靠性的前提下经济性最好。在流量分配时应遵循以下原则：

①顺着管网的主要供水方向初步拟定各管段的水流方向，并力求使水流沿最近线路输送到大用水户和边远地区。

②顺着主要供水方向且与之平行的干管中分配的流量应大致相等，以免一条干管损坏时其余干管负担过重。沟通干管的连接管可分配较少的流量，但由于连通管要负担干管事故时和消防时的转输流量，故其管径也不得小于 150 mm。

③分配流量时必须满足每一节点进出水的流量平衡。环状网可以有许多不同的流量分配方案，管段计算流量的最后数值需由平差计算结果来确定。

2）管径确定

（1）管径计算

在管网中各管段的计算流量分配确定后，接下来的任务是确定管径。管径可按下列公式计算：

$$d = \sqrt{\frac{4Q}{\pi v}} \qquad (2-12)$$

式中：d——管径（m）；Q——管段的计算流量（m³/s）；v——流速（m/s）。

（2）管径与流量和流速的关系

由公式（2-12）可知，管径不但和管段流量有关，而且和管段中流速的大小有关。因此，有了流量，还必须选定恰当的流速才能确定管径。从技术上说，给水管为了防止管网中因水锤现象出现事故，设计流速一般应不大于 2.5 m/s，最大不超过 3 m/s；同时，在输送浑浊的原水时，为避免水中杂质在管中沉淀，最低流速通常不得小于 0.6 m/s。所以，必须在上述流速范围内，根据当地的经济条件，考虑管网的造价和输水电费等经营管理费用，再选择经济合理的流速。

由公式（2-12）还可看出，当流量一定时，管径和流速的平方根成反比。如果流速取得小，管径便相应增大，管网的投资上升，但管段中的水头损失减小，所需的水泵扬程将降低，日常电费便可节省；反之，如果流速取得大，管径可缩小，管网投资下降，但管段中的水头损失将增加，所需水泵扬程将提高，日常电费势必增加。

在设计时，还可以参照下述流速范围确定经济管径：

$d = 100—350$ mm 时，$v_e = 0.6—1.1$ m/s；

$d = 350—600$ mm 时，$v_e = 1.1—1.6$ m/s；

$d = 600—1\,000$ mm 时，$v_e = 1.6—2.1$ m/s。

由于各地销售的水管均限于一定规格的标准管径，而按经济管径算出的不一定等于标准管径，这时可选用相近的标准管径。

3）水头损失计算

给水管（渠）道水头（压力）损失的大小与管道运行压力、流速、管材（内壁粗糙系数）、管径以及管道上的阀门、水表等附件都有关系。输配水管道水力计算包含沿程水头损失和局部水头损失计算，其中沿程水头损失为管道主要的水头损失。

水头损失计算步骤。管网布置时，在计算节点流量、确定各管段计算流量和管径的基础上，先根据管材和管长计算各管段的水头损失，然后结合整个管网地形情况确定管网中的供水最不利点（控制点），计算所需的二级泵站水泵扬程或水塔高度。

给水管（渠）道沿程水头损失一般根据管材、管内衬材质采用相应的计算公式计算，计算较为复杂，这里简单介绍一下现行国家标准《室外给水设计标准》（GB 50013—2018）中的管（渠）道水头损失相关计算公式。

（1）管（渠）道总水头损失计算公式

$$h_z = h_y + h_j \qquad (2-13)$$

式中：h_z——管（渠）道总水头损失（m）；h_y——管（渠）道沿程水头损失（m）；h_j——管（渠）道局部水头损失（m）。

（2）管（渠）道沿程水头损失计算公式

输配水管道的水流流态基本处在紊流过渡区和粗糙区，水流阻力与水的黏滞力、水流速度、管壁粗糙度有关，不同管材的内壁光滑度差异较大，管道水力计算时一般根据不同品种的管材选择不同的水力计算公式。

① 塑料管及采用塑料内衬的管道

$$h_y = \lambda \cdot \frac{l}{d_j} \cdot \frac{v^2}{2g} \qquad (2-14)$$

式中：h_y——管（渠）道沿程水头损失（m）；λ——沿程阻力系数；l——管段长度（m）；d_j——管道计算内径（m）；v——过水断面平均流速（m/s）；g——重力加速度（m/s^2）。

② 混凝土管（渠）及采用水泥砂浆内衬管道

$$h_y = \frac{v^2}{C^2 R} l \qquad (2-15)$$

式中：h_y——管（渠）道沿程水头损失（m）；l——管段长度（m）；C——流速系数；R——水力半径（m）；v——过水断面平均流速（m/s）。

③输配水管道

$$h_y = \frac{10.67 q^{1.852}}{C_h^{1.852} d_j^{4.87}} l \qquad （2-16）$$

式中：h_y——管（渠）道沿程水头损失（m）；l——管段长度（m）；q——设计流量（m³/s）；d_j——管道计算内径（m）；C_h——海曾一威廉系数。

公式（2-16）适用于管壁较光滑，水流处于紊流过渡区的管道。

（3）管（渠）道局部水头损失计算公式

$$h_j = \sum \zeta \frac{v^2}{2g} \qquad （2-17）$$

式中：h_j——管（渠）道局部水头损失（m）；ζ——管（渠）道局部水头阻力系数，可根据水流边界形状、大小、方向的变化等选用；v——过水断面平均流速（m/s）；g——重力加速度（m/s²）。

2.6.4 给水管材和管网附属设施

1）给水管材

国家对给水管材各项性能指标的管控十分严格，特别是使用于生活饮用水的管材，必须符合无毒无辐射、不含重金属等有害物质、耐腐性强、使用寿命长等要求。

输配水管道材质的选择应根据管径、内压、外部荷载和管道敷设区域的地形、地质和气候特点及管材供应情况，按照运行安全、耐久、减少漏损、施工和维护方便、经济合理以及清水管道防止二次污染的原则，对钢管（Steel Pipe，SP）、球墨铸铁管（Ductile Iron Pipe，DIP）、预应力钢筒混凝土管（Prestressed Concrete Cylinder Pipe，PCCP）、化学建材管等给水管材，经技术、经济、安全等综合分析确定。

目前，国内输水管道管材一般采用预应力钢筒混凝土管、钢管、球墨铸铁管、预应力混凝土管等。配水管道管材一般采用球墨铸铁管、钢管、聚乙烯管、硬质聚氯乙烯管等。

（1）钢管

钢管具有较好的机械强度、耐高压、耐振动、重量较轻、单管长度大、接口方便等特点，有较强的适应性，但耐腐蚀性差，防腐造价高。钢管一般不埋地敷设，多用于大口径、高压的给水管道或在地质、地形条件限制及穿越铁路、河谷地带、地震区时使用。

（2）球墨铸铁管

球墨铸铁管具有强度高、延展性好、耐腐蚀、使用寿命长、施工方便和抗震性能强等特点，适用于各种场合，如高压、重载、地基不良、振动等条件，常用作大、中口径的给水管道。

（3）预应力钢筒混凝土管

预应力钢筒混凝土管具有抗拉、易密封和抗压、耐腐蚀性能等特点，同时还具有高密封性、高强度和高抗渗的特性，但造价高。此管一般用于大口径的给水输水管道。

（4）化学建材管

化学建材管具有质轻、耐腐蚀、无不良气味、加工容易、施工方便等特点。此管的主要品种有聚乙烯（Polyethylene，PE）、硬聚氯乙烯（Unplasticized Polyvinyl Chloride，UPVC）、聚氯乙烯（Polyvinyl Chloride，PVC）、无规共聚聚丙烯（Polypropylene Random，PPR）等类型，一般用于小口径的给水管道。

2）给水管网附属设施

为保障给水管网的正常运行、方便使用和科学管理、满足消防需求等，应在管网上装设必要的附属设施及附件。

（1）泵站

按照泵站在给水系统中所起的作用，给水泵站可分为一级泵站、二级泵站、加压泵站。

一级泵站，又称取水泵站，是直接从水源取水，将原水输送到给水处理厂的净水构筑物，或当原水无需处理时直接输送到配水管网、水塔、蓄水池等构筑物中。一级泵站可和取水构筑物合建或分建。

二级泵站，又称送水泵站，通常设在给水处理厂内，自清水池中取净化了的水，加压后输入给水管网向用户供水。

加压泵站，又称增压泵站，常用于升高输水管或配水管网中的水压。加压泵站多用于地形狭长或高差较大，或水平供水距离太远，采用分区给水系统或分压给水系统的地区。

（2）水塔

水塔是用于保持和调节给水管网中水量和水压的构筑物，一般建在高处。水塔多用于规模不大的用水地区。

（3）水池

清水池是为贮存水厂中净化后的清水，以调节水厂制水量与供水量之间的差额，并为满足加氯接触时间而设置的水池，是给水系统中调节水厂均匀供水和满足用户不均匀用水的调蓄构筑物。水厂都应设清水池，以调节水量变化，并贮存消防用水。

（4）阀门井

阀门被用于控制给水管网中的流量或水压、接通或切断管路的流通、改变管路的流通方向。它的作用是控制流体介质的流通，进行分段和分区的隔离检修，保护管路和设备。主要管线与次要管线交接处的阀门常设在次要管线上。为便于管理和操作、检修，一般把阀门置阀门井内，其平面尺寸由给水管直径及附件的种类和数量确定。

（5）排气阀和排气阀井

排气阀是一种用于排除管道内气体的设备，以便消除给水管道中积聚的空气，提升给水管网系统的运行效率。排气阀一般安装在系统的最高点，以提高排气效率。为便于管理和操作，地下管道的排气阀置排气阀井中。

（6）排水阀和排水阀井

排水阀是一种用于控制管道内水流的阀门。为排除给水管道中的沉淀物，检修时要放空管内存水，需在管线最低处设排水阀。地下管道的排水阀置排水阀井中。

（7）消火栓

消火栓按使用场景分为室内消火栓、室外消火栓。室外消火栓一般可分为地上式消火栓和地下式消火栓。市政消火栓宜采用地上式室外消火栓，在严寒地区或冬季结冰地区宜采用干式地上式室外消火栓。

室外消火栓的设置间距、室外消火栓与建（构）筑物外墙、外边缘和道路路沿的距离，应满足消防车救援时安全、方便取水和供水的要求。

市政消火栓的保护半径不应超过150 m，间距不应大于120 m，连接消火栓的给水管道直径一般应大于150 mm，在消火栓连接管上应有阀门。消火栓宜在道路的一侧设置，并宜靠近十字路口，但当城市道路宽度超过60 m时，应在道路的两侧交叉错落设置市政消火栓。消火栓应布置在消防车易于接近的人行道和绿地等地点，且不应妨碍交通，距道路沿不宜小于0.5 m，并不应大于2.0 m；距建筑外墙或外墙边缘不宜小于5.0 m。

2.7　城市应急供水规划

城市给水工程应具备应对自然灾害、事故灾难、公共卫生事件和社会安全事件等突发事件的应急供水能力。

应急供水是指当城市发生突发性事件，原有给水系统无法满足城市正常用水需求，需要采取适当减量、减压、间歇供水或使用应急水源和备用水源的供水方式。

应急供水可采用原水调度或启用应急水源和备用水源、清水调度及应急净水的供水模式，也可根据具体条件采用三者相结合的应急供水模式。

当采用原水调度应急供水时，应急水源应有与常用水源或给水系统快速切换的工程设施。当采用清水调度应急供水时，城市配水管网系统应有满足应急供水期间的应急水量调入的能力。当采用应急净水应急供水时，给水系统应具有应急净水的相应设施。城市一般采用原水调度或使用应急水源和备用水源。

城市应急供水工程规划一般包括水源、取水设施、输水设施等内容。

近10年来，极端气候条件和突发水污染事件的频现和频发，出现了短期内城市供水严重不足，甚至断水而影响城市正常运行和引起公众恐慌的公共事件，为及时有效地控制此类事件的影响范围和时效，大中城市的城市给水系统应建立备用或应急水源及其与城市给水系统的连通设施。

为保障居民生活用水和城市的正常运转，应在给水工程规划中明确应急水源和备用水源等内容。由于各个城市的给水系统特点、面临风险、水源条件等情形不同，应急水源和备用水源规模等内容应根据城市的实际情况确定。

2.7.1　应急水源和备用水源

随着城市化水平的高质量发展，国家明确要求"各省、自治区、直辖市要建立健全水资源战略储备体系，各大中城市要建立特枯年或连续干旱年的供水安全储备，规划建设城市备用水源"。

城市应根据可能出现的供水风险设置应急水源和备用水源，并按可能发生应急供水事件的影响范围、影响程度等因素进行综合分析，确定应急水源和备用水源规模。

1）应急水源

应急水源是指为应对突发性水源污染而建设，水源水质基本符合要求，且具备与常用水源快速切换运行能力的水源，通常以最大限度地满足城市居民生存、生活用水为目标。突发性水源污染一般包括水质污染、自然灾害、恐怖袭击等非常规事件。

应急水源应对的水源问题应突出应急的功能，这类事件应该是突发性的、不可预见的、非周期性的。应急水源的规划问题，是随着近年来频发的突发性水源污染事件而提出来的。在突发性水源污染事件发生时，首先要解决的就是居民生存和生活用水需要，而不是完全实现正常供水量的需要。

2）备用水源

备用水源是指为应对极端干旱气候或周期性咸潮、季节性排涝等水源水量或水质问题导致的常用水源可取水量不足或无法取用而建设，能与常用水源互为备用、切换运行的水源，通常以满足规划期城市供水保证率为目标。

备用水源应对的水源问题应突出备用的功能，是一种水资源的战略储备，是为应对特枯年或连续干旱等水源水量不足的问题，其应对的水源问题是可以预见的，主要解决现况或规划期内的水源保证率不足的问题，其水质要求应与常用水源一致。

河川径流的丰、平、枯情况一般划分为特丰水年、偏丰水年、平水年、偏枯水年和特枯水年五大类别。在水资源分析中常将特丰水年、偏丰水年称为丰水年，将特枯水年和偏枯水年称为枯水年。特枯水年是指河川径流量为历年最小值或接近最小值的年份。

为便于对应急水源地和备用水源地的保护及管理，宜将其纳入国土空间总体规划范围，并在规划中明确保护措施。

应急水源和备用水源水质宜符合现行国家标准《地表水环境质量标准》（GB 3838—2002）、《地下水质量标准》（GB/T 14848—2017）和《生活饮用水水源水质标准》（CJ 3020—93）等的要求。当应急水源和备用水源水质不符合标准要求时，在水厂的常规处理工艺前或后应设置预处理或深度处理措施，以确保水厂出水水质达标。

2.7.2　应急供水量

1）应急供水量预测原则

在应急供水状态下，原有供需平衡被打破，应遵循"先生活、后生产"的原则，对居民生活用水、其他非生产用水采用降低标准供应，同时限制或暂停用水大户及高耗水行业的用水。

2）应急供水持续时间

应急供水持续时间应根据典型事故情况下对城市供水影响的时间确定。一般应按照当地城市供水风险特点，考虑对城市供水的影响，确定应急供水的持续时间。

3）应急供水量预测

应急水源用于满足水源风险期的生活和生产用水需要时，其水量应根据城市规模、性质、所面临的供水风险和用水特征确定。当应急水量不能满足所有需求时，可依据用户重要性等实际情况，根据城市供水应急预案，确定风险期的供水压缩比。

水源风险期是指城市面临的突发性水源污染、咸潮、断流、排涝等水源水质、水量安全问题所持续的时间。

供水压缩比是指在城市应急供水条件下，削减的平均日供水量占正常供水条件下平均日供水量的比值。城市应根据具体情况，可按表2-16选用供水压缩比。

表2-16　应急供水情况下不同类别用水的供水压缩比　　　单位：%

用水类别	一般型	节约型	拘谨型
居民生活用水	0—10	10—30	30—40
工业用水	0—30	30—50	50—70
公共设施用水	0—10	10—30	30—40
道路浇洒及绿化用水	0—50	50—80	80—100

（1）综合生活用水量

应急供水时的生活用水量应根据城市应急供水居民人数、基本生活用水标准和应急供应天数合理确定。

根据现行国家标准《城市居民生活用水量标准》（GB/T 50331—2002）（2023年版）可知，居民家庭日常生活用水主要分为以下几类：饮用、厨用、冲厕、淋浴、洗衣、卫生、浇花等用水。当发生突发性水污染事故时，需保证居民基本生活用水，包括饮用、厨用、冲厕、淋浴，这部分用水按照拘谨型压缩后约为80 L/（人·d）。因此，在保障基本生活的拘谨型用水条件下，居民生活用水量可压缩平均日用水量的30%—40%，但不宜低于80 L/（人·d）。若在极端情况下，仅保证居民基本生命用水，包括饮用和厨用，则压缩后为20—25 L/（人·d）。

对于综合生活用水量，可按照公共设施用水量在综合生活用水量中所占的比重推测公共设施的用水量。对南方某城市的有关研究表明，应急供水时的综合生活用水量可采用100 L/（人·d）。

（2）工业企业用水量

在应急供水时，各地工业用水量的压缩比例对于城市应急供水规模起到至关重要的作用，尤其对于重工业城市而言，在保障城市支柱产业的前提下，应根据城市各行各业用水的特点合理选择不同的压缩比例。而对于工业用水量占比较小的城市而言，应根据各工业企业的重要性确定其压缩比例。

首先，压缩不影响居民生活的工业（如一般加工制造业），压缩比例最高可达

100%；其次，压缩依赖城市供水的工业企业（如钢铁、冶金等），压缩比例可根据城市实际情况确定；最后，压缩影响居民生活的粮食、蔬菜和副食品生产用水，压缩比例根据城市具体情况确定。重要生命线工程（医院、电力、消防、通信等）尽量不压缩。

2.7.3 应急供水规划原则

城市应急供水是城市基础设施的重要组成部分，也是城市可持续发展的重要保障。应急供水规划应遵循以下原则：

1）统筹应急供水相关规划

城市应急供水工程规划包括水源、取水设施、输水设施等内容。要根据水资源的基本情况和城市特点合理选择应急水源和备用水源及其取水设施、输水设施，应急水源地和备用水源地宜纳入国土空间总体规划范围。

城市应急水源、备用水源在工程规划时应与现有供水系统布局、供水服务范围协调一致、合理衔接；要合理选择应急水源和备用水源，并充分利用现有的输水、净水、配水设施，能够实现向不同供水区域供水的要求。规划的期限、范围应与相关规划的期限和范围一致。设施的防洪及抗震设防标准应与常用水源工程一致。

2）科学选择应急供水模式

应急供水可采用原水调度、清水调度和应急净水的供水模式，也可根据具体条件采用三者相结合的应急供水模式。

当采用原水调度应急供水时，应急水源应有与常用水源或给水系统快速切换的工程设施。当采用清水调度应急供水时，城市配水管网系统应有满足应急供水期间的应急水量调入的能力。当采用应急净水应急供水时，给水系统应具有应急净水的相应设施。

应急净水设施、应急水源与常用水源的工程切换设施具备快速切换功能，是实现尽快启动应急供水和消除事件影响的必要条件。城市配水管网具备一定的域外调水能力，可有力保障应急供水期间的居民基本生活用水需求，维持社会稳定。

3）合理设置应急供水设施

水源存在较高突发污染风险、原水输送设施存在外界污染隐患、供水安全性要求高的集中水源工程和重要水厂，应设有应对水源突发污染的应急净化设施。当具备条件时，应充分利用自水源到水厂的管（渠）、调蓄池以及水厂常用净化设施，以提高应急净化能力。

对城市供水具有重要作用的集中式水源工程和主力水厂具备应急净化处理能力，可有效保证应急供水的水量和水质。在一定条件下，充分发挥从水源到水厂现有设施的应急净水能力，不仅可节约应急净水设施的建设与维护成本，而且可实现快速启动应急净水设施的目标。

应急水源仅在发生突发性水源污染事件时使用，但平时应加强应急水源地、备用水源地的水质保护和相关设施及管道维护，确保应急状态下能够立刻投入使用。

考虑到应急和备用水源平时可能不用，而输水管线在投入使用时需要进行冲洗，因此应急水源和备用水源的输水干管应设废水排放口。

水厂应具备应急供水时的水质保障措施，并根据可能出现的供水风险增加应急处理设施用地。如以江、河为水源的水厂常会受到上游的突发性水质污染，水厂也是应急处理的最后一道防线。因此，水厂建设时需考虑应急处理设施的布置。应急处理设施包含活性炭吸附技术、化学沉淀技术、化学氧化技术及强化消毒等相关处理设施。因此，对此类水厂的用地应适当增加。

4）满足应急供水需求

应急供水期间的供水量除了应满足城市居民的基本生活用水需求，还应根据城市特性及特点确定其他必要的供水量需求。

在确定应急水源规模时，一方面要考虑供水风险的持续时间，另一方面要考虑风险期的日需水量。对于水资源丰富的城市，风险期的日需水量可按平时的日需水量考虑；对于水资源贫乏的城市，应急水源的建设可只考虑基本的生活和生产用水需要，风险期的日需水量应根据城市的实际情况和用水特征，可按平时日需水量的一定比例进行压缩。

2.8 智能化城市给水工程系统建设

城市给水工程智能化是通过供水技术与信息技术的融合应用，强化供水物联感知基础，建立管网运行管理系统，构建全域供水应急监测预警指挥体系，丰富供水全系统数字场景，提升供水服务数字化水平，实现供水安全、高效、稳定的目标。

2.8.1 建设内涵

1）内涵

智能化城市给水工程系统一般是在传统给水设施上安装集成传感模块，按一定频率采集供水设施的运行信息，并采用边缘计算、云计算以及物联网通信等智能化技术传输至信息系统进行解析识别，实现实时感知设施状态、发现设施运行异常及时做出预警、辅助管理决策等功能，全面提高城市供水安全保障能力。

在智慧水务建设浪潮下，城市供水设施已逐步朝着数字化、智能化方向发展，目前已衍生出多种智能化设施设备，如智能水表、智能井盖、智能消火栓等，这些智能设施设备在水务运行、管理和服务中被广泛应用。

2）目的

城市供水工程智能化建设的目的是通过云计算、大数据、物联网、人工智能等新一代信息技术，基于数字化、网络化、智能化发展，提升城市供水现代化水平和运行效率，转变供水发展方式，提高供水质量，保障供水系统的安全、高效、稳定运行，满足城市安全、韧性、智慧发展的要求，并形成供水设施建设、运维和服务的重要基础，支撑智慧城市建设。

2.8.2 数据采集

城市给水工程系统智能化的数据采集，是在城市供水专用水库、引水渠道、取水口、泵站、净水设施、输配水管网、进户总水表、公用给水站等设施上安装集成传感模块，对供水系统的原水、水厂、管网等关键点的水力状态、水质参数进行实时在线监测，以确保当系统发生异常时能及时发现问题并采取应对措施。

城市给水工程系统智能化的数据采集包括基础应用数据、供水设施数据、其他数据。

1）基础应用数据

基础应用数据主要是供水系统的原水、水厂、管网、用户等关键点的水力状态、水质参数。

水力状态监测主要包括流量、压力、流速、水池或水库的水位；水质监测主要针对余氯、酸碱值（pH）、电导率、浊度等水质指标。为满足供水系统调度控制需要，供水系统数据的采集、传输与储存应保证数据实时、可靠、完整、连续。

2）供水设施数据

供水设施数据主要包括管网阀门、井盖、消火栓、二次供水泵房等给水设施。

3）其他数据

对水源数据、视频监控数据等相关数据进行采集。

2.8.3 信息平台

目前，城市供水设施智能化建设的总体框架涵盖基础设施层、感知层、平台层、应用层、决策层和接入层（图2-14）。

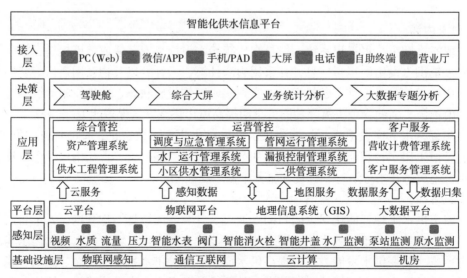

图2-14 城市供水设施智能化建设总体框架图

注：PC（Web）指个人计算机（网络）；APP指小程序；PAD指平板电脑。

1）基础设施层

基础设施层为智能供水系统的基本保障，包含网络系统建设、云计算资源、机房建设、安全设备建设等内容。通过搭建配套完善、功能齐备的基础设施，为智能供水系统的全面建设打下良好基础。

2）感知层

建设覆盖供水全流程的各类感知设备，实时采集运行数据，及时掌握供水系统的运行变化情况，为供水运营与决策分析提供丰富的数据资源。

3）平台层

构建基础性平台，为供水业务管理提供通用、统一的基础服务，同时汇聚业务应用数据，利于开展跨平台、跨业务、跨应用的智能数据分析。

4）应用层

根据给水业务管理属性主要分为综合管控、运营管理、客户服务三大体系，在体系间、体系内实现数据共享与流程衔接。应用层主要包括水厂运行管理系统、管网运行管理系统、调度与应急管理系统、漏损控制管理系统、辅助决策管理系统及其他智能应用等，与城市给水工程系统规划关联密切。

5）决策层

通过业务数据联合分析和机器学习算法应用，研判供水系统运行情势变化，及时做出预警，为管理者及相关技术人员提供辅助决策。

6）接入层

作为供水信息应用与决策的交互界面，既是外部信息收集的入口，也是应用管理结果展示的窗口。

2.8.4　规划应用

1）应用领域

通过云计算、大数据、物联网、人工智能等新一代信息技术，智能化供水服务于给水处理厂、给水管网以及相关设施、给水用户等，将各类供水基础设施连接起来，建立新一代智能化供水系统，使供水各领域、各系统之间内在关联，实现城市供水的安全、可靠；应用于指挥决策、实时反应、协调运作，实现对供水设施的全面、动态化管理，实现服务效能的整合与升级；通过智能应用，对管网系统中各种可能存在的问题进行预判，进行事前模拟，为科学调度提供参考。

2）规划反馈

给水工程规划应充分利用智能化系统，特别是其中的管网运行管理系统、辅助决策管理系统，获取相关分析数据，优化与完善规划相关内容。

（1）完善和优化给水工程系统。发挥给水管网水力模型、智能优化算法的复杂逻辑能力，利用给水管网实时在线水力模型，结合相关大数据分析，构建给水管网水力模型和数据模型相结合的管网仿真和风险预警系统，优化和完善给水工程系统的设施布置、管网布局和管径等规划及相关技术指标。

（2）优化用水量标准和用水量预测模型。传统的用水量预测通常是基于经验数据和常用公式模型，存在数据分析不全面等问题。基于人工智能的用水量预测，能基于海量数据对供水系统进行针对性的数据分析，可优化预测模型及相关规划指标。

3）应用价值

供水设施的智能化建设可以推动城市供水管理手段、给水模式、规划理念的创新，促进给水工程系统的优化，提升水务生产运行管理、工艺优化调度、综合运营管理的信息化水平，实现城市供水的精细化、网络化和智能化，保障城市供水的安全、可靠。

4）应用前景

（1）服务于城市给水工程系统。智能化城市供水设施建设能够促进给水工程系统的优化，加强供水行业管理和用水定额、取水定额管理；保障城市供水水质，提高城市供水的安全保障水平和应急保障能力，实现城市供水"一张网"的综合运行、分析、管理平台。

（2）为分析决策提供依据。智能化城市供水设施建设能为政府决策提供数据支撑和科学依据，提高政府对供水基础设施的监管能力；能为加强行业管理以及推动行业技术进步、提高技术水平和挖掘节水潜力提供依据；可通过移动智能终端为用户提供与供水有关信息的动态服务和互动服务，提高面向用户的用水服务质量。

（3）支撑城市信息模型（CIM）平台。城市智能化的供水设施，基于建筑信息模型（BIM）在自来水厂、给水管网、给水泵站、二次供水泵房等设施的规划、设计、施工、运维全生命周期应用，结合物联网（IoT）完善基础数据的采集与传输，采用地理信息系统（GIS）联结厂站网，支撑城市信息模型（CIM）平台，为城市的高质量发展服务。

第 2 章思考题

1. 城市给水工程系统的组成是什么？
2. 如何理解城市供水安全保障体系的构成及其价值？
3. 城市用水分哪几类？用水量预测有哪些基本方法？
4. 城市水源保护区如何划定？其保护要求是什么？
5. 给水管网的布置形式有哪些？其特点及适用范围是什么？
6. 如何理解智能化城市给水工程系统建设的意义？
7. 学习和解析典型城市用水情况和给水工程系统规划。

3 城市排水工程系统规划

本章主要学习和掌握城市排水工程系统的组成和排水体制、规划编制内容和原则，掌握水污染防治保障体系的构成及其价值；熟悉污水量预测、污水管网系统规划和污水处理厂规划，了解污水处理和污水再生利用规划；掌握海绵城市建设、城市低影响开发雨水系统建构、雨水径流源头减排与污染控制、雨水排放系统规划、防涝系统规划；了解合流制排水系统规划、排水管材和排水系统泵站及管道附属构筑物；了解智能化城市排水工程系统建设与发展；学习和理解排水工程系统规划设计的现行国家标准。

3.1 概述

排水工程是指收集、输送、处理、再生污水和雨水的工程。它是保障居民生活和社会经济发展的生命线，是保障公众身体健康、水环境质量和水生态安全的重要基础设施。

排水工程的任务是防治城市水污染和洪涝灾害，保护环境，保障公共安全，以促进工农业生产的发展和保障人民的健康与正常生活。

作为人们生活、生产必不可少的水资源一经使用即成为污废水。从住宅、工业企业和各种公共建筑中不断地排出各种各样的污废水和废弃物，这些污水大都含有大量的有机物或细菌病毒，如不加以控制，任意排入水体或土壤中将会使水体或土壤受到严重污染，甚至破坏原有的自然环境，引起环境问题，造成社会危害。为了保护环境，现代城市就需要建设一整套完善的工程设施来收集、输送、处理和处置这些污废水，以促进城市可持续发展和保障人民的健康与正常生活。

随着城市化进程，硬化地面、屋面越来越多，自然生态的雨水排放系统被破坏，雨水降落到地面以后产生了大量的径流，由于许多城市的雨水工程系统建设不科学和严重滞后，雨涝现象频繁发生。因此我们需要采取一系列应对措施，包括雨水的排放、收集利用、渗透处理、调蓄排放等，管控城市雨水排放系统，避免城市发生洪涝灾害，保障城市安全。

有效地排除城市地域的雨水和污水是城市排水工程系统的最基本功能和职责。从城市高质量发展的要求来看，城市排水工程系统应承担城市水资源的保护和雨洪、污水的资源化综合利用以及与城市生态系统的协调融合等多重职责。因此，城市排水工程系统规划应突出绿色生态、可持续发展、系统综合等的规划建设与管理理念，建立从源头到末端的全过程雨污控制与管理体系，强化水资源的可持续利用，保护环境，实现人与自然的和谐相处。

城市排水工程系统规划与建设的目的在于使城市中的污水和雨水通畅地排泄出去，避免洪涝灾害的发生，同时通过对污水进行相关处理来改善水体环境，从而创造更好的人居环境。因此，城市排水工程应落实海绵城市建设理念，防治城市内涝灾害和水污染，改善和保护环境，促进资源利用，保障城市安全，提高人民健康水平；并通过排水创新技术与新一代信息技术的融合应用，提高排水工程系统的智能化水平。

3.1.1 城市排水工程系统的组成

排水工程系统是指收集、输送、处理、再生污水和雨水的设施以一定方式组合成的总体。排水设施是排水工程中的管道、构筑物和设备等的统称。

城市排水工程系统是处理和排除城市污水和雨水的工程设施系统（图3-1），一般包括城市污水系统和城市雨水系统，是城市公用设施的重要组成部分。城市排水工程系统通常由排水管道和污水处理厂及相关设施组成。

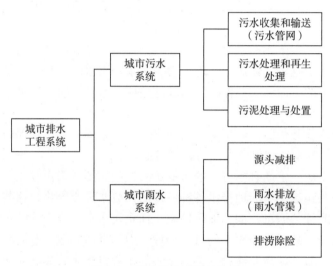

图3-1 城市排水系统的构成

城市污水系统是指收集、输送、处理、再生和处置城市污水的设施以一定方式组合成的总体。污水系统一般设置收集管网、污水处理、深度和再生处理与污泥处理与处置设施；是水环境、水生态保护的重要基础设施，是实现污水再生利用、回收污泥中的能源和资源的基础。

城市雨水系统是指下渗、蓄滞、收集、输送、处理和利用雨水的设施以一定方式组合成的总体，涵盖从雨水径流的产生到末端排放的全过程管理及预警和应急措施等。雨水系统由源头减排系统、雨水排放系统和防涝系统三个部分组成，一般包括源头减排、雨水管渠、排涝除险等工程性措施以及相应设施设置和应急管理的非工程性措施，并应与防洪设施相衔接，是保障城市安全运行和资源利用的重要基础设施。

智能化排水系统是在排水工程系统中，利用传感器、测量装置及相应的监测数据采集设备，通过排水技术与新一代信息技术的融合应用，实现排水的快速、安全、稳定和达到综合利用、保护环境的目的。

3.1.2　城市排水体制

1）排水分类

城市排水按照来源和性质分为三类：综合生活污水、工业废水和天然降水。

（1）综合生活污水

综合生活污水是指居民生活和公共建筑产生的污水。

居民生活污水是指居民生活产生的污水，主要是洗涤、冲厕、洗澡等产生的污水。

公共建筑污水是指居民在公共服务设施（场所）内活动所产生的污水，主要是在娱乐场所、宾馆、浴室、商业网点、学校和办公楼等产生的污水。

综合生活污水中含有大量的有机物，如蛋白质、动植物脂肪、碳水化合物、尿素和氨氮等，其中粪便污水中更含有虫卵、病菌和病毒等有害物质。因此这类污水必须经过收集、处理后才可以排入水体、灌溉农田或再利用。

（2）工业废水

工业废水是指工业企业生产过程中产生的废水。

工业生产的种类繁多，其工业废水的水质也随企业类型和生产方式、工艺过程、使用的原材料以及生产管理的不同而有很大的差异。根据污染程度的不同，工业废水可分为生产废水和生产污水两类。

生产废水是指在使用过程中受到轻度污染或水温稍有升高的水。如生产冷却水，通常经过简单处理后即可在生产中重复使用、循环使用或直接排放水体。

生产污水是指在使用过程中受到较严重污染的水。这类污水多半具有危害性，如含有机物的食品、石油化工工业污水；含有有毒重金属铬、汞、铅、镉及氰化物的冶金、电镀、建材等工业污水；含有大量有机物和无机物的焦化、氮肥等工业污水；含有放射性物质的核工业污水等。这类污水需要经过适当处理后才能排放或在生产中再重复使用。

（3）天然降水

天然降水是指雨水或雪、雹等融化水。降落的雨水一般比较清洁，但雨水形成的径流量大，有的地区往往在几小时内就会降几十至几百毫米的雨水，若不及时排除，则会使居住区、工厂、仓库等遭受水淹，交通受阻，形成积水危害，尤其山区的山洪水危害更甚。所以，雨水特别是暴雨需及时排除。虽然初降雨水中含有一定的污染物质，但雨水一般不需要处理，可直接排入水体。

此外，还有街道喷洒水、冲洗水、消防水等，这些水的水量不大，水质与初降雨水的水质差不多，排水规划时一般不单独考虑其水量与水质处理问题。

城市污水是指排入城市污水排水系统的生活污水和工业废水，在合流制中，还包括雨水。因此它是一种混合污水，污水的性质随着混合污水中生活污水和工业废水的混合比例不同而不同。

2）排水体制

排水体制是指在一个区域内收集、输送污水和雨水的方式，有合流制和分流制两种基本方式。

（1）合流制排水系统

合流制是用同一管渠系统收集、输送污水和雨水的排水方式。

合流制排水系统是将雨水和污水统一进行收集、输送、处理、再生和处置的排水系统。

将排除的混合污水不经处理直接就近排入水体称为直流式合流制排水系统（图3-2）。国内外很多旧城在早期时常采用这种排水方法，特点是造价低，但由于污水未经处理就直接排放，使受纳水体遭到严重污染，不符合环保要求，目前已不采用这种排水体制。直流式合流制是最古老的合流制，如老城中还有这类排水方式，是必须进行改造的。

目前，合流制排水方式中常用的是截流式合流制排水系统（图3-3），是在直流式合流制排水系统的基础上，临河岸边建造一条截流干管，同时在截流干管上设置溢流井，并在截流干管下游设置污水处理厂。晴天和初降雨水时，所有污水和初降雨水均被送至污水处理厂处理后排放；随着降雨的增加，当混合污水的流量超过截流干管的输水能力后，部分混合污水经溢流井溢出直接进入水体。截流式合流制排水方式比直流式合流制排水方式前进了一大步，但仍有部分污水未经处理直接排放，对水体的污染仍较为严重。

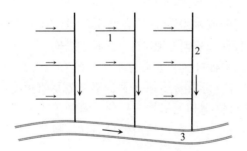

图3-2　直流式合流制排水系统

注：1.合流支管；2.合流干管；3.河流。

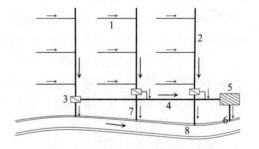

图3-3　截流式合流制排水系统

注：1.合流支管；2.合流干管；3.截流井；4.截流主干管；5.污水处理厂；6.出水口；7.溢流干管；8.河流。

（2）分流制排水系统

分流制是用不同管渠系统分别收集、输送污水和雨水的排水方式。

分流制排水系统是将生活污水、工业废水和雨水分别在两个或两个以上各自独立的管渠内排除的系统。其中，输送生活污水和工业废水的管道系统被称为污水排水系统，输送雨水的管道系统被称为雨水排水系统。

分流制排水系统又由于设置的情况不同分为完全分流制、不完全分流制和截流式分流制排水系统。

完全分流制排水系统是设污水和雨水两个管渠系统，前者汇集生活污水、工业废水，送至污水处理厂处理后排放；后者汇集雨水，就近排入水体（图3-4）。

不完全分流制排水系统是只有污水管道系统而没有完整的雨水排水系统。雨水沿天然地面、街道边沟、水渠等不成系统的渠道系统排泄，然后进入较大的水体；或者修建部分雨水管道，待城市进一步发展后转变成完全分流制排水系统（图3-5）。

截流式分流制排水系统是在采用分流制的基础上，沿城市水体两岸布设截污干管系统，截流初期雨水或截流有污水排入城市水体的雨水排出口的污水，送至污水处理厂处理后排放。

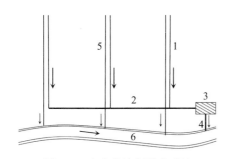

图3-4　完全分流制排水系统

注：1. 污水干管；2. 污水主干管；3. 污水处理厂；
4. 出水口；5. 雨水干管；6. 河流。

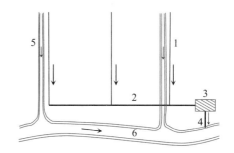

图3-5　不完全分流制排水系统

注：1. 污水干管；2. 污水主干管；3. 污水处理厂；
4. 出水口；5. 明渠或小河；6. 河流。

从城乡规划层面来看，合理选择排水体制是城市排水工程系统规划中的首要问题。它不仅从根本上影响排水系统的设计、施工、维护和管理，而且对城乡发展和环境保护的影响深远。排水体制一般应根据城市国土空间总体规划，再结合当地的地形特点、水文条件、水体状况、气候特征和原有排水设施、污水处理程度及处理后的出水利用等方面综合考虑确定。同一城市的不同地区可采用不同的排水制度。新建地区的排水系统宜采用分流制排水系统。合流制排水系统应设置污水截流设施。对水体保护要求高的地区，应对初期雨水进行截流、调蓄和处理；在缺水地区，宜对雨水进行收集、处理和综合利用。

从环境保护方面来看，如果采用合流制将生活污水、工业废水和雨水全部送往污水处理厂处理后再排放是最好的，但投资费用太大。截流式合流制可将晴天时的污水和初降的雨水送往污水处理厂处理，但暴雨时有部分混合污水通过溢流井进入受纳水体，进而污染了环境。分流制是将全部污水送往污水处理厂处理，虽然有初降雨水对水体污染的问题，但它比较灵活，易于适应社会发展的需要，因此是城市排水体制的发展方向。

从工程投资方面来看，合流制排水体制在管道建设方面的投资相对较低，但污水处理厂的建设费用较高；而分流制排水体制则需要更高的投资成本来建立和维护独立的排水系统架构与设施。但未来要将原有的合流制系统改造成分流制系统是十分困难的，需要全面改造污水管网，不仅工程投资大，而且影响面广。

从设施运营角度来看，合流制排水系统管网单一，施工和维护相对简单，但旱季和雨季的污水量及污染物浓度、成分变化较大，给污水处理厂的运行管理带来了较大挑战；分流制排水体制将雨水和污水分开管道排放，提高了污水处理效率，但管网复杂，系统的运营成本相对较高。

3.1.3　城市排水工程系统规划的内容

城市排水工程规划的主要内容应包括：确定规划目标与原则，划定城市排水规划范围，确定排水体制、排水分区和排水系统布局，预测城市排水量，确定排水设施的规模与用地、雨水滞蓄空间用地、初期雨水与污水处理程度、污水再生利用和污水处理厂污泥的处理与处置要求。

按照国土空间规划体系可知，总体规划、详细规划中的排水工程系统规划和排水工程专项规划的主要内容各有侧重。国土空间总体规划是排水工程专项规划的基础；详细规划中的排水工程系统规划以国土空间总体规划为依据，与专项规划相衔接；排水工程相关的专项规划要遵循国土空间总体规划，不得违背总体规划中的强制性内容，其主要内容要纳入详细规划。

1）总体规划中排水工程系统规划的内容

在国土空间总体规划中，排水工程系统规划的主要内容如下所述：

（1）现状分析：分析水污染及其防治现状、现状排水工程系统重大设施和排水情况；评估排水工程规划实施情况。

（2）专题研究：结合实际，开展水污染对国土空间开发利用与保护的影响和对策、城乡发展与污水再生利用等重大问题研究。

（3）统筹协调：落实国家和区域重大排水工程基础设施项目，明确空间布局和规划要求；完善城乡排水设施网络体系。

（4）发展目标：提出排水发展目标；明确降雨就地消纳率、污水处理率，提出污水排放达标率、污水资源化再生利用率、污泥无害化处置率等发展指标。

（5）空间布局：确定排水体制、排水规模和排水工程网络化布局要求；统筹雨水滞蓄空间用地；确定污水处理厂及排水干管、污泥处置设施、防涝系统等重大设施的空间布局与管控要求。

（6）用地控制：明确排涝水系的保护范围；确定污水处理厂、防涝调蓄设施和行泄通道等重要基础设施的用地控制范围，划定黄线；与生态保护红线等控制线相协调。

（7）近期建设：编制近期排水工程重点建设项目，提出实施政策。

（8）政策机制：提出排水工程系统规划实施的政策；提出水污染及其防治、污水再生利用的措施等。

排水工程规划的相关成果是国土空间总体规划中基础设施规划的重要组成，成果内容包括图件和规划文本、附表、说明、专题研究报告等。

2）排水工程专项规划的内容

排水工程专项规划在国土空间总体规划相关编制内容的基础上，规划内容还应包括以下方面：

（1）研究分析现状排水系统和污水、雨水排放情况。

（2）落实和深化国土空间总体规划所确定的排水工程系统规划；与相关规划相衔接和统筹协调；结合实际开展相关专题研究。

（3）确定排水体制。

（4）划分排水分区，估算雨水、污水总量。

（5）确定雨水滞蓄空间的位置、用地，确定初期雨水与污水处理程度。

（6）布局排水管渠系统，确定排水设施的位置、规模与用地。

（7）确定城市防涝系统，明晰排涝水系，布局防涝调蓄设施、行泄通道以及强排设施。

（8）确定污水处理厂的位置、规模、用地范围。

（9）提出污水综合治理利用措施和要求。

（10）提出近期排水工程系统的重点建设项目安排。

规划成果主要包括排水工程系统现状图、排水工程规划图等图件和规划文本、附表、说明和专题研究报告等。

3）详细规划中排水工程系统规划的内容

在国土空间详细规划中，排水工程系统规划的主要内容如下所述：

（1）分析排水条件。

（2）落实国土空间总体规划所确定的排水工程设施及用地和管控要求，与相关专项相衔接；确定防涝系统设施、重要排水设施的黄线控制范围与管控要求。

（3）计算雨水排放量和污水量。

（4）确定排水管线的平面位置、管径、主要控制点标高，排水设施的位置与用地范围。

（5）估算工程量。

规划成果主要包括排水工程现状图、排水工程详细规划图等图件和规划文本、说明等。

3.1.4　城市排水工程系统规划的原则

城市排水工程规划应遵循"统筹规划、合理布局、综合利用、保护环境、保障安全"的原则，满足新型城镇化和生态文明建设的要求。

1）衔接和协调相关规划

城市排水工程规划应符合国土空间规划，应以国土空间总体规划为依据，与海绵城市专项规划和城市排水与污水处理规划及城市内涝防治专项规划相衔接，从全局出发，综合考虑规划年限、工程规模、经济效益、社会效益和环境效益，正确处理近期与远期、集中与分散、排放与利用的关系，通过全面论证，做到安全可靠、保护环境、节约土地、经济合理、技术先进且适合当地实际情况。

城市排水工程规划应与水资源、给水、水污染防治、生态环境保护、环境卫生和城市道路、竖向、防洪、河湖水系、绿地系统、管线综合、综合管廊、防灾和地下空间等相关专项规划统筹协调，与工程建设密切配合。

2）与环境综合治理相统筹

统筹区域流域的生态环境治理与城乡建设，保护和修复生态环境自然积存、自然渗透和自然净化的能力；合理控制城市开发强度，满足蓝线和水面率的要求。统筹水资源利用与防灾减灾，提升城市对雨水的渗、滞、蓄等能力，充分利用再生水，强化雨水的积蓄利用。为保护流域水环境，应对城市生活污水全收集全处理；应根据流域水环境容量，合理确定城乡生活污水的处理标准。

3）采用绿色低碳智能收集和处理技术

排水工程应加强科学技术研究，优先采用经过实践验证且具有技术经济优势的新技术、新工艺、新材料、新设备，提升排水工程收集处理效能和内涝防治水平，促进资源回收利用，提高科学管理和智能化水平，实现全生命周期的节能降耗。

4）综合规划和系统布局

城市雨水系统布局应坚持绿蓝灰结合和蓄排结合的原则，与流域防洪和区域排涝统筹考虑。应结合城市防洪、周边生态安全格局、城市竖向、蓝绿空间和用地布局等情形确定，应综合考虑雨水排水安全、径流污染控制和水生态要求。雨水系统的源头减排、排水管渠和排涝除险的设施应在竖向、平面和蓄排能力上相互衔接，保证各类设施充分发挥效能。雨水系统应与防洪系统相衔接，在设计最不利条件时应满足城市内涝防治的要求。

污水系统布局应坚持集中式和分布式相结合的原则，应结合城市竖向、用地布局和排放口设置条件等情况确定，应综合考虑污水再生利用、污水输送效能和污泥处理与处置的要求。

5）全过程管理和控制

排水工程系统应遵循从源头到末端的全过程管理和控制原则。同时，雨水系统和污水系统应相互配合，特别是合流污水、截流雨水的输送、处理等应与污水系统有效衔接。

一个区域或城市的排水系统有可能会影响邻近地区，特别是会影响下游区域的环境质量和防洪安全，故在确定排水系统规划方案时，必须在较大的区域范围内综合考虑。

6）处理好污水利用与处理排放的关系

处理后的污水一般进入江河湖泊或进行农田灌溉、水产养殖，或直接对污水进行再生利用，这都是对污水利用的较好方式，但需要做好跟踪监测工作。未来，城市污水的再生利用会越来越受到重视，污水的利用方式对城市排水系统的规划布置有较大的影响，应考虑城市水源、给水工程规划、水环境容量等因素，经综合比较后确定。

7）近远期相结合

排水工程的设计应全面规划，按近期设计，考虑远期发展扩建的可能性；根据使用要求和技术经济的合理性等因素，对近期工程做出安排。对于城市和工业企业原有的排水设施，应从实际出发，在满足环境保护的要求下，充分利用和发挥其效能，有计划、有步骤地加以改造，使其逐步完善和合理化。

3.2 水污染防治保障体系

水环境保护事关人民群众的切身利益，因此要大力推进生态文明建设，以提高水环境质量为核心，按照"节水优先、空间均衡、系统治理、两手发力"的原则，贯彻"安全、清洁、健康"方针，强化源头控制，水陆统筹、河海兼顾，对江河湖海实施分流域、分区域、分阶段的科学治理，系统推进水污染防治、水生态保护和水资源管理。

水污染控制是控制向水体排放污染物的方法。水污染主要有点污染源和面污染源。点污染源有具体的污染源，如工厂的排污管道口等，比较容易治理——只要控制污染物排放政策有足够的执法能力；每种工业都有具体的污染物，都可以通过开发污染物排放控制技术来控制污染；造成工业污染的主要原因是企业不愿意自行提高成本来治理污染，必须由政府和舆论强制其执行。面污染源是农田过度使用农药和化肥造成的，它随着雨水或灌溉水流入水体，既浪费了农药和化肥，又污染了水体，但没有一个具体的污染物流出的点。

将对水污染的预防和治理称为水污染防治。水污染防治应当坚持预防为主、防治结合、综合治理的原则，优先保护饮用水水源，严格控制工业污染、生活污染，防治农业面源污染，积极推进生态治理工程建设，预防、控制和减少水环境污染和生态破坏，这是建构城市水污染防治保障体系的价值所在。

3.2.1 水污染基本概念

水污染是指有害化学物质造成水的使用价值降低或丧失，进而污染环境。污水中的酸、碱、氧化剂，铜、镉、汞、砷等化合物，以及苯、二氯乙烷、乙二醇等有机毒物，会毒死水生生物，影响饮用水水源水质、水生态环境和滨水景观。污水中的有机物被微生物分解时会消耗水中的氧，进而会影响水生物的生命，水中溶解氧耗尽后，有机物进行厌氧分解，产生硫化氢、硫醇等难闻气体，使水质进一步恶化。

水污染主要是由人类活动产生的污染物造成的，它包括工业污染源、农业污染源和生活污染源三大部分。

（1）工业污染源主要是工业废水，是水域的重要污染源，具有体量大、面积广、成分复杂、毒性大、不易净化、难处理等特点。

（2）农业污染源包括牲畜粪便、农药、化肥等。在农药污水中，一是有机质、植物营养物及病原微生物含量高；二是农药、化肥含量高。

（3）生活污染源主要是城市生活中所使用的各种洗涤剂和污水、垃圾、粪便等，多为无毒的无机盐类，含氮、磷、硫多，致病细菌多。

3.2.2 水污染防治体系

为保护水环境，应建立控制污水排放、治理水体污染、推行清洁生产的水污染防治体系。

1）控制污水排放

水污染物排放总量控制是根据某一特定区域的环境目标要求，预先推算出达到该目标所允许的污染物最大排放量或最小污染物削减量，然后通过优化计算将污染指标分配到各个水污染控制单元，各个单元根据内部各污染源的地理位置、技术水平和经济承受能力协调分配污染指标到排污单位的控制方式。

实施污染物排放总量控制，应综合考虑环境目标、环境承载力和污染源特点、排污单位技术经济水平等情况，对污染源从整体上有计划、有目的地削减排放量，使环境质量逐步得到改善。

2）治理水体污染

对工业企业的水污染治理，要突出清洁生产，源头应减少废水排放，对末端排放废水要优选处理技术，保证污染物稳定达标排放；对生活污水的治理，要提高污水的处理率和污水再生回用率；对农业面源污染的治理，要合理规划农业用地，加强农田管理，防止水体流失，合理使用化肥、农药，优化水肥结构，施行节水灌溉，大力发展生态农业。

为保障城市污水处理设施的正常运转，应根据《城市黄线管理办法》，宜将城市污水处理厂、污泥处理与处置设施等的用地及其防护区域划定为黄线；在国土空间规划中，确定其用地位置和范围，划定其用地控制界线，保障城市污水处理设施的安全。

3）推行清洁生产

清洁生产是指将整体预防的环境战略持续地应用于生产过程、产品和服务中，以期改善生态效率并减少对人类和环境的风险。相对于传统生产方式，清洁生产表现为节约能源和原材料，淘汰有害原材料，减少污染物和废物的产生与排放，减少企业在环保设施方面的投入，降低生产成本，提高经济效益；对于产品而言，清洁生产表现为降低产品全生命周期对环境的有害影响；对于服务而言，清洁生产是将污染预防结合到服务业的设计和运行中，使公众有一个更好的生活空间。

3.2.3　水污染防治原则

《中华人民共和国水污染防治法》（2017 年修正）等相关法律、条例、标准和规范，明确了水污染防治应当坚持预防为主、防治结合、综合治理的原则，优先保护饮用水水源，严格控制工业污染、生活污染，防治农业面源污染，积极推进生态治理工程建设，预防、控制和减少水环境遭受污染和生态破坏。

1）预防为主

水污染防治采取预防为主的方针，遵循可持续发展战略，走绿色经济发展道路。预防为主就是将预防放在防治水污染的主要和优先位置，采取各种预防手段，防止水污染的发生。由于水污染影响范围大、影响时间长、影响程度大、致病危害大、污染容易治理难、治理成本高代价大，因此必须要对污染采取预防为主的原则，才能将污染和损害减至最低的程度。

2）防治结合

防治结合是指预防与治理相结合，既要对污染事先采取预防措施，也要对所产生的污染积极予以治理。对水污染只有按照预防与治理相结合的原则，将预防手段和治理措施双管齐下，才能从根本上防治水污染，保护和改善环境。

3）综合治理

水污染防治是一项综合性很强的工作，必须进行综合治理，包括综合运用法律、经济、技术和必要的行政手段，从源头上预防和治理水污染。大力推行清洁生产和循环经济，争取实现工业用水量和废水排放量的零增长，以及有毒、有害污染物的零排放；加大城市污水处理力度，提高污水回收利用率；加强面源污染控制，规范农药、化肥的使用。

3.2.4 水污染防治制度

1）相关法规

应建立健全完善的水污染防治保障工作的法规、标准、管理和技术支撑体系，确保水环境的安全。

为了保护和改善环境，防治水污染，保护水生态，保障饮用水安全，维护公众健康，推进生态文明建设，促进经济社会可持续发展，国家已经制定了比较完善的水污染防治工作的相关法规，主要有《中华人民共和国城乡规划法》（2019年修正）、《中华人民共和国水法》（2016年修正）、《中华人民共和国环境保护法》（2014年修正）、《中华人民共和国水污染防治法》（2017年修正）、《中华人民共和国环境影响评价法》（2018年修正）、《城镇排水与污水处理条例》（2013年）、《规划环境影响评价条例》（2009年）、《地表水环境质量标准》（GB 3838—2002）、《地下水质量标准》（GB/T 14848—2017）、《城市排水工程规划规范》（GB 50318—2017）、《建筑给水排水设计标准》（GB 50015—2019）、《室外排水设计标准》（GB 50014—2021）、《建筑给水排水与节水通用规范》（GB 55020—2021）、《城乡排水工程项目规范》GB 55027—2022）。

2）监控与预警

为实现城市排水系统的灾情预判、应急处置、辅助决策等功能，防止水污染事件的发生，应对排水工程系统进行监控与预警。

城市雨水、污水系统应设置监控系统，在排水管网的关键节点宜设置液位、流量和水质的监测设施，实时监测城市排水管网内的水位、流量等情况。接入河道、湖泊的排出口是城市排水管网系统的末端，也是雨水、污水处理厂出厂水入河、入湖的关键节点，一般在此处设置流量和水质监测装置可以起到事半功倍的作用。

城市雨水工程规划和污水工程规划应确定重点监控区域，提出监控内容和要求。污水工程专项规划应提出再生水系统、污泥系统的监控内容和要求。一般情况下，城市雨水、污水工程规划应将内涝易发区、管网流量瓶颈管段、合流制溢流口等易发生水量超载及水质污染的区域确定为重点监控区域，并对其管网及设施的规划建设提出相应要求，从而提高城市排水系统的安全性和可靠性。

3.2.5　水污染防治措施

1）全面规划，合理布局，进行区域性综合治理

第一，在制定国土空间规划、城市规划、工业区规划等规划时都要考虑水体污染问题，要对可能出现的水体污染采取预防措施。第二，将水环境保护工作纳入地方国民经济和社会发展规划，对水体污染源进行全面规划和综合治理。第三，杜绝工业废水和城市污水的任意排放，规定标准。第四，同行业废水应集中处理，以减少污染源的数目，便于管理。第五，有计划地治理已被污染的水体。

2）减少和消除污染物排放的废水量

首先，应改革生产工艺，减少甚至不排废水，或者降低有毒废水的毒性；其次，重复利用废水，尽量采用重复用水及循环用水系统，使废水排放量减至最小或将生产废水经适当处理后循环利用，如电镀废水闭路循环，高炉煤气洗涤废水经沉淀、冷却后再用于洗涤；再次，控制废水中的污染物浓度，回收有用产品，尽量使流失在废水中的原料和产品与水分离、就地回收，这样既可减少生产成本，又可降低废水浓度；最后，处理好城市垃圾与工业废渣，避免因降水或径流的冲刷、溶解而污染水体。

3）加强监测管理，明确和落实各方责任

一是国家和地方的环境保护管理机构要进一步完善和严格执行有关的环保法律和控制标准，协调和监督各部门和工厂保护环境、保护水源。二是全面监督检查有关法规和条例、标准和规范的实施。三是明确和落实各方责任，强化地方政府的水环境保护责任。加强部门协调联动，建立全国水污染防治工作协作机制，落实排污单位主体责任，严格考核目标任务完成情况。

3.3　城市污水管网系统规划

3.3.1　污水量预测

1）污水量组成

城市污水量是指城市给水工程统一供水的用户和自备水源供水用户排出的污水量，由综合生活污水量和工业废水量组成。在地下水位较高的地区，污水量还应计入地下水渗入量。

综合生活污水量由居民生活污水量和公共建筑污水量组成。

工业废水量由生产废水量和生产污水量组成。

2）污水量变化系数

在进行污水系统的工程规划与设计时常用到变化系数的概念，因为其会影响污水处理厂、污水泵站的设计规模和污水管网管径。

与城市用水量一样，污水量也是逐日逐时变化的。一日之中，白天和夜晚的污水量是不一样的；各小时的污水量也有很大差异，即使在 1 h 内的污水量也是变化的。但在污水管道规划时，通常都假定在 1 h 内污水流量是均匀的，这样便于确定污水处理厂的规模和管道的管径等相关参数。由于污水处理厂的规模和污水管道的管径有一定的富余容量，因此这样的假定不至于影响系统的运转。

污水量的变化程度通常用变化系数来表示，变化系数有日变化系数、时变化系数和总变化系数。

一年中最大日污水量与平均日污水量的比值称之为日变化系数，用 K_d 表示。

最大日中最大时污水量与该日平均时污水量的比值称之为时变化系数，用 K_h 表示。

最大日中最大时污水量与平均日平均时污水量的比值称之为总变化系数，用 K_z 表示。

$$K_z = K_d K_h \qquad (3-1)$$

污水总变化系数随污水平均流量的大小不同而变化。污水平均流量越大，总变化系数的变化幅度越小；反之，总变化系数的变化幅度就越大。

3）污水量预测

城市污水量的大小与城市性质、发展规模、经济生活水平、规划年限等有关。城市污水总量、污水管网设计流量通常分别采用污水排放系数法和分类叠加法等进行预测。

城市污水量预测中所涉及的污水排放系数、污水量变化系数、地下水渗入量等指标，除了参照现行国家标准外，还可以依托各地的智能化城市排水工程信息系统，通过大数据、物联网、人工智能等新一代信息技术获取，其预测结果将会更加合理和符合实际。

（1）城市污水总量预测

总体规划和专项规划的污水总量预测，一般根据综合用水量（平均日）乘以污水排放系数确定。

污水排放系数是指在一定的计量时间（年）内的污水排放量与用水量（平均日）的比值。污水排放系数按污水性质的不同可分为综合污水排放系数、综合生活污水排放系数和工业废水排放系数，具体应符合现行国家标准《城市排水工程规划规范》（GB 50318—2017）中分类污水排放系数的规定（表 3-1）。

表 3-1　城市分类污水排放系数

城市污水分类	污水排放系数
城市综合污水	0.70—0.85
城市综合生活污水	0.80—0.90
城市工业废水	0.60—0.80

注：城市工业废水排放系数不含石油和天然气开采业、煤炭开采和洗选业、其他采矿业以及电力、热力生产和供应业废水排放系数，其数据应按厂、矿区的气候、水文地质条件和废水利用、排放方式等因素确定。

污水排放系数应根据室内排水设施的完善程度，各工业行业的生产工艺、设备及技术、管理水平，以及城市排水设施的普及率确定。

城市综合污水量可根据城市综合用水量（平均日）及其污水排放系数进行预测。城市综合生活污水量可根据综合生活用水量（平均日）及其综合生活污水排放系数进行预测。城市工业废水量可根据工业用水量（平均日）及其工业废水排放系数进行预测。

地下水渗入量宜根据实测资料确定，当资料缺乏时，可按不低于城市综合污水量或城市综合生活污水量、城市工业废水量的10%计入。

采用污水排放系数法来预测污水量，一般适用于总体规划中的污水工程规划和污水工程专项规划，有时也可用于详细规划设计时的污水工程规划。

（2）污水管网设计流量预测

在污水管网系统设计中应确定旱季设计流量和雨季设计流量。分流制污水管道应按旱季设计流量设计，并在雨季设计流量下校核。

① 相关概念

旱流污水量，指晴天时的城市污水量，包括综合生活污水量、工业废水量和入渗地下水量。

旱季设计流量，指晴天时最高日最高时的城市污水量。

雨季设计流量，又分为分流制的雨季设计流量和合流制的雨季设计流量，前者是指旱季设计流量和截流雨水量的总和，后者是指截流后的合流污水量。

② 设计流量计算公式

分流制污水系统的旱季设计流量应按下式计算：

$$Q_{dr} = KQ_d + K'Q_m + Q_u \qquad (3-2)$$

式中：Q_{dr}——旱季设计流量（L/s）；K——综合生活污水量总变化系数；Q_d——设计综合生活污水量（L/s）；K'——工业废水量变化系数；Q_m——设计工业废水量（L/s）；Q_u——入渗地下水量（L/s），在地下水位较高地区应予以考虑。

设计综合生活污水量（Q_d）和设计工业废水量（Q_m）均以平均日流量计。

综合生活污水定额应根据当地所采用的用水定额，再结合建筑内部给排水设施水平确定。《室外排水设计标准》（GB 50014—2021）建议可按当地相关用水定额的90%采用。综合生活污水量总变化系数（K）可根据当地实际、综合生活污水量的变化资料确定。无测定资料时可按表3-2的规定取值。新建分流制排水系统的地区宜提高综合生活污水量总变化系数；既有地区可结合城区和排水系统改建工程情况确定综合生活污水量总变化系数。

表3-2　综合生活污水量总变化系数

平均日流量（L/s）	5	15	40	70	100	200	500	≥1 000
变化系数	2.7	2.4	2.1	2.0	1.9	1.8	1.6	1.5

注：当污水平均日流量为中间数值时，变化系数可用内插法求得。

《建筑给水排水设计标准》（GB 50015—2019）规定，居住小区室外生活排水管道系统的设计流量应按最大小时排水流量计算，生活排水最大小时排水流量应按住宅生活给水最大小时流量与公共建筑生活给水最大小时流量之和的85%—95%确定。住宅和公共建筑的生活排水定额和小时变化系数应与其相应的生活用水定额及小时变化系数相同（参见前表2-7、表2-8）。

设计工业废水量（Q_m）及其工业废水量变化系数（K'）的确定，应根据产业及其工艺特点和循环用水、处理后回用等情况，按照国家现行工业用水量的有关规定核定，工业废水排放系数可参照前表3-1核定，工业废水量的变化系数应根据工艺特点和工作班次确定。工业企业内的生活污水量应按照现行国家标准《建筑给水排水设计标准》（GB 50015—2019）的有关规定核算，也可按不低于当地相应用水定额的90%、小时变化系数相同进行核定。

入渗地下水量（Q_u）应根据地下水位情况和管渠性质经测算后研究确定。

分流制污水系统的雨季设计流量应在旱季设计流量的基础上，根据调查资料增加截流雨水量。分流制截流雨水量应根据受纳水体的环境容量、雨水受污染情况、源头减排设施规模和排水区域大小等因素确定。

从理论上讲，在污水管网、污水泵站及污水处理厂的设计过程中，若单纯以各项污水最大时流量之和作为依据，往往会导致不经济的设计。因为各种污水最大时流量同时发生的可能性很小。因此为了合理确定污水管网、污水泵站和污水处理厂各相关构筑物的最大污水设计流量，就必须充分考虑各种污水流量的逐时变化情况，具体来说，即需要了解一天中各种污水每小时的流量，然后将相同小时的各种流量相加，以得出一日中流量的逐时变化，并从中选取最大时流量作为总设计流量，但往往由于缺乏相关资料而不便采用。随着大数据的广泛应用和相关资料的积累，设计流量的核定将更加科学、合理和符合实际。这不仅提高了设计的准确性，而且强调了在设计过程中考虑污水流量动态变化的重要性。

3.3.2 污水管网系统布置

1）污水排放的分区组织与系统布局

城市污水分区与系统布局应根据城市的规模、用地规划布局，结合地形地势、风向、受纳水体位置与环境容量、再生利用需求、污泥处理与处置出路及经济因素等综合确定。

（1）确定污水排水区界，划分排水流域

污水排水大都是重力自流的。因此，宜根据地形及竖向规划划分排水区界，排水区界是排水管网系统敷设的界线。在丘陵和地形起伏的地区，一般可按等高线划出分水线，分水线和排水区界线往往是一致的；在地形平坦且无明显分水线的地区，一般依据面积的大小来划分，使相邻的管道系统能分担合理的排水面积，保证干管在合理的埋深下，绝大部分的污水能自流接入。

（2）选择城市污水处理厂的位置及其出水口

城市污水处理厂和出水口的位置影响着污水管网系统的布置。污水处理厂一般设置在城市河流的下游位置。

城市污水处理厂可按集中、分散或集中与分散相结合的方式布置，新建污水处理厂应含污水再生系统。独立建设的再生水利用设施布局应充分考虑再生水用户及生态用水的需要。

城市无论是采用集中还是分散的方式布置污水处理厂，应综合考虑自然、环境、经济和管理等多方面的因素。集中式污水处理厂收集、输送、处理的污水量大，进水水质、水量相对稳定，厂站总占地面积小，有利于节约用地，处理效果可靠性较高，排放口相对集中，便于管理；同时集中式污水处理厂汇集污水面积大，距离远，往往需要设置若干提升泵站，一旦运行管理不当，影响范围大，且存在不宜分期建设、不利于污水再生利用、一次性投资巨大等问题。分散式污水处理厂收集、输送、处理的污水量较小，易于分期实施和污水再生利用，但存在处理效果不稳定、不利于管理、总占地面积大等问题。

经污水处理厂处理后的污水出水口位置、形式和出口流速应根据受纳水体的水质要求、水体流量、水位变化幅度、水流方向、波浪状况、稀释自净能力、地形变迁和气候特征等因素确定。

（3）强化污水再生利用

污水再生利用是推动城市节水减排、改善人居环境的重要途径。再生水利用于城市景观环境、河道、湿地等生态补水时，污水处理厂宜就近再生水用户布置。

（4）布局污水收集系统

污水收集系统应根据地形地势进行布置，降低管道埋深。

城市污水收集系统包括污水管网和泵站等设施，应充分利用地形地势布置，并与城市场地竖向相协调，以减小管道埋深、少设提升泵站、降低工程造价、减少运行费用、提高城市抗灾能力。

2）污水管网布置的原则

污水管网的布置应主要考虑污水的有效收集、输送和处理，同时考虑经济、安全和可持续性。在规划布置时应充分考虑各种因素，使污水能够顺畅排出。影响污水管布局的主要因素有：地形和水文地质条件；用地规模和空间布局、竖向规划和分期建设情况；排水体制和污水性质、污水主干管线路数；污水处理厂和排放口位置；排污量大的工业企业和公共建筑情况；道路网络和轨交线路情况；地下管线和综合管廊情况等。在具体规划布置城市污水管网时，应遵循以下原则：

（1）与城市布局相衔接。应以国土空间总体规划为依据，与相关专项规划相衔接，从全局出发，合理划分排水分区，优先考虑管线路径的简短与埋设深度的适宜，尽可能在管线较短和埋深较浅的情况下，让最大区域上的污水或污水量大的区域自流排入污水处理厂。

（2）充分利用自然地形。地形是影响污水管网定线的关键因素，管网应充分利用地形地势布置，并与城市用地竖向规划相协调，可以减小管道埋深、少设污水泵站。定线时应充分利用地形，在整个排水区域较低的地方敷设主干管及干管，便于支管污水自流接入。在平原地区，主干管网的布置相对简单，可结合竖向规划沿道路铺设；在山地、丘陵等地形复杂区域，宜结合地形布置成几个独立的污水排水系统。污水主干管及干管的布置需充分考虑地形起伏、沟壑分布等因素，确保污水能顺畅排放；当地势起伏较大时，宜布置成高区、低区等几个污水排水系统，主干管应结合地形起伏布置，污水应充分利用重力排入污水处理厂，个别低洼地区应局部设污水泵站提升。

（3）统筹污水处理厂及出水口。污水主干管的走向与数目取决于污水处理厂和出水口的位置与数目。如超大城市、特大城市、大城市或地形平坦的城市，可能要建几个污水处理厂分别处理与利用污水，就需设多条污水主干管。主干管通常呈现从污水排水分区向污水处理厂汇聚的走向，形成类似树枝状的污水管网布局。

（4）采用重力流形式。污水管道应尽量采用重力流形式，避免中途提升。重力流原则的核心旨在通过自然地形的高差，使污水在管道内顺畅流动，减少能耗和运营成本。由于污水在管道中靠重力流动，因此管道必须有坡度。定线时应充分利用地形，使污水主干管尽可能设在地形低平位置，这样可以利用地形的自然坡度，使污水在重力作用下自流排出。在布置污水管网时，应尽量避免或减少管道穿越高地，以保障污水能顺畅排放。

（5）避开复杂地段。污水管道应尽量避免与河道、山谷、铁路及各种地下构筑物交叉，并充分考虑地质条件的影响，以提升建设效率，降低排水成本，减少施工难度，便于后续的维护和管理。污水管特别是主干管，应尽量布置在坚硬密实的土壤中，避开地质条件复杂的区域。

（6）沿城市道路布置。道路是城市的核心和骨架，沿道路敷设污水管可以最大化地覆盖城市区域，确保污水收集系统的全面性和有效性。污水干管通常设在污水量较大或地下管线较少一侧的人行道、绿化带或慢车道下；不宜设在交通繁忙的快车道和狭窄的街道下，也不宜设在无道路的空地上；当道路宽度超过40 m时，可考虑在道路两侧各设一条污水管，以减少连接支管的数目及与其他管道的交叉，便于施工、检修和维护管理。

（7）线网布局简捷顺直。管线布置应简捷顺直，简捷顺直的布局还可以方便与新的污水管网相连接，实现污水收集系统的无缝衔接，更好地适应城市发展的需要；并可减少管道的长度和转角，降低建设成本。应避免在平坦地段布置流量小而长度大的管道，以保障污水排放的顺畅。

（8）近远期相结合。污水管网布置应考虑城市的远期、近期规划及分期建设的安排，近远期应统一规划，确保两者之间的衔接和协调，避免重复建设和资源浪费。应使污水管线的布置与敷设既满足近期建设的需要，又符合远期发展的方向。在规划时，应考虑不同重要性管道的设计年限应有差异：城市主干管年限要长，基本应考虑一次建成后在相当长时间内不再扩建，其他污水管的年限可适当降低。

3）污水管网布置的形式

城市污水管网规划时，通常要在土地利用规划图的基础上进行污水管道系统的平面布置，确定其走向和位置，这个过程被称为污水管道的定线。污水管道定线的主要内容包括：确定排水区界，划分污水排水流域；选址污水处理厂和出水口；拟定污水主干管、干管的走向和位置；确定污水泵站的位置等。

定线工作的好坏，直接决定着污水管道系统的经济性和合理性。在规划设计时应尽可能用最短的管线，在顺坡的情况下让最大区域上的污水能自流进入污水处理厂或水体。

污水管道的平面布置一般按主干管、干管、支管的顺序进行。

（1）污水干管的布置形式

主干管和干管的布置是污水管道系统定线的主要内容。主干管的走向取决于污水处理厂或出水口的位置。

按地形与等高线的关系，污水干管的布置形式主要有正交式和平行式两种。

正交式布置是干管与等高线垂直相交，而主干管与等高线平行敷设，一般适应于地形平坦且略向一边倾斜的地区。这样布置时干管长度短，污水排出迅速；主干管由于管径大，保持自净流速所需的坡度小，可减少埋深（图3-6）。

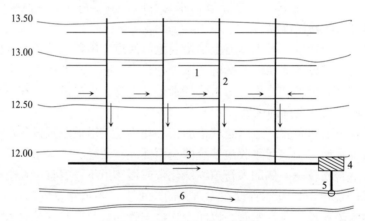

图3-6　污水干管正交式布置

注：1. 支管；2. 干管；3. 主干管；4. 污水处理厂；5. 出水口；6. 河流。图中数据是等高线相应的高程，单位为m。

平行式布置是污水地区干管与等高线平行，而主干管与等高线垂直，一般在地形坡度很大时采用。这样布置可以改善干管的水力条件，避免干管设置较多的跌水井受到冲刷；而主干管处的地形坡度很大，可设置为数不多的跌水井（图3-7）。

（2）污水支管的布置形式

污水支管的平面布置取决于地形及街区建筑特征，并应便于用户接管排水。污水支管一般有三种布置形式。

低边式：将污水支管布置在街坊较低侧的街道下，其管线较短。这种形式一般适于街坊面积不大、地形狭长或有一定倾斜度时使用，见图3-8（a）。

围坊式：亦称周边式，将污水支管布置在街坊四周。这种形式一般适于街区面积较大、地势平坦时使用，见图3-8（b）。

穿坊式：街区内的污水管网按各建筑的需要设置，组成一个系统，污水支管再穿过街区和其他污水管系统相连。这种形式一般适于街区已按规划确定、坡度合适、小区自成系统时采用，见图3-8（c）。

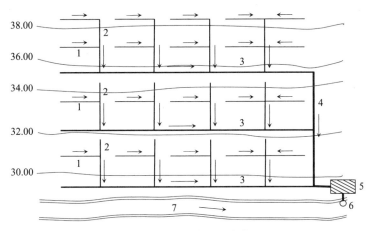

图3-7　污水干管平行式布置

注：1.支管；2.干管；3.地区干管；4.主干管；5.污水处理厂；6.出水口；7.河流。图中数据是等高线相应的高程，单位为m。

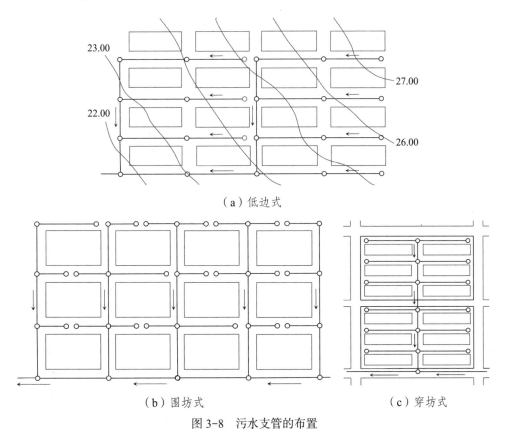

（a）低边式

（b）围坊式　　　　　　　　　（c）穿坊式

图3-8　污水支管的布置

注：图中数据是等高线相应的高程，单位为m。

4）污水管道敷设的要求

污水管道一般是重力流管道，其埋深较其他管线要深且有很多支管接入；同时，连接处均设检查井，对其他地埋管线有一定的影响。所以在城市工程管线综合规划时，应优先考虑污水管的平面位置和竖向高程。

城市污水管道一般敷设在道路人行道、绿带或车行道下。污水管道的平面布置和竖向位置应保证安全，并符合现行国家标准《城市工程管线综合规划规范》（GB 50289—2016）中的有关规定，且应符合城市综合管廊规划的要求。管道敷设一般应遵循如下原则：

（1）敷设位置。污水管道应根据城市道路的规划横断面优先布置在非机动车道或人行道下，宜设在快车道以外；红线宽度超过40 m的城市干道可两侧布置。

（2）覆土深度。污水管道的覆土深度应根据冰冻深度、管道的外部荷载、管材性能、房屋连接管的埋深以及与其他管道交叉等因素确定。一般情况下，敷设在机动车道下的污水管道最小覆土深度为0.70 m，敷设在非机动车道、人行道下的为0.60 m。敷设在有冰冻危险地区的管道应采取防冻措施。

（3）埋设深度。地下管道的埋设深度应根据当地冰冻情况、外部荷载、管材性能、抗浮要求以及与其他管道交叉等因素确定。管道埋设深度越大，工程造价就越高，施工难度也越大，所以管道埋深有一个最大限值，称之为最大埋深。具体应根据技术经济指标和当地实际情况确定。在干燥土壤中，埋深一般应不大于7 m，最大不超过8 m；在多水流砂、石灰岩地层中，不超过5 m。

（4）埋深控制。排水管埋深控制点是指在排水分区内，对管道系统的埋设深度起控制作用的点。每条污水管道的起点大都是这些排水管道的埋深控制点。在这些控制点中，离出水口或污水处理厂或污水泵站最远或最高的一点就是整个系统或排水分区的控制点。控制点一般是该排水管道系统的最高点，是控制该系统高程的起点，这些控制点管道的埋深往往会影响整个污水管网系统的埋深。因此，应采取措施减少控制点管道的埋深，如减少覆土深度、调控地面设计高程等，以保证最小覆土厚度；必要时可设置污水泵站、提高管位，以减少覆土深度等。

（5）与其他工程管线之间及其与建（构）筑物之间的最小水平净距。污水管道渗漏的污水会对其他管线产生影响，所以应考虑管道损坏时不影响附近建筑物、构筑物的基础或污染生活饮用水等。城市污水管道与建（构）筑物、铁路以及和其他工程管道的水平净距，应根据建（构）筑物基础、路面种类、卫生安全、管道埋深、管径、管材、施工方法、管道设计压力、管道附属构筑物的大小等确定，最小水平净距应符合现行国家标准《城市工程管线综合规划规范》（GB 50289—2016）中的有关规定，保证运行安全。

（6）与其他工程管线交叉时的最小垂直净距。由于污水管道渗漏的污水会对其他管线产生影响，因此污水管道与其他工程管线交叉时，应符合现行国家标准《城市工程管线综合规划规范》（GB 50289—2016）中的相关规定，保证安全。一般情况下，在常见的埋地管线中，污水管线的埋深相对较深。给水、再生水、雨水、污水管线应按自上而下的顺序敷设，且污水管道与给水、再生水管道的净距应不小于 0.40 m，与雨水管道的净距不应小于 0.15 m。

3.3.3 污水管道水力计算

污水管道水力计算的目的是合理确定污水管道的管径、坡度和埋深等参数。污水管道的水力计算较为复杂，这里仅做简单介绍。

1）管道水力计算的基本公式

污水管道中的污水流动通常是靠水的重力从高处向低处流。流入污水管中的污水有一定的固体杂质，但主要成分是水，占 99% 以上。因此，假定污水的流动是遵循水力学规律的，是恒定流条件下的流速计算。非恒定流计算条件下的排水管渠流速计算应根据具体数学模型确定。

排水管渠的流量应按下式计算：

$$Q = Av \tag{3-3}$$

恒定流条件下排水管渠的流速应按下式计算：

$$v = \frac{l}{n} R^{\frac{2}{3}} I^{\frac{1}{2}} \tag{3-4}$$

式中：Q——设计流量（m^3/s）；A——水流有效断面面积（m^2）；v——流速（m/s）；R——水力半径（过水断面面积与湿周的比值）（m）；I——水力坡降（等于水面坡度，也等于管底坡度）；n——管壁粗糙系数（表 3-3）。

（1）设计流量

污水系统设计中的设计流量涉及旱季设计流量和雨季设计流量。分流制污水管道应按旱季设计流量设计，并在雨季设计流量下校核。

（2）管壁粗糙系数

排水管渠的管壁粗糙系数由管渠材料确定，宜按表 3-3 的规定取值。

表 3-3　排水管渠粗糙系数

管渠类别	粗糙系数 n	管渠类别	粗糙系数 n
混凝土管、钢筋混凝土管、水泥砂浆抹面渠道	0.013—0.014	土明渠（包括带草皮）	0.025—0.030
水泥砂浆内衬球墨铸铁管	0.011—0.012	干砌块石渠道	0.020—0.025
石棉水泥管、钢管	0.012	浆砌块石渠道	0.017
UPVC 管、PE 管、玻璃钢管	0.009—0.010	浆砌砖渠道	0.015

注：UPVC 表示硬聚氯乙烯；PE 表示聚乙烯。

在具体的工程计算中，有专门的水力计算图表可供查阅。当选定管材和管径后，在流量、坡度、流速、充满度四个要素中，只要任意知道两个，就可由图表查出另外两个要素值。

2）管道水力计算的设计数据

为了保证污水管道设计的经济合理和管道的正常运行，国家相关标准、规范对污水管道的设计充满度、设计流速、最小管径与最小设计坡度做了明确规定，应将其作为规划设计时的控制数据。

（1）设计充满度

在设计流量下，污水在管道中的水深（h）与管道直径（D）的比值被称为设计充满度（或水深比）。当 $h/D=1$ 时，称之为满流；当 $h/D<1$ 时，称之为不满流。

重力流污水管道应按非满流计算，且设计充满度有一个最大值，称之为最大设计充满度。排水管道的最大设计充满度见表 3-4。合流管道应按满流计算，明渠超高不得小于 0.2 m。

表 3-4　排水管渠的最大设计充满度

管径或渠高（mm）	最大设计充满度
200—300	0.55
350—450	0.65
500—900	0.70
≥1 000	0.75

注：在计算污水管道设计充满度时，不包括短时突然增加的污水量，但当管径小于或等于 300 mm 时，应按满流复核。

（2）设计流速

设计流速是管渠在设计充满度下排泄设计流量时的平均流速。设计流速包括最小设计流速和最大设计流速。

最小设计流速又称自净流速，是保证管道内不致发生淤积的流速。污水管道在设计充满度下的最小设计流速为 0.6 m/s，含有金属、矿物固体或重油杂质的生产污水管道，其最小设计流速宜适当加大。明渠的最小设计流速为 0.4 m/s。当设计流速不满足最小设计流速时，应增设防淤积或清淤措施。

最大设计流速。最大设计流速是保证管道不被冲刷而损坏的流速，该值与管道材料有关。金属管道的最大设计流速为 10.0 m/s；非金属管道的最大设计流速为 5.0 m/s（经实验验证可适当提高）。

（3）最小管径

一般在污水管道系统的上游部分，污水流量很小，若根据实际的污水流量计算，则管径可能非常小，而管径过小容易引起堵塞。此外，若采用较大的管径，则在相同流量下可选用较小的坡度，使管道埋深减小。一般情况下，污水管的最小管径为 300 mm。若按实际流量计算出的管径小于最小管径，则采用最小管径值。

（4）最小设计坡度

从公式（3-4）可知，坡度和流速之间存在着一定的关系，管道坡度所造成的管内流速应等于或大于最小设计流速，以防止管道内出现沉淀。把相应于管内流速为最小设计流速时的坡度叫作最小设计坡度。由于管径越大，相应的最小设计坡度值越小，所以只需规定最小管径的最小设计坡度值即可。一般情况下，最小管径为300 mm 的污水管，其相应的最小设计纵坡为 0.003。

3）管渠的断面和衔接

目前我国常用的排水管渠形式主要有圆形、半椭圆形、马蹄形、矩形、梯形及卵形等。其中，圆形管道具有水力特性好、排水能力大、抗压能力强、便于预制和运输、埋入地下后能获得较高稳定性等特点，往往是污水干管的首选；半椭圆形适用于污水流量大且变化小的情况；在工业区、路面狭窄地区的污水管道中，矩形断面也常被采用；卵形断面适用于污水流量变化较大的情况。

污水管道在管径、坡度、高程和方向发生变化及支管接入的地方都需要设置检查井，在设计时必须考虑检查井内上下游管道的衔接时的高程问题，需要遵循以下原则：

（1）尽可能提高下游管段的高程，以减少管道的埋深，降低造价；

（2）避免在上游管段中形成回水而造成淤积。

上下游管段的衔接方法主要有水面平接和管顶平接两种，在特殊情况下可采用管底平接（图 3-9）。

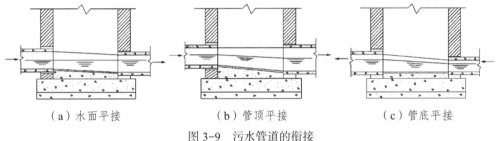

（a）水面平接　　　　　　（b）管顶平接　　　　　　（c）管底平接

图 3-9　污水管道的衔接

水面平接是指在污水管道的水力计算中，使上游管段终端的水面高程和下游管段起端的水面高程相同。水面平接法一般用于相同管径的污水管道的衔接。在平坦地区，为了减少管道埋深，不同管径的管段也可采用水面平接，但由于较小管径中的水面变化比大管径管道中的水面变化要大，因此当管径不相同的管道采用水面平接时，难免会在上游管道中形成回水。

管顶平接是在污水管道的水力计算中，使上游管段终端和下游管段起端的管顶标高相同。采用管顶平接时，可以避免上游管段产生回水，但会增加下游管段的埋深。管顶平接一般用于不同管径的管段的衔接。当上下游管径相同而下游管段的设计充满度小于上游管段的设计充满度时，也需采用管顶平接。

管底平接是指在水力学计算中，使上游管段和下游管段管底内壁的高程相同。在特殊情况下，当下游管段的管径小于上游管段的管径时（坡度突然变陡时可能出现这种情况），不能采用管顶平接或水面平接的方法，应采用管底平接，以防下游管段的管底高于上游管段的管底。

城市污水管道通常采用管顶平接法衔接。在坡度较大的地区，污水管道可采用阶梯连接或跌水井连接。但无论采用哪种连接方法，下游管段起端的水面和管底标高都不得高于上游管段终端的水面和管底标高，确保污水排放的顺畅。

在污水支管与干管交汇处，若支管的管底标高与干管的管底标高相差 1 m 以上时，为保证污水干管有良好的水力条件，需在支管上先设置跌水井，经跌落后再接入干管。

4）管道水力计算的方法

污水管道水力计算是确定污水管道的管径、坡度、流速、设计充满度和埋深等参数。污水管道水力计算较为复杂，这里仅做简单介绍。

污水管道中任意两个检查井间的连接管段，如果采用的设计流量不变，且采用同样的管径和坡度，就把这种管段称为设计管段，作为水力计算中的一个计算单元。通常根据管道平面布置图，凡有工厂等集中流量进入和街坊污水支管接入的检查井均可作为设计管段的起讫点；计算时，应对设计管段的起讫点编上号码。

每一设计管段的污水设计流量可以由三个部分组成：本段流量——从管段沿线街坊流来的污水量；转输流量——从上游管段和旁侧管段流来的污水量；集中流量——从工业企业和其他大型公共建筑流来的污水量。

对于某一设计管段而言，本段流量沿线是变化的，但为简化计算，通常假定本段流量集中在起点进入设计管段，它接受本管段服务地区的全部污水流量。从上游管段和旁侧管段流来的污水流量以及集中流量对这一管段是不变的。本段流量可用以下公式计算：

$$q_1 = F \cdot q_0 \cdot K_z \quad\quad\quad (3-5)$$

式中：q_1——设计管段的本段流量（L/s）；F——设计管段服务的街坊面积（hm^2）；K_z——生活污水总变化系数；q_0——单位面积的本段平均污水流量，即比流量 $[L/(s \cdot hm^2)]$，可用下式求得：

$$q_0 = \frac{n \cdot p}{86\ 400} \qu\quad\quad (3-6)$$

式中：n——污水量标准 $[L/(人 \cdot d)]$；p——人口密度（人/hm^2）。

在专项规划时，一般只计算干管和主干管的流量；在详细规划设计时，应计算支管的流量。

在确定了设计管段的设计流量后，就可以依次进行各设计管段的水力计算，通常采用列表计算。为了使水力计算的结果科学合理，必须认真分析设计地区的地形等条件，并遵守排水设计标准中有关水力计算设计数据的规定。所选择的管渠断面尺寸，必须要在规定的设计充满度和设计流速下能够排出设计流量。同时，管道坡度应参照地面坡度和按最小设计坡度的规定确定，当然管道的坡度也不能太大，以免超过最大设计流速而使管壁受到冲刷。

一般来说，污水管道水力计算的总体步骤如下：

（1）污水管道定线。

（2）汇水面积划分及计算。

（3）划分设计管段和计算设计流量。

（4）各管段的水力计算：①根据规划设计图，核定每一设计管段的长度；②计算每一管段的地面坡度；③ 确定起始管段的管径、设计流速、设计充满度和管道坡度；④ 确定其他设计管段的管径、设计流速、设计充满度和管道坡度；⑤ 计算各管段上下端的水面、管底标高及埋设深度。

（5）在进行水力计算的同时需要绘制污水管道的平面图和剖面图，将相关的设计数据标在图上。

3.4 城市污水处理及利用规划

3.4.1 污水性质

城市污水中含有大量的有毒、有害物质，若不加以处理控制，会带来严重后果，将造成环境污染，危及生态安全，损害人类健康，阻碍经济发展和社会进步。

1）污水的污染指标

（1）生化需氧量

在城市污水处理中，常用生化需氧量（Biochemical Oxygen Demand，BOD）指标反映污水中有机污染物的浓度。污水中含有大量的有机物质，包括碳水化合物、蛋白质、氨基酸、脂肪酸、油脂、酯类等物质，它们在排入水体后，在水中好氧微生物的作用下进行好氧分解，消耗水中的溶解氧，使水中的溶解氧降低，甚至完全缺氧；在水中厌氧微生物的作用下进行厌氧分解，放出恶臭气体，使水体变黑，生物绝迹。所以污水中有机物质的多少是衡量污水污染程度高低的重要指标。生化需氧量是在指定的温度下和时间段内，微生物在分解、氧化水中有机物的过程中所需要的氧的数量，单位为 mg/L。由于微生物的好氧分解速度开始很快，约 5 天后其需氧量即达到完全分解需氧量的 70% 左右，因此在实际操作中常用五天生化需氧量（BOD_5）来衡量污水中的有机物浓度。

（2）化学需氧量

化学需氧量（Chemical Oxygen Demand，COD）是指用强氧化剂使被测废水中的有机物进行化学氧化时所消耗的氧量，单位为 mg/L。生化需氧量（BOD）只能表示水中可生物降解的有机物，并易受水质的影响，因此可用化学需氧量（COD）指标来衡量。化学需氧量（COD）一般高于生化需氧量（BOD）。

（3）悬浮固体

在水中呈悬浮或漂浮状态、非溶解性的物质被称为悬浮固体（Suspended Solids，SS）。城市污水含有大量的悬浮物，可分为有机性和无机性两类，是反映污水排入水体后发生淤积情况的指标，单位为 mg/L。悬浮固体（SS）在水中肉眼可见，能使水浑浊，属于感官性状指标。

（4）酸碱值

酸碱值（pH）是污水呈酸性或碱性的标志。生活污水一般呈弱碱性，工业废水则是多种多样，其中不少呈强酸或强碱性。酸碱水会危害鱼类和农作物，其中酸性污水还会腐蚀管道。

（5）氮和磷

氮和磷是植物性营养物质，如排入湖泊、海湾、河道等缓流水体，会导致其发生富营养化而使水体加速老化。生活污水和某些工业废水中含有大量的氮、磷。

（6）有毒化合物和重金属

这类物质都有很强的毒性，对人体、自然环境和污水处理中的生物都有毒害作用。这类物质主要含有氰化物、砷化物和汞、镉、铅、铬等重金属。

（7）感官性指标

城市污水呈现一定的颜色、气味，会降低水体的使用价值，往往给人以脏乱、不洁的印象。温度的升高也是水体污染的一种形式，对水生生物、水质都产生危害。

2）污水的性质

污水的性质取决于其组分，不同性质的污水反映出不同的特征。城市污水由生活污水和工业废水组成，所以它既有生活污水的特征，又有工业废水的特征。

排入城市排水系统的污水水质，必须符合现行国家标准《污水排入城镇下水道水质标准》（GB/T 31962—2015）中的有关规定，做到城市排水管渠不阻塞，不损坏，不产生易燃、易爆和有毒有害气体，不传播致病菌和病原体，不对操作养护人员造成危害，不妨碍污水和污泥的处理与处置。

（1）生活污水的成分和特征

生活污水中的成分复杂，一般含有碳水化合物、脂肪、蛋白质等有机物和氮、磷等营养物质；含有细菌、病毒和寄生虫等微生物；还有洗涤剂等化学物质。城市生活污水的成分比较固定，其浓度随人口数量和生活习惯、生活水平及季节、天气等有所不同。表3-5是国内典型的城市生活污水水质的部分污染指标和变动范围。

表3-5　生活污水成分组成和污染负荷

成分项目	酸碱值（pH）	五天生化需氧量（BOD_5）（mg/L）	化学需氧量（COD）（mg/L）	悬浮物（mg/L）	氨氮（mg/L）	磷（mg/L）	总有机碳（mg/L）
数量	7.5—8.5	100—400	250—1 000	100—350	12—85	4—15	80—200

（2）生产污水的成分和特征

生产污水的成分主要取决于生产过程中所使用的原材料和生产工艺情况，其特点是水质的成分复杂、变化很大。各种生产污水的主要污染物分类和来源如表3-6所示。

表3-6　生产污水的主要污染物分类和来源

种类	名称		主要来源
物理性污染物	热		热电站、冶金和石油化工等工厂的排水
化学性污染物	无机物	铬	铬矿冶炼、镀铬、颜料等工厂的排水
		汞	汞的开采和冶炼、仪表、水银法电解以及化工等工厂的排水
		铅	冶金、铅蓄电池、颜料等工厂的排水

种类	名称		主要来源
化学性污染物	无机物	镉	冶金、电镀和化工等工厂的排水
		砷	含砷矿石处理、制药、农药和化肥等工厂的排水
		氰化物	电镀、冶金、煤气洗涤、塑料、化学纤维等工厂的排水
		氮和磷	农田排水、粪便污水、化肥、制革、食品、毛纺等工厂的排水
		酸、碱和盐	矿山排水、石油化工、化学纤维、化学造纸、电镀、酸洗和给水处理等工厂的排水、酸雨
	有机物	酚类化合物	炼油、焦化、树脂等化工厂的排水
		苯类化合物	石油化工、焦化、农药、塑料、染料等化工厂的排水
		油类	采油、炼油、船舶以及机械、化工等工厂的排水
生物性污染物	病原体		粪便、医院污水、屠宰、畜牧、制革、生物制品等工厂的排水、灌溉和雨水造成的径流
	霉素		制药、酿造、制革等工厂的排水

3）水体的污染与自净

水体的污染是指排入水体的污染物在数量上超过该物质在水体中的本底含量和水体的环境容量，从而导致水体的物理和化学性质发生变化，其固有的生态系统和水体功能受到破坏。造成水体污染的原因是多方面的，如向水体直接排入未经处理的生活污水和工业废水；施用的化肥、农药污染物随雨水径流进入水体；随大气扩散的有毒有害物质通过重力沉降或降水过程进入水体等。

未经处理的生活污水和工业废水是水体污染的主要因素。排入水体的污染物会对水体造成物理、化学、生物和病原微生物等的污染，包括引起水体在色、臭、味、浊度、酸碱度、有机物和无机物含量等方面的变化，导致重金属和有毒有害物质的出现、水中溶解氧的大量减少等。

当污染物进入水体后，通过物理、化学和生物因素的作用，污染物的总量减少或浓度降低，曾受污染的水体会部分或完全地恢复原状，这种现象被称为水体自净。但水体自净是有一定限度的，即水体环境有一个最大允许污染负荷量——水环境容量，如果水体所受纳的污水超过了水环境容量，水体的自净能力会遭到破坏，水体就会发黑变臭。

3.4.2 污水处理

1）污水处理的基本方法

按污水处理技术的作用原理，污水处理的基本方法可分为物理处理法、生物处理法、化学处理法三类。

（1）物理处理法：主要利用物理作用分离污水中呈悬浮固体状态的污染物质。物理处理法的主要方法有筛滤法、沉淀法、气浮法、过滤法和反渗透法等。

（2）生物处理法：利用微生物的新陈代谢功能，将污水中呈溶解或胶体状态的有机物分解氧化为稳定的无机物质，使污水得到净化。生物处理法的常用方法有活性污泥法和生物膜法。生物处理法的处理程度要比物理处理法高。

（3）化学处理法：利用化学反应作用来处理或回收污水中的溶解物质或胶体物质的方法，多用于工业废水。化学处理法的常用方法有混凝法、中和法、氧化还原法、离子交换法等。化学处理法的处理效果好、费用高，多用作生化处理后的出水，即通过做进一步的处理来提高出水水质。

2）污水处理的方案选择

城市污水和再生水的处理程度、方法应根据国家现行有关排放标准、污染物的来源及性质和处理目标确定。污水的处理目标主要根据排入地表水域的环境功能和保护目标确定，再生水的处理目标主要根据再生水用户的使用要求确定。

污水处理方案的选择在于最经济合理地解决城市污水的管理、处理和利用问题，应根据污水水质和水量、处理目标和排放标准、废水出路和水量等因素确定。污水处理的最主要目的是使处理后的出水达到一定的排放标准，不污染环境，又要充分考虑水体自净能力，从而节约费用。

在考虑污水处理方案时，首先需确定污水应达到的处理程度。污水处理一般划分为三级，具体如下：

（1）一级处理，去除污水中呈悬浮状态的固体污染物质。经过一级处理后，悬浮固体（SS）去除率在50%左右，生化需氧量（BOD）去除率只有30%左右，处理效果较差，一般作为二级处理的预处理。

（2）二级处理，大幅度地去除污水中呈胶体和溶解状态的有机性污染物质［如生化需氧量（BOD）］及植物性营养物，使污水得到进一步净化。二级处理的效果较好，生化需氧量（BOD）去除率可达90%以上，可以达到排放标准。

（3）深度处理，进一步去除二级处理所未能去除的污染物质，如悬浮物、未被生物降解的有机物及磷、氮等，达到回用标准或更高的排放标准，以满足水环境标准要求。

污水处理厂的处理效率如表3-7所示。相关调研数据来源于包括上海、重庆、青岛、郑州、深圳等地在内的污水处理厂的实际运行数据。

表3-7　污水处理厂的处理效率

处理级别	处理方法	主要工艺	处理效率（%）			
			SS	BOD$_5$	TN	TP
一级处理	沉淀法	沉淀（自然沉淀）	40—55	20—30	—	5—10
二级处理	生物膜法	初次沉淀、生物膜反应、二次沉淀	60—90	65—90	60—85	—
	活性污泥法	初次沉淀、活性污泥反应、二次沉淀	70—90	65—95	60—85	75—85
深度处理	混凝沉淀过滤法	—	90—99	80—96	65—90	80—95

注：SS表示悬浮固体；BOD$_5$表示五天生化需氧量；TN即Total Nitrogen，表示总氮；TP即Total Phosphorus，表示总磷。活性污泥法根据水质、工艺流程等情况，可不设置初次沉淀池。

3）污水处理的工艺流程

污水处理工艺流程是用于某种污水处理的工艺方法的组合，通常根据污水的水质和水量、回收的经济价值、排放标准以及其他社会、经济条件确定，其中最重要的是污水处理的程度，经过分析和比较，必要时还需要进行试验研究来决定所采用的处理流程。

城市污水的处理程度应根据进入污水处理厂时污水的水质、水量和处理后污水的出路（利用或排放）及受纳水体的水环境容量确定。污水处理厂的出水水质应执行现行国家标准《城镇污水处理厂污染物排放标准》（GB 18918—2002）中的规定，并满足当地水环境功能区划对受纳水体环境质量的控制要求。

污水处理流程的选择一般应根据各方面的情况，经过技术经济综合比较后确定。污水处理流程的主要影响因素有排水体制和污水的水质水量、处理程度、污水出路、受纳水体的功能，以及建设与运行费用、工程施工难易程度和自然条件、社会条件等。城市污水处理的基本流程为城市污水—水泵—格栅—沉砂—均化—初沉—生物处理之生物膜法或活性污泥法—二沉—物化处理及生物处理—消毒—排放（图3-10），具体应根据实际情况做出安排。

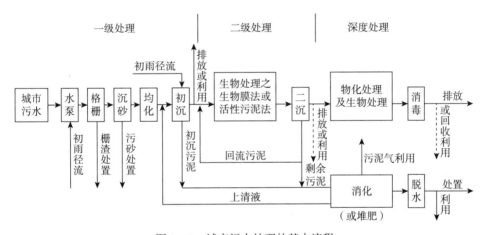

图 3-10　城市污水处理的基本流程

注：水泵有时不需要，也可能移至沉沙后，或与均化结合。在小型污水处理厂中应酌情使用均化。初雨径流一般只处理到初沉为止。在有条件的地方可结合采用稳定塘等处理。

3.4.3　污水处理厂规划

1）污水处理规模

城市污水处理厂的规模应按规划远期污水量和需接纳的初期雨水量核定。污水处理厂的处理规模应按平均日流量确定。

污水处理厂应通过扩容或增加调蓄设施，保证雨季设计流量下的达标排放。当采用雨水调蓄时，污水处理厂的雨季设计流量可根据调蓄规模相应降低。

2）厂址选择

（1）符合相关规划。污水处理厂的位置选择，应符合国土空间总体规划和排水工程专项规划的要求，符合所在地区的相关规划，并应从更大的区域范围统筹考虑污水处理厂的布局。

（2）在城市水体的下游。污水处理厂宜选择在城市水体下游的某一区域布置。污水经处理厂处理后排入该河段，对该水体上下游水源的影响最小，并符合供水水源防护要求。污水处理厂的位置由于某些因素不能设在城市水体的下游时，其出水口应设在城市水体的下游。

（3）便于处理后的出水回用、安全排放和污泥集中处理、处置。当处理后的污水或污泥用于农业、工业或市政时，厂址应考虑与用户靠近，以便于运输。当处理后的污水排放时，则应考虑与受纳水体靠近，以便于排放。

（4）在城市夏季主导风向的下风侧。污水处理厂在城市中应选在对周围居民点的环境质量影响最小的方位，一般位于夏季主导风向的下风侧。

（5）有良好的工程地质条件。工程地质条件包括土质、地基承载力和地下水位等因素。不宜将污水处理厂设置在不良地质地段，要为工程的设计、施工、管理和节省造价提供有利条件。

（6）少拆迁，少占地。根据环境评价要求，污水处理厂需有一定的卫生防护距离：与居住小区或公共建筑的卫生防护带的宽度一般为 300 m，处理污水用于农田灌溉时宜采用 500—1 000 m 的卫生防护地带。

（7）有扩建的可能。厂址的用地面积不仅应考虑规划期内的需要，而且应考虑将来不可预见的扩建的可能。

（8）防洪安全。厂区地形不应受洪涝灾害的影响，其防洪标准不应低于城市防洪标准，应有良好的排水条件；不宜将厂区设置在洪水淹没、内涝低洼地区。

（9）市政条件基本完备。应有方便的交通、运输和水电条件，以便缩短污水处理厂的建造周期并有利于污水处理厂的日常管理。

3）规划用地指标

城市污水处理厂的规划用地指标应根据建设规模、污水水质、处理深度等因素确定，可按表 3-8 的规定取值。设有污泥处理、初期雨水处理设施的污水处理厂，应另行增加相应的用地面积。

表 3-8　城市污水处理厂规划用地指标

建设规模（万 m^3/d）	规划用地指标（$m^2 \cdot d/m^3$）	
	二级处理	深度处理
>50	0.30—0.65	0.10—0.20
20—50	0.65—0.80	0.16—0.30
10—20	0.80—1.00	0.25—0.30
5—10	1.00—1.20	0.30—0.50
1—5	1.20—1.50	0.50—0.65

注：表中规划用地面积为污水处理厂围墙内所有处理设施、附属设施、绿化、道路及配套设施的用地面积。污水深度处理设施的占地面积是在二级污水处理厂规划用地面积基础上新增的面积指标。表中规划用地面积不含卫生防护距离面积。

污水处理厂应根据环境评价要求设置卫生防护用地。新建污水处理厂的卫生防护距离，在没有进行建设项目环境影响评价前应根据污水处理厂的规模控制（表3-9）。在卫生防护距离内宜种植高大乔木，不得安排住宅、学校、医院等敏感性用途的建设用地。

表3-9 城市污水处理厂卫生防护距离

污水处理厂规模（万 m³/d）	≤5	5—10	≥10
卫生防护距离（m）	150	200	300

注：卫生防护距离为污水处理厂厂界至防护区外缘的最小距离。

3.4.4 污水再生利用规划

城市污水再生利用是指城市污水经过净化处理达到再生水水质标准和水量要求，并用于景观环境、城市杂用、工业和农业等用水的全过程。再生水是指污水经适当的再生工艺处理后，达到一定的水质标准，满足某种使用功能要求，可以进行有益使用的水。

再生水的利用应根据城市的特点和需求确定。资源型缺水城市应以增加水源为主要目标，水质型缺水城市应以削减水污染负荷、提高城市水环境质量和改善人居环境为主要目标。

1）再生水的用途与水质要求

（1）用途

再生水的主要用途包括工业、景观环境、绿地灌溉、农田灌溉、城市杂用和地下水回灌等。当再生水用于城市杂用水、工业用水、景观环境用水时，应满足相应的水质标准。

城市杂用水主要是用于冲厕、道路清扫、消防、城市绿化、车辆清洗、建筑施工的非饮用水。

工业用水水源主要是锅炉补给水、工艺与产品用水、冷却用水、洗涤用水的水源。

景观环境用水是指满足景观需要的环境用水，即用于营造城市景观水体和各种水景构筑物的水的总称，包括观赏性景观环境用水和娱乐性景观环境用水。

（2）水质要求

用于工业、景观环境、绿地灌溉、农田灌溉、城市杂用和地下水回灌的再生水的水质应符合国家现行相关标准。不同用途的再生水的水质指标见表3-10。

表3-10 不同利用途径应重点关注的再生水水质指标

主要用途		应重点关注的水质指标
工业	冷却和洗涤用水	氨氮、氯离子、溶解性总固体（Total Dissolved Solids，TDS）、总硬度、悬浮固体（SS）、色度等指标
	锅炉补给水	溶解性总固体（TDS）、化学需氧量（COD）、总硬度、悬浮固体（SS）等指标
	工艺与产品用水	化学需氧量（COD）、悬浮固体（SS）、色度、嗅味等指标

主要用途		应重点关注的水质指标
景观环境	观赏性景观环境用水	营养盐及色度、嗅味等指标
	娱乐性景观环境用水	营养盐、病原微生物、有毒有害有机物、色度、嗅味等指标
绿地灌溉	非限制性绿地	病原微生物、浊度、有毒有害有机物及色度、嗅味等指标
	限制性绿地	浊度、嗅味等感官指标
农田灌溉	直接食用作物	重金属、病原微生物、有毒有害有机物、色度、嗅味、溶解性总固体（TDS）等指标
	间接食用作物	重金属、病原微生物、有毒有害有机物、溶解性总固体（TDS）等指标
	非食用作物	病原微生物、溶解性总固体（TDS）等指标
城市杂用		病原微生物、有毒有害有机物、浊度、色度、嗅味等指标
地下水回灌	地表回灌	重金属、溶解性总固体（TDS）、病原微生物、悬浮固体（SS）等指标
	井灌	重金属、溶解性总固体（TDS）、病原微生物、有毒有害有机物、悬浮固体（SS）等指标

2）污水再生利用工程的组成

城市污水再生利用工程一般由再生水水源工程、再生水处理工程、再生水输配管网和用水设施（场所）组成。

（1）再生水水源工程

再生水水源工程为收集、输送再生水水源水的管道系统及其辅助设施。再生水水源工程的设计应保证水源的水质、水量满足再生水生产与供给的可靠性、稳定性和安全性要求。

排入城市污水收集与再生处理系统的工业废水应严格按照国家及行业所规定的排放标准，制订和实施相应的预处理、水质控制和保障计划。含有重金属的污水不允许排入或作为再生水水源。

（2）再生水处理工程

再生水处理工程包括污水二级处理设施、深度处理设施、消毒处理设施的不同组合与技术设备的集成。应根据污水再生利用水源及用户位置，合理选择再生水厂厂址。

污水二级处理是再生水生产的基础，工艺单元的选取要同时考虑处理出水的达标排放和再生水生产对水质净化程度的要求，并与后续深度处理工艺衔接配套。

污水深度处理是再生水处理工程的主体单元，一般可采用滤料过滤或膜过滤工艺。

消毒是再生水处理的必备单元，可采用氯化消毒、紫外线消毒、臭氧消毒等方法。

（3）再生水输配管网

再生水可通过压力管网、河道或供水车等方式输送至用户。再生水管网是一个独立的输配管网系统，禁止与给水管网系统混接；其管网布置和敷设要求与城市给水工程系统相似。再生水输配管网应与污水再生处理设施同步规划，合理配置管网，缩短供水距离。管网的布置形式可选择环状或枝状管网，其中干管网应采用环状、枝状，管网末端需设置泄水设施；应考虑输配过程中的加压、消毒及维护抢修站点用地等需要。

（4）再生水用水设施（场所）

再生水用水设施（场所）是指使用再生水的场所及再生水用户的用水管网等设施。用水场所包括再生水可用于工业、景观环境、绿地灌溉、农田灌溉、城市杂用和地下水回灌等的场所。

3）污水再生利用系统的类型

城市污水再生利用系统包括集中型系统、就地（小区）型系统和建筑中水系统三种，应因地制宜、灵活应用。

集中型系统通常以城市污水处理厂出水或符合排入城市下水道水质标准的污水为水源，集中处理，再生水通过输配管网输送到不同的用水场所或用户管网〔图3-11（a）〕。就地（小区）型系统是在相对独立或较为分散的居住小区、开发区、度假区或其他公共设施组团中，以符合排入城市下水道水质标准的污水为水源，就地建立再生水处理设施，再生水就近就地利用〔图3-11（b）(c)〕。建筑中水系统是在具有一定规模和用水量的大型建筑或建筑群中，通过收集洗衣、洗浴排放的优质杂排水，就地进行再生处理和利用〔图3-11（d）〕。

在城市污水处理厂的邻近区域，用水量大或水质要求相近的用水可以采用集中型再生水系统，如景观环境用水、工业用水及城市杂用水。再生水处理工程设施宜结合污水处理厂统筹组织和布局，其生产设施可通过对已建成的污水处理厂进行改扩建以及增加深度处理单元来实现，也可在新建污水处理厂中一并建设污水再生利用设施。

在远离城市污水处理厂的区域，或者用户分散、用水量小、水质要求存在明显差异的用水，可选用就地（小区）型再生水系统，其再生水处理工程设施宜结合再生水水源、服务范围等情况统筹布局，一般需要独立建设再生水厂。

在城市公共建筑、住宅小区、自备供水区、旅游景点、度假村、车站等相对独立的区域，可选用就地（小区）型再生水系统或建筑中水系统，其再生水处理工程设施宜结合再生水用水大户和再生水水源情况统筹组织。

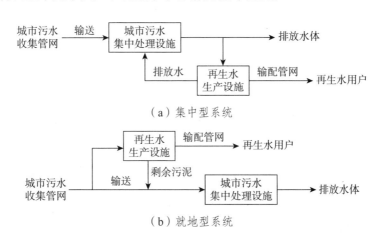

（a）集中型系统

（b）就地型系统

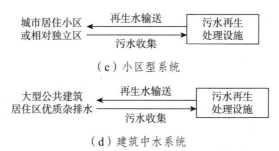

（c）小区型系统

（d）建筑中水系统

图 3-11　污水再生利用系统的类型

4）污水再生利用规划的要求

（1）规划原则

污水再生利用的总体目标是充分利用城市污水资源，削减水污染负荷，促进水的循环利用，缓解区域水资源短缺，推动城市节水减排，提升我国城市水资源的综合利用效率和水平，推动资源节约型和环境友好型社会的建设。

污水再生利用规划应体现系统性、整体性、合理性和安全性的原则。

系统性：应涵盖从污水收集、处理到利用的全过程，城市污水处理厂的建设和改造应统筹考虑污水再生利用的情况。

整体性：应纳入城市排水与污水处理的整体规划。

合理性：城市污水处理、再生及输配等设施的布局，应充分考虑再生利用的便利性，根据再生水用户的需求进行合理布局。

安全性：加强源头管理，排入下水道的污水应符合现行国家标准和行业规范的有关规定，同时要提高再生处理工艺及输配过程的可靠性，从系统上保障再生水水质安全。

（2）规划要求

污水再生利用规划是城市排水与污水处理规划的重要内容。污水再生利用规划的制定应依据总体规划，同时与城市供水、排水、节水、市容环卫、园林绿化、暴雨内涝防治等相关专项规划相衔接，并遵循国家及地方的法律、法规、规范及标准。规划应遵循因地制宜、经济合理的原则，根据城市的特点和需求统一规划、合理布局。再生处理设施规模和技术的选择应依据水源和用户的需求确定，以满足近期再生利用需求为主，同时兼顾远期发展需要。应确保再生水水源水质、水量满足再生水生产与供给的可靠性、稳定性和安全性要求，并对后续再生利用过程不产生危害。

城市污水处理厂的建设应统筹考虑污水再生利用的发展需求。污水再生利用应统筹建设，对于暂时没有再生水需求的地方宜在污水处理厂的规划过程中预留深度处理设施的位置和接口。再生水处理设施的选址应根据污水再生利用系统的类型、再生利用水源及用户位置合理选择，用地面积根据实际需要确定。再生水水厂选址在现有污水处理厂内时，应充分利用现有生产及附属设施。再生水水厂与污水处理厂合并建设时，附属设施及附属设备应统一规划建设及配备。独立建设的再生水水厂应根据再生水的水质目标以及处理工艺，合理设置附属设施及附属设备。

将再生水配水管网的干管布置成环状对于提高供水安全性、保障供水水质具有非常重要的意义。对于暂不具备设置环状管网的地区，为避免管网末梢再生水较长时间滞留、恶化水质，应设置排水阀（井）。对于处于枝状管网服务范围内且对供水安全要求高的再生水用户，应结合用户要求，提出提高供水安全性的具体措施，如设置调蓄池，另设备用水源等。

再生水输配水管道的平面和竖向布置，应符合现行国家标准《城市工程管线综合规划规范》（GB 50289—2016）中的有关规定。再生水管道水力计算、管道敷设及附属设施设置的要求等应符合现行相关规范。

污水处理工艺的选择应考虑与再生利用途径相匹配。城市污水再生处理水质目标和处理工艺的确定应考虑相应用户的需求。在不能同时满足不同用户需求时，应进行技术经济比选，确定优先利用方向。再生水使用应优先用于需水量大、水质要求相对较低、综合成本低、经济和社会效益显著的用水户。

3.4.5 污泥处理与处置

1）处理原则

城市污水处理厂的污泥应进行减量化、稳定化、无害化、资源化的处理和处置。

污泥处理工艺应根据污泥性质、处理后的泥质标准、当地经济条件、污泥处置出路、占地面积等因素合理选择，包括浓缩、厌氧消化、好氧消化、好氧发酵、脱水、石灰稳定、干化和焚烧等。

2）处置方式及规划要求

（1）污泥量估算

污水处理厂产生的污泥量可结合当地已建成的污水处理厂的实际产泥率进行预测；无资料时可结合污水水质、泥龄、工艺等因素，按处理每万立方米污水会产生 6—9 t 含水率为 80% 的污泥估算。

产泥率不仅与进水有机物浓度有关，而且与进水中的悬浮物以及污水处理过程中所投加的药剂量有关。因此，对污水处理中的污泥量应进行具体分析。在规划阶段污泥量的预测可适当放宽，以便留有余地。

（2）污泥处理能力

污泥处理与处置设施的规模应以污泥产量为依据，并应综合考虑排水体制、污水处理水量、水质和工艺、季节变化对污泥产量的影响，合理确定。处理截流雨水的污水系统，其污泥处理与处置设施的规模应统筹考虑相应的污泥增量，一般可在旱流污水量所对应的污泥量上增加 20%。

（3）污泥处理与处置设施

污泥处理与处置设施宜采用集、散结合的方式布置。应规划相对集中的污泥处理与处置中心，也可与城市垃圾处理厂、焚烧厂等统筹建设。

污泥处理与处置设施的设计能力应满足设施检修维护时的污泥处理与处置要求，当设施检修时，应仍能全量处理与处置所产生的污泥。

污泥是污水处理厂中嗅味最大的物质，其性质接近城市生活垃圾，在处置过程中易对居民造成影响，需远离居民区并预留较大的卫生防护距离。一般情况下，污泥处理与处置设施与垃圾处理厂合建，对于有多座污水处理厂的城市，可考虑规划相对集中的污泥处理与处置中心；对于不具备污泥处理与处置中心建设条件的城市，应预留污泥处理与处置设施的用地，并留足卫生防护用地。

（4）污泥产物资源利用

污泥的处置方式应根据污泥特性、当地自然环境条件、最终出路等因素综合考虑，包括污泥产物的资源利用，如土地利用、建筑材料利用和填埋等。

在污泥产物的资源利用时应符合国家现行有关标准的规定。当采用土地利用、填埋、焚烧、建筑材料综合利用等方式来处理与处置污泥时，污泥的泥质应符合国家现行相关标准的规定，以确保环境安全。如污泥与城市垃圾混合填埋时应符合《生活垃圾卫生填埋处理技术规范》（GB 50869—2013）中的有关规定。焚烧、园林绿化、土地改良等均应符合相应国家标准中的规定。

3.5 城市低影响开发雨水系统规划

新型城镇化是保持经济持续健康发展的强大引擎，是推动区域协调发展的有力支撑，也是促进社会全面进步的必然要求。建设海绵城市是生态文明建设的重要内容，是实现新型城镇化和环境资源协调发展的重要体现，也是今后我国城市建设的重大任务。

开展海绵城市建设，推广和应用低影响开发建设模式，加大城市径流雨水源头减排的刚性约束，优先利用自然排水系统，建设生态排水设施，充分发挥城市绿地、道路、水系等对雨水的吸纳、蓄渗和缓释作用，使城市开发建设后的水文特征接近开发前，有效缓解城市内涝、削减城市径流污染负荷、节约水资源、保护和改善城市生态环境，为建设具有自然积存、自然渗透、自然净化功能的海绵城市提供重要保障。

现代城市雨水系统由源头减排系统、雨水排放系统和防涝系统三个部分组成。从原先单纯依靠排水管渠的快速排水方式，已逐渐发展为涵盖源头减排、排水管渠和排涝除险的全过程雨水综合管理。

源头减排工程通常被称为低影响开发或分散式雨水管理，是城市雨水系统的重要组成部分，主要通过绿色屋顶、生物滞留设施、植草沟、调蓄设施和透水铺装等源头减排措施，控制降雨期间的水量和水质，这样既可减轻排水管渠设施的压力，又使雨水资源从源头得到利用。

3.5.1 海绵城市与低影响开发雨水系统

1）海绵城市

（1）基本概念

海绵城市，是新一代城市雨洪管理概念，是指城市能够像海绵一样，在适应环境变化和应对自然灾害等方面具有良好的"弹性"，下雨时吸水、蓄水、渗水、净水，需要时将蓄存的水"释放"并加以利用。

海绵城市的内涵包括：第一，海绵城市面对洪涝或者干旱时能灵活应对和适应各种水环境危机的韧力，体现了城市应对自然灾害的思想；第二，海绵城市要求基本保持开发前后的水文特征不变，主要是通过低影响开发的思想和相关技术实现；第三，海绵城市要求保护水生态环境，将雨水作为资源合理储存起来，以解城市不时缺水之需，体现了对水环境和雨水资源可持续的综合管理思想。

（2）建设途径

海绵城市建设应遵循生态优先等原则，将自然途径与人工措施相结合，在确保城市排水防涝安全的前提下，最大限度地实现雨水在城市区域的积存、渗透和净化，促进雨水资源的利用和生态环境保护。在海绵城市的建设过程中，应统筹自然降水、地表水和地下水的系统性，协调给水、排水等水循环利用的各个环节，并考虑其复杂性和长期性。

海绵城市的建设途径主要有以下几个方面：

① 对城市原有生态系统的保护。最大限度地保护原有的河流、湖泊、湿地、坑塘、沟渠等水生态敏感区，留有足够涵养水源、应对较大强度降雨的林地、草地、湖泊、湿地，维持城市开发前的自然水文特征，这是海绵城市建设的基本要求。

② 生态恢复和修复。在传统粗放式城市建设模式下，对已经受到破坏的水体和其他自然环境运用生态的手段进行恢复和修复，并维持一定比例的生态空间。

③ 低影响开发。按照对城市生态环境影响最低的开发建设理念，合理控制开发强度，在城市中保留足够的生态用地，控制城市不透水面积的比例，最大限度地减少对城市原有水生态环境的破坏；同时，根据需求适当开挖河湖沟渠，以增加水域面积，促进雨水的积存、渗透和净化。

（3）海绵城市建设与雨水排放系统

海绵城市建设应统筹低影响开发雨水系统、城市雨水管渠系统及超标雨水径流排放系统。

① 低影响开发雨水系统可通过对雨水的渗透、储存、调节、转输与截污净化等功能，有效控制径流总量、径流峰值和径流污染。

② 城市雨水管渠系统即传统排水系统，应与低影响开发雨水系统共同组织径流雨水的收集、转输与排放。

③ 超标雨水径流排放系统被用来应对超过雨水管渠系统设计标准的雨水径流，一般通过综合选择自然水体、多功能调蓄水体、行泄通道、调蓄池、隧道等自然途径或人工设施构建。

以上三个系统并不是孤立的，也没有严格的界限，三者相互补充、相互依存，是海绵城市建设的重要基础元素。

（4）我国海绵城市的实践

我国自 2015 年起开启"海绵城市"建设试点，第一批试点城市有 16 个（迁安、白城、镇江、嘉兴、池州、厦门、萍乡、济南、鹤壁、武汉、常德、南宁、重庆、遂宁、贵安新区和西咸新区），第二批试点城市有 14 个（北京、天津、大连、上海、宁波、福州、青岛、珠海、深圳、三亚、玉溪、庆阳、西宁和固原）。国家对试点城市考核的时间是 5—10 年。

《国务院办公厅关于推进海绵城市建设的指导意见》中确定的工作目标是：通过海绵城市建设，综合采取"渗、滞、蓄、净、用、排"等措施，最大限度地减少城市开发建设对生态环境的影响，将 70% 的降雨就地消纳和利用。到 2030 年，城市建成区 80% 以上的面积达到目标要求。

建设海绵城市，统筹发挥自然生态功能和人工干预功能，有效控制雨水径流，实现自然积存、自然渗透、自然净化的城市发展方式。有利于修复城市水生态、涵养水资源，增强城市防涝能力，扩大公共产品的有效投资，提高新型城镇化质量，促进人与自然和谐发展。

2）低影响开发雨水系统

（1）低影响开发雨水系统的概念

低影响开发雨水系统是强调城市开发应减少对环境的影响，其核心是基于源头控制和降低冲击负荷的理念，构建与自然相适应的排水系统，合理利用空间和采取相应措施来削减暴雨径流产生的峰值和总量，延缓峰值流量出现时间，减少城市面源污染。

（2）低影响开发的内涵

低影响开发是 20 世纪 90 年代末发展起来的暴雨管理和面源污染处理技术，旨在通过分散的、小规模的源头控制来达到对暴雨所产生的径流和污染的控制，使开发地区尽量接近自然的水文循环。

低影响开发是一种强调通过源头、分散的小型控制设施，维持和保护场地自然水文功能、有效缓解不透水面积增加造成的洪峰流量增加、径流系数增大、面源污染负荷加重的城市雨水管理理念，也被称为低影响设计或低影响城市设计和开发。低影响开发的核心是维持场地开发前后水文特征不变，包括径流总量、峰值流量、峰现时间等（图 3-12）。从水文循环角度来看，要维持径流总量不变，就要采取渗透、储存等方式，实现开发后一定量的径流量不外排；要维持峰值流量不变，就要采取渗透、储存、调节等措施削减峰值、延缓峰值时间。

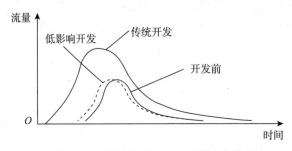

图 3-12　低影响开发水文原理示意图

低影响开发强调城市开发应减小对环境的冲击，其核心是基于源头控制和延缓冲击负荷的理念，构建与自然相适应的城市排水系统，合理利用景观空间和采取相应措施对暴雨径流进行控制，减少城市面源污染。

发达国家人口少，一般土地开发强度较低，绿地率较高，在场地源头有充足空间来消纳场地开发后径流的增量（总量和峰值）。我国大多数城市的土地开发强度普遍较大，仅在场地采用分散式源头削减措施，难以实现开发前后径流总量和峰值流量等基本维持不变，所以还必须借助中途、末端等综合措施来实现开发后水文特征接近开发前的目标。

低影响开发理念的提出，最初是强调从源头控制径流，但随着低影响开发理念及其技术的不断发展，加之我国城市发展和基础设施建设过程中所面临的城市内涝、径流污染、水资源短缺、用地紧张等突出问题的复杂性，我国低影响开发的含义已延伸至源头、中途和末端不同尺度的控制措施。城市建设过程应在城市规划、设计、实施等各个环节纳入低影响开发内容，并统筹协调城市规划、排水、园林、道路交通、建筑、水文等专业，共同落实低影响开发控制目标。因此，从广义来讲，低影响开发是指在城市开发建设过程中采用源头削减、中途转输、末端调蓄等多种手段，通过渗、滞、蓄、净、用、排等多种技术，实现城市良性水文循环，提高对径流雨水的渗透、调蓄、净化、利用和排放能力，维持或恢复城市的"海绵"功能。

（3）低影响开发的原则

① 以现状自然生态系统作为土地开发规划的综合框架：首先要考虑地区和流域范围的环境，明确项目目标和指标要求；其次在流域（或次流域）和邻里尺度范围内寻找雨水管理的可行性和局限性；最后明确和保护环境敏感型的场地资源。

② 专注于控制雨水径流：通过更新场地设计策略和可渗透铺装的使用来最小化不可渗透铺装的面积；将绿色屋顶和雨水收集系统综合到建筑设计中；将屋顶等雨水引入可渗透区域；保护现有树木和景观，以保证更大面积的冠幅。

③ 从源头进行雨水控制管理：将分散式的地块处理和雨水引流措施作为雨水管理主要方法的一部分；减小排水坡度、延长径流路径以及使径流面积最大化；通过开放式的排水来维持自然的径流路线。

④ 创造多功能的景观：将雨水管理设施综合到其他发展因素中，以保护可开发的土地；使用可以净化水质、减弱径流峰值、促进渗透和提供水保护效益的设施；通过景观设计来减少雨水径流和城市热岛效应并提升场地美学价值。

⑤ 教育与维护：在城市公共区域，通过提供充足的培训和资金来进行雨水管理技术措施的实践与维护，并教导人们如何将雨水管理技术措施应用于私有场地区域；达成合法的协议来保障长期的实施与维护。

（4）低影响开发雨水系统构建途径

海绵城市——低影响开发雨水系统构建应统筹协调城市开发建设的各个环节（图3-13），主要包括以下方面：

① 在城市各层级、各相关规划中均应遵循低影响开发理念，明确低影响开发控制目标，结合城市开发区域或项目特点确定相应的规划控制指标，落实低影响开发

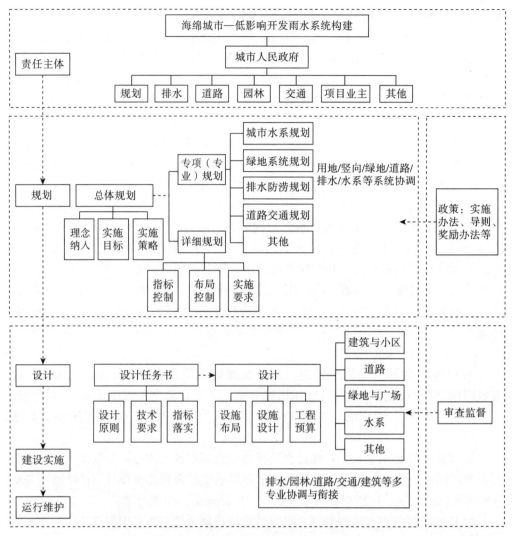

图 3-13　海绵城市—低影响开发雨水系统构建途径示意图

设施建设的主要内容。

②在设计阶段应对不同低影响开发设施及其组合进行科学合理的平面与竖向设计。在建筑与小区、城市道路、绿地与广场、水系等规划建设中，应统筹考虑景观水体、滨水带等开放空间，建设低影响开发设施，构建低影响开发雨水系统。

③低影响开发雨水系统的构建与所在区域的规划控制目标、水文、气象、土地利用条件等关系密切。因此，选择低影响开发雨水系统的流程、单项设施或其组合系统时，需要进行技术经济分析和比较，优化设计方案。

④低影响开发设施建成后应明确维护管理责任单位，落实设施管理人员，细化日常维护管理内容，确保低影响开发设施的正常运行。

3.5.2 低影响开发雨水系统规划内容与原则

1）规划内容

（1）总体规划和专项规划的低影响开发雨水系统内容

国土空间总体规划应将低影响开发雨水系统作为新型城镇化和生态文明建设的重要手段。应开展低影响开发专题研究，结合城市生态保护、土地利用、水系、绿地系统、市政基础设施、环境保护等相关内容，因地制宜地确定城市年径流总量控制率及其对应的设计降雨量目标，制定城市低影响开发雨水系统的实施策略、原则和重点实施区域，并将有关要求和内容纳入城市水系、排水防涝、绿地系统、道路交通等相关专项（专业）规划。

（2）详细规划的低影响开发雨水系统

在详细规划中，应落实国土空间总体规划所确定的低影响开发控制目标与指标，并与相关专项规划相衔接，因地制宜，落实涉及雨水渗、滞、蓄、净、用、排等用途的低影响开发设施用地；并结合用地功能和布局，分解和明确各地块单位面积控制容积、下沉式绿地率及其下沉深度、透水铺装率、绿色屋顶率等低影响开发主要控制指标，指导下层级规划设计或地块的出让与开发。

2）规划原则

低影响开发雨水系统构建应遵循规划引领、生态优先、安全为重、因地制宜、统筹建设的基本原则。

（1）规划引领。在城市各层级、各相关专业规划以及后续的建设程序中，应落实海绵城市建设、低影响开发雨水系统构建的内容，先规划后建设，体现规划的科学性和权威性，发挥规划的控制和引领作用。

（2）生态优先。城市规划中应科学划定蓝线和绿线。城市开发建设应保护河流、湖泊、湿地、坑塘、沟渠等水生态敏感区，优先利用自然排水系统与低影响开发设施，实现雨水的自然积存、自然渗透、自然净化和可持续水循环，提高水生态系统的自然修复能力，维护城市良好的生态功能。

（3）安全为重。以保护人民生命财产安全和社会经济安全为出发点，综合采用工程和非工程措施来提高低影响开发设施的建设质量和管理水平，消除安全隐患，增强防灾减灾能力，保障城市水安全。

（4）因地制宜。各地应根据自然地理条件、水文地质特点、水资源禀赋状况、降雨规律、水环境保护与内涝防治要求等，合理确定低影响开发控制目标与指标，科学规划布局和选用下沉式绿地、植草沟、雨水湿地、透水铺装、多功能调蓄等低影响开发设施及其组合系统。

（5）统筹建设。应结合总体规划和建设，在各类建设项目中严格落实各层级相关规划中所确定的低影响开发控制目标、指标和技术要求，统筹建设。

3.5.3 低影响开发雨水系统规划目标

构建低影响开发雨水系统，规划控制目标一般包括径流总量控制、径流峰值控制、径流污染控制、雨水资源化利用等。具体应根据所在地域城市实际，结合水环境现状、水文地质条件等特点，可选择其中一项或多项目标作为规划控制目标。其中径流总量是首要的规划控制目标。低影响开发雨水系统是城市内涝防治系统的重要组成，应与城市雨水管渠系统及超标雨水径流排放系统相衔接，建立从源头到末端的全过程雨水控制与管理体系，共同达到内涝防治要求。

1）径流总量控制

雨水的径流总量是指降落到地面的雨水超出一定区域内地面渗透、滞蓄能力后的多余水量，由地面汇流至管渠到受纳水体的流量的统称。

低影响开发雨水系统的径流总量控制一般采用年径流总量控制率作为控制目标。雨水年径流总量控制率通过自然与人工强化的渗透、滞蓄、净化等方式来控制城市建设下垫面的降雨径流，得到控制的年均降雨量与年均降雨总量的比值。具体的指标值是指根据多年日降雨量统计数据分析计算，通过自然和人工强化的雨水源头减排方式，场地内累计全年得到控制（不外排）的雨量占全年总降雨量的百分比。

所谓下垫面是指降雨受水面的总称，由地表的岩石、土壤、植被和水域等各类覆盖物所组成，并能影响水量平衡及水文过程的一个综合体。

国家提出了低影响开发雨水系统径流总量控制目标，建立年径流总量控制率与设计降雨量的一一对应关系，年径流总量控制率对应的降雨量（日值）即为设计降雨量，具体参见表3-11。源头减排设施的设计水量应根据年径流总量控制率确定，并以此明确相应的设计降雨量，可按相应标准进行计算。

理想状态下，径流总量控制目标应以开发建设后径流排放量接近开发建设前自然地貌时的径流排放量为标准。自然地貌往往按照绿地考虑，一般情况下，绿地的年径流总量外排率为15%—20%（相当于年雨量径流系数的0.15—0.20），因此年径流总量控制率最佳为80%—85%。

表3-11　我国部分城市年径流总量控制率对应的设计降雨量值一览表

城市	不同年径流总量控制率对应的设计降雨量（mm）				
	控制率为60%	控制率为70%	控制率为75%	控制率为80%	控制率为85%
酒泉	4.1	5.4	6.3	7.4	8.9
拉萨	6.2	8.1	9.2	10.6	12.3
西宁	6.1	8.0	9.2	10.7	12.7
乌鲁木齐	5.8	7.8	9.1	10.8	13.0
银川	7.5	10.3	12.1	14.4	17.7
呼和浩特	9.5	13.0	15.2	18.2	22.0
哈尔滨	9.1	12.7	15.1	18.2	22.2

城市	不同年径流总量控制率对应的设计降雨量（mm）				
	控制率为60%	控制率为70%	控制率为75%	控制率为80%	控制率为85%
太原	9.7	13.5	16.1	19.4	23.6
长春	10.6	14.9	17.8	21.4	26.6
昆明	11.5	15.7	18.5	22.0	26.8
汉中	11.7	16.0	18.8	22.3	27.0
石家庄	12.3	17.1	20.3	24.1	28.9
沈阳	12.8	17.5	20.8	25.0	30.3
杭州	13.1	17.8	21.0	24.9	30.3
合肥	13.1	18.0	21.3	25.6	31.3
长沙	13.7	18.5	21.8	26.0	31.6
重庆	12.2	17.4	20.9	25.5	31.9
贵阳	13.2	18.4	21.9	26.3	32.0
上海	13.4	18.7	22.2	26.7	33.0
北京	14.0	19.4	22.8	27.3	33.6
郑州	14.0	19.5	23.1	27.8	34.3
福州	14.8	20.4	24.1	28.9	35.7
南京	14.7	20.5	24.6	29.7	36.6
宜宾	12.9	19.0	23.4	29.1	36.7
天津	14.9	20.9	25.0	30.4	37.8
南昌	16.7	22.8	26.8	32.0	38.9
南宁	17.0	23.5	27.9	33.4	40.4
济南	16.7	23.2	27.7	33.5	41.3
武汉	17.6	24.5	29.2	35.2	43.3
广州	18.4	25.2	29.7	35.5	43.4
海口	23.5	33.1	40.0	49.5	63.4

在确定年径流总量控制率时，应综合考虑多方面因素：第一，开发建设前的径流排放量与地表类型、土壤性质、地形地貌、植被覆盖率等因素，应通过分析综合确定开发前的径流排放量，并据此确定适宜的年径流总量控制率；第二，应考虑水资源禀赋情况、降雨规律、开发强度、低影响开发设施的利用效率以及经济发展水平等因素。具体到地块或建设项目开发时，应结合其建筑密度、绿地率及土地利用布局等因素确定。

在综合考虑以上因素的基础上，当不具备径流控制的空间条件或者经济成本过高时，可选择较低的年径流总量控制目标。同时，从维持区域水环境良性循环及经济合理性角度出发，径流总量控制目标也不是越高越好，雨水的过量收集、减排会导致原有水体的萎缩或影响水系统的良性循环；从经济性角度出发，当年径流总量控制率超过一定值时投资效益会急剧下降，进而造成设施规模过大、投资浪费的问题。

低影响开发雨水系统的径流总量控制途径主要通过雨水的源头减排，即雨水的下渗减排和直接集蓄利用；源头减排设施应有利于雨水的就近入渗、调蓄或收集利用，降低雨水径流总量和峰值流量，控制径流污染。源头减排主要通过绿色屋顶、生物滞留设施、植草沟、调蓄设施和透水铺装等控制降雨期间的水量和水质。直接集蓄设施主要通过河流、湖泊和池塘等城市天然或者人工构筑的水体，提高雨水资源化的利用水平。

缺水地区可结合实际情况制定基于直接集蓄利用的雨水资源化利用目标。雨水资源化利用应作为落实径流总量控制目标的一部分。雨水下渗减排和资源化利用的比例需依据实际情况，通过合理的技术经济比较来确定。

2）径流峰值控制

径流峰值是指一定区域内雨水径流量的最大值。

低影响开发雨水系统的雨水径流峰值控制途径主要是雨水的下渗减排和直接集蓄利用，从源头降低雨水径流产生量，并延缓出流时间，达到降低雨水径流峰值。

低影响开发设施受降雨频率与雨型、低影响开发设施建设与维护管理条件等因素的影响，一般对中、小降雨事件的峰值削减效果较好，对特大暴雨事件虽可起到一定的错峰、延峰作用，但其峰值削减幅度往往较低。因此，为保障城市安全，在低影响开发设施的建设区域，城市雨水管渠和泵站的设计重现期、径流系数等设计参数仍然应当按照现行国家标准《室外排水设计标准》（GB 50014—2021）等的相关规定执行。

源头调蓄工程可与源头渗透工程等联合用于削减峰值流量、控制地表径流污染和提高雨水综合利用程度，具体包括小区景观水体、生物滞留设施、湿塘和源头调蓄池等形式；在排水系统的雨水排放口附近设置雨水调蓄池，可将污染物浓度较高的溢流污染或受污染雨水暂时储存在调蓄池中，待降雨结束后，将储存的雨水通过污水管道输送至污水处理厂，达到控制径流污染、保护水体水质的目的。

3）径流污染控制

径流污染控制是低影响开发雨水系统的控制目标之一，既要控制分流制径流污染物总量，也要控制合流制溢流的频次或污染物总量。应结合城市的水环境质量要求、径流污染特征等确定径流污染综合控制目标和污染物指标。

雨水的径流污染是指溶解的或固体的污染物从非特定地点，在降水或融雪的冲刷作用下，通过径流过程而汇入受纳水体并引起有机污染、水体富营养化或有毒有害等其他形式的污染。

污染物指标可采用悬浮固体（SS）、化学需氧量（COD）、总氮（TN）、总磷（TP）等。在城市径流污染物中，悬浮固体（SS）往往与其他污染物指标具有一定的相关性，因此，一般可将悬浮固体（SS）作为径流污染物控制指标，低影响开发雨水系统的年悬浮固体（SS）总量去除率一般可达到40%—60%。

考虑到径流污染物变化的随机性和复杂性，低影响开发雨水系统的径流污染控制目标一般也通过径流总量、径流峰值控制来实现，并结合径流雨水中污染物的平均浓度和低影响开发设施的污染物去除率确定。

分流制排水系统应采取截流、调蓄和处理等措施控制雨水径流污染。现有合流制排水系统应通过截流、调蓄和处理等措施控制溢流污染；同时应按城市排水规划的要求，实施雨污分流改造，控制径流污染。截流雨水的输送、处理等应与污水系统有效衔接。雨水系统应以受纳水体的水质作为控制径流污染的依据。

4）雨水资源化利用

雨水资源化是指雨水收集并用于道路浇洒、园林绿地灌溉、市政杂用、工农业生产、冷却等的雨水总量（按年计算，不包括汇入景观、水体的雨水量和自然渗透的雨水量）与年降雨量的比值，或雨水利用量替代的自来水比例等。

雨水资源化利用控制指标应根据实际情况确定。在水资源缺乏的城市，可采用水量平衡分析等方法确定雨水资源化利用的目标；在面临内涝与雨水资源化利用等多种需求的城市，可根据当地的经济情况、空间条件等，选取年径流总量控制率为首要规划控制目标，实现雨水资源化利用目标。

雨水资源化利用是一种综合考虑雨水径流污染控制、城市防洪以及生态环境的改善等要求，建立屋面雨水集蓄系统、雨水截污与渗透系统、生态小区雨水利用系统等，将雨水用作喷洒路面、灌溉绿地、蓄水冲厕等城市杂用水的技术手段。

雨水储存是指采用具有一定容积的设施，对径流雨水进行滞留、集蓄，削减径流总量，以达到集蓄利用、补充地下水或净化雨水等目的。雨水储存应用景观水体、旱塘、湿塘、蓄水池、蓄水罐等设施收集。景观水体、湿塘应优先用作雨水储存。

3.5.4 雨水径流源头减排措施

雨水源头减排系统是城市雨水系统的重要组成部分。

传统的城市建设模式通常是对场地、路面等进行硬化。每逢大雨，主要依靠排水管渠、防涝泵站等"灰色"设施来排水，以"快速排除"和"末端集中"控制为主要规划设计理念，往往造成逢雨必涝、旱涝急转。根据低影响开发排水系统的理念，城市建设应优先利用植草沟、渗水砖、雨水花园、下沉式绿地等"绿色"措施来组织排水，以"慢排缓释"和"源头分散"控制为主要规划设计理念。

构建低影响开发雨水系统，主要是指通过"渗、滞、蓄、净、用、排"等多种技术途径，实现城市良性水文循环，提高对径流雨水的渗透、调蓄、净化、利用和排放能力，维持或恢复城市的"海绵"功能。

雨水径流源头减排是指雨水降落下垫面形成径流，在排入市政排水管渠系统之前，通过渗透、净化和滞蓄等措施，控制雨水径流产生、减排雨水径流污染、收集利用雨水和削减峰值流量。

源头减排通常是利用微地形设计、竖向控制、景观设计、园林绿化、蓄水模块、下凹雨水塘等组合技术实现滞、蓄、渗、净、用、排的功能要求，从而达到雨水径流控制目标。传统城市建设方式下的雨水排除主要是靠雨水管道进行速排，而海绵城市的建设方式是有组织地进行地表径流排放，将景观与功能结合起来，先进行渗、滞、蓄、净、用，最后再排，达到源头减排的目的。

1）渗

"渗"：主要是通过土壤来渗透雨水，实际是一种吸纳雨水的过程。

由于城市下垫面过硬，到处都是硬化的水泥场地，改变了原有自然生态本底和水文特征，因此，要加强雨水的自然渗透就要把渗透放在第一位。这样做的益处在于，通过渗透可避免或大大降低地表径流，减少从水泥地面、路面等不透水面直接汇集到雨水管网；同时，可涵养地下水，弥补地下水的不足，还能通过土壤净化水质，改善城市微气候。渗透雨水的方法多样，可改变或调整、优化各种地面、路面铺装材料，进行屋顶绿化，调整绿地竖向等。从而可以从源头将雨水留下来，"渗"下去，减少径流量，涵养生态与环境，积存水资源。

2）滞

"滞"：主要是延缓短时间内所形成的雨水径流量。

在城区，短历时强降雨对场地的下垫面产生冲击，形成快速径流，积水攒起来就导致内涝。"滞"的主要作用就是延缓短时间内所形成的雨水径流量。因此，"滞"非常重要，通过雨水滞留，可以降低雨水汇集速度、延缓形成径流高峰时间，既降低了排水强度，起到雨水错峰、延峰的目的，又缓解了灾害风险。例如，通过微地形调节，让雨水慢慢地汇集到一个地方，通过雨水滞留，用时间换空间。目前，"滞"的具体形式主要有雨水花园、生态滞留池、渗透池、人工湿地等。

3）蓄

"蓄"：是指把雨水留下来。

要把雨水留下来就要尊重自然的地形地貌，使降雨得到自然散落。现在人工建设破坏了自然的地形地貌后，短时间内雨水汇集到一起形成积水，所以要把降雨蓄起来，通过"蓄"，降低峰值流量，调节时空分布，以达到调蓄和错峰，并为雨水利用创造条件。不然短时间内汇集这么多雨水到一个地方，就形成了内涝。目前，海绵城市建设的蓄水环节已有固定的标准和要求，地下蓄水样式多样，主要有塑料模块蓄水、地下蓄水池等。

4）净

"净"：水应该蓄起来，经过净化处理，然后回用到城市中。

土壤的渗透和植被、绿地系统、水体等，都能对雨水的水质产生净化作用。通过"净"水，减少雨水面源污染，降解化学需氧量（COD）、悬浮固体（SS）、总氮（TN）、总磷（TP）等主要污染物，改善城市水环境。因此，应将雨水蓄起来，经过净化处理，然后回用到城市中，供城市生活、生产使用。目前，通常的雨水净化过程分为三个环节：土壤渗滤净化、人工湿地净化、生物处理。

5）用

"用"：充分利用降下来的雨。

在经过土壤渗滤净化、人工湿地净化、生物处理多层净化之后的雨水要尽可能被利用，不管是丰水地区还是缺水地区，都应该加强对雨水资源的利用。这样不仅能缓解洪涝灾害，收集的水资源还可以进行利用，如将停车场上面的雨水收集净化后用于洗车等。我们应该通过"渗"涵养、通过"蓄"把水留在原地，再通过净化把水"用"在原地。目前，雨水主要用于建筑施工、绿化灌溉、洗车、抽水马桶、消防、景观用水等。

6）排

"排"：把多余的雨水尽快排放了。

有些城市就是因为降雨多了，渗透也渗透不了，用也用不了那么多，所以才导致的内涝，这就必须要采取人工措施把它排放掉。通过利用城市竖向与工程设施相结合、排水防涝设施与天然水系河道相结合、地面排水与地下雨水管渠相结合的方式来实现一般排放和超标雨水的排放，避免内涝等灾害的发生。有些城市因为降雨过多导致内涝，这就必须要采取人工措施把雨水排掉。

经过雨水花园、生态滞留区、渗透池净化之后蓄起来的雨水，一部分用于绿化灌溉、日常生活，一部分经过渗透补给地下水，多余的部分就经市政管网排进河流。这不仅降低了雨水峰值过高时出现积水的概率，而且大大减少了第一时间对水源的直接污染。

总之，要想建立这样一个海绵城市体系，就要通过"渗、滞、蓄、净、用、排"等多种技术途径，实现"灰绿结合、蓝绿交融"，即末端治理（灰绿）、过程控制（主灰）、源头减排（主绿）相互结合、相辅相成。

3.5.5　低影响开发技术及设施

1）类型

低影响开发技术主要包括渗透技术、储存技术、调节技术、转输技术、截污净化技术。

（1）渗透技术

雨水渗透是利用人工或自然设施，使雨水下渗到土壤表层以下，以补充地下水。

雨水渗透技术的单项设施主要有透水砖铺装、透水水泥混凝土、透水沥青、绿色屋顶、下沉式绿地、生物滞留设施、雨水渗透塘、雨水渗井等。

（2）储存技术

雨水储存是指采用一定容积的设施，对径流雨水进行滞留、集蓄、消减径流总量，以达到集蓄利用、补充地下水或净化雨水的目的。

雨水储存技术的单项设施主要有雨水湿塘、雨水湿地、雨水蓄水池、雨水罐等。

（3）调节技术

雨水调节技术是指在降雨期间暂时储存一定量的雨水，消减向下游排放的雨水峰值流量、延长排放时间。

雨水调节技术的单项设施主要有雨水调节塘、雨水调节池等。

（4）转输技术

雨水转输技术是指在降雨期间利用人工设施，收集、输送和排放径流雨水，并具有一定的雨水净化作用，取得降低径流总量和控制径流污染的成效。

雨水转输技术的单项设施主要有转输型植草沟、干式植草沟、湿式植草沟、雨水渗管等。

（5）截污净化技术

雨水截污净化技术是指在降雨期间利用人工设施，去除或弃除、净化径流中的污染物，提高径流污染控制效果。

雨水截污净化技术的单项设施主要包括植被缓冲带、初期雨水弃流设施、人工土壤渗虑等。

2）设施功能

低影响开发设施往往具有补充地下水、集蓄利用、消减峰值流量及净化雨水等多个功能，可实现径流总量、径流峰值和径流污染等多个控制目标，因此应根据控制目标，结合雨水汇水区特征和设施的主要功能、经济性、适用性、景观效果等因素灵活选用低影响开发设施及其组合系统（表3-12）。

城市源头减排设施的溢流口设置应在保证排水安全的前提下，确保径流和污染的消减功能。

表3-12　低影响开发设施比选一览表

单项设施	功能					控制目标			处置方式		经济性		污染物去除率[以悬浮固体（SS）计]	景观效果
	集蓄利用雨水	补充地下水	削减峰值流量	净化雨水	转输	径流总量	径流峰值	径流污染	分散	相对集中	建造费用	维护费用		
透水砖铺装	○	●	◎	◎	○	●	◎	◎	√	—	低	低	80%—90%	—
透水水泥混凝土	○	○	◎	◎	○	◎	◎	◎	√	—	高	中	80%—90%	—
透水沥青混凝土	○	○	◎	◎	○	◎	◎	◎	√	—	高	中	80%—90%	—
绿色屋顶	○	○	◎	◎	○	●	◎	◎	√	—	高	中	70%—80%	好
下沉式绿地	○	●	◎	◎	○	●	◎	◎	√	—	低	低	—	一般
简易型生物滞留设施	○	●	◎	◎	○	●	◎	◎	√	—	低	低	—	好
复杂型生物滞留设施	○	●	◎	●	○	●	◎	●	√	—	中	低	70%—95%	好
渗透塘	○	●	◎	◎	○	●	◎	◎	—	√	中	中	70%—80%	一般
渗井	○	●	◎	◎	○	●	◎	◎	√	√	低	低	—	—
湿塘	●	○	●	◎	○	●	●	◎	—	√	高	中	50%—80%	好
雨水湿地	●	○	●	●	○	●	●	●	√	√	高	中	50%—80%	好
蓄水池	●	○	◎	○	○	●	◎	○	—	√	高	中	80%—90%	—
雨水罐	●	○	○	○	○	●	◎	○	√	—	低	低	80%—90%	—
调节塘	○	○	●	◎	○	◎	●	◎	—	√	高	中	—	一般
调节池	○	○	●	○	○	◎	●	◎	—	√	高	中	—	—
转输型植草沟	◎	○	○	◎	●	◎	◎	◎	√	—	低	低	35%—90%	一般
干式植草沟	○	●	○	◎	●	●	◎	◎	√	—	低	低	35%—90%	好
湿式植草沟	○	○	○	●	●	○	◎	●	√	—	中	低	—	好

单项设施	功能					控制目标			处置方式		经济性		污染物去除率[以悬浮固体（SS）计]	景观效果
	集蓄利用雨水	补充地下水	削减峰值流量	净化雨水	转输	径流总量	径流峰值	径流污染	分散	相对集中	建造费用	维护费用		
渗管/渠	○	◎	○		●	◎	○	◎	√	—	中	中	35%—70%	—
植被缓冲带	○	○	○	●	—	○	○	●	√	—	低	低	50%—75%	一般
初期雨水弃流设施	◎	○	○	●	—	○	○	●	√	—	低	中	40%—60%	—
人工土壤渗滤	●	◎	○	●	—	○	○	◎	—	√	高	中	75%—95%	好

注：●——强；◎——较强；○——弱或很小。悬浮固体（SS）去除率数据来自美国流域保护中心（Center for Watershed Protection，CWP）。

在各类用地中低影响开发设施的选用应根据不同类型用地的功能、用地构成、土地利用布局、水文地质等特点进行，可参照表 3-13 选用。

表 3-13　各类用地中低影响开发设施选用一览表

技术类型（按主要功能）	单项设施	用地类型			
		建筑与小区	城市道路	绿地广场	城市水系
渗透技术	透水砖铺装	●	●	●	◎
	透水水泥混凝土	◎	◎	◎	◎
	透水沥青混凝土	◎	◎	◎	◎
	绿色屋顶	●	○	○	○
	下沉式绿地	●	●	●	◎
	简易型生物滞留设施	●	●	●	◎
	复杂型生物滞留设施	●	●	●	◎
	渗透塘	●	◎	●	○
	渗井	●	◎	●	○
储存技术	湿塘	●	○	●	●
	雨水湿地	●	●	●	●
	蓄水池	◎	○	◎	○
	雨水罐	●	○	○	○
调节技术	调节塘	●	◎	●	◎
	调节池	○	○	◎	◎
转输技术	转输型植草沟	●	●	●	◎
	干式植草沟	●	●	●	◎
	湿式植草沟	●	●	●	◎
	渗管/渠	●	●	●	○
截污净化技术	植被缓冲带	●	●	●	●
	初期雨水弃流设施	●	◎	◎	◎
	人工土壤渗滤	◎	○	◎	◎

注：●——强宜选用；◎——可选用；○——不宜选用。

3）设施组合

低影响开发设施的选择应结合水文地质、水资源等特点，建筑密度、绿地率及土地利用布局等条件，根据实际情况选择效益最优的单项设施及其组合系统。低影响开发单项设施的组合应遵循以下原则：

（1）组合系统中各设施的适用性应符合场地土壤渗透性、地下水位、地形等特点。在土壤渗性能差、地下水位高、地形较陡的地区，选用渗透设施时应进行必要的技术处理，防止塌陷、地下水污染等次生灾害的发生。

（2）组合系统中各设施的主要功能应与规划控制目标相对应。缺水地区以雨水资源化利用为主要目标时，可优先选用以雨水集蓄利用为主要功能的雨水储存设施；内涝风险严重的地区以径流峰值控制为主要目标时，可优先选用峰值削减效果较优的雨水储存和调节等技术；水资源较丰富的地区以径流污染控制和径流峰值控制为主要目标时，可优先选用雨水净化和峰值削减功能较优的雨水截污净化、渗透和调节等技术。

（3）在满足控制目标的前提下，组合系统中各设施的总投资成本宜最低，并综合考虑设施的环境效益和社会效益，如当场地条件允许时，优先选用成本较低且景观效果较优的设施。

3.5.6　低影响开发雨水系统重点建设区域

1）城市水系

水系在城市排水、防涝、防洪及改善城市生态环境中发挥着重要作用，是城市水循环过程中的重要载体，湿塘、雨水湿地等低影响开发的末端调蓄设施也是城市水系的重要组成部分。同时，城市水系还是超标雨水径流排放系统的重要组成部分。

应对现状河流、湖泊、湿地、坑塘、沟渠等城市自然水体进行合理保护、利用和改造，在满足雨洪行泄等功能条件下，实现相关规划提出的低影响开发控制目标及指标要求，并与城市雨水管渠系统和超标雨水径流排放系统有效衔接。城市水系低影响开发雨水系统的典型流程如图 3-14 所示。

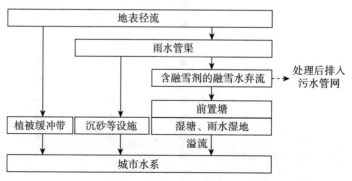

图3-14　城市水系低影响开发雨水系统典型流程示例

2）城市建筑与小区

建筑屋面和小区路面径流雨水应通过有组织的汇流与转输，经截污等预处理后引入绿地内以雨水渗透、储存、调节等为主要功能的低影响开发设施。径流雨水还可通过城市雨水管渠系统引入城市绿地与广场内的低影响开发设施。低影响开发设施的选择应因地制宜、经济有效、方便易行，如结合小区绿地和景观水体优先设计生物滞留设施、渗井、湿塘和雨水湿地等。建筑与小区低影响开发雨水系统的典型流程如图3-15所示。

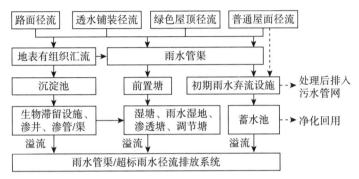

图3-15　建筑与小区低影响开发雨水系统典型流程示例

3）城市道路

城市道路径流雨水应通过有组织的汇流与转输，经截污等预处理后引入道路红线内、外绿地内，并通过绿地内以雨水渗透、储存、调节等为主要功能的低影响开发设施进行处理。低影响开发设施的选择应因地制宜、经济有效、方便易行，如结合道路绿化带和道路红线外的绿地优先设计下沉式绿地、生物滞留带、雨水湿地等。城市道路低影响开发雨水系统的典型流程如图3-16所示。

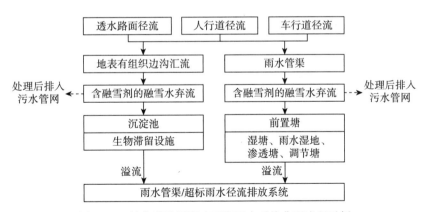

图3-16　城市道路低影响开发雨水系统典型流程示例

4）城市绿地与广场

城市绿地、广场及周边区域径流雨水应通过有组织的汇流与转输，经截污等预处理后引入城市绿地内以雨水渗透、储存、调节等为主要功能的低影响开发设施，消纳自身及周边区域的径流雨水，并衔接区域内的雨水管渠系统和超标雨水径流排放系统，进而提高区域的内涝防治能力。低影响开发设施的选择应因地制宜、经济有效、方便易行，如湿地公园和有景观水体的城市绿地与广场宜设计雨水湿地、湿塘等。城市绿地与广场低影响开发雨水系统的典型流程如图 3-17 所示。

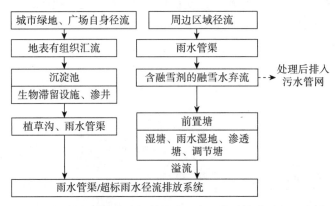

图 3-17　城市绿地与广场低影响开发雨水系统典型流程示例

3.6　城市雨水排放系统规划

雨水排放系统是应对常见降雨径流的排水设施以一定方式组合成的总体，以地下管网系统为主；是用来收集、输送、排除雨水的工程设施，一般由雨水口、雨水管渠、检查井、出水口等构筑物组成。

雨水排放系统应按照分散、就近、重力流排放的原则，再结合地形地势、道路与场地竖向等进行布局。

3.6.1　雨水管渠系统布置

1）雨水排水分区与系统布局

（1）尊重自然，统筹协调。雨水的排水分区应根据城市水脉格局、地形地势、用地布局，再结合道路交通、竖向规划及城市雨水受纳水体位置，遵循高水高排、低水低排的原则确定，宜与河流、湖泊、沟塘、洼地等天然流域分区相一致。

天然流域汇水分区的较大改变可能会导致下游因峰值流量的显著增加而产生洪涝灾害，也可能会导致下游因雨水流量的长期减少而影响生态系统的平衡。因此，为减轻对各流域自然水文条件的影响，降低工程造价，规划雨水分区宜与天然流域汇水分区保持一致。

（2）特殊地段，保障安全。如地下通道和立体交叉下穿道路的低洼地段和路堑式路段等区域应设置独立的雨水排水系统，封闭汇水范围，保证其出水口安全可靠，严禁独立的雨水排水分区之外的雨水汇入，并应采取防止倒灌的措施。

立体交叉下穿道路低洼段和路堑式路段的雨水一般难以利用重力流就近排放，往往需要设置雨水泵站、调蓄设施等应对强降雨。为减少泵站等设施的规模，降低建设、运行及维护成本，应遵循高水高排、低水低排的原则，合理进行竖向设计及排水分区划分，并采取有效措施防止分区之外的雨水径流进入这些低洼地区。

在合理划分排水分区的基础上，为提高排水的安全保障能力，立体交叉下穿道路低洼段和路堑式路段均应构建独立的雨水排水系统。出水口应设置于适宜的受纳水体，防止排水不畅甚至是雨水倒灌。

立体交叉下穿道路低洼段和路堑式路段一般都是重要的交通通道，如果不以上述措施保障这些区域的排水防御能力，不仅会严重影响城市交通的正常运转，而且往往还会直接威胁人民生命和财产的安全。

2）雨水管渠布置的要求

排水管渠设施应确保雨水管渠设计重现期下雨水的转输、调蓄和排放，并应考虑受纳水体水位的影响，一般可从以下几个方面进行考虑：

（1）与源头减排和排涝除险系统相协调

雨水排放系统是雨水系统的重要组成部分，与源头减排系统、防涝系统协同组成城市雨水系统。雨水管渠的平面位置和高程应与源头减排设施和排涝除险设施的平面和竖向设计相协调，有效衔接；保证源头减排设施发挥雨水蓄滞、净化和多余雨水排除的功效；保证在内涝发生时，排涝除险设施能发挥作用，有序排除涝水。

（2）充分利用地形就近排入水体

经源头减排后的径流雨水一般就近排入水体，所以在雨水排放系统规划时，首先按地形划分排水区域，再进行管线布置。根据分散和直捷的原则，在地形比较平坦且略向一边倾斜的地区，雨水干管多采用正交式布置，使雨水管渠尽量以最短的距离、较小的管径重力流入附近的河流等水体［图3-18（a）］。当地形平坦时，雨水干管宜布置在排水分区的中间，使干管排水服务范围均衡，以利于重力流排出雨水［图3-18（b）］。当地形坡度较大时，雨水干管宜布置在地形低处或溪谷线上［图3-18（c）］。

（3）尽量避免设置雨水泵站

雨水泵站投资大，但在一年中的利用率很低，还需定期维护，运营成本高，因此应尽可能让雨水通过重力流排入水体。但在地形平坦、地貌复杂、地势较低、排水区域范围大或受潮汐影响的地区，在必须设置雨水泵站的情况下，要把经过雨水泵站的雨水径流量降到最小。

（4）结合城市道路规划布置

城市道路通常是街区内地面径流的汇集地，所以中心城区的城市道路边沟宜低于相邻街区的地面标高，以利用道路两侧边沟排除雨水。

（5）结合城市竖向规划布置

竖向规划直接影响了雨水管渠的排水分区、排水方向及坡度，因此在竖向规划时，应充分考虑排水要求，以便能就近排出雨水；同时还应考虑管道埋设最不利点和最小覆土深度的要求。另外，竖向规划中的土方平衡要求也对管道的布置产生影

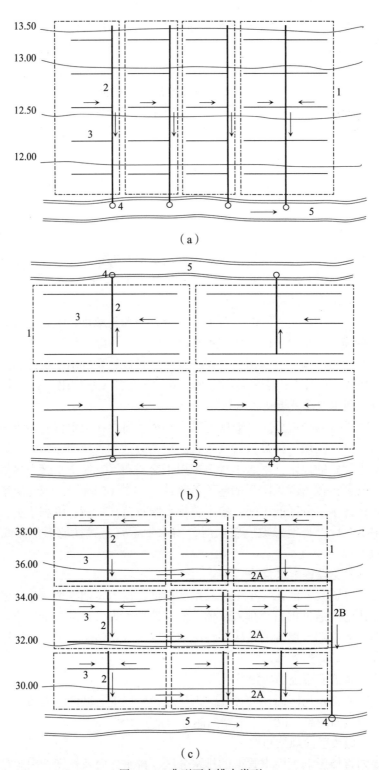

（a）

（b）

（c）

图 3-18　典型雨水排水类型

注：1.排水分区；2.雨水干管；2A.雨水地区干管；2B.雨水主干管；3.雨水支管；4.雨水出水口；5.河流。图中数据是等高线相应的高程，单位为m。

响，对于确定填方或挖方的地区，雨水管道布置应充分应对其今后的地形变化，以便顺畅排水。

（6）雨水出水口的布置

雨水的出水口有分散和集中两种布局形式。当雨水管渠的出水口距离排入水体较近，且排入水体的水位变化不大或可调控，洪水位低于流域的地面标高时，可采用分散出水口的形式，以便雨水能就近、分散快速排放；当排入水体的水位变化较大，且管道出口离排入水体较远时，出水口的构造比较复杂，宜采用集中出水口的形式。

（7）立体交叉地道应设置独立的排水系统

立体交叉地道排水的可靠程度取决于排水系统出水口的畅通无阻。当立体交叉地道出水管与城市雨水管直接连通，如果城市雨水管排水不畅，会导致雨水不能及时排除，形成地道积水。独立排水系统指单独收集立体交叉地道雨水并排除的系统。立体交叉地道设置独立排水系统的目的是保证其雨水的排放不受城市雨水管排水的影响。

（8）排洪沟

排洪沟的功能是通过拦截和引导洪水，将其排入附近水体，减少洪水的冲击和破坏。城市如果靠近山麓，应考虑在山麓地区周围或超过设计区设置排洪沟，以拦截从分水岭以内排泄下来的山洪水，确保城市安全。

3）雨水管渠的形式

雨水管渠有暗管和明渠两种形式。城区一般用暗管，卫生情况好，养护方便；乡村地区可考虑采用明渠，以节省工程费用。明渠一般采用梯形，投资省，但卫生条件差。

在地形平坦、埋设深度或出水口深度受限制地区，可采用盖板明渠排除雨水，也能收到较好的效果。

4）雨水管渠敷设的要求

因雨水管渠主要是重力流管道，管径比较大，有很多支管，连接处都要设置检查井，对其他管线的影响较大，所以在管线综合时，一般优先考虑雨水管道在平面和垂直方向上的位置。

雨水灌渠宜沿城市道路敷设，并与道路中心线平行。雨水管道的平面布置和竖向位置应保证安全，并符合现行国家标准《城市工程管线综合规划规范》（GB 50289—2016）等的有关规定，且应符合城市综合管廊规划的要求。管道敷设一般应遵循如下原则：

（1）敷设位置：雨水管道应根据道路的规划横断面，优先考虑布置在非机动车道、人行道下，或草地绿带下；红线宽度超过 40 m 的城市道路可两侧布置。从排除地面径流而言，道路的纵坡最好在 0.3%—6.0%。

（2）覆土深度：雨水管道的覆土深度应根据冰冻深度、管道的外部荷载、管材性能、房屋连接管的埋深与其他管道交叉等因素确定。一般情况下，敷设在机动车道下的雨水管道最小覆土深度为 0.70 m，非机动车道、人行道下为 0.60 m。敷设在有冰冻危险地区的管道应采取防冻措施。

（3）埋设深度：地下管道的埋设深度应根据雨水出水口处的常水位高程和当地冰冻情况、外部荷载、管材性能、抗浮要求以及与其他管道交叉等因素确定。应尽量控制雨水管道的埋深，埋深越大，工程造价就越高，施工难度也越大，必要时应设置雨水提升泵站。城市竖向规划时应充分考虑雨水排水要求，以便能合理利用自然地形，就近排出雨水；同时还应考虑管道埋设最不利点和最小覆土深度的要求。

（4）与其他工程管线之间及其与建（构）筑物之间的最小水平净距：城市雨水管道与建（构）筑物、铁路以及和其他工程管道的水平净距，应根据建（构）筑物基础、路面种类、卫生安全、管道埋深、管径、管材、施工方法、管道附属构筑物大小等因素确定，最小水平净距应符合现行国家标准《城市工程管线综合规划规范》（GB 50289—2016）等的有关规定，保证运行安全。

（5）与其他工程管线交叉时的最小垂直净距：雨水管道与其他工程管线交叉时的最小垂直净距应符合现行国家标准《城市工程管线综合规划规范》（GB 50289—2016）等的有关规定。给水、再生水和雨水、污水管线应按自上而下的顺序敷设，雨水管道与给水管道的净距应不小于 0.40 m。

3.6.2　雨水量计算

雨水量估算的目的是确定降雨尤其是暴雨时的地面径流量，从而确定雨水管网及其附属构筑物的规模，并为合理选择排水出路或受纳水体提供依据。

城市雨水量计算应与城市防洪排涝系统规划相协调。设置雨水管渠系统的目的是及时排除雨水地面径流，尤其是暴雨径流，防止引起内涝。所以我们计算雨水量时最关心的是暴雨流量，以此作为确定雨水管渠及其附属构筑物的依据。

雨水量的计算还可以依托各地的智能化城市排水工程信息系统，通过大数据、物联网、人工智能等新一代信息技术及其辅助决策系统，建构预测模型，估算雨水量。

1）设计重现期

（1）雨水管渠的设计重现期

雨水管渠设计重现期是指用于雨水管渠设计的暴雨重现期。

雨水管渠的设计流量应根据雨水管渠设计重现期确定。雨水管渠设计重现期应根据汇水地区性质、城市类型、地形特点和气候特征等因素，经技术经济比较，按表 3-14 的规定取值，并明确相应的设计降雨强度，且应符合下列规定：

① 人口密集、内涝易发且经济条件较好的城市，应采用规定的设计重现期上限。

② 新建地区应按规定的设计重现期执行，既有地区应结合海绵城市建设、地区改建、道路建设等校核、更新雨水系统，并按规定设计重现期执行。

③ 同一雨水系统可采用不同的设计重现期；同一雨水系统的设计重现期原则上相同，也可根据汇水地区的性质、地形特点、地面径流情形等实际情况采用不同的设计重现期。

④ 中心城区下穿立交道路的雨水管渠设计重现期应按表 3-14 中"中心城区地下通道和下沉式广场等"的规定执行，非中心城区下穿立交道路的雨水管渠设计重

现期不应小于 10 年，高架道路雨水管渠设计重现期不应小于 5 年。

立体交叉道路的下穿部分往往是所处汇水区域最低洼的部分，雨水径流汇流至此后再无其他出路，只能通过泵站强排至附近河湖等水体或雨水管道中，如果排水不及时，必然会引起严重积水。因此对下穿立交道路排水系统设计重现期应有较高要求。

表 3-14 雨水管渠设计重现期   单位：a

城镇类型	城区类型			
	中心城区	非中心城区	中心城区的重要地区	中心城区地下通道和下沉式广场等
超大城市和特大城市	3—5	2—3	5—10	30—50
大城市	2—5	2—3	5—10	20—30
中等城市和小城市	2—3	2—3	3—5	10—20

注：表中所列设计重现期适用于采用年最大值法确定的暴雨强度公式。雨水灌渠按重力流、满管流计算。

（2）内涝防治设计重现期

内涝防治设计重现期是指用于城市内涝防治系统设计的暴雨重现期，使地面、道路等区域的积水深度和退水时间不超过一定的标准。

内涝是指强降雨或连续性降雨超过城市排水能力，导致城市地面产生积水灾害的现象。

内涝防治系统是指用于防止和应对城市内涝的工程性设施和非工程性措施以一定方式组合成的总体，包括雨水收集、输送、调蓄、行泄、处理、利用的天然和人工设施及管理措施等。

排涝除险设施的设计水量应根据内涝防治设计重现期及对应的最大允许退水时间确定。内涝防治设计重现期应根据城市类型、积水影响程度和内河水位变化等因素，经技术经济比较，按表 3-15 的规定取值，并明确相应的设计降雨量，且应符合下列规定：

① 人口密集、内涝易发且经济条件较好的城市，应采用规定的设计重现期上限；

② 目前不具备条件的地区可分期达到标准；

③ 当地面积水不满足表 3-15 的要求时，应采取渗透、调蓄、设置行泄通道和内河整治等措施；

④ 超过内涝设计重现期的暴雨应采取应急措施。

表 3-15 内涝防治设计重现期

城镇类型	重现期（a）	地面积水设计标准
超大城市	100	1.居民住宅和工商业建筑物的底层不进水； 2.道路中一条车道的积水深度不超过 15 cm
特大城市	50—100	
大城市	30—50	
中等城市和小城市	20—30	

内涝防治设计重现期下的最大允许退水时间应符合表 3-16 的规定。人口密集、

内涝易发、特别重要且经济条件较好的城区，其最大允许退水时间应采用规定的下限。交通枢纽的最大允许退水时间应为 0.5 h。

表 3-16　内涝防治设计重现期下的最大允许退水时间

城区类型	中心城区	非中心城区	中心城区的重要地区
最大允许退水时间（h）	1.0—3.0	1.5—4.0	0.5—2.0

注：本标准规定的最大允许退水时间为雨停后地面积水的最大允许排干时间。

在内涝防治设计重现期条件下，城市排涝能力满足表 3-15 和表 3-16 所规定的积水深度和最大允许退水时间时，不应视作内涝；反之，地面积水深度和最大允许积水时间超过规定值时，判为不达标。各城市应根据地区重要性等因素加快基础设施的改造，以达到表 3-16 中所规定的最大允许退水时间要求。

2）设计流量计算公式

根据现行国家标准《室外排水设计标准》（GB 50014—2021）可知，城市排水管渠的雨水设计流量应按公式（3-7）计算。当汇水面积大于 2 km² 时，应考虑区域降雨和地面渗透性能的时空分布不均匀性和管网汇流过程等因素，采用数学模型法确定雨水设计流量。

$$Q_s = q\psi F \tag{3-7}$$

式中：Q_s——雨水设计流量（L/s）；q——设计暴雨强度 $[\text{L}/(\text{hm}^2 \cdot \text{s})]$；$\psi$——综合径流系数；$F$——汇水面积（$\text{hm}^2$）。

我国目前采用恒定均匀流推理公式来计算城市排水管渠的雨水设计流量，即用公式（3-7）计算雨水设计流量。恒定均匀流推理公式基于以下假设：降雨在整个汇水面积上的分布是均匀的；降雨强度在选定的降雨时段内均匀不变；汇水面积随集流时间增长的速度为常数。因此推理公式适用于较小规模排水系统的计算，如应用于较大规模排水系统的计算时会产生较大误差。

一些国家采用数学模型模拟降雨过程，把排水管渠作为一个系统考虑，并用数学模型对管网进行管理。美国一些城市规定的推理公式适用的汇水面积范围分别为奥斯汀 4 km²、芝加哥 0.8 km²、纽约 1.6 km²、丹佛 6.4 km²，且汇流时间小于 10 min；欧盟的排水设计规范要求当排水系统面积大于 2 km² 或汇流时间大于 15 min 时，应采用非恒定流模拟进行城市雨水管网水力计算。

排水工程设计常用的数学模型一般由降雨模型、产流模型、汇流模型、管网水动力模型等一系列模型组成，涵盖了排水系统的多个环节。数学模型可以考虑同一降雨事件中降雨强度在不同时间和空间的分布情况，因而可以更加准确地反映地表径流的产生过程和径流流量，也便于和后续的管网水动力学模型相衔接。

3）设计暴雨强度

设计暴雨强度应按下式计算：

$$q = \frac{167A_1(1 + C\lg P)}{(t+b)^n} \tag{3-8}$$

式中：q——设计暴雨强度 [L / (hm² · s)]；P——设计重现期（a）；t——降雨历时（min）；A_1，C，b，n——参数，参数的数值通过重现期、降雨强度和降雨历时三者的关系，再根据统计方法进行计算确定。设计暴雨强度一般可通过查阅相关标准获取。

目前，我国各地区已基本积累了完整的自记雨量记录资料。具有 20 年及以上自记雨量记录的地区，其排水系统设计暴雨强度公式应采用年最大值法，并应根据现行国家标准《室外排水设计标准》（GB 50014—2021）的规定编制设计暴雨强度公式。

暴雨强度公式应根据气候变化及时进行修订。近年来城市暴雨内涝成为影响城市健康发展、威胁城市安全的突出问题，强降雨是导致城市暴雨内涝的直接原因之一。暴雨强度公式是反映降雨规律、指导城市排水防涝工程设计和相关设施建设的重要基础，其准确与否直接影响城市排水工程的安全性和经济性。因此，应根据降雨特点及时修订。

4）综合径流系数

径流量是指降落到地面的雨水超出一定区域地面渗透、滞蓄能力后的多余水量，由地面汇流至管渠到受纳水体的流量的统称。

降落在地面上的雨水只有一部分沿地面流入雨水管渠。在一定汇水面积内的地面径流水量与降雨量的比值被称为径流系数，用 Ψ 表示。径流系数因地面的覆盖情况、坡度、地貌、建筑密度的分布、路面铺砌等情况的不同而异；此外，还与降雨历时、暴雨雨型有关。径流系数常按地面覆盖种类确定。

城区建设应体现低影响开发的理念，应进行源头控制，而非依赖市政设施的不断扩建并与之适应。城区综合径流系数应严格按规划控制，并应符合下列规定：

（1）综合径流系数高于 0.7 的地区应采用渗透、调蓄等措施。

（2）综合径流系数可根据表 3-17 所规定的径流系数，通过地面种类加权平均计算得到，也可按表 3-18 的规定取值，并应核实地面种类的组成和比例。

表 3-17　径流系数

地面种类	径流系数
各种屋面、混凝土或沥青路面	0.85—0.95
大块石铺砌路面或沥青表面各种的碎石路面	0.55—0.65
级配碎石路面	0.40—0.50
干砌砖石或碎石路面	0.35—0.40
非铺砌土路面	0.25—0.35
公园或绿地	0.10—0.20

表 3-18　综合径流系数

区域情况	综合径流系数
城镇建筑密集区	0.60—0.70
城镇建筑较密集区	0.45—0.60
城镇建筑稀疏区	0.20—0.45

5）雨水管渠的降雨历时计算

雨水管渠设计流量是根据极限强度法理论来进行计算的。对于管道的某一设计断面来说，设计中用汇水面积最远点的雨水流到设计断面时的集水时间作为设计降雨历时。因此，雨水管渠的降雨历时由地面集水时间（图3-19）和管渠内雨水流行时间两个部分组成。雨水管渠的降雨历时应按式（3-9）计算：

$$t = t_1 + t_2 \tag{3-9}$$

式中：t——降雨历时（min）；t_1——地面集水时间（min），应根据汇水距离、地形坡度和地面种类通过计算确定，宜采用5—15 min；t_2——管渠内雨水流行时间（min）。

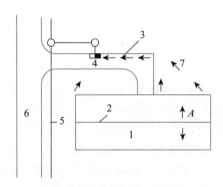

图3-19 地面集水 t_1 示意图

注：1.房屋；2.屋面分界线；3.道路边沟；4.雨水口；5.雨水管；6.道路；7.排水方向；A.汇水面积最远点。

地面集水时间（t_1）是指雨水从汇水面积上最远点 A 流到第一个雨水口的时间，受到地形坡度、地面铺砌、地面种植情况和街区大小等因素的影响。

根据国内资料可知，地面集水时间采用的数据大多数不经计算，按经验确定。在地面平坦、地面种类接近、降雨强度相差不大的情况下，地面集水距离是决定集水时间长短的主要因素。地面集水距离的合理范围是50—150 m，采用的集水时间为5—15 min。

管渠内雨水流行时间（t_2）可用式（3-10）计算：

$$t_2 = \sum \frac{L}{60v} \tag{3-10}$$

式中：L——上游各管段的长度（m）；v——上游各管段的设计流速（m/s）。

3.6.3 雨水管渠水力计算

雨水管渠水力计算的目的是合理确定雨水管道的管径、坡度、流速、管底标高和管道埋深等参数。雨水管渠水力计算也较为复杂，这里仅做简单介绍。

1）雨水管渠水力计算的数据

雨水管渠水力计算仍按均匀流考虑，水力计算基本公式与污水管道相同，但雨水管道是按满流设计的，即设计充满度 $h/D=1$。在工程设计中，雨水管道通常采用混凝土、钢筋混凝土圆管，粗糙系数取 0.013。

根据有关规范标准可知，雨水管道的水力计算数据具体如下所述：

（1）雨水管道的设计充满度为 1，即按满流设计；明渠应有等于或大于 0.20 m 的超高。

（2）雨水管道的最小设计流速为 0.75 m/s，明渠的最小设计流速为 0.4 m/s。

雨水管道的最大设计流速：金属管道宜为 10.0 m/s；非金属管道宜为 5.0 m/s。经实验验证，上述数值可适当提高。

雨水明渠的最大设计流速应符合下列规定：

① 当水流深度为 0.4—1.0 m 时，宜按表 3-19 的规定取值。

② 当水流深度小于 0.4 m 时，宜按表 3-19 所列最大设计流速乘以 0.85 计算；当水流深度大于 1.0 m 且小于 2.0 m 时，宜按表 3-19 所列最大设计流速乘以 1.25 计算；当水流深度大于或等于 2.0 m 时，宜按表 3-19 所列最大设计流速乘以 1.40 计算。

表 3-19　雨水明渠的最大设计流速

明渠类别	最大设计流速（m/s）
粗砂或低塑性粉质黏土	0.8
粉质黏土	1.0
黏土	1.2
草皮护面	1.6
干砌块石	2.0
浆砌块石或浆砌砖	3.0
石灰岩和中砂岩	4.0
混凝土	4.0

（3）最小管径和最小设计坡度。雨水管道的最小管径为 300 mm，相应最小坡度：塑料管为 0.002，其他管为 0.003。雨水口连接管的最小管径为 200 mm，最小坡度为 0.010。梯形明渠的底宽最小为 0.3 m。

（4）最小埋深与最大埋深。雨水管道的最小埋深与最大埋深同污水管道的规定。

（5）管渠的衔接。雨水管道在检查井内的衔接方式基本与污水管道相同，一般采用管顶平接方式。

2）雨水管渠的设计计算步骤

（1）划分排水流域和管道定线。根据总体规划和排水区的实际地形划分排水流域。对于地形平坦、无明显分水线的地区，可按汇水面积的大小来划分排水流域。然后布置雨水管渠系统，确定水流方向，尽量使雨水以最短的距离按重力流排入附近水体。

（2）划分设计管段和管段的汇水面积。雨水设计管段的长度一般在 200 m 以内为宜，以使设计管段的上下端流量变化不大，无大流量交汇。沿线汇水面积的划分则应结合地形坡度及雨水管渠的布置进行。当地形平坦时，可根据就近排放的原则将汇水面积按周围管道布置，用等分角线划分；当地形坡度较大时，应按地面雨水径流的水流方向划分汇水面积。

（3）根据当地的气象等条件确定设计管渠的重现期、径流系数、地面集水时间等设计参数。

（4）确定管道起端的最小埋深，并由平面图上的地形等高线和竖向规划读出设计管段起讫点的地面标高。

（5）计算各雨水设计管段的设计流量，并据此求出各设计管段的管径、坡度、流速、管底标高和管道埋深等参数。

3.7 城市防涝系统规划

3.7.1 概述

城市防涝系统是城市雨水系统的重要组成部分。防涝系统是指为应对内涝防治设计重现期以内，超出雨水排放系统应对能力的强降雨径流而设置的排水设施以一定方式组合成的总体，亦称"大排水系统"。

近年来，每年一到雨季，我国一些大城市出现了不同程度的内涝现象。我国城市内涝具有空间分布的广泛性和时间分布的集中性等特点。从全国历年发生城市内涝灾害的事件来看，60%以上的大中城市均发生过不同程度的积水内涝现象，分布全国各个区域，比如济南、北京、兰州、西安、长春、武汉、广州、深圳、郑州等均发生过较严重的城市内涝。我国大部分地区属于季风型气候，降水集中在夏秋季节，北方城市内涝主要集中发生于每年的6—8月，南方城市内涝集中发生于5—8月。

内涝是指强降雨或连续性降雨超过排水能力，导致城市地面产生积水灾害的现象。发生城市内涝的原因是多方面的，有自然原因，比如气候变化、极端天气强降雨等；有人为或社会原因，比如城市开发建设对雨水自然滞蓄空间的破坏、内涝防治系统不完善、维护管理不到位等；有河道洪水位（潮水位）升高，河水或海水倒灌引起的因洪致涝；有城市建设区域内部雨水无法及时外排导致的内涝等。

低影响开发建设模式在降低内涝风险方面发挥了一定作用，但在强降雨的降雨强度达到峰值时，源头减排系统所依赖的渗透、存储、蒸发和滞留能力往往也已经基本饱和。因此，低影响开发建设模式对于城市内涝风险的降低作用是有限的。

雨水管渠系统是雨水直接收集设施，其排水能力直接关系到区域内涝防治能力。当城市超标降雨或雨水管渠系统的排水能力不足时，则会引起城市一定范围的积水。因此，根据技术与经济的合理性，一方面要改造雨水管渠系统；另一方面要改造或设置城市的防涝系统，使城市达到排水防涝设计标准。城市防涝系统主要用于应对内涝防治设计重现期对应的强降雨径流，其设置的目的是提高城市排水防涝能力，减少强降雨径流可能导致的重大破坏和生命损失。

1）城市防涝系统的组成

城市防涝系统主要由城市水体、调蓄设施、行泄通道以及强排设施组成。其中城市水体包括河道、湖泊等天然或人工水体；调蓄设施包括绿地、广场、调节池等设施；行泄通道包括城市河道、明渠、道路等设施；强排设施包括泵站、水闸等设施。

排涝除险设施是指用于控制内涝防治设计重现期下超出源头减排设施和排水管渠承载能力的雨水径流的设施。城市水体、调蓄设施、行泄通道构成城市的排涝除险设施系统。

从功能来看，防涝系统是雨水排放系统的救援系统：当雨水径流量超过了雨水排放系统的排水能力时，剩余径流将通过道路、绿地表面汇集到明渠等行泄通道进行排放，或汇集到防涝调蓄空间进行临时储存，以避免内涝灾害的产生。因此，防涝系统与雨水排放系统既紧密联系，又相对独立。规划应高度重视防涝系统的布局，在城市用地规划布局时，需结合生态安全格局构建，合理设计防涝系统，科学安排城市防涝空间。

2）城市防涝空间的构成

城市防涝空间是指用于城市超标降雨的防涝行泄通道和布置防涝调蓄设施等的用地空间。

防涝行泄通道是指承担防涝系统雨水径流输送和排放功能的通道，包括城市河道、明渠、道路、隧道、生态用地等。防涝行泄通道的主要作用是强降雨径流的汇集、输送和排放。

防涝调蓄设施是指用于防治城市内涝的各种调节和储蓄雨水的设施，包括坑塘、湿地、地下调节池（库）和承担防涝功能的绿地、广场、开放式运动场地等。调蓄设施的主要作用是雨水蓄滞，削减峰值流量，减轻下游的排水压力和致灾风险。

3）防涝系统规划的要求

总体规划应充分考虑防涝系统蓄排能力的平衡关系，统筹城市防涝空间布局，设置内涝防治设施的地上、地下空间和通道。防涝系统应以河、湖、沟、渠、洼地、集雨型绿地和生态用地等地表空间为基础，结合城市规划用地布局和生态安全格局进行系统构建。详细规划、专项规划应落实具有防涝功能的防涝系统用地需求。同时，防涝规划应与城市防洪、排水、水系、竖向、道路交通、蓝线、环境保护、绿地、地下空间利用等相关规划相协调。

城市排涝系统规划和建设涉及海绵城市建设、道路交通、防洪、园林绿地等多个领域，所以应在总体规划的框架下，统筹规划排涝除险设施和其他内涝防治设施，合理确定其建设规模，保证排涝除险设施与源头减排设施、排水管渠设施共同达到当地内涝防治设计重现期标准。在排涝系统规划设计时，城市水体、调蓄设施、行泄通道等排涝除险设施的设计水量应根据内涝防治设计重现期（参见前表3-15）及对应的最大允许退水时间（参见前表3-16）确定（设计水量的具体计算方法按照上一节雨水量计算的相关内容进行）；对于人口密集、内涝易发的城市，应采用规定的设计重现期上限。源头减排设施、排水管渠设施和排涝除险设施应作为整体系统校核，满足内涝防治设计重现期的设计要求；同时，雨水系统设计应采取工程性和非工程性措施，加强城市应对超过内涝防治设计重现期降雨的韧性。

城市排涝除险设施承担着在暴雨期间调蓄雨水径流、为超出源头减排设施和市政排水管渠设施承载能力的雨水径流提供行泄通道和最终出路等重要任务，是满足城市内涝防治设计重现期标准的重要保障。排涝除险设施的建设应遵循低影响开发的理念，充分利用自然蓄排水设施，发挥河道行洪能力和水库、洼地、湖泊调蓄雨水的功能，合理确定排水出路。

排涝除险设施往往具有多功能和多用途。例如，道路的主要功能是交通运输，但在暴雨期间，某些道路可以是雨水汇集、行泄的天然通道，因此，道路的过水能力、道路在暴雨期间的受淹情况和暴雨对道路交通功能的影响是内涝防治设计中必须考虑的因素。城市中的绿地和广场是居民休闲、娱乐和集会的场所，但如果设计成下凹式，这些设施就可以在暴雨期间起到临时蓄水、削减峰值流量的作用，减轻排水管渠系统的负担，避免内涝发生。同一设施的不同功能往往会有冲突，如道路的积水会影响运输功能，下凹式绿地和下沉式广场可能会影响美观性。因此，应综合考虑其各项功能，在确保公众生命和财产安全的前提下，明确在不同情况下各项功能的主次地位，做出有针对性的安排。

为保障城市防涝系统设施的正常运转，应根据《城市黄线管理办法》《城市蓝线管理办法》，宜将城市水体、调蓄设施、行泄通道等排涝除险设施的用地及其防护区域划定为黄线或蓝线；在城市规划中，确定其用地位置和范围，划定其用地控制界线，保障城市电力设施的安全。

3.7.2　城市水体

河道、湖泊、池塘、湿地等天然或人工水体本身具有较大的容积，因此，在不影响其平时功能的条件下，要充分利用水体对雨水径流的调节能力，发挥其降低城市内涝灾害的作用，确保城市排涝的安全。城市自然水体调蓄容量应根据其地理位置、功能定位、调蓄需求、水体形状、水体容量和水位等特点，依据城市排水和内涝防治标准，经综合分析确定。

1）城市水系

城市水系是指规划区内各种水体构成脉络相通系统的总称。河湖水系是实现一定范围雨水集蓄利用的最主要载体。对城市河道、湖泊、湿地、沟塘等自然蓄排水设施应坚持保护为主、合理利用的原则，尊重水系自然条件，切实保护和修复城市水系及其空间环境。贯彻落实绿色发展理念和海绵城市建设要求，促进雨水的自然积存、自然渗透、自然净化，优化城市河道、湖泊和湿地等水体的布局，满足内涝灾害防治的要求。

河道是城市内涝防治系统的重要构成，是雨水的重要出路和受纳体，具有至关重要的作用，因此城市河道应按当地的内涝防治设计标准统一规划，并与防洪标准相协调。河道包括城市内河和过境河道。城市内河的主要功能是汇集、接纳和储存城市区域的雨水，并将其排放至城市过境河道中，应具备区域内雨水调蓄、输送和排放的功能。城市过境河道承担接纳外排境内雨水和转输上游来水的双重功能。当河道不能满足城市内涝防治设计标准中的雨水调蓄、输送和排放要求时，应采取提高其过流能力的工程措施；当工程措施受限时，也可采取设置人工沟渠等其他方式。

城市人工水体在城市内涝防治系统中主要是延缓雨水径流进入下游的时间，防止暴雨期间地表径流过快汇集，其调蓄能力应根据城市内涝防治系统规划，结合地形条件、水系特点等确定。具有景观环境、防洪等多种功能的人工水体，应保证各种功能的协调，避免相互影响。

城市水体保护受诸多因素影响，它与城市的经济社会以及自然资源条件密切相关。在我国城市化初期，许多城市为满足不同建设对土地的需求，选择侵占水面以获得更多的建设用地或规整土地，导致河道、湖泊、湿地等大幅度减少，这是导致洪涝灾害频发、河流功能受到影响、内涝产生的重要因素，因此要贯彻落实绿色发展理念和海绵城市建设要求，应将水域作为重要的资源予以保护，并通过划定水域控制线进行控制。为确保降低或消除内涝风险，应提高雨洪径流的调蓄容量和排涝通道。在城市规划中应禁止填湖造地，避免盲目截弯取直和河道过度硬化等破坏水生态环境的行为。

2）规划蓝线

城市水系是超标雨水径流排放系统的重要组成部分，应通过合理的水系布局和断面设计，强化水体对超标暴雨径流的蓄积功能，确保城市防洪排涝的安全。

城市蓝线是城市规划确定的江、河、湖、库、渠和湿地等城市地表水体保护和控制的地域界线。蓝线范围包括水域、沙洲、滩地、堤防、岸线等以及水体管理范围外侧因水体拓宽、整治、生态景观、绿化等目的而规划的控制保护范围，是防涝自然蓄排水设施的重要组成。要加强蓝线保护的严肃性，保障城市水系及其蓝线的整体性、协调性、安全性和功能性，保障城市防洪防涝安全。

为加强对城市水系的保护与管理，保障城市排水防涝、城市防洪等安全，应对规划区内的河流、湖库、湿地等需要保护的水系划定城市蓝线。在各层次城市规划中，要明确规划蓝线的要求，即符合国家和地方规划相关控制指标。要根据城市自然蓄排水设施数量、规划蓝线保护的控制指标要求，合理确定雨水系统设施的建设方案。雨水系统规划设计中应统筹对河湖水系等城市现状受纳水体及其蓝线的保护和利用，要充分利用自然地形和河湖水系等组成的防涝自然蓄排水设施。

3）水面率

水域面积是以河道（湖泊）的设计水位或多年平均水位控制条件计算的面积，水域面积同区域内总面积的比例称之为水面率。河湖水系水面率是海绵城市建设的一项重要控制指标，水系越发达，水面率越高，意味着城市蓄纳雨水资源的能力越强。

在城市规划和设计过程中，水面率是很重要的指标，城市空间应保持有一定的水面率。各层次规划中应尽量保留原有的河道、湖泊等自然水体，充分利用城市天然水体，不仅有利于维持生态平衡、改善环境，而且可以调节城市径流，减少排水工程规模，发挥综合效应。对现有水体进行水系修复与治理时，应依据总体规划，满足规划蓝线和水面率的要求，不应缩减其现有调蓄容量，不应损害其在城市内涝防治系统中的功能。在东部沿海地区，常年地下水位较高，土壤层吸纳降雨的容量和速率十分有限，气候上呈现短时强降雨频繁发生的特征，因此河湖水系对雨水的滞留、调蓄起着关键作用，对城市雨洪资源蓄滞能力起着控制性的主导作用。

水面率是体现河湖水系对城市雨洪的调蓄能力和生态承载能力的综合指标。合理确定区域适宜水面率，必须综合考虑区域内的降雨特性、下垫面特征、水域的蓄水能力等多种因素的影响。其中，降雨特性主要通过与年径流总量控制率相对应的设计雨量体现；下垫面特征主要通过分析土地利用情况所得到的综合径流系数体现；水域的蓄水能力则根据水域防护情况确定河湖水系在常水位以上的水位安全调蓄变幅来反映。因此，规划时应根据城市降雨特性与城市特点和自然环境、经济社会发展趋势、水土资源量、现状及历史水面率等情况，结合防洪排涝现状实际，面向超前性和可达性原则，综合确定规划范围内的适宜水面率。

3.7.3 防涝调蓄设施

设置防涝调蓄设施的作用是雨水蓄滞，目的是削减峰值流量。防涝调蓄设施的容量应根据城市排水和内涝防治标准，经综合分析、计算确定。

1）类型

城市防涝调蓄设施的布置主要有地面和地下两种形式。防涝调蓄设施的空间布局应根据城市防涝需求，结合城市的自然条件和用地条件，以优先地面的原则确定。

地面式防涝调蓄设施主要有水体、绿地广场等。地下式防涝调蓄设施主要有地下调节池（库）、隧道等。

地面式防涝调蓄设施和地下式防涝调蓄设施相比，在公共安全、排水安全保障和综合效益等方面都有相当大的优势。因此，在城市新建区，首先采用地面的形式，保证调蓄空间的用地需求。对于城市的既有建成区，在径流汇集的低洼地带不一定能有足够的地面调蓄空间，要因地制宜地确定调蓄空间的建设形式，可采取地下或地下、地上相结合的方式解决防涝设计重现期内的积水。

2）规划要求

雨水调蓄工程的类型和形式应根据新建地区和既有地区的不同条件，结合场地空间、用地、竖向等因素的具体情况选择和确定，并应与城市景观、绿地、运动场、广场、排水泵站、地铁、道路、地下综合管廊等设施和内河、内湖等天然调蓄空间统筹考虑，相互协调。

雨水调蓄工程的位置应根据调蓄目的、排水体制、管渠布置、溢流管下游水位高程和周围环境等因素确定，可采用多个工程相结合的方式达到调蓄目标，有条件的地区宜采用数学模型进行方案优化。

用于削减峰值流量的雨水调蓄工程宜优先利用现有调蓄空间或设施，应将服务范围内的雨水径流引至调蓄空间，并应在降雨停止后有序排放。

雨水调蓄应优先利用地上绿地、运动场、广场和滨河空间等开放空间，将其设置为多功能调蓄设施，并应优化竖向设计，确保设计条件下径流的排入和降雨停止后的有序排出。

（1）水体调蓄

充分利用现有绿地、砂石坑、河道、池塘、人工湖、景观水池等空间或设施，建设雨水调蓄工程以削减峰值流量，可降低建设费用，取得良好的经济和社会效益。同时应采取优化排水路径、改变雨水口标高等方式，将服务范围内的雨水径流引至上述现有的调蓄空间或设施，并应优化现有设施的出水口，确保降雨停止后将调蓄的雨水在一定时间内有序排放。

绿地、砂石坑、河道、池塘、人工湖、景观水池等调蓄工程的平面布置应根据其功能定位、地形地貌和周边区域的规划、土地利用规划和区域排水防涝、防洪及水系规划、景观要求等因素确定。

（2）绿地广场调蓄

绿地是重要的内涝防治设施，因此城市应保证一定的绿地率。绿地广场在内涝防治系统中可用于源头调蓄和排涝除险调蓄。

绿地广场调蓄工程可根据调蓄空间设置方法的不同分为浅层调蓄池、下凹式绿地和下沉式广场等。

浅层调蓄池是采用人工材料在绿地下部浅层空间建设的调蓄设施，可以增加调蓄能力，适用于土壤入渗率低、地下水位高的地区，一般用于雨水综合利用系统。

下凹式绿地是指低于周边汇水地面或道路，且可用于渗透、滞蓄和净化雨水径流的绿地。下凹式绿地是利用绿地本身建设的调蓄设施，可用于源头调蓄和排涝除险调蓄。当用于源头调蓄时，利用下凹式绿地的渗透能力控制径流污染和削减峰值流量；当用于排涝除险调蓄时，利用下凹式绿地上部的调蓄空间削减峰值流量，缓解下游系统的排水压力，防治城市内涝。城市道路绿化隔离带可结合用地条件和绿化方案设置为下凹式绿地，用于排涝除险的城市绿地高程应低于路面高程，地面积水可自动流入。目前我国许多城市中的大量绿地广场出于景观考虑，一般设置成高出地面，对解决城市内涝问题作用甚微，应从海绵城市建设理念出发，逐步加以改造与提升。

下沉式广场是指高程低于周边汇水地面标高的广场，是利用广场本身建设的调蓄设施，主要功能宜为削减峰值流量；当降雨超出源头减排设施和排水管渠的承载能力时，可临时调蓄周边地区的雨水径流，起到排涝除险作用。可利用的下沉式广场包括城市广场、运动场、停车场等，但行政中心、商业中心、交通枢纽等所在的下沉式广场不应作为雨水调蓄设施。

广义的绿地广场调蓄还包括利用城市公园、开放空间等绿地所建设的调蓄设施。调蓄设施的设计应结合排水系统、城市景观、竖向规划和公园本身的建设进行设计，利用公园内的绿地和水体等发挥调蓄功能。发挥调蓄功能的区域应设置安全防护设施。

（3）雨水调蓄池

当源头调蓄工程中采用了水体调蓄、绿地广场调蓄等措施后，仍不能满足排水管渠和内涝防治设计标准时，可设置调蓄池，将超过径流量控制要求的径流或可利用的雨水暂时储存在调蓄池中。用于削减峰值流量的调蓄池为便于雨水重力流入，一般设计为地下封闭式，有条件设计为敞开式的调蓄池应与景观水体相结合，并符合相关规定。

用于削减峰值流量的调蓄池一般设置在雨水系统的源头或雨水管渠系统的中部，将雨水径流的峰值流量暂时储存，待流量下降后，再排至下游管渠系统，可缓解下游管渠的排水压力。

（4）隧道调蓄

隧道调蓄工程是位于地下，用于调蓄、输送雨水的隧道，通常具有很大的调蓄容量。采用隧道调蓄工程可提高城市排水系统的排水能力、削减峰值流量，并能有效控制径流污染。隧道调蓄工程可节约城市用地，对地下空间利用的影响也比较小；但建设投资大，施工周期长、难度大，运行维护要求高。

在内涝易发、人口密集、地下管线复杂、现有排水系统改造难度较高的地区，可设置隧道调蓄工程。隧道调蓄工程的设置，应符合城市地下空间开发和管理的要求，并与相关规划相协调。隧道调蓄工程的位置和走向应根据功能需求，结合排水系统、城市道路和河道水系等情况确定。该调蓄工程可沿河道布置，埋深应与地下空间规划相协调，并根据排放条件、地质条件、地下水位、河道、原有和规划的地下设施、施工条件、经济水平和养护条件等因素确定。

隧道调蓄工程的调蓄容量应根据内涝防治设计重现期的要求，综合考虑源头减排设施、排水管渠设施和其他排涝除险设施的规模，经数学模型计算确定。

3）综合利用

具有防涝功能的用地宜进行多用途综合利用，但不得影响防涝功能。多用途综合利用是指防涝调蓄设施具有对雨水调节、储蓄的功能，与绿地、广场等空间结合，平时发挥正常的景观、休闲娱乐功能，暴雨产生积水时发挥调蓄功能的设施。

保证城市防涝空间功能的正常发挥，是提高城市排水防涝能力的根本保证。城市防涝用地的大部分空间是为了应对出现频率较小的强降雨而预留的，其空间使用具有偶然性和临时性的特点。因此，可以充分利用城市防涝空间用地建设临时性绿地、运动场地等（行洪通道除外），也可以利用处于低洼地带的绿地、开放式运动场地、学校操场等临时存放雨水，错峰排放，形成多用途综合利用效果。但必须说明的是城市防涝用地的首要功能是防涝，在其中的任何建设行为都不能妨碍其防涝功能的正常发挥。

3.7.4　防涝行泄通道

当雨水径流量超过了雨水排放系统的排水能力时，剩余径流将通过道路、绿地表面汇集到明渠等行泄通道进行排放，以避免内涝灾害的产生。

1）类型

城市河道、明渠、道路、隧道、生态用地等可作为防涝行泄通道。

2）规划原则

（1）城市内涝风险大的地区宜结合其地理位置、地形特点等设置雨水行泄通道。

（2）行泄通道的设置应与涝水汇集路径、内涝风险区划、用地布局等相结合，并优先考虑利用地表行泄通道排除涝水，当地表行泄通道难以实施或不能满足行泄要求时，可采用设置于地下的调蓄隧道等设施。

3）规划要求

（1）防涝行泄通道是城市防涝系统的重要构成和城市防涝空间的重要内容，应根据城市的气候、地形、水系等情况和布局，科学选择涝水宣泄自然水体或设置人工水体，统筹组织，合理布局，并与防涝调蓄设施布局相协调。行泄通道应充分利用区域绿地、防护绿地和非交通主干道等空间，结合竖向标高合理设置，并与受纳水体或调蓄空间直接相连。

（2）防涝行泄通道是一个地区涝水的汇集与排除路径，应根据雨水排水分区的组织，在涝水汇集地区，从排除涝水的就近、快速出发，科学选用城市河道、明渠、道路、隧道、生态用地等作为防涝行泄通道。一般情况下，优先选择自然或人工渠道作为行泄通道。

（3）对于城市易积水地区，根据以往统计情况，宜规划新建或改建城市河道、明渠等行泄通道，以辅助排除易积水地区的雨水，减小内涝风险。

（4）城市易涝区域可选取部分道路作为排涝除险的行泄通道，并应符合下列要求：

① 应选取排水系统下游的道路，不应选取城市交通主干路、人口密集区和可能造成严重后果的道路；应与周边的用地竖向规划、道路交通和市政管线等相协调。

② 行泄通道上的雨水应就近排入水体、管渠或调蓄设施，设计积水时间不应大于 12 h；达到设计最大积水深度时（道路中一条车道的积水深度不超过 15 cm），周边居民住宅和工商业建筑物的底层不得进水。

③ 行泄通道不应转弯，同时应设置行车方向标识、水位监控系统和警示标志。

3.8 城市合流制排水系统规划

合流制排水系统是指将雨水和污水统一进行收集、输送、处理、再生和处置的排水系统。

3.8.1 合流制排水系统适用条件

我国地域广阔，气候分区差异大，应因地制宜地选择排水体制。鉴于我国目前的城市水环境状况，排水体制一般宜采用雨污分流制。有下列情形可考虑采用合流制排水系统：

（1）雨量少的干旱地区。降雨量少一般是指年均降雨量在 200 mm 以下的地区。我国 200 mm 以下年等降水量线位于内蒙古自治区西部经河西走廊西部以及藏北高原一线，此线是干旱和半干旱地区的分界线。

（2）街道狭窄区域。城市街道宽度小，两侧建设比较完善，地下管线比较多，且施工复杂，暂没有条件修建分流制排水系统。

（3）水体卫生要求特别高的地区，污水、雨水均需要处理。

部分城市旧城区已采用合流制，暂不具备分流制改造条件的地区可采用截流式合流制，并应采用调蓄和处理相结合的措施，以尽可能减少合流制溢流污染。

对于现有合流制排水系统，应科学分析现状条件、存在问题、改造难度和改造的经济性，结合城市更新，采取源头减排、截流管网改造、现状管网修复、调蓄、溢流堰（门）改造等措施，提高截流标准，控制溢流污染，并应按城市排水规划的要求，经方案比较后实施雨污分流改造。当汇水范围内不具备条件建造雨水调蓄池收集受污染径流时，可通过提高截流干管截流倍数的方法避免溢流污染。

在分流制雨污混接污染问题严重的地区或对环境质量要求高的城市，对已经采用雨污分流的已建城区可通过技术经济比较采用截流式分流制排水体制（图3-20），可将旱季雨水管道的错接污水和雨季的初期雨水均送至污水处理厂进行处理，以适应现代城市发展的更高要求，即在城市区域内部采用分流制为主的基础上，对晴天有污水排入城市水体的雨水排出口，沿城市水体两岸布设截污干管系统，在其排入点进行末端截污；条件良好地区可利用截污干管系统截流初期雨水；但非干旱地区不允许新建区域采用合流制。

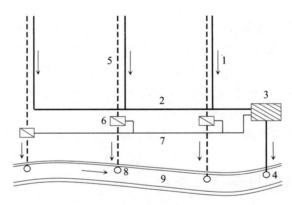

图 3-20　截流式分流制排水系统

注：1. 污水干管；2. 污水主干管；3. 污水处理厂；4. 污水处理后出水口；5. 雨水干管；6. 截流井；7. 截流主干管；8. 雨水出水口；9. 河流。

3.8.2　合流制排水系统布置要求

1）排水分区与系统布局

截流式合流制排水系统的分区与布局应综合考虑污水的收集、处理与再生回用，以及雨水的排除与利用等方面的要求。该排水系统分区应根据城市的规模与用地布局，结合地形地势、道路交通、竖向规划、风向、受纳水体位置与环境容量、再生利用需求、污泥处理与处置出路以及经济因素等综合确定，并宜与河流、湖泊、沟塘、洼地等的天然流域分区相一致。

2）管渠布置

截流式合流制排水管渠布置时应考虑以下要求：

（1）管渠的布置应使所有服务面积上的综合生活污水、工业废水和雨水都能合理地排入管渠，并能以可能的最短距离坡向水体。

（2）沿水体岸边布置与水体平行的截流干管，在截流干管的适当位置上设置溢流井，使超过截流干管设计输水能力的那部分混合污水能顺利地通过溢流井，并可依托低影响开发截污净化技术处置后再就近排入水体。

（3）溢流井的数目不宜多，位置选择应尽可能位于水体的下游。

（4）在合流制管渠系统的上游排水区域内，如果雨水可沿道路的边沟排泄，则该区域可只设污水管。只有当雨水不能沿地面径流时，才考虑布置合流管渠。

3.8.3 合流制排水系统水力计算

1）设计流量

截流式合流制管渠（图3-21）的设计流量由生活污水、工业废水和雨水三个部分组成。截流井前合流管道的设计流量和截流后污水管道的设计流量的计算方法是不同的，分述如下：

（1）截流井前合流管道的设计流量应按式（3-11）计算（如图3-21中的1—2管段）：

$$Q = Q_d + Q_m + Q_s \qquad （3-11）$$

式中：Q——设计流量（L/s）；Q_d——设计综合生活污水量（L/s），以平均日流量计；Q_m——设计工业废水量（L/s），以平均日流量计；Q_s——雨水设计流量（L/s）。

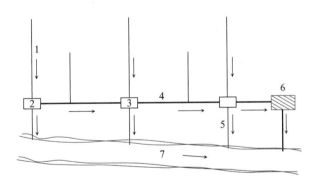

图3-21 截流式合流制管渠

注：1.合流干管；2/3.溢流井；4.截流干管；5.溢流管道；6.污水处理厂；7.河流。

（2）截流井下游管渠的设计流量：经过截流井以后，通常认为旱流流量全部转输入下游管渠，转输入下游的雨水量则用旱流流量的指定倍数来计算，该指定倍数被称为截流倍数，用 n_0 表示。考虑截流井以后排水面积上的旱流流量（$Q'_d + Q'_m$）

和溢流井以后汇水面积上的雨水流量（Q'_s），则溢流井下游管渠的设计流量（如图3-21中的2—3管段）如下：

$$Q' = (n_0 + 1) \cdot (Q_d + Q_m) + (Q'_d + Q'_m) + Q'_s \qquad (3-12)$$

上游来的混合污水量超出（$n_0 + 1$）·（$Q_d + Q_m$）的部分从溢流井溢流入水体中。

（3）截流后污水管道的设计流量（输送至污水处理厂时）：合流污水的截流量应根据受纳水体的环境容量，由溢流污染控制目标确定。截流的合流污水可输送至污水处理厂或调蓄设施，输送至污水处理厂时，设计流量应按下式计算：

$$Q' = (n_0 + 1) \cdot (Q_d + Q_m) \qquad (3-13)$$

式中：Q'——截流后污水管道的设计流量（L/s）；n_0——截流倍数。

截流倍数应根据旱流污水的水质、水量、受纳水体的环境容量和排水区域大小等因素经计算确定，宜采用2—5，并宜采取调蓄等措施来提高截流标准，减少合流制溢流污染对河道的影响。同一排水系统中也可根据实际情况采用不同的截流倍数。

当管道下游有其他污水或者截流的合流污水汇入时，汇入点后污水管道的设计流量应叠加汇入的污水流量。此外，设计中应保证截流并输送到污水处理厂的流量与下游污水处理厂的雨季设计流量相匹配，避免厂前溢流。

2）计算要点及方法

合流制排水管渠一般按满流设计，水力计算的设计数据包括设计流速、最小坡度和最小管径等，基本上与雨水管渠的水力计算相同。

（1）溢流井上游合流管渠计算：与雨水计算基本相同，只是它的设计流量包括雨水、生活污水和工业废水三个部分。另外，合流制管渠的雨水设计重现期应比同一情况下雨水管渠的设计重现期适当提高，以防混合污水的溢流。

（2）截流干管和溢流井计算：计算中首先确定截流倍数（n_0），国家标准中采用2—5。决定了截流倍数后，即可计算截流主干管的设计流量，截流主干管的水力计算方法同雨水管渠。溢流井的计算尺寸可参阅给排水设计手册。

（3）晴天旱流流量校核：鉴于合流制管渠在晴天时流量小、流速低、易淤积，故需校核旱流时的管内流速。

3.8.4 合流制溢流污染控制规划

1）控制原则

合流制区域应优先通过源头减排系统的构建，减少进入合流制管道的径流量，降低合流制溢流总量和溢流频次。

2）规划要求

（1）合流制排水系统的溢流污水，可采用调蓄后就地处理或送至污水处理厂处理等方式，处理达标后利用或排放。就地处理应结合空间条件选择旋流分离、人工湿地等处理措施。

合流制排水系统溢流污染是造成我国地表水污染的主要因素之一。合流制污水溢流是指随着降雨量的增加，雨水径流相应增加，当流量超过截流干管的输送能力时，部分雨污混合水经过溢流井或泵站排入受纳水体。

对溢流的合流污水就地处理可以在短时间内最大限度地去除可沉淀固体、漂浮物、细菌等污染物，经济实用且效果明显。将合流制溢流污水送至污水处理厂集中处理，是利用非雨天污水处理厂的空余处理能力，不影响规划中污水处理厂规模的确定。

（2）合流制排水系统调蓄设施宜结合泵站设置，在系统中段或末端布置，应根据用地条件、管网布局、污水处理厂的位置和环境要求等因素综合确定。

合流制系统调蓄设施的规划应在现有设施的基础上，充分利用现有河道、池塘、人工湖、景观水池等设施建设调蓄池，以降低建设费用，取得良好的社会、经济和环境效益。调蓄池按照在排水系统中的位置不同，可分为末端调蓄池和中间调蓄池：末端调蓄池位于排水系统的末端，主要用于城市面源污染控制；中间调蓄池位于排水系统的起端或中间位置，可用于削减洪峰流量和提高雨水利用程度。

（3）合流制排水系统调蓄设施的规模，应根据当地的降雨特征、合流水量和水质、管道截流能力、汇水面积、场地空间条件和排放水体的水质要求等因素综合确定，计算方法按现行国家标准《室外排水设计标准》（GB 50014—2021）中的规定执行，占地面积应根据调蓄池的调蓄容量和有效水深确定。

合流制系统调蓄设施用于控制溢流污染时，调蓄容量应分析当地气候特征、排水体制、汇水面积、服务人口和受纳水体的水质要求、流量、稀释与自净能力，对当地降雨特性参数进行统计分析，综合确定。

3.9　城市排水管材、泵站及管道附属构筑物

3.9.1　排水管渠断面

1）排水管渠的断面形式

排水工程常用管渠的断面形状有圆形、半椭圆形、马蹄形、卵形、矩形和梯形等（图3-22）。

（1）圆形。有较好的水力性能，结构强度高，使用材料经济，便于预制，因此是最常用的一种断面形式。

（2）半椭圆形。荷载大时受力好，可减小管壁厚度，适用于水量变化小的大直径管道。

（3）马蹄形。可减少管道埋深，降低造价，稳定性依靠还土的坚实性。

（4）卵形。断面适用于流量变化大的场合，合流制排水系统可采用卵形断面。小流量时可维持较大流速，减少淤积。但清通困难，制作复杂。

（5）矩形。可以就地浇筑或砌筑，并可按需要调节深度，以增大排水量。施工方便、造价低，适用于暗渠、明渠和排洪沟道。

（6）梯形。可以就地浇铸或砌筑，施工方便、造价低，适用于暗渠、明渠和排洪沟道。

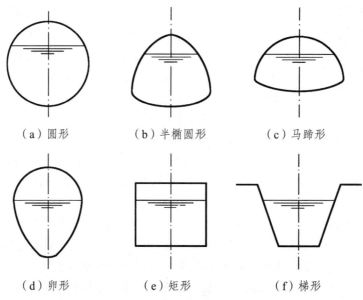

（a）圆形　　　　（b）半椭圆形　　　　（c）马蹄形

（d）卵形　　　　　（e）矩形　　　　　（f）梯形

图 3-22　排水管渠的断面形式

2）排水管渠断面选择要求

排水管渠的断面形状应根据设计流量、埋设深度、工程环境条件，并结合当地施工、制管技术水平和经济条件、养护管理要求综合确定。一般应选择水力稳定性好、断面过水流量大、在不淤流速下不发生沉淀、工程综合造价经济、便于冲洗和清通的管渠断面，同时宜优先选用成品管。大型和特大型管渠的断面应方便维修、养护和管理。

3）排水管渠断面尺寸

污水、雨水排水管渠的断面尺寸应按设计流量确定，立足长远。

城市污水管渠建设因其特殊性，管渠的使用周期较长，因此不宜按近期发展需求建设，以避免重复建设改造对城市道路交通的影响。因此，在确定污水管渠断面尺寸时，设计流量应采用远期最高日最高时的污水量。

在确定截流初期雨水的污水管渠断面尺寸时，设计流量为远期最高日最高时的污水量与截流雨水量之和。

3.9.2　排水管材

1）排水管材的类型

目前常用的排水管材包括金属类、非金属类、化学建材管等类型。

（1）金属类管

①钢管

钢管的强度高、耐振动、重量较轻、长度大、接头少、管壁光滑、水力条件好，但耐腐蚀性差，易生锈，造价较高。

②球墨铸铁管

球墨铸铁管的强度高、韧性好、管壁薄、金属用量少、能承受较高的压力、密闭性和防腐性较好。

（2）非金属类管

①混凝土管

混凝土管制作方便、造价较低，在排水管道中被广泛使用。该管的缺点是易被酸碱性污水腐蚀、抗渗性能差、管节短、接口多、搬运不便。该管的常见规格为DN 450 mm以下，长度多为1 m左右。

②钢筋混凝土管

钢筋混凝土管为混凝土结构，硬性重力流管。该管耐酸、耐碱，控腐蚀性，是一种理想的环保排水管材。该管的常见规格为DN 500 mm—DN 2 000 mm、长度在1—3 m，多用于埋深较大或地质条件不良的地段。

③预应力钢筒混凝土管

预应力钢筒混凝土管（PCCP）的抗渗性能好，管壁不结垢，使用寿命长，绿色环保，施工安装方便，工程抗震性能强，可用作压力排污干管。该管的常见规格为DN 200 mm—DN 3 000 mm。

（3）化学建材管

①硬聚氯乙烯管

硬聚氯乙烯（UPVC）管属聚氯乙烯管材。该管流体阻力小，输送效率高，质量轻，安装维修方便，性能可靠，密封性能好，使用寿命长。该管的常见规格为DN 600 mm以内。

②聚乙烯管

聚乙烯（PE）管属热融柔性管材。该管耐磨损，耐腐蚀，抗老化，强度高，使用寿命长。该管的常见规格为DN 200 mm—DN 1 800 mm。

③钢塑复合管（钢带增强聚乙烯管）

钢塑复合管以高密度聚乙烯（PE）为基体，用表面涂敷黏接树脂的钢带成型为波形作为主要支撑结构，并与聚乙烯材料缠绕复合成整体的双壁螺旋波纹管。该管的常见规格为DN 500 mm—DN 2 200 mm，长度在6—12 m。

④增强聚丙烯管

增强聚丙烯管（Fiber Reinforced Polypropylene，FRPP）为玻璃纤维增强聚丙烯管。该管管材质轻，施工方便，使用寿命长；耐腐蚀、抗磨损、耐热保温节能，有较高的刚度。该管的常见规格为DN 200 mm—DN 1 500 mm。

2）排水管材的选用及要求

排水管渠的材质、管渠断面、管道基础、管道接口应根据排水水质、水温、管渠断面尺寸、管内外所受压力和冰冻情况、土质、地下水位、地下水侵蚀性及施工条件、对养护工具的适应性等因素进行选择和设计。

例如，在使用钢管等金属类管材时，应充分考虑防腐要求；球墨铸铁管适用于排水工程，具有施工便捷、防渗漏等优点。钢筋混凝土管道等非金属类管的工艺成熟，质量稳定，管道强度好，但对管道基础要求较高，施工时间较长，管道粗糙系数大。化学建材管道具有粗糙系数小、防腐性能好、抗不均匀沉降性能好、实施方便的优点，但刚度要求高，对管材质量控制和施工回填质量的要求较高。

输送污水、合流污水的管道应采用耐腐蚀材料，其接口和附属构筑物应采取相应的防腐蚀措施。

3.9.3　排水泵站

城市污水、雨水因受地形条件、地质条件、水体水位等因素的影响，不能以重力流方式排除时需设置排水泵站。排水泵站按排水的性质可分为污水泵站、雨水泵站、合流泵站和污泥泵站。

泵站作为排水工程的重要组成部分，应满足总体规划和排水专项规划的要求，通过优化泵站布局，尽可能提高排水系统的运行效率，节约能耗。排水泵站可根据水环境和水安全的要求，与径流污染控制、径流峰值削减或雨水利用等调蓄设施合建，并可根据需要在泵站中设置调蓄池。

1）污水泵站

污水泵站是城市排水工程中用以抽升和输送污水的工程设施。当污水管道中的污水不能依靠重力自流输送或排放，或因埋设过深导致施工困难，或处于干管终端，需抽升后才能进入污水处理厂时，均需设置污水泵站。

污水泵站是污水系统的重要组成部分。由于污水水流连续、水流较小，但变化幅度大，水中污染物含量多，因此，在污水泵站设计时要让集水池有足够的调蓄容积，并应考虑备用泵，此外设计时应尽量减少对环境的污染，站内要提供较好的管理、检修条件。

（1）泵站规模。应根据服务范围内远期最高日最高时污水量确定。未处理的污水溢流会对环境造成极大污染，因此污水提升泵站的规模应按最不利水量计算，即采用最高日最高时流量作为污水泵站的设计流量。

（2）安全防护。由于污水泵站产生的臭味、噪声会对周围居民的健康和居住质量产生不利影响，因此，污水泵站应与周边居住区、公共建筑保持必要的卫生防护距离。防护距离应根据卫生、环保、消防和安全等因素综合确定。

（3）用地指标。污水泵站规划用地面积应根据泵站的建设规模确定，规划用地指标宜按表 3-20 的规定取值。一般情况下，规模大时偏下限取值，规模小时偏上限取值。

表 3-20　污水泵站规划用地指标

建设规模（万 m³/d）	>20	10—20	1—10
用地面积（m²）	3 500—7 500	2 500—3 500	800—2 500

注：用地指标是指生产所必需的土地面积，不包括有污水调蓄池及特殊用地要求的面积。本指标未包括站区周围防护绿地。

2）雨水泵站

（1）安全防护。当雨水无法通过重力流方式排除时，应设置雨水泵站。由于泵站运行时产生的噪声对周围环境有一定的影响，故雨水泵站宜独立设置。

（2）用地指标。雨水泵站规模应按进水总管设计流量和泵站调蓄能力综合确定，规划用地指标宜按表 3-21 的规定取值。一般情况下，规模大时偏下限取值，规模小时偏上限取值。

表 3-21　雨水泵站规划用地指标

建设规模（L/s）	> 20 000	10 000—20 000	5 000—10 000	1 000—5 000
用地指标（m²·s/L）	0.28—0.35	0.35—0.42	0.42—0.56	0.56—0.77

注：有调蓄功能的泵站，用地宜适当扩大。

3）合流泵站

合流泵站的安全防护、规划用地指标应根据其排水的性质、规模，参考污水泵站或雨水泵站的规划要求和规划用地指标选取。

3.9.4　排水系统附属构筑物

为了保证及时有效地排除污水、雨水，除管渠本身外，还需在排水管渠系统设置相应的附属构筑物，主要有检查井、跌水井、雨水口、倒虹管、出水口等。

1）检查井

为了便于对排水管渠系统进行定期检查和清通，需设置检查井。

（1）位置

检查井的位置应设在管道交汇处、转弯处、管径或坡度改变处、跌水处及直线管段上每隔一定距离处。

（2）间距

检查井在直线管段的最大间距应根据疏通方法等的具体情况确定，在不影响街坊接户管的前提下，宜按表 3-22 的规定取值。在无法实施机械养护的区域，检查井的间距不宜大于 40 m。

表 3-22　检查井在直线段的最大间距

管径（mm）	300—600	700—1 000	1 100—1 500	1 600—2 000
最大间距（m）	75	100	150	200

随着城区范围的扩大、雨污排水设施标准的提高，有些城市出现了口径大于 2 000 mm 的排水管渠。此类管渠内的净高度可允许养护工人或机械进入管渠内检查与养护。对于大城市干道上的大管径直线管段，检查井最大间距可按养护机械的要求确定。对于养护车辆难以进入的道路（如采用透水铺装的步行街等），检查井的最大间距应按照人工养护的要求确定，一般不宜大于 40 m。

压力排水管道应根据地形地势、标高设置排气阀、排泥阀等阀门井，一般间距约为 1 km。

2）跌水井

一般情况下，当检查井内衔接的上下游管段的管底标高差大于 1 m 时，需设置具有消能设施的检查井，这种检查井被称为跌水井（图 3-23）。

现行国家标准《室外排水设计标准》（GB 50014—2021）规定，管道跌水水头为 1.0—2.0 m 时，宜设跌水井；跌水水头大于 2.0 m 时，应设跌水井。在管道转弯处不宜设跌水井。在地形坡度较大的地区，为防止管道坡度小于地面坡度而穿出地面，也采用跌水井连接。

跌水方式可采用竖管或矩形竖槽。

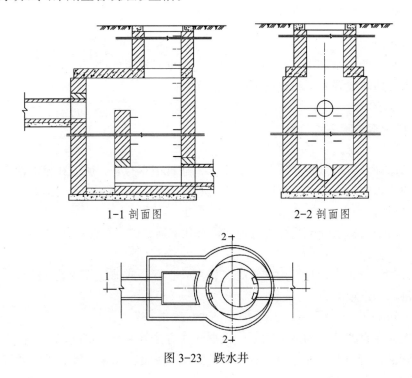

1-1 剖面图　　　　　　　2-2 剖面图

图 3-23　跌水井

3）溢流井

溢流井多被用在截流式合流制排水系统中。晴天时，管道中的污水全部被送往污水处理厂处理；雨天时，管道中的混合污水仅有部分被送往污水处理厂处理，超过截流管道输水能力的那部分混合污水不做处理，直接排入水体。在合流管道与截流管道交接处，应设溢流井完成截流和溢流作用（图 3-24）。溢流井设置的位置应尽可能靠近水体下游。

4）雨水口

雨水口是雨水管渠或合流管渠上收集雨水的构筑物。街道路面上的雨水经过雨水口和连通管进入排水管渠的检查井。

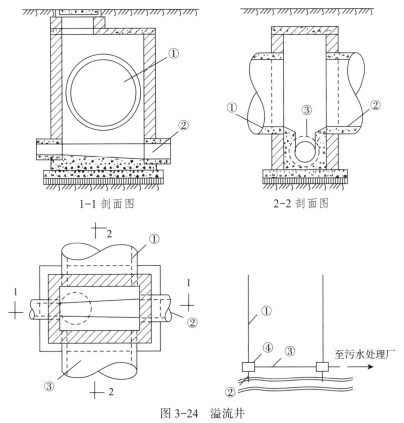

1-1 剖面图　　　　2-2 剖面图

图 3-24　溢流井

注：①合流干管；②截流干管；③溢流管；④溢流井。

（1）形式

街道路面上的雨水口主要有立箅式和平箅式两种：平箅式雨水口的水流通畅，但暴雨时易被树枝等杂物堵塞，影响收水能力；立箅式雨水口不易堵塞，但有的城市因逐年维修道路，路面加高，使立箅断面减小，影响收水能力。

（2）雨水口的形式选择、数量、大小及布置

雨水口的形式选择、数量、大小及布置应按汇水面积所产生的流量、雨水口的泄水能力和道路形式确定。立箅式雨水口的宽度和平箅式雨水口的开孔长度、开孔方向应根据设计流量、道路纵坡和横坡等参数确定。要避免不经计算，完全按道路长度均匀布置，雨水口的尺寸也按经验选择，造成投资浪费或排水不畅。

雨水口的设置位置应能保证迅速有效地收集地面上的雨水，一般应在交叉路口、路侧边沟的汇水点、低洼处和每隔一定距离处以及没有道路边石的低洼地方设置，以防雨水漫过道路或者造成道路及低洼地区积水而妨碍交通。在城市道路人行横道线的上游应设置雨水口，以防雨水流淌过人行横道线而影响行人过街交通。

道路上的雨水口间距主要取决于道路纵坡、路面积水情况和雨水口的进水量，一般为 25—50 m；在低洼和易积水的地段，应根据需要适当增加雨水口的数量。当道路纵坡大于 2% 时，雨水口的间距可大于 50 m。

平算式雨水口的算面标高应比周围路面标高低 3—5 cm，立算式雨水口的进水处路面标高应比周围路面标高低 5 cm。

在道路两边绿地设置源头减排设施控制径流污染时，应通过道路横坡和绿地的高程衔接，尽量将雨水引入绿地，充分利用绿地的渗蓄和净化功能。同时应在源头减排设施中设置雨水口用于溢流排放。雨水口的算面标高应根据雨水调蓄设计要求确定，且应高于周边绿地，以保证绿地对雨水的渗透和调蓄作用。

5）出水口

排水管渠的出水口位置、形式和出口流速应根据受纳水体的水质要求、水体流量、水位变化幅度、水流方向、波浪状况、稀释自净能力、地形变迁和气候特征等因素确定。排水出水口的设置是一个比较复杂的问题，应与规划、卫生、环保、航运等相协调；如原有水体系鱼类通道，或重要水产资源基地，还应取得相关部门许可。

出水口一般设在受纳水体的岸边。污水处理后的出水口考虑与水体充分混合的需要，也有将出水口伸入河心的，并应设置标志。污水管的出水口一般采用淹没式，管顶高程在常水位以下，以使污水和河水能充分地混合。雨水管的出水口可采用非淹没式，其管底标高最好在水体最高水位以上，一般在常水位以上，以免河水倒灌。

出水口应采取防冲刷、消能、加固等措施，并设置警示标识。受冻胀影响地区的出水口应考虑采用耐冻胀材料砌筑，出水口的基础应设在冰冻线以下。

雨水排水管渠出水口的设计还应符合以下要求：

（1）对航运、给水等水体原有的各种用途无不良影响；

（2）能使排水迅速和水体混合，不妨碍景观和影响环境；

（3）岸滩稳定，河床变化不大，结构安全，施工方便。

6）倒虹管

排水管渠在遇到河流、山涧、洼地或地下构筑物等障碍物时，不能按原有的坡度埋设，而是按下凹的折线方式从障碍物下通过，这种管道被称为倒虹管（图 3-25）。

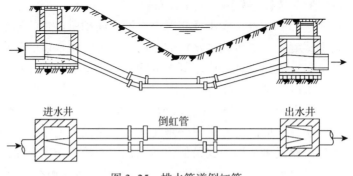

图 3-25　排水管道倒虹管

倒虹管由进水井、管道、出水井三个部分组成。

在确定倒虹管路线时，应尽量与障碍物正交通过，并应选择在河床和河岸较稳定不易被水冲刷的地段及埋深较小的部位敷设。通过河道的倒虹管不宜少于两条；通过谷地、旱沟或小河的倒虹管可采用一条。穿过河道的倒虹管管顶与规划河底的距离不宜小于 1.0 m；通过航运河道时，其位置和管顶距规划河底距离应与当地航运管理部门协商确定。

3.10 智能化城市排水工程系统建设

城市排水工程智能化是通过排水技术与信息技术的融合应用，支撑排水日常监管，优化排水应急调度体系，强化排水源头控制，构建排水险情监测预警指挥体系，提升排水系统数字化、智能化水平，提高排水管理水平和治理能力，实现城市排水的快速、安全、稳定和达到综合利用、保护环境的目标。

3.10.1 建设内涵

1）内涵

智能化排水设施是在智慧城市建设背景下、自动化控制基础上，将智能化技术运用到排水工程系统，将各测量数据和硬件采集数据通过信息化与数字化手段整合、分析和应用，全面掌控排水系统运行情况，为城市排水管理、防洪等预测提供决策依据；通过平台进行统一管理，并根据用户及行业需求进行统计、分析和研判。

2）目的

城市排水工程智能化建设的目的是通过云计算、大数据、物联网、人工智能等新一代信息技术，基于数字化、网络化、智能化发展，使城市排水系统可以进行智能化、自动化响应，实现信息资源与排水工程系统运行的深度融合；提升排水系统的科学预测与联动联调程度，促进排水系统从经验模式向智能模式转变；建立安全稳定、精细高效的智能化管理方式，提高排水设施的运行效率，辅助、优化设施的规划建设；为提升城市排水系统的运营管理水平、规划决策水平和建设维护水平，提供科学有效的数据支撑。

3.10.2 数据采集

智能化城市排水数据采集就是利用传感器、测量装置及相应的监测数据采集设备，实现城市水系统运行状态的在线信息采集、监测和预警。

一套完整的智能化排水设施数据采集方案包括概况、监测目标、现状/规划分析、技术路线、监测布点、监测设备选型、数据采集与存储、设备安装、验收与维护、数据分析与应用、投资估算、工作组织和实施计划等内容。当前城市排水智能化数据采集的主要对象和指标如表 3-23 所示。采集的数据一般包括水量数据、水质数据、设施数据等。

1）水量数据

水量数据一般包括水位数据、雨量数据、流量数据、管网液位数据。

2）水质数据

水质数据监测指标一般包括氨氮、酸碱值（pH）、溶解氧、浊度、盐度、电导率、化学需氧量（COD）、氧化还原电位等参数。

表 3-23　城市排水智能化数据采集对象与监测指标表

序号	监测对象	监测指标					
		雨量	水位/液位	流量	视频	工况	水质
城市路面							
1	城市易涝区域	○	●		●		
雨水管网							
2	易涝区域附近关联检查井		●				
3	排水沟渠检查井		●	○			
4	雨水/排涝泵站		●	○	●	●	
5	雨水排口			○	●		
合流管网							
6	易涝区域附近关联检查井		●				
7	合流渠箱检查井		●	○			
8	合流制截污设施		●			○	
9	截流闸		●	○		●	
10	溢流口			○	●		
城市水体							
11	河流、湖泊、湿地、坑塘、沟渠	○	●	○			○
污水处理厂							
12	污水厂进口			○	○		●
13	污水厂出口			○	○		●

注：●表示"应"设置相关监测；○表示"宜"设置相关监测。

3）设施数据

设施数据一般包括视频监控数据、闸泵工况数据等。

3.10.3　信息平台

目前，城市智能化排水信息平台一般基于"六层两翼"的总体框架，其中"六层"依次为感知层、设施层、数据层、平台层、应用层和展示层；"两翼"是指标准规范体系和信息安全与运维保障体系（图 3-26）。

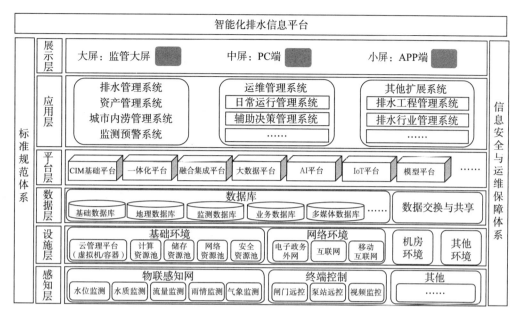

图 3-26　城市排水设施智能化建设总体框架图

注：PC 指个人计算机；APP 指小程序；CIM 指城市信息模型；AI 即 Artificial Intelligence，指人工智能；IoT 指物联网。

1）感知层

感知层主要是排水设施，涵盖城市道路和雨水口、检查井、排水干管、重要支管、泵站、排水口、水闸、河涌以及其他附属设施的智能化动态监测系统，常规监测项目包括雨情监测、水位监测、流量监测、视频监控和闸门远控等。

2）设施层

设施层主要是排水业务系统所需的计算资源池、存储资源池、网络资源池、机房环境、网络环境等，基于政务外网进行系统部署和管理。

3）数据层

数据层主要是构建排水专题数据库，通过对数据的汇聚、存储、分析和管理，全面整合排水信息资源，提升专业化服务支撑水平，强化信息与服务监控能力。数据层包括基础数据库、地理数据库、监测数据库、业务数据库、多媒体数据库等。

4）平台层

平台层在整个总体架构中承担着承上启下的关键作用，包括城市信息模型（CIM）基础平台、一体化平台、融合集成平台、大数据平台、人工智能（AI）平台、物联网（IoT）平台、模型平台等。

（1）城市信息模型基础平台。该平台可实现排水基础设施的三维模型汇聚、转换、浏览、定位查询、多场景融合与可视化表达等，支撑排水、防涝的各类应用。

（2）一体化平台。该平台为排水各业务软件应用系统的开发、运行和整合提供统一的基础技术框架，并向各类应用系统提供通用基础支撑服务，同时以资源目录方式支撑数据平台、综合展示、服务共享及集约化应用的功能。

（3）融合集成平台。该平台通过统一的逻辑接口调用和统一的集成标准，实现排水系统的大数据分析、人工智能（AI）、物联网（IoT）及第三方应用能力，为用户提供数据融合服务，形成开放的综合应用服务平台。

（4）大数据平台。该平台通过排水系统的多源异构数据源接入、大数据资源池建构、全量数据资源编目，支撑公用数据的共享服务能力、统一运行监控能力。

（5）人工智能平台。该平台提供排水系统人工智能（AI）管理平台和实现通用人工智能（AI）能力，并能兼容第三方人工智能（AI）算法等。

（6）物联网平台。该平台一般至少包括物联数据接入、物联设备管理、物联数据共享交换三个功能模块，同时与各级政务大数据中心门户对接，实现排水有关数据资源在各级数据平台统一汇聚、共享。

（7）模型平台。该平台将模型赋能应用，适配开发模型的前、后处理集成接口，以及相应的水文参数预警预报、水质污染扩散模拟分析、排水管道顶管分析等应用。常用的水力模型包括水文模型、水力模型和水质模型等，按对象可分为地表水模型、管网水模型、河道模型等，应依据需求建立排水所需的多种水力模型；通过模型分析，结合数据采集与监控系统（Supervisory Control and Data Acquisition, SCADA）与地理信息系统（GIS）数据，指导排水运维。

5）应用层

应用层基于排水综合监管、数据管理、日常管理、巡查养护、行业监管等需求，构建各类专项业务系统，实现排水全方位管理，包括排水管理系统、运维管理系统和其他扩展系统等应用系统。

6）展示层

系统展示采取大屏、桌面端、移动终端等多种形式，为用户提供个性化的界面。

3.10.4 规划应用

1）应用领域

建设智能化城市排水工程系统，以排水设施数据为基础，融合管网监控、气象预报、水雨情信息等数据，构筑"远程监控、信息采集、系统智能调度、事故智慧预警"等功能，为城市排水规划、防内涝管理、设施运维管理、黑臭水体治理、海绵城市建设、河湖管理等领域提供管理和决策依据，为社会公众提供高质量排水服务。

2）规划反馈

城市排水工程规划应充分利用智能化系统，特别是其中的辅助决策管理系统，获取相关分析数据，优化与完善相关规划内容。

（1）排水辅助决策管理是基于水动力模型和大数据分析，模拟排水各场景模式，为科学决策提供辅助分析。根据历史数据和经验，建立内涝模拟分析、管网超载分析、河道淹没分析、河道水质预测等方面的模型预测和仿真化分析，并以实际经验数据不断修正模型，为城市排水工程系统规划的优化与完善提供依据和支撑。

（2）基于排水模型的排水系统内涝管理技术，应用水文、水力学原理，通过构建降雨径流模型、水文汇流模型、管网一二维水动力模型等，实现城市排水系统内涝管控。建立排水管网专项分析模型，通过对管网物联感知设备监测数据的综合分析，模拟实现排水规律分析、内涝监测预警分析、管段淤堵分析、管网负荷分析、入流入渗分析、水量平衡分析、偷排漏排分析等多维度决策分析，为优化和完善排水工程系统的设施布置、管网布局、管径大小及相关技术指标和易涝点整治、污染治理与防控等工程建设提供决策依据和方法。

（3）通过排水设施监测"一张网"，在可视化的基础上对内涝险情区域进行全方位分析，基于模型经验及大数据分析制定应急预案。在内涝风险事件结束后，通过对相应事件的处理结果进行分析与总结，调试预警模型，实现预案方案库的升级与管理模式的优化。通过对事件中的高风险设施以及区域进行研判，对排水工程系统进行优化与改善，从源头降低未来内涝风险发生的概率。

3）应用价值

（1）实现城市科学排水

通过应用新一代信息技术与管理模式，实现城市排水运行管理精细化，实时掌控排水设施的运行状态，提升指挥调度和应急处置能力，保障城市科学排水的安全需求，提高运维效率和服务质量，同时通过信息技术对城市进行全域化排水规划、建设，有利于城市排水防涝和治污的全面协调和可持续发展。

（2）加强城市公共安全

通过对易涝区域、重点防涝除险设备的运行状态进行实时监控，对窨井安全等进行智能监管，建立地上、地面、地下一体化的前端感知体系，从而缩小城市内涝区域面积，降低城市易涝点内涝风险，保障人民生命财产安全。

（3）提高服务社会质量

智能排水与保障民生相融合，通过智能化系统降低内涝对城市生活与生产的影响，营造更加和谐、美好、干净、安全的城市环境，为人民提供一个无须顾虑内涝风险和污染风险的环境。

4）应用前景

城市排水智能化系统能够保证数据采集的高效性、实时性与准确性，及时获取暴雨、内涝时排水管网、设施运行等的信息，并做出应急措施，诊断排水系统的缺陷、发现排水组织等存在的问题与不足，提出排水系统优化与完善的建议，提升污水处理系统的运行效能等。因此，智能化排水系统作为城市工程系统的重要组成部分，肩负着城市雨水、污水排放的重要功能，应从城市发展的战略高度来认识智能排水在城市规划和建设管理中的作用与地位。

第 3 章思考题

1. 城市排水工程系统的组成、城市排水体制是什么?

2. 如何理解城市水污染防治保障体系的构成及其价值?

3. 城市污水分哪几类? 污水量预测有哪些方法? 污水管网的布置要求与基本形式是什么?

4. 海绵城市的建设目标与路径是什么? 如何建构城市低影响开发雨水系统?

5. 设计暴雨强度公式和暴雨强度的单位、主要变量参数的名称及计量单位是什么?

6. 城市雨水排放系统的基本形式有哪些? 其布置要求是什么?

7. 城市排涝系统的组成和空间构成是什么?

8. 如何理解智能化城市排水工程系统建设的意义?

9. 学习和解析典型城市的雨水排水情况和雨水工程系统规划。

10. 学习和解析典型城市雨涝现象的成因与规划对策。

11. 学习和解析典型城市的污水处置和污水工程系统规划。

12. 考察和解析海绵城市建设试点项目。

4 城市供电工程系统规划

本章主要学习和掌握城市供电工程系统的组成、规划编制内容和规划原则，熟悉城市供电安全保障体系的构成及其价值；掌握城市用电负荷的分类、标准、预测和电源选择及其变电站布局，熟悉城市电网结构、电网接线方式和输电网、配电网、供电设施规划以及电力线路规划、线路敷设要求；掌握城市充电设施规划；了解智能化城市供电工程系统建设与发展；学习和理解供电工程系统规划设计的现行国家标准和行业规范。

4.1 概述

供电工程是指生产、输送、分配电能的工程和把电作为动力、能源应用的工程。

供电工程是城市能源工程系统的重要组成部分，承担着为城市提供高能、高效能源之职。电能在我们的日常生活中是一种用途广、使用方便的能源，它对国民经济的发展和人民生活水平的提高起着十分重要的作用。

城市电力供应能力与其社会经济发展关系密切，它不仅是关系国家经济安全的战略大问题，而且与人们的日常生活、社会稳定密切相关。随着我国经济的强力发展，对电能的需求量也不断扩大，因此加速城市电力网的科学规划与建设、提高供配电能力、确保供电安全已经成为城市当前一项重要而迫切的任务；建设完善的城市供电工程基础设施之价值，是为人民创造环境友好、便捷高效、安全可靠的电力供应系统，提高生活质量。

城市发展应根据城市的性质、规模、国民经济和社会发展计划、地区动力资源的分布、能源结构和电力供应现状等条件，按照城市发展目标和建设要求，因地制宜地编制供电工程系统规划。

供电工程正推进低碳电力化、智慧电网化、绿色电源的发展和实施新能源的发展政策；统筹规划使用清洁能源，建立清洁供电网络，构建大范围、高效、节能、低碳的供电工程系统，并通过供电创新技术与新一代信息技术的融合，提高供电工程系统的质量和智能化水平。

4.1.1 城市供电工程系统的组成

城市供电工程系统由电源工程和输配电网络工程两个部分组成。

智能电网供电系统是通过引入新技术、新设备和新理念，在传统电网的基础上实现智能化的供电系统。它主要基于信息技术、通信技术和控制技术，通过传感器、电力电子器件等，实现对电网进行实时监测、预测和控制，实现高效、可靠、安全的电网供电系统。

1）城市电源工程

城市供电电源是为城市提供电能来源的发电厂和接受市域外电力系统电能的电源变电站的总称。

（1）城市发电厂

城市发电厂是专为本城市地区服务的发电厂，其类型主要有火电厂、水电厂、核电厂和其他电厂，其他电厂包括太阳能发电厂、风力发电厂、潮汐发电厂、地热发电厂等。目前我国城市供电电源仍以火电厂和水电厂为主，核电厂尚处于起步阶段，其他电厂的占比很小。

（2）城市电源变电站

城市电源变电站是指位于城网主干送电网上的变电站，主要接受区域电网电能，并提供城市电源。它也是区域电网的一部分，起转送电能的枢纽变电站作用。目前，超大城市、特大城市的电源变电站通常是 220 kV、330 kV、500 kV、750 kV 等的高压变电站；大城市、中等城市的电源变电站通常是 220 kV、330 kV、500 kV 等的高压变电站；小城市的电源变电站通常是 110 kV、220 kV 等的变电站（所）；城镇的电源变电站通常是 35 kV、110 kV 等的变电站（所）。

区域电力网是把范围较广地区的发电厂联系在一起，由大型发电厂、超高压和特高压输电网、区域变电站等组成，其特点是电压高、输电线路长、用户类型较多。大型发电厂，如三峡水电站、溪洛渡水电站等水电厂，大唐托克托发电厂、嘉兴发电厂等火电厂，内蒙古风电基地、山东海上风电基地等风力发电厂。超高压和特高压输电网，一般是 330 kV、500 kV、750 kV、±500 kV 超高压和 1 000 kV、±800 kV 特高压远距离输电网络。区域变电站，一般是 330 kV、500 kV、750 kV、1 000 kV 变电站和 ±500 kV、±800 kV 直流换流站等设施，其中换流站是指在高压直流输电系统中，为了完成将交流电变换为直流电或者将直流电变换为交流电的转换，并达到电力系统对安全稳定及电能质量要求而建立的站点，是高压直流输电网的重要设施。

一般情况下，城市电源通常是由电源变电站提供的；超大城市、特大城市、大城市和特殊性质的城市一般还需要设置城市发电厂。

2）城市输配电网络工程

城市输配电网络工程由输送电网与配电网组成。

（1）城市输送电网

城市输送电网含有电源变电站和从城市电厂、区域变电站接入的输送电线路的设施，通常是 110 kV、220 kV、330 kV、500 kV、750 kV 等高压或超高压的电网。输送电网具有将区域电源输入本服务区，为本地区提供电源的功能。

（2）城市配电网

城市配电网是从输电网接受电能，再分配给城市电力用户的电力网。城市配电网由高压、中压、低压配电网组成，通常是 110 kV 及以下电压的电网。

35 kV、66 kV、110 kV 电压为高压配电网，包括变配电站（所）、高压配电线路等设施；为中压、低压配电网的变、配电源，以及具有直接为高压、中压电用户送电等功能。

10 kV、20 kV 电压为中压配电网，通常包括中压开关站和中压室内配电站、预装箱式变电站、台架式变压器以及中压配电线路等设施；为低压配电网的变、配电源，以及具有直接为中压电用户供电的功能。

220 V/380 V 电压为低压配电网，包括开关站、低压电力线路等设施，具有直接为用户供电的功能。

4.1.2 城市供电工程系统规划的内容

城市供电工程系统规划的主要内容包括：确定规划目标与原则，预测城市电力负荷，确定城市供电电源、城市电网布局框架、城市重要电力设施和走廊的位置、用地等。

我国地域广大，各地的自然条件、经济发展水平不尽相同，因此，应根据城市各自的特点做出满足发展战略的供电工程系统规划，协调好城市与区域之间、城市与乡村之间的相互关系，达到统筹兼顾、全面安排、合理使用的目的。

按照国土空间规划体系，相应的总体规划、详细规划中的供电工程系统规划和供电工程专项规划的主要内容有所侧重。国土空间总体规划是供电工程专项规划的基础；详细规划中的供电工程系统规划以国土空间总体规划为依据，与专项规划相衔接；供电工程专项规划要遵循国土空间总体规划，不得违背总体规划中的强制性内容，其主要内容要纳入详细规划。

1）总体规划中供电工程系统规划的内容

在国土空间总体规划中，供电工程系统规划的主要内容有以下方面：

（1）现状分析：分析现状供电工程系统和用电状况；评估供电工程规划实施情况。

（2）专题研究：结合实际开展电力供应保障系统等重大问题和对策研究。

（3）统筹协调：落实国家和区域重大供电工程设施项目，明确空间布局和规划要求；统筹重要电力设施的区域协同问题；完善城乡电力工程设施网络体系。

（4）发展目标：提出供电发展目标；制定电力供需平衡方案，控制电力能源供应总量，提高可再生能源的供电比例。

（5）空间布局：明确高压输电干线布局；提出中心城区电力设施的规模、网络化布局要求；明确高压廊道控制要求。

（6）用地控制：确定电源变电站、城市电厂和高压配电站等重要供电设施的用地控制范围；划定城市发电厂、区域变电站（所）、市区变电站（所）、高压线走廊等重要电力设施黄线；为新型电力设施建设预留发展空间。

（7）近期建设：编制近期供电工程重点建设项目。

（8）政策机制：提出供电工程系统规划实施的政策；提出推动风、光、水、地热等本地清洁能源利用的措施等。

供电工程规划的相关成果是国土空间总体规划中基础设施规划的重要组成，成果内容包括图件和规划文本、附表、说明、专题研究报告等。

2）供电工程专项规划的内容

供电工程专项规划在国土空间总体规划相关编制内容的基础上还应包括以下内容：

（1）研究分析现状供电工程系统和用电情况，加强基础数据分析。

（2）落实和深化国土空间总体规划所确定的供电工程系统规划；与相关规划相衔接和统筹协调；结合实际，开展相关专题研究。

（3）确定城市供电标准，预测城市用电负荷。

（4）选择城市供电电源，进行城市电源工程规划，确定设施的位置、规模和用地范围。

（5）确定城市电网的电压等级和层次。

（6）确定变电设施容量、数量，进行城市变电设施布局，确定设施的位置、规模和用地范围。

（7）确定城市输送电网布局及其防护范围。

（8）布局城市中高压配电网，确定电力线路敷设方式。

（9）提出近期供电工程系统重点建设项目安排。

规划成果主要包括供电工程现状图、供电工程规划图等图件和规划文本、附表、说明、专题研究报告等。

3）详细规划中供电工程系统规划的内容

在国土空间详细规划中，供电工程系统规划的主要内容有以下方面：

（1）分析供电条件。

（2）落实国土空间总体规划所确定的供电工程设施及用地和管控要求等相关内容，与相关专项规划相衔接；确定供电工程设施的黄线控制范围与管控要求。

（3）计算电力负荷。

（4）确定供电电源；选择和布局变配电设施，确定供电设施的数量、容量、位置及用地面积。

（5）确定中高压配电网布局，确定配电线路敷设方式。

（6）确定低压电网布局及其敷设方式。

（7）估算工程量。

规划成果主要包括供电工程现状图、供电工程详细规划图等图件和规划文本、说明等。

4.1.3 城市供电工程系统规划的原则

城市供电工程系统规划应遵循远近结合、适度超前、安全可靠、先进适用、合理布局、环境友好、资源节约和可持续发展的原则。

1）电源、电网统一规划

供电工程系统规划主要包括负荷预测与分析、电源规划、电网规划三大部分，三者互相关联、密不可分。规划应以电力需求为导向，以安全稳定和经济合理供电为目标，既要考虑电网建设应满足负荷需求及电源输送的要求，又要考虑电源对电网的影响，只有对电源、电网进行统一规划，才能确保电源与电网的协调发展。

2）资源节约、环境友好和可持续发展

供电工程系统规划必须解决好资源与环境问题。在满足经济发展和人民生活对电力需求日益增长的前提下，采用成熟的新技术、新材料、新工艺，大力推进节能、降耗、环保技术的创新与应用，提高能源利用效率，减少污染物排放，优化电源结构，切实做好节能减排工作，确保电力与城市经济、资源、环境的可持续发展。

3）区域统筹

由于电力系统的天然网络性与系统规模的不断扩大，以及资源与负荷分布的不均衡性，电力资源的统筹利用是区域乃至全国层面的。而城市受资源、环境、社会等各方面的制约，很难做到自给自足。因此，城市电力工程系统规划必须与国家和地区的能源、电力发展规划相协调，统一规划、协调发展。

4）协调发展

供电工程系统规划应根据所在城市的性质、规模、国民经济与社会发展和地区能源资源分布、能源结构及电力供应现状等条件，按照安全、可靠、高效的要求合理布局，与城市的各项发展规划相互配合、同步实施，满足发展需要，实现电力与经济社会的协调发展。

5）适度超前

电力是经济社会发展的重要动力，是关系国民经济发展与社会稳定的重要设施。供电工程系统规划应结合土地、环境、资源等条件，以饱和负荷规划研究结果为基础，确定电源、电网远景发展规模，以远期规划指导近期建设，合理规划电网结构和变电站等供电设施布点，做好项目储备工作，为今后的发展留有裕度。

4.2 城市供电安全保障体系

电力是以电能作为动力的能源，是由发电、输电、变电、配电和用电等环节组成的电力生产与消费系统。电力作为支撑国民经济与社会发展的基础能源产业，是城市运行的重要生命线。随着我国经济社会的发展，对电力的依赖和对电力资源的需求量越来越大，电力已成为经济发展和人民生活不可或缺的生产资料和生活资料，关系国家能源的安全、人民生产和生活的正常有序与社会的和谐稳定。因此，保证安全可靠的电力供应至关重要，是建构城市供电安全保障体系的价值所在。城市供电的安全保障体系由电力供应、电源系统、电网结构、电力设施等构成，其规划应保障城市供电的安全可靠。

4.2.1 电力供应充裕

保障用电需求是城市供电安全保障的基本要求。城市要具有充足的供电能力，能满足国民经济增长和城市社会发展对负荷增长的需求。

1980—2020年，我国城乡人均用电量、人均生活用电量的年均增速分别为7.6%、11.3%；近10年来全社会用电量的年均增长率超过6%。随着经济社会的发展，电力需求还将快速增长。因此，电力生产能力要保障经济与社会发展的需求增长。目前，我国电网发展已经呈现西电东送、南北互供和全国联网的格局，基本实现了大范围的资源优化配置。

目前，在我国电力供应中，煤电占80%，水电占15%，核电、风电、光电发电量的占比不足5%。当前我国电源布局和电源结构主要需解决两大问题：一是鉴于我国是能源输入大国，为保障安全、解决长远能源需求，在确保安全条件下应加快发展新型电源比例；二是如何实现节能减排，应大力发展风电、光电，扭转电力系统电源结构不合理的局面。

4.2.2 电源系统可靠

城市供电电源的可靠性是城市用电保障的前提。

以系统受电或以水电供电为主的大城市，应规划建设适当容量的本地发电厂，以保证城市用电安全及调峰的需要。目前我国东中部电网主要是缺调峰电源，故宜根据实际情况，可优先发展风电，配套建设抽水蓄能，形成风抽水电为主的调峰电源，也可建设相应规模的火电厂调峰。以水电供电为主的城市，每年逢枯水期时电能供应量都将大幅度减少，遇到严重干旱缺水年份，还需实行限时、限量供应，可能会给国民经济造成很大损失，也给城乡居民带来极大不便，故应结合自身条件建设适当规模的火电厂，弥补因枯水期缺水造成的供电紧张局面，保障供电的安全。

受端电网和重要负荷中心要多通道、多方向输入电力，应合理控制单一通道的送电容量，要建设一定容量的支撑电源，形成内发外供、布局合理的供电电源格局，确保城市电源系统的安全可靠。

4.2.3 电网结构合理

电网结构是指电力网内各发电厂、变电站和开关站的布局，以及连接它们的各级电压电力线路的方式。电网应具备安全、经济、灵活供电的网络结构，应满足对负荷供电的可靠性；合理分层分区，即要按电压等级分层，按电源负荷需求分区。所谓城市电网的可靠性是指对用户连续供电的可靠度。

电网结构以未来负荷预测水平和电源扩展状况为前提，确定输电线路及其回路数，使电网结构满足所需要的输电能力，保证负荷用电，运行性能达到应有的技术标准。城市 220 kV 及以上的区域电网和城市输送电网应按双环网标准建设，以保障城市电力线网运行的安全。

一般情况下，用电需求的增长会要求电源供电能力相应增长，并通过电网结构实现电力的供需平衡。只有通过电网才能解决能源资源和负荷在地理分布上不均衡的矛盾，能够更合理地利用远离负荷中心的动力资源。大电网可使水电、火电和核电等不同电厂组合运行，充分发挥各自的优点，取得更大的经济效益。规划、建设好电网结构，发挥大电网的技术优势和经济效益，是电力工业发展的方向。

4.2.4 电力设施安全

电网是国家重要的基础设施，是城市重要的生命线工程之一。电力设施的损坏、供电中断将会给社会经济和人民生活造成重大损失，同时还可能会引发次生灾害。提高电力设施的抗灾能力是社会经济发展的需要。

电力设施应避开易燃、易爆设施及场地，避开地质不良地带；满足防洪、抗震规范要求。重要电力设施应提高防灾设防标准。

为保障城市供电设施的正常运转，保证城市经济、社会的健康发展，应根据《城市黄线管理办法》，宜将城市发电厂、区域变电站、城市电源变电站、城市变电站、35 kV 及以上高压线走廊等城市供电设施的用地及其防护区域划定为黄线；在城市规划中，应确定其用地位置和范围，划定其用地控制界线，保障城市电力设施的安全。

4.3 城市用电负荷预测

4.3.1 用电负荷分类

城市用电负荷是指在城市内或城市规划范围内，所有用电户在某一时刻实际耗用的有功功率的总和。

有功功率是指保持用电设备正常运行所需的电功率，也就是将电能转化为其他形式能量（机械能、光能、热能等）的电功率，通常用 P 表示，计量单位是 W、kW。

城市用电负荷分类的方法很多，从不同角度出发可以有不同的分类。从编制城市电力工程系统规划中的负荷预测工作需要出发，城市用电负荷的分类可按照城市建设用地类型、城市用电特点和城市负荷分布特点进行分类。

1）按城市建设用地类型分类

城市用电负荷可按建设用地类型进行分类，应与现行国家标准《国土空间调查、规划、用途管制用地用海分类指南》所规定的用地类型划分相一致。

按建设用地类型进行负荷分类符合城市规划的技术特征，主要根据城市各类建设用地的用电性质不同加以区别，并依据现行国家标准中建设用地的分类口径进行相应的规定。这种分类方法的主要优点是比较直观，便于基础资料的收集，有较强的适用性和可操作性，能够较好地与城市规划相衔接。规划时按各类建设用地的功能、用电性质的区别来划分负荷类别并进行负荷预测，是取得比较直观预测结果的主要负荷分类方法。

2）按城市用电特点分类

城市用电负荷根据城市的用电特点，按产业和生活用电性质进行分类，可分为以下四类，即第一产业用电、第二产业用电、第三产业用电、城乡居民生活用电。

第一产业用电为农业、林业、畜牧业、副产品加工业、渔业、水利业用电；第二产业用电为工业、建筑业用电；第三产业用电为第一、第二产业用电以外的其他产业用电；城乡居民生活用电是指住宅用电。

3）按城市负荷分布特点分类

城市用电负荷按城市负荷分布特点，可分为一般负荷（均布负荷）和点负荷两类。

点负荷是指城市中用电量大、负荷集中的大用电户，如大型工厂企业或大型公共建筑群。一般负荷（均布负荷）是指点负荷以外分布较为分散的其他负荷，在用电负荷预测中，为预测简便，可将这些负荷看作分布比较均匀的一般用电户。

4.3.2　用电负荷预测

用电负荷预测是编制城市电力工程系统规划的基础，是合理确定电源、电网规模和布局的基本依据。负荷预测要满足科学性和准确性，其关键是要收集能反映客观规律和符合实际的负荷预测参数等基础资料，根据这些基础资料建立预测数据文件或数据库；预测时应综合考虑现状供电条件、用电情况和城市发展目标与设想，同时还应考虑城市发展不可预见的因素，以提高预测的准确性和可靠性。用电负荷的预测应采用多种方法进行预测，使之相互补充和校核，使预测结果能够科学而全面地反映今后用电负荷的发展需求。

用电负荷预测通常涉及最大负荷、用电量、电力负荷密度等基本概念。

最大负荷——一年中典型日的用电最大负荷，用 P_{max} 或 P_{30} 表示。

平均负荷——电力负荷在一段时间内的平均值，用 P_{av} 表示。

电力负荷密度——一段时间内单位面积内的平均电力负荷值，通常以建筑面积或规划范围用地面积计算，用 d 表示，计量单位为 kW/km^2、kW/hm^2、W/m^2。

用电量——一段时间内的用电总和，通常指年用电量，计量单位为 $kW \cdot h$。

负荷同时率——在规定的时间段内，电力系统综合最高负荷与所属各个子地区（或各用户、各变电站）各自最高负荷之和的比值。

负荷率——平均负荷与最大负荷之比。它反映了负荷的平稳程度。

城市国土空间总体规划、专项规划中的用电负荷预测，一般包括市域及中心城区规划最大负荷、市域及中心城区规划年总用电量、中心城区规划负荷密度等。负荷预测一般可选用人均用电指标法、单位建设用地电力负荷密度法、电力弹性系数法、增长率法、单耗法、需要系数法、横向比较法、回归分析法等预测方法。

详细规划中的用电负荷预测，一般包括规划范围内最大负荷、规划负荷密度等。在负荷预测中，一般负荷（均布负荷）宜选用单位建筑面积负荷指标法等进行预测；点负荷宜选用单耗法，或由有关专业部门、设计单位提供负荷、电量资料进行预测。

在用电负荷预测方法中，横向比较法是指经济社会发展比较相似城市的用电负荷，通过比较与分析进行预测的方法。电力弹性系数法、增长率法主要是根据历史统计数据来建立预测数学模型，多用于中远期的规划负荷预测。负荷密度法、单耗法则适用于分项分类的局部预测。在详细规划中，对规划范围较小的居住区、工业区等的负荷预测多采用单位建筑面积负荷指标法。

用电负荷的预测方法还可以依托各地的智能化城市供电工程信息系统，通过其辅助决策等系统，建构预测模型，预测用电负荷。

用电负荷预测所涉及的人均综合用电量指标、人均居民生活用电量指标、单位建设用地负荷指标、单位建筑面积负荷指标等用电量指标值，除了参照现行国家标准外，还可以依托各地的智能化城市供电工程信息系统，通过大数据、物联网、人工智能等新一代信息技术获取，其用电量指标更具有针对性、更符合实际。

城市电力负荷的预测应确定一种主要的预测方法，并应采用其他预测方法进行补充、校核。采用多种方法预测，并相互补充、校核，可以做到尽可能多地考虑相关因素，弥补某种预测方法的局限性，从而使预测结果能够比较全面地反映未来负荷的发展规律。采用多种方法预测时，还应考虑影响未来城市负荷发展的不可预见的因素，留有一定裕度，以提高预测的准确性和可靠性。

1）人均用电指标法

人均用电指标法是根据人均用电量标准进行预测的方法，一般适用于总体规划、专项规划的用电负荷预测。

电力负荷的最大预测值可由年供电量的预测值除以年最大负荷利用小时数而求得。其中年供电量的预测值等于年用电量与地区线路损失电量预测值之和。

对于电能而言，其由发电厂生产后，经过输电、变电、配电环节才能提供到用电客户端，在输电、变电和配电等环节中，由于线路中许多设备的存在，在传输过程中会消耗一部分电能，这部分线路损失的电量被称为线损。

年最大负荷利用小时是指用户或地区的年用电量与该用户或地区当年发生的最大负荷之比。据戴慎志《城市工程系统规划（第三版）》，城市年综合最大负荷利用小时数为 5 000—6 500 h。按不同产业划分的年最大负荷利用小时：第一产业为 2 000—2 800 h，第二产业为 4 000—5 500 h，第三产业为 3 500—4 000 h，城乡居民生活用电为 2 500—3 500 h。

（1）人均综合用电量指标

当采用人均用电指标法或横向比较法预测城市总用电量时，其规划人均综合用电量指标宜按表 4-1 的规定取值。

规划负荷指标的确定，通常受到规划期内的城市社会经济发展、人口规模、资源条件、人民物质文化生活水平、电力供应程度等因素的制约。规划人均综合用电量指标的选取，应根据城市的性质、人口规模、地理位置、社会经济发展、国内生产总值、产业结构、地区能源资源和能源消费结构、电力供应条件、居民生活水平及节能措施等因素，以该城市的现状水平为基础，对照表4-1中相应指标分类的规划人均综合用电量幅值范围，进行综合分析、比较后再因地制宜地确定。

表4-1　规划人均综合用电量指标

城市用电水平分类	人均综合用电量（kW·h/a）	
	现状	规划
用电水平较高城市	4 501—6 000	8 000—10 000
用电水平中上城市	3 001—4 500	5 000—8 000
用电水平中等城市	1 501—3 000	3 000—5 000
用电水平较低城市	701—1 500	1 500—3 000

注：当城市人均综合用电量现状水平高于或低于表中所规定的现状指标最高或最低限值的城市，其规划人均综合用电量指标的选取，应视其城市具体情况因地制宜地确定。

（2）人均居民生活用电量指标

当采用人均用电指标法或横向比较法预测居民生活用电量时，其规划人均居民生活用电量指标宜符合表4-2的规定。

城市居民生活用电水平是衡量城市生活现代化程度的重要指标之一。规划人均居民生活用电量指标的选取，应结合城市的地理位置、人口规模、经济发展水平、居民收入、居民家庭生活消费结构及家用电器的拥有量、气候条件、生活习惯、居民生活用电量占城市总用电量的比重、电能供应政策及电源条件等诸多因素进行综合分析和比较后，以该城市的现状人均居民生活用电量水平为基础，对照表4-2中相应指标分类中的规划人均居民生活用电量指标幅值范围，再因地制宜地确定。

表4-2　规划人均居民生活用电量指标

城市用电水平分类	人均居民生活用电量（kW·h/a）	
	现状	规划
用电水平较高城市	1 501—2 500	2 000—3 000
用电水平中上城市	801—1 500	1 000—2 000
用电水平中等城市	401—800	600—1000
用电水平较低城市	201—400	400—800

注：当城市人均居民生活用电量现状水平高于或低于表中所规定的现状指标最高或最低限值的城市，其规划人均居民生活用电量指标的选取，应视其城市的具体情况因地制宜地确定。

2）电力负荷密度法

电力负荷密度法适用于规划区内大量分散的用电负荷预测，常应用于城市新区、工业园区等规划明确、功能分区清晰的区域。规划区内少数集中用电大户应被视作点负荷单独计算。

由电力负荷密度法预测规划区内的总用电负荷时，应综合考虑规划区各功能用地用电的负荷同时率和单独计算的用电大户的用电预测值。

预测年份的年用电量的计算公式为

$$A_n = S \cdot d \qquad (4-1)$$

式中：A_n——预测年份的年用电量（10^4 kW·h）；S——计算范围内的建筑面积（10^4 m^2）或土地面积（km^2）；d——负荷密度指标（kW·h/hm^2）（建设用地）或（W·h/m^2）（建筑），可参照表4-3、表4-4与年最大负荷利用小时数，综合考虑负荷同时率，综合取值。

负荷同时率的大小，应根据各地区电网用电负荷特性确定。通常情况下，我们将一个电网按照不同的要求划分为若干个小的子网，负荷同时率就是在同一时刻，若干个子网的最大负荷之和与整个电网的最大负荷的比值。由于一个地区电网内各类用户的负荷特征和用电性能不同，各自最大负荷峰值出现的时间也不一样，故在一段规定的时间内，一个地区电网的综合最大负荷值往往是小于用户各自的最大负荷值之和的。从空间特性来看，一般在同一地区随着用户的增多及区域的扩大，电网负荷同时率的变化是有规律的。一方面，用户数越多、区域越大，负荷同时率越低；另一方面，供电区域面积越大，负荷同时率趋向于一个稳定的值。据戴慎志《城市工程系统规划（第三版）》，同时率在一般情况下各类用户的综合值为0.85—1.0，用户特别多时为0.7—0.85，用户较少时为0.95—1.0，大范围区域为0.85—0.95。

总体规划、专项规划或详细规划一般可采用单位建设用地负荷密度法进行负荷预测，其规划单位建设用地负荷指标宜按表4-3的规定取值。其中对居住用地、公共管理与公共服务用地、商业服务业用地、工矿用地的规划单位建设用地负荷指标的选取，应根据其用地中所包含的建设用地类别、数量、负荷特征，并结合所在城市三大类型建设用地的单位建设用地用电现状水平和表4-3中规划单位建设用地负荷指标，经综合分析和比较后选定。

详细规划一般可采用单位建筑面积负荷指标法进行负荷预测，其单位建筑面积负荷指标宜按表4-4的规定取值。其中对居住建筑、公共建筑、工业建筑的单位建筑面积负荷指标的选取，应根据其建筑类别、数量、建筑面积、建筑标准、功能及各类建筑用电设备配置的品种、数量、设施水平等因素，结合当地各类建筑的单位建筑面积负荷现状水平和表4-4的指标，经综合分析和比较后选定。

表4-3 规划单位建设用地负荷指标

用地类型		单位建设用地负荷指标（kW/km^2）
一级类	二级类	
居住用地	城镇住宅用地、城镇社区服务设施用地	100—400
公共管理与公共服务用地	机关团体用地、科研用地、文化用地、教育用地、体育用地、医疗卫生用地、社会福利用地	300—800
商业服务业用地	商业用地、商务金融用地、娱乐用地、其他商业服务业用地	400—1200
工矿用地	工业用地	200—800

用地类型		单位建设用地负荷指标（kW/km²）
一级类	二级类	
仓储用地	物流仓储用地	20—40
交通运输用地	交通场站用地	15—30
公用设施用地	供水用地、排水用地、供电用地、供燃气用地、供热用地、通信用地、邮政用地、广播电视设施用地、环卫用地、消防用地、水工设施用地、其他公用设施用地	150—250
绿地与开敞空间用地	公园用地、防护绿地、广场用地	10—30

注：超出表中建设用地以外的其他各类建设用地的规划单位建设用地负荷指标的选取，可根据所在城市的具体情况确定。

表 4-4 规划单位建筑面积负荷指标

建筑类别	单位建筑面积负荷指标（W/m²）
居住建筑	30—70 4—16（kW/户）
公共建筑	40—150
工业建筑	40—120
仓储物流建筑	15—50
市政设施建筑	20—50

注：特殊用地及规划预留的发展备用地负荷指标的选取，可结合当地实际情况和规划供能要求，因地制宜地确定。

3）电力弹性系数法

电力弹性系数是指国内生产总值的增长速度与用电量增长速度之间保持一定的合理比值。根据电力弹性系数（E）的变化趋势，预测某一阶段因经济发展水平的需要，会有多大的电能消耗增长率。本方法是经常采用的预测方法。

电力弹性系数的计算公式为

$$E = a_y / a_x \tag{4-2}$$

$$A_n = A_0 \left(1 + E a_x\right)^{t_n - t_0} \tag{4-3}$$

式中：E——电力弹性系数；a_y——总用电量的平均年增长率（%）；a_x——国内生产总值的平均年增长率（%）；A_0——预测基准年份的年用电量（kW·h）；A_n——预测年份的年用电量（kW·h）；t_n——预测年份；t_0——基准年份。

4）增长率法

增长率法是根据历年用电的变化情况进行预测。

预测年份的年用电量的计算公式为

$$A_n = A_0 \left(1 + a\right)^t \tag{4-4}$$

式中：A_n——预测年份的年用电量（kW·h）；A_0——预测基准年份的年用电量（kW·h）；a——年平均增长率；t——预测年数。

5）单耗法

采用单耗法预测用电负荷时，需要搜集有关企业的生产性质、产品类型、年生产量、单位产品耗电量（W_i）及企业的最大负荷利用小时数（T_{max}）。电力用户电量单耗统计见表4-5。各类电力用户的最大负荷利用小时数（T_{max}）可参照表4-6的数值取值。单耗法分为产量单耗法和产值单耗法两种，一般适用于分项分类的局部用电负荷预测。

（1）产量单耗法

根据产品用电单耗和年产量法求出年耗电量，再除以年最大负荷利用小时得最大负荷。

年用电量的计算公式为

$$A = \sum_{i=1}^{n} W_i D_i \tag{4-5}$$

最大负荷的计算公式为

$$P_{max} = \sum_{i=1}^{n} \frac{W_i D_i}{T_{max}} \tag{4-6}$$

式中：A——全年总用电量（kW·h）；W_i——单位产品耗电量（kW·h/t），可参照表4-5取值；D_i——某类产品的计划年产量（t）；T_{max}——最大负荷利用小时数（h）；P_{max}——最大负荷（kW）。

（2）产值单耗法

根据企业的年产值和单位产值耗电量求出年耗电量，再除以年最大负荷利用小时数得最大负荷。

年用电量的计算公式为

$$A = \sum_{i=1}^{n} W_i D_i \tag{4-7}$$

最大负荷的计算公式为

$$P_{max} = \sum_{i=1}^{n} \frac{W_i D_i}{T_{max}} \tag{4-8}$$

式中：A——全年总用电量（kW·h）；W_i——某类产品单位产值的耗电量（kW·h/万元）；D_i——某类产品的年产值（万元）；T_{max}——最大负荷利用小时数（h），可参照表4-6取值；P_{max}——最大负荷（kW）。

表4-5　电力用户单位产品耗电量统计表　　　　　单位：kW·h/t

用电负荷名称	单位产品耗电量（W_i）	用电负荷名称	单位产品耗电量（W_i）
电解铝	2 000.00	机制纸	790.00
冶金电炉钢	700.00	大米	20.20
原煤	40.63	面粉	48.00
电石	3 650.00	自来水	296.00
合成氨（小型）	1 600.00	水泥（立窑）	82.11

用电负荷名称	单位产品耗电量（W_i）	用电负荷名称	单位产品耗电量（W_i）
日用瓷	1 369.00	原油加工	55.11
棉纱	1 586.00	矽铁	950.00
棉布	14.00	耐火砖	147.00
烧碱	2 450.00	刨花板	240.00
氯酸钾	7 835.00	糖	364.00
锰粉	185.00	啤酒	920.00

表 4-6　各类电力用户的最大负荷利用小时数　　　　单位：h

企业名称	最大负荷利用小时数（T_{max}）	企业名称	最大负荷利用小时数（T_{max}）
煤炭工业	4 000—5 500	食品工业	4 000—4 500
石油工业	6 500—7 000	其他工业	4 000
黑色金属采选	4 000—6 500	交通运输	3 000
钢铁联合企业	4 500—7 000	电气化铁道	6 000
有色、化工采选	5 000—6 500	城市生活用电	2 500
有色金属冶炼	7 500	上下水道	5 500
电解铝工业	8 000	农村工业	3 500
机械、电器制造	2 000—5 000	农村照明	1 500
化学工业	6 000—7 000	农副加工	2 000
建材工业	4 000—6 500	电灌	1 300—1 500
造纸工业	6 000—6 500	农村综合	1 800—2 500
纺织工业	5 000—6 000	—	—

6）需要系数法

用电单位的实际用电最大负荷与其用电设备额定容量之比被称为需要系数。由于需要系数是考虑了用电设备是否满负荷、是否同时运行以及工作效率等情况的一个综合系数，因此，需要系数值小于 1。需要系数的计算公式为

$$K_x = \frac{P_{max}}{\sum P_n} \tag{4-9}$$

式中：P_{max}——规划用电单位最大负荷（kW）；$\sum P_n$——各类设备铭牌上所标示的额定功率总和（kW）。

由于需要系数法比较简单，因此被广泛应用于规划设计和方案估算中，尤其是在已知用电设备总额定容量（功率）而不知其最大负荷和年用电量的情况下，用总额定容量乘以需要系数可得出最大负荷（P_{max}）；然后再乘以年最大负荷利用小时数（T_{max}），即可得出年用电量（A）。最大负荷和年用电量的计算公式为

$$P_{max} = K_x \sum P_n \tag{4-10}$$

$$A = P_{max} T_{max} \tag{4-11}$$

各类工厂的全厂需要系数可参照表 4-7 取值；建筑照明负荷需要系数可参照表 4-8 取值。功率因数是指交流电路有功功率与视在功率的比值。用户电器设备在一定的电压和功率下，该值越高效益越好，用电设备越能充分利用。

表 4-7　各类工厂的全厂需要系数及功率因数值

工厂类别	需要系数（K_x）	功率因数	工厂类别	需要系数（K_x）	功率因数
汽轮机制造厂	0.38	0.88	量具刃具制造厂	0.26	—
锅炉制造厂	0.27	0.73	电机制造厂	0.33	—
柴油机制造厂	0.32	0.74	石油机械制造厂	0.45	0.78
重型机械制造厂	0.35	0.79	电线电缆制造厂	0.35	0.73
机床制造厂	0.20	—	电器开关制造厂	0.35	0.75
重型机床制造厂	0.32	0.79	阀门制造厂	0.38	—
工具制造厂	0.34	—	铸管厂	0.50	0.78
仪器仪表制造厂	0.37	0.81	橡胶厂	0.50	0.72
滚珠轴承制造厂	0.28	—	通用机械厂	0.40	—

表 4-8　建筑照明负荷需要系数

建筑类别	需要系数
住宅楼	0.40—0.60
单宿楼	0.60—0.70
办公楼	0.70—0.80
科研楼	0.80—0.90
教学楼	0.80—0.90
商店	0.85—0.95
餐厅	0.80—0.90
社会旅馆	0.80—0.90
门诊楼	0.60—0.70
住院部	0.50—0.60
影院	0.70—0.80
剧场	0.60—0.70
体育馆	0.65—0.75

4.4　城市供电电源规划

4.4.1　城市供电电源选择与布局要求

1）供电电源的选择

城市供电电源可分为城市发电厂和接受市域外电力系统电能的电源变电站两种基本类型。城市供电电源的选择应按照以下原则：

（1）统筹规划。城市供电电源的选择应在综合研究所在地区的能源资源状况、环境条件和可开发利用条件的基础上统筹规划，经济合理地确定城市供电电源。

（2）区域协调。通常情况下，城市用电以系统受电为主，应优先选择区域电力供应系统供电，即以接受市域外电力系统电能的电源变电站为城市的供电电源。对规划期内区域电力系统不能供达的城市，应因地制宜地建设相应规模的城市发电厂作为供电电源。

（3）保障供电。以系统受电或以水电供电为主的大城市，特别是特大城市、超大城市，为保障城市供电的安全性、可靠性和稳定性，宜规划建设适当容量的本地发电厂。

（4）综合利用。有足够稳定的冷、热负荷的城市，电源规划宜与供热（冷）规划相结合，建设适当容量的冷、热、电联产电厂，并应符合下列要求：

① 以煤（燃气）为主的城市，宜根据热力负荷分布规划建设热电联产的燃煤（燃气）电厂，同时与城市供热管网规划相协调。

② 在城市规划发展的集中统一建设区或功能区，宜结合功能区的冷热电负荷特点，规划建设中小型燃气冷、热、电三联供系统。

热电冷联产系统有多方面的优势：第一，提高能源供应安全，在大型发电厂运行或供电中断时，小型热电联产或三联产机组接入电网可保证继续供应终端用户。第二，增加电网稳定性，由于使用吸收循环取代目前普遍采用的制冷循环，故在盛夏时节，三联产机组可大大缓解电网压力。鉴于夏季用电高峰时电力公司常启用备用机组，输电线路常处于超负荷状态，三联产机组还可进一步提高电网的稳定性，并提高系统效率。

根据我国能源供应政策及其价格机制，一般情况下，燃气三联产应符合下列条件：第一，冷热电负荷相对稳定，运行时间较长。第二，较高的电价和相对较低的天然气价格。第三，相对较为严格的环境保护要求。第四，需要有事故备用或备用电源，即对电源的可靠性要求较高。目前，燃气三联产通常用于宾馆、医院、大型商用建筑、写字楼、机场、工厂等场所或区域。

（5）发展清洁能源。在有足够的可再生资源利用的城市，宜规划建设可再生能源电厂，积极发展水电、风电、太阳能等清洁能源。清洁能源是未来能源发展的趋势，其所带来的生态效益、经济效益是不可估量的。

2）电力平衡与电源布局

电力平衡应根据城市国土空间总体规划和地区电力系统中长期规划，在用电负荷预测的基础上，考虑合理的备用容量，提出地区电力系统需要提供该城市的电力总容量，并应统筹协调地区电力规划。

电源应根据所在城市的性质、人口规模和用地布局，合理确定城市电源点的数量，中等规模以上的城市应建构多电源供电系统。

电源布局应根据负荷分布和电源点的连接方式，合理配置城市电源点，协调好电源布点与城市港口、机场、国防设施和其他工程设施之间的关系。

4.4.2 城市发电厂规划布局

1）发电厂类型及特点

（1）火电厂

火电厂是利用可燃物（煤、石油、天然气、沼气、煤气等）作为燃料生产电能的工厂。它的基本生产过程为：燃料在燃烧时加热水生成蒸汽，将燃料的化学能转变成热能；蒸汽压力推动汽轮机旋转，热能转换成机械能；然后汽轮机带动发电机旋转，将机械能转变成电能。

火电厂的特点主要是布局灵活，装机容量的大小可按需要决定；热机效率高，调峰较易实现；建造工期短，一般是建造水电厂的一半时间甚至更短；一次性建造投资少，仅为建造水电厂一半左右的投资；易与冶金、化工、水泥等高能耗工业形成共生产业链。火电厂的劣势主要是煤耗量大，目前发电用煤量约占全国煤炭总产量的 25%；对空气和环境的污染大，煤炭直接燃烧产生的烟气污染、粉尘污染严重；发电的汽轮机通常选用水作为冷却介质，资源消耗大。

火电厂按燃料种类可分为燃煤发电厂、燃气发电厂、余热发电厂、以垃圾及工业废料为燃料的多种发电厂。

（2）水电厂

水电厂是把水的势能和动能转换成电能的工厂。它的基本生产过程为：从河流高处或其他水库内引水，利用水的压力或流速冲动水轮机旋转，将重力势能和动能转变成机械能；然后水轮机带动发电机旋转，将机械能转变成电能。电站主要由挡水建筑物（坝）、泄洪建筑物（溢洪道或闸）、引水建筑物（引水渠或隧洞，包括调压井）及电站厂房（包括尾水渠、升压站）四大部分组成。

水力发电的优势是无污染，运营成本低，便于调峰，可再生。水力发电的弊端为：淹没大量土地，有可能导致生态环境破坏；大型水库一旦崩塌，后果将不堪设想。另外，水力资源常受季节的影响。

按径流调节情形，水电厂可分为蓄能式水电厂、径流式水电厂：蓄能式水电厂是上、下两个水库，有发电和抽水两类设施，在系统峰荷时发电（调峰），在系统低谷时抽水耗电（填谷）；径流式水电厂是在河道中拦河筑低坝或闸，基本不调节径流，靠天然径流发电的水电厂。

按集中水头落差情形，可分为堤坝式水电厂（又分为坝后式和河床式）、引水式水电厂和混合式水电厂。其中，堤坝式水电厂是水电开发的基本方式之一，是由河道上的挡水建筑物壅高水位而集中水头的水电厂。当水头高，厂房无法挡水，厂房置于坝体下游或坝内，称之为坝后式水电站；当水头不高且河道较宽时，用厂房作为挡水建筑物的一部分，称之为河床式水电厂。引水式水电厂是水电开发的基本形式之一。这类水电厂宜建在河道坡降较陡的河段或大河湾处，在河段上游筑坝引水，用引水渠道、隧洞、压力水管等将水引到河段下游，用以集中水头发电。

我国三峡水电站是世界上规模最大的水电站，属堤坝式水电厂，1994 年正式动工兴建，2009 年全部完工，装机容量为 2 250 万 kW，2020 年生产清洁电能 1 118 亿 kW·h。

（3）核电厂

核电厂是利用核反应堆中核裂变所释放出的热量进行发电。核电是一种清洁、高效、稳定的能源形式，其特点是能量大，供电规模大，供电稳定，但对安全性要求极高。

核电站按反应堆类型可分为气冷堆型核电站、改进型气冷堆型核电站、轻水堆型核电站、重水堆型核电站、快中子增殖型核电站。

我国已经建成大亚湾核电站和秦山核电站。其中，秦山核电站是中国自行设计、建造和运营管理的第一座核电站，为轻水堆型核电站，目前总装机容量达到656.4万kW，年发电量约为500亿 kW·h。

（4）太阳能光伏发电厂

太阳能光伏发电厂是一种用可再生能源——太阳能来发电的工厂，它利用把太阳能转换为电能的光电技术，通过发电系统来工作。太阳能发电主要有太阳能光发电和太阳能热发电两种基本方式。

通过水或其他工质（实现热能和机械能相互转化的媒介物质称之为工质）和装置将太阳辐射能转换为电能的发电方式，称之为太阳能热发电。太阳能光伏发电系统是利用太阳能电池将太阳辐射能直接转换成电能的发电系统。

光伏发电的优势是太阳能资源取之不尽，用之不竭；绿色环保，不需要燃料，没有二氧化碳的排放，不污染空气，不产生噪声；应用范围广，只要有光照的地方就可以使用光伏发电系统；使用寿命长，维护简单。

近年来，我国将能源的生态文明建设放在战略位置。至2021年，太阳能光伏发电累计装机容量为3.2亿 kW。我国具有丰富的太阳能资源，特别是青藏高原等西部地区，海拔高，云量少，空气稀薄，大气透明度好，接收到的太阳辐射多，日照时间长，太阳能光伏发电潜力巨大。

（5）风力发电厂

风力发电是把风的动能转变成机械能，再把机械能转化成电能。依据目前的风车技术，大约在3 m/s 的微风速度便可以开始发电。

风能是可再生能源。我国的风能资源丰富，风力发电不仅可以降低环境污染，节约煤炭、石油等常规能源，而且有运行灵活的优势，既可以并网运行，也可以离网独立运行。风力发电建造周期短、总体成本低、占地面积小、单位面积发电量较火力发电大得多，并且可以灵活建造于各种环境下，不受地形限制，还可远程控制。

至2021年，我国风电装机容量为32 848万 kW，居世界首位。对于缺水、缺燃料和交通不便的沿海岛屿、草原牧区、山区和高原地带，因地制宜地利用风力发电则非常适合。

内蒙古东部地区开发建设的千万千瓦级风电基地，装机总容量目前已超过2 500万 kW，是中国最大的风力发电场之一。我国内蒙古东部等地区风能资源丰富、土地开阔、人口稀少，适合集约开发建设大型风电基地。

（6）潮汐发电厂

潮汐发电与普通水力发电原理类似，是利用海潮涨落形成的潮汐能发电。一般在涨潮时通过水库将海水储存在水库内，以势能的形式保存，然后，在落潮时放出海水，利用高、低潮位之间的落差生产电能。

潮汐能是纯天然的可再生能源，其特点与堤坝式水电厂基本相同。

地处浙江温岭的江厦潮汐试验电站是利用海洋潮汐能发电的水电站，是我国规模最大的潮汐发电厂。该电站于1980年开始发电运行，目前装机容量为4 100 kW，年平均发电1 000万 kW·h。

（7）地热发电厂

地热发电是利用地下热水、蒸汽为动力源生产电能，其基本原理与火力发电类似。

我国地热资源多为低温地热，主要分布在云南、西藏、四川、华北松辽和苏北等地区。有利于发电的高温地热资源主要分布在滇、藏、川西地区，尤其是西部地热亟待开发。

地热能是一种清洁的可再生能源，不消耗燃料，无环境污染，能量稳定。地热发电和火力发电相比，初次投资高，但运行成本更低。

位于西藏洋井草原深处的羊八井地热电厂是我国最著名的地热发电厂，也是我国目前最大的地热试验基地。该地热电厂于1977年开始发电运行，是藏中电网的骨干电源之一，装机容量为26.18 MW，年生产电力为1.4亿 kW·h。

2）发电厂选址要求

城市发电厂的选址应遵循远近结合、合理布局、环境友好、资源节约和可持续发展的原则；能满足发电厂对地形地貌、水文地质、气象、防洪、抗震、可靠水源等建厂条件和方便的交通运输条件的要求；要充分考虑发电厂输电出线条件。此外，还应符合不同类型发电厂的相应要求。

（1）火电厂选址要点

①卫生防护安全。火电厂一般设置在城市边缘或外围，宜在城市最小风频的上风向，并应符合环境保护的有关规定，与城市生活居住区保持安全防护距离；应避免与具有严重火灾、爆炸危险的其他工厂、仓库等为邻。以天然气为燃料的发电厂选址应重点考虑安全问题。

②交通运输便捷。燃煤电厂的燃料需求量大，应有十分便捷的大运量运输条件。因此，燃煤电厂的选址应邻近铁路、重要公路或港口，并尽可能设置铁路专用线，一般宜有不少于两个便捷的交通运输方式；对于长距离运输，通常采用铁路或水路运输。

③燃料供应邻近。大型燃煤电厂每天耗煤在万吨以上，燃料消耗量大，因此厂址应接近燃料产地，以便节约运输费，减少铁路或公路的运输负担。燃油电厂一般设置在炼油厂旁，以便直接或就近获取燃料。天然气电厂宜选址在长输管线或门站、储配站、储气库附近。

④供水水源可靠。火电厂生产用水量大、有明确的水质标准，因此火电厂应靠近水源设置，要求水源的可靠性高、水质稳定、水量充沛，满足生产用水需求。

⑤贮灰场地足够。火电厂用煤量大，每天会产生大量煤灰，因此需要有足够大的贮灰场，场地要能容纳不少于10年的发电生产贮灰量。同时，火电厂在选址时

还应统筹灰渣综合利用场地的配套设置。

⑥ 与危险源的间距要符合要求。火力发电厂厂区与附近的核电厂、化工厂、炼油厂、石油或天然气储罐、低中放射性废物处置场、核技术利用放射性废物库等潜在危险源之间的距离应符合相关规范。

（2）水电站选址要点

① 统筹协调。应在流域综合规划或河流、河段水电规划的基础上进行。根据地方水利、水电、航运、水土保持、环境保护等要求和电力市场的需要统筹安排，因地制宜，合理利用水资源。

② 综合评定。应充分重视水库淹没及工程占地造成的经济损失和对当地社会及生态环境的影响。

③ 便于建设。水电厂一般选址在便于拦河筑坝的河流狭窄处，结合水库进行建设。

④ 地质条件好。水电站建站地段的工程地质条件好，地基承载力高；站址应避开地质断裂带，避开地震区和滑坡区等自然灾害风险区域，确保水电站基础的稳固性。

（3）核电站选址要点

① 站址应位于区域负荷中心。核电站的选址通常要考虑靠近区域的负荷中心，匹配能源需求，以减少输送距离，降低输电损耗，提高输电线路的可靠性、稳定性。

② 有足够的发展空间。基于核电站的长期运营、安全管理、技术升级以及与周边区域的和谐共存，电站应有足够的发展空间。核电站的用地面积取决于电站的类型、装机容量、设备布局、生产工艺及其防护隔离区。如三门核电站，6 台 125 万 kW 的核电机组的占地面积为 740 hm^2。

③ 必须设置规划限制区和非居住区。规划限制区边界以反应堆中心为半径，不得小于 5 km。非居住区边界以反应堆中心为半径，不得小于 500 m。

④ 站址应取水便利。核电站在运行过程中需要大量的水来循环冷却核反应堆。因此，取水便利性是核电站选址时需要考虑的重要因素。

⑤ 站址应利于防灾。站址须避开地质不良地带，应避开机场、爆炸危险源等潜在风险区域，保障电站的安全。此外，站址还应综合考虑各种自然灾害的影响。

4.4.3　城市电源变电站布局

电源变电站的位置应根据城市国土空间总体规划、负荷分布以及与外部电网的连接方式、交通运输条件、水文地质、环境影响和防洪、抗震要求等因素进行技术经济比较后合理布局。

1）选址

电源变电站的规划选址应符合下列要求：

（1）原则上选址于城市的边缘或外围；靠近负荷中心，以增强电力供应的稳定性；对于用电量很大、用电负荷高度集中、负荷密度极高的城市中心地区，电源变电站可深入负荷中心布置。

（2）选址应充分考虑安全、环境和设备寿命等多个因素。宜避开易燃、易爆设施，宜避开大气严重污染地区和严重盐雾区，以保障变电站安全、稳定运行。

（3）电源变电站须满足防洪、抗震要求，符合现行国家标准的有关规定。500 kV 及以上的电源变电站，应按高于百年一遇的防洪标准设防；220 kV、330 kV 变电站 应按百年一遇的防洪标准设防；35 kV、110 kV 变电站宜按 50 年一遇的防洪标准设 防。变电站站址应有良好的地质条件，避开不良地质地带；电源变电站的抗震标准 应按高于本地区抗震设防烈度一度的要求加强其抗震措施。

（4）规划新建的电源变电站，应避开国家重点保护的文化遗址，以防对文化遗址 造成损害或潜在威胁；应避开有重要开采价值的矿藏，以防对开采造成干扰或破坏。

（5）应考虑对周围环境和邻近工程设施的影响和协调，如军事设施、通信电 台、电信局、飞机场、领（导）航台、国家重点风景旅游区等。

2）服务范围与用地面积

城市电源变电站是城市供电设施的重要组成部分，其服务范围可参照经验数据 并结合所在城市的实际状况、供电范围、用电负荷分布以及外部电网情况等因素选 用。电源变电站的规划用地面积宜依据现行国家标准，结合所在城市的实际和用电 负荷大小等情况因地制宜地选定，详见第 4.5.7 节。

4.5 城市供电网络规划

4.5.1 电网结构

1）基本概念

城市电网是指城市区域内为城市用户供电的各级电网的总称。

城市电网结构主要包括点（城市电源变电站、城市变电站等供电设施）、线 （电力线路）布置和接线方式，它在很大程度上取决于该地区的负荷水平和负荷密 度。电力网是一个整体，电网中的发电、输送电、变电、配电和用电之间应有计划 地按比例协调发展；电网中的"点"与"线"应整体布局和协调发展。城市电源变 电站、城市变电站等供电设施与城市电力线网的规划与实施应同步。

2）电网结构规划原则

城市电网应分层分区，各分层分区应有明确的供电范围，并应避免重叠、交错。 贯彻"分层分区"原则，有利于城网安全、经济运行和合理供电。分层是指按输电 与配电及其电压等级分层。分区是指在分层下，按负荷大小与等级和电源的地理分 布特点来划分供电区。一个电压层可划分为一个供电区，也可划分为若干个供电区。

4.5.2 电网等级与层次

1）电压等级

我国城市电力线路的电压等级有 750 kV、500 kV、330 kV、220 kV、110 kV、 66 kV、35 kV、20 kV、10 kV、380 V/220 V 共计 10 类。

一般情况下，城市输电（区域变电站至城市电源变电站）电压为750 kV、500 kV、330 kV、220 kV；在城市配电（城市电源变电站至城市变电站）中，高压配电电压为110 kV、66 kV、35 kV，中压配电电压为20 kV、10 kV，低压配电电压为380 V/220 V。

2）电压层级

城市电网的电压等级序列应根据本地区的实际情况和远景发展确定。城市电网应简化变压层级，优化配置电压等级序列，避免重复降压。

一般情况下，大、中城市的城市电网电压等级宜为4—5级、4个变压层次，即500（330、220）kV及以上超高压输电网和110（66、35）kV及以上高压输电网或高压配电网，20 kV、10 kV中压配电网以及380 V/220 V的低压配电网。小城市宜为3—4级、3个变压层次，即110（66、35）kV及以上高压送电网，10 kV中压配电网以及380 V/220 V的低压配电网。

城市电网规划目标电压等级序列以外的电压等级应限制发展。

城市电网中的最高一级电压应考虑城市电网发展的现状，根据城市电网远期的规划负荷量和城市电网与外部电网的连接方式确定。目前，超大型、特大型城市近年来电网快速发展，高压配电网的电压扩展至220 kV、330 kV乃至500 kV、750 kV；中压配电网的电压可扩展至35 kV。

3）容载比

变电容载比是指在某一供电区域，变电设备总容量（kVA）与对应的总负荷（kW）的比值。容载比反映变电设备的运行裕度，是城市电网规划中宏观控制变电总容量的重要指标。

城市电网中各级电网容量应按一定的容载比配置，各电压等级城市电网容载比宜符合表4-9的规定。

变电容载比是反映城网供电能力的重要技术经济指标之一。对于处于发展初期、快速发展期的地区，重点开发区或负荷较为分散的偏远地区，可适当提高容载比的取值；对于网络发展完善或规划期内负荷明确的地区，在满足用电需求和可靠性要求的前提下，可以适当降低容载比的取值。

表4-9　各电压等级城市电网容载比

年负荷平均增长率	＜7%	7%—12%	＞12%
500 kV及以上	1.5—1.8	1.6—1.9	1.7—2.0
220—330 kV	1.6—1.9	1.7—2.0	1.8—2.1
35—110 kV	1.8—2.0	1.9—2.1	2.0—2.2

4.5.3　供电负荷等级

1）负荷分级

用电负荷分级的意义在于能正确地反映它对供电可靠性要求的界限，以便恰当地选择符合实际水平的供电方式，提高投资的经济效益，保护人员的生命安全。电力负荷应根据对供电可靠性的要求及中断供电在对人身安全、经济损失上所造成的影响程度进行分级。

我国将用电负荷分为三级，即一级负荷、二级负荷、三级负荷。

（1）符合下列条件之一的，应视为一级负荷。

① 中断供电将造成人身伤害时。例如，医院急诊室、监护病房、手术室等处的负荷。

② 中断供电将在经济和社会上造成重大损失时。例如，由于停电，生产过程或生产装备处于不安全状态、重大产品报废、用重要原料生产的产品大量报废、生产企业的连续生产过程被打乱需要长时间才能恢复等的负荷；大型银行、大型博物馆、展览馆等用电单位中的重要负荷。

③ 中断供电将影响重要用电单位的正常工作时。例如，重要的交通枢纽、重要的通信枢纽、重要的宾馆、大型体育场馆以及经常用于重要活动的大量人员集中的公共场所等用电单位中的重要负荷。

在一级负荷中，当中断供电时将造成人员伤亡或重大设备损坏或发生中毒、爆炸和火灾等情况的负荷，以及特别重要场所不允许中断供电的负荷，应视为一级负荷中特别重要的负荷。例如，在生产连续性较高的行业，当生产装置工作电源突然中断时，为确保安全停车，避免引起爆炸、火灾、中毒、人员伤亡，而必须保证的负荷。中压及以上的锅炉给水泵、大型压缩机的润滑油泵等，或者事故一旦发生能够及时处理，防止事故扩大，保证工作人员的抢救和撤离，而必须保证的用电负荷。在工业生产中正常电源中断时处理安全停产所必需的应急照明、通信系统、保证安全停产的自动控制装置等，民用建筑中大型金融中心的关键电子计算机系统和防盗报警系统、大型国际比赛场馆的记分系统及监控系统等，而必须保证的负荷。

（2）符合下列条件之一的，为二级负荷。

① 中断供电将在经济和社会上造成较大损失的负荷。例如，中断供电使得主要设备损坏、大量产品报废、连续生产过程被打乱需要较长时间才能恢复、重点企业大量减产等的负荷。

② 中断供电将影响重要用电单位正常工作的负荷。例如，交通枢纽、通信枢纽等用电单位中的重要负荷，以及中断供电将造成大型影剧院、大型商场等较多人员集中的重要公共场所秩序混乱的负荷。

（3）不属于一二级负荷者为三级负荷。

在一个区域内，当用电负荷中的一级负荷占大多数时，该区域的负荷作为一个整体可以认为是一级负荷；在一个区域内，当用电负荷中一级负荷所占的数量和容量都较少时，而二级负荷所占的数量和容量较大时，该区域的负荷作为一个整体可以认为是二级负荷。在确定一个区域的负荷特性时，应分别统计特别重要负荷，一级、二级、三级负荷的数量和容量，并研究在电源出现故障时需向该区域保证供电的程度。如果区域负荷的特性为一级负荷，则应该按照一级负荷的供电要求对整个区域供电；如果区域负荷的特性是二级负荷，则应对整个区域按照二级负荷的供电要求进行供电，对其中少量特别重要的负荷按照规定供电。

2）不同等级负荷对电源的要求

（1）一级负荷对电源的要求。一级负荷应由双重电源供电，当一个电源发生故障时，另一个电源不应同时受到损坏。

双重电源是指一个负荷的电源是由两个电路提供的，这两个电路就安全供电而言被认为是互相独立的。

一般情况下，双重电源可以是分别来自不同电网的电源，或者来自同一个电网但在运行时电路互相之间的联系很弱，或者来自同一个电网但其间的电源距离较远，一个电源系统任意一处出现异常运行时或发生短路故障时，另一个电源仍能不中断地供电，这样的电源都可视为双重电源。

一级负荷的供电应由双重电源供电，而且不能同时损坏，只有同时满足这两个基本条件，才可能维持其中一个电源继续供电。双重电源可一用一备，亦可同时工作，各供一部分负荷。

一级负荷中特别重要的负荷，除应由双重电源供电外，尚应增设应急电源专门对此类负荷供电。应急电源可以是独立于正常电源的发电机组、供电网络中独立于正常电源的专用馈电线路、蓄电池、干电池等。其中，"供电网络中独立于正常电源的专用馈电线路"是指保证两个供电线路不大可能同时中断供电的线路。正常与电网并联运行的自备发电厂不宜作为应急电源使用。

（2）二级负荷对电源的要求。二级负荷一般由两回线路供电，当电源来自同一区域变电站的不同变压器时，即可认为满足要求。

在负荷较小或地区供电条件困难的二级负荷，可由一回 6 kV 及以上专用的架空线路或电缆线路供电。当采用架空线时，可为一回架空线供电；当采用电缆线路时，应采用两根电缆组成的线路供电，且每根电缆应能承受 100% 的二级负荷。这主要是考虑架空线路的常见故障检修周期较短，但这并不代表电缆的故障率高，相反，电缆的故障率较架空线低。

（3）三级负荷对电源的要求。三级负荷对电源无特殊要求，一般由单电源供电即可。

4.5.4　电网接线方式

城市电力线路的接线方式是指由电源端（变电站等）向负荷端（电能用户或用电设备）输送电能时所采用的网络形式。

城市配电网接线应满足可靠、灵活和负荷需要，符合长远发展要求；应简化接线模式，做到规范化和标准化。

1）高压配电网接线方式

从网架结构上分类，高压配电网接线有环网式和辐射式（图 4-1），可以细分为单环网、双环网、不完全双环网和单辐射、双辐射；从变电站与线路的连接方式上又分为链式、支接（T 接）。

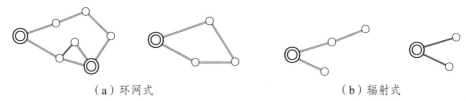

（a）环网式　　　　　　　　　　（b）辐射式

图 4-1　高压配电网网架结构示意图

注：◎为电源节点；○为负荷节点。

高压配电网常见的接线方式有链式、支接式、辐射式等，其中在中心城区或高负荷密度的工业园区，宜采用链式、3 支接接线；在一般城区或城市郊区，宜采用 2 支接、3 支接接线或辐射式接线。

（1）高压配电线路采用架空线路时可采用同杆双回路供电方式，有条件时宜在两侧配备电源，沿线 T 接 2—3 个变电站（图 4-2、图 4-3）。当 T 接 3 个变电站时，宜采用双侧电源三回路供电（图 4-4）。当电源变电站引出两回及以上线路时，应引自不同的母线或母线分段。

T 接是指从甲方向乙方供电的线路中间接出一条线路，向第三方丙供电。

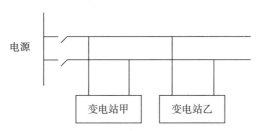

图 4-2　单侧电源双回路供电高压架空配电网

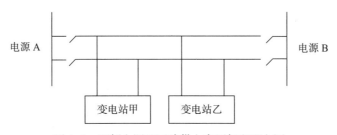

图 4-3　两侧电源双回路供电高压架空配电网

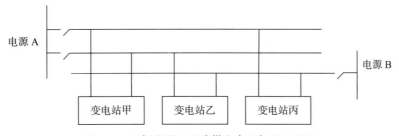

图 4-4　双侧电源三回路供电高压架空配电网

（2）高压配电线路采用电缆时，可采用单侧双路电源，T接2个变电站（图4-5）。当T接3个变电站时，宜在两侧配备电源和线路分段（图4-6、图4-7）。在负荷密度大的中心区和工业园区等区域，可采用链式接线（图4-8）。当电源较多时，也可采用三侧电源"3T"接线（图4-9）。

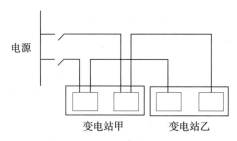

图4-5　电缆线路T接2个变电站

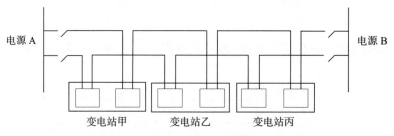

图4-6　电缆线路T接3个变电站（两侧电源，2台配电变压器）

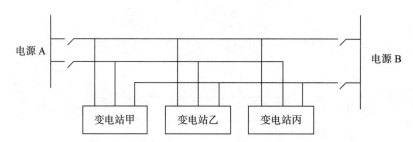

图4-7　电缆线路T接3个变电站（两侧电源，3台配电变压器）

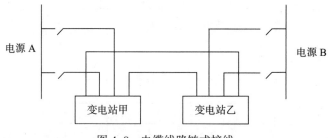

图4-8　电缆线路链式接线

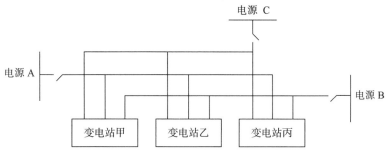

图 4-9　三侧电源电缆线路 T 接 3 个变电站

2）中压配电网接线方式

中压配电网分为架空线路网和电缆线路网。

（1）中压架空配电网宜采用开环运行的环网接线，负荷密度较大的供电区可采用"多分段多联络"的接线方式。负荷密度较小的供电区可采用单电源辐射式接线，辐射式接线应随着负荷增长逐步向开环运行的环网接线方式过渡（图 4-10 至图 4-12）。

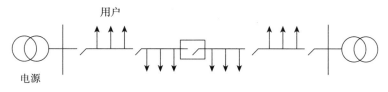

图 4-10　环网接线

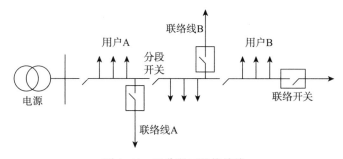

图 4-11　三分段三联络接线

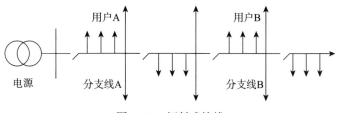

图 4-12　辐射式接线

所谓开环运行是指线路中的负荷只能从一个方向取得电源的运行方式。环网是指环形配电网，即供电干线形成一个闭合的环形，线路中的每一个负荷至少可从两个方向取得电源的接线网络。

（2）采用电缆时，根据负荷密度和重要程度可采用辐射式接线、单环网接线、N 供 1 备接线、双环网接线（图 4-13 至图 4-17）。

（3）双辐射接线方式用于负荷密度高、需双电源供电的重要用户。双辐射接线的电源可以来自不同的变电站，也可以来自同一变电站的不同母线。

变电站母线是指在变电站的各级电压配电装置中，将变压器、互感器、进出线等大型电气设备与各种电器装置连接的导线。母线的作用是汇集、分配和传送电能。

（4）开环运行的单环网用于单电源供电的用户。单环网只提供单个运行电源，在故障时可以在较短时间内使用备用电源，恢复非故障线路的供电。单环网电源可以来自不同的变电站，也可以来自同一变电站的不同母线，单环网由环网单元（负荷开关）组成。

（5）城市中心、繁华地区和负荷密度高的工业园区可采用双环网。

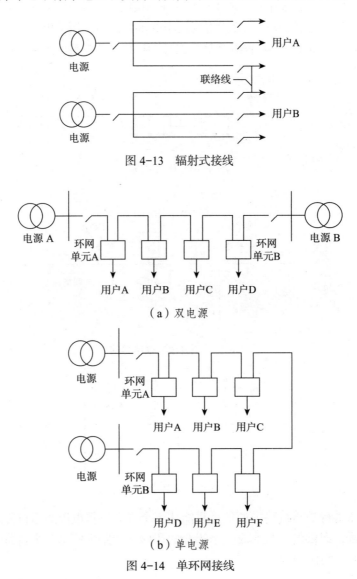

图 4-13　辐射式接线

（a）双电源

（b）单电源

图 4-14　单环网接线

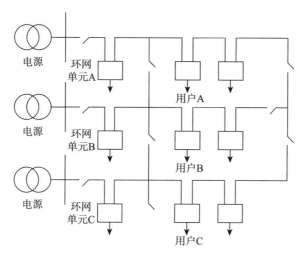

图 4-15 "3-1" 单环网接线

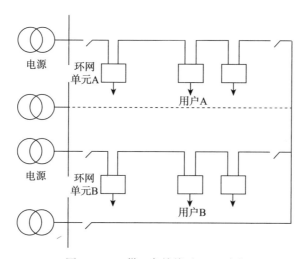

图 4-16 N供1备接线（N≤4个）

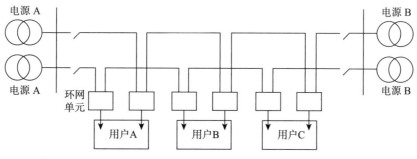

图 4-17 双环网接线

3）低压配电网接线方式

低压配电网宜采用以配电变压器为中心的辐射式接线，具体可以分为放射式和树干式两种形态。必要时，相邻变压器的低压干线之间可装设联络开关，以作为事故情况下的互备电源。此外，低压配电网还有环网式、格网式接线形式。

低压配电网可采用架空线路网和电缆线路网。一二级负荷应设双回路电源。

（1）放射式

① 单回路放射式（图4-18）。该配电网由电源端采取一对一的方式直接向用户供电，每条线路只向一个用户点供电，中间不接任何其他的负荷。这种供电方式的特点是供电可靠性较高，当任意一回线路发生故障时，都不影响其他回路供电，且操作灵活方便，易于实现保护和自动化；但其耗材量较大，一次性投资较高。

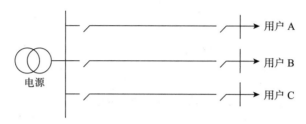

图4-18　单回路放射式配电网

② 双回路放射式（图4-19）。该配电网每个用户均由两回放射式回路供电。此种方式一般仅用于确实需要高可靠性的用户，并可将双回路的电源端接于不同的电源，以保证电源和线路同时得以备用，可向一二级负荷用户供电。

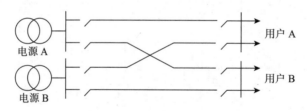

图4-19　双回路放射式配电网

③ 带公共备用线的放射式（图4-20）。该配电网中的任何一条配电线路发生故障或停电检修时，都可以切换至公共备用线上，保证继续供电，提高可靠性。

图4-20　带公共备用线的放射式配电网

（2）树干式

① 单回路树干式（图4-21）。树干式网络结构就是由电源端向负荷端配出干线，在干线的沿线引出数条分支线向用户供电。

这种网络结构的优点是，电源端出线回路数较放射式少，可以节省材料，节约一次性投资；但其可靠性较差，配电干线检修或发生故障时，会使所有用户停电。

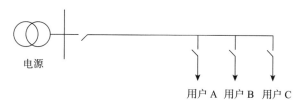

图 4-21　单回路树干式配电网

② 双回路树干式（图 4-22）。该配电网中的每个用户都由两条干线同时供电。

对于要求高可靠性的用户，采用双回路干线，使线路有备用，同时可将双回线路接不同的电源，实现电源和线路的两种备用。该配电网适用于向一二级负荷用户供电。

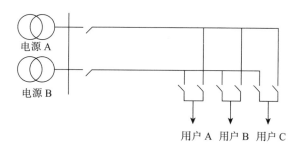

图 4-22　双回路树干式配电网

（3）环网式

如图 4-23 所示，开环运行的环网式网络结构包括单电源环式和双路电源环式。双路电源环式就是至少有两个不同电源端向负荷端配出环状干线，在干线的沿线引出数条分支线向用户供电。这种网络结构的优点是，供电可靠性高，可向负荷密集地区和一二级负荷用户供电。

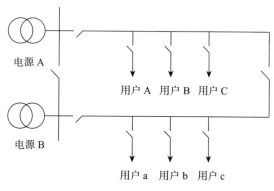

图 4-23　环网式配电网

4.5.5　输电网规划

城市输电网亦称送电网，是由若干城市电源变电站和城市发电厂组成的城市供电电源向城市变电站输送电能而连接起来的网络系统。

1）电压等级与层次

输电网是按电压等级划分层次，组成网络结构，并通过城市变电站与配电网连接，或与另一电压等级的输电网连接。城市输电网按照输电和技术特点，通常又可分为三个输电电压等级，即特高压输电电压［1 000 kV、DC−±800 kV（输电电压为800 kV的直流电）］、超高压输电电压（330 kV、500 kV、750 kV、DC−±500 V）和高压输电电压（220 kV）。

2）布局

220 kV及以上的城市输电线路和变电站是电力系统的重要组成部分，又是城网的电源，可靠性要求高，一般为布置在城市外围的架空线，采用双环式网络结构［参见前图4-1（a）］。

在环网的适当地点设枢纽变电站；在负荷密度大、用电量大的市区，可采用500 kV、220 kV城市电源变电站伸入市区的供电方式。

4.5.6　配电网规划

1）配电网络规划

城市配电网是指从输电网接受电能，再分配给城市电力用户的电力网。

各级配电网络的供电能力应适度超前，供电主干线路和关键配电设施宜按配电网规划一次建成。

（1）配电网分类

城市配电网分为高压配电网、中压配电网和低压配电网。城市配电网通常是指110 kV及以下的电网。其中35 kV、66 kV、110 kV电压为高压配电网，10 kV、20 kV电压为中压配电网，0.38 kV电压为低压配电网。

城市配电网应合理配置电压等级序列，建设节约型、环保型、智能型配电网。

（2）供电分区

高压和中压配电网应合理分区。城市电网分层分区供电是限制系统短路电流、避免不同电压等级之间的电磁环网、便于事故处理和潮流控制、方便运行管理的主要措施。目前，国内外的城市电网都实施分层分区供电。

高压配电网应根据城市规模、规划布局、人口密度、负荷密度及负荷性质等因素进行分区。一般城市宜按中心城区、一般城区和工业园区分类，超大城市、特大城市和大城市可按中心城区、一般城区、郊区和工业园区等进行分类。

中压配电网宜按电源分布点进行分区，分区应便于供电、配电管理，各分区之间应避免交叉。当有新的电源接入时，应对原有供电分区进行必要调整，相邻分区之间应具有满足适度转移负荷的联络通道。

（3）电压等级

城市配电网电压等级的设置应符合现行国家标准《标准电压》（GB/T 156—2017）中的有关规定。高压配电网可选用110 kV、66 kV和35 kV的电压等级；中压配电网可选用 10 kV 和 20 kV 的电压等级。根据城市规模和负荷需求情况，中压配电网可扩展至 35 kV，高压配电网可扩展至 220 kV 或 330 kV。

2）高压配电网

高压配电网负责将电力从供电电源输送到城市各个区域，是由高压配电线路和配电变电站组成的向用户提供电能的配电网。高压配电网从上一级电源接受电能后，可以直接向高压用户供电，也可以向下一级中压（低压）配电网提供电源。

（1）与供电电源和二次变电站协同。高压配电网规划应充分考虑城市供电电源的规模和容量，确保电网能够承载并有效分配电力资源。

（2）敷设方式选择。高压配电线路网应根据电压等级和负荷性质、容量、规模及路径环境条件选择电缆或架空形式。

（3）与城市规划相协同。高压配电网应与城市空间规划协调，合理布局变电站和进出线路走廊，减少对城市景观的破坏，降低线路对城市空间的影响。

（4）电网升级改造。当城市电网或电网服务片区的供电容量严重不足时，可采取电网升压或新增变电站措施来扩大供电能力。

3）中压配电网

中压配电网负责将电力进一步分配到用户端，是由中压配电线路和配电室（配电变压器）组成的向用户提供电能的配电网。中压配电网是从高压配电网接受电能，向中压用户或向各用电小区负荷中心的配电室（配电变压器）供电，在经过变压后向下一级低压配电网提供电源。

中压配电网由 10 kV 或 20 kV 线路、配电室、开关站、箱式配电室、杆架变压器等组成，主要为分布面广的公用电网。中压配电网的规划应符合以下原则：

（1）与高压配电网协调。高压配电网负责将电力从供电电源站输送到城市各区，中压配电网则负责将电力进一步分配到用户端。因此，两者间的网架结构等需相互协调、密切配合。

（2）敷设方式选择。中压配电线路应根据负荷性质、容量、规模和路径环境条件选择电缆或架空形式。

（3）供电分区。中压配电网应依据变电站的位置、负荷密度和运行管理的需要，分成若干个相对独立的分区配电网。分区配电网应有大致明确的供电区域，一般不交错重叠。中压配电网中的每一个主干线路和配电变压器，都应有比较明显的供电范围。

（4）电网接线形式。中压变电站间应连接成环网，变电站之间的中压环网应有足够的联络容量，正常时开环运行，异常时能转移负荷。

（5）电网安全保障。中压配电网应保证当任何一条 35 kV 或 20 kV、10 kV 线路因检修停运时，保持向用户继续供电。事故停运时，通过改变运行方式继续对用户供电，且所有上述情况均应不会过负荷、不限电。

（6）电网运行可靠。城市中压配电网应加强网络结构的优化，以有效提高供电可靠性。城市电力网中的中压配电网的主干线路一般可沿道路布线，以环网方式从不同变电站或同一变电站的不同母线段上受电，并隔一定距离用开关分段，开环运行，以缩小线路检修、发生故障时的停电范围。如果中压配电网是放射式结构，则应配有必要的备用线。

4）低压配电网

低压配电网是指由低压配电线路及其附属电气设备组成的向用户提供电能的配电网。低压配电网的功能是以中压配电变压器为电源，将电能通过低压配电线路直接送给用户。低压配电线路的供电容量不大，但分布面广，除少量集中用电的用户外，大量是供给城乡居民生活用电及分散的街道照明用电等。

低压配电网的规划应符合以下原则：

（1）与中压配电网协调。低压配电网通过中压配电网的配电室（配电变压器）变压后向下一级低压配电网提供电源，其配电室（配电变压器）应尽量在负荷中心。

（2）敷设方式选择。低压配电线路应根据负荷性质、容量、规模和路径环境条件选择电缆或架空形式。

（3）配电方式。配电方式通常为三相四线制，低压负荷分散，进户点多，每相负荷应注意平衡。对于采用中压电缆配电网的地区，低压配电网宜采用电缆网。

（4）安全运行。低压配电网应使配电变压器的容量、供电范围及其低压线路导线截面适应日益增长的电力负荷需求。

5）配电网输供电半径

中低压配电网的供电半径应满足末端电压质量的要求，根据供电负荷和允许电压损失确定的中低压配电网供电半径不宜超过表 4-10 所规定的数值。

表 4-10　中低压配电网的供电半径　　　　　　　　　　　　单位：km

供电区类别	20 kV 配电网	10 kV 配电网	0.4 kV 配电网
中心城区	4	3	0.15
一般城区	8	5	0.25
郊区	10	8	0.40

4.5.7　供电设施规划

城市供电设施包括城市变电站、开关站、环网单元、公用配电室等。

城市供电设施是城市重要的基础设施。供电设施的建设标准、结构形式的选择直接影响城市土地利用的经济合理性和城市景观及环境质量。供电设施的设备选型应安全可靠、经济实用、兼顾差异，应使用通用设备，选择技术成熟、节能环保和抗震性能好的产品，并应符合国家有关标准的规定。

规划新建的城市供电设施应根据其所处地段的地形地貌条件和环境要求，选择与周围环境景观相协调的结构形式与建筑外形。在自然灾害多发地区和跨越铁路或桥梁等地段，应提高城市供电设施的设计标准。

供电设施规划应考虑城市分布式能源、电动汽车充电站等的布局、接入需要，适应智能电网的发展要求。

1）城市变电站

城市变电站是指配置于城市区域中起变换电压、交换功率和汇集、分配电能的变电站及其配套设施。

（1）等级

城市变电站按其一次侧电压等级可分为 500 kV、330 kV、220 kV、110（66）kV、35 kV 五类变电站。

（2）结构形式

城市变电站的结构形式可分为户外式、户内式、地下式、移动式四类（表4-11）。

表4-11　城市变电站结构形式分类

大类	结构形式	小类	结构形式
1	户外式	1	全户外式
		2	半户外式
2	户内式	1	常规户内式
		2	小型户内式
3	地下式	1	半地下式
		2	全地下式
4	移动式	1	箱体式
		2	成套式

城市变电站的结构形式选择。一般情况下，在城区边缘或乡村地区可采用布置紧凑、占地较少的全户外式或半户外式；在城区内宜采用全户内式或半户外式；在市中心地区可在充分论证的前提下结合绿地或广场，建设全地下式或半地下式；在城市的超高层公共建筑群区、中心商务区及繁华的金融商贸街区，宜采用小型户内式，或建设附建式或地下变电站。

全户内式变电站是近年发展的智能化、大容量的变电站，其所有的电气设备都安装在建筑物内部，采用智能化和自动化的管理方式，提高了运行效率和安全性。

随着城市用电量的急剧增加，市区负荷密度的迅速提高，66 kV 以上高压变电站已深入城区，且布点数量越来越多。而城区用地的日趋紧张、选址困难和环保要求，使得改变变电站过去通常选用的体积大、用地多的户外式结构形式，减少变电站占地和加强环保措施，已成为当前迫切需要解决的问题。国内外实践经验表明，在不影响电网安全运行和供电可靠性的前提下，实现变电站户内化、小型化，可以达到减少占地、改善环境质量的目的。近年来，采用紧凑型布置方式的户外型、半户外型、全户内型以及与其他建筑合建的结构形式，在我国城区已得到迅速发展。

（3）主变压器容量和台数选择

变电容载比应参照前表4-9的规定，合理选用。根据规划负荷和变电容载比，合理选配变电站的主变压器容量和台数。

城市变电站的主变压器安装台（组）数宜为2—4台（组），单台（组）主变压器的容量应标准化、系列化。35—500 kV 变电站主变压器单台（组）的容量选择宜符合表4-12的规定。

表 4-12　35—500 kV 变电站主变压器单台（组）容量表

变电站电压等级（kV）	单台（组）主变压器容量（MVA）
500	500、750、1 000、1 200、1 500
330	120、150、180、240、360、500、750
220	90、120、150、180、240、360
110	20.0、31.5、40.0、50.0、63.0
66	10.0、20.0、31.5、40.0、50.0
35	3.15、6.30、10.00、20.00、31.50

（4）服务范围

变电站的合理供电半径应根据所在地区的总体规划或专项规划、负荷密度和负荷分布特点，经技术经济比较后确定。供电半径一般取决于两个因素的影响：第一，电压等级。电压等级越高，供电半径相对越大。第二，用户终端密集度。电力负载越多，供电半径越小。变电站的服务范围还应考虑服务地域及对象的用电负荷需求和要求。各级变电站（所）一般的合理供电半径参见表 4-13 的规定。

配电变压器的供电半径以控制在 500 m 内为宜。

表 4-13　变电站合理供电半径建议值

变电站的电压等级（kV）	变电站的二次侧电压（kV）	合理供电半径（km）
500	220	200—300
330	220、110	100—200
220	110、66、35、10	50—100
110	10	15—30
66	10	5—15
35	10	5—10
10	—	0.25—0.50

（5）选址

城市变电站是联结城网中各级电压网的中间环节，主要用以升降电压，汇集和分配电力，保障城市生活与生产用电。城市变电站的规划选址应符合下列规定：① 应与城市国土空间总体规划的用地布局相协调；② 应靠近负荷中心；③ 应便于进出线；④ 应方便交通运输；⑤ 应减少对军事设施、通信设施、飞机场、领（导）航台、国家重点风景名胜区等设施的影响；⑥ 应避开易燃、易爆危险源和大气严重污秽区及严重盐雾区；⑦ 220—500 kV 变电站的地面标高宜高于 100 年一遇洪水位；35—110 kV 变电站的地面标高宜高于 50 年一遇洪水位；⑧ 应选择良好地质条件的地段。

（6）用地面积

影响城市变电站占地面积的因素有很多，如主结线方式、设备选型和变电站在城市中的位置等，其中以主结线方式的影响最大。主结线方式包括：变电站的电压等级、进出线回路数、母线接线形式、主变压器台数和容量等。城市变电站的用地面积应按变电站最终规模预留；规划新建的35—500 kV变电站规划用地面积的控制指标宜根据表4-14的规定，结合所在城市的实际情况因地制宜地选用。

表4-14　35—500 kV变电站规划用地面积控制指标

序号	变压等级（kV）一次电压/二次电压	主变压器容量［MVA/台（组）］	变电站结构形式及用地面积（m²）		
			全户外式用地面积	半户外式用地面积	户内式用地面积
1	500/220	750—1 500/2—4	25 000—75 000	12 000—60 000	10 500—40 000
2	330/220 及 30/110	120—360/2—4	22 000—45 000	8 000—30 000	4 000—20 000
3	220/110（66，35）	120—240/2—4	6 000—30 000	5 000—12 000	2 000—8 000
4	110（66）/10	20—63/2—4	2 000—5 500	1 500—5 000	800—45 000
5	35/10	5.6—31.5/2—3	2 000—3 500	1 000—2 600	500—2 000

注：有关特高压变电站、换流站等设施建设用地，宜根据实际需求规划控制。本指标未包括厂区周围防护距离或绿化带用地，不含生活区用地。

2）开关站

开关站是指城网中设有高中压配电进出线、对功率进行再分配的供电设施，可用于解决变电站进出线间隔有限或进出线走廊受限的问题，并在区域中起到电源支撑的作用。中压电网的开关站也被称为开闭所。

规划建设开关站是缓解城市高压变电站出线回路数多、出线困难的有效方法，可以增强配电网的运行灵活性，提高供电可靠性。有下列情形可考虑设置开关站：

（1）高电压线路伸入市区，可根据电网需求，建设110 kV及以上电压等级开关站。

（2）当66—220 kV变电站的二次侧电压35 kV或10（20）kV出线走廊受到限制，或者35 kV或10（20）kV配电装置间隔不足，且无扩建余地时，宜规划建设开关站。

（3）10（20）kV开关站应根据负荷的分布与特点布置。

10（20）kV开关站宜与10（20）kV配电室连体建设，且宜考虑与公共建筑物混合建设。

10（20）kV开关站规划用地面积的控制指标宜根据表4-15的规定，结合所在城市的实际情况因地制宜地选用。

表4-15　10（20）kV开关站规划用地面积控制指标

序号	设施名称	规模及机构形式	用地面积（m²）
1	10（20）kV开关站	2进线8—14出线，户内不带配电变压器	80—260
2	10（20）kV开关站	3进线12—18出线，户内不带配电变压器	120—350
3	10（20）kV开关站	2进线8—14出线，户内带2台配电变压器	180—420
4	10（20）kV开关站	3进线8—18出线，户内带2台配电变压器	240—500

3）环网单元

环网单元一般是指用于 10 kV 电缆线路分段、联络及分接负荷的配电设施，也称环网柜或开闭器。

环网单元是近年来广泛应用的配电开关设备。按使用场所可分为户内环网单元和户外环网单元，是环网供电和终端供电的重要开关设备。随着大规模的城市建设，环网柜结构紧凑，占地面积小，运行安全可靠，维修量很小，运行费用低，可满足变配电设备无油化、集成化、小型化、智能化、模块化的要求。为便于巡视、检修和维护，环网单元宜在地面上单独建设；但为更好地实现城市供电设施与城市景观的协调统一，当有景观协调或节约用地等特殊要求时，环网单元可考虑与用电单位的建筑共同建设；为便于故障检修、日常维护且防止设备受潮或进水，宜布置于地上首层或地下一层，而不能布置于底层。

4）公用配电室

配电室主要为低压用户配送电能，设有中压配电进出线（可有少量出线）、配电变压器和低压配电装置，带有低压负荷的户内配电场所。

公用配电室宜按"小容量、多布点"的原则规划设置，配电变压器的安装台数宜为两台，单台配电变压器的容量不宜超过 1 000 kVA。配电室应有良好的通风和消防措施。

当城市用地紧张、现有配电室无法扩容且选址困难时，可采用箱式变电站，且单台变压器的容量不宜超过 630 kVA。箱式变电站是把高压受电设备、配电变压器和低压配电屏，按一定接线方案集合成一体的工厂预制型户内外配电装置，它具有体积小、占地少、投资省、工期短等优点。近年来，此类变电站的应用逐渐增多，反馈良好。

4.6 城市电力线路规划

电力线路的规划宜根据城市用电负荷、电源布局、电网结构、电网接线方式和城市实际情况等，沿道路等廊道合理布局。

城市电力线路的敷设分为架空线路和地下电缆线路两类。

架空线路与电缆线路相比，具有造价低、投资省、施工简单、建设工期短、维护方便等优点；其缺点是占地大、易受外力破坏、影响景观等。

电缆线路可采取直接埋设在地下，或敷设在专门开挖的电缆沟内。地下电缆线路运行安全可靠，不受大气条件影响，受外力破坏的可能性小，还可美化环境，具有架空线路代替不了的优点。电缆直埋敷设方式具有投资省、施工简单的显著优点，缺点是易受外力机械破坏。

一般情况下，城市高压电力线路采用架空敷设。但在市中心地区、高层建筑群区、主干路、人口密集区、繁华街道等，重要风景名胜区的核心区和对架空导线有严重腐蚀性的地区，走廊狭窄、架空线路难以通过的地区，电网结构或运行安全的特殊需要线路，沿海地区易受热带风暴侵袭的主要城市的重要供电区域，可采用电缆线路敷设。

城区内的中低压配电线路应纳入城市地下管线统筹规划，其空间位置和走向应满足配电网需求。

4.6.1 架空线路

1）路径选择

架空电力线路的路径选择应综合考虑线路长度、地形地貌、地质、气候、交通、施工、运行等因素，与相关规划相衔接和协调，进行多方案的技术经济比较，做到安全可靠、环境友好、经济合理。

架空电力线路的路径选择一般应符合下列规定：

（1）应根据城市地形、地貌特点和道路网规划，沿公路、城市道路、河渠、绿化带等架设。路径应短捷、顺直，减少同道路、河流、铁路等的交叉，并应避免跨越建筑物。

（2）35 kV及以上高压架空电力线路应规划专用通道，并加以保护。

（3）35 kV及以上高压架空电力线路不宜穿越市中心地区、重要风景旅游区或中心景观区。

（4）宜避开空气严重污秽区或有爆炸危险品的建筑物、堆场、仓库。

（5）应满足防洪、抗震、地质灾害防治等要求。

2）高压线走廊宽度

高压线走廊是指35 kV及以上高压架空电力线路两边导线向外侧延伸一定安全距离所形成的两条平行线之间的通道，也被称为高压架空线路走廊。

不同地区、不同规模、不同用地条件的城市高压架空线走廊的宽度要求是有差别的。一般来说，我国东北、西北地区的城市由于气温低、风力大、导线覆冰等原因而易受导线弧垂大、风偏大等因素的影响，其高压线走廊所规定的宽度比华东、中南等地区的城市偏大些。大城市由于人口多、用地紧张，选择城市高压线走廊困难，其高压线走廊所规定的宽度比中小城市偏紧。山区、高原城市比一般城市的高压线走廊宽度要偏大些。

单杆单回水平排列或单杆多回垂直排列的城区35—1 000 kV高压架空电力线路规划走廊的宽度，宜根据表4-16的规定，结合所在城市的地理位置、地形、地貌、水文、地质、气象等条件及用地条件因地制宜地确定。

表4-16　市区35—1 000 kV高压架空电力线路规划走廊宽度

线路电压等级（kV）	高压线走廊宽度（m）
直流 ±800	80—90
直流 ±500	55—70
1 000（750）	90—110

线路电压等级（kV）	高压线走廊宽度（m）
500	60—75
330	35—45
220	30—40
66，110	15—25
35	15—20

3）高压架空电力线路集约布置要求

城区高压架空电力线路宜采用占地较少的窄基杆塔和多回路同杆架设的紧凑型线路结构，多路杆塔宜安排在同一走廊。

4）高压架空电力线路安全保护要求

高压架空电力线路导线与建筑物之间的最小垂直距离（表 4-17）、导线与建筑物之间的最小净空距离（表 4-18）和水平距离（表 4-19）、导线与地面之间的最小垂直距离（表 4-20）、导线与街道行道树之间的最小垂直距离（表 4-21）应符合现行国家标准的有关规定，以保障安全。

表 4-17　架空电力线路导线与建筑物之间的最小垂直距离

线路电压（kV）	<3	3—10	35	110（66）	220	330	500	750	1 000	±500	±800
垂直距离（m）	3.0	3.0	4.0	5.0	6.0	7.0	9.0	11.5	15.5	9.0	16.0

注：在导线最大计算弧垂情况下。

表 4-18　架空电力线路导线与建筑物之间的最小净空距离

线路电压（kV）	<3	3—10	35	110（66）	220	330	500	750	1 000	±500	±800
净空距离（m）	1.0	1.5	3.0	4.0	5.0	6.0	8.5	11.0	15.0	8.5	15.5

注：在最大计算风偏情况下。

表 4-19　架空电力线路导线与建筑物之间的水平距离

线路电压（kV）	<3	3—10	35	110（66）	220	330	500	750	1 000	±500	±800
水平距离（m）	0.5	0.75	1.5	2.0	2.5	3.0	5.0	6.0	7.0	5.0	7.0

注：在无风情况下。

表 4-20　架空电力线路导线与地面之间的最小垂直距离　　　　　　单位：m

线路经过地区	线路电压（kV）									
	<3	3—10	35—110	220	330	500	750	1 000	±500	±800
居民区	6.0	6.5	7.0	7.5	8.5	14.0	19.5	27.0	16.0	21.0
非居民区	5.0	5.0	6.0	6.5	7.5	11.0	15.5	22.0	12.5	18.0
交通困难地区	4.0	4.5	5.0	5.5	6.5	8.5	11.0	15.0	9.0	15.0

注：在最大计算导线弧垂情况下。

表 4-21　架空电力线路导线与街道行道树之间的最小垂直距离

线路电压（kV）	<3	3—10	35—110	220	330	500	750	1 000	±500	±800
最小垂直距离（m）	1.0	1.5	3.0	3.5	4.5	7.0	8.5	14	7.0	13.5

注：考虑树木自然生长高度。

4.6.2　电缆线路

电力电缆线路的建设一般应遵循以下基本原则和要求：

1）线路路径

电缆线路路径应与其他地下管线统筹安排，符合现行国家标准《电力工程电缆设计规范》（GB 50217—2018）等有关规定，并应保证与其他工程管线之间的安全距离。线路的路径选择应根据道路网规划，与道路走向相结合；路径选择应避免电缆遭受机械性外力、过热、腐蚀等危害；在满足安全要求条件下，应保证电缆路径最短，并便于敷设和维护。

2）线路敷设方式选择

城市电力电缆线路敷设的常用方式是直埋敷设、电缆保护管敷设、浅槽敷设、电缆沟敷设、电缆隧道敷设等。

电缆敷设方式选择应视工程条件、环境特点和电缆类型、数量等因素，以及满足运行可靠、便于维护和技术经济合理的要求选择。

（1）直埋敷设。在同一通路少于6根的35 kV及以下电力电缆、不易经常性开挖的地段，宜采用直埋；在城市道路人行道下较易翻修或道路边缘，也可采用直埋。在化学腐蚀或杂散电流腐蚀的土壤范围内，不得采用直埋。

（2）电缆保护管敷设。在有爆炸性环境明敷的电缆、露出地坪上需加以保护的电缆、地下电缆与道路及铁路交叉时，应采用穿管；在地下电缆通过房屋、广场的区段，以及电缆敷设在规划中将作为道路的地段时，宜采用穿管；在地下管网较密的工厂区、城市道路狭窄且交通繁忙或道路挖掘困难的通道等电缆数量较多时，可采用穿管。同一通道采用穿管敷设的电缆数量较多时，宜采用排管方式敷设。

（3）浅槽敷设。在地下水位较高，通道中电力电缆数量较少，且在不经常有载重车通过的户外配电装置等场所，宜采用浅槽敷设方式。

（4）电缆沟敷设。在同一通道的地下电缆数量较多时，在道路的人行道开挖不便且电缆需分期敷设时，可采用电缆沟；在化学腐蚀液体或高温熔化金属溢流的场所，或在载重车辆频繁经过的地段，不得采用电缆沟。

（5）电缆隧道敷设。在同一通道的地下电缆数量多，电缆沟不足以容纳时，应采用隧道；同一通道的地下电缆数量较多，且位于有腐蚀性液体或经常有地面水溢流的场所，或含有 35 kV 以上高压电缆以及穿越道路、铁路等地段，宜采用隧道。受城市地下通道条件限制或在交通流量较大的道路下，与较多电缆沿同一路径有非高温的水、气和通信电缆管线共同配置时，可在公用性隧道中敷设电缆。

3）电缆线路安全保护要求

（1）覆土深度。电缆线路在非机动车道（含人行道）、车行道直埋敷设时，最小覆土深度分别为 0.70 m、1.0 m；采用保护管敷设时，最小覆土深度均为 0.50 m。

（2）与其他工程管线之间及其与建（构）筑物之间的最小水平净距。电缆线路与建（构）筑物、铁路以及和其他工程管道的水平净距应根据建（构）筑物基础、路面种类、卫生安全等确定，最小水平净距应符合现行国家标准《城市工程管线综合规划规范》（GB 50289—2016）中的有关规定，保证供电安全。其中，大于 35 kV的高压电缆线路与通信线路的水平净距均不小于 2.0 m。

（3）与其他工程管线交叉时的最小垂直净距。电力电缆与其他工程管线交叉时，应符合现行国家标准《城市工程管线综合规划规范》（GB 50289—2016）中的相关规定，保证供电安全。

4.7 城市充电设施规划

充电基础设施是电动汽车用户绿色出行的重要保障，是促进新能源汽车产业发展、推进新型电力系统建设、助力双碳目标实现的重要支撑。

充电基础设施主要包括各类集中式充换电站和分散式充电桩：集中式充换电站用于专用车的充电，主要应用在公交车、出租车、环卫物流、城市公共、城际快充等多种范围；分散式充电桩指的是用户专用的充电桩，主要解决电动乘用车的充电与续航问题。

新能源汽车充换电设施发展是促进传统基础设施数字化、智能化、绿色化、融合化发展，建设新型基础设施的重要内容。加强新能源汽车充换电设施的建设，是完善城市基础设施、方便居民出行、促进城市低碳发展的重要举措。大力发展电动汽车，能够加快燃油替代，减少汽车尾气排放，对保障能源安全、促进节能减排、防治大气污染具有重要意义，也是推进能源消费革命的一项重要战略举措。

4.7.1 类型与规模

1）类型

按照服务对象，充电设施分为自用充电设施、专用充电设施、公用充电设施、集中式充换电站四类。充电设施一般结合停车场（库）的停车位建设。

（1）自用充电设施，指在个人用户所有或长期租赁的固定停车位安装，专门为其停放的电动汽车充电的充电桩及接入上级电源的设施。

（2）专用充电设施，指在党政机关、企（事）业单位等专属停车位建设，为公务、专用、员工车辆等提供专属充电服务的充电桩、充换电站及接入上级电源的设施。

（3）公用充电设施，指在社会公共停车场、加油（气）站、高速公路服务区等区域规划建设，面向社会车辆提供充电服务的充电桩及接入上级电源的设施。

（4）集中式充换电站，指独立占地且符合用地规划或在特定区域范围内，面向社会车辆提供充电服务的充换电站及接入上级电源特定的公用充电基础设施。

2）规模

（1）与新能源汽车发展需求相适应。应根据各地发展计划和社会发展需求，建立一个覆盖全市的设施网络，满足新能源汽车充换电需求。

（2）配建指标。应根据各地实际，确定配建指标。如北京市要求交通枢纽、公共停车场、换乘停车场的停车位配建指标不小于20%（表4-22）。

3）服务半径

应按照使用方便的原则，结合各地的实际，确定充电设施的服务半径。如北京市规划在"十四五"末期，建构平原地区服务半径为3 km、核心区服务半径为0.9 km的公用充电设施网络，实现换电站平均服务半径小于5 km的目标。

表4-22　北京市停车位充电基础设施配建指标

项目	充电车位配建指标	
	直接建设	预留条件
居住类（含访客停车位）	18%	至100%
办公类	25%	至设计比例
商业类	20%	至设计比例
其他类	15%	至设计比例
交通枢纽、公共停车场、换乘停车场	20%	至设计比例
游览场所	15%	至设计比例

4.7.2　基本原则

充电设施布局以"居住地、办公地充电为主，社会公用快速补电为辅"的充电网络和"布局合理、高效集约"为原则。以用户居住地停车位、单位内部停车场、公交及出租等专用场站配建的专用充电基础设施为主体，以城市公共建筑物配建停车场、社会公共停车场、路内临时停车位配建的公共充电基础设施为辅助，以独立占地的城市快充站、换电站和高速公路服务区配建的城际快充站为补充，以充电智能服务平台为支撑，加快建设适度超前、布局合理、功能完善的充电基础设施体系。

1）公共服务领域配建原则

对于公交、环卫、机场通勤等定点定线运行的公共服务领域的电动汽车，应根据线路运营需求，优先结合停车场站建设充电基础设施；可根据实际需求，建设一定数量独立占地的快充站与换电站。对于出租、物流、租赁、公安巡逻等非定点定线运行的公共服务领域的电动汽车，应充分挖掘有关单位内部停车场站配建充电基础设施的潜力，同步推进城市公共充电基础设施建设，通过内部专用设施与公共设施的高效互补来提高用车的便捷性。

2）用户居住地配套原则

对于有固定停车位的用户，优先结合停车位建设充电桩。对于无固定停车位的用户，鼓励企业通过配建一定比例的公共充电车位，建立充电车位的分时共享机制，开展机械式和立体式停车充电一体化设施建设与改造等方式为用户充电创造条件。

3）单位内部配置原则

具备条件的政府机关、公共机构及企事业单位，要结合单位电动汽车配备更新计划以及职工购买与使用电动汽车的需求，利用单位内部停车场资源，规划电动汽车专用停车位，配建充电桩。

4）公共充电网络统筹建设原则

结合大型商场、文体场馆等建筑物配建停车场，以及交通枢纽、驻车换乘（P+R）等社会公共停车场开展城市公共充电基础设施建设，在具备条件的加油站配建公共快充设施，适当新建独立占地的公共快充站。

公共充电基础设施布局应按照从城市中心到边缘、优先发展区域向一般区域逐步推进的原则，逐步增大公共充电基础设施分布密度。有条件的单位和个人充电基础设施向社会公众开放。结合实际需求，推广占地少、成本低、见效快的机械式与立体式停车充电一体化设施，提高土地利用效率。

5）高速公路服务区配建原则

依托高速公路服务区停车位，建设城际快充网络。

此外，应同步构建充电智能服务平台。充电智能服务平台建设要与充电基础设施建设同步考虑，融合互联网、物联网、智能交通、大数据等技术，通过"互联网＋充电基础设施"，积极推进电动汽车与智能电网间的能量和信息互动，提升充电服务的智能化水平。

4.7.3 选址

1）建设选址

宜在下列场所的停车场建设充电基础设施，或选址布局充电基础设施：

（1）结合公交、出租、环卫与物流等公共服务领域专用停车场所，配套建设充换电站、充电桩。

（2）在居住区停车场配建专用充电桩。

（3）在公共机构、企事业单位等内部停车场配建专用充电桩。

（4）在交通枢纽、大型文体设施、城市绿地、大型建筑物、游览场所等配建停车场、路边停车位等城市公共停车场、换乘停车场，规划建设城市公共充电站和分散式公共充电桩。充电基础设施需针对不同服务对象、根据其停车时间长短设置不同比例的快速和慢速充电设施，宜以建设快充站为主。

（5）在高速公路、城市快速路服务区停车场建设快充站。

（6）在工业、物流用地的货运车、物流车充电基础设施可根据自身发展需求，在其用地内结合停车场建设。

（7）应结合加油站建设加油充电共建站，或独立建设充电站。

2）场地选址

在停车场建设充电基础设施，其场地选址应符合下列条件：

（1）宜选取停车场中集中的停车区域；

（2）地面停车场的电动汽车停车位宜设置在出入便利的区域，不宜设置在靠近主要出入口和公共活动场所附近；

（3）地下停车场的电动汽车停车位宜设置在靠近地面层区域，不宜设置在主要交通流线附近。

4.7.4 规划要求

充电站应为电动汽车动力蓄电池提供安全的充电场所，也不应给周围的人员和环境带来重大危险。

（1）充电站的规划布局应与当地国土空间总体规划和相关专项规划相协调，并应符合环境保护和防火安全的要求。

（2）充电站的规划宜充分利用就近的供电、交通、消防、给排水及防排洪等公用设施，并对站区、电源进出线走廊、给排水设施、防排洪设施、进出站道路等进行合理布局、统筹安排。

（3）城区内的充电站宜靠近城市道路，不宜选在城市干道的交叉路口和交通繁忙路段附近。

（4）充电站与党政机关办公楼、中小学校、幼儿园、医院门诊楼和住院楼、大型图书馆、文物古迹、博物馆、大型体育馆、影剧院等重要或人员密集的公共建筑应具有合理的安全距离。

（5）充电站不应靠近有潜在危险的地方，当与有爆炸或火灾危险的建筑物毗连时，应符合现行国家标准《爆炸危险环境电力装置设计规范》（GB 50058—2014）等的有关规定。

（6）充电站不宜设在多尘或有腐蚀性气体的场所，当无法远离时，不应设在污染源盛行风向的下风侧。

（7）充电站不应设在有剧烈振动或高温的场所，也不应设在地势低洼和可能会积水的场所。

（8）充电区域应具备一定的通风条件。某些有可能发生严重潮湿天气的区域，应具有对空气湿度的监测和处理的设备和手段。

（9）充电站应有充裕的电源，满足使用要求。配电容量大于或等于 500 kVA 的充电站，宜采用双路 10 kV 电源供电方式；配电容量大于或等于 100 kVA 且小于 500 kVA 的充电站，宜采用双路电源供电方式。

（10）充电站应符合消防、抗震、防洪排涝等相关规范要求，保障安全，不应妨碍车辆和行人的正常通行。充电站的建（构）筑物构件的燃烧性能、耐火极限、站内的建（构）筑物与站外的民用建（构）筑物及各类厂房、库房、堆场、储罐之间的防火间距应符合现行国家规范《建筑防火通用规范》(GB 55037—2022)、《建筑设计防火规范》(GB 50016—2014)(2018 年版)等的规定。

4.8 智能化城市供电工程系统建设

城市供电工程智能化是建立在集成的、高速双向通信网络的基础上，通过先进的传感和测量技术、设备技术、控制方法以及决策支持系统技术的应用，实现电网的可靠、安全、经济、高效、环境友好和使用安全的目标，其主要特征包括自愈、激励和保护用户、抵御攻击、提供满足用户需求的电能质量、容许各种不同发电形式的接入、启动电力市场以及资产的优化与高效运行，达到供电网络安全可靠运行、高效利用及低碳发展的目标。

4.8.1 建设内涵

1）内涵

根据 2023 年 3 月发布的《国家能源局关于加快推进能源数字化智能化发展的若干意见》，智能化城市供电工程系统建设的内涵主要有以下方面：

（1）以数字化智能化技术加速发电向清洁低碳转型。发展新能源和水能功率预测技术，统筹分析有关气象要素、电源状态、电网运行、用户需求、储能配置等变量因素。加强规模化新能源基地的智能化技术改造，提高弱送端系统的调节与支撑能力，提升分布式新能源的智能化水平，促进新能源发电的可靠并网及有序消纳，保障新能源资源充分开发。加快火电、水电等传统电源数字化设计建造和智能化升级，推进智能分散控制系统的发展和应用，助力燃煤机组节能降碳改造、灵活性改造、供热改造的"三改联动"，促进抽水蓄能和新型储能，充分发挥灵活调节作用。推动数字技术深度应用于核电设计、制造、建设、运维等各领域各环节，打造全面感知、智慧运行的智能核电厂，全面提升核安全、网络安全和数据安全等保障水平。

（2）以数字化智能化电网支撑新型电力系统建设。推动实体电网数字呈现、仿真和决策，探索人工智能及数字孪生在电网智能辅助决策和调控方面的应用，提升电力系统多能互补、联合调度的智能化水平，推进基于数据驱动的电网暂态稳定智能评估与预警，提高电网仿真分析能力，支撑电网安全稳定运行。推动变电站和换流站智能运检、输电线路智能巡检、配电智能运维体系建设，发展电网灾害智能感知体系，提高供电可靠性和对偏远地区恶劣环境的适应性。加快新能源微网和高可靠性数字配电系统的发展，提升用户侧分布式电源与新型储能资源的智能高效配置与运行优化的控制水平。提高负荷预测精度和新型电力负荷智能管理水平，推动负荷侧资源分层、分级、分类聚合及协同优化管理，加快推动负荷侧资源参与系统调节。

2）目的

智能电网建设的目的是实现电网的可靠、安全、经济运行和提供高质量的电能，并可根据用户的用电实际、对电能负荷进行智能化调节；在发电、输电和储能过程中，可通过可再生能源的接入，降低发电环节的污染；在保证电能质量的情况下，减少能源消耗，实现电力生产的可持续发展。

4.8.2　建设情况

我国智能电网的基础设施建设正在有序地推进。智能电网的建设渗透到发电、输电、变电、配电、用电、调度及其通信信息的各个环节，内容涵盖广泛。在城市供电工程系统层面，智能电网建设主要包括发电和输电、变电、配电和用电等方面。

1）智能输电网络

第一，通过智能电网建设，降低输电损耗，提高输电效率。采用高压技术和超导高温技术，减少输电线路的电阻，提高远距离电力输送环节中电能的整体利用效率。目前，我国电网建设正稳步向特高压、大容量、交直流互联的时代迈进。

第二，通过建设智能监控系统，提高输电质量。智能监控系统主要由智能传感器的传感网组成，通过对设备运行参数和网络节点参数进行监控分析，一方面保证输电网络的安全与正常运行；另一方面根据预设信息进行自行判断，当系统安全在可能受到威胁的情况下实现自动报警和操作。

2）智能变电站

智能变电站是指采用先进、可靠、集成、低碳、环保的智能设备，以全站信息数字化、通信平台网络化、信息共享标准化为基本要求，自动完成信息采集、测量、控制、保护、计量和监测等基本功能，并可根据需要支持电网实时自动控制、智能调节、在线分析决策、协同互动等功能，实现与相邻变电站、电网调度等互动的变电站。

3）用户侧智能电网

用户侧智能电网的建设可实现智能电网的交互性。对用户侧智能电网的建设主要包括智能电表和智能表计通信网络（Advanced Metering Infrastructure，AMI）的建设：智能电表的主要作用包括对电力使用信息进行采集和分析、对电力系统进行远程维护和升级，以保障电力用户的利益。智能表计通信网络（AMI）是用户侧的管理系统，实现对用户用电数据进行实时的收集和分析。

4.8.3 规划应用

1）应用领域

智能电网的应用领域主要包括新能源的应用、电力系统的调节和控制、能源管理与计费、建筑和能源系统的自动化以及电动汽车的充电服务等方面。随着技术的不断创新和推进，智能电网未来还将在更多的领域产生应用和促进发展。

（1）新能源的开发和利用：智能电网可以更好地集成可再生能源，如太阳能、风能、水能等，调节不同形式的可再生能源的供需关系，并将其输送到需要的地方。

（2）电力系统的监视和控制：智能电网可以实时监控电力系统的运行状况，调整电力供应和储存系统，利用先进的控制和协调算法，确保电力系统的平稳和高效运行。

（3）能源管理和计费：智能电网可以帮助用户更好地控制能源消耗，并根据使用情况制定个性化计费方案。同时，通过电力市场的竞争和供需关系，优化能源的分配和利用。

（4）建筑和能源系统的自动化：智能电网可以控制和自动化建筑内的电力系统，以提高能源效率和节能。例如，通过智能照明系统、智能温控系统和智能家居等，提高住宅和工业设施能源的效率。

（5）电动汽车的充电服务及动态负载平衡：智能电网可以对电动汽车的充电需求进行实时监测和控制，并进行动态负载平衡，以实现更高效和可靠的电力系统。

2）规划反馈

供电工程系统规划应充分利用智能化城市电网系统，特别是其中的仿真和辅助决策管理系统，获取相关分析数据，优化与完善供电工程规划相关内容。

（1）通过智能电网的分析系统，评估城市供电工程的发展水平，寻找和分析存在的风险与问题，能全面优化和完善城市供电工程的电源变电站、输电网络、城市变电站、城市配电网络的布局和设施配置。

（2）通过智能电网系统的大数据综合分析，研判和核定城市用电标准和发展趋势、用电规律，可优化或构建城市用电负荷预测数学模型，提高用电负荷预测的针对性和精准度。

（3）通过智能电网的仿真、决策系统，可对城市供电工程系统的规划方案进行研判，提高规划的科学性和合理性。

3）应用价值

智能电网通过对现代信息技术、自动控制技术和通信技术等的应用，满足电力系统不同层面的需求，提高能源可靠性、能源效率和安全性，减少对环境的污染。

（1）可靠性高：智能电网具有自愈能力，能快速恢复因突发事故或天气原因造成的电力中断，可以提供更加可靠的供电服务。

（2）能源效率高：智能电网中包含了分布式能源和可再生能源的接入技术，可以对能源进行高效利用和灵活调度，提高能源利用效率。

（3）安全性高：智能电网可以通过实时监测、动态控制、故障诊断等技术，及时预警并排除潜在的安全隐患。

（4）环境友好：智能电网可以有效地管理和利用分布式能源、可再生能源，减少化石燃料的使用，减少碳排放，实现环保节能。

（5）目标个性化：智能电网可以根据用户需求和响应特点，供给定制化的能源服务。

4）应用前景

智能电网可以实现能源的高效利用、清洁能源的推广，可以提高能源供应的可靠性，以及在环境保护和节能减排等方面发挥巨大作用，具有广泛的应用前景。

（1）能源使用的高效：通过优化电力的生产、传输和储存以及信息的交互，实现能量的高效利用和节约，降低能源消耗和碳排放。

（2）清洁能源的推广：可以更加有效地整合利用太阳能、风能以及其他可再生能源，推广清洁能源的使用，大力减少传统化石能源的使用。

（3）能源供应的保障：可结合分布式能源、能源储存等新技术，使电能供应更加灵活、可靠。例如，在自然灾害、突发事件等情况下，可以基于微电网架构的智能电网系统运作，确保必要的能量供应。

（4）节能环保的促进：智能电网能够对能源使用的情况进行监控和分析，及时发现和解决能源浪费和排放问题，提高能源管理和环境保护的水平。

第4章思考题

1. 如何理解城市供电安全保障体系的构成及其价值？
2. 城市用电负荷如何分类？用电负荷预测的基本方法有哪些？
3. 城市供电的电源种类有哪些？电源选择的原则是什么？
4. 城市电网的等级与层次是什么？
5. 城市供电电网的接线方式有哪些？
6. 如何进行城市配电网规划？
7. 城市变电站的规划要求是什么？
8. 城市充电设施的选址与规划要求是什么？
9. 如何理解智能化城市供电工程系统建设的意义？
10. 学习和解析典型城市供电情况和供电工程系统规划。

5 城市燃气工程系统规划

本章主要学习和掌握城市燃气工程系统的组成、规划编制内容和规划原则，熟悉城市供燃气安全保障体系的构成及其价值；掌握城市燃气用气负荷的分类、负荷标准、用气负荷预测和气源选择及其气源点规划；熟悉城市燃气管网规划、输配设施规划、调峰及应急储备规划、燃气输配管线敷设要求；掌握压缩天然气、液化天然气、液化石油气和人工煤气厂站规划；了解智能化城市燃气工程系统建设与发展；学习和理解燃气工程规划设计的现行国家标准和行业规范。

5.1 概述

燃气工程是指燃气的生产、储存、输配和应用的工程。

城市燃气是指符合国家燃气质量要求，供给居民生活、商业和工业企业生产作为燃料用的公用性质的燃气。城市燃气一般包括天然气、液化石油气和人工煤气。根据国家能源、新型城镇化发展政策，发展城市燃气是贯彻节能减排政策的重要利器，是提高人民生活质量的重要手段。

城市燃气是城市能源和城市基础设施的重要组成部分，它为城市工业、商业和居民生活提供优质气体燃料，它的发展在城市现代化中起着极其重要的作用。城市燃气工程承担着向城市提供高效、卫生燃料的功能。提高城市燃气化水平，对于提高城市居民的生活质量、改善城市环境具有十分重要的意义。

目前，天然气已经成为我国城市发展必不可少的能源之一。天然气可以降低污染排放、提高能源利用率、改善人民生活，具有明显的社会效益和经济效益。天然气越来越受到人们的重视和依赖，国家和社会对城市燃气规划的要求也越来越高。

燃气工程应符合国家能源、生态环境、土地利用、防灾减灾、应急管理等政策，保障公共安全；通过供燃气创新技术与新一代信息技术的融合应用，提高燃气工程系统的智能化水平。

5.1.1 城市燃气工程系统的组成

城市燃气工程系统由燃气的气源工程、储配工程、输配气管网工程等组成。

智能化燃气系统主要是在传统燃气物理气网的基础上，在燃气管网、门站、储气站、调压站、管井等设施上加装智能传感器、智能仪器仪表，通过智能化技术实现可感知、可记忆、可判断和自学习、自适应、自控及可表达的工程系统，以达到便捷服务、安全可靠及能效优化运行的燃气供应系统。

1）燃气气源工程

城市燃气气源工程包括天然气门站、液化石油气气化站或液化天然气气化站、人工煤气厂等设施。

天然气门站（一般简称门站）作为长输管线与城市燃气输配系统的交接点，负责接收天然气长输管线来气。液化石油气气化站、液化天然气气化站将液态气转化为气态，用作管道燃气的气源。人工煤气厂生产干馏煤气或气化煤气、油制气等类型的煤气作为管道燃气的气源。气源工程具有为城市提供可靠的燃气气源的功能。

2）燃气储配工程

城市燃气储配工程包括天然气、人工煤气等管道燃气的储配站、液化石油气储存站等设施。

管道燃气的储配站储存输送来的各种燃气，保障燃气的稳定供应，满足城市日常和高峰用气需要。液化石油气储存站、液化天然气气化站具有满足气化站用气需求和城市液化石油气供应站、液化天然气汽车加气站用气需求等功能。

3）燃气输配气管网工程

城市燃气输配气管网工程包括燃气调压站、不同压力等级的燃气输送管网、配气管道。

燃气输送管网通常采用中压、次高压、高压管道，配气管网为中压、低压管道。输送管网具有中长距离输送燃气的功能。配气管网则具有直接供给用户使用燃气的功能。调压站是燃气输配系统中调节和稳定管网压力的设施，其功能是通过调压器对管网中的燃气进行压力调节，以满足燃气输送和不同用户的燃气需求。

5.1.2 城市燃气工程系统规划的内容

城市燃气工程系统规划的主要内容包括：负荷预测、气源选择、管网布置、厂站布局、储气调峰、应急储备等。

按照国土空间规划体系，相应的总体规划、详细规划中的燃气工程系统规划和燃气工程专项规划的主要内容有所侧重。国土空间总体规划是燃气工程专项规划的基础。详细规划中的燃气工程系统规划以国土空间总体规划为依据，与专项规划相衔接。燃气工程相关专项规划要遵循国土空间总体规划，不得违背总体规划中的强制性内容，其主要内容要纳入详细规划。

1）总体规划中燃气工程系统规划的内容

在国土空间总体规划中，燃气工程系统规划的主要内容有以下方面：

（1）现状分析：分析现状燃气工程系统和用气状况；评估燃气工程规划实施情况。

（2）专题研究：结合实际，开展供燃气支撑保障系统等重大问题和对策研究。

（3）统筹协调：落实国家和区域重大燃气工程设施项目，明确空间布局和规划要求；统筹重要天然气设施的区域协同问题；完善城乡燃气工程设施网络体系。

（4）发展目标：提出供燃气发展目标，制定燃气供需平衡方案；明确城市燃气普及率、管道燃气普及率等发展指标。

（5）空间布局：明确长输管线和高压燃气干线通道的空间布局；提出中心城区燃气设施的规模、网络化布局要求；明确长输管线和高压、次高压燃气干线廊道的控制要求。

（6）用地控制：确定天然气门站、液化石油气气化站、煤气厂和燃气储配站等重要燃气设施的用地控制范围；划定天然气门站、液化石油气气化站、燃气储配站和长输管线、高压燃气干线等重要燃气设施黄线；与生态保护红线等控制线相协调。

（7）近期建设：编制近期燃气工程重点建设项目。

（8）政策机制：提出燃气工程系统规划实施的政策。

燃气工程规划的相关成果是国土空间总体规划中基础设施规划的重要组成，成果内容包括图件和规划文本、附表、说明、专题研究报告等。

2）燃气工程专项规划的内容

燃气工程专项规划在国土空间总体规划相关编制内容的基础上，还应包括以下内容：

（1）研究与分析现状城市燃气系统和用气情况。

（2）落实和深化国土空间总体规划所确定的燃气工程系统规划要求；与相关规划相衔接和统筹协调；结合实际，开展相关专题研究。

（3）分析城市所在地区的燃气发展规划及外围气源条件。

（4）预测燃气用气负荷。

（5）选择燃气气源，确定气源结构和供气规模。

（6）确定燃气气源厂、储配站、调压站或区域调压站、储配站等主要工程设施的规模、数量、用地和位置。

（7）确定燃气输配系统的供气方式、管线压力级制、调峰方式。

（8）确定燃气管网系统布局。

（9）提出近期燃气设施建设项目安排。

规划成果主要包括燃气工程现状图、燃气工程规划图等图件和规划文本、附表、说明、专题研究报告等。

3）详细规划中燃气工程系统规划的内容

在国土空间详细规划中，燃气工程系统规划的主要内容有以下方面：

（1）分析供燃气条件。

（2）落实国土空间总体规划所确定的燃气工程设施及用地和管控要求等相关内容，与相关专项规划相衔接；确定燃气工程设施的黄线控制范围与管控要求。

（3）计算燃气负荷。

（4）确定燃气输配气设施的数量、规模、位置及用地面积。

（5）布置燃气配气管网。

（6）计算燃气配气管径。

（7）估算工程量。

规划成果主要包括燃气工程现状图、燃气工程详细规划图等图件和规划文本、说明等。

5.1.3 城市燃气工程系统规划的原则

燃气供应系统设施的设置应与城乡功能结构相协调，并应满足城乡建设发展、燃气行业发展和城乡安全的需要。城市燃气工程系统规划应结合社会、经济发展情况，坚持安全稳定、节能环保、节约用地的原则，以国土空间总体规划和能源等相关专项规划为依据，因地制宜地进行编制。

1）安全稳定原则

燃气是易燃易爆气体，安全供应、使用是首要原则。因此，城市燃气工程系统规划编制应遵循安全原则，要把安全放到重要的地位，充分考虑燃气发生事故的影响以及周边环境对燃气工程运行的影响；同时，城市燃气一旦供应，大多数情况下便不能出现较大波动，更不能中断，应坚持稳定供气的原则。

2）节能环保原则

燃气的生产、使用应严格遵循我国的能源政策。要贯彻因地制宜、多种气源、合理利用能源的发展方针，优先使用天然气，提高城市燃气化水平。燃气虽是清洁能源，但在燃气工程建设、运行、维护等过程中不可避免地会对环境造成或多或少的困扰。因此，城市燃气工程系统规划应坚持环境保护原则，在前期阶段科学分析项目实施可能遇到的环境问题，采取积极有效的措施应对。

3）节约用地原则

燃气的气源工程、储配工程等相关设施建设需要占用大量建设用地，因此应依靠科学进步，采用新技术、新设备、新材料、新工艺，或者通过技术革新等手段，做到技术先进、经济合理，实现燃气工程设施的集约和节约用地，并保障燃气工程必要的技术工艺和功能要求、燃气设施的安全经济运行和方便维护管理。

5.2 城市供燃气安全保障体系

燃气是能源的重要组成部分。燃气供应保障体系是确保国家经济安全和能源供应安全的前提。燃气供应是基本民生，保障着城市的生活与生产，是经济发展和人民日常生活的必需品。因此，保证安全可靠的燃气供应是至关重要的，关系到人民生活与生产的正常有序和社会的和谐稳定，这是燃气工程系统规划的价值所在。

燃气供应的保障性是一个系统性的问题，涉及天然气生产、储运、应用的整个产业链，还涉及燃气负荷的预测与平衡等问题。燃气供应保障性通常包括燃气供应的可靠性、安全性、清洁性，主要涉及燃气供应是否充足和稳定、燃气输配和使用是否安全、燃气作为能源是否清洁环保三个维度。

5.2.1　燃气供应可靠

为确保城市供燃气的安全可靠，必须建立完善的燃气供应体系。其中燃气的多气源供气和充足稳定的供气量是其极重要的组成部分。近几年的极寒天气、世界局势不稳定等因素造成的全球天然气严重短缺、价格暴涨情形，提醒我们要进一步加强城市燃气气源的多元化和燃气储备建设的迫切性。

单气源、单供应商对城市供燃气的安全可靠性具有严重的局限性和缺陷，一旦单一的燃气气源或单一的燃气供应商出现问题，将对城市的生活、生产造成极严重的影响。我国是天然气生产大国，但更是世界第一大天然气进口国，天然气对外依存度接近50%，已形成了对国际市场一定程度的依赖。我国天然气市场一般来自三种气源：国内天然气生产、管输和船运等进口天然气、城市燃气生产。

城市燃气的气源应多元，供应应稳定有序。第一，对于管输、船运等燃气进口企业和城市燃气系统，要有适度超前的天然气库存，保证短时间管输进口减量、液化天然气供应紧张或船运不正常、极寒天气所带来的需求急剧增加等情况下的用气需求。第二，对于国内天然气的生产与供应，要具备一定规模的天然气生产库存，保障在极端天气、国际局势不稳等条件下天然气的正常生产和应急供应。这样才能形成内外联通、多路气源互补、统一调配的燃气供应安全网络。

5.2.2　燃气设施安全

城市燃气工程设施应采取防火、防爆、抗震等措施，有效防止事故的发生。燃气设施一旦遭到火灾、爆炸或震损破坏，整个社会生活都会受到严重影响，城市会因社会服务功能的中断而处于瘫痪状态，还会给人们的正常生活造成极大不便，甚至会引发严重的次生灾害，严重威胁人民生命财产的安全。燃气设施涉及防火、防爆、抗震等的通用性要求和具体技术措施，应按《建筑防火通用规范》（GB 55037—2022）、《工程结构通用规范》（GB 55001—2021）和《建筑与市政工程抗震通用规范》（GB 55002—2021）的要求执行；应严格按照现行国家标准《城镇燃气规划规范》（GB/T 51098—2015）、《城镇燃气设计规范》（GB 50028—2006）（2020年版）、《输气管道工程设计规范》（GB 50251—2015）等进行综合规划，确保燃气设施体系完善、符合规范、保障安全。

城市燃气干管的布置宜按环状管网布局，保证用户用气可靠、管网供气稳定。

为保障城市燃气工程设施的空间安全，应根据《城市黄线管理办法》，宜将城市燃气的气源站和储配站等城市燃气设施的用地及其安全防护空间划定为黄线；在各层次城市规划中，确定其用地位置和具体范围，划定其用地控制界线。在天然气长输管道和高压燃气管道的两侧，应按照现行国家标准设定防护空间，划定黄线范围，明确管控宽度，保障燃气管线安全。

燃气的气源站、储配站及其燃气干管等城市燃气工程设施应满足城市防灾中生命线工程的安全保障要求，其防灾的要求应予以特别强调，应保障其设施的高标准设防。

5.2.3 燃气清洁低碳

气候变化是人类社会可持续发展所面临的重大威胁，保护全球生态安全，实现燃气绿色低碳发展，也已经成为全球能源绿色转型的核心议题。

目前，我国较普遍使用的城市燃气种类主要包括天然气（Natural Gas，NG）、人工煤气（Manufactured Gas，MG）、液化石油气（Liquefied Petroleum Gas，LPG）和液化天然气（Liquefied Natural Gas，LNG）。从"西气东输"工程开始时，我国就开始进入天然气时代，天然气的发展已步入世界发达国家行列。下一步，我们要按照国家环境保护政策的要求，进一步提高居民使用天然气的普及率，推进工业企业煤改气、生物质改气、油改气的发展，推动节能改造和清洁生产。

在我国经济由高速增长阶段转向高质量发展阶段之时，要遵循能源安全新战略的要求，加速燃气能源高质量发展，通过推动燃气能源供给革命、消费革命、技术革命来推动能源升级，不断增加优质天然气的占比，实现燃气的清洁低碳、智慧高效、经济、安全。

5.3 城市燃气用气负荷预测

5.3.1 燃气用气负荷分类

1）按用户类型分类

城市燃气用气负荷按用户类型，可分为居民生活用气负荷、商业用气负荷、工业生产用气负荷、采暖通风及空调用气负荷、燃气汽车及船舶用气负荷、燃气冷热电联供系统用气负荷、燃气发电用气负荷、其他用气负荷及不可预见用气负荷九类。

2）按负荷分布特点分类

城市燃气用气负荷按负荷分布特点，可分为集中负荷和分散负荷两类。

在燃气规划时，应对集中负荷和分散负荷进行划分。集中负荷和分散负荷是燃气管网水力分析的重要参数，也是作为是否进行管网动态水力模拟分析的条件之一。

3）按用户用气特点分类

城市燃气用气负荷按用户用气特点，可分为可中断用户和不可中断用户两类。

燃气规划时应对可中断用户和不可中断用户进行划分，为燃气应急储备量计算和应急储备方案的制定提供依据。

5.3.2 燃气用气负荷预测

城市燃气负荷预测是编制燃气规划的基础工作和重要内容，是合理确定气源、管网压力级制、管网系统布局的基本依据。燃气用气负荷预测应根据城乡发展状况、人口规模、用户需求和供气资源等条件，经市场调查、科学预测，结合用气量指标和用气规律综合分析确定。

燃气负荷预测应优先保证居民生活用气，同时兼顾其他用气；宜根据气源条件及调峰能力，合理确定高峰用气负荷，包括采暖用气、电厂用气等；要鼓励发展非高峰期用户，减小季节负荷差，优化年负荷曲线；宜选择一定数量的可中断用户，合理确定小时负荷系数、日负荷系数，以便调节负荷系数，减小应急储备设施规模；当条件具备时，对节能建筑鼓励发展天然气采暖，限制非节能建筑天然气采暖。在此基础上综合考量，合理选择用气负荷。

燃气负荷预测的一个重要问题是利用现有的历史数据（如历史负荷运行数据和相应的气象数据等），采用适当的数学预测模型对预测对象的负荷值进行估计。

燃气负荷预测可采用人均用气指标法、分类指标预测法、横向比较法、回归分析法、增长率法等。

燃气用气负荷的预测方法可以依托各地的智能化城市燃气工程信息系统，通过其辅助决策等系统，建构预测模型，预测用气负荷。

用气负荷预测所涉及的人均综合用气量指标、居民生活及商业用气指标等用气量指标值，除了参照现行国家标准外，还可以依托各地的智能化城市燃气工程信息系统，通过大数据、物联网、人工智能等新一代信息技术获取，其用气量指标应更具有针对性并符合实际。

1）人均用气指标法

人均用气指标法是根据人均燃气用气量标准进行预测，一般适用于总体规划、专项规划时的用气负荷预测。

当采用人均用气指标法预测燃气总用气量时，规划人均综合用气量指标应根据表 5-1 的预测指标，结合所在城市的性质、人口规模、地理位置，经济社会发展水平、国内生产总值、产业结构、能源结构、当地资源条件和气源供应条件，居民生活习惯、现状用气水平，节能措施等实际情况，合理选用。

表 5-1　规划人均综合用气量指标

指标分级	城镇用气水平	人均综合用气量（MJ/a）	
		现状	规划
一	较高	≥10 501	35 001—52 500
二	中上	7 001—10 500	21 001—35 000
三	中等	3 501—7 000	10 501—21 000
四	较低	≤3 500	5 250—10 500

2）分类指标预测法

分类指标预测法是根据用气指标以及其他基础数据，分别对城市的居民生活用气负荷、商业用气负荷、工业生产用气负荷、采暖通风及空调用气负荷、燃气汽车及船舶用气负荷、燃气冷热电联供系统用气负荷、燃气发电用气负荷、其他用气负荷及不可预见用气负荷等各类用户的燃气负荷分别预测，获得各类用气量，然后再汇总相加的预测用气量方法。该方法一般适用于国土空间总体规划、详细规划时的燃气工程系统规划和燃气工程专项规划。

各类燃气规划用气指标应按节能减排要求，在调查各类用户用能水平、分析用气发展趋势的基础上综合确定。

（1）居民生活用气负荷

当采用分类指标预测法预测总用气负荷时，规划人均生活用气量指标可参考表5-2的指标，结合所在城市的实际情况合理选用。影响居民生活用气指标的因素有很多，一般都以每户每年耗热量表示，再按当地燃气热值折算。据统计，全国各地居民生活用气指标差别较大。

表5-2　全国部分省会城市及直辖市中心城区2010年居民生活及商业用气指标

序号	城市名称	居民生活用气指标 户均指标（MJ/a）	商业用气指标 占居民生活用气比例（%）
1	北京	7 525	58.0
2	天津	4 655	101.0
3	石家庄	3 780	40.0
4	太原	4 270	171.0
5	沈阳	3 834	—
6	长春	5 075	47.0
7	哈尔滨	2 944	37.0
8	上海	7 500	73.0
9	南京	5 215	97.0
10	合肥	3 675	41.0
11	济南	5 040	63.0
12	郑州	6 300	100.0
13	武汉	3 500	89.0
14	长沙	12 810	42.9
15	广州	4 410	19.0
16	南宁	4 480	86.0
17	重庆	9 422	—
18	成都	11 865	41.0
19	西安	6 020	100.0
20	银川	7 735	26.0
21	乌鲁木齐	7 665	24.0

（2）商业用气负荷

商业用气指标应根据不同类型用户的实际燃料消耗量折算；也可根据当地经济发展情况、居民消费水平和生活习惯、公共服务设施完善程度，按其占城市居民生活用气的适当比重确定，一般在40%—70%范围内选取，可参照表5-2的指标，结合所在城市的实际情况选用。

（3）工业生产用气负荷

在工业生产用气负荷中，已经落实的负荷预测应按企业可被燃气替代的现用燃料量经过转换计算，或按生产规模及用气指标进行预测；远期规划的负荷预测，可按同行业单位产能（或产量）或单位建筑面积（或用地面积）用气指标估算。在远期规划工业用气负荷预测时，除应考虑规划的工业企业类型、能耗水平等因素外，还应考虑其他竞争能源的价格和供应量。

（4）采暖通风及空调用气负荷

采暖通风及空调用气负荷应根据不同类型建筑的建筑面积、建筑能耗指标分别测算。用气指标应按现行国家标准《工业建筑供暖通风与空气调节设计规范》（GB 50019—2015）和《城镇供热管网设计标准》（CJJ/T 34—2022）确定。

如无法获得分类建筑指标时，宜按当地建筑物耗热（冷）综合指标确定。

（5）燃气汽车及船舶用气负荷

燃气汽车、船舶用气负荷应根据各类汽车、船舶的用气指标、车辆数量和行驶里程确定。用气指标应根据车辆、船舶的燃料能耗水平、行驶规律综合分析确定。

（6）不可预见用气负荷及其他用气负荷

不可预见用气负荷及其他用气负荷是指在规划编制时，不可或难以预估的用气量，一般可按上述总用气量的3%—5%估算。

3）横向比较法

横向比较法是借鉴或参考同等规模城市或地区、某发达城市或地区的某一阶段燃气负荷发展情况来预测目标市场燃气负荷的方法，一般通过收集资料，在综合对比和研究分析的基础上进行预测。横向比较法一般适用于总体规划、专项规划时的燃气负荷预测。

4）回归分析法

回归分析法是针对影响燃气负荷的各因素，应用回归分析方法判别主要因素，建立燃气负荷与主要因素之间的数学模型，并利用该模型进行燃气负荷预测的方法。回归分析法一般适用于总体规划、专项规划的燃气负荷预测。

5）增长率法

增长率法是通过预测燃气负荷增长率来预测燃气负荷的方法。根据地区历年的燃气负荷数据计算出年增长率。以历年燃气负荷增长率为基础，结合城市总体规划、产业布局、经济发展水平等，合理预测未来燃气负荷的年增长率，从而进一步预测燃气负荷。增长率法一般适用于总体规划、专项规划的燃气负荷预测。

5.3.3 燃气用气高峰系数

城市燃气的使用量受到多种因素影响，导致其随时间而不断变化，一年中各月、各日、各时均不相同。燃气用气的不均匀性特征对燃气供应、调峰、输配管网的设计至关重要。

各类燃气用户的用气不均匀性可用月高峰系数、日高峰系数、小时高峰系数来反映。

1）月高峰系数

燃气用气的月高峰系数是指计算月的平均日用气量与该年的平均日用气量的比

值，用 K_m 表示。

2）日高峰系数

燃气用气的日高峰系数是指计算月中最大日用气量与该月平均日用气量的比值，用 K_d 表示。

3）小时高峰系数

燃气用气的小时高峰系数是指计算月中最大用气量日的最大小时用气量与该日平均小时用气量的比值，用 K_h 表示。

计算月是指一年 12 个月中平均日用气量出现最大值的月份。

对于燃气用气的月、日、小时高峰系数值，各地均有不同的经验值，也可依托各地的燃气智能化系统获取。

城市燃气管道的计算流量应按计算月的小时最大用气量计算。

5.4 城市燃气气源规划

5.4.1 燃气类型与特征

燃气一般是由若干种气体组成的混合气体，其中主要成分是一些可燃气体，如甲烷等烃类、氢和一氧化碳，另外也含有一些不可燃烧气体组分，如二氧化碳、氮和氧等。

燃气种类可按照来源、热值、燃烧特性、供气方式、运输方式进行分类。

1）按燃气来源分类

城市燃气按来源可分为天然气、液化石油气、人工煤气、液化石油气混空气、二甲醚气、沼气等。

（1）天然气。天然气是蕴藏在地层中的可燃气体，组分以甲烷为主。按开采方式及蕴藏位置的不同，天然气可分为纯气田天然气、石油伴生气、凝析气田气等。致密气（致密砂岩气、火山岩气、碳酸盐岩气）、煤层气（瓦斯）、页（泥）岩气、天然气水合物（可燃冰）、水溶气、无机气以及盆地中心气、浅层生物气等非常规天然气都属于天然气范畴。

（2）液化石油气。液化石油气是常温、常压下的石油系烃类气体经加压或降温得到的液态产物，组分以丙烷和丁烷为主。用作城市燃气的液化石油气，主要是炼油厂在进行原油催化裂解与热裂解时得到的副产品。液化石油气的液态体积约为气态时的 1/250。

（3）人工煤气。人工煤气是指以煤或液体燃料（包括重油、轻油等）为原料，经热加工制得的可燃气体，简称煤气。人工煤气包括煤制气、油制气。煤制气是指以煤为原料制得的可燃气体，包括焦炉煤气、发生炉煤气和水煤气。煤经气化得到的是水煤气、发生炉煤气，这些煤气的发热值较低，故又被统称为低热值煤气；煤在干馏法中焦化得到的是焦炉煤气，属于中热值煤气，可供城市作为民用燃料。油制气是指以重油、柴油或石脑油等为原料制得的可燃气体。

（4）液化石油气混空气。液化石油气混空气是指气态液化石油气与空气按一定比例混合配制成且符合城市燃气质量要求的气体。

（5）二甲醚气。二甲醚气又被称作甲醚、甲氧基甲烷，成分是单一的二甲醚，是一种有机化合物，由煤转化成的可燃气体。

（6）沼气。沼气是指有机物质在一定温度、湿度、酸碱度和隔绝空气的条件下，经过微生物作用而产生的可燃气体，组分以甲烷为主。

2）按热值分类

燃气热值是指在标准状态下，$1 m^3$ 的燃气完全燃烧所释放出的热量，其常用单位为 MJ/Nm^3（兆焦耳 / 标准立方米）。

燃气热值可分为高热值与低热值。燃气高热值是指释放出的包括烟气中水蒸气汽化潜热在内的热量值；燃气低热值是指释放出的不包括烟气中水蒸气汽化潜热在内的热量值。

燃气高低热值之差为水蒸气的气化潜热。在一般情况下，使用燃气低热值来计算燃气的消耗量和燃烧效率。

根据热值大小，燃气分为三个等级：高热值燃气（High Calorific Value Gas，HCVgas）、中等热值燃气（Medium Calorific Value Gas，MCVgas）和低热值燃气（Low Calorific Value Gas，LCVgas）。高热值燃气的热值在 $30 MJ/Nm^3$ 以上，天然气、液化石油气都是高热值燃气。中等热值燃气热值在 $20 MJ/Nm^3$ 左右，以干馏煤气为代表。气化煤气多数为低热值燃气，热值为 $12—13 MJ/Nm^3$。

3）按燃烧特性分类

在燃气工程中，对不同类型燃气互换时，要考虑衡量热流量大小的特性指数。当燃烧器喷嘴前的压力不变时，燃气热负荷（Q）与燃气热值（H）成正比，与燃气相对密度的平方根（$\sqrt{S}$）成反比，而 $H/\sqrt{S}$ 被称为华白数，即华白数是指燃气的热值与其相对密度平方根的比值。

相对密度是指一定体积干燃气的质量与同温度同压力下等体积的干空气质量的比值。

燃气的华白数分为高华白数和低华白数：高华白数是指燃气高热值与其相对密度的比值；低华白数是指燃气低热值与其相对密度的比值。

华白数是代表燃气特性的一个参数。若两种燃气的热值和密度均不相同，但只要它们的华白数相等，就能在同一燃气压力下和同一燃具上获得同一热负荷。如果其中一种燃气的华白数较另一种大，则热负荷也较另一种大。因此华白数又被称为热负荷指数。如果两种燃气具有相近的华白数，则在互换时能使燃具保持相似的热负荷和一次空气系数。如果置换气的华白数比基准气大，那么在置换时燃具的热负荷将增大，而一次空气系数将减少。因此华白数是一个互换性指数。各国规定在两种燃气互换时华白数的变化一般应不大于 5%，最大不超过 10%。

一次空气是指燃气燃烧前预混的空气。一次空气系数是指一次空气量与理论空气需要量的比值。

表 5-3 是燃气的类别及特性指标（基准状态：15℃，101.325 kPa，干）。

表 5-3　城镇燃气的类别及特性指标

类别		高华白数 W_s（MJ/m³）		高热值 H_s（MJ/m³）	
		标准	范围	标准	范围
人工煤气	3 R	13.92	12.65—14.81	11.10	9.99—12.21
	4 R	17.53	16.23—19.03	12.69	11.42—13.96
	5 R	21.57	19.81—23.17	15.31	13.78—16.85
	6 R	25.70	23.85—27.95	17.06	15.36—18.77
	7 R	31.00	28.57—33.12	18.38	16.54—20.21
天然气	3 T	13.30	12.42—14.41	12.91	11.62—14.20
	4 T	17.16	15.77—18.56	16.41	14.77—18.05
	10 T	41.52	39.06—44.84	32.24	31.97—35.46
	12 T	50.72	45.66—54.77	37.78	31.97—43.57
液化石油气	19 Y	76.84	72.86—87.33	95.65	88.52—126.21
	22 Y	87.33	72.86—87.33	125.81	88.52—126.21
	20 Y	79.59	72.86—87.33	103.19	88.52—126.21
液化石油气混空气	12 YK	50.70	45.71—57.29	59.85	53.87—65.84
二甲醚	12 E	47.45	46.98—47.45	59.87	59.27—59.87
沼气	6 Z	23.14	21.66—25.17	22.22	20.00—24.44

注：燃气类别，以燃气的高华白数按原单位为 kcal/m³ 时的数值，除以 1 000 后取整数表示，如 12 T，即指高华白数约为 12 000 kcal/m³ 时的天然气。3 T、4 T 为矿井气或混空轻烃燃气，其燃烧特性接近天然气。10 T、12 T 天然气包括干井气、油田气、煤层气、页岩气、煤制天然气、生物天然气。二甲醚气应仅用作单一气源，不应掺混使用。

4）按供气方式分类

按照供气方式可主要分为管道供气和瓶装供气两种类型。

天然气包括长输管道供应、液化天然气供应、压缩天然气供应等方式。至用户时一般采用管道供气，其中压缩天然气还可瓶装供应。

液化石油气至用户时可采用管道供应、瓶装供应方式。

人工煤气主要为管道供应方式。

5）按运输方式分类

燃气气源按照运输方式可主要分为长输管道运输、海运和公路运输三种类型：长输管道运输的是天然气；海运和公路运输的是液化石油气、液化天然气和压缩天然气。

天然气长输管道运输是将气田开采的天然气依次经过首站加压、分输站、压力站、清管站等输送至城市输配站，向消费地区供气。

液化石油气、液化天然气运输分为海运和公路运输两种：海运一般采用液化天然气（LNG）专用船；公路运输一般采用液化天然气（LNG）槽车等。压缩天然气一般采用公路运输。至目的地后，通过气化与用户管网连接。

5.4.2　燃气气源选择

燃气工程的气源选择首先要符合对应时期的能源政策。能源是国民经济发展的物质基础。在国民经济总体规划中，能源的发展既由国民经济发展所决定，同时对国民经济的发展也有促进和制约的作用。能源规划是依据一定时期我国国民经济和社会发展规划来预测相应的能源需求，从而对能源的结构、开发、生产、转换、使用和分配等各个环节做出的统筹安排。

城市燃气的气源选择应符合现行国家标准《城镇燃气分类和基本特性》（GB/T 13611—2018）中的规定。目前，我国城市燃气的气源主要包括天然气、液化石油气和人工煤气。

气源的选择应按国家能源政策，遵循节能环保、稳定可靠的原则，考虑可供选择的资源条件，并经技术经济论证确定。

1）符合国家战略

燃气气源选择应遵循国家能源政策，坚持降低能耗、高效利用的原则；必须在国家现行能源政策的指导下，在对本地区能源条件、燃气资源种类、数量及外部可供应本地区的能源情况进行调查研究的基础上进行，符合资源节约、环境友好、安全可靠、可持续发展、技术经济合理的要求。

2）优选清洁燃料

燃气气源宜优先选择天然气、液化石油气和其他清洁燃料。相比人工煤气，天然气和液化石油气具有清洁高效、使用方便等优点；采用人工煤气作为气源受制于许多因素，只是在少数城市采用，且供气规模不宜过大；我国天然气资源的勘探开发量日益增加，西气东输、川气东送、陕京线、忠武线等长输管道工程的实施与投运为天然气的输送、推广奠定了坚实的基础，人工煤气正逐步退出历史舞台。

3）保护环境

当选择人工煤气作为气源时，应综合考虑原料运输、水资源因素及环境保护、节能减排等要求。人工煤气的生产需要消耗大量的煤、焦炭或重油及水等原料，其作为气源时还应考虑原料运输条件。此外，人工煤气的制气流程会消耗大量的水资源及其他能源，并产生一定的水体及空气污染。因此，选择人工煤气作为气源，应综合考虑水资源、环境保护、节能减排等因素。

4）满足需求

燃气气源的供气量应能满足经济与社会发展的需求，并具有可持续性；气源供气压力和高峰日供气量应能满足燃气管网的输配要求，保障用气的安全和稳定。

5）城乡统筹

在大都市周边地区，城市的燃气供应系统应向城郊、乡村地区延伸，从区域层面统筹城乡的燃气供给，使城市周边地区居民的生活、生产能均等地享受燃气的基本公共服务。

5.4.3 燃气气源点规划

气源点是指城市管道燃气的供气起点，一般包括门站及储配站、压缩天然气储配站、液化天然气气化站、液化石油气气化站或混气站、人工煤气制气厂或储配站等。

1）气源及气源点数量

为确保燃气供应安全，城市应采用多种气源供燃气，以保障城市燃气供应的安全可靠。

气源点的数量应根据气源类型、上游来气方向、城市燃气高峰日供气量和城市空间布局等因素，经技术经济比较确定。一般情况下，中心城区规划人口大于100万人的城市燃气输配管网宜选择2个及以上的气源点，特大城市、超大城市应采用多气源点供气；中小规模的城市也可考虑采用2个气源点供气。

目前，我国各气源产地的燃气资源分布不均、成分不一，进口气源成分、物性参数也各不相同。因此，当各种不同气源接入同一管网系统时，应考虑各气源间的兼容性和互换性。

2）气源点的布局和规模

气源点的布局、规模等应根据城市空间布局和燃气上游来气方向、交接点位置、交接压力、高峰日供气量、季节调峰措施等因素，经技术经济比较确定。为保障供气可靠，气源点的规模应保持有一定的裕度。

当采用天然气作为气源时，门站负荷率宜取50%—80%。门站负荷率指门站最大小时流量与计算流量的比值，该比值越高，说明门站的利用率越高；该比值越低，说明门站的利用率越低。

5.5 城市燃气输配系统规划

5.5.1 燃气管道压力级制

城市燃气管道因燃气输配、用户对燃气压力的不同需求和消防安全等要求，需要分级组织。

1）压力分级

燃气输配管道根据其最高工作压力（P）分为5个层级、8个等级（表5-4）。

表5-4　输配管道压力分级

名称		最高工作压力（MPa）
超高压		$4.0 < P$
高压	A	$2.5 < P \leqslant 4.0$
	B	$1.6 < P \leqslant 2.5$
次高压	A	$0.8 < P \leqslant 1.6$
	B	$0.4 < P \leqslant 0.8$
中压	A	$0.2 < P \leqslant 0.4$
	B	$0.01 < P \leqslant 0.2$
低压		$P \leqslant 0.01$

注：P 为最高工作压力。

燃气输配系统各种压力级别的燃气管道之间应通过调压装置相连。当有可能超过最大允许工作压力时，应设置防止管道超压的安全保护设备。

2）压力级制

城市燃气管网系统的压力级制是指从燃气气源点的门站或储配站后管网系统到用户燃气用器具前的管网压力分级。

城市燃气管网不仅要不间断地、可靠地给用户供气，保障使用需求和运行安全；而且要保障输配管网系统的维护简便，以便在检修或发生故障时切断部分管段而不致影响城市整体燃气输配系统的工作。因此，在城市燃气输配管网系统中，管网需要由不同压力的管道组成，使城市输配系统符合经济性、需求性、安全性的特性。

（1）经济性。从气源点到不同的用户区域，城市燃气的管网输送采用较高压力输送是比较经济合理的。

（2）需求性。各类用户对燃气压力的需求不尽相同。如居民用户和小型公共建筑用户一般需要低压燃气，而多数工业企业则需要较高压力的燃气。

（3）安全性。从消防安全角度考虑，城市人口密度高、建筑密度大，燃气输配管网的压力不能太高，以保障安全。

3）选用原则

城市燃气输配管网级制的选用应结合用户需求、用气规模、调峰需要和敷设条件等进行配置，应遵循以下原则：

（1）为便于燃气设施的调度运行和管理，应简化压力级制、减少调压层级、优化网络结构。

（2）应根据气源压力、城市空间布局、用户用气压力、负荷需求、调峰需求等因素，经技术经济比较后确定。

（3）最高压力级制的设计压力，应充分利用门站前输气系统压能，并结合用户用气压力、负荷量和调峰量等综合确定；其他压力级制的设计压力应根据城市布局、负荷分布、用户用气压力等因素确定。

我国天然气长输工程的建设为城市提供了高压力的气源。城市输配管网接受燃气压力的提高具有诸多优势，如可以提高输送能力，节约管材，减少能量损失，满足用气压力较高用户的要求，承担部分调峰任务等；但从分配和使用角度来讲，降低管网压力有利于供气安全，特别是对于人口密集区域过多提高压力也存在一定的隐患。因此，提高压力适应燃气输配的要求，保证燃气供气安全，是选择各压力级制的设计压力的主要考虑因素。

5.5.2 燃气管网系统规划

城市燃气输配管网系统是指气源点至用户的全部设施构成的系统，包括不同压力级制的输配管网及其门站或气源厂、储气设施、调压装置等输配设施。

燃气输气管道是指在供气地区专门输送燃气的管道。

燃气配气管道是指在供气地区将燃气分配给燃气用户的管道。

燃气输配管道应结合城乡道路和地形条件，按满足燃气可靠供应的原则布置，并应符合管线综合布局的要求。

1）管网系统形制

城市燃气输配管网系统的形制是指燃气从气源厂站后的管网系统，被送至用户的管网系统的压力分级构成。

一般情况下，城市的燃气输配管网系统可以是一种压力的中压、低压的单级系统，两种压力的中压—低压的二级系统，三种压力的次高压—中压—低压的三级系统，四种压力的高压—次高压—中压—低压的四级系统。

四种或四种以上压力的多级系统等都是可以采用的，各种不同的系统有其各自的适用对象，但应简化压力级制、减少调压层级。管网系统宜结合城市远期规划，优先选择较高压力级制的管网，提高供气能力。

（1）一级管网系统

一级管网系统是指用一种压力级制的管网分配和供给燃气的系统，通常为低压或中压管网系统。

① 低压单级管网系统

低压单级管网系统一般是燃气由气源厂站至低压储配站，经适当处置后进入低压管网系统供给用户（图5-1）。

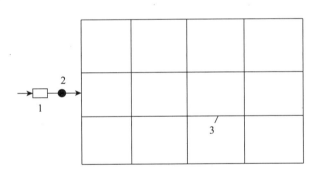

图 5-1　低压单级管网系统示意图

注：1.气源厂站；2.储配站；3.低压管网。

该管网系统的特点是管网单一，系统简单，维护方便；不需要压送设备，输配费用低；如遇停电或压缩机故障，基本上不妨碍供气，供气可靠性好。

该管网系统通常可适用于气源为液化石油气、液化天然气、沼气，供气量不大，供气范围为 2—3 km 的城镇、村庄地区。

② 中压单级管网系统

中压单级管网系统一般是燃气由气源厂站至燃气储配站，经调压等处置后进入中压管网系统，再经用户处的调压器调压至低压后供给用户。

该管网系统的特点是管道敷设长度相对短，管网投资省；管网单一，压力级制简单；燃烧高效稳定。但该管网系统的安全性相对差，漏气等事故发生率相对较大。

该管网系统的适用性比较广泛，特别是在城市新建区域使用广泛。在公共建筑和居民用户为主的地区，可采用中压 B 单级管网入户（图 5-2）；在工业用户及单独的锅炉房，可采用中压 A 单级管网入户。

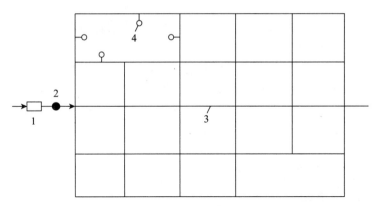

图 5-2　中压 B 单级管网系统示意图

注：1. 气源厂站；2. 储配站；3. 中压管网；4. 箱式调压器。

（2）二级管网系统

二级管网系统是指由两种压力级制的管网分配和供给燃气的系统。

二级管网系统包括中压 B—低压二级管网系统（图 5-3）、中压 A—低压二级管网系统。二级管网系统通常是燃气由气源厂站至燃气储配站，经调压等处置后进入中压管网系统，再经中压—低压调压站调压后进入低压管网，最后送至用户。

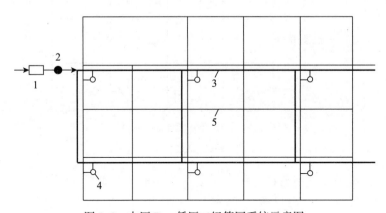

图 5-3　中压 B—低压二级管网系统示意图

注：1. 气源厂站；2. 储配站；3. 中压 B 管网；4. 中压 B—低压调压站；5. 低压管网。

二级管网系统的特点是低压配气，安全性高；安全距离易保证，维护较方便，压力级制比较简单。但该系统的投资大，占用空间相对较多。

中压 B—低压二级管网系统的适用性比较广泛，特别是在大城市的老城区和街道狭窄、房屋密集的地区应用广泛。中压 A—低压二级管网系统适用于街道宽敞、建筑密度较小的城区。二级管网系统通常适用于用气量稳定的中小城市的燃气管网系统。

（3）三级管网系统

三级管网系统是指由三种压力级制的管网分配和供给燃气的系统。三种压力级制通常是高压或次高压、中压、低压，一般包括次高压B—中压B—低压（图5-4）、次高压B—中压A—低压和次高压A—中压A—低压、次高压A—中压B—低压三级管网等形式。

三级管网系统一般是燃气由气源厂站至燃气储配站，经调压等处置后进入高压或次高压管网系统，然后经高压或次高压—中压调压站调压后进入中压管网系统，再经中压—低压调压站调压后进入低压管网，最后送至用户。

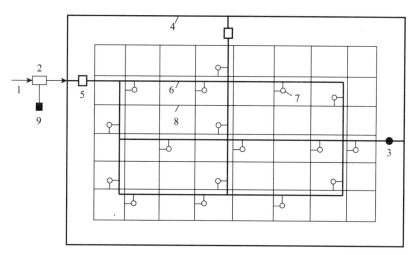

图5-4　次高压B—中压B—低压三级管网系统示意图

注：1.长输管线；2.门站；3.储配站；4.次高压B管网；5.次高压B—中压B调压站；6.中压B管网；7.中压B—低压调压站；8.低压管网；9.地下储气库。

三级管网系统的特点是高压或次高压环网一般在城区外部，中压环网在城市分区构筑，供气安全可靠。但该管网系统复杂，维护不便；调压站多——三级管网两级调压站，管理不便；投资大，占用空间相对较多。

三级管网系统通常适用于用气量大的大城市、特大城市、超大城市的燃气管网系统。

（4）多级管网系统

多级管网系统是指由四种或四种以上压力级制的管网分配和供给燃气的系统。该管网系统常包括高压、次高压、中压、低压四级压力级制，有高压B—次高压B—中压B—低压（图5-5）、高压A—次高压A—中压A—低压等形式的四级系统。多级管网系统一般适用于超大城市、特大城市的燃气管网系统。

多级管网系统的高压环网设在城区外部，次高压环网一般布置在城区边缘，中压环网在城市分区构筑。

2）管网布局形式

燃气输配管网的布局形式是指输气干管网的形式，一般有环状、枝状和混合状三种形式，通常采用环状布局形式。

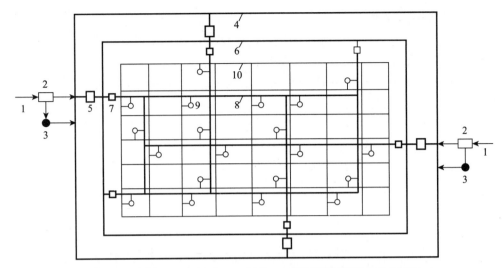

图 5-5　高压 B—次高压 B—中压 B—低压四级管网系统示意图

注：1.长输管线；2.门站；3.储配站；4.高压 B 管网；5.高压 B—次高压 B 调压站；6.次高压 B 管网；7.次中压 B—中压 B 调压站；8.中压 B 管网；9.中压 B—低压调压站；10.低压管网。

（1）环状

环状管网是指由若干封闭成环的管道组成，可由一条或几条管道同时向某管段输送燃气（图 5-1 至图 5-5）。环状管网可靠性高，是城市输配管网的基本形式。在同一环中，输气压力处于同一级制。

（2）枝状

枝状管网是指由干管与支管组成的管网系统，支管末端互不相连，只能由一条管道向某管段供气。枝状管网可靠性较低，一般不采用。

（3）混合状

混合状布局是指环状与枝状混合使用的一种管网布局形式。

为保证供气的安全可靠，城市燃气管网宜采用环形结构。对于大面积的居民用户、重要的工业用户和公共建筑用户，保证双向供气条件是十分重要的。对于受特殊地理条件限制、无法布置环形管网的地区，可选用枝状管网系统供气。

3）管网系统组织影响因素

在选择燃气输配管网系统形制和布局形式时，考虑的因素主要有以下方面：

（1）气源情况，储气设备情况。

（2）城市规模、远景规划情况，街区和道路的现状和规划，建筑特点、人口密度、各类用户的数量和分布情况；大型天然气用户的数目和分布。

（3）城市天然气供应设施现状情况；对天然气发展的要求。

（4）对不同类型用户的供气方针、气化率及不同类型的用户对天然气压力的要求。

（5）城市地理地形条件，敷设天然气管道时遇到天然和人工障碍物（如河流、湖泊、铁路等）的情况。

（6）城市地下管线和地下建筑物、构筑物的现状和改建、扩建规划。

设计城市燃气输配管网系统时，应对上述诸因素进行全面综合地考虑，选用经济合理的最佳方案。方案的比较必须在技术指标和燃气供应可靠性相同的基础上进行。

4）管网规划要求

（1）高压、中压管网

燃气输配管网系统中的高压管网、中压管网的功能主要是输气，并向低压管网、各环网配气的作用。管网布置应满足下列要求：

① 高压管道宜布置在城市边缘或城区内有足够埋管安全距离的地带，并应连接成环网，以提高高压供气的可靠性。

② 中压管网应布置成环网，以提高其输气和配气的安全可靠性。中压管道应布置在城市用气区、便于与低压环网连接的道路上，但应尽量避免沿车辆来往频繁或闹市区的主要交通干线敷设，否则会对管道施工和管理维修造成困难。

③ 对于从气源点连接高压或中压环状管网的管道，应采用双线敷设。

④ 高压、中压管道的布置应考虑对大型用户直接供气的可能性，并应使管道通过这些地区时尽量靠近其用户，以利于缩短连接支管的长度。对于由高压、中压管道直接供气的大型用户，其用户支管末端必须考虑设置专用调压室的位置。

⑤ 高压、中压管道的布置应考虑调压室的布点位置，尽量使管道靠近各调压室，以缩短连接支管的长度。

⑥ 高压、中压管道应尽量避免穿越铁路或河流等大型障碍物，以减少工程量和投资。

⑦ 高压、中压管道是城市输配系统输气和配气的主要干线，必须综合考虑近期建设与长远发展的关系，尽量减少建成后改线、增大管径或增设双线的工程量。

（2）低压管网

低压管网的主要功能是直接向各类用户配气，是城市燃气系统中最基本的管网。管网布置应考虑下列要求：

① 低压管道原则上应呈环状布置。低压管道的输气压力低，沿程压力降低的允许值也较低，故管网的成环边长一般宜控制在 300—600 m。

② 低压管道直接与用户相连，而用户数量随着城市发展而逐步增加，故低压管道除了以环状管网为主体布置外，允许存在枝状管道。

③ 为保证和提高低压管网的供气稳定性，向低压管网供气的相邻调压室之间连通管道的管径应大于相邻管网的低压管道管径。

④ 低压管道可以沿街道的一侧敷设，也可以双侧敷设。例如，当街道宽度大于20 m、横穿街道的支管过多，或输配气量大，而又限于条件不允许敷设大口径管道时，低压管道可采用双侧敷设。

5.5.3 燃气输配设施规划

1）门站和储配站

门站是燃气长输管线和城市燃气输配系统的交接场所，由过滤、调压、计量、配气、加臭等设施组成。

储配站是指城市燃气输配系统中储存和分配燃气的场所，由具有接收储存、配气、计量、调压或加压等功能的设施组成。

（1）功能

在燃气输配系统中，门站和储配站根据燃气性质、供气压力、系统要求等因素，一般具有接收气源来气，控制供气压力、气量分配、计量等功能。当接收长输管线来气并控制供气压力、计量时，称之为门站。当具有储存燃气功能并控制供气压力时，称之为储配站。

燃气储配站的职能主要包括：第一，储存与调峰，储存一定量的燃气，应对用气高峰时的需求，调节燃气生产与使用间的不平衡。第二，净化与加臭，对燃气进行净化处理，或多种气体混合，保证燃气热值；进行加臭处理，保障使用安全。第三，压力控制与分配，控制供气压力，确保燃气压力稳定；将燃气分配给用户或管网，满足使用需求。在供气规模较小的城市，一般设 1 座燃气储配站，并可与气源点合设。

（2）分类

天然气门站通常是长输管道在省、市区域，按照燃气规划布局的分输站，也常常被称作城市首站、接收站。

按燃气储存压力来分类，燃气储配站可分为高压储配站、中压储配站、低压储配站。按燃气气源点分类，储配站可分为天然气储配站、液化天然气储配站、压缩天然气储配站、人工煤气储配站、液化石油气储配站等类型。

（3）选址

门站和储配站的站址选择应符合下列要求：

① 应符合国土空间总体规划的要求。

② 应具有适宜的地形、工程地质等条件和较好的供电、给水排水、供热及交通、通信等条件。

③ 应少占农田、节约用地，并注意与城市景观等协调。

④ 门站站址应结合长输管线位置、管道走向、负荷分布和城市空间布局等因素确定，宜设在规划城市建设用地边缘；规划有 2 个及以上门站时，宜均衡布置。

⑤ 天然气储配站的站址应根据负荷分布、管网布局、调峰需求等因素确定，宜设置在主管网附近。其余燃气气源类型的储配站站址的相应要求在本章第 5.6 节内介绍。

⑥ 当城市有 2 个及以上天然气门站时，应根据输配系统的具体情况，储配站宜与门站合建；当城市只有 1 个天然气门站时，储配站宜根据输配系统的具体情况与门站均衡布置。

⑦ 应满足消防安全要求。储配站内的储气罐与站外的建构筑物的防火间距应符合现行国家标准《建筑防火通用规范》（GB 55037—2022）、《建筑设计防火规范》（GB 50016—2014）（2018 年版）的有关规定。站内露天燃气工艺装置与站外建构筑物的防火间距应符合甲类生产厂房与厂外建构筑物的防火间距的要求。

（4）用地面积指标

燃气门站规划用地面积指标宜根据表5-5的规定，结合所在门站的实际情况选用。

燃气储配站的规划用地指标应根据储配站的类型、作用和气源类型、储气规模、储气形式，以及安全防护需要确定用地面积，一般控制在1.0—5.0 hm²/处。

表5-5　门站用地面积指标

设计接收能力（10^4 m³/h）	≤5	10	50	100	150	200
用地面积（m²）	5 000	6 000—8 000	8 000—10 000	10 000—12 000	11 000—13 000	12 000—15 000

注：表中用地面积为门站用地面积，不含上游分输站或末站用地面积；上游分输站和末站用地面积参照门站用地面积指标；设计接收能力按标准状态（20℃、101.325 kPa）下的天然气当量体积计；当门站设计接收能力与表中数不同时，可采用直线方程内插法确定用地面积指标。

（5）安全防护

为保障天然气门站和燃气储配站的安全防护，门站和储配站应符合防火规范要求，站内的各建构筑物之间以及与站外建构筑物之间的防火间距应符合现行国家标准《建筑防火通用规范》（GB 55037—2022）、《建筑设计防火规范》（GB 50016—2014）（2018年版）、《城镇燃气设计规范》（GB 50028—2006）（2020年版）等的有关规定。其中，门站和储配站的可燃气体储罐与建筑物、储罐、堆场等的防火间距宜不小于表5-6的规定，与铁路、道路的防火间距应不小于表5-7的规定。储配站内的储气罐与站内的建构筑物的防火间距宜符合表5-8的规定。

表5-6　湿式可燃气体储罐与建筑物、储罐、堆场等的防火间距　　单位：m

名称		湿式可燃气体储罐［总容积 V（m³）］				
		$V<1\,000$	$1\,000\le$ $V<10\,000$	$10\,000\le$ $V<50\,000$	$50\,000\le$ $V<100\,000$	$100\,000\le$ $V<300\,000$
甲类仓库甲、乙、丙类液体储罐可燃材料堆场室外变配电站明火或散发火花的地点		20	25	30	35	40
高层民用建筑		25	30	35	40	45
裙房，单层、多层民用建筑		18	20	25	30	35
其他建筑	一级、二级	12	15	20	25	30
	三级	15	20	25	30	35
	四级	20	25	30	35	40

注：固定容积可燃气体储罐的总容积按储罐几何容积（m³）和设计储存压力（绝对压力，10^5 Pa）的乘积计算。固定容积的可燃气体储罐与建筑物、储罐、堆场等的防火间距不应小于本表的规定。干式可燃气体储罐与建筑物、储罐、堆场等的防火间距：当可燃气体的密度比空气大时，应按本表的规定增加25%；当可燃气体的密度比空气小时，可按本表的规定确定。湿式或干式可燃气体储罐的水封井、油泵房和电梯间等附属设施与该储罐的防火间距，可按工艺要求布置。容积不大于20 m³的可燃气体储罐与其使用厂房的防火间距不限。

表 5-7 可燃、助燃气体储罐与铁路、道路的防火间距　　　　　　　　　　　　　　单位：m

名称	厂外铁路线中心线	厂内铁路线中心线	厂外道路路边	厂内道路路边	
				主要	次要
可燃、助燃气体储罐	25	20	15	10	5

表 5-8 储气罐与站内的建构筑物的防火间距　　　　　　　　　　　　　　　　　单位：m

储气罐总容积（m³）	≤1 000	1 001—10 000	10 001—50 000	50 001—200 000	>200 000
明火、散发火花地点	20	25	30	35	40
调压室、压缩机室、计量室	10	12	15	20	25
控制室、变配电室、汽车库等辅助建筑	12	15	20	25	30
机修间、燃气锅炉房	15	20	25	30	35
办公、生活建筑	18	20	25	30	35
消防泵房、消防水池取水口	20				
站内道路（路边）	10	10	10	10	10
围墙	15	15	15	15	18

注：低压湿式储气罐与站内的建构筑物的防火间距，应按本表确定。低压干式储气罐与站内的建构筑物的防火间距，当可燃气体的密度比空气大时，应按本表规定增加 25%；比空气小或等于时，可按本表确定。固定容积储气罐与站内的建构筑物的防火间距应按本表的规定执行。总容积按其几何容积（m³）和设计压力（绝对压力，10^2 kPa）的乘积计算。低压湿式或干式储气罐的水封室、油泵房和电梯间等附属设施与该储罐的间距按工艺要求确定。露天燃气工艺装置与储气罐的间距按工艺要求确定。

2）调压站

燃气调压站是指将燃气调压装置放置于专用的调压建筑物或构筑物中，负责燃气用气压力的调节。调压站包括调压装置及调压室的建筑物或构筑物等。

燃气调压装置是指将较高燃气压力降至所需的较低压力调压单元的总称，包括调压器及其附属设备。

（1）功能

城市燃气各种压力级制间的转换是通过调压站实现的。调压站的主要功能是按运行要求将上一级输气压力降至下一级压力或用户所需的压力范围；并通过高精度的调压器，确保燃气压力在流量变化时仍能保持稳定。此外，调压站还有净化、安全保护、流量计量等多种功能，以保障燃气的安全、稳定和高效供应。

（2）分类

① 按供应方式与用户类型分，调压站有区域调压站和专供调压站。区域调压站是指为某个区域供气的调压站。专供调压站是指仅为某个特定用户供气的调压站，通常是用气压力较高且用气量大的集中负荷用户，如大型工业用户、锅炉房、电厂等。

② 按进出口管道压力分，调压站有高中压调压站、高低压调压站和中低压调压站。

③按建筑形式分，调压站有地上调压站、地下调压站和调压箱（调压柜）。调压箱将调压装置放置于专用箱体，设于用气建筑物附近，承担用气压力的调节。

（3）布局与选址

①应根据燃气管网布置、进出站压力、设计流量等因素，经技术经济比较确定调压站的布局。

②调压站应尽量布置在负荷中心，应避开人流量大的地区。高中压调压站不宜设置在居住区和商业区内。

③直接向用户供气的调压站，其供气半径以 0.5 km 为宜，当用户分布较散或供气区域狭长时，可适当加大供气半径。

（4）用地面积指标

调压站自身占地面积很小，箱式调压器还可以安装在建筑外墙上。高压调压站用地面积指标、次高压调压站用地面积指标可按表 5-9、表 5-10 的指标值，再结合实际需要确定。

表 5-9　高压调压站用地面积指标

供气规模 （10^4 m^3/h）		≤5	5—10	10—20	20—30	30—50
用地面积 （m^2）	高压 A	2 500	2 500—3 000	3 000—3 500	3 500—4 000	4 000—6 000
	高压 B	2 000	2 000—2 500	2 500—3 000	3 000—3 500	3 500—5 000

注：供气规模按标准状态（20℃、101.325 kPa）下的天然气当量体积计；当高压调压站的供气规模与表中数不同时，可采用直线方程内插法确定用地面积指标。

表 5-10　次高压调压站用地面积指标

供气规模（10^4 m^3/h）	≤2	2—5	5—8	8—10
用地面积（m^2）	700	700—1 000	1 000—1 500	1 500—2 000

注：供气规模按标准状态（20℃、101.325 kPa）下的天然气当量体积计；当次高压调压站供气规模与表中数不同时，可采用直线方程内插法确定用地面积指标。

（5）安全防护

为保障燃气调压站的安全防护，调压站应有相应保障安全的空间，应符合防火规范要求，满足现行国家标准《燃气工程项目规范》（GB 55009—2021）、《建筑防火通用规范》（GB 55037—2022）、《建筑设计防火规范》（GB 50016—2014）（2018年版）、《城镇燃气设计规范》（GB 50028—2016）（2020 年版）等的相关要求。

①独立设置的调压站或露天调压装置的最小保护范围和最小控制范围应符合表 5-11 的规定。

在独立设置的调压站或露天调压装置的最小保护范围内，不得从事危及燃气调压设施安全的活动，包括：建设建筑物、构筑物或其他设施；进行爆破、取土等作业；放置易燃易爆危险物品；其他危及燃气设施安全的活动。

在独立设置的调压站或露天调压装置的最小控制范围内从事建设建筑物、构筑物或其他设施等可能危及燃气调压设施安全的活动时，应采取安全保护措施，保障设施安全。在最小控制范围以外进行作业时，仍应保证燃气调压设施的安全。

②燃气调压站与其他建筑物、构筑物的水平净距宜符合表5-12的规定。

表5-11　独立设置的调压站或露天调压装置的最小保护范围和最小控制范围

燃气入口压力	有围墙时		无围墙且设在调压室内时		无围墙且露天设置时	
	最小保护范围	最小控制范围	最小保护范围	最小控制范围	最小保护范围	最小控制范围
低压、中压	围墙内区域	围墙外3.0 m区域	调压室0.5 m范围内区域	调压室0.5—5.0 m范围内区域	调压装置外缘1.0 m范围内区域	调压装置外缘1.0—6.0 m范围内区域
次高压	围墙内区域	围墙外5.0 m区域	调压室1.5 m范围内区域	调压室1.5—10.0 m范围内区域	调压装置外缘3.0 m范围内区域	调压装置外缘3.0—15.0 m范围内区域
高压、高压以上	围墙内区域	围墙外25.0 m区域	调压室3.0 m范围内区域	调压室3.0—30.0 m范围内区域	调压装置外缘5.0 m范围内区域	调压装置外缘5.0—50.0 m范围内区域

表5-12　调压站（含调压柜）与其他建筑物、构筑物水平净距　　　　　单位：m

设置形式	调压装置入口燃气压力级制	建筑物外墙面	重要公共建筑、一类高层民用建筑	铁路（中心线）	城镇道路	公共电力变配电柜
地上单独建筑	高压A	18.0	30.0	25.0	5.0	6.0
	高压B	13.0	25.0	20.0	4.0	6.0
	次高压A	9.0	18.0	15.0	3.0	4.0
	次高压B	6.0	12.0	10.0	3.0	4.0
	中压A	6.0	12.0	10.0	2.0	4.0
	中压B	6.0	12.0	10.0	2.0	4.0
调压柜	次高压A	7.0	14.0	12.0	2.0	4.0
	次高压B	4.0	8.0	8.0	2.0	4.0
	中压A	4.0	8.0	8.0	1.0	4.0
	中压B	4.0	8.0	8.0	1.0	4.0
地下单独建筑	中压A	3.0	6.0	6.0	—	3.0
	中压B	3.0	6.0	6.0	—	3.0
地下调压箱	中压A	3.0	6.0	6.0	—	3.0
	中压B	3.0	6.0	6.0	—	3.0

注：当调压装置露天设置时，则指距离装置的边缘；当建筑物（含重要公共建筑）的某外墙为无门、窗洞口的实体墙，且建筑物耐火等级不低于二级时，燃气进口压力级别为中压A或中压B的调压柜一侧或两侧（非平行），可贴靠上述外墙设置；当达不到上表净距要求时，采取有效措施，可适当缩小净距。

5.5.4 燃气调峰及应急储备规划

燃气供应系统应具有满足调峰供应和应急供应的供气能力储备。供气能力储备量应根据气源条件、供需平衡、系统调度和应急的要求确定。燃气供应系统的燃气储存设施主要是保证正常供气、调峰、临时调度、混配缓冲和应急等需求。

燃气的储备分为三个层次：调峰储备、应急储备和战略储备。调峰储备是在正常运行工况下，为平衡调节月、日和时用气不均匀的储气措施；应急储备是应对事故工况时的储气措施；战略储备是从能源安全角度制定的储气措施。城市燃气规划中的调峰、应急储备方案内容应包括储备量和储备设施。

1）调峰储备

燃气调峰是解决用气负荷波动与供气量相对稳定之间矛盾的措施。

在城市燃气系统中，城市各类用户的用气每月、每日、每时都在变化，而气源供气不可能完全按照城市用气量的变化而随时改变。为了保证按用户需求不间断的供气，应解决气源供气与城市用气平衡问题，则必须考虑建设调峰储气设施。

根据目前国内城市燃气发展的现状及行业惯例，为保证安全稳定地供气、用气，应将上游气源供气、长输管道输气、城市输配管网视为系统工程，调峰问题作为整个系统中的问题，需从全局来解决，即共同承担城市燃气调峰的责任。

（1）调峰量

燃气调峰量应根据城市用气负荷曲线和上游供气曲线确定。

调峰量需在规划时对各类用户（包括非高峰期用户及可中断用户）的用气规律进行调查研究，并可通过智能化城市燃气工程系统绘制用气负荷曲线，同时结合拟供气气源的供气曲线综合分析后确定。

（2）调峰方式

城市燃气调峰方式选择应根据当地地质条件和资源状况，经技术经济分析等综合比较确定，除了可依托储配站外，常通过下列方式调峰：

① 城市附近有建设地下储气库条件时，宜选用地下储气库调节季峰、日峰；

② 城市天然气输气压力较高时，宜选用高压管道储气调节时峰；

③ 当具备液化天然气或压缩天然气气源时，宜利用液化天然气或压缩天然气调节日峰、时峰。

（3）调峰设施建设

调峰设施应根据季节、日、时调峰量，合理选择调峰方式，并按实际调峰需求，统一规划，分期建设。应根据调峰方式，加强燃气调峰设施的建设，提高城市燃气供应的保障能力。

2）应急储备

应急储备是指当供气气源发生紧急事故或用气量异常时，仍能保证燃气系统正常供气的措施，包括储气设施及应急气源。

（1）应急气源

应急气源的类型应根据可供选择的资源条件，并经技术经济论证确定。城市燃气应急气源应与主供气源具有互换性。

城市燃气应急气源是指在事故或紧急状态恢复之前的短时间内，满足城市各类用户不改变用气设备情况下安全使用的燃气气源，所以城市燃气气源规划应考虑应急气源与城市主供气源的互换性，以保证各类用气设备的安全使用。

（2）应急储备量

城市燃气应急储备设施的储备量应按 3—10 天城市不可中断用户的年均日用气量计算。

应急储备量应根据各地区的气源条件、对外依存度、供气安全保障度、经济发展水平要求等因素综合确定。未来，燃气应急储备量应适度增加。表 5-13 为部分国家或组织燃气储备情况。

表 5-13　部分国家或组织燃气储备情况

国家或组织	美国	英国	法国	俄罗斯	意大利	EU（27）	日本	中国
LNG比例	1%	—	25.6%	—	2%	13%	100%	8.24%
储备比例	16%	4.8%	27.7%	11.1%	18.5%	15%	14.7%	2.7%
储备方式	储气库为主+LNG	储气库+LNG	储气库为主+LNG	储气库	储气库为主+LNG	储气库为主+LNG	LNG	储气库+LNG
对外依存度	16%	21%	98%	0%	99%	64%	98%	8%
储备目的	应急调峰交易	应急调峰	战略调峰	调峰保障出口供应	战略调峰	战略调峰	战略调峰照付不议	应急调峰
储备天数（d）	58.4	17.5	101.1	40.5	67.5	54.8	53.7	9.9

注：本表数据来源于国家能源局网站，研究单位为中海石油气电集团有限责任公司。EU 表示欧洲联盟；LNG 表示液化天然气；EU（27）表示欧洲联盟 27 个成员方。

（3）应急储备设施布局

应急储备设施通常被称为应急储备项目、应急气源站、事故气源备用站等。

城市燃气应急储备设施的布局选址应根据用气负荷分布、输配管网布局等因素，以紧急情况下应急气源最快启动并接入管网、最大化保证用户安全稳定用气、符合城市规划布局、近远期结合为原则，经多方案技术经济比较确定。

5.5.5　燃气输配管线敷设

1）基本原则

（1）应结合城市国土空间总体规划和有关专项规划，在调查了解城市各种地下管线设施现状和规划的基础上进行。

（2）燃气输配主干管网应沿城市道路敷设，减少穿跨越河流、铁路、公路、沟道和其他大型构筑物以及其他不宜穿越的地区。输气管网要尽量避开交通干线和繁华街道。

（3）应采用短捷的线路，使燃气输配供气干线尽量靠近主要用户区，以减少管网的转输流量，提高管网输送效率。

（4）城市燃气输配管线应减少对城市用地的分割和限制，方便管道的巡视、抢修和管理。

（5）燃气管道走向需穿越河流或大型渠道时，根据安全、经济、市容市貌等条件统一考虑，可随桥架设，也可以采用倒虹吸管由河底（或渠底）通过，或设置管桥。具体采用何种方式应与城乡规划、消防等部门协商确定。

（6）燃气输配管道不应在排水管（沟）、供水管渠、热力管沟、电缆沟、城市交通隧道、城市轨道交通隧道和地下人行通道等地下构筑物内敷设。不得在堆积易燃、易爆材料和具有腐蚀性液体的场地下面穿越。

（7）燃气输配管线应避免与高压电缆、电气化铁路、城市轨道等设施平行设。

（8）燃气配气管网干线最好能在小区内部的道路下敷设，既可保证管道两侧均能供气，又可减少主要干道的管线位置占地。

（9）城市燃气管道一般沿路单侧敷设。在道路较宽、横穿马路的支管很多或输送燃气量较大、一条管道不能满足要求的情况下可采用双侧布置。

2）选线

城市输配管线的选线应符合下列要求：

（1）长输管道应布置在城镇集中建设区的外围；当必须在城镇集中建设区内布置时，须符合现行国家标准的要求，应采取有效的安全防护措施。

（2）长输管道和城市高压燃气管道的走廊应在城市国土空间总体规划编制时进行预留，并与公路、城市道路、铁路、河流、绿化带以及其他管廊等的布局相结合。

（3）高压燃气输配管道布线应符合下列规定：

① 高压燃气管道不应通过军事设施、易燃易爆危化品生产和储存区域、历史文物保护区、飞机场、火车站、港口码头等地区。

② 高压管道走廊应避开居民区、商业密集区和其他人员密集区域。

③ 多级高压燃气管网系统间应均衡布置连通管线，并设调压设施。

④ 大型集中负荷应采用较高压力燃气管道直接供给。

⑤ 高压管道走廊不宜进入中心城区。如高压燃气管道进入中心城区等区域时，必须符合现行国家标准的有关规定，确保安全。

（4）中压燃气管道布线宜符合下列规定：

① 宜沿道路布置，一般敷设在道路绿化带、非机动车道或人行步道下。

② 宜靠近用气负荷，提高供气可靠性。

③ 当为单一气源供气时，连接气源与城市环网的主干管线宜采用双线布置。

（5）低压燃气干管布线应在小区内部的道路下敷设，可使管道两侧供气，又可兼作庭院管道，节省投资。

3）覆土深度

埋地输配管道应根据冻土层、路面荷载等条件确定其埋设深度。次高压、中压、低压燃气管线在非机动车道（含人行道）、车行道敷设时，最小覆土深度分别为 0.60 m、0.90 m。

4）与其他工程管线之间及其建（构）筑物之间的最小水平净距

次高压、中压、低压燃气管道与建（构）筑物、铁路以及和其他工程管道的水平净距应根据建（构）筑物基础、路面种类、卫生安全等确定，符合现行国家标准《城市工程管线综合规划规范》（GB 50289—2016）等的相关规定，最小水平净距应满足表 5-14 的规定要求，保证供气安全。

表 5-14　燃气管道与其他工程管线之间及其建（构）筑物之间的最小水平净距

序号	管线及建（构）筑物名称		低压（m）	中压（m）		次高压（m）	
				B	A	B	A
1	建（构）筑物		0.70	1.00	1.50	5.00	13.50
2	给水管线	$d \leqslant 200$ mm		0.50		1.00	1.50
		$d > 200$ mm					
3	污水、雨水管线		1.00	1.20		1.50	2.00
4	再生水管线			0.50		1.00	1.50
5	直埋热力管线			1.00		1.50	2.00
6	电力管线	直埋		0.50		1.00	1.50
		保护管		1.00			
7	通信管线	直埋		0.50		1.00	1.50
		管道、通道		1.00			
8	管沟		1.00	1.50		2.00	4.00
9	乔木			0.75		1.20	
10	灌木						
11	地上杆柱	通信照明<10 kV		1.00			
		高压塔基础边 ≤35 kV		1.00			
		>35 kV		2.00		5.00	
12	道路侧石边缘			1.50		2.50	
13	有轨电车钢轨			2.00			
14	铁路钢轨（或坡脚）			5.00			

注：d 表示管道的内直径。

5）与其他工程管线等设施交叉时的最小垂直净距

次高压、中压、低压燃气管道与其他工程管线交叉时的最小垂直净距，应符合现行国家标准《城市工程管线综合规划规范》（GB 50289—2016）等的相关规定，满足表 5-15 的规定要求，保证供气安全。

表 5-15 燃气管线与其他工程管线交叉时的最小垂直净距

序号	管线名称		最小垂直净距（m）
1	给水管线；污水、雨水管线；热力管线；其他煤气管线		0.15
2	通信管线	直埋	0.50
		保护管、通道	0.15
3	电力管线	直埋	0.50*
		保护管	0.15
4	再生水管线		0.15
5	管沟		0.15
6	涵洞（基底）		0.15
7	电车（轨底）		1.00
8	铁路（轨底）		1.20

注：* 表示用隔板分隔时不得小于 0.25 m；燃气管线采用聚乙烯管材时，燃气管线与热力管线的最小垂直净距应按现行行业标准《聚乙烯燃气管道工程技术规程》（CJJ 63—2018）执行；铁路为速度大于或等于 200 km/h 的客运专线时，铁路（轨底）与其他管线的最小垂直净距为 1.50 m。

高压燃气管道的覆土深度、与其他工程管线之间及其建（构）筑物之间的最小水平净距、与其他工程管线等设施交叉时的最小垂直净距控制要求，应根据现行国家标准《输气管道工程设计规范》（GB 50251—2015）、《城镇燃气设计规范》（GB 50028—2006）（2020 年版）等的相关规定核定。

5.5.6 燃气输配管道及附属设施的保护范围和控制范围及要求

1）保护范围及要求

（1）保护范围

输配管道及附属设施的保护范围应根据输配系统的压力分级和周边环境条件确定。设立保护范围的目的是保护燃气输配管道及附属设施，保障安全。最小保护范围应符合下列规定：

① 高压及高压以上输配管道及附属设施，应为外缘周边 5.0 m 范围内的区域；

② 次高压输配管道及附属设施，应为外缘周边 1.5 m 范围内的区域；

③ 低压和中压输配管道及附属设施，应为外缘周边 0.5 m 范围内的区域。

（2）保护要求

在输配管道及附属设施的保护范围内，不得从事危及输配管道及附属设施安全的活动，包括建设建筑物、构筑物或其他设施；进行爆破、取土等作业；倾倒、排放腐蚀性物质；放置易燃易爆危险物品；种植根系深达管道埋设部位可能损坏管道本体及防腐层的植物；其他危及燃气设施安全的活动。

在输配管道及附属设施保护范围内从事敷设管道、打桩、顶进、挖掘、钻探等可能影响燃气设施安全的活动时，应采取安全保护措施，确保输配管道及附属设施的安全。

2）控制范围及要求

（1）控制范围

输配管道及附属设施的控制范围应根据输配系统的压力分级和周边环境条件确定。设立控制范围的目的是防止燃气输配管道及附属设施损坏，避免安全事故。最小控制范围应符合下列规定：

① 高压及高压以上输配管道及附属设施，应为外缘周边 5.0—50.0 m 的区域；

② 次高压输配管道及附属设施，应为外缘周边 1.5—15.0 m 的区域；

③ 低压和中压输配管道及附属设施，应为外缘周边 0.5—5.0 m 的区域。

（2）控制要求

在输配管道及附属设施的控制范围内从事保护范围内敷设管道、打桩、顶进、挖掘、钻探等可能影响燃气设施安全的活动，或进行管道穿跨越作业时，应采取安全保护措施，保证输配管道及附属设施的安全。在控制范围外的作业，也要根据所从事活动的影响范围，评估是否会对燃气设施产生影响，当有影响时要采取必要的措施。

5.6 城市燃气厂站规划

城市燃气厂站设施包括天然气、压缩天然气、液化天然气和液化石油气、人工煤气等各气源生产设施和围绕燃气安全生产、运行调度、维护抢修、客户服务等功能场所，以保障城市燃气设施的安全运行和城市燃气的可持续发展。其中天然气厂站规划的相关内容已在上一节内容阐述。

城市燃气厂站设施规划应符合下列要求：

（1）应符合城市国土空间总体规划和城市燃气专项规划的要求，以适应城市发展和燃气系统整体优化建设的需要，并应与城市的能源规划、环境保护规划等相结合。

（2）燃气厂站的单位产量、储存量和最大供气能力等建设规模应根据燃气工程的用气规模和燃气供应系统总体布局的要求，结合资源条件和城乡建设发展等因素综合确定。燃气厂站应按生产或工艺流程顺畅、通行便利和保障安全的要求布置。

（3）液态燃气存储总水容积大于 3 500 m³ 或气态燃气存储总容积大于 200 000 m³ 的燃气厂站应结合城市发展，设在城市边缘或相对独立的安全地带，并应远离居住区、学校以及其他人员集聚的场所。

（4）当燃气厂站设有生产辅助区及生活区时，生活区应与生产区分区布置。当燃气厂站具有汽车加气功能时，汽车加气区、加气服务用站房与站内其他设施应采用围护结构分隔。

（5）燃气厂站边界应设置围护结构。液化天然气、液化石油气厂站的生产区应设置高度不低于 2.0 m 的不燃性实体围墙。燃气厂站内的建筑物与厂站外建筑物之间的间距应符合防火的相关要求。

（6）液态燃气输配管道不应敷设在居住区、商业区和其他人员密集区域、机场车站与港口以及其他危化品生产和储存区域内。

（7）燃气厂站应有较好的自然通风条件，地质条件良好。此外，还应考虑防洪、抗震、消防等条件。

5.6.1 压缩天然气厂站规划

压缩天然气是指压缩到压力不小于 10 MPa 且不大于 25 MPa 的气态天然气。

1）燃气供应方式

压缩天然气供应是城市天然气供应的一种方式。目前我国城市还不具备完全由输气干线供给天然气的条件，对于一些距离气源（气田或天然气输气干线等）不太远（一般在 200 km 以内）、用气量较少的中小城市和城镇及乡村居民点，可以采用气瓶车（气瓶组）运输压缩天然气到服务区域，供给居民生活、商业、工业及供暖通风和空调等各类用户作为燃料使用，并建设相应的天然气输配管道或工业企业供气管道。在选择压缩天然气供应方式时，应与其他燃气供应方式进行技术经济比较后确定。压缩天然气也可作为城市天然气燃气系统的调峰气源。

2）厂站构成

压缩天然气供应站是指压缩天然气加气站、压缩天然气储配站、压缩天然气瓶组供气站的统称。

（1）压缩天然气加气站是指将由管道引入的天然气经净化、计量、压缩后形成压缩天然气，并充装至气瓶车、气瓶或气瓶组内，以实现压缩天然气车载运输的站场。压缩天然气加气站包括压缩天然气加气母站、压缩天然气加气子站、压缩天然气常规加气站：压缩天然气加气母站是指对管道输入的天然气过滤、计量、脱水、加压，并通过加气柱为天然气气瓶车充装压缩天然气，通过加气机为天然气汽车充装压缩天然气的专门场所。压缩天然气加气子站是指由压缩天然气气瓶车运进压缩天然气，通过加气机为天然气汽车充装车用压缩天然气的专门场所。压缩天然气常规加气站是指对管道输入的天然气过滤、计量、脱水、加压，通过加气机为天然气汽车充装车用压缩天然气的专门场所。

（2）压缩天然气储配站是指采用压缩天然气气瓶车储气或将由管道引入的天然气经净化、压缩形成的压缩天然气作为气源，具有压缩天然气储存、调压、计量、加臭等功能，并向城市燃气输配管道输送天然气的站场。

（3）压缩天然气瓶组供气站采用压缩天然气瓶组储气作为气源，具有压缩天然气储存、调压、计量、加臭等功能，并向城市燃气输配管道输送天然气的站场。压缩天然气瓶组是指通过管道将多个压缩天然气储气瓶连接成一个整体并固定在瓶筐上，用于储存和运输压缩天然气的装置，简称储气瓶组。

供给压缩天然气加气站的天然气宜采用管道输送；供给压缩天然气储配站的天然气可采用管道输送或车载运输；供给压缩天然气瓶组供气站的压缩天然气应采用车载运输。

3）规模与等级

（1）规模。压缩天然气供气时，要结合城市近远期发展的具体情况，充分考虑用气结构、调峰量大小、气源与城市的距离、运输方式、用户对气价的承受能力、未来是否有管道气源等因素，多方案进行技术经济比较后确定供应和储存规模，做到近期具有可操作性、远期满足需求。

（2）等级划分。压缩天然气供应站的等级划分一般根据储气容积划分为五级（表5-16）：一级站一般采用储气井大规模储气的大型储配站。储气井是在压缩天然气供应站内竖向埋设于地下，用于储存压缩天然气的管状设备。二级站是中型储配站与大型加气站。三级站是小型储配站与中型加气站。四级站是单撬车型储配站与加气站。五级站是瓶组供气站。

表 5-16 压缩天然气供应站的等级划分

级别	总储气容积 V（m^3）	压缩天然气储气设施总几何容积 V_1（m^3）	压缩天然气瓶车总几何容积 V_2（m^3）
一级	$V > 200\ 000$	$V_1 > 700$	$V_2 \leqslant 200$
二级	$30\ 000 < V \leqslant 200\ 000$	$120 < V_1 \leqslant 700$	$V_2 \leqslant 200$
三级	$10\ 000 < V \leqslant 30\ 000$	$30 < V_1 \leqslant 120$	$V_2 \leqslant 120$
四级	$1\ 000 < V \leqslant 8\ 500$	$4 < V_1 \leqslant 30$	$V_2 \leqslant 18$
五级	$V \leqslant 1\ 000$	$V_1 \leqslant 4$	—

注：总储气容积指站内压缩天然气储气设施（包括储气井、储气瓶组、气瓶车等）的储气量之和，按储气设施的几何容积（m^3）与最高储气压力（绝对压力，10^2 kPa）的乘积并除以压缩因子后的总和计算。表中"—"表示该项内容不存在。

4）选址

（1）压缩天然气较多采用车船运输，站址宜选择在交通便利、与所规划的城市燃气管网易于衔接之处，便于生产运行管理。

（2）一级、二级压缩天然气供应站宜远离居住区、学校、医院、大型商场和超市等人员密集的场所。大型压缩天然气供应站发生事故时影响范围较大，可能会造成严重后果。

（3）应遵循不占或少占农田、节约用地的原则，并宜与周围环境、景观相协调。

（4）应避开山洪、滑坡等不良地质地段，且周边应具备交通、供电、给水排水及通信等条件。

（5）压缩天然气加气站、压缩天然气储配站宜靠近上游来气的管道或气源厂站设置，压缩天然气瓶组供气站宜靠近供气负荷设置。压缩天然气加气站主要建在城区周边区域。

（6）城市中心区不应建设各级压缩天然气供应站。

（7）城市建成区内两个压缩天然气瓶组供气站间的水平净距不应小于300 m。

（8）压缩天然气供应站的防洪标准应与所供气用户的防洪标准相适应，且不得低于站址所在地的防洪标准。一级、二级供应站的防洪标准不宜低于洪水重现期50年一遇的标准，三级供应站不宜低于洪水重现期30年一遇的标准，四级、五级供应站不宜低于洪水重现期20年一遇的标准。

5）用地面积指标

压缩天然气储配站、加气母站、常规加气站的用地面积指标宜根据表 5-17 至表 5-19 的规定，结合所在城市的实际情况选用。

表 5-17　压缩天然气储配站用地面积指标

储罐储气容积（m³）	≤4 500	4 500—10 000	10 000—50 000
用地面积（m²）	2 000	2 000—3 000	3 000—8 000

注：储罐储气容积按储罐几何容积计算；当储罐储气容积与表中数不同时，可采用直线方程内插法确定用地面积指标。

表 5-18　压缩天然气加气母站用地面积指标

供气规模（10^4 m³/d）	≤5	5—10	10—30
用地面积（m²）	4 000	4 000—6 000	6 000—10 000

注：供气规模按标准状态（20℃、101.325 kPa）下的天然气当量体积计。

表 5-19　压缩天然气常规加气站用地面积指标

供气规模（10^4 m³/d）	≤1	1—3	3—5
用地面积（m²）	2 500	2 500—3 000	3 000—4 000

注：供气规模按标准状态（20℃、101.325 kPa）下的天然气当量体积计。

6）安全防护

压缩天然气供应站如发生事故，影响范围会较大，可能会造成严重后果。因此，安全防护是极其重要的。

（1）压缩天然气供应站与建（构）筑物的间距应符合现行国家标准《建筑防火通用规范》（GB 55037—2022）、《建筑设计防火规范》（GB 50016—2014）（2018年版）、《城镇燃气规划规范》（GB/T 51098—2015）、《城镇燃气设计规范》（GB 50028—2006）（2020 年版）、《压缩天然气供应站设计规范》（GB 51102—2016）等的有关规定，满足消防安全要求；符合站内、站外防火间距要求，确保防护安全。

（2）城市中心区不应建设压缩天然气供应站及其与各级液化石油气混气站的合建站。城市建成区不宜建设一级压缩天然气供应站及其与各级液化石油气混气站的合建站。

（3）压缩天然气厂站应避开不良地质地段，远离人员密集的场所，保障设施安全可靠。

5.6.2　液化天然气厂站规划

液化天然气是指天然气经加压、降温得到的液态产物，组分以甲烷为主。天然气液化的目的是便于运输、合理布局天然气的使用与运送和满足天然气供应的市场需求。

1）厂站构成

液化天然气的生产过程是先将气态天然气通过天然气液化厂生产加工，变为液化天然气，经海运或公路运输至用户，然后通过液化天然气供气站的生产加工，将液态天然气变为气态，经管网送至用户使用。

（1）设施构成。液化天然气厂站的设施主要包括天然气液化厂和供气站。其中液化天然气供气站包括液化天然气汽化站、液化天然气瓶组汽化站、液化天然气加气站等厂站。

（2）运输。液化天然气的运输一般分为海运和公路运输两种：海运一般采用液化天然气专用船；公路运输一般采用液化天然气槽车等。

2）设施功能与作用

城市液化天然气厂站是主要服务于中小城市、城镇及其工业、民用与商业的供气气源站，也可作为城市天然气燃气系统的调峰气源。

（1）天然气液化工厂。天然气液化工厂是将气态天然气变为液化天然气的生产企业，一般包括天然气（原料气）预处理、液化、储存、装卸、气化等单元。

（2）液化天然气汽化站。液化天然气汽化站是利用液化天然气储罐作为储气设施，具有接收、储存、气化、调压、计量、加臭功能，并向城市燃气输配管网输送天然气的专门场所。液化天然气气化站是城市液化天然气供应的主要站场，液化天然气来自天然气液化工厂或液化天然气终端接收基地或液化天然气储配站，一般通过专用汽车槽车或专用气瓶运来，在气化站内设有储罐（或气瓶）、装卸装置、泵、气化器、加臭装置等，汽化后的天然气可用作城市或小区、大型工业、商业用户的主气源，也可用作城市调节用气不均匀的调峰气源。

（3）液化天然气瓶组气化站。液化天然气瓶组气化站是利用液化天然气瓶组作为储气设施，具有储存、气化、调压、计量、加臭功能，并向用户供气的专门场所。液化天然气瓶组供气站具有投资少、占地面积小、建设周期短、操作可靠、能迅速实现向居民小区或工业用户供气的特点。汽化后的天然气可用作乡村、中小城镇或小区、大中型企业的主气源。

（4）液化天然气汽车加气站。液化天然气汽车加气站是为液化天然气汽车充装车用液化天然气的专门场所。液化天然气汽车加气站可与压缩天然气汽车加气站、常规加油站联合建站。

天然气液化厂和气化站是液化天然气设施的重要组成部分，对天然气的安全、稳定、连续供应，应急调峰、储备与环境保护起到至关重要的作用。

液化天然气供气系统为小型供气终端设备，一般采取瓶组气化供气，主要适用于用气量不大的城乡地区。目前，中小型液化天然气供气系统凭借其建设周期短、投资成本低以及能迅速满足用气市场需求的优势，已逐渐在我国东南沿海众多经济发达、能源紧缺的中小城市建成，成为燃气设施或管输天然气到达前的过渡供气设施。

3）规模与等级

液化天然气厂站的建设规模应根据城市国土空间总体规划及燃气专项规划，结合气源供气条件和用户类型、用气负荷使用需求等因素合理确定。应避免在供气规划覆盖范围内无序建设、重复建设、重复投资和增加新的污染源；应防止液化天然气厂站建设规模偏大造成的安全性等问题。

天然气液化厂和气化站的建设规模可分为四类（表5-20），加气站分为三级（表5-21）。

表5-20 液化天然气厂站建设规模分类

类型	液化厂		气化站	
	日液化能力（万Nm³）	储罐总容积（m³）	时气化能力（Nm³）	储罐总容积（m³）
	单套生产能力	总生产能力			
Ⅰ类	30—50	100	10 000—20 000	50 000	3 000—5 000
Ⅱ类	15—30	60	5 000—10 000	30 000	2 000—3 000
Ⅲ类	10—15	30	3 000—5 000	10 000	1 000—2 000
Ⅳ类	≤10	10	1 500—3 000	2 000	300—600

注：天然气液化厂储罐容量宜为日生产能力的10—15倍；液化天然气气化站的储罐容积宜为日供气量的5—7倍；天然气液化厂、液化天然气气化站项目的建设规模与表中不一致时，可参照相近的指标。

表5-21 LNG加气站、L-CNG加气站、LNG/L-CNG加气站的等级划分

级别	LNG加气站		L-CNG加气站、LNG/L-CNG加气站		
	LNG储罐总容积（m³）	LNG储罐单罐容积（m³）	LNG储罐总容积（m³）	LNG储罐单罐容积（m³）	CNG储气总容积（m³）
一级	120<V≤180	≤60	120<V≤180	≤60	≤12
二级	60<V≤120	≤60	60<V≤120	≤60	≤9
三级	≤60		≤60		≤8

注：V指LNG储罐总容积；LNG指液化天然气；CNG即Compressed Natural Gas，指压缩天然气；L-CNG加气站指由LNG转化为CNG，为CNG汽车储瓶充装CNG燃料的专门场所；LNG/L-CNG加气站指LNG加气站与L-CNG加气站合建的统称。

4）选址

液化天然气厂站的选址与众多因素有关，应主要遵循三项原则：第一，贯彻节约用地的原则；第二，从防止污染角度考虑的环境保护原则；第三，从经济角度考虑的经济合理原则。同时要综合考虑工程地质条件、水文地质条件、交通运输、供电、给排水、灰渣综合利用等因素。

（1）应符合相关规划及国家现行环境保护、卫生、防火和安全标准的有关规定。应满足与站外建构筑物的安全间距要求，远离铁路、室外变配电站、易燃物品库房以及人员密集的居住区、学校、医院、车站、体育馆等建筑物，远离林牧区、地震危险区、地质灾害高风险点等敏感区域，大型燃气设施应设置在城镇的边缘或相对独立的安全地带。应充分考虑废气、废水、废物和噪声对周边环境的影响，符合生态环境保护相关规定。

（2）应考虑交通便利及与规划城市燃气管网衔接等因素。液化天然气气化站、液化天然气瓶组气化站的出线应与燃气管网规划等相衔接。液化天然气加气站应选

址在交通便利区域，在城区内选址应靠近城市主干路或出入方便、车辆汇集的次干路，在郊区或乡镇应选择主要公路、交通出入口等地段。

（3）应满足工程建设的工程地质条件和水文地质条件。不受洪水、潮水或内涝的威胁，液化天然气厂站址的标高应高于重现期 50 年一遇的洪水位，避开雷暴区域。受条件限制，必须建在有隐患的区域时，应有可靠的防洪、排涝措施及防雷暴保护设施。

（4）应选择地势平坦、开阔、不易积存液化石油气的地段，避开地震带、沉陷区等不良地质地带，具备交通、供电、给水排水和通信等条件，在居住区和主要环境保护区的全年最小频率风向的上风侧。

（5）天然气液化工厂的区位应根据工厂自身及相邻工厂或设施的特点和火灾危险性，结合地形、风向、气源及运输等条件合理选址。

（6）液化天然气气化站宜靠近负荷中心，并应有良好的交通运输条件，便于液化天然气液体槽车的运输。

5）用地面积指标

液化天然气厂站的建筑标准应贯彻安全实用、经济合理、因地制宜、有利生产的原则，根据液化天然气厂站的规模、建筑物用途、建筑场地条件等需要确定，应使建筑物和构筑物的建筑效果与周围环境相协调。应贯彻节约用地的原则，按规划容量确定建设用地面积。

天然气液化厂的用地面积指标宜根据规模、生产工艺、安全防护等，结合地形地貌、气候条件等综合确定。

液化天然气气化站、加气站的用地面积指标宜根据表 5-22、表 5-23 的规定，结合所在城市的实际情况合理选用。

表 5-22　液化天然气气化站用地面积指标

储罐水容积（m^3）	≤200	400	800	1 000	1500	2000
用地面积（m^2）	12 000	14 000—16 000	16 000—20 000	20 000—25 000	25 000—30 000	30 000—35 000

注：当储罐水容积与表中数不同时，可采用直线方程内插法确定用地面积指标。

表 5-23　液化天然气加气站用地面积指标

储罐储气总容积（m^3）	60	120	180
用地面积（m^2）	3 000—4 000	4 000—6 000	6 000—8 000

注：储罐储气容积按储罐几何容积计算；当储罐总储气容积与表中数不同时，可采用直线方程内插法确定液化天然气加气站用地面积指标。

6）安全防护

液化天然气厂站如发生事故，影响范围大，会造成严重后果。因此，安全防护是最为重要的。液化天然气厂站设施应符合相关规划及现行国家环境保护、卫生、防火和安全标准的有关规定。

（1）保护环境。液化天然气厂站建设应符合国家环境保护相关标准的要求，保证项目的环境效益、社会效益和经济效益三者统一。项目厂址的确定、设备的选型、选用的燃料、气质净化方案等，如果处理不当都可能造成大气、噪声等污染，要进行充分论证后实施。

（2）消防安全。液化天然气厂站与建（构）筑物的间距应符合现行国家标准《建筑防火通用规范》（GB 55037—2022）、《建筑设计防火规范》（GB 50016—2014）（2018 年版）、《城镇燃气规划规范》（GB/T 51098—2015）、《城镇燃气设计规范》（GB 50028—2006）（2020 年版）、《天然气液化工厂设计标准》（GB 51261—2019）、《城镇液化天然气厂站建设标准》（建标 151—2011）、《液化天然气（LNG）汽车加气站技术规范》（NB/T 1001—2011）等的有关规范，应有可靠的消防、抗震、防洪措施。应符合城市消防安全布局、液化天然气厂站内外防火要求；满足站内、站外建构筑物的防火间距等规范，确保防护安全；满足站厂出入口的数量与设置要求，保障应急通行和紧急事故疏散；厂站边界应设置高度不低于 2.0 m 的非燃烧材料围墙。

（3）液化天然气厂站设施须避开地震断裂带、地基沉陷、滑坡等不良地质构造地段；避开地质灾害易发区和重点防治区。天然气液化工厂应避开山区或丘陵地区的窝风地带。

（4）天然气液化工厂沿江河岸布置时，宜位于邻近江河的城市、重要码头港口、重要桥梁、船厂、仓储区等重要建（构）筑物的下游。可燃液体储罐（组）不宜紧邻江河、排洪沟布置。

（5）天然气液化工厂不应危及机场净空保护区的区域；应避开生活饮用水源保护区，国家划定的森林、农业保护及发展规划区，应避开自然保护区、风景名胜区和历史文物古迹保护区。

（6）在城市建成区不应建设一级加气站、一级加油加气合建站。

5.6.3 液化石油气厂站规划

液化石油气是指常温、常压下的石油系烃类气体，经加压或降温得到的液态产物。液化石油气的组分以丙烷和丁烷为主。

液化石油气为提炼原油时生产，或从石油或天然气中开采。用液化石油气作为燃料，热值高、无烟尘、无炭渣，操作使用方便，已广泛进入人们的生活领域。液化石油气作为生活燃料在 20 世纪 90 年代就开始得到发展，近年来用户需求量迅速增长，未来液化石油气作为清洁能源，将与天然气长期共存。液化石油气具有供气范围、供气方式异常灵活的特点，因此，比较适用于各种类型的城市地区。

1）燃气供应方式

居民生活燃用液化石油气通常有管道、瓶装和分配槽车三种供应方式。

（1）管道供应：通过管道将汽化后的液化石油气供给用户使用。这种供应方式适用于居民住宅小区、高层建筑和小型工业用户。液化石油气管道供应系统由汽化站和管网组成。汽化站内设有储气罐、气化器和调压器等。液化石油气从储气罐连续进入气化器，汽化后经降低压力，通过管道送至用户。汽化后的液化石油气还可通过专用装置使之与空气或低发热量燃气掺混，并通过管道供应用户。

（2）瓶装供应：将液化石油气灌入钢瓶向用户供应。液化石油气钢瓶是薄壁压力容器，家庭使用的钢瓶容量有 10 kg、12 kg、15 kg、20 kg 等；公共建筑和小型工业用户使用的钢瓶容量有 45 kg、50 kg 等。液化石油气储配站的专用灌装机具将液化石油气灌装到钢瓶里，并经供应站或直接销售给用户。

（3）分配槽车供应：利用汽车槽车向用户供应液化石油气。这种槽车被称为分配槽车，容量一般为 2—5 t，车上装有灌装泵。分配槽车的供应对象主要是距离其他燃气来源较远的各类用户。用户自备小型固定储气罐（容量为半吨至数吨）接收液化石油气。分配槽车也可作为流动的灌瓶站，向远离供气中心区的居住小区的用户钢瓶灌装液化石油气。

2）厂站构成

液化石油气供应站是指具有储存、装卸、灌装、气化、混气、配送等功能，以储配、气化（混气）或经营液化石油气为目的的专门场所，是液化石油气厂站的总称。

（1）设施构成。液化石油气厂站包括液化石油气供应基地、液化石油气气化站和混气站、液化石油气瓶组气化站、瓶装液化石油气供应站。液化石油气供应基地按其功能可分为储存站、储配站和灌装站。

（2）运输。液化石油气由生产厂或供应基地至接收站（指储存站、储配站、灌瓶站、气化站和混气站）可采用管道、铁路槽车、汽车槽车和槽船运输。

3）设施功能与作用

（1）液化石油气供应基地

液化石油气供应基地是液化石油气储存站、储配站和灌装站的统称：储存站是储存液化石油气，并将其输送给灌装站、气化站和混气站的液化石油气储存站场；储配站是兼有液化石油气储存站和灌装站两者全部功能的站场；灌装站是进行液化石油气灌装作业的站场。

（2）液化石油气气化站和混气站

液化石油气气化站是配置储存和气化装置，将液态液化石油气转换为气态液化石油气，并向用户供气的生产设施。

液化石油气混气站是配置储存、气化和混气装置，将液态液化石油气转换为气态液化石油气后，与空气或其他可燃气体按一定比例混合配制成混合气，并向用户供气的生产设施。

（3）液化石油气瓶组气化站

瓶组气化站是指配置 2 个以上 15 kg、2 个或 2 个以上 50 kg 气瓶，采用自然或强制气化方式将液态液化石油气转换为气态液化石油气后，向用户供气的生产设施。

（4）瓶装液化石油气供应站

瓶装液化石油气供应站是指经营和储存液化石油气气瓶的场所。

4）规模与等级

液化石油气厂站的供应和储存规模，应根据所在区域的燃气发展规模和燃气气源、用户类型、用气负荷、运输方式和运输距离等情况，经技术经济比较后确定。

液化石油气供应站按储气规模分为八级（表 5-24）。当储罐总容量大于 10 000 m³ 时，属特大型气库，其建站应远离城市，因此在建设时需要从安全、环境保护及消防等方面进行充分论证，达成共识后才能建设。

表 5-24　液化石油气供应站等级划分

级别	储罐容积（m³）	
	总容积（V）	单罐容积（V'）
一级	5 000＜V≤10 000	—
二级	2 500＜V≤5 000	V'≤1 000
三级	1 000＜V≤2 500	V'≤400
四级	500＜V≤1 000	V'≤200
五级	220＜V≤500	V'≤100
六级	50＜V≤220	V'≤50
七级	V≤50	V'≤20
八级	V≤10	—

注：当单罐容积大于相应级别的规定，应按相对应等级提高一级的规定执行。

5）选址

液化石油气供应工程选址、选线，应遵循保护环境、节约用地的原则，且应具有给水、供电和道路等市政设施条件。大型液化石油气供应设施应远离居住区、学校、幼儿园、医院、养老院和大型商业建筑及重要公共建筑物，并应设置在城市的边缘或相对独立的安全地带。

液化石油气供应厂站的站址选择应符合下列规定：

（1）宜选择所在地区全年最小频率风向的上风侧。

（2）应选择地势平坦、开阔、不易积存液化石油气的地段，且应避开地质灾害多发区。

（3）应具备交通、供电、给水排水和通信等条件。

（4）三级及以上的液化石油气储存站、储配站和灌装站应设置在城市的边缘或相对独立的安全地带，并应远离居住区、学校、影剧院、体育馆等人员集聚的场所。

（5）二级及以上液化石油气供应站不得与其他燃气厂站及设施合建。五级及以上的液化石油气气化站和混气站，六级及以上的液化石油气储存站、储配站和灌装站，不得建在城市中心城区。

（6）防洪标准应根据建站规模、城市的自然条件等因素确定，并应符合现行国家标准的有关规定，且不得低于站址所在区域防洪标准的要求。

（7）液化石油气气化站、混气站、瓶装站的选址，应结合供应方式和供应半径确定，且宜靠近负荷中心。

6）用地面积指标

液化石油气厂站的用地面积指标，宜根据规模、生产工艺、安全防护等，结合地形地貌、气候等条件综合确定。

液化石油气供应站的用地面积指标宜根据表 5-25 至表 5-28 的规定，结合实际情况合理选用。

表 5-25　液化石油气储配站站区建设用地指标

建设规模	建设用地指标（m²/t）
一类	<1.5
二类	1.5—3.0
三类	3.0—6.5

注：表中指标，建设规模大的取低限，反之取高限。供应能力一类站在 20 000 t 以上；二类站为 5 000—20 000 t；三类站为 500—5 000 t。

表 5-26　液化石油气供应基地主要技术经济指标

供应规模（t/a）	供应户数（户）	日供应量（t）	占地面积（hm²）	储罐总容量（m³）
1 000	5 000—5 500	3	1.0	200
5 000	25 000—27 000	13	1.4	800
10 000	50 000—55 000	28	1.5	1 600—2 000

表 5-27　瓶装液化石油气供应站用地指标

名称	气瓶总容积（m³）	用地面积（m²）
Ⅰ级站	6<V≤20	400—650
Ⅱ级站	1<V≤6	300—400
Ⅲ级站	V≤1	<300

注：气瓶容积按气瓶几何容积计算。V 表示气瓶总容积。

表 5-28　液化石油气灌装站用地面积指标

灌装规模（10⁴ t/a）	≤0.5	0.5—1.0	1.0—2.0	2.0—3.0
用地面积（m²）	13 000—16 000	16 000—20 000	20 000—28 000	20 000—32 000

7）安全防护

液化石油气供应站应符合安全生产和保护环境等要求，如发生事故，可能会造成严重后果。因此，安全防护是极为重要的。

（1）供应站的位置应选择在相对独立的安全地段。液化石油气储存站、储配站和灌装站应设置在城市的边缘或相对独立的安全地带，并应远离人员集聚的场所。

（2）应选择在不易积存液化石油气的地段。因气态液化石油气的比重大于空气，站址不应选在地势低洼、地形复杂、易积存液化石油气的地带，防止一旦发生液化石油气泄漏，因积存而造成事故隐患。

（3）液化石油气供应站不得设置在地下或半地下建筑上。液化石油气储存站、储配站和灌装站的生产区内严禁设置地下和半地下建筑。

（4）液化石油气厂站与建（构）筑物的间距应符合现行国家标准《建筑防火通用规范》（GB 55037—2022）、《建筑设计防火规范》（GB 50016—2014）（2018 年版）、《城镇燃气规划规范》（GB/T 51098—2015）、《城镇燃气设计规范》（GB 50028—2006）（2020 年版）、《液化石油气供应工程设计规范》（GB 51142—2015）等的有关规定，满足城市消防安全布局、液化石油气供应站站内安全布置要求；符合站内、站外防火间距要求，确保防护安全；满足厂站出入口的数量与设置要求，保障应急通行和紧急事故疏散；液化石油气储存站、储配站和灌装站的边界应设置高度不低于 2 m 的不燃烧体实体围墙。

5.6.4　人工煤气厂站规划

人工煤气是以煤或液体燃料为原料经热加工制得的可燃气体，包括煤制气、油制气。人工煤气的主要成分为烷烃、烯烃、芳烃、一氧化碳和氢气等可燃气体，并含有少量的二氧化碳和氮等不可燃气体，热值为 16 000—24 000 kJ/m^3。

20 世纪 90 年代以前，人工煤气在我国城市燃气供应中占绝对比例。近 20 年来，由于环保因素的影响，我国城市人工煤气逐渐被天然气所取代，各地应根据所在地区的实际，因地制宜地进行。

1）构成与类型

人工煤气厂站设施主要是煤气厂、人工煤气储配站。煤气厂生产的燃气通过储配站进入燃气输配管网系统，送至用户使用。

（1）煤气厂

人工煤气是以煤或重油为主要原料制取的可燃气体，按其生产方式不同可分为干馏煤气、气化煤气、油制气三类。

①干馏煤气

将煤隔绝空气加热到一定温度时，煤中所含挥发物开始挥发，产生焦油、苯和煤气，剩留物最后变成多孔的焦炭，这种分解过程被称为"干馏"。利用焦炉、连续式直立炭化炉（又称伍德炉）和立箱炉等对煤进行干馏所获得的煤气被称为干馏煤气。

干馏煤气的主要设备是焦炉、直立炭化炉。干馏制气工艺、炉型和孔数（门数）的选择，应根据供气规模、建设条件、煤炭资源和品种、产品的市场需求、技术装备水平等因素，综合考量选择。这两类炉型在我国已有多年的生产经验，运行安全可靠。

在我国城市燃气中，以煤为原料的人工制气厂站多采用干馏制气。

②气化煤气

固体燃料的气化是热化学过程。煤可在高温时伴用空气（或氧气）和水蒸气为气化剂，经过氧化、还原等化学反应，制成以一氧化碳和氢为主的可燃气体，采用这种生产方式生产的煤气称之为气化煤气。

气化煤气的主要设备是气化制气炉，常见的是水煤气型两段炉。气化制气炉炉型和台数的选择，应根据制气原料的来源、品种、供应规模，最大供气规模、气质要求及各种产品的市场需要，按不同炉型的特点和生产工艺流程，经技术经济比较后确定。

③ 油制气

油制气是以石油（重油、轻油、石脑油等）为原料，在高温及催化剂作用下裂解制取。

油制气的主要设备是油制气炉，不同规模的油制气炉产气量从几千立方米到数十万立方米不等。各制气炉炉型和台数的选择应根据制气原料的品种、供气规模及各种产品的市场需要，按不同炉型的特点选择。

（2）人工煤气储配站

人工煤气储配站主要是接收煤气厂生产的煤气，具有储存、调压、计量、加臭功能，并向用户供气的专门场所。

2）规模

人工煤气厂站的设计规模和工艺，应根据制气原料来源、原料种类、用气负荷、供气需求等，经技术经济比较后确定。煤气厂的发展应符合经济合理、综合利用资源以及节能减排、保护环境的基本国策。

3）选址

人工煤气的发展应符合国家产业布局，人工煤气厂站址选择应遵守国家相关法规，满足国土空间总体规划的要求，并全面论证厂址对当地社会、环境、经济的影响，进行多方案比较后综合确定。人工燃气厂站的站址选择应符合下列规定：

（1）符合城市国土空间总体规划的要求；应具有适宜的交通、供电、给排水、通信条件。

（2）宜避开人员集中的场所和有洁净要求的厂房，应布置在该地区全年最小频率风向的上风侧；应避开风景名胜区、自然保护区和文物古迹保护区。

（3）煤气厂站的粉尘、废水、废气、灰渣、噪声等污染物排放浓度，应符合现行国家环保标准的规定。

（4）煤气厂应具有便捷、经济的交通运输条件，与厂外铁路、公路、港口的连接应短捷便利。厂址应有充足、可靠的水源和电源，并应满足企业发展需求。

（5）人工煤气储配站站址应根据负荷分布、管网布局、调峰需求等因素确定，宜设在城市燃气主干管网附近。人工煤气储配站宜与人工煤气厂对置布置。

4）用地面积指标

人工煤气厂站的用地面积指标，宜根据规模、生产工艺、安全防护等，结合地形地貌、气候等条件综合确定。

（1）煤气厂的用地面积，应根据原材料特点、生产工艺和制气炉型式、生产规模等确定，要充分采用新技术、新工艺、新材料，优化人工煤气生产，节约用地。

（2）人工煤气储配站的用地面积指标宜根据表 5-29 的规定，结合实际情况合理选用。

表 5-29　人工煤气储配站用地面积指标

储气罐气总容积（$10^4 m^3$）	≤1	2	5	10	15	20	30
用地面积（m^2）	8 000	10 000—12 000	15 000—18 000	20 000—26 000	28 000—35 000	30 000—40 000	45 000—50 000

注：储罐储气容积按储气罐几何容积计算；当储罐总储气容积与表中数不同时，可采用直线方程内插法确定人工煤气储配站用地面积指标。

5）安全防护

人工煤气厂站生产的燃气具有易燃易爆、有毒等特性，因此应首先符合安全生产的要求。在安全的前提下，生产符合质量要求的城市燃气，才能保证持续、稳定地供燃气，以满足用户的要求。

（1）根据我国能源发展政策，各地应在充分考虑资源条件、环境承载能力、城市长远发展规划的基础上，慎重选择发展人工煤气。

（2）煤气厂厂址应避免洪水、潮水和内涝威胁，避开不良工程地质条件和水文地质条件，避开爆破危险区范围。

煤气厂不宜设置在全年静风频率超过 60% 的地区，且不应位于窝风地段；不宜设置在对飞机起降、电台通信、电视传播、雷达导航和天文、气象、地震观测和军事设施等有影响的地区；不得设置在饮用水水源保护区、有严重放射性物质污染影响区。

（3）人工煤气厂站与建（构）筑物的间距应符合现行国家标准《建筑防火通用规范》（GB 55037—2022）、《建筑设计防火规范》（GB 50016—2014）（2018 年版）、《城镇燃气规划规范》（GB/T 51098—2015）、《城镇燃气设计规范》（GB 50028—2016）（2020 年版）、《人工制气厂站设计规范》（GB 51208—2016）等的有关规范，满足城市消防安全布局、人工煤气厂站内外安全布置要求；符合防火间距要求，确保防护安全。

5.7 智能化城市燃气工程系统建设

城市燃气工程智能化是指以提升燃气供应的安全性、环保性、适应性、经济性等为目标，综合应用信息感知、数字信息、网络通信、辅助决策、智能控制等技术，实现城市燃气智能运行和管理的过程，提高燃气网络系统的数字化、智慧化水平。

5.7.1 建设内涵

1）内涵

燃气工程智能化建设是指以燃气领域各项核心业务为主线，基于物联网、大数据等先进技术，通过智能设备全面感知燃气生产、环境、状态等信息的全方位变化，对海量感知数据进行传输、存储和处理，实现城市燃气输配管的网数据资源管理及智能分析，以更加精细、动态的方式实现对燃气基础设施的日常安全运行进行有效监管，从而达到安全生产、科学调度，提升城市燃气供应企业工作效率和服务质量，实现突发事件预警及应急处置，减少燃气安全事故发生，提升城市燃气输配安全保障的智能化管理水平。

智能化城市燃气工程建设涵盖燃气生产运营的各个环节，包括燃气运行管理、燃气安全监管、燃气综合管理等方面，特点是追求更安全的生产调度、更精细的运营管理、更高效的节能降耗、更智慧的服务模式。

2）目的

用气安全是燃气行业最为关注的问题之一，管网腐蚀、漏气、压力过大、温度过高及用户的不安全用气等极易导致燃气泄漏甚至爆炸，直接关系人民群众的生命财产安全。因此，城市燃气工程系统建设亟须通过科技创新，运用智能化手段优化燃气输配管网，进而实现燃气供应网络的互联互通，提高燃气利用率，完善和深化城市燃气安全运行管理，构建清洁低碳、供应保障、安全可靠、节约高效、智能管控的城市燃气供应体系。

5.7.2　数据采集

在燃气管网、门站、储气站、调压站、管井等设施上加装智能传感器，结合车载激光甲烷巡检仪、手持式气体检测仪、探地雷达、智能燃气表、入户浓度监测表等智能仪器仪表，实时监测压力、流量、温度、燃气泄漏等运行参数，为城市燃气智能化监测预警及应急管理体系提供数据支撑。

从城乡规划的角度来看，燃气数据主要包括管网数据、重要设施监测数据、其他数据（钢瓶、燃气配送、安防等）三大类。

1）管网数据

主要对燃气管网、地下相邻空间数据进行采集管理，包括管网基础数据以及管网监测、检测、探测等物联感知数据。

2）重要设施监测数据

主要对燃气储气站、城市门站、燃气储配站、燃气供应站、燃气加气站、调压站等设施的数据进行采集管理。

3）其他数据

主要对钢瓶液化气溯源、智能燃气表、入户浓度监测表、液化石油气配送车辆跟踪、燃气相关安防等数据进行采集管理。

5.7.3　信息平台

结合城市信息模型（CIM）平台构建智能化城市信息平台，实现燃气数据资源综合管理和分析应用，以及燃气生产运营在线监测、安全预警、应急处置、态势感知、监督检查等功能。

信息平台聚焦城市燃气基础设施监测预警、应急管理、数据可视化等主要应用场景，按照"一网""一库""一平台"，打造智能化城市燃气信息平台（图5-6）。重点提供燃气综合管理应用、燃气运行管理应用和燃气安全监管应用，可为燃气工程运行管理提供数据支撑和决策分析支持，减少燃气安全事故发生，提升燃气安全监管水平和效能；能为城市燃气工程系统规划提供海量数据支撑。

1）"一网"

基于5G技术和网络，打造传感器、视频、卫星遥感等"传感"能力，构建燃气基础设施运行安全监测"一张网"，提供开放的平台集成接口，集约资源，兼顾感知设备集成、外部系统数据集成等方式，快速利用原有系统成果形成能力，并在统一架构下良性演进发展。

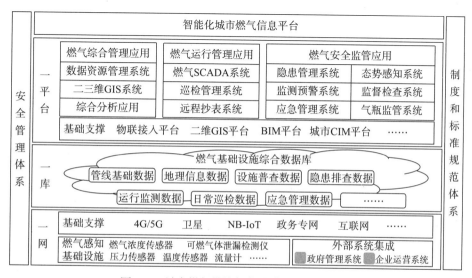

图5-6 城市燃气设施智能化建设总体框架图

注：SCADA指数据采集与监控系统；GIS指地理信息系统；BIM指建筑信息模型；CIM指城市信息模型；4G指第四代移动通信技术；5G指第五代移动通信技术；NB-IoT即Narrow Band Internet of Things，指窄带物联网。

2）"一库"

融合管线基础数据、地理信息数据、隐患排查数据、运行监测数据、日常巡检数据、应急管理数据等多源异构数据，建立燃气基础设施综合数据库，支持数据共享应用。

3）"一平台"

结合物联接入、城市信息模型（CIM）等基础支撑平台，打造智能化城市燃气信息平台，突出燃气综合管理应用、燃气运行管理应用和燃气安全监管应用，实现燃气相关数据资源的更新与共享，以及隐患管理、监测预警、应急管理、态势感知等安全监管应用。

智能化城市燃气信息平台具有"复杂巨系统"的特征，由若干不同种类、数量和功能的系统组成，面向燃气安全监管需求，可构建多业务场景，实现燃气基础设施辅助规划、在线监测、安全预警、风险评估、应急处置、态势感知等全流程业务系统集成。

5.7.4 规划应用

1）应用领域

智能化城市燃气工程系统可应用于智慧燃气领域，涵盖燃气生产运行的智能化管理、燃气供应与输配管网智能化调度、燃气安全监管等方面。

基于物联网、大数据、人工智能等新一代信息技术，构建一屏感知全局的智能化城市燃气信息平台，实现燃气生产运营数据流全过程的智慧化升级。

2）规划反馈

燃气工程系统规划应充分利用城市燃气工程智能化系统，特别是其中的辅助决策管理系统，获取相关分析数据，优化与完善相关内容。

（1）完善和优化城市燃气工程系统规划。通过燃气综合管理应用、燃气运行管理应用、燃气安全监管应用，实现燃气基础设施辅助规划设计，优化和完善燃气管网系统、燃气厂站布局等。

（2）优化燃气负荷预测模型。传统的燃气负荷预测通常是基于经验公式模型，存在数据分析不全面和控制不精细等问题，可基于大数据对燃气负荷进行预测，并依据多年数据优化预测模型。

3）应用价值

智能化城市燃气信息平台，以信息化赋能燃气安全精细化监管，推动燃气信息系统向"企业自管、政府监管、一网统管"的综合管理系统转变，汇聚业务流，形成数据流，进行大数据分析和智能研判，为燃气工程系统的科学规划提供数据支撑。

通过智能化城市燃气信息平台，可使有关部门、相关企业及技术人员能够及时了解城市燃气系统运行的实际情况，通过科学监管发现问题，及时优化和完善燃气工程系统，形成有效干预、有效管控。

4）应用前景

随着物联网、大数据、人工智能等新技术与燃气业务加速融合，智能化燃气设施建设将围绕以下两个重点方向深化：

一是数据采集设施建设，推动包括压力、温度、流量、阀位等终端设备配备物联网传感器，实现广泛的状态感知；实现光纤、5G、卫星通信、语音通信等多网融汇，实现更互联的通信。

二是智能化城市燃气信息平台建设，打造数据集中、统一、安全、共享的"数据行"，为燃气生产运营安全风险评估、综合管理、科学决策等方面提供数据支撑。在城市规划层面可为燃气工程系统的用气负荷预测、燃气管网的压力级制、形制的选择及其管网系统规划、燃气输配设施的布局和规模配置，提供精准的数据支撑；可为燃气工程系统规划方案的仿真运行提供平台。

第 5 章思考题

1. 如何理解城市供燃气安全保障体系的构成及其价值?

2. 城市燃气用气负荷如何分类? 负荷预测基本方法有哪些?

3. 城市燃气气源如何选择? 各气源点的规划要求是什么?

4. 城市燃气管网的形制与布局形式有哪些?

5. 城市燃气输配设施的规划要求是什么?

6. 城市压缩天然气、液化天然气、液化石油气和人工煤气厂站的规划要求是什么?

7. 如何理解智能化城市燃气工程系统建设的意义?

8. 学习和解析典型城市供燃气情况和燃气工程系统规划。

6 城市供热工程系统规划

本章主要学习和掌握城市供热工程系统的组成、规划编制内容和规划原则，熟悉城市供热安全保障体系的构成及其价值；掌握城市热负荷的分类、负荷标准、热负荷预测和供热方式选择，掌握城市热电厂、集中锅炉房、分布式能源系统以及其他热源规划，熟悉供热管网的形制、布局形式、管网布置和管道敷设要求；了解智能化城市供热工程系统建设与发展；学习和理解供热工程系统规划设计的现行国家标准和行业规范。

6.1 概述

供热工程是指将热能以供热方式向用户提供的系统和设施的总称。

城市供热是指在规划区内由热源产生的蒸汽、热水通过管网为热用户提供生产和生活用热的行为。供热方式包括集中供热和分散供热两种。

集中供热是一种高效、环保、稳定且经济的供热方式，是以热水或蒸汽作为热媒，由一个或多个热源通过热网向城市或一定区域热用户供应热能的方式。集中供热系统通过大型锅炉、热电联产等方式，能够高效地产生和分配热能，减少能源在传输和转换过程中的损失；有助于减少燃煤、燃油等污染物的排放，从而降低空气污染和温室气体排放。

集中供热在我国北方地区普遍使用。集中供热系统通过统一的热源和供热网络，为居民提供稳定、持续的供暖服务，确保室内温度适宜。集中供热根据不同用热企业的实际需求进行灵活调节，满足多样化的用热需求，为用热企业提供稳定、可靠的热源，保障生产正常运行，降低能源成本和环境污染。

集中供热在我国南方地区也出现了需求。南方地区夏季炎热潮湿，对供冷需求量大，已有重点区域或项目采用集中供冷技术；南方冬季也时常出现湿冷天气，居民对采暖的需求日益增加，部分城区已进行集中供暖。化工、纺织、食品等行业通过集中供热系统获得持续、可靠的热能，满足生产需求。

随着清洁能源的广泛应用，生物质能、地热能、太阳能等清洁能源在城市供热中的应用将逐渐增多；热电联产、余热回收等低碳技术在城市供热工程系统中的应用将越来越广泛，这将有助于提高供热系统的能源利用效率，降低能源消耗和排放，实现供热系统的低碳化运行。

供热工程是重要的公共基础设施，承担着向城市提供稳定、可靠的商品位热源的功能，应满足国家关于能源、环保、土地利用、防灾、应急管理、工程建设质量等方面的基本要求。同时随着我国城乡供热行业的快速发展，供热面积、输送距离等都有了较大的增加，加之热源形式呈现多样化，热用户对供热质量的服务要求有了更大的提升，因此，采用先进的工程技术和融合应用大数据、互联网打造信息化智能供热势在必行。

6.1.1　城市供热工程系统的组成

城市供热工程系统由供热热源工程和传热管网工程组成。

供热工程系统是以热水或蒸汽作为热媒，向各类热用户提供不同用途的热能，主要包括建筑采暖（制冷），生活用热和工业用热等。建筑采暖（制冷）是把热源产生的热量通过热媒输送管道送到热用户的各种散热设备，为建筑物供给所需的热量，以保持一定的室内温度，创建适宜的生活条件或工作环境。生活用热主要满足人们日常生活中沐浴、洗涤等用热需求。工业用热指的是生产工艺过程中用于加热、烘干、蒸煮、熔化或作为动力用于驱动机械设备（如汽锤、气泵等）的热力。供热系统是城市重要的市政基础设施，同时也是城市能源供应体系的重要组成部分。

智能化供热系统主要是在传统供热系统中的城市热电厂（站）、区域锅炉房等热源和传热管网、热力站及庭院、楼栋及分户入口配备智能传感设备、自动化控制设备，通过智能化技术实现覆盖"热源—管网—热力站—热用户"的供热输配全过程，达到按需供热、精准供热和用户个性化服务，实现运行智能、安全可靠、服务便捷、能效优化、节能减排的供热系统。

1）供热热源工程

供热热源工程是指通过一定方法或设备产生热能，以满足用热需求的工程。供热热源工程主要包括城市热电厂（站）、区域锅炉房和分布式能源站等设施；在有相应的资源和条件时，还包括可利用工业余热、低温核供热、可再生能源供暖而配置的热源设施。

2）供热管网工程

供热管网工程是指通过热力管道将热源产生的热量输送到用户的系统，包括热力站和热力管道等设施。热力站主要是进行热量交换和分配的设施。热力管道负责将热源产生的热能输送到各用户，包括蒸汽管道、热水管道等。

6.1.2　城市供热工程系统规划的内容

城市供热工程系统规划的主要内容应包括：预测城市热负荷，确定供热能源种类、供热方式、供热分区、热源规模，合理布局热源、热网系统及配套设施。

按照国土空间规划体系，相应的总体规划、详细规划中的供热工程系统规划和供热工程专项规划的主要内容有所侧重。国土空间总体规划是供热工程专项规划的基础；详细规划中的供热工程系统规划以国土空间总体规划为依据，与专项规划相衔接；供热工程专项规划要遵循国土空间总体规划，不得违背总体规划中的强制性内容，其主要内容要纳入详细规划。

1）总体规划中供热工程系统规划的内容

在国土空间总体规划中，供热工程系统规划的主要内容有以下方面：

（1）现状分析：分析现状供热工程系统和用电状况；评估供热工程规划的实施情况。

（2）专题研究：结合实际，开展供热保障系统等重大问题和对策研究。

（3）统筹协调：落实国家和区域重大供热工程设施项目，明确空间布局和规划要求；统筹重要供热设施的区域协同问题；完善城乡供热工程设施网络体系。

（4）发展目标：确定供热发展目标，提出可再生能源的供暖比例；明确集中供热能力和服务面积。

（5）空间布局：提出中心城区供热设施的规模、网络化布局要求；明确供热主线廊道控制要求。

（6）用地控制：确定城市热电厂（站）、区域锅炉房和区域性热力站等重要供热设施的用地控制范围；划定城市热源、区域性热力站、热力线走廊等城市供热设施黄线。

（7）近期建设：编制近期供热工程重点建设项目。

（8）政策机制：提出供热工程系统规划实施的政策；优化能源结构，提出推动风能、太阳能、水能、生物质能、地热能等本地清洁供暖能源的利用措施；推动分布式能源系统供能方式的政策。

供热工程系统规划的相关成果是国土空间总体规划中基础设施规划的重要组成，成果内容包括图件和规划文本、附表、说明、专题研究报告等。

2）供热工程专项规划的内容

供热工程专项规划在国土空间总体规划相关编制内容的基础上，还应包括以下内容：

（1）研究分析现状供热系统和用热情况，加强供热基础数据分析。

（2）落实和深化国土空间总体规划所确定的供热工程系统规划；与相关规划相衔接和统筹协调；结合实际开展相关专题研究。

（3）确定城市供热对象和供热标准，预测城市供热负荷。

（4）选择城市热源和供热方式。

（5）确定热源设施的供热能力、数量和布局。

（6）布局城市供热设施和供热干管网。

（7）提出近期供热工程系统重点建设项目安排。

规划成果主要包括供热工程现状图、供热工程规划图等图件和规划文本、附表、说明、专题研究报告等。

3）详细规划中供热工程系统规划的内容

在国土空间详细规划中，供热工程系统规划的主要内容有以下方面：

（1）分析供热条件。

（2）落实国土空间总体规划所确定的供热工程设施及用地和管控要求等相关内容，与相关专项规划相衔接；确定供热工程设施的黄线控制范围与管控要求。

（3）预测供热负荷。

（4）布局供热设施和供热管网。

（5）计算供热管道的管径。

（6）估算工程量。

规划成果主要包括供热工程现状图、供热工程详细规划图等图件和规划文本、说明等。

6.1.3　城市供热工程系统规划的原则

城市供热工程系统规划应结合国民经济、城市发展规模、地区资源分布和能源结构等条件，遵循因地制宜、统筹规划、节能环保的基本原则。

1）因地制宜

供热的目的是补偿建筑物的散热量，以维持室温的相对稳定。建筑物的散热量大小与各地域的天气情况、室外温度和建筑物的保温效果等许多因素有密切关系，规划时应根据各地的具体情况合理安排。

供热系统是由热源、供热管网、热用户三个部分组成。我国各地因地域差异，热用户的构成、供热要求、供热标准是不相同的。受自然条件、资源状况、环境保护、可持续发展和经济水平、用热需求的影响，热源选配在我国南方和北方地区差别较大。受气候、地形条件和城市规模等的影响，供热管网的布局、敷设方式等也不同。

供热方式有集中供热和分散供热两类。城市供热方式的选择，一般应根据当地的气象条件、能源状况、节能环保政策以及居民的生活习惯和承担能力等因素，通过技术经济比较分析确定。

每到冬至，"南方要不要供暖"的话题便会引发一拨关注和讨论。随着人民生活水平的提高，南方居民对供暖的需求也越来越明显。如今冬季"南方无暖"的情况已经发生改变，不少城市正在进行探索，有的已开始进行集中供暖，有的正在规划建设供暖项目。

2）统筹规划

城市供热服务于城市的生活和生产，满足用热的需求。因此，供热工程系统规划要与城市社会经济发展相适应，供热设施与城市空间布局、用地规划相协调，供热系统安全与城市安全相统一。

城市的性质和规模决定了环境保护目标；环境保护目标决定了城市供热的污染物排放的控制要求；能源结构和供应条件决定了供热系统的用能选择要求；国民经济和社会发展制约着供热系统的经济性及承受能力。因此，城市供热工程系统规划需要与国民经济和社会发展规划、环境保护规划、能源发展战略等综合性规划相互衔接、相互协调，才能充分发挥其功能和作用。

城市供热工程系统规划应近远期相结合，并应正确处理近期建设和远期发展的关系。近远期结合应遵循近期建设的可操作性与供热系统合理布局相结合的原则。在近期建设项目的可操作性与总体最优方案的衔接上，应以总体方案为基本依据。在近远期结合的问题上，规划方案要有前瞻性，能适应未来城市建设发展情况的变化，并具有一定的弹性。

3）节能环保

供热工程系统涉及的热源选择和供热方式、供热对象、供热标准等方面，是影响城市供热系统节能的主要因素。供热过程要消耗大量的能源，就当前社会经济发展形势来看，实现城市供热系统的节能迫在眉睫。随着城市化进程加快，要想促进城市经济持续稳定增长，就必须加强和倡导城市节能环保理念，安全可靠的能源供应和高效清洁利用能源是社会经济持续发展的前提和基础。

科学选择热源是供热工程系统节能环保的重要前提。我国大多数城市仍将依靠燃煤供暖。然而，在集中供暖区域，由于人口密度大，每到采暖季节，供暖用燃料的排放物与其他污染源叠加，严重影响了环境保护。因此，清洁供暖是目前我国社会各界关注的热点问题，要加强高新技术的创新和应用，确保供热工程系统的节能环保。同时应加强地热、太阳能、核能、生物质能等供热清洁能源的使用。

集中供热作为一项节约能源、保护环境、方便生活的重要城市基础设施，在城市发展中的重要地位日益显现。依靠技术进步推进供热节能减排，挖掘现有供热资源潜力，是实现供热企业可持续发展的必由之路，是建设资源节约型、环境友好型社会的重要举措。

6.2 城市供热安全保障体系

供热工程是建设现代化城市的重要基础设施。集中供热不仅能给城市提供稳定、可靠的高品位热源，改善人居环境条件，而且能节约能源、降低能耗、减少城市污染、保护生态环境。供热工程的安全保障性主要是低碳绿色供热、供热热源可靠、供热设施安全和热网运行安全。城市供热工程系统的安全可靠直接影响着人民的生活、生产和城市环境，特别是在采暖地区尤为重要，是不可或缺的重要基础设施，是建构城市供热安全保障体系的价值所在。

6.2.1 低碳绿色供热

在环境保护规划中，城市环境发展目标、污染物排放总量控制与减排的要求，城市供热污染物排放分摊份额等，是确定城市供热发展方向、供热用能、供热方式、供热分区的重要依据，是刚性要求。因此，城市供热工程应符合国家能源、环境保护、土地等相关法规和政策要求，要满足社会发展需要和人民对美好生活环境的追求。

城市供热的低碳绿色主要体现在供热方式、热源选择和新技术运用等方面。第一，供热方式科学。应根据城市实际情况、经济社会发展需要，因地制宜地选择供热方式，优先采用集中供热方式进行供热，保障城市的高质量发展，符合低碳节能的国家环境保护方针。在重要的供热区域宜考虑集中供热，针对重要的用户宜考虑多热源供热或双燃料热源。第二，清洁能源利用。应遵循国家能源政策，加强能源节约，聚焦"双碳"目标，在发挥煤炭、煤电兜底保障作用的基础上，结合所在地区的资源，实施立体取能、多能互补，突出优势，积极利用天然气、太阳能、风能、地热等清洁能源供热。第三，供热新技术应用。随着城市化进程，集中供暖需求不断增长，传统供热面临的数字化转型、智慧化供暖等迫在眉睫，应通过技术和产业的不断融合，走向高效、节能和以人为本的智慧化供热目标。

6.2.2 供热热源可靠

热源是城市集中供热系统的起始点。集中供热工程系统热源的选择，对整个系统的合理性有决定性的影响，防止热源波动对供热稳定造成影响。

供热热源的可靠性主要是热源的资源可持续性和应急情况下的安全应对。第一，应结合所在地区特点，建立多元供热热源。应全面考虑、长远考量供热能源的资源可靠性，可采用多种供热能源，实行形式共存，互为补充、互不排斥，但应注意限制性条件。第二，供热能源的资源获取应是有保障的，包括资源的数量和质量。如我国大多数城市依靠燃煤供暖，那么煤炭的来源应是绝对可靠的，应有多个位于不同地域的燃煤供货地、足够的量、满足使用需要的品质等。第三，供热能源的运输通道、运输能力、存储能力等方面，应能保证城市供热工程系统具有抵御突发事件、极端天气造成的能源供应紧张的能力，因此，供热能源的运输应具有机动性，应有多个运输方式和运输通道，应有足够的运输能力，应建立能源的储备库，保障应急时有足够的库存量。

6.2.3 供热设施安全

城市供热工程设施应严格按照现行国家标准《城市供热规划规范》（GB/T 51074—2015）、《城镇供热管网设计标准》（CJJ/T 34—2022）等进行综合规划设计与建设，确保供热工程设施系统完善、符合规范、保障安全。

为保障城市供热工程系统设施的空间安全，应根据《城市黄线管理办法》，宜将城市供热的热源、区域性热力站、热力线走廊等城市供热设施的用地及其安全防护空间划定为黄线；在各层次城市规划中，确定其用地位置和具体范围，划定其用地控制界线。供热设施周围应按现行国家标准的有关规定，设置卫生防护带。

城市供热热源、区域性热力站、热力线走廊等城市供热工程设施应避开地震、防洪等不利气象、地质条件的影响；应满足城市防灾中生命线工程的安全保障要求，其防灾的要求应要特别强调，应保障其设施的高标准设防。

6.2.4 热网运行安全

城市供热工程，特别是采暖地区的供热是民生保障工作，应坚决守住群众温暖过冬的民生底线，确保热网运行安全。

第一，城市供热的能力充裕。供热负荷的预测要科学合理，供热规模要有一定的充裕度，满足城市发展的需要和保障用热高峰时的需求。热源应考虑在事故条件下，仍能够保证一定比例的供热能力，有条件的可考虑不同热源之间的互联互通。第二，供热管网的安全运行。应合理布局管网，保证用户用热可靠、管网供热稳定；在有条件的情况下，宜实现热网的互联互通，以便多热源联网运行，提高可靠性。第三，供热工程系统的安全维护。应开展"冬病夏治"，全面做好供热设施设备的运行与维护，加强设施的巡查巡检，及时排查和消除各类隐患。

6.3 城市热负荷预测

城市热负荷是指城市供热系统的热用户在计算条件下，单位时间内所需的最大供热量。

6.3.1 热负荷分类

城市供热系统的热用户有采暖、通风、空气调节、热水供应和生产工艺等用途。热负荷的性质、参数及其大小是编制供热规划和设计的重要依据。

热负荷的类型一般可按照热负荷的用途、性质和用热时间规律进行分类。按热负荷用途的分类方法主要用于热负荷的预测与计算，按热负荷的性质和用热时间规律的分类方法主要用于供热方案的选择与比较。

1）根据热负荷的用途分类

根据热能的最终用途，热负荷可分为采暖（制冷）热负荷、生活热水热负荷和工业热负荷三类。

（1）采暖（制冷）热负荷

采暖（制冷）热负荷是指为达到要求的室内温度，供热（制冷）系统在单位时间内向建筑物供给的热量（制冷量）。采暖热负荷，也称供暖热负荷，主要是在冬季为了维持室内设定的舒适温度，需要向建筑内提供的热量；在北方寒冷地区，采暖用热是城市集中供热的主要热负荷。制冷热负荷，也称空调冷负荷，是在夏季为了维持室内设定的舒适温度，需要从建筑内移走的热量。采暖（制冷）热负荷是供暖（制冷）系统设计和运行中的关键参数，与建筑的保温或隔热性能、室外气候条件、室内设计温度以及建筑内部环境等因素密切相关。

（2）生活热水热负荷

生活热水热负荷是指为供应人们日常生活用热水在单位时间内所需的热量。生活热水集中供给广泛应用于住宅、宾馆、医院、养老院、幼儿园等需要供应热水的场所，集中供给的影响因素包括气候条件与季节变化、用户行为与需求、能源价格与政策等。影响生活热水热负荷的因素是多方面的，包括气候条件、时间因素、人的行为因素以及建筑和环境因素等，需要综合考虑这些因素来确定合理的生活热水热负荷值，以满足人们的用热需求并确保热水供应系统的稳定性和经济性。

（3）工业热负荷

工业热负荷是指用于企业生产的热负荷。工业热负荷通常由两个部分构成：第一，生产过程中用于加热、烘干、蒸煮、清洗、熔化等工艺过程的用热；第二，作为动力用于驱动机械设备（如汽锤、气泵等）的用热。一般来说，在某一发展时期，工业热负荷是相对稳定的。工业热用户常采用蒸汽为热媒，热媒的参数较高。

2）根据热负荷的性质分类

热负荷根据其性质可分为民用热负荷和工业热负荷两大类。

民用热负荷主要是居住和公共设施的建筑采暖（制冷）热负荷和生活热水热负荷。工业热负荷既包括工矿企业的工业热负荷和建筑采暖（制冷）热负荷，也包括职工上班时所需的生活热水热负荷。民用热负荷与工业热负荷的比例将直接影响热源的选择和热网的布局。

3）根据用热时间规律分类

根据用热时间及其用热规律，热负荷可分为季节性热负荷与全年性热负荷。

采暖（制冷）热负荷是季节性热负荷。季节性热负荷是指只在一年中某些季节才需要的热负荷，它与气候条件密切相关，室外温度起决定性作用。季节性热负荷在全年中变化很大，但在全日中相对稳定。

生活热水热负荷和工业热负荷属于全年性热负荷。全年性热负荷是指常年都需要的热负荷。工业热负荷主要与企业生产的性质、工艺及生产时间等有关，生活热水热负荷主要与用热人数和用热状况有关，而与室外气象条件关系不大。全年性热负荷通常在全年中变化不大，但在全日中波动较大。

6.3.2 供热对象选择

城市集中供热对象的选择应遵循以下基本原则：

1）供热目的原则

从集中供热目的来看，发展城市集中供热系统主要是提高生活舒适度、满足生产需求、促进节能减排。因此，在我国北方地区，集中供热系统应优先将分散用热的生活采暖用户，包括城市居民住宅、公共建筑等纳入集中供热系统统一供热，提高生活质量；其次将分散的工业企业纳入集中供热系统供热。在南方地区，应优先将分散的工业企业纳入集中供热系统供热，降低污染保护环境；其次将有供热（制冷）需求的生活居住、公共设施，通过采用新技术、新工艺、新方法进行集中供热，全面发挥城市集中供热系统的最大效益。

2）高质量发展原则

城市集中供热普及率指标是城市集中供热发展的重要指标。集中供热普及率是指已实行集中供热的建筑面积与需要供热的建筑面积的百分比。根据天津、哈尔滨、沈阳等地发布的相关报告，集中供热普及率已达到99%，几乎实现了城区全覆盖；而在一些经济相对落后的北方城市或农村地区，集中供热普及率可能稍低。因此，从我国高质量发展的要求出发，我们要大力发展集中供热。北方地区城市的集中供热应全覆盖，乡村区域应根据实际情况发展集中供热系统；南方地区也应根据需要充分发展集中供热系统，满足工业生产和居民生活的需要。

3）经济合理原则

集中供热对象的选择还应考虑经济性和可行性。应根据集中供热系统的规模、技术水平和运营成本等因素，综合评估不同供热对象的供热效果和经济效益。同时，还应考虑供热系统的建设和运营是否可行，包括资金、技术、人力等方面的保障。国家和地方出台的一系列支持政策和资金投入为城市集中供热带来了新的发展机遇。

6.3.3 热负荷预测

热负荷预测是编制城市供热规划的基础和重要内容，是合理确定城市热源、热网规模和设施布局的基本依据。热负荷预测要有科学性、准确性，其关键是应能收集、积累负荷预测所需要的基础资料和开展扎实的调研工作，掌握反映客观规律性的基础资料和数据，选用符合实际的负荷预测参数。根据基础资料，科学预测目标年的供热负荷水平，使之适应国民经济发展和城市现代化建设的需要。

具体的预测工作应建立在经常性收集、积累负荷预测所需资料的基础上，应了解所在城市的人口及国民经济、社会发展规划，分析研究影响城市供热负荷增长的各种因素；了解城市现状和规划的有关资料，包括各类建筑的面积及分布，工业类别、规模、发展状况及其分布等。对现有的工业与民用热负荷应进行详细调查，对各热负荷的性质、用热参数、用热工作班制等加以分析。

热负荷的预测方法可以依托各地的智能化城市供热工程信息系统，通过其辅助决策等系统，建构预测模型，预测热负荷。

热负荷预测涉及的建筑采暖热负荷、生活热水热负荷、工业热负荷、制冷热负荷等热指标值，除了参照现行国家标准外，还可以依托各地的智能化城市供热工程信息系统，通过大数据、物联网、人工智能等新一代信息技术获取，其热指标更具有针对性和符合实际。

1）热负荷的预测与计算

在进行城市供热现状与自然环境研究和确定城市供热对象与供热标准的基础上，根据城市发展的总目标和城市规模进行供热负荷的预测与计算。城市热负荷的预测内容宜包括规划区内的规划热负荷以及建筑采暖（制冷）、生活热水、工业等分项的规划热负荷。

（1）采暖热负荷

采暖热负荷的预测宜采用指标法，可按下式计算：

$$Q_\mathrm{h} = \sum_{i=1}^{n} q_{\mathrm{h}i} \cdot A_i \cdot 10^{-3} \qquad (6\text{-}1)$$

式中：Q_h——采暖热负荷（kW）；$q_{\mathrm{h}i}$——建筑采暖热指标或综合热指标（W/m^2），可参照表6-1取值；A_i——各类型建筑物的建筑面积（m^2）；i——建筑类型。

表6-1　建筑采暖热指标　　　　　　　　　　单位：W/m^2

建筑物类型	低层住宅	多高层住宅	办公	医院、托幼	旅馆	商场	学校	影剧院、展览馆	大礼堂、体育馆
未采取节能措施	63—75	58—64	60—80	65—80	60—70	65—80	60—80	95—115	115—165
采取节能措施	40—55	35—45	40—70	55—70	50—60	55—70	50—70	80—105	100—150

注：表中数值适用于我国东北、华北、西北地区；热指标中已包括5%的管网热损失。

其中，建筑采暖综合热指标可按下式计算：

$$q = \sum_{i=1}^{n} \left[q_i (1 - a_i) + q'_i a_i \right] \beta_i \qquad (6\text{-}2)$$

式中：q——建筑采暖综合热指标（W/m^2）；q_i——未采取节能措施的建筑采暖热指标（W/m^2）；q'_i——采取节能措施的建筑采暖热指标（W/m^2）；a_i——采取节能措施的建筑面积比例（%）；β_i——各建筑类型的建筑面积比例（%）；i——不同的建筑类型。

采暖热负荷的预测宜根据不同的规划类别采用不同的方法。

在总体规划、专项规划编制时，宜采用采暖综合热指标来预测采暖热负荷。由于此类规划只是提出了各种类别规划用地的分布及规模，因此还应根据城市发展规模、现状各类用地的建筑容积率，分析将来城市建设对各类建筑容积率的要求；同时根据建筑节能规划及阶段要求，分析分阶段实施建筑节能标准的新建建筑和实施节能改造的既有建筑的比例；在上述研究分析以及现状热指标调查的基础上，确定采暖综合热指标，进行热负荷预测。

在详细规划时，宜采用分类建筑采暖热指标来预测建筑采暖热负荷，即根据详细规划的技术经济指标所确定的各类建筑面积及相应的建筑采暖热指标，并考虑现状建筑的节能状况进行计算。

（2）生活热水热负荷

生活热水热负荷预测宜采用指标法，可按下式计算：

$$Q_\mathrm{s} = \sum_{i=1}^{n} q_{\mathrm{s}i} \cdot A_i \cdot 10^{-3} \qquad (6\text{-}3)$$

式中：Q_s——生活热水热负荷（kW）；$q_{\mathrm{s}i}$——生活热水热指标（W/m^2），可参照表6-2取值；A_i——供应生活热水的各类建筑物的建筑面积（m^2）；i——建筑类型。

表 6-2　生活热水热指标　　　　　　　　　　　　单位：W/m²

用水设备情况	热指标
住宅无生活热水，只对公共建筑供热水	2—3
住宅及公共建筑均供热水	5—15

注：冷水温度较高时采用较小值，冷水温度较低时采用较大值；热指标已包括约 10% 的管网热损失。

　　生活热水热负荷为日常生活中用于洗脸、洗澡、洗衣服以及洗刷器皿所消耗的热量。热水供应的热负荷取决于热水用量。住宅建筑的热水用量取决于住宅内卫生设备的完善程度和人们的生活习惯。目前，我国住宅实行集中热水供应的情况还很少，热水供应的对象主要是浴池、食堂餐厅、医院、旅馆和企事业单位。热水用量与工作制度和生产性质有关。

　　在供热系统中，生活热水热负荷在我国目前阶段和未来的很长时期内，与采暖热负荷及工业热负荷相比，占比很小，因此，在总体规划和专项规划时一般不单独进行分类计算。详细规划宜采用分类建筑生活热水热指标来预测建筑生活热水热负荷，即根据详细规划的技术经济指标所确定的各类建筑面积及相应的生活热水热指标进行计算。

　　（3）工业热负荷

　　工业热负荷宜采用相关分析法和指标法。采用指标法预测工业热负荷时，可按下式计算：

$$Q_g = \sum_{i=1}^{n} q_{gi} \cdot A_i \cdot 10^{-3} \qquad (6-4)$$

　　式中：Q_g——工业热负荷（t/h）；q_{gi}——工业热负荷指标 $[t/(h \cdot km^2)]$，可参照表 6-3 取值；A_i——不同类型工业的用地面积（km²）；i——工业类型。

表 6-3　工业热负荷指标　　　　　　　　　　　　单位：t/(h·km²)

工业类型	单位用地面积规划蒸汽用量
生物医药产业	55
轻工	125
化工	65
精密机械及装备制造产业	25
电子信息产业	25
现代纺织及新材料产业	35

　　工业热负荷中包括了生产工艺热负荷、生活热负荷和工业建筑的采暖、通风、空调热负荷等。其中生产工艺热负荷的影响较大，其热负荷的最大、最小、平均热负荷和凝结水回收率应采用生产工艺系统的实际数据，并应收集生产工艺系统不同季节的典型日（周）负荷曲线图。

　　在总体规划、专项规划编制时，工业热负荷预测还可采用相关分析法，主要依据城市社会经济发展目标、国民经济规划、工业规划、工业园区规划等，分析其历史数据与工业热负荷历史数据的相关关系，拟合相关性曲线；并参照同类城市地区的发展经验，预测未来工艺蒸汽需求，包括总量、分布、强度等。在详细规划时，应对现有的工业热负荷进行详细准确的调查，并逐项列出现有热负荷、已批准项目的热负荷及规划期发展的热负荷。

在规划编制时，可能规划项目等相关因素不确定，相关数据难以获得，故可采用按不同行业项目估算指标中的典型生产规模进行计算或采用相似企业的设计耗热定额估算热负荷的方法。

向工业企业供热的集中供热系统，各个工厂或车间的最大生产工艺热负荷不可能同时出现。因此，对并入同一热网的最大生产工艺热负荷应在各热用户最大热负荷之和的基础上乘以同时使用系数，同时使用系数可取 0.6—0.9。

（4）制冷用热负荷

制冷用热负荷宜采用相关分析法和指标法。采用指标法预测制冷用热负荷时，可按下式计算：

$$Q_c = \sum_{i=1}^{n} q \cdot A_i \cdot 10^{-3} \qquad (6\text{-}5)$$

式中：Q_c——制冷用热负荷（kW）；q——制冷用热负荷指标（W/m²）；A_i——供应制冷用热负荷的各类建筑物的建筑面积（m²）；i——建筑物类型。

其中，制冷用热负荷指标 q 可按下式计算：

$$q = q_c / COP \qquad (6\text{-}6)$$

式中：q——制冷用热负荷指标（W/m²）；q_c——空调冷负荷指标（W/m²），可参照表 6-4 取值；COP——制冷机的制冷系数，取 0.7—1.3（单效吸收式制冷机取下限）。

表 6-4 空调冷负荷指标　　　　　　　　　　　单位：W/m²

建筑物类型	办公	医院	宾馆、饭店	商店、展览馆	影剧院	体育馆
冷负荷指标	80—110	70—110	70—120	125—180	150—200	120—200

注：体型系数大、使用过程中换气次数多的建筑取上限。

空调夏季冷负荷主要包括围护结构传热、太阳辐射、人体及照明散热等形成的冷负荷和新风冷负荷。设计时需根据空调建筑物的不同用途、人员的群集情况、照明等设备的使用情况确定空调冷指标。其中空调冷指标对应的是单位空调面积的冷负荷指标，空调面积一般占总建筑面积的百分比为 70%—90%。然后根据所选热制冷设备的制冷系数折算成热负荷指标。

吸收式制冷机的制冷系数应根据制冷机的性能、热源参数、冷却水温度、冷水温度等条件确定。一般双效溴化锂吸收式制冷机组的制冷系数可达 1.0—1.2，单效溴化锂吸收式制冷机组的制冷系数可达 0.7—0.8。

2）供热总负荷的确定

规划区内有各种类型的热负荷，当采用集中供热时，应确定相应的供热总负荷。供热总负荷是将集中供热的各类负荷的计算结果相加,进行适当的校核处理后得出的数值。必须注意的是,供热总负荷并非各分项热负荷的简单之和,一般通过大数据,借助热负荷图来求得。

热负荷图是用来表示规划区内集中供热系统的热负荷随室外温度或时间变化的图。它直观形象地反映了热负荷的变化规律,并便于热负荷数据的汇总。

全日热负荷图主要表示热负荷在一昼夜中每小时变化的情况。全日热负荷图以小时(h)为横坐标,以小时热负荷(Q)为纵坐标。图 6-1(a)(b)分别是某市采暖热负荷和工业热负荷的全日变化示意图,将这两张图合在一张图上[图 6-1(c)]可以发现,由于两类热负荷在一天中峰值出现的时间不同,合成后的图可使热负荷的峰谷部分抵消,从而降低了设计热负荷值。全日热负荷图可通过供热智能管理系统感知。

在热负荷预测的基础上,根据热负荷年最大利用小时数及相关影响因素计算年耗热量。

随着智能化城市供热工程系统的建设与发展,热负荷的预测通过大数据系统能实时掌握热负荷变化情况,预判未来发展需求;通过智能系统能优化预测模型,科学预测供热规模。

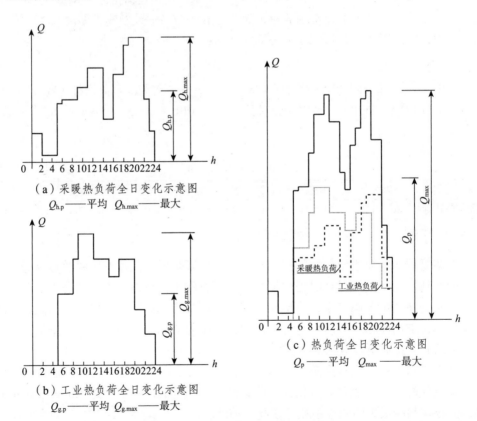

（a）采暖热负荷全日变化示意图
$Q_{h.p}$——平均 $Q_{h.max}$——最大

（b）工业热负荷全日变化示意图
$Q_{g.p}$——平均 $Q_{g.max}$——最大

（c）热负荷全日变化示意图
Q_p——平均 Q_{max}——最大

采暖热负荷

工业热负荷

图 6-1　某市热负荷全日变化示意图

6.4 城市供热方式选择

6.4.1 供热方式分类

供热方式是以不同能源和不同热源规模为用户供热的类型总称,包括不同能源的选择,集中或分散供热方式的选择。

1)城市供热能源

城市供热能源可分为煤炭、燃气、电力、油品、地热、太阳能、核能、生物质能等。

从目前我国能源资源和使用情况来看,煤炭是最主要的供热能源,其次是天然气。低温核供热虽已经有了成熟的技术并具有商业化利用的经济效益,但其使用受到诸多敏感因素的影响,目前还不具备大规模推广利用的条件。油品分为轻油和重油,受国家资源条件制约,一般不鼓励发展油品供热。太阳能虽然作为能源利用的研究和发展重点,但目前在供热领域只是一种辅助形式。生物质能蕴藏在植物、动物和微生物等可以生长的有机物中,它是由太阳能转化而来的。有机物中除了矿物燃料以外的所有来源于动植物的能源物质均属于生物质能,通常包括木材及森林废弃物、农业废弃物、水生植物、油料植物、城市和工业有机废弃物、动物粪便等,其中垃圾焚烧的热能可用于城市供热。

2)城市供热方式

城市供热方式一般包括集中供热和分散供热两种形式。

集中供热一般是指热源规模为 3 台及 3 台以上 14 MW 或 20 t/h 的锅炉,或供热面积在 50 万 m^2 以上的供热系统。分散供热是指供热面积在 50 万 m^2 以下,且锅炉房单台锅炉容量在 14 MW 或 20 t/h 以下的情形。

(1)集中供热方式

集中供热方式可分为燃煤热电厂供热、燃气热电厂供热、燃煤集中锅炉房供热、燃气集中锅炉房供热、工业余热供热、低温核供热设施供热、垃圾焚烧供热等。

(2)分散供热方式

分散供热方式可分为分散燃煤锅炉房供热、分散燃气锅炉房供热、户内燃气采暖系统供热、热泵系统供热、直燃机系统供热、分布式能源系统供热、地热和太阳能等可再生能源系统供热等。

6.4.2 供热方式选择

1)基本原则

城市供热方式的选择应遵循下列原则:

(1)环境保护原则

城市供热方式的选择应符合国家能源、环境保护等相关法规和政策,应结合国民经济、城市发展规模、地区资源分布和能源结构等条件,因地制宜、节能环保。

从供热用能的特点来看，供热能源品种应具有可替代性，即使用不同的能源均可实现供热的目的。而在我国目前乃至未来一段时间内，能源消费仍然是城市大气环境的重要污染源之一，更是人类活动造成温室气体排放的主要来源，其中供热能源占据重要份额。所以城市的能源消费结构以及供热用能取决于城市的环境目标和能源利用技术。从实现人与自然和谐的目标出发，在我国目前城市大气环境污染均较为严重的情况下，应把实现大气环境目标和污染物减排目标作为供热用能的刚性要求，有利于实现可持续发展。

（2）因地制宜原则

一个地区及其周边可调配的能源资源以及能源品种，是选择供热用能源、确定供热方式的重要制约因素。为保证供热用能的充足与稳定，宜选择资源丰富、供应可靠的能源品种，同时应结合能源规划中有关的能源品种结构要求，适当选择其他能源品种作为供热能源的补充。

（3）经济适用原则

各种供热方式的技术经济性、综合能源利用效率是选择城市供热方式以及供热发展方向的基础依据。从目前和未来我国以及国际上的能源价格趋势来看，煤炭价格依然相对较低，接下来依次是天然气、油品、电力。能源价格和能源利用技术是影响供热方式经济性的重要因素。如采用电力驱动的热泵技术冷热兼供的系统与采用天然气直燃机冷热兼供的系统相比，经济性和节能效益均优越一些。采用高效脱硫除尘和脱氮技术的燃煤供热设施可以大幅度降低污染物排放量，但增加了运行成本，其与天然气供热方式的经济性需要进一步详细分析和比较。在成本最小化和能效最大化的多方案优化选择过程中，还要考虑城市安全、城市景观、土地综合利用效益以及公众的意见等因素，应体现社会效益最大化。

在总体规划、专项规划编制时，供热规划应符合当地环境保护目标，以地区能源资源条件、能源结构要求以及投资等为约束条件，以各种供热方式的技术经济性和节能效益为基本依据，并统筹供热系统的安全性和社会效益，按照成本最小化、效益最大化的原则进行优化选择，最终确定供热能源结构和不同的供热方式。

在编制详细规划时，供热规划应根据总体规划为依据，与相关专项规划衔接，经过方案比较，确定详细规划区内的供热方式。如果详细规划区内有多种供热方式可以选择，则需要根据详细规划区内的具体条件进行多方案比较后选择供热方式。例如，在某一公建区，总体规划的供热规划、相关专项规划中确定采用清洁能源供热方式，可以选择直燃机冷热兼供系统、热泵冷热兼供系统、分布式能源系统等，这些方式需要根据详细规划区内的地下水、中水、河湖水资源以及天然气管网供应条件等进行综合分析论证后确定。又如在某一小区，总体规划的供热规划、相关专项规划中确定采用煤和天然气混合供热方式，则在编制详细规划时需要依据总体规划所确定的原则，并结合小区的区位特点、建筑性质、用户特点和意愿、现状供热情况以及供热体制等，经分析后明确主要的供热方式。对于现状燃煤分散锅炉房供热的，可采取"以大代小"或"煤改气"的方式；对于规模小的居住区或别墅区，可考虑街区式燃气锅炉房；对于公建区，可以考虑直燃机冷热兼供系统、热泵冷热兼供系统、分布式能源系统等。

2）供热方式的选用与要求

（1）以煤炭为主要供热能源的城市，应采取集中供热方式。在目前乃至未来较长时间内，我国能源资源仍将以煤炭为主，煤炭仍将是我国城市供热中的主力能源。为此，必须切实控制并降低燃煤所造成的大气环境污染，并应符合下列规定：①具备电厂建设条件且有电力需求时，应选择以燃煤热电厂系统为主的集中供热。②不具备电厂建设条件时，宜选择以燃煤集中锅炉房为主的集中供热。③在有条件的地区，燃煤集中锅炉房供热应逐步向燃煤热电厂系统供热或清洁能源供热过渡。

（2）在大气环境质量要求严格并且天然气供应有保证的地区和城市，宜采取分散供热方式。发展清洁能源供热的前提是城市的大气环境质量要求严格和充足的清洁能源供应；清洁能源供热应采用分散供热方式，主要原因是为了节约管网投资和减少输配损失，同时也能达到理想的环境效果。

（3）对大型天然气热电厂供热系统应进行总量控制。对于大型天然气热电厂，虽然节能效益显著，但由于约85%的天然气被用于发电，只有少部分天然气被用于能取得较大环境效益的供热领域，这样不仅对区域电价造成很大压力，而且需要较大的热网投资，因此需要进行总量控制，以合适的发电能力和适度的电价水平为边界条件，适度发展大型天然气热电厂系统供热。

（4）在新规划建设区，不宜选择独立的天然气集中锅炉房供热。大型天然气集中锅炉房供热系统不仅需要较大的热网投资，而且还降低了供热系统能效。

（5）在水电和风电资源丰富的地区和城市，可发展以电为能源的供热方式。

（6）在能源供应紧张和环境保护要求严格的地区，可发展固有安全的低温核供热系统。

（7）城市供热应充分利用资源，鼓励利用新技术、工业余热、新能源和可再生能源，发展新型供热方式。

（8）在太阳能条件较好的地区，应选择太阳能热水器解决生活热水需求，并应增加太阳能供暖系统的规模。

（9）在历史文化街区或历史地段，宜采用电、天然气、油品、液化石油气和太阳能等为能源的供热系统；设施建设应符合遗产保护和景观风貌的要求。

6.5　城市供热热源规划

将天然或人造的能源形态转化为符合供热要求的热能的装置称为热源。

城市集中供热的基本热源主要是以燃煤或燃气为主的热电厂、锅炉房。在有相应的资源和条件时，可以将工业余热、低温核供热、垃圾焚烧供热等作为热源。城市应结合各地的实际条件，选择恰当的热源形式，发挥集中供热能够节约能源和降低大气污染的优点。

集中供热热源规模问题主要是受其自身合理规模的影响；要结合河湖、铁路、公路等干线的分割，与其供热范围内的热负荷相匹配；还要考虑城市近期建设进度、能源供给、存储等因素。城市主热源的规模应能基本满足供暖负荷的需要，热源供应能力应大于或等于热负荷。

6.5.1 热电厂

热电厂是用热力原动机驱动发电机，实现热电联产的发电厂，是城市集中供热常用的热源形式，但其建设投资大、建设时间长。热电厂的规划设计应根据热负荷的性质参数和大小，坚持"以热定电"的原则，以便更好地体现节能效益和集中供热系统的经济性。

1）适用性与经济性

热电厂实行热电联产，有效提高了能源的利用率，节约了燃料，产热规模大，可向大面积区域和用热大户进行供热。在有一定量的常年工业热负荷而电力供应又紧张的地区，应建设热电厂。在主要供热对象是民用建筑采暖和生活用热水时，采暖期的长短对热电厂的经济效益有很大影响。

在气候冷、采暖期长的地区，热电联产运行时间长，节能效果明显。相反，在采暖期短的地区，热电厂的节能效果就不明显。目前有些地区采取"冷、暖、气三联供"系统建设，夏季时对大用户进行供冷，延长热电联产时间，提高了热电厂的效率。在这种情况下，采用热电厂作为城市主要热源也是合理的。

2）热化系数选取

热化系数是指热电联产中汽轮机组的最大供热能力占供热区域最大热负荷的份额。

燃煤或燃气热电厂的建设应"以热定电"，合理选取热化系数。

（1）以工业热负荷为主的系统，季节热负荷的峰谷差别及日热负荷峰谷差别不大的，热化系数宜取 0.8—0.9；

（2）以供暖热负荷为主的系统，热化系数宜取 0.5—0.7；

（3）既有工业热负荷又有采暖热负荷的系统，热化系数宜取 0.6—0.8。

煤热电厂和单台机组发电容量在 400 MW 及以上规模的燃气蒸汽联合循环热电厂以及低温核供热厂等大型热源一般应供应基本热负荷，以便更好地体现节能效益和集中供热系统的经济性。热化系数的选取应根据各地区的投资和能源价格水平、节能要求、各供热系统的负荷特性，综合分析后确定。

基本热负荷是指由基本热源供给的相对稳定的热负荷。

3）规模

燃煤热电厂的合理规模受当地热力需求、电力需求和铁路运输、热网规模等因素的影响。在一般情况下，机组规模越大，参数越高，节能效果越好，单位投资相对越小，环境保护治理措施越有保证，但与此同时供热范围也越大，这将导致热网投资增加。

4）选址

燃煤热电厂与单台机组发电容量在400 MW及以上规模的燃气热电厂规划应符合下列规定：

（1）应符合环境保护要求。热电厂宜位于居住区和主要环境保护区的全年最小频率风向的上风侧，避免对居住区、中心区、学校、医院等地区的影响。热电厂与周边的设施环境必须有一定的防护距离，因为热电厂运行时会排出飞灰、二氧化硫等有害物。

（2）燃煤热电厂应有便捷的交通运输条件。煤炭运输一般依托水运、铁路运输；燃气热电厂应具有接入高压天然气管道的条件。

（3）应便于热网出线和电力上网，按规模容量规划专用出线走廊。大型热电厂一般都有多回输电线路和多条大口径供热干管引出，这些线路和管道需要足够的空间来铺设和维护，特别是供热干管所占的用地较宽，因此需留出足够的出线走廊宽度。

（4）要有良好的供水水源及污水排放条件。供水水源条件对热电厂厂址的选择往往具有决定性的作用。

（5）尽可能靠近热负荷中心，以降低供热管网设施的投资和提高供热质量。蒸汽干管最远输送距离宜控制在5 km以内，一般为3—4 km。如果热电厂远离热用户，压降和温降过大，就会降低供热质量，而且供热管网的造价较高。

（6）燃煤热电厂灰渣的产出量相当大，应有妥善解决灰渣综合利用的方法或较大规模的贮灰场。

（7）应满足工程建设的工程地质条件和水文地质条件，应避开机场、断裂带、潮水或内涝区及环境敏感区，厂址标高应满足防洪要求。

热电厂布局除了考虑合理的供热半径、靠近负荷中心等因素外，还需要考虑规划建设用地的土地利用效率、城市景观等对供热设施的制约因素。

5）用地面积指标

热电厂的用地面积指标与单机容量等有关，宜根据实际情况，按表6-5的规定因地制宜地选取。

表6-5　热电厂用地指标

机组总容量（MW）	机组构成（MW）（台数 × 机组容量）	厂区占地（hm²）
燃煤热电厂	50（2×25）	5
	100（2×50）	8
	200（4×50）	17
	300（2×50＋2×100）	19
	400（4×100）	25
	600（2×100＋2×200）	30
	800（4×200）	34
	1 200（4×300）	47
	2 400（4×600）	66
燃气热电厂	≥400	360 m²/MW

6.5.2 集中锅炉房

集中锅炉房的热效率低于热电厂的热能利用率，但其燃煤锅炉的热效率一般也可达到80%以上，比分散小锅炉50%—60%的热效率要高很多。集中锅炉房与热电厂相比，投资规模小，建设周期短，一般能达到当年建设当年投产，厂址选择也比较灵活。

锅炉是集中供热锅炉房的核心，锅炉根据其生产的热媒不同分为热水锅炉和蒸汽锅炉。表6-6是热水锅炉和蒸汽锅炉的特性比较。

表6-6　热水锅炉和蒸汽锅炉的特性比较

项目	蒸汽锅炉	热水锅炉
直接生产热介质	蒸汽	热水
可提供热介质	蒸汽或热水	热水
结构复杂程度	复杂	简单
对锅炉用水的要求	高	低
安全性	—	较好
适用范围	适用于生产工艺、采暖通风和生活热水等各类热用户	主要适用于供应各类民用热负荷的采暖通风和生活热水热负荷

蒸汽锅炉和热水锅炉在特性上存在显著差异。蒸汽锅炉通过加热水产生高温高压蒸汽，向热用户供热；通过调压装置可向各类热用户提供参数不同的蒸汽，还可通过换热装置向各类热用户提供热水。热水锅炉以高温水供应热用户，通过调压装置，向热用户提供一定压力的热水。在一个锅炉房中，可以同时选用蒸汽锅炉和热水锅炉，以满足不同用户的需要。

1）适用性

集中锅炉房可作为中小城市的供热主热源；在大中城市作为区域主热源或过渡性主热源；通常可纳入热电厂供热系统作为尖峰锅炉房运行。

尖峰锅炉是指在气温很低，对供热能源需求达到尖峰时所使用的备用锅炉。尖峰锅炉一般是燃气锅炉，不需燃煤锅炉的烘炉过程，能在短时间内投入供热，通常遇严寒天气或是市政热网供热温度不够时才会启用。

通常情况不鼓励发展天然气集中锅炉房，但作为热电厂供热系统中的调峰热源是必要和可行的措施之一。为减少热网整体投资水平，与燃煤热电厂和燃气热电厂不同，调峰热源应建在负荷端或负荷中心，此外，调峰热源与热电厂分开建设有利于提高热网系统的安全可靠性。

集中锅炉房的热化系数可根据用户的实际情况，参照热电厂的热化系数选取。

2）选址

集中锅炉房的选址，一般应靠近热负荷较集中的地区；有较好的自然通风条件；地质条件良好，满足防洪要求，并应有可靠的防洪排涝措施；应便于热网出线。

对于燃煤集中锅炉房的选址，还应有良好的道路交通条件，便于燃料储运和灰渣排出，并宜人流和煤流、灰流、车流分开；宜位于居住区和环境敏感区的采暖季最大频率风向的下风侧。

对于燃气集中锅炉房的选址，还应便于天然气管道接入。

3）用地面积指标

燃煤集中锅炉房、燃气集中锅炉房的用地指标宜根据实际情况，按表6-7的规定因地制宜地选取。

表6-7　锅炉房用地指标

单位：m²/MW

设施	用地指标
集中燃煤锅炉房	145
集中燃气锅炉房	100

6.5.3　分布式能源系统

分布式能源系统是相对于传统集中式供能的能源系统而言的，传统的集中式供能系统采用大容量设备、集中生产，然后通过专门的输送设施将各种能量输送给较大范围内的众多用户；而分布式能源系统是指直接面向用户，按用户的需求就地生产并供应能量，具有多种功能，可满足多重目标的中小型能源生产与综合利用系统。

分布式能源系统由分布式能源站及其输配管网组成。分布式能源站采用中小型能源机组，以天然气为主要燃料、可再生能源（如太阳能）为辅助能源，将制冷、供热及发电过程一体化的多联产系统可以直接满足用户的能源使用需求。输配管网包括电网和热网，是分布式能源站至用户间的能源传输网；此外，电能还可接入区域电网。

随着全球能源结构的转型和环保意识的进一步提高，分布式能源站作为一种清洁、高效、可靠的能源供应方式，将迎来广阔的发展前景。未来，分布式能源站将更加注重低碳化、智能化的发展，提高能源利用效率，减少碳排放，为实现可持续发展目标贡献力量。

1）基本特点

作为新一代供能模式，分布式能源系统是大型集中式供能系统的有力补充。它有以下四个主要特征：

（1）面向用户。作为服务于当地的能量供应中心，它直接面向当地用户的需求，布置在用户的附近，可以简化系统提供用户能量的输送环节，进而减少能量输送过程的能量损失与输送成本，同时还可增加用户能量供应的安全性。

（2）中小规模。由于它不采用大规模、远距离输出能量的模式，而主要针对局部用户的能量需求，分布式能源系统的规模将受用户需求的制约，相对传统的集中式供能系统而言均为中小容量。

（3）技术与需求俱进。随着经济、技术的发展，特别是可再生能源的推广应用，用户的能量需求开始多元化；同时伴随不同能源技术的发展，可供选择的技术也日益增多。分布式能源系统作为一种开放性的能源系统，开始呈现出多功能的趋势，既包含多种能源输入，又可同时满足用户的多种能量需求。

（4）目标多元。人们的观念在不断转变，对能源系统提出了高效、可靠、经济、环保、可持续性发展等的新要求。新型的分布式能源系统通过选用合适的技术，经过系统优化和整合，可以更好地同时满足这些要求，实现多个功能目标。

2）优势与不足

分布式能源系统的最主要优点是冷热电联产。联产符合总能系统"梯级利用"的准则，达到较高的能源利用率，具有很好的发展前景。大型（热）电厂中的电虽然可远距离输送，但需建设电网、变电站和配电站并有输电损耗；而对于热，尤其是冷，就不像电能那样可以较长距离有效地输送，其原因主要是大型电厂选址有其自身的要求，一般来说，其附近难以有足够大量的、合适的冷热能用户，无法进行有效的联产。分布式能源系统却正好相反，它可以按需就近设置，可以尽可能与用户配合好，也没有远距离输送冷热能的问题，大电网的输电损失问题也不存在。所以，虽然分布式能源系统的纯动力装置本身效率低、价格高，但可以充分发挥其联产的优点，体现它的优越之处。

所谓总能系统，是指根据工程热力学和系统工程的原理，综合优化能源转换和终端利用的系统。它遵循能量梯级利用原则，按系统的能量需求，从总体上合理安排功和热的利用，实现能量供需之间的优化匹配，使一个部门、一个企业或一个地区的各类能源得到最有效的利用。

分布式能源系统还可以让使用单位本身有较大的调节、控制与保证能力，保证使用单位的各种二次能源能够充分供应，非常适合为重要商务区、商业区和居民区、乡村、牧区及山区提供电力、供热及供冷，大量减少环保压力。总体来看，分布式能源系统可满足特殊场合的需求，为能源的综合梯级利用提供了可能，为可再生能源的利用开辟了新的方向。

分布式能源系统的主要不足在于，由于是分散供能，单机功率很小，比起最大电厂单机功率有百万千瓦以上、单厂功率近千万千瓦而言，发电效率显然比不上后者。要对纯发电成本和单位千瓦初投资做比较，分布式能源系统的经费投入肯定要大大高于大电力系统。另外，分布式能源系统对当地使用单位的技术要求要比简单使用大电网供电高，要有相应的技术人员与适合的文化环境。

3）适用性

分布式能源系统的初期投资大，要用好燃料，还要有比较稳定的冷、热、电用户，因此主要用于第三产业和住宅用户。目前，分布式能源系统在珠江三角洲、长江三角洲、环渤海地区得到了一定的应用。

分布式能源系统受国内上网电价的影响，发电自用有一定的经济性，但上网售电则受到多种制约，因此，其规模受用户的热负荷和电力负荷需求的双重制约。当热负荷较大时，按照"以热定电"的原则配置机组和尖峰容量，一般会造成发电容量大于用户自身电力负荷需求，此时需要考虑按照电力负荷需求的基本负荷配置机组容量，同时增大相应的供热调峰热源。

使用分布式能源系统的先决条件是有较大的、集中的、稳定的热（冷）负荷。对于热负荷变化较大或热负荷较低的地区或建筑群体，使用分布式能源系统将难以保证其经济性，运行的能效也较低。另外，还要求有稳定的燃气供给。

人口密集的城市商业中心、住宅小区、度假区、酒店、商场、商务楼宇、医院、学校、行政机关、机场等需要采暖、供冷、除湿、供应热水的建筑，负荷比较集中，且便于集中管理，比较适合建设分布式能源系统。

4）燃气冷热电联供系统的规划要求

（1）规划原则。燃气冷热电联供系统应遵循电能自发自用为主、余热利用最大化的原则，系统的设备配置及运行模式应经技术经济比较后确定。分布式能源燃气联供系统不同于热电联产项目，联供系统应以末端建筑的实际负荷需求确定其发电装机以及辅助能源装机，机组容量的选择应立足自发自用自平衡，实现"分配得当、各得所需、温度对口、梯级利用"，最终提高燃气的综合利用率。

（2）能源综合利用率。燃气冷热电联供系统的年平均能源综合利用率应大于70%。燃气冷热电联供系统的优势在于其能源综合利用率高，符合国家的能源战略和节能目标。目前燃气冷热电联供系统所使用的发电机组的发电效率较高，经余热回收利用后，年平均能源综合利用率一般在70%—85%。

（3）站址选择。联供工程站址宜靠近热（冷）负荷中心及供电区域的主配电室、电负荷中心。这样可以避免因配电线路距离过长而影响用户供电质量。当条件许可时，联供工程站址最好同时靠近冷、热负荷中心设置，避免长距离输送造成冷、热介质温度损失，可节省管网投资。

（4）站房布置。站房（指设置冷热电联供系统设备及相关附属设施的区域或场所，主要包括燃烧设备间和燃气增压间、调压间及变配电室等）宜独立设置或在室外布置。当站房不独立设置时，可贴邻民用建筑布置，并应采用防火墙隔开，且不应贴邻人员密集场所。

当燃烧设备间受条件限制需布置在民用建筑内时，应布置在建筑物的首层或屋顶，也可布置在建筑物的地下室，并应符合《燃气冷热电联供工程技术规范》（GB 51131—2016）中的有关要求。

配电室宜靠近发电机房及电负荷中心，并宜远离燃气调压间、计量间；应方便进出线及设备运输。配电室不应设置在厕所、浴室、爆炸危险场所的正下方或正上方；在高层或多层建筑中，装有可燃性油的电气设备的变配电室应设置在靠外墙部位，不应设置在人员密集场所的正下方、正上方、贴邻和疏散出口的两旁。

（5）安全防护。站房的防火间距应符合现行国家标准《建筑防火通用规范》（GB 55037—2022）、《建筑设计防火规范》（GB 50016—2014）（2018年版）中的有关规定。燃烧设备间应为丁类厂房，燃气增压间、调压间应为甲类厂房。

6.5.4 其他热源

1）工业余热

工业余热是指在工业生产过程中排放的废热、废气等低品位能源。工业余热资源广泛分布于冶金、化工、建材、造纸、纺织和机械等行业，具有多形态、分散性、行业分布不均、资源品质差异较大等特点。回收一部分本来废弃不用的工业余热用作集中供热，能节约一次能源，提高经济效益，减少污染。

（1）工艺设备排出的高温烟气。冶金炉、加热炉、工业窑炉、燃料气化装置等，都有大量高温烟气排出。通常将高温烟气引入余热锅炉，产生蒸汽后送往热网供热。

（2）工艺设备的冷却水。一些钢铁企业利用焦化厂初冷循环水的余热进行集中供热，取得了良好的效果。焦炉产生的荒煤气经列管式初冷器被水冷却，冷却水升温至50—55℃，可用作热网循环水。

（3）炼铁高炉的冲渣水和泡渣水等工业余热。高炉渣是炼铁过程的产物，可采用炉前水力冲渣或渣罐泡渣等方法处理。冲渣水或泡渣水吸热以后，可作为循环水供热。

（4）蒸汽锻锤的废蒸汽。这类废蒸汽是小型集中供热的一种热源，一般用以满足本厂及住宅区的生活用热。

我国工业领域的余能利用空间很大，工业冷却水、工业废水中蕴含着大量的热能，但因热值较低难以提取而几乎被全部丢弃；随着技术水平的提高，工业余热应大大加以利用。

目前，对于工业余热的利用，除少部分高温热水可以直接用于供热，其他大多数余热利用主要采用热泵技术供热。考虑到利用热泵技术单独供热投资较大，成本较高，一般宜采用低温热泵以降低投资，用户以采用地板辐射采暖方式为宜，所以供热规模或供热范围不宜过大。如果把工业生产过程中的低温热水用管道送到用户端，而同时在用户端建设分散热泵系统来实现工业余热利用，则受到低温热水输送管网的制约，规模或供热范围也不宜过大。

2）低温核供热设施供热

低温核供热技术是一种以供热为主要功能的核反应堆，其特点是反应堆的温度低（186—200℃）、造价低、安全可靠、无污染等。该技术的供热原理与供电反应堆一样，都是将核裂变释放的热能通过回路和热交换器使水加热变成蒸汽。

依托低温核供热技术的低温核供热设施是新型的供热方式，目前国内还没有应用实例。由于低温核供热设施的建设在选址要求上非常严格，所以其合理规模与燃煤集中锅炉房有所区别。需要注意的是，由于低温核供热设施投资大而运行费低，因此宜考虑配置一定容量的调峰热源。

低温核供热厂厂址的选择应符合国家相关规定，并应远离易燃易爆物品的生产与存储设施，或居住、学校、医院、疗养院、机场等人口稠密区。

对于低温核供热设施的厂址选择，应考虑两个方面的问题：一方面是核设施的运行（包括事故）对周围环境的影响；另一方面是外部环境对核设施安全运行的影响。目前，在厂址选择工作中，应主要参照国家核安全局发布的核电厂厂址选择的有关规定和导则，同时还应符合核设施安全管理、环境保护、辐射防护和其他方面的有关规定。

由于核供热堆具有很好的安全特性，无论是正常运行还是事故工况下对环境和公众的影响皆很小。因此，核供热堆可建造在大城市附近为用户提供热源。但考虑到核供热堆的建设、安全、经济和社会诸多因素，核供热堆还应建造在离人口稠密区有一定距离的地方。目前参照核安全法规技术文件《低温核供热堆厂址选择安全准则》（HAF J0059—1996）的推荐意见，核供热堆周围设置 250 m 的非居住区和 2 km 的规划限制区；250 m 非居住区内严禁有常住居民，由核供热工程营运单位对该区域内的土地拥有产权和全部管辖权；在 2 km 规划限制区内不应有大型易燃、易爆、有害物品的生产和储存设施以及其他大型工业设施，不得建设大型的企业事业单位和居民点、医院、学校、疗养院、机场和监狱等设施。因此，核供热堆选址时必须调查厂址周围的人口分布情况，包括城市、乡镇的距离，居民点的分布等情况。

3）可再生能源供暖

可再生能源是指风能、太阳能、水能、生物质能、地热能等非化石能源，是清洁能源。利用可再生能源供暖是我国调整能源结构、实现节能减排、合理控制能源消费总量的迫切需要，是完成非化石能源利用目标、建设清洁低碳社会、实现能源可持续发展的必然选择。

（1）地热能

地热能是地球内部的天然热能，既是一次能源，又是可再生能源。地球的热量来源于长寿命的放射性同位素进行的热核反应。地球物质中放射性元素衰变所产生的热量是地热的主要来源。它资源丰富，既可免费使用，又无需运输，对环境无污染。对于地热资源的温度划分也确定了不同的利用方式（表 6-8）。

表 6-8　地热资源温度分级

温度分级		温度（t）界限（℃）	主要用途
高温地热资源		$t \geqslant 150$	发电、烘干、采暖
中温地热资源		$90 \leqslant t < 150$	烘干、发电、采暖
低温地热资源	热水	$60 \leqslant t < 90$	采暖、理疗、洗浴、温室
	温热水	$40 \leqslant t < 60$	理疗、洗浴、采暖、温室、养殖
	温水	$25 \leqslant t < 40$	洗浴、温室、养殖、农灌

注：表中温度是指主要储层代表性温度。

地热能的利用主要是地热采暖、地热温泉、地源热泵等方式。

①地热采暖。这是将地热能直接用于采暖、供热和供热水，这种利用方式简单、经济性好。我国利用地热供暖和供热水的发展非常迅速，在有地热资源的地区已经普遍利用地热供暖和供热水。应重点推进中深层地热能供暖，宜按照"以灌定

采、采灌均衡、水热均衡"的原则，根据地热形成机理、地热资源品位和资源量、地下水生态环境条件，实施总量控制、分区分类管理，以集中与分散相结合的方式推进中深层地热能供暖。在条件适宜的地区加大"井下换热"技术推广应用力度。积极开发浅层地热能供暖，经济高效地替代散煤供暖，在有条件的地区发展地表水源、土壤源、地下水源的供暖制冷等。

② 地热温泉。地热水从很深的地下提取到地面，除了温度较高外，常含有一些特殊的化学元素，从而使它具有一定的医疗效果。温泉出现的特殊的地质、地貌条件，使温泉常常成为旅游胜地，吸引大批疗养者和旅游者。

③ 地源热泵。地源热泵是利用水源热泵的一种形式，它利用水与地能（地下水、土壤或地表水）进行冷热交换，以此作为水源热泵的冷热源。冬季把地能中的热量"取"出来，供给室内采暖，此时地能为"热源"；夏季把室内的热量"取"出来，释放到地下水、土壤或地表水中，此时地能为"冷源"。地源热泵是改善城市大气环境、节约能源的一种有效途径。

此外，地热能还在农业和工业生产中被广泛利用。利用温度适宜的地热水灌溉农田，可使农作物早熟增产；利用地热水养鱼，在28℃水温下可加速鱼的育肥，提高鱼的出产率；利用地热建造温室，育秧、种菜和养花。在工业中，利用地热给工厂供热，如用作干燥谷物和食品的热源，用作木材、造纸、制革纺织、酿酒、制糖等生产过程的热源等。

（2）太阳能供热

太阳能供热的利用历史悠久，开发也很普遍，其采暖技术已被较早列入国家建筑节能技术政策范畴。

太阳能供热的方式可分为直接利用和间接利用：直接利用主要是主动式太阳能供热与被动式太阳能供热；间接利用包括太阳能蓄热—热泵联合供热等。

① 主动式太阳能供热。主动式太阳能系统由太阳能集热器、蓄热装置、用热设备、辅助热源及辅助设备与阀门等组成。通过太阳能集热器收集的太阳辐射能，沿管道可送入室内提供采暖与生活热水供应，剩余部分可储存于蓄热装置中；当太阳能集热器提供的热量不足时可采用辅助加热装置进行补充。

② 被动式太阳能供热。被动式太阳能供热是通过集热蓄热墙、附加温室、蓄热屋面等向室内供暖的方式。它不需要专门的太阳能集热器、辅助加热器、换热器、泵等主动式太阳能系统所必需的部件，而是通过建筑的朝向与周围环境的合理布局，内部空间与外部形体的巧妙处理，以及建筑材料和结构构造的恰当选择，使建筑在冬季充分地收集、存储与分配太阳辐射，使建筑室内可以维持一定的温度，从而达到采暖的目的。

③ 太阳能—热泵联合供热。夏季利用太阳能向地源、水源蓄热，作为冬季采暖的热源，并通过热泵原理，可大大节约电能的消耗。

应鼓励大中型城市有供暖需求的民用建筑优先使用太阳能供暖系统；鼓励在小城镇和农村地区的用户使用太阳能供暖系统；在农业大棚、养殖等用热需求大且与太阳能特性相匹配的行业充分利用太阳能供暖；在集中供暖网未覆盖、有冷热双供需求的地区使用太阳能热水、供暖和制冷三联供系统；鼓励采用太阳能供暖与其他供暖方式相结合的互补供暖系统。

（3）风能供暖

风能供暖的主要设施是风电供热站，通过风电供热站将电能转化为热能。

风电清洁供暖对提高北方风能资源丰富地区消纳风电能力、缓解北方地区冬季供暖期电力负荷低谷时段风电并网运行困难、促进城镇能源利用清洁化、减少化石能源低效燃烧带来的环境污染、改善北方地区冬季大气环境质量的意义重大。因此，风电供热从宏观意义上来讲，是指电力供需一时难以平衡，原本可用来发电的风一时用不起来，"多余"的风弃之可惜，而将其发电用于产热供热，则电力系统可达到新的供需平衡的工程应用措施。

在风电供热的过程中，热产多产少是通过电网实现的，风电和供热之间有一个中间介质——电网。所以说，风电供热本质上是电力供热，而电网始终是其间消纳风电、引导供热负荷、平衡电力供需的基础角色。

（4）生物质能供热

生物质能是自然界中有生命的植物提供的能量。

我国城市和乡村地区有大量的生物质能，充分利用城乡有机垃圾、秸秆等，有序发展生物质热电联产，因地制宜地加快生物质发电向热电联产转型升级，为具备资源条件的城镇、人口集中的农村提供民用供暖，以及为中小工业园区集中供热。合理发展以农林生物质、生物质成型燃料、生物天然气等为燃料的生物质供暖，鼓励采用大中型锅炉，在农村、城镇等人口聚集区进行区域集中供暖。生物质锅炉不得掺烧煤炭、垃圾、工业固体废物等其他物料，配套建设除尘等高效治污设施，确保达标排放。在大气污染防治非重点地区的农村，可按照就地取材原则，因地制宜地推广户用生物质供暖。

6.6 城市供热管网规划

供热管网是城市或区域集中供热系统的重要组成部分。供热管网是指由热源向热用户输送和分配供热介质的管线系统。供热管网主要由热源至热力站和热力站（制冷站）至用户间的管道等组成。一般根据城市总体布局和城市供热热源规划，结合现状热源与供热管网进行供热管网规划。供热管网也通常被称为热网或热力网。

供热管网系统应能安全可靠地供给各类用户具有正常压力、温度和足够数量的供热介质，确保供热介质的均匀、稳定，以满足其用热需要。

6.6.1 供热管网的形制

1）供热管网分类

城市供热管网可根据不同原理进行分类。

（1）按热源与城市热网的关系，热网可分为区域式和统一式两种。

区域式热网是指仅有一个热源连接区域供热管网的形式。区域式热网的供热体系相对独立，供热管网简单，但热源出现问题时，就会影响所在区域的供热。

统一式热网是指城市的所有热源相连，热网相通，形成统一的城市供热体系。该热网供热安全可靠，用热有保障，但热网系统相对比较复杂。

（2）按输送介质，热网可分为蒸汽管网、热水管网和混合式管网三种。

蒸汽管网输送的热介质为蒸汽，热水管网输送的热介质是热水，混合式管网输送的介质既有蒸汽也有热水。在同样的管径下，蒸汽管道所输送的热量大，热水管道输送的少。

从热源到热力站的热网通常采用的是蒸汽管网，热力站向民用建筑供暖的热网中通常采用的是热水管网，其原因是热水供暖的卫生条件好且安全，而蒸汽管网温度高，不宜直接用于室内采暖。一般情况下，蒸汽管网为单根管道；热水管网为两根，一根为供水管，一根为回水管。

（3）按用户对介质的使用情况，热网可分为开式和闭式两种。

开式热网是指热用户可以使用供热介质，如蒸汽和热水，系统必须不断补充热介质。

闭式热网是指热介质只在系统内循环运行，不供给用户，系统只需补充运行过程中泄漏损耗的少量介质。

（4）按供热介质的输送与回流情况，热网可分为单管制、双管制和多管制三种。

单管制热网是指在一条管路上只有一根输送热介质的管道，一般适用于用户对介质用量稳定的开式热网。

双管制热网是指在一条管路上有一根介质输送管和一根回流管，通常用于闭式热网。

多管制是指在一条管路上有多根输送介质的管道和回流管，以输送不同性质、不同工况的热介质。多管制通常适用于用户对介质需用工况要求复杂的热网。

2）管网形制选择

从热源到热力站（制冷站）间的管网被称为一级管网，也称一次网；从热力站（制冷站）至用户间的管网被称为二级管网，也称二次网。一级管网通常采用闭式双管或多管制的蒸汽管网；而对于二级管网，则要根据用户的要求来确定管网。

根据现行国家相关标准，热网形制应符合如下规定：

（1）热水供热管网宜采用闭式双管制。

（2）同时有生产工艺、采暖、通风、空调、生活热水多种热负荷，生产工艺热负荷与采暖热负荷所需供热介质参数相差较大，或季节性热负荷占总热负荷的比重较大，且技术经济合理时可采用闭式多管制。

（3）蒸汽供热管网的蒸汽管道宜采用单管制。当符合下列情况时，可采用双管制或多管制：①各用户间所需蒸汽参数相差较大；②季节性热负荷占总热负荷的比重较大且技术经济合理；③热负荷分期增长。

6.6.2　供热管网的布局形式

供热管网布局应结合城市近远期建设的需要，综合热负荷分布、热源位置、道路条件等多种因素，经技术经济比较确定。城市供热管网布置的基本形式有枝状、环状两种（图 6-2、图 6-3）。

规划以城市布局为基础，以该地区的气象、水文、地质，以及地上地下的建筑物、构筑物的现状和发展规划为依据，同时考虑热网的经济性、合理性，并注意施工和维修管理方便等因素，综合确定管网的布局形式。管网的布局形式不但直接影响管网工程的投资，而且影响管网系统运行水力状况的稳定性，因此必须深入调查，反复比较，慎重选择。

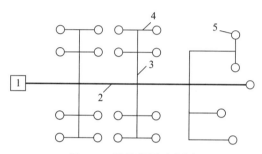

图 6-2　枝状管网示意图

注：1. 热源；2. 主干线；3. 枝干线；4. 用户支线；5. 热用户。

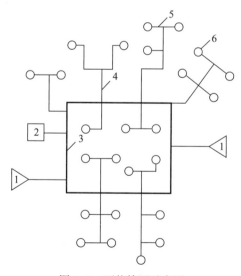

图 6-3　环状管网示意图

注：1. 热电厂；2. 集中锅炉房；3. 环状管网；4. 枝干线；5. 分支干线；6. 热力站。

1）枝状管网

枝状管网是指供热管网呈树枝状布置的形式，其主要特点是管网比较简单、造价较低、运行方便，管网管径随着与热源距离的增加而逐步减小；缺点是没有后备供暖的可能性，特别是当管网中某处发生事故时，就无法向在损坏地点之后的用户供热。

2）环状管网

环状管网是指供热管网的主干管互相连通，呈环状，热源一般有两个及以上。所谓环状通常是针对供热管网的主干线而言的，枝干线和分支干线仍主要是枝状管网。环状管网的主要优点是具有备用供热的可能性，同时还可以根据热用户热负荷的变化情况，经济合理地调配供热热源的数量和供热量；缺点是管径比枝状管网大，造价高、投资大。

蒸汽管网应采用枝状管网布置方式。供热面积大于 1 000 万 m^2 的热水供热系统采用多热源供热时，各热源热网干线应连通，在技术经济合理时，热网干线宜连接成环状管网。

自热源向同一方向引出的干线之间宜设连通管线，以提高供热的可靠性。连通管线可作为输配干线使用，其目的是在事故状态下，利用分段阀门切除故障段，保证其他用户用热。

对供热可靠性有特殊要求的用户，有条件时应由两个热源供热，或者设置自备热源。

随着社会经济的快速发展，城市建设用地不断扩大，供热范围和供热规模迅速增大，因此，在发生安全供热和事故状态时能否快速处理关系到社会的稳定。采用环状管网布置形式和多热源联网供热时，各热源主干线之间应设置连通线，热源间也应设连通线，这样可提高供热系统的安全性和可靠性，为供热安全运行以及事故状态下的应急保障措施创造条件。

6.6.3 供热管网的布置要求

供热管网的布置应在城市规划指导下，根据热负荷分布、热源位置、其他管线及构筑物、园林绿地、水文、地质条件等因素，经技术经济比较后确定。

城市供热管网的选线应节约用地，降低造价；运行安全可靠，便于维修。供热管网管道的位置应符合下列规定：

（1）供热管道应布置在易于检修和维护的位置。

（2）供热主要干管应该靠近大中型用户和热负荷集中的地区，以提高供热效率，增强系统的稳定性。

（3）城市道路上的供热管道应平行于道路中心线，并宜布置在车行道以外，同一条管道应只沿街道的一侧布置。在布置引入管时，则不可避免地要横穿干道，但要尽量少敷设这种横穿街道的引入管，应尽可能使相邻建筑物的供热管道相互连接。

（4）通过非建筑区的供热管道应沿道路布置；供热管道可与铁路或公路的隧道及桥梁合建。

（5）供热管道与其他市政管线、构筑物等应协调安排，相互之间的距离应能保证运行安全和施工及检修方便。地上敷设的供热管道不影响环境美观，不妨碍交通。

（6）供热管网选线时宜避开土质松软地区、地震断裂带、矿山采空区、山洪易发地、滑坡危险地带以及高地下水位区等不利地段。

（7）供热干管应避开主要交通干道和繁华街道，避免造成安全隐患和影响交通出行。

（8）供热管道应避开重要的军事设施、易燃易爆仓库、国家重点文物保护区等。

（9）供热管道宜避开多年生经济作物区和重要的农田基本设施。

（10）供热管道设置在综合管廊内应符合下列规定：① 热水管道可与给水管道、通信管道、压缩空气管道、压力排水管道通舱设置；② 蒸汽管道应在独立舱室内设置；③ 供热管道不应与电力电缆同舱设置。

6.6.4 供热管道的敷设方式

供热管道的敷设方式有地上和地下敷设两类。确定供热管道的敷设方式时，应考虑所在地区的气象、水文地质、地形地貌和城市景观环境、建筑物及交通线密集程度等因素，且技术经济合理、维修保养管理方便。

1）敷设方式选择

（1）城市道路上和居住区内的供热管道宜采用地下敷设。当采用地上敷设时，应与环境相协调，注意街景和住区环境的美观，并确保安全。

（2）工厂区的供热管道，宜采用地上敷设。

（3）当供热管道采用地下敷设时，宜采用直埋敷设，并应符合现行行业标准的有关规定。

（4）当供热管道采用管沟敷设时，宜采用不通行管沟敷设。当穿越不允许开挖检修的地段时，应采用通行管沟敷设。当采用通行管沟困难时，可采用半通行管沟敷设。管沟的尺寸应符合表6-9的规定。

表6-9　管沟尺寸　　　　　　　　　　　　　　　　　　　　单位：m

管沟类型	管沟净高	人行通道宽	管道保温表面与沟墙净距	管道保温表面与沟顶净距	管道保温表面与沟底净距	管道保温表面间的净距
通行管沟	≥1.8	≥0.6	≥0.2	≥0.2	≥0.2	≥0.2
半通行管沟	≥1.2	≥0.5	≥0.2	≥0.2	≥0.2	≥0.2
不通行管沟	—	—	≥0.1	≥0.05	≥0.15	≥0.2

2）敷设要求

（1）地上敷设

地上敷设是将供热管道敷在地面上的独立支架或带纵梁的桁架以及建筑物的墙壁上。地上敷设不受地下水位的影响，检修方便，施工土方工程量小，是一种比较经济的敷设方式。地上敷设的缺点是占地多，管道热损失大，影响景观。按照支架的高度不同，地上敷设又分为低支架、中支架和高支架三种形式（图6-4）。

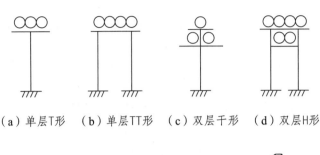

（a）单层T形　　（b）单层TT形　　（c）双层干形　　（d）双层H形

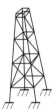

（e）单片平面管架　　　　（f）空间网架　　　　（g）塔架

图 6-4　支架形式

地上敷设的供热管道跨越城市道路、公路等时，可以采用高支架，管道保温结构或跨越设施的下表面距地面的净距不应小于 4.5 m；穿越行人过往频繁区域时，应采用中支架，管道保温结构或跨越设施的下表面距地面的净距不应小于 2.5 m；在不影响交通的区域，可采用低支架，管道保温结构下表面距地面的净距不应小于 0.3 m。

在下列情况下，宜考虑采用管道地上敷设：

① 当供热管网经过的地区地形比较复杂（如遇有河流、丘陵、高山、峡谷等）或铁路线路密集处；

② 供热管网经过地区的地质为湿陷性黄土层和腐蚀性大的土壤，或为永久性冻土区；

③ 地下水位距地面小于 1.5 m 时。

地上敷设供热管道的保温结构表面与建（构）筑物、道路、铁路及其他管线的最小水平净距、垂直净距应符合表 6-10 的规定。

表 6-10　地上敷设供热管道与建（构）筑物及其他管线的最小距离　　单位：m

建（构）筑物或管线名称	最小水平净距	最小垂直净距
铁路钢轨	轨外侧 3.0	轨顶 6.00，电气铁路 10.50
电车钢轨	轨外侧 2.0	路面 9.00
公路边缘	1.5	—
公路路面	—	4.50

建（构）筑物或管线名称		最小水平净距	最小垂直净距
架空输电线 （水平净距：导线最大风偏时。 垂直净距：供热管道在下面交叉通过导线最大垂度时）	<3 kV	1.5	1.50
	3—10 kV	2.0	2.00
	35—110 kV	4.0	3.00
	220 kV	5.0	4.00
	330 kV	6.0	5.00
	500 kV	6.5	6.50
	750 kV	9.5	8.50
通信线		—	1.00
其他管线		—	0.25
树冠		0.5 （到树中不小于2.0）	—

（2）地下敷设

地下敷设分为有沟敷设和直埋敷设两类。有沟敷设又分为通行地沟、半通行地沟和不通行地沟三种。

地沟的主要作用是保护管道不受外力和水的侵袭，保护管道的保温结构，并使管道能自由地热胀冷缩。

① 有沟敷设

a. 通行地沟（图6-5）

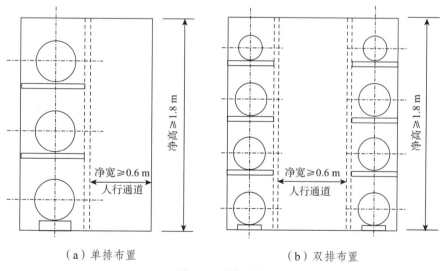

（a）单排布置   （b）双排布置

图6-5 通行地沟

为了保证运行人员能够经常进入地沟对管道进行维护、管理和检修，地沟的净高不应低于1.8 m，人行通道宽度不应小于0.6 m；沟内应有照明和通风设施。人员在通行沟内工作时，其内空气温度不得超过40℃。

b. 半通行地沟（图 6-6）

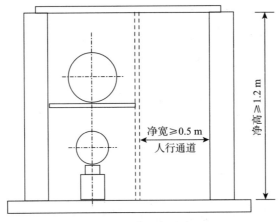

图 6-6　半通行地沟

考虑到运行工人能弯腰走路，并能弯腰进行正常的维修工作，一般半通行地沟的净高不低于 1.2 m，人行通道的宽度不小于 0.5 m。由于工作条件差，半通行地沟较少被采用。一般当供热管道通过的地面不允许被开挖，且采用架空敷设不合理时；或者管道数量较多，如采用不通行地沟敷设，管道单排水平布置地沟的宽度受到限制时，可采用半通行地沟敷设。

c. 不通行地沟（图 6-7）

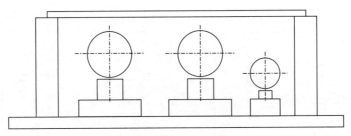

图 6-7　不通行地沟布置

不通行地沟是有沟敷设中被广泛采用的一种敷设方式，特别是在工业企业中应用最为广泛。一般在土壤干燥、地下水位低、管道根数不多且管径小、维修工作量不大时采用不通行地沟。

不通行地沟的外形尺寸较小，占地面积少，并能保证管道在地沟内自由变形，它的最大不足之处在于难以发现管道中的缺陷和事故，维护检修也不方便。

② 直埋敷设

直埋敷设是将供热管道直接埋设在地下，而不需建造任何形式的建筑结构。由于保温结构与土壤直接接触，它同时起到保温和承重两个方面的作用，是最经济的一种敷设方式。这种敷设方法的主要优点是大大减少了建造供热管网的土方工程，节省了大量的建筑材料，并可以缩短施工周期；但发现事故难，发生故障检修时要开挖的土方量大。一般宜在地下水位较低、土质不会下沉、土壤腐蚀性小、渗透性能较好的地区采用直埋敷设。

供热管道管沟的外表面、直埋敷设管道的保温结构表面与建（构）筑物、道路、铁路和其他管线的最小水平净距、垂直净距应符合表 6-11 的规定。

表 6-11　地下敷设供热管道与建（构）筑物及其他管线的最小距离　单位：m

建（构）筑物或管线名称		供热管线形式	最小水平净距	最小垂直净距
建筑物基础		管沟	0.5	—
		直埋管道	3.0	—
铁路钢轨（或坡脚）		管沟、直埋管道	5.0	轨底 1.20
有轨电车钢轨		管沟、直埋管道	2.0	轨底 1.00
道路侧石边缘		管沟、直埋管道	1.5	
桥墩（高架桥、栈桥）边缘		管沟、直埋管道	2.0	
架空管道支架基础边缘		管沟、直埋管道	1.5	
通信、照明或 10 kV 以下电力线路的电杆		管沟、直埋管道	1.0	
高压输电线铁塔基础边缘	电压≤330 kV	管沟、直埋管道	3.0	
	电压＞330 kV	管沟	3.0	—
		直埋管道	5.0	
通信管线		管沟、直埋管道	1.0	0.25
电力管线		管沟	1.0	电力直埋 0.50，保护管或隔板 0.25
		直埋管道	2.0	
燃气管道	燃气压力＜0.01 MPa	供热管沟	1.0	燃气钢管 0.15，聚乙烯管在上 0.20，聚乙烯管在下 0.30
	燃气压力≤0.4 MPa		1.5	
	燃气压力≤0.8 MPa		2.0	
	燃气压力＞0.8 MPa		4.0	
	燃气压力≤0.4 MPa	直埋管道	1.0	燃气钢管 0.15，聚乙烯管在上 0.50，聚乙烯管在下 1.00
	燃气压力≤0.8 MPa		1.5	
	燃气压力＞0.8 MPa		2.0	
给水管道		管沟、直埋管道	1.5	0.15
雨、污排水管道		管沟、直埋管道	1.5	0.15
再生水管道		管沟	1.5	0.15
		直埋管道	1.0	
地铁隧道结构		管沟、直埋管道	5.0	0.80
电气铁路接触网电杆基础		管沟、直埋管道	3.0	—
乔木（中心）		管沟	1.5	—
		直埋热水管道	1.5	—
		直埋蒸汽管道	2.0	—
灌木（中心）		管沟	1.0	—
		直埋管道	1.5	—

建（构）筑物或管线名称	供热管线形式	最小水平净距	最小垂直净距
机动车道路面	管沟	—	0.50
	直埋管道	—	1.00
非机动车道路面	直埋管道	—	0.70

注：直埋敷设蒸汽管道与其他管线交叉时，蒸汽管道的管路附件距交叉部位的水平净距宜大于 3 m；当供热管道的埋设深度大于建（构）筑物基础深度时，最小水平净距应按土壤内摩擦角计算确定；供热管道与电力电缆平行敷设时，电缆处的土壤温度与月平均土壤自然温度比较，全年任何时候对于电压 10 kV 的电缆不高出 10℃，对于电压 35—110 kV 的电缆不高出 5℃时，可减小表中所列距离；在不同深度并列敷设各种管道时，各种管道间的水平净距不应小于其深度差；供热管道检查室、方形补偿器壁龛与燃气管道最小水平净距亦应符合表中规定；在条件不允许时，可采取有效技术措施，可以减小表中规定的距离，或采用埋深较大的非开挖法施工。

地下敷设供热管道和管沟的坡度不应小于 0.002。进入建筑物的管道宜坡向干管。地上敷设的管道可不设坡度。

直埋敷设的供热管道，在非机动车道（含人行道）下的最小覆土深度为 0.7 m，在机动车道下的最小覆土深度为 1.0 m；管沟盖板或检查室盖板的覆土深度不应小于 0.2 m。

6.6.5　供热管道的管径估算

在总体规划、专项规划编制时，许多规划内容及建设项目有不确定性，在热源、用户和用热需求难以确定的情况下，许多参数要根据综合分析和经验选用，因此，规划供热管径的大小可作为热网设计的参考。

1）管径计算步骤

（1）收集资料。获取气象、地形、地质资料，研究和确定介质的种类、压力、温度等相关参数。

（2）确定管网的负荷分布和大小。

（3）根据管网的平面布置核计管线长度，根据用户的需求和上述收集的资料核定管网内介质的流速、经济比摩阻等。

（4）通过公式计算管径。

在核定管径中，介质的流速是一个重要的计算参数。其中蒸汽管道的允许流速见表 6-12。在确定热水管网主干线管径时，应采用经济比摩阻，经济比摩阻值宜根据工程具体条件计算确定，也可按 30—70 Pa/m 确定；热水管网支干线、支线应按允许压力降确定管径，供热介质流速不应大于 3.5 m/s，支干线比摩阻不应大于 300 Pa/m。

表 6-12　蒸汽管道最大允许设计流速

供热介质	管道工程直径（mm）	最大允许设计流速（m/s）
过热蒸汽	≤200	50
	>200	80
饱和蒸汽	≤200	35
	>200	60

2）管径估算

在编制总体规划、专项规划时，管径可根据热负荷预测、城市实际情况，参照表 6-13 至表 6-15 估算。

（1）热水管道。不同供回水温差条件下热水管道管径可按表 6-13 估算。

（2）蒸汽管道。蒸汽管道管径与相应的蒸汽平均压力相关，可按表 6-14 估算。

（3）凝结水管道。凝结水水温按 100℃以下考虑，密度取值为 1 000 kg/m³，其管道管径可按表 6-15 估算。

表 6-13　热水管道管径估算表

热负荷		供回水温差（℃）									
		20		30		40（110—70）		60（130—70）		80（150—70）	
万 m²	MW	流量（t/h）	管径（mm）	流量（t/h）	管径（mm）	流量（t/h）	管径（mm）	流量（t/h）	管径（mm）	流量（t/h）	管径（mm）
10	6.98	300	300	200	250	150	250	100	200	75	200
20	13.96	600	400	400	350	300	300	200	250	150	250
30	20.93	900	450	600	400	450	350	300	300	225	300
40	27.91	1 200	600	800	450	600	400	400	350	300	300
50	34.89	1 500	600	1 000	500	750	450	500	400	375	350
60	41.87	1 800	600	1 200	600	900	450	600	400	450	350
70	48.85	2 100	700	1 400	600	1 050	500	700	450	525	400
80	55.82	2 400	700	1 600	600	1 200	600	800	450	600	400
90	62.80	2 700	700	1 800	600	1 350	600	900	450	675	450
100	69.78	3 000	800	2 000	700	1 500	600	1 000	500	750	450
150	104.67	4 500	900	3 000	800	2 250	700	1 500	600	1 125	500
200	139.56	6 000	1 000	4 000	900	3 000	800	2 000	700	1 500	600
250	174.45	7 500	800×2	5 000	900	3 750	800	2 500	700	1 875	600
300	209.34	9 000	900×2	6 000	1 000	4 500	900	3 000	800	2 250	700
350	244.23	10 560	900×2	7 000	1 000	5 250	900	3 500	800	2 625	700
400	279.12	—	—	8 000	900×2	6 000	1 000	4 000	900	3 000	800
450	314.01	—	—	9 000	900×2	6 750	1 000	4 500	900	3 375	800
500	348.90	—	—	10 000	900×2	7 500	800×2	5 000	900	3 750	800
600	418.68	—	—	—	—	9 000	900×2	6 000	1 000	4 500	900
700	488.46	—	—	—	—	10 500	900×2	7 000	1 000	5 250	900
800	558.24	—	—	—	—	—	—	8 000	900×2	6 000	1 000
900	628.02	—	—	—	—	—	—	9 000	900×2	6 750	1 000
1 000	697.80	—	—	—	—	—	—	10 000	900×2	7 500	800×2

注：当热指标为 70 W/m² 时，单位压降不超过 49 Pa/m。表中 "×2" 是指 2 根热水管。

表 6-14　饱和蒸汽管道管径估算表

蒸汽流量（t/h）	蒸汽压力（MPa）				蒸汽流量（t/h）	蒸汽压力（MPa）			
	0.3	0.5	0.8	1.0		0.3	0.5	0.8	1.0
5	200	175	150	150	100	—	600	500	500
10	250	200	200	175	120	—	600	600	600
20	300	250	250	250	150	—	—	600	600
30	350	300	300	250	200	—	—	700	700
40	400	350	350	300	250	—	—	700	700
50	400	400	350	350	300	—	—	800	700
60	450	400	400	350	400	—	—	800	800
70	500	450	400	400	500	—	—	900	900
80	—	500	500	450	600	—	—	1 000	900
90	—	500	500	450	—	—	—	—	—

表 6-15　凝结水管道管径估算表

流量（t/h）	5	10	20	30	40	50	60	70	80	90	100	120	150	200	250
管径（mm）	70	80	100	125	150	150	175	175	200	200	200	250	250	300	300

6.6.6　热力站与制冷站

城市集中供热系统在热源与用户之间设置热转换设施，将供热管网输送过来的热能转换为适当工况的热介质供应用户，以满足使用需求。这些设施主要是热力站和制冷站。

1）热力站

热力站是指用于转换供热介质种类、改变供热介质参数和分配、控制及计量供给用户热量的设施。热力站连接热网和局部系统，并装有全部与用户连接的有关设备、仪表和控制装置。

（1）热力站的作用

①将热量从热网转移到局部系统内；在蒸汽供热系统中，还具有收集凝结水并回收利用的功能。

②将热源发生的热介质温度、压力、流量调整转换到用户设备所要求的状态。

③检测和计量用户消耗的热量。

（2）热力站的类型

城市热力站可根据不同原理进行分类。

①按功能分为换热站与热力分配站。换热站是将高温一次网的热水转换为适合用户使用的低温二次网热水。热力分配站是将经过换热站转换后的热水进一步分配到各个用户或用户组中。

②按热网换热介质分为水—水换热的热力站和汽—水换热的热力站。水—水

换热是将水作为换热介质，将一次网的高温热水与二次网的低温热水进行热交换；汽—水换热是将蒸汽和水作为换热介质，将蒸汽中的热能传递给二次水，以满足用户的采暖或生活热水需求。

③按服务对象分为工业热力站和民用热力站。工业热力站主要服务于工业生产过程。民用热力站主要服务于民用建筑和居民生活。

（3）热力站的设置

热力站是小区域的热源，其位置一般应位于该区域热负荷的中心。

热水管网热力站的最佳供热规模应按各地具体条件经技术经济比较后确定。一般每个热力站的合理供热规模为 10 万—30 万 m^2，供热半径为 0.5—3 km。

对于居民区来说，一个小区一般设置一个热力站。

（4）热力站的形式

热力站的建设形式包括独立设置和附设在建筑物内。

向少量用户供热的热力站可采用附设方式，设于建筑物地沟入口处或其底层、地下室。服务范围较大的热力站多为单独设置，也可设于用户建筑物内部。

居住区热力站应在供热范围中心区域独立设置，公共建筑热力站可与建筑结合设置。

（5）热力站的规模

独立设置的热力站，其所需用地及空间尺寸视供热规模、设备种类和二次热网类型等因素而定。

根据《北京地区建设工程规划设计通则》的规定，二次热网为开式热网的热力站，其建筑规模不小于 8 m^2；二次热网为闭式热网的热力站，建筑面积不小于 28 m^2。在规模较大的热力站内，设有泵房、值班室、仪表间、加热器间和生活辅助房间等功能用房。一个供热面积为 10 万 m^2 左右的热力站，其建筑面积为 250—300 m^2。

2）制冷站

制冷站的主要功能是通过先进的制冷设备，将热能有效转化为低温水或其他冷介质，以满足用户在不同场景下的使用需求。这些制冷设备具备高度的多功能性，在冬季或需要供热的时候能转换为供热模式，因此也被称为冷暖站。

制冷站通常将高温热水或蒸汽作为加热源，这种方式在有余热资源（如工业废热、太阳能集热等）的场合尤为适用，能够实现能源的梯级利用和高效转换。天然气或油燃烧加热也是常见的制冷站加热方式。在燃气分布式能源站中，这种方式常与冷热电联产系统结合使用，以实现能源的综合利用和高效转换。电驱动制冷是最常见的制冷方式之一，被广泛应用于各种类型的制冷站，具有制冷效果好、控制灵活方便等优点。

制冷站的位置应根据热网布局、结合服务区域、靠近负荷中心统筹布局。一般情况下，一个制冷站供热（冷）服务的建筑面积宜在 10 万 m^2，占地面积为 500—1 000 m^2。

6.7 智能化城市供热工程系统建设

城市供热工程智能化是通过供热技术与信息技术融合应用，使供热系统达到自感知、自分析、自诊断、自调节及自适应，从而实现燃气供应的安全、高效和低碳目标。

6.7.1 建设内涵

1）内涵

城市供热工程智能化建设是对热网配备智能感知与调控设备，形成覆盖"热源—管网—热力站—热用户"的数据信息采集及远程调控系统，利用数据挖掘技术、数据辨识技术、人工智能技术等处理数据信息，对热网进行统筹协调，实现热源高效转化、管网高效输配、热力站优化调控、热用户按需采暖的供热智能化管理及运行调控模式。

2）目的

城市供热工程智能化建设的目标是通过信息化、数字化及智能化的技术提升，纵向实现有效监管，横向实现节能供热。从纵向角度，联通政府、企业及热用户的信息渠道，通过省、市、区（县）、热力企业的三级监管、四级联动，达到保障城市供热安全、督导民生服务质量、监管热力企业运行的目标。从横向角度，覆盖热力企业"热源—管网—热力站—热用户"的供热输配全过程，形成按需供热、精准供热的智慧化供热流程，在"双碳"目标下提高供热的节能减碳水平和热网供热质量。

6.7.2 数据采集

供热系统物理网络覆盖了热量的生产、输送、交换各环节，为了监控供热系统的安全运行，在各环节安装了传感设备、自动化控制设备，用于数据采集、现场控制和数据远传。供热各环节的数据除了可实时展现系统运行状态外，还可指导热力企业实现热量调度、管网平衡调节和按需供热，保障供热系统的稳定、安全、节能运行。

从城乡规划的角度来看，供热系统数据采集一般包括热源出口数据、热力站数据、热用户数据三个方面。

1）热源出口数据

在室外气象参数发生变化时，供热系统的热负荷也相应改变。城市集中供热系统热源出口参数的采集、存储，以及在历史数据上建立的热源负荷预测模型，可以计算热源对供热系统的热量贡献率，并对热源热量的供需匹配进行分析，对热源热量超供或热量不足进行预警，为城市集中供热规模、热量调度和预警提供决策支持。

热源出口数据采集一般包括瞬时热量、累计热量、瞬时流量、累计流量、供水温度、回水温度、供水压力、回水压力等。

2）热力站数据

城市监管平台通过建立建筑室温采集设备规范安装、数据采集和数据分析系统，借助建筑室温在时间和空间上的分布，评价热力站的运行状态，并可以此指导热力站的优化运行，优化调整热力站的供热能力，实现站荷联动。城市集中供热系统的热力站数目众多，基于建筑室温的热力站供热参数评价模型，可以辅助企业对热力站进行运行指导。

热力站数据采集包括一次瞬时热量、一次累计热量、一次瞬时流量、一次累计流量、一次供水温度、一次回水温度、一次供水压力、一次回水压力等。

3）热用户数据

为监测和评价供热系统的运行效果，评价供热系统达成的社会效益，应以政府出资建设的城市室温采集系统的热用户为数据采集对象，以保证数据的客观、可靠。这些建筑室温数据被直接上传至政府信息平台，并通过政府信息平台共享给热力企业，热力企业也可以利用和分析这些室温数据，对自身供热系统的调控策略进行评价，辅助调控策略的优化，实现政府监管、企业优化调控的双重目的。

热用户数据包括室内温度、平均室内温度等。

6.7.3 信息平台

智能化城市供热信息平台的构建，是通过信息化升级，纵向联通政府、企业、热用户，实现省、市、区（县）、热力企业的三级监管、四级联动；横向覆盖热力企业"热源—管网—热力站—热用户"的供热输配全过程，实现智能化供热运行（图6-8）。

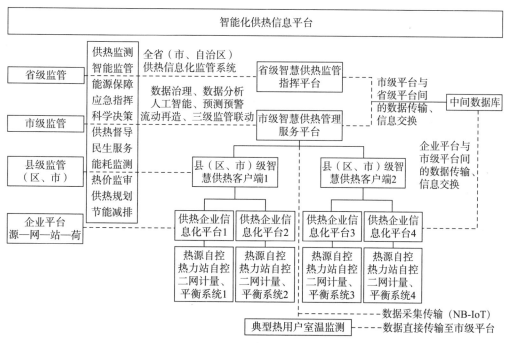

图6-8 城市供热设施智能化建设总体框架图

注：NB-IoT 指窄物物联网。

智能化供热信息平台由企业平台信息系统、政府平台信息系统组成。其中，政府平台信息系统包括供热质量动态监测系统、供热调度与节能降耗系统、供热安全运行与保障系统和供热服务在线监督系统。企业平台信息系统由云平台、数字中台、人工智能服务等构成，支撑"热源—管网—热力站—热用户"的供热输配全过程。智能服务包括供热数据服务、供热物联网服务、全网智能调控、热源负荷预测、热力站智能调控、二次网智能平衡等。

1）政府平台信息系统

（1）供热质量动态监测系统

在用热侧，对热用户典型室温进行采集，通过智能系统，对供热状况进行评价，形成供热效果监测。在供热侧，对热源和热网运行进行监测，通过对运行数据的采集与分析，预测热源供热负荷与供热能力，预测热力站二次供温的理论值，为供热系统的质量提升和发展需求提供支撑。

（2）供热调度与节能降耗系统

通过对热源、热力站的运行数据以及热用户的室温数据进行采集与监测，建立多维数据结构，形成"热源—管网—热力站—热用户"的供热调控模型。通过大数据人工智能算法，对供热系统的运行机理进行辨识分析，对实时供热参数进行态势研判，建立科学的评价方法，为供热输配系统的优化提供支撑。

（3）供热安全运行与保障系统

在供热管网主要干路，通过监测设备可预测供热管网爆管、漏水、井盖丢失等供热安全问题，动态掌握老旧管网的安全预警信息；在关键管网节点，通过监测装置实时监测管网压力变化，并结合地理信息系统（GIS），实时掌握应急事件发展态势，为应急事件的响应与应急资源的调配提供决策支持。

（4）供热服务在线监督系统

对于供热存在的问题，可通过网络、电话等渠道进行投诉，并逐级将问题派发至相关企业或部门，同时跟踪问题处置进度等，实现政府、企业、热用户的在线协同处置。

2）企业平台信息系统

（1）云平台

供热云平台的搭建主要以云计算数据中心为核心，采用虚拟化、分布式计算、微服务、软件定义网络（Software Defined Network，SDN）等技术，构建为各类应用提供支持的服务管理平台；云平台具有统一和高效能、大规模基础软硬件管理、业务与资源调度管理、安全控制管理、节能降耗管理的应用优势。平台可实现智慧供热基础设施资源的集约共享，为用户提供随时、随地、随需、统一的云资源服务，为各类智慧供热应用提供公共的基础运行支撑能力。

（2）数字中台

供热的数字中台作为供热信息化平台的能力底座，融合供热基础设施各项基础数据进行数据赋能，提供通用人工智能（AI）、大数据、物联网（IoT）等平台能力。

（3）人工智能服务

通过智能化城市供热信息平台，可进行供热数据服务、供热物联网服务、热力供需预测、供热系统全网智能调控、全网联动和热力站及单元控制、热力站智能调控、二次网智能平衡等人工智能服务。

6.7.4　规划应用

1）应用领域

智能化城市供热工程系统应用于"热源—管网—热力站—热用户"的供热输配全过程，基于大数据和人工智能（AI）及物联网（IoT）的能力，构建全联动智能精准调控，能有效节能减排，提高供热质量。将物联网技术应用于供热系统，从热源、热力站、楼栋单元热力入口、热用户各环节出发，实现对每一个供热环节的有效控制，优化供热；在不同供热模块之间建立有机联系，提高控制的精细化程度，能够更好地满足节能降耗以及智能化供热的需要。可以将智能供热应用于一切对于室内温度有要求的领域，如公共服务、交通运输、科教文卫等领域，尤其可以将其用于供热节能领域以及建筑节能领域。

2）规划反馈

供热工程系统规划应充分利用城市供热工程智能化系统，特别是其中的供热调度与节能降耗系统、人工智能系统，根据分析数据，优化与完善相关内容。

（1）完善和优化供热工程系统。可充分发挥人工智能算法的复杂逻辑能力，结合供热工程全网联动模型、水力仿真模型、热站控制模型等，进行全网平衡调控、供热工程网络优化，热源的负荷需求智能预测、热力站智能调控和布局优化等。

（2）优化供热负荷预测模型。传统供热热源的负荷预测通常是基于经验公式模型，存在数据分析不全面和控制不精细等问题。基于大数据对供热系统进行热负荷需求预测，结合热源的负荷能力和动态反馈，能做到全域的数据分析，从而优化预测模型；通过将天气数据、热站运行历史数据、室温数据等作为预测数据，对热负荷预测算法模型进行模拟、调优，结合实时天气数据进行推理决策；通过对热源供热保障能力进行分析，提升热源应对极严寒天气的能力，辅助决策热源的发展与建设。

3）应用价值

（1）智能化城市供热工程系统以节能降耗、减少燃料耗量、明确能源需求量为主要目标，对提高大气质量、大气雾霾治理有较大的贡献。

（2）供热系统智能化对供热安全保障、供热节能促进等有重要意义，提高政府对供热行业的管理和服务能力，为智慧城市建设提供支撑。

（3）智能供热管理服务平台的建设对能耗监测、居民供热保障、行业技术进步有重要意义。

（4）通过实施供热能耗监测，可以进一步推动企业内部节能减排措施的实施和建设。通过人工智能（AI）+大数据技术，实现远程智能调控，提供对热源、热网和热力站端到端的一体化智能供热解决方案，可获得最佳经济效益、社会效益和环境效益。

4）发展前景

智能化城市供热工程系统建设能够加强供热系统优化、供热行业管理、建筑能耗定额管理等；能够提高供热质量评价与保障、基于网络平台且面向民生的供热服务、基于网络数据监测的供热保障及应急处理等管理水平；能够提升城市供热保障水平和应急保障能力。

智能化城市供热工程系统建设为政府决策提供数据支撑和科学依据，提高政府对供热基础设施的监管能力；为优化城市供热工程系统、提高技术水平和挖掘节能潜力提供依据。

第 6 章思考题

1. 如何理解城市供热安全保障体系的构成及其价值？
2. 城市热负荷如何分类？如何进行热负荷的预测？
3. 城市供热方式分哪几类？如何选择供热方式？
4. 城市热电厂、集中锅炉房、分布式能源系统的热源规划要求是什么？
5. 城市供热管网的形制与布局形式有哪些？
6. 如何理解智能化城市供热工程系统建设的意义？
7. 学习和解析典型城市用热情况和供热工程系统规划。

7 城市通信工程系统规划

本章主要学习和掌握城市通信工程系统的组成、规划编制内容和规划原则，熟悉城市通信安全保障体系的构成及其价值；掌握城市邮件处理中心和邮政局所规划及电信用户预测、电信站局规划，掌握城市有线电视网络用户预测、有线广播电视网络设施规划、无线通信与无线广播传输设施规划，熟悉有线通信网络线路布局规划和线路敷设要求；掌握城市新型信息基础设施规划；学习和理解通信工程系统规划设计的现行国家标准和行业规范。

7.1 概述

通信工程是指向用户提供信息传输交换系统和设施的总称。

城市通信工程系统是指城市范围内、城市与城市之间、城乡之间信息的各个传输交换系统的工程设施。

在日常的工作和生活中，人们每天都要接触和使用大量的现代通信系统和通信媒介，其中最常见的是电话、宽带网、电视和无线电广播等。通过这些媒介，生活在全球各地的人们可以随时进行通信、处理日常事务、通晓天下大事、了解世界发展。因此，城市通信工程系统规划与人民群众的生活生产关系密切，影响重大。

通信工程系统担负着城市内外各种信息交流、物品传递等职能，是现代城市之耳目和喉舌。通信基础设施是城市信息化的载体，其特征是技术更新快、业务范围广、覆盖领域多，与生活、生产息息相关。

通信设施作为国家基础设施，为国家社会、政治、经济等各方面提供公共通信服务，也涉及国家安全和社会公众利益。我国通信事业迅猛发展，特别是移动通信给人民群众的生活、工作带来很多便利。

近几年来，我国从国家层面部署了宽带中国、网络强国、数字中国、智慧社会等发展战略，提出加强新型基础设施建设，发展新一代信息网络，全面推进以5G、物联网、工业互联网、卫星互联网为代表的通信网络基础设施，以人工智能、云计算、区块链等为代表的新技术基础设施，以数据中心、智能计算中心为代表的算力基础设施等，极大地促进了信息基础设施的建设发展。通信业已成为国民经济的重要支柱，成为新时代最具潜力、最为活跃，以高新技术为支撑的现代产业。在信息化时代，通信工程新型基础设施是城市高质量发展的重要决定性因素。

7.1.1 城市通信工程系统的组成

城市通信工程系统由邮政通信工程系统、电信工程系统、广播电视工程系统和数据网工程系统及新型信息基础设施工程系统等组成。

1）城市邮政通信工程系统

邮政通信工程系统是指邮件传输的工程系统，即可将信件或物品递交给世界任何地方的收件人的系统。

邮政通信是指通过邮政进行通信。邮政是由国家管理或直接经营寄递各类邮件（信件或物品）的事业，具有通政、通商、通民的特点。

邮政服务具体包括邮件寄递；邮政汇兑、邮政储蓄；邮票发行以及集邮票品的制作、销售；国内报刊、图书等出版物的发行等。城市邮政工程系统由邮政局所、邮政通信枢纽等设施构成。邮政局所经营邮件传递、报刊发行及邮政储蓄等业务。邮政通信枢纽起到收发、分拣各种邮件的作用，为邮件处理中心。邮政系统具有快速、安全传递城市各类邮件、报刊等功能。

2）城市电信工程系统

城市电信工程系统是指信息传输交换的工程系统。

电信系统是由终端设备、传输设备、交换设备及其附属设备组成的各种通信设施和信息传输网络，如电话交换网、数据交换网等，通过电信系统实现各种信息的交换和传递。

城市电信工程系统由电信局站工程和电信网工程构成。电信局站工程有长途枢纽楼、电信数据中心、呼叫中心和小区电信接入机房、移动通信基站，以及微波站、无线电收发讯台等设施，具有电信通信各种业务的运营和管理等功能。电信网工程包括通信光纤光缆、通信电缆等设施，具有传送电信信息流的功能。

3）城市广播电视工程系统

广播电视工程系统是指生产和传递信息的工程系统。

广播电视是通过无线电波或导线传播声音、图像、视频的传播工具，具有新闻传播、舆论宣传、社会教育、文化娱乐、社会服务等功能。广播电视具有明显的信息产业的基本功能，即生产和传递信息的功能、导向社会资源优化配置的功能、经营信息的功能等。

城市广播电视系统包括无线电广播和有线广播两种发播方式。

广播电视工程系统由广电台站工程和有线电视网工程构成。广电台站工程包括广播电视台和无线发射塔及接收监测站、有线电视总前端和分前端等设施。有线电视网工程主要有有线电视的光缆、电缆等设施。

4）数据网工程系统

数据网是用于传输数据业务的通信网，数据网工程系统包括无线通信系统和有线通信网络系统。数据网工程还涉及城市电信工程系统的电信网、城市广播电视工程系统中的有线电视网。

城市无线通信系统主要包括无线通信的收信区与发射区、微波通道等。

城市有线通信网络是配置在一个城市地域内的数据传输网，是城市各类通信系统网络联系的主体，主要包括网络线路等设施。城市有线通信网络线路按使用功能，可分为固定电话、移动电话、有线电视、数据等公共网络和交通监控、信息化、党政军等通信专网。

5）新型信息基础设施工程系统

新型信息基础设施是指基于新一代信息技术演化生成的基础设施，由通信网络基础设施、新技术基础设施和算力基础设施构成。

通信网络基础设施是指以5G、物联网、工业互联网、卫星互联网为代表的网络基础设施。

新技术基础设施是指以人工智能、云计算、区块链等为代表的新型基础设施。

算力基础设施一般包括通用数据中心、超算中心、智算中心以及边缘数据中心等新型基础设施。

7.1.2 城市通信工程系统规划的内容

城市通信工程系统规划的主要内容包括：确定城市通信发展目标；确定邮政、电信、广播电视、新型信息基础设施等各种通信设施的规模容量、用地指标；科学布局各类通信设施和线路；制定通信设施综合利用措施和保护措施。

按照国土空间规划体系，相应的总体规划、详细规划中的通信工程系统规划和通信工程专项规划的主要内容有所侧重。国土空间总体规划是通信工程专项规划的基础；详细规划中的通信工程系统规划以国土空间总体规划为依据，与专项规划相衔接；通信工程相关专项规划要遵循国土空间总体规划，不得违背总体规划的强制性内容，其主要内容要纳入详细规划。

1）总体规划中通信工程系统规划的内容

在国土空间总体规划中，通信工程系统规划的主要内容有以下方面：

（1）现状分析：分析现状通信工程系统和用电状况；评估通信工程规划实施情况。

（2）专题研究：结合实际，开展信息技术对区域空间发展的影响和对策等研究，进行新一代信息通信基础设施保障系统等重大问题和对策研究。

（3）统筹协调：落实国家和区域重大通信工程设施项目，明确空间布局和规划要求；统筹重要通信设施的区域协同问题；完善城乡通信工程设施网络体系。

（4）发展目标：制定通信发展目标，提出通信用户普及率等指标。

（5）空间布局：确定通信网络干线布局；提出中心城区通信设施的规模、网络化布局要求；明确通信干线廊道、无线通信通道控制要求。

（6）用地控制：确定邮政、电信、广播电视等重要通信设施和数据中心等信息基础设施的用地控制范围；划定邮政局、邮政通信枢纽、电信局和广播电台、电视台、卫星接收站、微波站及数据中心、智能计算中心等城市通信设施黄线；为新型通信基础设施建设预留发展空间。

（7）近期建设：编制近期通信工程重点建设项目。

（8）政策机制：提出通信工程系统规划实施的政策和新一代信息基础设施的发展措施等。

通信工程系统规划的相关成果是国土空间总体规划中基础设施规划的重要组成，成果内容包括图件和规划文本、附表、说明、专题研究报告等。

2）通信工程专项规划的内容

通信工程专项规划在国土空间总体规划相关编制内容的基础上，还应包括以下内容：

（1）分析现状通信工程系统和通信基础设施使用情况，加强基础数据分析。

（2）落实和深化国土空间总体规划确定的通信工程系统规划；与相关规划相衔接和统筹协调；结合实际，开展相关专题研究。

（3）预测通信需求。

（4）确定邮政设施的规模、位置和用地面积与服务范围。

（5）确定电信设施的规模、位置及用地面积；布置电信网络。

（6）确定广播电视设施的规模、位置及用地面积；布置有线电视网络。

（7）确定新型信息基础设施的类型、规模、位置和用地面积。

（8）确定通信线路敷设方式。

（9）提出近期通信工程系统重点建设项目安排。

规划成果主要包括通信工程现状图、通信工程规划图等图件和规划文本、附表、说明、专题研究报告等。

3）详细规划中通信工程系统规划的内容

在国土空间详细规划中，通信工程系统规划的主要内容有以下方面：

（1）分析通信条件。

（2）落实国土空间总体规划确定的通信工程设施及用地和管控要求等相关内容，与相关专项规划相衔接；确定通信工程设施的黄线控制范围与管控要求。

（3）预测电话、电信、广播电视需求量。

（4）确定邮政通信、电信、广播电视、新型信息基础设施等的位置及用地面积。

（5）确定电信、广播电视通信线路的布局和线路敷设方式。

（6）估算工程量。

规划成果主要包括通信工程现状图、通信工程详细规划图等图件和规划文本、说明等。

7.1.3　城市通信工程系统规划的原则

城市通信工程系统规划应遵循统筹规划、合理布局，远近结合、适度超前，共建共享、优化配置的原则。

1）统筹规划、合理布局

通信工程系统作为基础设施，为国家和社会提供公共通信服务，同时也涉及信息安全保护问题。因此，城市通信工程系统规划应根据社会信息化发展需求，充分考虑通信技术的先进性，网络的安全可靠性，工程设施的可行性，统筹规划，推进大网络、大数据、大平台、大服务、大产业发展。与供电、给水、排水、燃气、供热及综合防灾等相关工程系统相协调，合理布局。

2）远近结合、适度超前

随着我国通信和信息化的发展，政治、经济、文化和社会生活对通信网络的依赖度越来越高，通信工程系统已成为国家关键基础设施，是未来产业发展的重要基石。因此，要根据国民经济和社会发展的需要，统筹好经济社会转型发展对信息通信基础设施建设的需求，充分考虑通信业务发展趋势以及技术演进方向，远近结合，适度超前规划通信基础设施，保障经济社会的可持续发展。

3）共建共享、优化配置

城市通信工程系统是我国产业化程度最高、竞争激烈的基础设施，也是近年来技术发展最为迅速、形式变化最大的城市工程系统。同时，大规模的建设带来了电信设施重复建设的问题。因此，要实施电信共建共享策略，统一规划建设方案，整合现有资源，实现互联互通，充分利用有限的空间资源，提高电信基础设施利用率，优化配置，降低工程建设和运行维护成本。在移动通信基站、传输资源等方面的城市通信工程系统中探索集约建设，共建共享。

7.2 城市通信安全保障体系

城市通信设施在为国家社会和人民群众提供公共通信服务的同时，涉及的国家安全应得到全面保障，社会和公众权益应得到充分保护。随着我国经济和社会的高质量发展，对信息资源的需求量也越来越大，信息资源成为经济发展和人民生活不可或缺的生产资料和生活资料。城市通信的安全保障体系由通信服务、通信网络、通信设施等构成，通信工程系统规划应保障城市通信的安全、有序、畅通，这是建构城市通信安全保障体系的价值所在。

7.2.1 通信服务安全快速

通信服务的保障性是指对通信企业为用户所提供的电信通信、广播电视、邮政通信服务的质量要求，其中最基本的是通信服务无阻断、全覆盖、无盲区，并保证高接通率和高接入速度。因此，应合理布局通信设施，持续提高通信技术水平。

合理布局通信设施。信息基础设施应科学规划、合理布局、无缝覆盖城乡。电信通信、广播电视、邮政通信服务是普遍性服务，通信普遍性服务的发展水平反映了一个国家信息化的程度，要做好信息基础设施的布局，保障全体公民的基本通信需要。

综合承载高速传送。要系统解决宽带网络接入速度、应用普及等关键问题，提高流量承载能力，强化产业发展与安全保障，不断提高宽带发展整体水平。宽带应用深度融入生产、生活，移动互联网全面普及，全面提升支撑经济社会可持续发展的能力。

7.2.2　通信网络安全可控

当前，信息通信服务渗透社会生产、生活的各个领域。随着 5G 网络的逐步渗透、数字经济发展的加速，人民群众在网络信息安全、网络生态环境等方面的要求日益增长。

通信工程系统规划与建设要严格执行《中华人民共和国电信条例》《中华人民共和国网络安全法》《中华人民共和国计算机信息系统安全保护条例》《关键信息基础设施安全保护条例》《通信网络安全防护管理办法》《国家通信保障应急预案》《邮政业信息系统安全等级保护实施指南》等法律和规章，保障通信网络安全。

从具象化的应用来看，信息交流平台、移动支付领域、互动分享社区、公众应用平台等，只要与百姓的信息安全有关的任何产品平台，对信息的安全要求都是不可马虎的。要强化安全意识，推进网络信息安全和应急通信保障能力建设，不断增强基础网络、核心系统、关键资源的安全掌控能力，实现网络安全可控。

7.2.3　通信设施安全可靠

为保障城市通信基础设施的正常、高效运转，保证城市经济、社会的健康发展，应根据《城市黄线管理办法》，宜将邮政局、邮政通信枢纽、邮政支局，电信局、电信支局，卫星接收站、微波站，广播电台、电视台等城市通信设施的用地划定为黄线。在城市规划中，确定其用地位置和范围，划定其用地控制界线。

微波通道保护直接与城市空间资源利用及协调相关。微波传输作为通信主要辅助传输方式，是整个综合传输网的组成部分，重要微波通道阻断造成的经济损失与政治影响都十分严重。因此，城市微波通道应根据其重要性、网络级别、传输容量等实施分级保护，确保重要及公用的微波通道畅通。

城市电信和广播电视设施规划布局应满足城市防灾中生命线工程的安全保障要求。通信设施是城市重要的生命线工程，应安全可靠；特别是通信设施的建筑场地与结构防灾等，直接关联了避免通信中断，减少因通信中断可能造成的重大损失。在汶川地震中，因通信设施建设不符合规范标准造成通信中断的情形，足以引以为戒。

7.2.4　电磁辐射安全防护

通信基础设施的建设和运行，应当遵守《中华人民共和国环境保护法》等法规的有关规定，符合国家电磁辐射防护标准。

以发射信号为主的发射塔（台、站）、以接收信号为主的监测站（场、台）、发射或（和）接收信号的卫星地球站、以传输信号为主的微波站等城市无线通信设施的设置应符合现行国家标准《电磁环境控制限值》（GB 8702—2014）、《通信工程建设环境保护技术标准》（GB/T 51391—2019）中的相关规定，采取防护措施，避免电磁辐射造成对周围人居环境的污染和危害，这直接关系到公众利益与社会和谐。

7.3 城市邮政通信设施规划

我国已经建成了比较发达的邮政体系，有覆盖全国城乡的运输、配送网络和邮件处理（物流）中心，有庞大的海、陆、空立体运输能力。中国邮政既是国内最大的连锁企业，又是国内最大的物流企业之一，其特点是网点众多，服务可以直接伸向我国每一个角落。中国邮政集团有限公司负责运营覆盖全国、联通全球的庞大实物运递网络。

根据《中华人民共和国邮政法》（2015年修正），邮政企业按照国家规定承担提供邮政普遍服务的义务。明确普遍服务的承担主体是邮政企业即中国邮政集团有限公司。邮政普遍服务包括四个方面：一是信件、明信片；二是5 kg以内的印刷品；三是10 kg以下的包裹；四是邮政汇兑。国家实行信件寄递由邮政企业进行专营。专营就是要保证普遍服务，保证国家信息安全。

由提供邮政普遍服务的邮政设施等组成的邮政网络是国家重要的通信基础设施。城市邮政设施主要包括邮件处理中心、邮政局所等。邮政设施的布局和建设应当满足和保障邮政普遍服务的需要。建设城市新区、独立工矿区、开发区、住宅区或者对旧城区进行改建，应当同时建设提供邮政普遍服务的配套的邮政设施。

7.3.1 邮件处理中心

邮件处理中心是指位于邮路汇接处的邮政网节点和邮件的集散、经转枢纽，在邮政通信网中负责邮件分拣、发运和经转工作的生产作业单位。邮件处理中心构成邮政通信网的重要节点，是所在邮区邮件的分拣中心，也是本邮区邮件的发运中心，同时还承担其他邮区邮件的经转任务。

1）选址

城市邮件处理中心的选址应与城市用地规划相协调，且应满足下列要求：

（1）便于交通运输组织，靠近邮件的主要交通运输中心；

（2）有方便大吨位汽车进出接收、发运邮件的邮运通道。

2）用地面积

综合邮件处理中心的建设用地指标不应超过表7-1中的规定。

表7-1　综合邮件处理中心建设用地指标

序号	项目名称	建设规模［万袋（捆）/d］	用地指标（m²）
1	特类中心	4.60 以上	52 500
2	一类中心	2.10 以上	39 300
3	二类中心	1.50 以上	27 000
4	三类中心	0.90 以上	21 000
5	四类中心	0.90 以下	14 200

注：表中建设规模某数以上，均不包括该数；某数以下，均包括该数。

7.3.2 邮政局所

邮政局所一般是提供邮政普遍服务的营业场所，邮政企业应按照国家规定承担提供邮政普遍服务的义务。根据国家相关法规，邮政营业场所应按照服务半径、服务人口设置。同时，为保障服务需求，国家要求每个县级行政区内应至少有一个开办国际及国内港澳台邮件业务的邮政营业场所；每个乡、镇应至少有一个提供包裹领取服务的邮政营业场所。

1）设置条件

邮政局所的设置应符合现行行业标准《邮政普遍服务》（YZ/T 0129—2016）中的有关要求，其服务半径或服务人口宜符合表7-2中的规定，主要职能是提供邮政普遍服务。

此外，在乡、镇人民政府所在地和乡、镇其他地区主要人口聚居区平均5—10 km服务半径或1万—2万服务人口中应设置提供邮政普遍服务的邮政营业场所。《邮政普遍服务标准》（YZ/T 0129—2016）规定，乡、镇人民政府所在地应至少设置1个提供邮政普遍服务的邮政营业场所。

较大规模的车站、机场、港口、高等院校和宾馆，应设置提供邮政普遍服务的邮政营业场所。相关单位应在场地、设备和人员等方面提供便利和必要的支持。

表7-2　邮政局所服务半径和服务人口

类别	每邮政局所服务半径（km）	每邮政局所服务人口（万人）
直辖市、省会城市	1.0—1.5	3.0—5.0
一般城市	1.5—2.0	1.5—3.0
县级城市	2.0—5.0	2.0

2）配置要求

（1）城市邮政支局

邮政支局是指主要提供邮件收寄和投递服务的邮政分支服务网点。

局址应地形平坦、交通便利，方便运输邮件车辆出入。

邮政支局的用地面积、建筑面积应按业务量大小，结合当地实际情况确定，并宜符合表7-3中的规定。

表7-3　邮政支局规划用地面积、建筑面积

支局类别	用地面积（m²）	建筑面积（m²）
邮政支局	1 000—2 000	800—2 000
合建邮政支局	—	300—1 200

（2）城市邮政所

城市邮政所是指只办理邮件收寄和报刊零售等窗口业务的邮政支局下属营业机构。城市邮政所应在城市详细规划中作为小区公共服务配套设施配置，并应设于建筑首层，交通方便，建筑面积可按100—300 m² 预留。

7.3.3 其他邮政设施

1）邮筒（箱）

邮筒、邮箱是邮政部门设在邮政支局所门前或交通要道、较大单位、车站、码头等公共场所，供用户就近投递平信的邮政专用设施，是邮政局所营业窗口收寄平信业务功能的另一种灵活形式，有筒式和箱式两种，颜色多为墨绿色。邮筒、邮箱由邮政局所设专人开取，严格遵守开取频次和时间。

每个邮筒（箱）服务半径的设置要求如下：

（1）直辖市、省会城市城区主要人口聚居区平均 0.5—1 km 服务半径；

（2）其他地级城市城区主要人口聚居区平均 1—2 km 服务半径；

（3）县级城市城区主要人口聚居区平均 2—2.5 km 服务半径；

（4）乡、镇人民政府所在地主要人口聚居区平均 5 km 服务半径。

此外，在提供邮政普遍服务的邮政营业场所门前应设置邮筒（箱）；在较大的车站、机场、港口、高等院校等人口密集的区域，宜根据需要增加邮筒（箱）的设置数量。

2）其他

机关、企事业单位应设置接收邮件的场所。城市居住建筑应设置接收邮件的信报箱，具备条件的地区应逐步设置邮政包裹柜。乡、镇其他地区应逐步设置村邮站或者其他接收邮件的场所，未设置固定邮件接收场所的，由各建制村村民委员会代为接收邮件。

7.4 城市电信工程规划

电信是指利用有线、无线的电磁系统或者光电系统，传送、发射或者接收语音、文字、数据、图像以及其他任何形式信息的活动。电信是信息化社会的重要支柱，无论是人类的社会活动、经济活动，还是人们日常的生活、生产，都离不开电信这个高效、可靠的手段。

在城市规划中，城市电信工程规划主要包括电信用户预测和电信局站规划。

7.4.1 电信用户预测

城市电信用户的预测包括固定电话用户预测、移动电话用户预测和宽带用户预测等内容。其中，固定电话用户预测在城市电信规划用户预测中起基础作用，宽带用户预测和移动电话用户预测是电信规划用户预测的重要组成，上述预测应考虑与固定电话用户基础预测之间的关联与影响。

在编制总体规划、专项规划时，电信用户预测应以宏观预测方法为主，可采用普及率法、分类用地综合指标法等多种方法预测；在城市详细规划时，应以微观分布预测为主，可按不同用户业务特点，采用单位建筑面积测算等方法预测。

电信用户预测涉及的相关指标值还可以依托各地城市电信工程信息系统，通过大数据、物联网、人工智能等新一代信息技术获取。

1）固定电话用户

固定电话用户一般可采用普及率法、分类用地综合指标法、单位建筑面积指标法进行预测。

（1）普及率法

电话普及率一般可分为话机普及率（部/百人）和主线普及率（线/百人）。目前较多使用的是话机普及率。

电话普及率是指某个地区的电话机总数与该地区的人口总数之比，计量单位是"部/百人"，即平均每百人拥有的电话机数量。这里的电话机总数指的是接入公众电话网和专用通信网（包括用户交换机）上的电话机总数。电话普及率是反映一个地区电话通信服务水平的重要指标，也是衡量一个地区社会信息化程度的重要标志。

目前，随着移动互联网技术的高速发展，固定电话的使用量逐步减少，固定电话话机普及率建议值为20—30部/百人。

据统计，2021年全国固定电话用户数约为1.8亿户，固定电话普及率为12.8部/百人。从普及率来看，上海的固定电话普及率最高，为25.8部/百人（表7-4）。就全国来说，自2007年起，固定电话用户数呈逐年缓慢下降趋势。

表7-4　2021年全国固定电话用户数统计表

地区	固定电话用户数（万户）	同比增速	固定电话普及率（部/百人）
全国	18 070.1	-0.7	12.8
广东	2 072.2	-2.8	16.4
四川	1 918.6	1.8	22.9
江苏	1 205.5	-4.7	14.2
浙江	1 152.3	-8.9	17.8
山东	1 107.5	-1.6	10.9
福建	707.2	-3.5	17.0
河南	677.5	1.5	6.8
河北	671.1	2.9	9.0
陕西	661.0	3.8	16.7
上海	642.0	0.9	25.8
重庆	608.0	1.3	19.0
湖南	568.3	-4.1	8.6
辽宁	568.0	5.1	13.3
安徽	541.0	-3.3	8.9
北京	485.2	1.0	22.2
江西	474.0	-1.7	10.5
湖北	445.9	-7.4	7.7

地区	固定电话用户数（万户）	同比增速	固定电话普及率（部 / 百人）
广西	422.9	26.8	8.4
新疆	403.8	0.1	16.0
吉林	376.1	−10.0	15.6
天津	331.1	1.6	23.9
黑龙江	316.9	6.1	9.9
甘肃	301.2	−2.8	12.0
云南	268.8	−2.1	5.7
山西	262.7	7.5	7.5
贵州	239.5	7.4	6.2
内蒙古	203.7	2.5	8.5
海南	173.7	4.4	17.2
青海	136.3	3.2	23.0
西藏	80.3	6.1	22.0

注：本次统计不包括我国宁夏和港澳台地区。

主线普及率是指按行政区划全部人口计算的平均每百人拥有的电话主线数，计量单位是"线 / 百人"。电话主线数是指接入局用电话交换机上的电话户数，不包括用户交换机中继线数。

采用普及率法进行固定电话用户预测时，可根据表 7-5 的预测指标，结合城市的规模、性质、产业特征、经济与社会发展水平等情况，综合分析合理选用。普及率法一般适用于总体规划、专项规划的固定电话用户预测。

表 7-5　固定电话主线普及率预测指标　　　　　　　　单位：线 / 百人

特大城市、大城市	中等城市	小城市
58—68	47—60	40—54

（2）分类用地综合指标法

分类用地综合指标法是指根据平均每公顷电话主线数指标，预测固定电话用户数的方法。预测指标可根据表 7-6 的规定，结合所在城市的实际情况，因地制宜地选定。分类用地综合指标法一般适用于总体规划、专项规划的固定电话用户预测，也适用于详细规划时的固定电话用户预测。

表 7-6　固定电话分类用地用户主线预测指标　　　　　单位：线 / hm²

用地类型		特大城市、大城市	中等城市	小城市
一级类	二级类			
居住用地	城镇住宅用地、城镇社区服务设施用地	110—180	90—160	70—140
公共管理与公共服务用地	机关团体用地、科研用地、文化用地、教育用地、体育用地、医疗卫生用地、社会福利用地	70—200	55—150	40—100

用地类型		特大城市、大城市	中等城市	小城市
一级类	二级类			
商业服务业用地	商业用地、商务金融用地、娱乐用地、其他商业服务业用地	150—250	120—210	100—190
工矿用地	工业用地	50—120	45—100	36—80
仓储用地	物流仓储用地	15—20	10—15	8—12
交通运输用地	交通场站用地	20—60	15—50	10—40
公用设施用地	供水用地、排水用地、供电用地、供燃气用地、供热用地、通信用地、邮政用地、广播电视设施用地、环卫用地、消防用地、水工设施用地、其他公用设施用地	25—140	20—120	15—100

（3）单位建筑面积指标法

单位建筑面积指标法是指根据按城市用地分类的单位建筑面积电话用户预测指标来预测固定电话数的方法。预测指标可参照表 7-7 的指标，并结合城市的经济与社会发展水平和建筑的性质、规模、等级层次等情况，综合分析，合理选用。单位建筑面积指标法一般适用于详细规划的固定电话用户预测。

表 7-7　按城市用地分类的单位建筑面积电话用户预测指标

用地类型			主要建筑的单位建筑面积用户综合指标（线 /100 m²）
一级类	二级类（三级类）		
居住用地	城镇住宅用地	一类城镇住宅用地	0.75—1.25
		二类城镇住宅用地	0.85—1.50
		三类城镇住宅用地	1.25—1.70
公共管理与公共服务用地	机关团体用地		2.00—4.00
	科研用地		1.35—2.00
	文化用地		0.40—0.85
	教育用地		1.35—2.00
	体育用地		0.30—0.40
	医疗卫生用地		0.60—1.10
	社会福利用地		0.85—2.50
商业服务业用地	商业用地		0.65—3.30
	商务金融用地		1.40—4.00
	娱乐用地		0.75—1.25
	其他商业服务业用地		0.60—1.35
工矿用地	工业用地（一、二、三类工业用地）		0.40—1.25
仓储用地	物流仓储用地（一、二、三类物流仓储用地）		0.15—0.50
交通运输用地	交通场站用地（对外交通场站用地、公共交通场站用地、社会停车场用地）		0.40—1.50

用地类型		主要建筑的单位建筑面积用户综合指标（线/100 m²）
一级类	二级类（三级类）	
公用设施用地	供水用地、供电用地、供燃气用地、供热用地、通信用地、邮政用地、广播电视设施用地	0.50—1.70
	排水用地、环卫用地	0.50—0.65
	消防用地、水工设施用地	1.00—1.25
	其他公用设施用地	0.40—0.85
特殊用地	使领馆用地	2.00—4.00
	宗教用地	0.40—0.60
	文物古迹用地	0.30—0.85

注：表中所列指标主要针对不同分类用地有代表性建筑的测算指标，应用中允许结合不同分类用地的实际不同建筑组成适当调整。

2）移动电话用户

移动电话用户预测一般可采用普及率法，预测指标宜根据表 7-8 的指标，结合所在城市的具体情况选用。

表 7-8　移动电话普及率预测指标　　　　单位：卡号/百人

特大城市、大城市	中等城市	小城市
125—145	105—135	95—115

3）宽带用户

宽带用户预测一般可采用普及率法，预测指标宜根据表 7-9 的规定，结合所在城市的具体情况确定。

表 7-9　宽带用户普及率预测参考指标　　　　单位：户/百人

城市规模分级	特大城市、大城市	中等城市	小城市
预测值	40—52	35—45	30—37

7.4.2　电信局站规划

电信局站是指专门为安装通信设备及为通信生产提供支撑服务的通信建筑或机房。

电信局站应根据城市发展目标和社会需求，按全业务要求统筹规划，并应满足多家运营企业共建共享的要求。

我国通信行业实行体制改革以来，多家运营企业竞争经营，有力促进了通信事业的发展，但在局所规划建设上也存在诸多问题，主要是普遍存在运营商短期规划、各自为政、局所设点多、规模小、用地和网络资源及建设资金浪费，不仅不符合局所大容量、少局数的发展趋势，而且也给城市规划及管理造成许多困难。因此，应在政府引导下，依据城市发展目标、社会需求，以及电信网和电信技术的发展进行统筹规划，扭转上述局所规划建设的被动局面。

1）电信局站分类

电信局站分为一类局站和二类局站。

（1）一类局站。位于城域网接入层的小型电信机房为一类局站，包括小区电信接入机房以及移动通信基站等。电信一类局站点多面广，一般没有独立的建设用地。

城域网是指覆盖城市及其相关范围可提供宽带综合业务服务，支持多种通信协议的公用通信网络。

（2）二类局站。位于城域网汇聚层及以上的大中型电信机房为二类局站，包括电信枢纽楼、电信生产楼等。电信二类局站具有汇聚功能、枢纽特征，是数量较少、规模较大、功能综合，对选址、用地有一定要求的单独建筑。这一类局站与城市布局有较大关系。

电信枢纽楼是指以安装长途通信设备为主，处于省级、市级以上中心枢纽节点的生产楼。

电信生产楼是指安装通信设备，未处于省级、市级以上中心枢纽节点的生产楼。

按照我国目前的电信运营格局，长途枢纽楼基本完成部署，在省会等大中城市主导运营企业有2个甚至多个长途枢纽楼，非主导运营企业会有1—2个长途枢纽楼，规模较小的地级城市每个运营企业多为1个长途枢纽楼。数据中心、呼叫中心可以作为生产机楼的一部分功能区，也可以集中设置，有独立建设的大型数据中心和呼叫中心，一般设置在省会等中心城市。

2）电信局站选址原则

电信局站的选址应符合以下原则：

（1）应满足通信网络规划和通信技术要求，并结合水文、气象、地理、地形、地质和交通、城市空间布局、名胜古迹、环境保护、投资效益等因素及生活设施配套综合比较选定。场地建设不应破坏当地文物、自然水系、湿地、基本农田、森林和其他保护区。

（2）应避开断层、土坡边缘、古河道和可能发生塌方、滑坡、泥石流等地质条件不利地段及含氡土壤的威胁等，避开有开采价值的地下矿藏或古迹遗址地段，不利地段应采取可靠措施。

（3）应符合现行国家标准《防洪标准》（GB 50201—2014）中的要求，不应选址在易受洪水淹灌的地区。电信二类局站的防洪标准等级为Ⅰ级，重现期（年）为100年；电信一类局站为Ⅱ级，重现期（年）为50年。

（4）应有安全环境，不应选择在生产及储存易燃、易爆、有毒物质的建筑物和堆积场附近。应有较好的卫生环境，不宜选择在生产过程中散发有害气体、较多烟雾、粉尘、有害物质的工业企业附近。

（5）除营业厅外，电信局站应有安静的环境，不宜选在城市广场、闹市地带、影剧院、汽车停车场、火车站以及发生较大震动和较强噪声的工业企业附近。

（6）应考虑邻近的高压电站、高压输电线铁塔、电气化铁道、广播电视雷达、无线电发射台及磁悬浮列车输变电系统等通信干扰源的影响。

（7）应符合通信安全保密、国防、人防、消防等要求。应有可靠的电力供应。

（8）应考虑对周围环境的影响。通过天线发射产生电磁波辐射的通信工程项目选址对周围环境的影响应符合现行国家标准《电磁环境控制限值》（GB 8702—2014）和《通信工程建设环境保护技术标准》（GB/T 51391—2019）等的要求，并应采取可靠的安全防护措施。

3）电信局站布局要求

城市规划中电信局站的布局以电信生产机楼布局为基础，在此基础上规划其他二类局站和一类局站。不同规模城市设置生产机楼数按照城市总用户数与相应单局覆盖用户数确定，同时考虑生产机楼覆盖范围。

（1）城市电信二类局站

① 选址要求

城市电信二类局站的规划选址除了符合电信局站一般原则外，还应符合下列要求：地质防灾安全和避开不可建设用地。选择地形平坦、地质良好的适宜建设用地地段，避开因地质、防灾、环保及地下矿藏或古迹遗址保护等不可建设的用地地段；距离通信干扰源的安全距离应符合现行国家标准的相关规范要求。电磁干扰安全距离直接涉及通信安全性和可靠性及通信中断可能造成的严重后果。

② 规模要求

城市电信二类局站的规模应综合覆盖面积、用户密度、共建共享等因素进行设置（表7-10）。

城市生产机楼作为电信业务覆盖局站，接入用户包括固定宽带用户、移动电话用户与固定电话用户，生产机楼可容纳的用户规模为三者之和。

考虑大、中、小城市人口密度差异，一般情况下可将大、中、小城市单局覆盖用户数控制在15万户、12万户、8万户左右。从整体网络安全性来说，单局覆盖用户规模不能太大，建议大、中、小城市的单局用户占比分别不超过10%、15%、20%。

表7-10 城市主要电信二类局站设置

城市电信用户规模（万户）	单局覆盖用户数（万户）	最大单局用户占比不超过规划总用户数的比例（%）
＜100	8	20
100—200	8	20
200—400	12	15
400—600	12	15
600—1 000	15	10
1 000 以上	15	10

注：城市电信用户包括固定宽带用户、移动电话用户、固定电话用户。

③ 覆盖半径

城市电信生产机楼覆盖半径与人口密度和采用的接入技术有关。目前光纤接入逐步推广普及，新建区域要求光纤到户；对于光纤接入网来说，考虑光通道损耗核算、接入网络分层结构、资源配置优化等因素，生产机楼覆盖范围在方圆 5 km 之内较合适。在城市用户密集区域，为提高整体资源配置效益、避免接入光缆和管道等基础资源过度消耗，单局规模不宜过大，覆盖半径应以小于 3 km 为宜。

④ 用地面积

城市主要电信二类局站的规划用地面积与其规模、通信技术、综合业务设备等因素相关，应符合表 7-11 中的规定，并结合所在城市的具体情况选用。

表 7-11　城市主要电信二类局站规划用地

电信用户规模（万户）	1.0—2.0	2.0—4.0	4.0—6.0	6.0—10.0	10.0—30.0
预留用地面积（m²）	2 000—3 500	3 000—5 500	5 000—6 500	6 000—8 500	8 000—12 000

注：表中局站用地面积包括同时设置其兼营业点的用地；表中电信用户规模为固定宽带用户、移动电话用户、固定电话用户之和。

（2）城市电信一类局站

① 小区电信接入设施

小区电信接入机房是指设置于建筑内部，为区域、小区和单体建筑提供通信业务服务用房的建筑空间，用于设置固定通信、移动通信、有线电视等接入网设备。

小区通信综合接入设施应按城市不同小区的特点及用户分布，一般设置含广电在内的通信综合接入设施用房，建筑面积宜符合表 7-12 中的规定。

表 7-12　小区通信综合接入设施用房建筑面积

小区户数规模（户）	小区通信接入机房建筑面积（m²）
100—500	100
500—1000	160
1 000—2 000	200
2 000—4 000	260

注：当小区户数规模大于 4 000 户时应增加小区机房分片覆盖。

② 城市移动通信基站

移动通信基站是指安装移动通信无线收发信息设备的通信站。

基站规划应根据本地区通信业发展规划，按照总体规划及相关通信基础设施专项规划的要求，结合网络拓扑、性能要求等因素确定。

布局原则。城市移动通信基站分布面广、点多，对城市用地布局和节约用地等影响大，必须符合集约共建共享的原则。

覆盖半径。城市移动通信基站的服务覆盖半径应根据通信技术及其设备确定。目前，5G 基站的覆盖范围为 100—300 m；4G 基站的覆盖半径为 1—3 km。

电磁辐射防护。城市移动通信基站规划布局应根据电磁环境评估结果，选择基站位置；应符合电磁辐射防护相关标准的规定，避开幼儿园、医院等敏感场所；宜避免设在大功率变电站附近直线距离 200 m 以内；应采取可靠的安全防护措施。

景观协调。城市移动通信基站规划布局应符合城市历史街区保护和城市景观、市容、市貌及与周边环境相协调的有关要求。

7.5 城市广播电视设施规划和无线通信设施规划

广播电视是通过无线电波或导线传播声音、图像、视频的新闻传播工具。只播送声音的，称之为声音广播；播送图像和声音的，称之为电视广播。

一般情况下，声音广播包括有线广播、无线广播两类；电视广播分为有线电视和无线电视两类。

广播电视的产生是人类社会发展、科技进步的结果。它使人类信息传播的广度和深度得到了空前的扩展。长期以来，广播电视作为大众传播媒介，突出了信息传播、社会服务、大众娱乐的功能。这些功能的发挥，丰富着人们的精神生活，推动着社会的进步。广播电视具有明显的信息产业的基本功能，即生产和传递信息的功能、导向社会资源优化配置的功能、经营信息的功能等。

城市广播电视工程系统规划主要包括有线电视网络用户预测和有线广播电视网络设施布局两个方面。

城市无线通信设施规划主要包括无线通信的收信区与发射区、微波通道、无线广播设施等方面的规划。

7.5.1 有线电视网络用户预测

1）综合指标法

在编制总体规划、专项规划时，有线电视网络用户规模预测通常采用综合指标法，预测指标可按 2.8—3.5 人一个用户，平均每个用户 2 个端口进行测算。

2）单位建筑面积密度法

在详细规划时，有线电视网络用户规模预测宜采用单位建筑面积密度法，预测指标可根据表 7-13 中的规定，结合相关因素分析与当地实际情况，经比较分析后确定。

表 7-13　建筑面积测算信号端口指标

用地性质	标准信号端口预测指标（端/m²）
居住用地	1/40—1/60
公共管理与公共服务用地	1/40—1/200

有线电视网络用户预测涉及的相关指标值，还可以依托各地城市电信工程信息系统，通过大数据、物联网、人工智能等新一代信息技术获取。

7.5.2 有线广播电视网络设施

城市有线广播电视规划应包括信号源接收、处理、播发设施和网络传输、分配设施规划。其中，广播电视的信号源接收、处理、播发设施通常在广播电视台、站内设置。属工程性基础设施层面的一般是广播电视网络设施规划。

1）设施层级

广播电视是极其重要的设施，我国目前的有线广播电视网络是按照层级架构的，强调符合安全播出的要求。

城市有线广播电视网络的主要设施可分为总前端、分前端、一级机房和二级机房四个级别。有线广播电视网络总前端是指具备接收、处理、传输广播电视信号与数据信号，具有业务运营和综合管理功能的广播电视设施。有线广播电视网络分前端是指能与总前端、一级机房互联互通和数据交换以及向覆盖区域插入其广播电视节目与数据信号，并具有相关资源管理功能的广播电视设施。有线广播电视网络一级机房是指接收分前端的广播电视信号与数据信号，与分前端和二级机房互联互通，实现智能业务末端分配的广播电视设施。有线广播电视网络二级机房是指直接为用户提供宽带接入，实现有线广播电视网络光电信号转换与传输的广播电视设施。

我国有线电视网以省级行政区划为主要管理架构，已形成省—市层级结构，城市有线电视网传输网层级对应划分，分为四级：一般情况下总前端设置在省会市、直辖市和计划单列市的主城区；分前端应设置在地级市的主城区；一级机房宜设置在城域网的核心节点上；二级机房宜设置在用户密集度较高的小区内。有线广播电视总前端至有线广播电视分前端的线路为省级传输网，有线广播电视分前端至一级机房的线路为一级传输网，一级机房至二级机房的线路为二级传输网，二级机房至用户的线路为用户接入网。

2）用地面积

（1）城市有线广播电视网络总前端一般应包括监控中心、实验室、网管中心、数据中心、呼叫中心、营业厅、卫星接收天线场地等功能区；规划建设用地可按表7-14 中的规定，结合当地实际情况比较、分析确定。

表7-14　城市有线广播电视网络总前端规划建设用地

用户（万户）	总前端数（个）	总前端建筑面积（m²/个）	总前端建设用地（m²/个）
8—10	1	14 000—16 000	6 000—8 000
10—100	2	16 000—30 000	8 000—11 000
≥100	2—3	30 000—40 000	11 000—12 500（12 000—13 500）

注：表中规划用地不包括卫星接收天线场地；表中括号规划用地含呼叫中心、数据中心用地。

（2）城市有线广播电视网络分前端一般应包括监控中心、营业厅，并结合其他分前端分布情况设置呼叫中心、卫星接收天线场地等功能区，规划建设用地可按表

7-15 中的规定，结合当地实际情况比较、分析确定。

表 7-15　城市有线广播电视网络分前端规划建设用地

用户（万户）	分前端数（个）	分前端建筑面积（m²/个）	分前端建设用地（m²/个）
<8	1—2	5 000—10 000	2 500—4 500
≥8	2—3	10 000—15 000	4 500—6 000

注：表中规划用地不包括卫星接收天线场地用地。

（3）城市有线广播电视网络一级机房宜设于公共建筑的底层，以方便机房的进出线组织。建筑面积宜为 300—800 m²，具体应根据当地实际合理选用。

7.5.3　无线通信与无线广播传输设施

城市无线通信设施包括无线广播电视设施在内的以发射信号为主的发射塔（台、站）、以接收信号为主的监测站（场、台）、发射或（和）接收信号的卫星地球站、以传输信号为主的微波站等设施。

无线通信设施规划是城市通信工程系统规划的重要内容，包括城市无线通信的收信区、发信区和无线台站的布局，以及微波通道保护和机场导航、天文探测、卫星地球站与无线电监测站等重要无线通信工程设施保护区的划定以及电磁辐射防护等规划内容。

无线通信设施产生的电磁波强度应进行电磁环境评估，应符合《通信工程建设环境保护技术标准》（GB/T 51391—2019）的相关要求；电磁波的公众暴露控制限值和电磁环境防护要求，应符合现行国家标准《电磁环境控制限值》（GB 8702—2014）和《通信工程建设环境保护技术标准》（GB/T 51391—2019）等的有关规定。应根据电磁环境评估结果和城市发展实际选择无线通信设施的位置，并明确电磁环境防护要求，采取可靠的安全防护措施。

1）收信区与发信区

收信区是指为满足特定需求和一定技术条件的无线通信和无线广播电视信号的接收区域。

发信区是指为满足特定需求和一定技术条件的中短波大功率发射台的无线通信信号和无线广播电视信号的发射区域。

城市收发信区的划分、调整与城市国土空间总体规划的城市发展方向和用地布局关系紧密，并直接关系到无线通信的秩序和通信的安全性、可靠性。

（1）收信区和发信区的划分与调整

城市无线电收信区和发信区的划分与调整应符合下列要求：①与城市的发展方向和空间布局相协调，与既设无线电台站的状况和发展规划相统筹；②满足相关无线电台站的环境技术要求和相关地形、地质条件；③无线通信主向应避开城区。

（2）城市收信区、发信区宜划分在城市郊区的两个不同方向的地方，同时在居民集中区、收信区与发信区之间应设置缓冲区。

（3）发信区与收信区之间的设置与调整应符合现行国家标准《短波无线电收信台（站）及测向台（站）电磁环境要求》（GB 13614—2012）中的有关规定。

2）微波空中通道

微波通信是指使用波长为 1 000—1 mm、频率为 0.3—300 GHz 的电磁波进行的通信。微波站是安装微波通信中继设备的通信站。

微波一旦在高空遇到障碍物就会发生折射、反射现象，从而不能沿直线传播。因此，为保证微波通信的正常运行，在城市规划时就需要设定微波传播路径线上的建筑物限高，以免阻断信号的传输，这部分的"净空区"称之为微波通道。

微波通道保护要求也即保护范围，是指微波通道上的保护宽度和通道上通道保护宽度所对应的通道畅通的建筑物控制高度，也即限制建筑高度。微波通道保护直接与城市空间资源利用及协调相关，必须结合城市国土空间规划考虑。

（1）城市微波通道的分级及其保护

城市微波通道应根据其重要性、网路级别、传输容量等实施分级保护。城市微波通道按一级微波通道、二级微波通道和三级微波通道三个等级分级保护，其中一级微波通道的保护要求最高。

一级微波通道，其保护范围内的通道宽度及建筑限高的保护要求，应作为城市详细规划和建筑高度控制的依据。

二级微波通道，其保护范围内的通道宽度及建筑限高的保护要求，应作为对城市详细规划和城市建设所涉及的建筑高度等微波通道保护要求相关技术指标给予控制的依据。

三级微波通道，原则上由通道建设部门自我保护。

（2）城市微波通道规划应符合下列要求

① 通道设置应结合城市发展需求统筹规划；

② 应严格控制进入大城市、特大城市、超大城市中心城区的微波通道数量；

③ 公用网和专用网微波宜纳入公用通道，并应共用天线塔。

大城市、特大城市入城的重要微波通道一般宜控制在 3 条以内。微波通道入城优化应基于综合传输网规划，微波传输作为通信主要辅助传输方式，是整个综合传输网的组成部分，通过包括光缆网、微波网规划在内的综合传输网规划优化，避免重复建设，优化入城微波通道，确保重要及公用的微波通道保护。

目前，城市的微波通信与高层建筑的矛盾日益突出，城市规划应根据实际情况划定一级、二级微波通道，对重要微波通信通道要切实加以保护。

3）无线广播设施

城市无线广播设施规划主要包括无线广播的发射台、监测台、地球站等设施规划，应符合下列要求：

（1）规划新建、改建或迁建的无线广播电视设施应满足全国总体的广播电视覆盖规划的要求，并应符合现行国家标准的相关规定。

（2）规划新建、改建或迁建的中波、短波广播发射台、电视调频广播发射台、广播电视监测站（场、台）应符合现行行业标准《中、短波广播发射台场地选择标准》（GY/T 5069—2020）和《调频广播、电视发射台场地选择标准》（GY 5068—2001）等广播电视工程有关标准的规定。

（3）接收卫星广播电视节目的无线设施，应满足卫星接收天线场地和电磁环境的要求。

城市无线广播设施规划的发射台、监测台、地球站规划主要由广播电视的专业规划部门依据全国、省总体广播电视覆盖规划，结合城市国土空间总体规划综合考虑；在进行城市规划时应将相应规划内容纳入，并侧重与城市规划之间的协调与一致。

4）其他重要无线通信设施及保护区

机场导航、天文探测、卫星地球站与无线电监测站保护区对相关的导航、探测、通信安全事关重大，与城市规划关系十分密切，应重点保护。

重点保护的无线通信设施的规划要求和保护区的划定一般由相关专业规划部门做出，在进行城市规划时应将相关内容纳入，并与城市规划统筹协调。

7.6 城市有线通信网络线路规划

7.6.1 有线通信线路类型

城市有线通信线路是城市各类通信系统网络联系的主体，也是各通信系统相互间联系时不可缺少的连接体。城市有线通信线路通常按使用功能、线路材料、线路敷设方式等进行分类。

1）按使用功能分类

当前城市有线通信线路使用功能系统包括固定电话、移动电话、有线电视、数据等公共网络和交通监控、信息化、党政军等通信专网。

2）按线路材料分类

城市有线通信线路材料目前主要有光纤光缆、电缆和金属明线等。有线通信线路材料的发展趋势正逐步由通信光纤光缆、电缆取代传统的金属导线线路。

通信光纤光缆是以光纤为传输介质，以高频率的光波作为载波，具有传输频带宽、通信容量大、中继距离长、不怕电磁干扰、保密性能好、无串话干扰、线径细重量轻、抗化学腐蚀、柔软可绕、节约有色金属材料等优点；缺点是强度低于金属线、连接比较困难、分路与耦合较不方便、弯曲半径不宜太小等。

通信电缆是以有色金属为传输介质，电流信号作为载波，具有传输频带较宽、通信容量较大、多层多线、中继距离较长、抗电磁、抗化学腐蚀、保密性能好等优点，较金属导线强。

3）按敷设方式分类

城市有线通信线路敷设方式有架空、地埋管道、直埋敷设等方式。其中，管道敷设有与本系统线路共管，与其他通信系统线路共管，以及与城市其他工程管线汇集在一起的公共管沟敷设。架空敷设有本系统同杆、多通信系统同杆，以及与其他工程线路同杆等敷设方式。

4）按线网拓扑结构分类

城市有线通信线网的布局，其线网拓扑结构可分为总线型、星状型、环形、树形、网状型和混合型六类（图7-1）。规划时宜根据线网的功能、特点和发展趋势，结合城市的实际情况因地制宜选用。

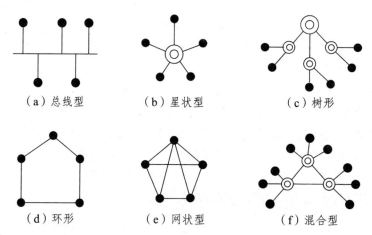

（a）总线型　　　（b）星状型　　　（c）树形

（d）环形　　　（e）网状型　　　（f）混合型

图7-1　有线通信网络城域网布局形式拓扑结构

7.6.2　有线通信网络布局

1）固定电话线网

本地电话网通常根据所覆盖区域的空间大小和服务区域的人口规模，采用不同的组网方式，一般可采用单局制、多局制和汇接制组网方式。

（1）单局制电话网

单局制电话网顾名思义就是由一个电话局，即一个交换节点构成的电话网，其拓扑结构为星状网，只有一个中心交换局，其覆盖范围内的所有用户终端通过用户线与中心交换局相连。

这种网络组网简单，覆盖范围小，一般适用于小城市和城镇的电话网；缺点是网络的可靠性较差，一旦中心交换局出现故障会全网瘫痪，网内任何用户都无法进行电话通信。

（2）多局制电话网

多局制电话网是由多个电话局，即多个交换节点构成的电话网，其拓扑结构为网状互连结构。多局制电话网设有多个交换局，交换局之间通过中继线互连，网络所覆盖范围内的用户终端通过用户线就近与交换局相连。

多局制电话网的覆盖范围比单局制电话网大，一般适用于大城市、中等城市的电话网。与单局制电话网相比，网络的可靠性得到提高，用户线的平均长度较短。

（3）汇接制电话网

汇接制电话网是将本地电话网分为若干个汇接区，每个汇接区设置一个汇接局，该汇接局与该区内的所有交换局相连，各汇接区的汇接局相连，这样位于不同汇接区的用户间通话要通过汇接局来完成。汇接制电话网的拓扑结构为分层的树形结构，属混合型的拓扑结构。分区汇接方式解决了大城市中分局过多、局间互联导致中继线路剧增的问题。分区汇接的方式适用于大城市、特大城市、超大城市的电话网。

2）有线广播电视网

有线广播电视网络通常是根据有线广播电视网络层级架构和所覆盖区域的空间大小、服务区域的人口规模，采用不同的组网方式。

（1）总前端—分前端的线网形式

总前端至每一个分前端应有两个不同的路由，采用发端并发、收端选收的方式，将下行光信号从总前端送至每一个分前端。

（2）分前端——级机房的线网形式

分前端——级机房的线网为一级传输网，其线网的拓扑结构形式包括环形＋物理连接星状网络、网状形＋物理连接星状网络、环形网络三种形式。宜根据分前端的数量以及总前端与分前端之间的地理位置，选择其中的任一种、两种或三种的组合。

（3）一级机房—二级机房的线网形式

一级机房—二级机房的线网为二级传输网，其线网的拓扑结构一般是星状网，或环形＋星状网。

（4）接入分配网

接入分配网是指二级机房至用户的线网，其线网一般采用星状拓扑结构。

3）互联网

互联网主要有三层拓扑结构，包括数据中心与外部运营商互联的核心交换层，数据中心网络拓扑用户层或接入层，以及连接两者实现数据聚合的汇聚层。

互联网的拓扑结构主要有总线型、星状型、环形、树形、网状型和混合型。

7.6.3 有线通信线路敷设

通信线路应满足全社会通信城域网传输线路的敷设要求。通信城域网应包括固定电话、移动电话、有线电视、数据等公共网络和交通监控、信息化、党政军等通信专网。

通信线路的敷设应统一规划，统筹多方共享使用需求，并应留有余量。

有线通信线路的敷设一般有架空敷设和地下敷设两类。目前，通常采用地下敷设。

1）架空敷设

有线电话、有线广播电视等有线通信线路可采用架空敷设。

有线电话、有线广播电视的架空电缆对环境的适应性较强，建筑施工技术简单，建筑条件一般不受地形的限制，能适应用户变动，易于支援、扩充、拆换和调整，建设费用较低，使用简便，是目前小城市、城镇中普遍采用的形式。但架空电缆产生障碍的机会较多，对通信安全有所影响；易受外界腐蚀和机械损伤，电缆使用寿命较短，维护费用较多。另外架空线路会影响市容美观。因此，从长远发展来看，架空线路应逐步改为地下敷设。

（1）线路路由：架空有线电话、有线广播电视线路，顺应道路走向，短捷，安全可靠。

（2）线路位置：一般与电力架空线路分别设在道路的两侧，避免彼此间的往返穿插；不宜与电力线合杆架设。

（3）水平净距：架空管线之间及其与建（构）筑物之间的最小水平净距，应符合现行国家标准《城市工程管线综合规划规范》（GB 50289—2016）中的相关规定，以保障运营安全。

（4）垂直净距：架空管线之间及其与建（构）筑物之间的最小垂直净距，应符合现行国家标准《城市工程管线综合规划规范》（GB 50289—2016）中的相关规定，以保障运营安全。

（5）控制穿越场所：尽量减少跨越仓库、厂房、民房；不宜在醒目的地方穿越广场、风景游览区等场所。

（6）避免从以下地区通过：① 有严重腐蚀的气体或排放污染液体的地段。② 变电站、大功率无线电发射台边缘。③ 开山炸石、爆破采矿等安全禁区；经常有雷击的地区。④ 地质松软、悬崖峭壁和易塌方的陡坡以及易遭洪水冲刷、坍塌的河岸边或沼泽地。

2）地下敷设

信息业的飞速发展，以及各种信息业自成系统，都对通信管道提出了使用要求，即通信管道容量应满足各电信运营商的城域网、有线电视网、各类通信专网（党政军专网、公安专网、供水调度、交通监控、应急通信、视频监控等）的需求，多种城域网并存和城市管线综合决定各类通信线路须统一敷设在通信管道内，因此在进行通信管道规划时，应充分考虑各种不同信息业务的传输要求。管孔计算必须考虑电缆平均线对数不断增加的因素，特别是光纤的采用，应避免不必要的浪费。

（1）主干管道

① 通信综合管道规划

城市通信主干管道功能是提供通信综合主干线路敷设的载体，以电信网、广播电视网、互联网三网融合的本地通信综合网线路是城市主要综合通信线路，通信管道的体系应结合通信局站、城市道路、土地利用规划，同时兼顾管道的重要性和管道容量来综合确定。

主干道路管道是指连接城市重要通信局站或服务信息高密集区的通信管道，管道内敷设城域网局间中继线路，或者作为备用通道敷设长途线路。主干道路管道一般布置于重要通信局站出局方向的道路和信息高密集区的主、次干道路上。

次干道路管道是指连接城市一类通信局站或服务信息密集区的通信管道，管道内敷设局间中继线路或接入线路。次干道路管道一般布置于一般通信局站出局方向的道路和其他主要道路上。

支路道路管道是指用于敷设一般通信线路的通信管道，泛指普通的无特殊需求的通信管道。支路道路管道一般布置于城市支路和部分次干道路上。

城市通信综合管道规划管孔数应按规划局站远期覆盖用户规模、出局分支数量、出局方向用户密度、传输介质、管材及管径等要素确定，并应符合表7-16中的规定。

表7-16　城市通信综合管道规划管孔数

城市道路类别	管孔数（孔）
主干路	18—36
次干路	14—26
支路	6—10
跨江大桥及隧道	8—10

注：两人（手）孔间的距离不宜超过150 m。

② 电信局出局管道规划

电信局局前管道应依据局站覆盖用户规模、用户分布及路网结构，电信局出局管道方向与路由数选择应按表7-17中的规定确定。

表7-17　电信局出局管道方向与路由数选择

电信局站覆盖用户规模（万户）	局前管道
1—3	2个方向、单路由
3—8	2个方向、双路由
≥8	3个以上方向、多路由

注：覆盖用户规模较大的局站宜采用隧道出局。

③ 有线广播电视出站管道规划

有线广播电视网络前端出站管道可依据前端站的级别，有线电视前端出站管道方向与路由数选择应按表7-18中的规定确定。

表7-18　有线电视前端出站管道方向与路由数选择

前端站级别	出站管道
总前端	3个方向、多路由
分前端	2个方向、双路由

有线广播电视网络前端进出站管道远期规划管孔数应依据前端站的级别、出站分支数量、出站方向用户密度，并可按表7-19中的规定，结合当地实际情况分析计算确定。

表 7-19　有线广播电视网络前端进出站管道远期规划管孔数

前端站分级	距站 500 m 分支路由管孔数（孔）	距站 500—1 200 m 分支路由管孔数（孔）
总前端	12—18	8—12
分前端	8—12	6—8

④ 城市通信管道与其他市政管线及建筑物的最小净距

城市通信管道与其他市政管线及建筑物的最小净距应符合现行国家标准《城市工程管线综合规划规范》（GB 50289—2016）中的有关规定，以保障运营安全。

（2）小区通信配线管道

① 小区通信配线管道应与城市主次干路及小区各建筑物引入管道相衔接。

② 小区通信配线管道管孔数应按终期电缆、光缆条数及备用孔数确定，在规划阶段其配线管道可按 4—6 孔计算，建筑物引入管道可按 2—3 孔计算；在特殊地段小区管道和有接入节点的建筑引入管道应按实际需求计算管孔数。

7.7　新型信息基础设施规划

7.7.1　通信网络基础设施

1）构成

新型通信网络基础设施一般是指以 5G、物联网、工业互联网、卫星互联网为代表的网络基础设施。新型通信网络基础设施是新型信息基础设施发展和应用的基础。

2）规划要求

相对传统的 4G 网络，5G 网络需要更多的基站网络、充裕的传输介质及空间和安全的供电保障，以确保基础设施的可靠运行。

新型通信网络基础设施应与相关专项规划相衔接，有效实现各类资源的整合和统筹使用。

新型通信网络基础设施规划应遵循设施"共建共享"的基本原则。设施共建共享，要求移动、联通、电信、广电等公司处理好竞争与合作的关系，共同建设、共同使用，避免各自为政、重复建设；同时，要充分利用现有设施进行升级改造。

（1）5G 基站

① 类型

应根据实际条件选择合适的基站形式，宏基站、微基站、室内分布系统相结合考虑。

传统的宏基站主要包括落地基站和楼顶基站：落地基站优先选择城市公交场站、垃圾转运站等市政公用设施用地和绿地、广场等开阔空间。楼顶基站的选址优先考虑政府办公等公共管理与公共服务设施建筑、商业建筑、工业和仓储建筑等，避免学校、医疗、文物保护等建筑。

对于宏基站无法覆盖全面或信号较弱的人员集聚场所，可采用微基站来分担宏基站的网络流量，可结合各类路灯杆、公安监控杆、交通信号杆、路牌杆等架设微站。

通信基站要与周围的自然环境和人文环境相协调，旅游景区等重要节点需要对基站进行美化，以减少其对城市景观的影响，保障城市品质。

② 选址

5G 基站宜选在交通便利、电源可靠、环境安全的地点，避免与其他通信设施相互干扰。5G 基站在居住区选址建设时，必须严格控制电磁辐射，满足《电磁环境控制限值》（GB 8702—2014）中的要求。5G 基站距离铁路、高速公路、电力线路等特殊设施应满足相关规范要求（表 7-20）。

表 7-20 通信基站与其他基础设施的安全距离要求

名称	安全距离要求	依据
铁路	倒塔距离	运营商基站铁塔标准化设计技术规范
高速公路	倒塔距离不少于 30 m	《公路安全保护条例》
电力架空线路或设备	10 kV 及以下，≥20 m	《电力设施保护条例》
	10—110 kV，≥40 m	
	110 kV 以上，≥50 m	
天然气管线	≥15 m	《城镇燃气设计规范》（GB 50028—2006）（2020 年版）
河道	≥20 m	河道管理相关规定
机场等重大设施	与相关部门协调，符合相关规范	—

（2）通信网络

当前，应加快 5G 网络与千兆光网的协同建设，规划时要考虑到未来通信技术更新升级和发展的因素，应按照《城市通信工程规划规范》（GB/T 50853—2013）的要求，预留足够的管孔数。通信线网应统一设计、共建共享。城市新建区域和更新改造街区应同步建设或预留通信管道或管廊。

7.7.2 算力基础设施

算力基础设施是在技术升级、产业应用和经济转型共同作用下而形成的新型基础设施，包含通用数据中心、超算中心、智算中心以及边缘数据中心等，呈现计算异构、算网协同、算力泛在、绿色低碳等发展趋势。

发展数字经济，算力是重要支撑。要加快算力基础设施建设，优化算力资源布局、提升算力应用强度至关重要。数字化升级是应对风险挑战、增强经济动力的着力点。数字化升级的基础在于算力支撑。算力作为数字经济时代中最核心的生产力之一，在经济社会各领域和层面都得到了广泛应用。近年来，我国加快以算力为代表的新型信息基础设施建设，从智能物流、柔性生产到智慧出行，算力在生产和生活中的应用越来越多，数据潜力不断被挖掘。

1）数据中心

数据中心是为集中放置的电子信息设备提供运行环境的建筑场所，可以是一座或几座建筑物，也可以是一座建筑物的一部分，包括主机房、辅助区、支持区和行政管理区等。

（1）类型

数据中心包括政府数据中心、企业数据中心、金融数据中心、互联网数据中心、云计算数据中心、外包数据中心等从事信息和数据业务的数据中心。

（2）分级

根据数据中心的使用性质和数据丢失或网络中断在经济或社会上造成的损失或影响程度，将数据中心划分为A、B、C三级：A级为"容错"系统，可靠性和可用性等级最高；B级为"冗余"系统，可靠性和可用性等级居中；C级为满足基本需要，可靠性和可用性等级最低。

数据中心的使用性质主要是指数据中心所处行业或领域的重要性，最主要的衡量标准是由于基础设施故障造成网络信息中断或重要数据丢失在经济和社会上造成的损失或影响程度。数据中心的等级标准，应根据数据丢失或网络中断在经济或社会上造成的损失或影响程度确定，同时还应综合考虑建设投资。等级高的数据中心其可靠性提高，但投资也相应增加。

电子信息系统运行中断将造成重大经济损失或造成公共场所秩序严重混乱的数据中心应为A级，如金融行业、国家气象台、国家级信息中心、重要的军事部门、交通指挥调度中心、广播电台、电视台、应急指挥中心、邮政、电信等行业的数据中心及企业。

电子信息系统运行中断将造成较大的经济损失或造成公共场所秩序混乱的数据中心应为B级。如高等院校、科研院所，博物馆、档案馆、会展中心，政府办公楼等的数据中心。

不属于A级或B级的数据中心应为C级。

（3）选址

数据中心选址应符合下列规定：

①电力供给应充足可靠，通信应快速畅通，交通应便捷。

②采用水蒸发冷却方式制冷的数据中心，水源应充足。

③自然环境应清洁，环境温度应有利于节约能源。

④应远离产生粉尘、油烟、有害气体以及生产或贮存具有腐蚀性、易燃、易爆物品的场所。

⑤应远离水灾、地震等自然灾害隐患区域。A级数据中心的防洪标准应按100年重现期考虑；B级数据中心的防洪标准应按50年重现期考虑。在园区内选址时，抗震设防类别要符合以下标准：A级数据中心应不低于乙类设防；B级数据中心应不低于丙类设防。

⑥应远离强振源和强噪声源。

⑦ 应避开强电磁场干扰。

⑧ A级数据中心不宜建在公共停车库的正上方。

⑨ 大中型数据中心不宜建在住宅小区和商业区内。大中型数据中心是指主机房面积大于200 m²的数据中心。由于空调系统的冷却塔或室外机组工作时噪声较大，如果数据中心位于住宅小区内或距离住宅太近，噪声将对居民生活造成影响。居民小区和商业区内人员密集，也不利于数据中心的安全运行。

设置在建筑物内局部区域的数据中心，在确定主机房的位置时，应对安全、设备运输、管线敷设、雷电感应、结构荷载、水患及空调系统室外设备的安装位置等问题进行综合分析和经济比较。

（4）技术要求

数据中心的技术要求主要包括选址、建筑与机构、防灾、供电、消防等方面，除了满足相关规范的一般要求外，还应按照表7-21的规定执行，同时应符合下列要求：

供电：户外供电线路不宜采用架空方式敷设。数据中心应由专用配电变压器或专用回路供电，变压器宜采用干式变压器，变压器宜靠近负荷布置。同城灾备数据中心与主用数据中心的供电电源不应来自同一个城市变电站；采用分布式能源供电的数据中心，备用电源可采用市电或柴油发电机。

消防：任何数据中心发生火灾，其后果都很严重，因此必须要符合现行国家标准《建筑防火通用规范》（GB 55037—2022）、《建筑设计防火规范》（GB 50016—2014）（2018年版）、《数据中心设计规范》（GB 50174—2017）等的规定。

表7-21　各级数据中心技术要求

项目	技术要求			备注
	A级	B级	C级	
选址				
距离停车场	不应小于20 m	不宜小于10 m	—	包括自用和外部停车场
距离铁路或高速公路	不应小于800 m	不宜小于100 m	—	不包括各场所自身使用的数据中心
在飞机航道范围内建设数据中心距离飞机场	不宜小于8 000 m	不宜小于1 600 m	—	不包括机场自身使用的数据中心
距离甲类、乙类厂房和仓库、垃圾填埋场	不应小于2 000 m			不包括甲类、乙类厂房和仓库自身使用的数据中心
距离火药炸药库	不应小于3 000 m			不包括火药炸药库自身使用的数据中心
距离核电站的危险区域	不应小于40 000 m			不包括核电站自身使用的数据中心
距离住宅	不宜小于100 m			—

项目	技术要求			备注
	A 级	B 级	C 级	
选址				
有可能发生洪水的地区	不应设置数据中心		不宜设置数据中心	—
地震断层附近或有滑坡危险区域	不应设置数据中心		不宜设置数据中心	—
从火车站、飞机场到达数据中心的交通道路	不应少于 2 条道路	—	—	—
建筑与结构				
抗震设防分类	不应低于丙类,新建不应低于乙类	不应低于丙类	不宜低于丙类	—
防洪标准要求	新建 A 级数据中心首层建筑完成面应高出当地洪水百年重现期水位线 1.0 m 以上,并应高出室外地坪 0.6 m 以上	—	—	—
电气				
供电电源	应由双重电源供电	宜由双重电源供电	应由两回线路供电	—
供电网络中独立于正常电源的专用馈电线路	可作为备用电源	—	—	—

2）超算中心

超算中心一般是指国家超级计算中心,由国家进行布局。目前科技部批准建立的国家超级计算中心共有九所,分别是国家超级计算天津中心、广州中心、深圳中心、长沙中心、济南中心、无锡中心、郑州中心、昆山中心和成都中心,为全国的科研院所、大学、重点企业提供广泛的高性能计算、云计算、大数据、人工智能等高端信息技术服务。

超算中心由国家根据发展需要进行布局,其选址、技术要求等目前还没有统一的国家标准,可参照数据中心进行。

3）智能计算中心

智能计算中心简称智算中心,是基于最新人工智能理论,采用领先的人工智能计算架构,提供人工智能应用所需算力服务、数据服务和算法服务的公共算力新型基础设施,通过算力的生产、聚合、调度和释放,高效支撑数据的开放共享、智能生态建设、产业创新聚集,有力促进人工智能（AI）产业化、产业人工智能（AI）化及政府治理智能化,已成为支撑和引领数字经济、智能产业、智慧城市、智慧社会发展的关键性信息基础设施。

智算中心以融合架构计算系统为平台,以数据为资源,能够以强大算力驱动人工智能（AI）模型对数据进行深度加工，源源不断地产生各种智慧计算服务，并通过网络以云服务的形式供应给组织及个人。

（1）作用

①带动智能产业。智算中心通过搭建新一代高性能人工智能开源框架、公共计算、数据开放等平台，深入推进应用场景平台建设，凝聚人工智能产业链上下游企业，打造一批人工智能创新平台，孵化一批人工智能创业企业，营造先行先试、开放包容、创新引领的产业发展环境。

②打造智能生态。智算中心通过将人工智能（AI）技术赋能各个行业领域，衍生出全新的产业应用场景，形成涵盖"科技研发、产业孵化、创投资本、教育培训、配套政策环境"的智能产业生态圈，加速区域经济发展，拓展数字经济发展空间，提升数字经济发展成效。

③支撑智能应用。围绕城市信息化建设基础与需求，将智算中心建成城市数字底座。同时，结合各城市特色和资源禀赋，打造创新应用支撑与服务体系，有效激发经济社会发展内生动力，全面支撑政府治理、产业升级、社会事业发展迈上新台阶。

（2）应用服务

智算中心作为承载人工智能应用需求的算力中心，通过打造算力生产供应、数据开放共享、智能生态建设和产业创新聚集平台，面向政府、企业及科研机构等多用户群体提供源源不断的算力服务、数据服务和算法服务，汇聚并赋能行业人工智能（AI）应用，助力行业智慧应用高效化开发，支撑和引领数字经济、智能产业、智慧城市和智慧社会应用与生态健康发展。智算中心将有力促进人工智能（AI）产业化、产业人工智能（AI）化及政府治理智能化。

①人工智能（AI）产业化，包括识别检测、语音交互、人工智能（AI）芯片、自动驾驶、机器人等；

②产业人工智能（AI）化，包括智能制造、医疗影像、无人商店、智能客服、智慧物流、智慧农林等；

③政府治理智能化，包括智慧交通、应急管理、防洪减灾、环境保护、地理测绘等。

（3）发展建设

智算中心建设规模普遍较大，建设期的一次性投入成本较高，发展定位应科学确定。应明确建设需求，包括应用场景、辐射市场范围、投资收益方式等，避免盲目投资建设，除满足政府智能化场景应用需求外，还应面向产业智能化发展需求，为中小企业提供多层次、多样化的人工智能算法和模型测试服务。一般来说，以下两类城市对智算中心的需求会更加强烈：

一类是具备一定人口规模和经济实力的中等以上城市，这类城市有必要发挥区域辐射带动作用，通过智算中心的建立或者数据中心的智慧化升级，在促进本地数字化转型的同时，实现对周边地区的数字化支撑，助推中小城市数字化发展；

另一类是重点发展人工智能产业的城市，这类城市具备人工智能产业发展的人才、资金、技术等基础，建设智算中心可以进一步推动各创新要素集聚，产生聚合效应，促进经济发展。

（4）规划要求

面向人工智能应用和产业发展需求，各地可结合自身实际，通过新建与改造相结合的模式建设智算中心，提供智能计算服务平台。一是建设专用智算中心。对于产业智能化发展需求迫切、传统数据中心规模较小的地区，可新建围绕人工智能产业需求设计、为人工智能提供专门服务的智算中心，通过搭载新型人工智能芯片和新型人工智能通用算法平台，提供智能算力基础设施及通用软件服务，满足产业智能化发展需要。二是开展数据中心智能化改造。对于规模较大、能耗水平较高的数据中心，可通过智能化改造使其满足人工智能对于算力和算法的要求，实现传统数据中心人工智能（AI）化。

智算中心的选址、技术要求等目前还没有统一的国家标准，可参照数据中心进行。在此基础上，智算中心应具备多家基础电信企业的宽带网络接入条件和充裕的带宽；增强防火、防雷、防洪、抗震等保护能力，提高设防标准；强化供电、制冷等基础设施系统的可用性，提高算力基础设施及其业务系统的整体可靠性；同时要牢牢守住网络安全、数据安全、经济安全底线。

4）边缘数据中心

边缘数据中心是一种在网络边缘侧部署的新型基础设施，位于用户端和集中化的云数据中心之间，提供小型化、分布式、贴近用户的数据中心，服务于相对单一的行业领域。

现阶段，边缘数据中心处于发展初期，但其应用前景广阔。边缘数据中心的基础设施遍及零售、医疗保健、金融等几乎所有行业领域，更加接近最终用户，可提供更多的计算、网络和存储服务。

边缘数据中心的选址应靠近用户，具备宽带网络接入条件和比较充裕的带宽。

第 7 章思考题

1. 如何理解城市通信安全保障体系的构成及其价值？
2. 城市邮件处理中心和邮政局所的规划要求是什么？
3. 城市电信用户预测的基本方法和电信站点的布局要求是什么？
4. 城市有线电视网络用户预测的基本方法是什么？
5. 城市有线广播电视网络设施的规划要求是什么？
6. 城市无线通信与无线广播传播设施的规划要求是什么？
7. 城市有线通信网络线路的布局形式有哪些？线路敷设要求是什么？
8. 新型信息基础设施的类型与规划要求是什么？
9. 学习和解析典型城市通信基础设施的使用情况和通信工程系统规划。

8 城市工程管线综合规划

本章主要学习和掌握城市工程管线综合规划的内容，熟悉管线避让、地下敷设、架空敷设的原则；掌握工程管线的平面和竖向综合规划，熟悉综合管廊规划；了解智能化城市综合管廊的建设与发展；学习和理解工程管线综合规划的现行国家标准。

8.1 概述

工程管线是指为满足生活、生产需要，地下或架空敷设的各种专业管道和缆线的总称，但不包括工业工艺性管道。工程管线综合是指统筹安排城市建设地区各类工程管线的空间位置，综合协调工程管线之间以及与城市其他各项工程之间的矛盾而进行的规划。

工程管线的种类很多，各种管线的性能和用途各不相同，承担规划设计的单位和建设时间也先后不一；因此，如果不对各种工程管线进行综合安排，它们在平面、空间上势必会产生冲突和干扰；规划管线与现状管线、管线与道路、管线与绿化、厂外和厂内管线之间等方面的矛盾如不在规划设计阶段加以解决，就会直接影响基础设施的综合利用、合理布置、安全运行，影响城市的经济建设和人民的生活与生产。为了合理利用城市土地，统筹安排工程管线在地上和地下的空间位置，协调工程管线之间以及工程管线与其他各项工程之间的关系，为各工程管线的单项设计和规划管理提供依据，就必须要进行工程管线的综合协调工作。所以，作为国家空间规划体系改革的基本方向，工程管线的"多规合一"是实现规划编制和管理的重要手段。采用"一张蓝图"的做法，有利于实现空间合理利用和工程管线统筹规划，有利于从源头出发，综合空间管控，协同治理。通过"一张蓝图"，在平面和竖向空间位置及空间大小等方面，根据各种工程管线的使用、安全、技术、材料等要求，在城市道路等的横断面上综合安排、统筹规划，避免各种工程管线的互相冲突和干扰，保证城市功能的正常运转。

工程管线综合规划应以可持续发展为原则，以基础设施落地为出发点，增强系统的灵活性和安全性，确保管线廊道的安全和设施的合理使用；要通过工程管线综合创新技术与新一代信息技术的融合应用，提高综合管廊的智能化水平；要通过"多规合一"，实现城乡统筹、部门协同与专业协同；应做好工程系统规划与其他相关规划的衔接，统一标准，留好接口，方便衔接。

城市工程管线综合规划设计中常见的工程管线主要有给水、排水（雨水、污水）、再生水、电力、燃气、热力、通信等。

8.1.1　城市工程管线的分类

城市工程管线的种类多而复杂，工程管线的分类方法很多，各种分类方法反映了管线的特征，在工程管线综合时，是管线避让的依据之一。依据现行国家相关标准，按照工程管线的功能用途、输送方式、敷设方式、管线弯曲的难易程度进行分类。

1）按照工程管线的功能用途分类

（1）给水管道：包括工业给水、生活给水、消防给水等管道。

（2）排水沟管：包括工业污水（废水）、生活污水、雨水等管道和明沟。

（3）再生水管道：包括工业给水、城市杂用水等管道。

（4）电力线路：包括高压输电、中压配电、低压配电等线路。

（5）通信线路：包括固定电话、有线广播电视、互联网等线路。

（6）热力管道：包括蒸汽、热水等管道。

（7）燃气管道：包括燃气输气、燃气配气等管道。

（8）液体燃料管道：包括石油等管道。

（9）工业生产专用管道：包括氯气管道、化工专用的管道等。

2）按照工程管线的输送方式分类

（1）压力管线：如给水、再生水、燃气、热力等一般为压力输送。

（2）重力流管线：如污水、雨水等一般为重力流输送。

3）按照工程管线敷设方式分类

（1）架空线：如架空电力线、架空通信线、地上敷设的热力管等。

（2）地铺管线：如雨水沟渠等。

（3）埋地管线：根据覆土深度不同，埋地管线又可分为深埋和浅埋两类。管道覆土深度大于 1.5 m 的为深埋。埋深应考虑当地天气和土壤冰冻深度情况。一般情况下，电力线、通信线、热力管等为浅埋，燃气管、排水管、再生水管等为深埋。

4）按照工程管线弯曲的难易程度分类

（1）易弯曲管线：如电信电缆、电力电缆等。易弯曲管线主要与管材、施工难易等有关。

（2）不易弯曲管线：如电力管道、通信管道、污水管道等。不易弯曲管线与管道内的介质流动方式、管道材料、管线作为保护管的功能作用等有关。

管线分类的综合关系见表 8-1。

表 8-1 管线分类与敷设输送关系

管线名称	敷设位置			输送方式	
	地下		架空	压力	重力
	深埋	浅埋			
给水管（生活给水、工业给水、消防给水等）	●	●		●	
排水管（生活污水、工业废水、雨水等）	●				●
再生水管（工业给水、城市杂用水等）	●			●	
电力线（高压输电、中压配电等）		●	●		
通信线（固定电话、有线广播电视、互联网等）		●	●		
燃气管（燃气配气等）	●			●	
热力管（蒸汽、热水等）		●	●	●	

8.1.2　城市工程管线综合规划的内容

城市工程管线综合规划的主要内容应包括：协调各工程管线布局；明确工程管线的敷设方式；确定工程管线敷设的排列顺序和位置，明确相邻工程管线的水平间距、交叉工程管线的垂直间距；确定地下敷设的工程管线控制高程和覆土深度等。

按照国土空间规划体系，相应的总体规划、详细规划中的工程管线综合规划和工程管线综合专项规划的主要内容有所侧重。国土空间总体规划是工程管线综合专项规划的基础；详细规划中的工程管线综合规划以国土空间总体规划为依据，与专项规划相衔接；管线综合相关专项规划要遵循国土空间总体规划，不得违背总体规划中的强制性内容，其主要内容要纳入详细规划。

1）总体规划中工程管线综合规划的内容

在国土空间总体规划中，工程管线综合规划的主要内容包括以下几个方面：

（1）现状分析：分析现状工程管线综合状况。

（2）空间布局：优化各类工程管线的一体化、网络化、复合化、智能化布局。明确工程管线综合规划控制要求；提出高压输电干线、天然气高压干线等能源通道空间布局。提出综合管廊布局方案。

2）工程管线综合专项规划的内容

工程管线综合专项规划在国土空间总体规划相关编制内容的基础上，还应包括以下内容：

（1）评估工程管线综合规划实施情况，研究分析现状工程管线综合中存在的问题。

（2）落实和深化国土空间总体规划确定的工程管线综合规划空间布局要求；与相关规划相衔接和统筹协调；结合实际，开展综合管廊等重大问题和对策研究。

（3）汇总各种工程设施和管线的规划，分析其合理性，提出调整意见。

（4）确定各种工程设施的位置，确定各种管线的走向；划定综合管廊建设区域，确定入廊管线，确定干线管廊、支线管廊、缆线管廊的布局。

（5）确定各种工程管线的敷设方式；确定工程管线敷设的排列顺序和位置。

（6）确定地下敷设的工程管线控制高程和覆土深度等；划定综合管廊三维控制线。

（7）确定关键节点的工程管线的具体位置及控制要求。

规划成果主要包括工程管线综合现状图及主要横断面图，工程管线综合规划图及主要横断面图等图件和规划文本、附表、说明、专题研究报告等。

3）详细规划中工程管线综合规划的内容

在国土空间详细规划中，工程管线综合规划的主要内容包括以下方面：

（1）检查各专业工程详细规划的合理性。

（2）落实国土空间总体规划确定的工程管线综合规划空间布局和管控要求，与相关专项规划相衔接；确定各种工程管线、综合管廊的平面分布位置。

（3）综合确定道路横断面的管线排列位置、综合管廊位置。

（4）明确工程管线的基本埋深和覆土要求。

（5）确定各种工程管线在地下敷设时的排列顺序和与周围建（构）筑物、道路、相邻工程管线间的最小水平净距、最小垂直净距；确定综合管廊三维控制线。

（6）确定道路交叉口等控制点各工程管线的控制标高、管线间的垂直间距等。

规划成果主要包括工程管线综合现状图及横断面图，工程管线综合详细规划图及横断面图等图件和规划文本、说明等。

工程管线综合规划应结合城市的发展统筹进行，与城市的规划布局、道路交通和给水工程、排水工程、电力工程、燃气工程、供热工程、通信工程、防灾工程等专业规划相协调，符合现行国家有关标准、规范的规定。

8.1.3 工程管线综合的相关术语

（1）区域工程管线：在城市间或城市组团间主要承担输送功能的工程管线。

（2）管线廊道：在城市规划中，为敷设地下或架空工程管线而控制的用地。

（3）管线覆土深度：指工程管线顶部外壁到地表面的垂直距离。

（4）管线埋设深度：指地表面到管道底（外壁）的距离，通常简称埋深。

（5）管线水平净距：工程管线外壁（含保护层）之间或工程管线外壁与建（构）筑物外边缘之间的水平距离。

（6）管线垂直净距：工程管线外壁（含保护层）之间或工程管线外壁与建（构）筑物外边缘之间的垂直距离。

（7）同一类别管线：指相同专业且具有同一使用功能的工程管线。

（8）不同类别管线：指具有不同使用功能的工程管线。

（9）专项管沟：指敷设同一类别工程管线的专用管沟。

（10）综合管沟：指不同类别工程管线的专用管沟。

管线埋设深度、覆土深度、管底标高、垂直净距的关系如图 8-1 所示。

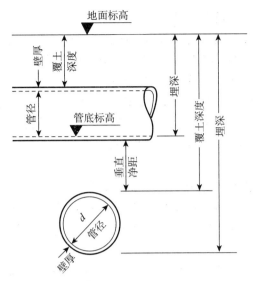

图 8-1 管线埋设深度、覆土深度、管底标高、垂直净距关系示意图

8.2 城市工程管线综合规划原则

工程管线综合规划应以"一张蓝图"为工作底图,强化空间统筹,注重规划衔接,体现地方特点,严格实施监督,整合工程管线各项技术指标和实施手段,保障设施的落地可能。

工程管线综合规划要按规划期限合理确定管线种类、规模和位置,同时要考虑近期建设需要,并适度考虑远景规划以满足城市可持续、健康发展的要求。同时,地下、地上空间是有限的,在工程管线综合规划时应避免浪费空间。

另外,工程管线规划作为城市规划的重要组成部分,各类规划中都有相应的给水、排水、再生水、电力、通信、热力和燃气等专业规划,工程管线综合规划是将这些专业规划中的线路工程在同一空间内进行综合。要满足各专业功能、容量等方面的要求和城市空间综合布置的要求,使工程管线正常运行。

工程管线综合规划既要满足城市建设与发展中工业生产与人民生活的需要,又要结合城市特点因地制宜、合理规划。

8.2.1 基本原则

(1)城市工程管线综合规划应近远期结合,考虑长远发展需要,并应结合城市现状实际合理布置,充分利用地上、地下空间,与城市用地、城市交通、城市景观、综合防灾和城市地下空间利用等规划相协调。

(2)工程管线综合布置应与国土空间规划、道路规划及横断面设计、竖向设计和绿化布置等统一进行。应使管线之间、管线与建(构)筑物之间在平面及竖向上相互协调，紧凑合理，有利于使用。

（3）区域性的工程管线应避开城市建成区，且应与城市空间布局和交通廊道相协调，在城市国土空间规划中应控制管线廊道。输水管线、输气管线、输油管线、电力高压走廊等需要规划专用管廊，应与铁路、高速公路等城市对外交通廊道结合。通常将这些管线统一考虑规划管线廊道，与城市布局相协调。

（4）城市工程管线宜采用地下敷设。当架空敷设可能危及人身财产安全或对城市景观造成严重影响时，应采取直埋、保护管、管沟或综合管廊等方式的地下敷设。

（5）工程管线应按城市道路网布置，与道路中心线平行，管线位置宜相对固定。从道路规划红线向道路中心线方向平行布置的次序应根据管线的性质、埋深等确定。工程管线之间及其与建（构）筑物之间的最小水平净距应符合现行国家标准等的有关规定。

（6）工程管线在地下敷设时的覆土深度、排列顺序等应符合现行相关规范；工程管线交叉时，与周围建（构）筑物、道路、相邻工程管线间的最小垂直净距应符合现行国家标准、行业规范等的有关规定。

（7）在同一条干道上敷设同一类别管线较多时，宜采用专项管沟敷设，也可以规划建设某些类别工程管线统一敷设的综合管沟。

（8）同一性质的线路应尽可能合杆，以减少对道路空间的占用。电信线路与供电线路通常不合杆架设，在特殊情况下，征得有关部门同意、采取相应措施后可合杆架设。高压输电线路与电信线路平行架设时，要考虑干扰的影响。

（9）工程管线应避开地震断裂带、沉陷区以及滑坡、泥石流、坍塌等不良地质条件区。确实无法避开的工程管线，应采取安全措施并制定应急预案。

（10）管道内的介质具有毒性、可燃、易燃、易爆性质时，严禁穿越与其无关的建筑物、构筑物、生产装置及贮罐区。

（11）充分利用现状管线及线位；改建、扩建工程中的管线综合布置，不应妨碍现有管线的正常使用。

（12）工程管线的平面位置和竖向位置均应采用城市统一的坐标系统和高程系统。

8.2.2　管线避让原则

编制工程管线综合规划时，应减少管线在道路交叉口处交叉。当工程管线的竖向位置发生矛盾时，宜按下列规定处理：

（1）压力管线宜避让重力流管线。压力管线与重力流管线交叉发生冲突时，压力管线容易调整管线高程，以解决交叉时的矛盾。

（2）易弯曲管线宜避让不易弯曲管线。给水、热力、燃气等工程管线多使用易弯曲材质管道，可以通过一些弯曲方法来调整管线高程和坐标，从而解决工程管线交叉的矛盾。

（3）分支管线宜避让主干管线。主干管径较大，调整主干管线的弯曲度较难。另外过多地调整主干管线的弯曲度将增加系统阻力，需提高输送压力，会增加运行费用。

（4）小管径管线宜避让大管径管线。比较而言，调整小管径管线的弯曲度要比大管径容易很多。

（5）临时管线宜避让永久管线。

8.2.3 地下敷设原则

地下敷设包括直埋、保护管及管沟敷设和综合管廊敷设。其中综合管廊敷设的相关内容在第8.4节讲述。

（1）覆土深度。在严寒或寒冷地区，给水、排水、再生水、直埋电力及湿燃气等工程管线应根据土壤冰冻深度确定管线覆土深度；非直埋电力、通信、热力及干燃气等工程管线以及严寒或寒冷地区以外地区的工程管线应根据土壤性质和地面承受荷载的大小确定管线的覆土深度。

确定地下工程管线覆土深度一般考虑三个因素：第一，保证工程管线在荷载作用下不损坏，能正常运行；第二，在严寒、寒冷地区，保证管道内的介质不冻结；第三，满足竖向规划要求。

我国地域广阔，各地区气候差异较大，严寒、寒冷地区的土壤冰冻线较深，给水、排水、再生水、直埋电力、湿燃气等工程管线易受冰冻影响，属深埋一类。热力、干燃气、非直埋电力、通信等工程管线不受冰冻影响，属浅埋一类。在严寒、寒冷地区以外的地区，冬季土壤不冰冻或者冰冻深度只有几十厘米，覆土深度不受此影响。

工程管线的最小覆土深度应符合表8-2的规定。当受条件限制不能满足要求时，可采取安全措施以减少其最小覆土深度。

表8-2　工程管线的最小覆土深度　　　　　单位：m

管线名称		给水管线	排水管线	再生水管线	电力管线		通信管线		直埋热力管线	燃气管线	管沟
					直埋	保护管	直埋及塑料、混凝土保护管	钢保护管			
最小覆土深度	非机动车道（含人行道）	0.60	0.60	0.60	0.70	0.50	0.60	0.50	0.70	0.60	—
	机动车道	0.70	0.70	0.70	1.00	0.50	0.90	0.60	1.00	0.90	0.50

注：聚乙烯给水管线机动车道下的覆土深度不宜小于1.00m。

（2）工程管线应根据城市道路的规划横断面布置在人行道或非机动车道下面。当位置受限制时，可布置在机动车道或绿化带下面。

为了减少工程管线在施工或日常维修时与城市道路交通相互影响，节省工程投资和日常维修费用，我国大多数城市在工程管线综合规划时，都首先考虑将工程管线敷设在人行道或非机动车道下面。当受道路断面限制没有位置时，可将管线布置在车行道下面。在一些新规划区，由于绿化带较宽，可以在绿化带下敷设工程管线，但应注意在管线埋设深度和位置上与绿化相协调。

（3）工程管线在城市道路下面的规划位置宜相对固定。一般分支线少、埋深大、检修周期短和损坏时对建筑物基础安全有影响的工程管线应远离建筑物。工程管线从道路红线向道路中心线方向平行布置的次序宜为：电力、通信、给水（配水）、燃气（配气）、热力、燃气（输气）、给水（输水）、再生水、污水、雨水。

给水管道包括输水管道和配水管道，燃气管道包括输气管道和配气管道，因其在城市工程管线中承担的功能不同，管道有较大差别，在平面布置中与其他管线的排列顺序是有差别的。

（4）工程管线在庭院内由建筑线向外方向平行布置的顺序，应根据工程管线的性质和埋设深度确定，其布置次序宜为：电力、通信、污水、雨水、给水、燃气、热力、再生水。

规定工程管线在城市道路、居住区道路综合布置时的排列次序所遵循的原则是为工程管线综合规划提供方便，为科学规划管理提供依据。但并不是所有的城市路段和小区中都有这些种类的工程管线，如缺少某种管线时，各工程管线要按规定的次序去掉缺少的管线后依次排列。

（5）沿城市道路规划的工程管线应与道路中心线平行，其主干线应靠近分支管线多的一侧。工程管线不宜从道路一侧转到另一侧。道路红线宽度超过 40 m 的城市干道宜两侧布置给水配水、燃气配气、通信、电力和排水管线。

过去我国城市道路上的工程管线多为单侧敷设，随着城市道路的加宽，道路两侧建筑量的增大，工程管线承担负荷的增多，单侧敷设工程管线势必增加工程管线在道路横向上的破路次数，随之带来支管线增加、支管线与主干线交叉增加。近几年许多城市在拓宽城市道路的同时，通常将给水配水、燃气配气、通信、电力和排水管线等沿道路两侧各规划建设一条，这样既便于连接用户和支管，也有利于分期建设。道路下同时有综合管廊的，可根据综合管廊内敷设管线的情况确定单侧还是双侧敷设直埋或保护管敷设的管线。

（6）各种工程管线不应在垂直方向上重叠敷设。各专业工程管线的权属单位不同，重叠敷设会影响管线的检修及运行安全。但历史文化街区、旧城区等由于道路狭窄以及宽窄不一等特殊性，工程管线可能不能完全避免管线的重叠敷设，但要尽可能减少重叠的长度，并采取加套管、斜交等技术措施保证管线安全，这样也便于维护。

（7）沿铁路、公路敷设的工程管线应与铁路、公路线路平行，这样有利于高效利用土地，减少管线交叉长度，也便于管线的定位。工程管线与铁路、公路交叉时宜采用垂直交叉方式布置；受条件限制时，其交叉角宜大于 60°。

（8）河底敷设的工程管线应选择在稳定河段，管线高程应按不妨碍河道的整治和管线安全的原则确定，以保证河道疏浚或整治河道时与工程管线不相互影响，保证工程管线施工及运行安全。

（9）工程管线之间及其与建（构）筑物之间的最小水平净距应符合表 8-3 的规

表8-3　工程管线之间及其与建（构）筑物之间的最小水平净距

单位：m

序号	管线及建（构）筑物名称	1 建（构）筑物	2 给水管线 d≤200mm	2 给水管线 d>200mm	3 污水、雨水管线	4 再生水管线	5 燃气管线 低压	5 中压B	5 中压A	5 次高压B	5 次高压A	6 直埋热力管线	7 电力管线 直埋	7 电力管线 保护管	8 通信管线 直埋	8 通信管线 管道、通道	9 管沟	10 乔木	11 灌木	12 地上杆柱 通信照明及<10kV	12 高压铁塔基础边 ≤35kV	12 >35kV	13 道路侧石边缘	14 有轨电车钢轨	15 铁路钢轨（或坡脚）
1	建（构）筑物	—	1.0	3.0	2.5	1.0	0.7	1.0	1.5	5.0	13.5	3.0	0.6		1.0	1.5	0.5	—	—	—	—	—	—	—	—
2	给水管线 d≤200 mm	1.0	—		1.0	0.5	0.5		0.5	1.0	1.5	1.5	0.5		1.0	1.0	1.5	1.5	1.0	0.5	3.0	3.0	1.5	2.0	5.0
2	给水管线 d>200 mm	3.0	—		1.5	0.5	0.5		0.5	1.0	1.5	1.5	0.5		1.0	1.0	1.5	1.5	1.0	0.5	3.0	3.0	1.5	2.0	5.0
3	污水、雨水管线	2.5	1.0	1.5	—	0.5	1.0		1.2	1.5	2.0	1.5	0.5		1.0	1.0	1.5	1.5	1.0	0.5	1.5	1.5	1.5	2.0	5.0
4	再生水管线	1.0	0.5		0.5	—	0.5			1.0	1.5	1.0	0.5		1.0	1.0	1.0	1.0	1.0	0.5	3.0	3.0	1.5	2.0	5.0
5	燃气管线 低压 P<0.01 MPa	0.7	0.5		1.0	0.5	DN≤300 mm 0.4 DN>300 mm 0.5					1.0	0.5	1.0	0.5	1.0	1.0	0.75		1.0	2.0		1.5	2.0	5.0
5	燃气管线 中压 B 0.01 MPa<P≤0.2 MPa	1.0	0.5		1.2	0.5						1.0	0.5	1.0	0.5	1.0	1.5	0.75		1.0	2.0		1.5	2.0	5.0
5	燃气管线 中压 A 0.2 MPa<P≤0.4 MPa	1.5	0.5		1.2	0.5						1.0	0.5	1.0	1.0	1.0	1.5	0.75		1.0	2.0		1.5	2.0	5.0
5	燃气管线 次高压 B 0.4 MPa<P≤0.8 MPa	5.0	1.0		1.5	1.0						1.5	1.0	1.0	1.0	1.0	2.0	0.75	1.2	5.0	5.0		1.5	2.0	5.0
5	燃气管线 次高压 A 0.8 MPa<P≤1.6 MPa	13.5	1.5	2.0	2.0	1.5						2.0	1.0	1.0	1.0	1.0	4.0	0.75	1.2	5.0	5.0		1.5	2.0	5.0
6	直埋热力管线	3.0	1.5		1.5	1.0	1.0		1.0	1.5	2.0	—	2.0		1.0	1.5		1.5		1.0	2.0		1.5	2.0	5.0
7	电力管线 直埋	0.6	0.5		0.5	0.5	0.5 <35 kV 0.5					2.0	0.25	0.1	<35 kV 0.5	≥35 kV 2.0	1.0	1.0	0.7	1.0	2.0	3.0（>330 kV 5.0）	1.5	2.0	10.0（非电气 3.0）
7	电力管线 保护管	0.6	0.5		0.5	0.5	1.0 ≥35 kV 2.0					2.0	0.1	0.1	<35 kV 0.5	≥35 kV 2.0	1.0	1.0	0.7	1.0	2.0	3.0	1.5	2.0	10.0（非电气 3.0）

序号	管线及建(构)筑物名称	1 建(构)筑物	2 给水管线 d≤200mm	2 给水管线 d>200mm	3 污水、雨水管线	4 再生水管线	5 燃气管线 低压	5 中压B	5 中压A	5 次高压B	5 次高压A	6 直埋热力管线	7 电力管线 直埋	7 保护管	8 通信管线 直埋	8 管道、通道	9 管沟	10 乔木	11 灌木	12 地上杆柱 通信照明及<10kV	12 高压铁塔基础边 ≤35kV	12 >35kV	13 道路侧石边缘	14 有轨电车钢轨	15 铁路钢轨(或坡脚)
8	通信管线 直埋	1.0	1.0	1.0	1.0	1.0	0.5	0.5	1.0	1.0	1.5	1.0	<35 kV 0.5 / ≥35 kV 2.0	1.0	0.5	0.5	1.0	1.5	1.0	0.5	0.5	2.5	1.5	2.0	2.0
8	通信管线 管道、通道	1.5				0.5																				
9	管沟	0.5	1.5	1.5	1.5	1.0	1.5	1.5	2.0	2.0	4.0	1.5	1.0	0.7	1.0	1.5	—	1.5	1.0	1.0	3.0		1.5	2.0	5.0
10	乔木	—	1.5		1.5	1.0	0.75		1.0	1.2		1.5	0.7		1.0	1.0	1.5	—	—	—			0.5	—	—
11	灌木	—	1.0		1.0	0.5	1.0					1.0	1.0		1.0		1.0	—	—	—			0.5	—	—
12	地上杆柱 通信照明及<10kV	—	0.5		0.5	0.5	1.0					1.0	1.0		0.5		1.0	—	0.5	—			0.5	—	—
12	高压铁塔基础边 ≤35kV	—	3.0		1.5	1.5	1.0					3.0(>330 kV 5.0)	2.0		0.5	2.5	3.0	—		—			—	—	—
12	>35kV	—			2.0		2.0		5.0																
13	道路侧石边缘	—	1.5		1.5	1.5	1.5		1.5	2.5		1.5	1.5		1.5		1.5	0.5	0.5	0.5			—	—	—
14	有轨电车钢轨	—	2.0		2.0	2.0	2.0		2.0			2.0	2.0		2.0		2.0	—	—	—			—	—	—
15	铁路钢轨(或坡脚)	—	5.0		5.0	5.0	5.0		5.0			5.0	10.0(非电气化 3.0)		2.0		3.0	—	—	—			—	—	—

注: 地上杆柱与建(构)筑物及其与建(构)筑物之间的最小水平净距应符合架空管线之间及其与建(构)筑物的最小水平净距的规定; 管线之间及其与建(构)筑物之间的最小水平净距的规定; 管线距建筑物的距离, 除高压燃气管道为其至外墙面外均为其至建筑物基础, 当次高压燃气管道采取有效的安全防护措施或增加管壁厚度时, 管道距建筑物外墙面不应小于3.0 m; 管道距建筑物外墙面加管壁厚度; 地下燃气管线与铁塔基础边的水平净距, 还应符合现行国家标准《城镇燃气设计规范》GB 50028—2006(2020年版)中地下燃气管线和交流电力线接地体净距的规定; 燃气管线采用聚乙烯管材时, 燃气管线与热力管线的最小水平净距应按现行行业标准《聚乙烯燃气管道工程技术规程》CJJ 63—2018执行; 直埋蒸汽管道与乔木的最小水平间距为2.0 m。">330 kV 5.0" 是指若>330 kV, 最小水平净距为5.0 m。
d 表示管道内直径; DN 表示公称直径。

定。当受道路宽度、断面以及现状工程管线位置等因素限制难以满足要求时，应根据实际情况采取安全措施后减少其最小水平净距。大于 1.6 MPa 的燃气管线与其他管线的水平净距应按现行国家标准《城镇燃气设计规范》（GB 50028—2006）（2020年版）执行。

（10）当工程管线交叉敷设时，管线自地表面向下的排列顺序宜为：通信、电力、燃气、热力、给水、再生水、雨水、污水。给水、再生水和排水管线应按自上而下的顺序敷设。

规划时，管线自地表面向下的排列顺序还应根据具体情况确定。但给水、再生水和排水管道交叉时，上下顺序应严格按规定执行。

（11）工程管线交叉点高程应根据排水等重力流管线的高程确定。

（12）工程管线交叉时的最小垂直净距，应符合表 8-4 中的规定。当受现状工程管线等因素限制难以满足要求时，应根据实际情况采取安全措施后减少其最小垂直净距。

表 8-4　工程管线交叉时的最小垂直净距　　　　　　单位：m

序号	管线名称		给水管线	污水、雨水管线	热力管线	燃气管线	通信管线		电力管线		再生水管线
							直埋	保护管及通道	直埋	保护管	
1	给水管线		0.15	—	—	—	—	—	—	—	—
2	污水、雨水管线		0.40	0.15	—	—	—	—	—	—	—
3	热力管线		0.15	0.15	0.15	—	—	—	—	—	—
4	燃气管线		0.15	0.15	0.15	0.15	—	—	—	—	—
5	通信管线	直埋	0.50	0.50	0.25	0.50	0.25	0.25	—	—	—
		保护管、通道	0.15	0.15	0.25	0.15	0.25	0.25	—	—	—
6	电力管线	直埋	0.50*	0.50*	0.50*	0.50*	0.50*	0.50*	0.50*	0.25	—
		保护管	0.25	0.25	0.25	0.15	0.25	0.25	0.25	0.25	—
7	再生水管线		0.50	0.40	0.15	0.15	0.15	0.15	0.50*	0.25	0.15
8	管沟		0.15	0.15	0.15	0.15	0.25	0.25	0.50*	0.25	0.15
9	涵洞（基底）		0.15	0.15	0.15	0.15	0.25	0.25	0.50*	0.25	0.15
10	电车（轨底）		1.00	1.00	1.00	1.00	1.00	1.00	1.00	1.00	1.00
11	铁路（轨底）		1.00	1.20	1.20	1.20	1.50	1.50	1.00	1.00	1.00

注：* 表示用隔板分隔时不得小于 0.25 m；燃气管线采用聚乙烯管材时，燃气管线与热力管线的最小垂直净距应按现行行业标准《聚乙烯燃气管道工程技术规程》（CJJ 63—2018）执行；铁路为时速大于或等于 200 km 客运专线时，铁路（轨底）与其他管线的最小垂直净距为 1.50 m。

（13）综合管廊与相邻地下管线及地下构筑物的最小净距应根据地质条件和相邻构筑物性质确定，且不得小于如表 8-5 的规定。

表 8-5　综合管廊与相邻地下构筑物的最小净距

施工方法	明挖施工	顶管、盾构施工
综合管廊与地下构筑物的水平净距	1.0 m	综合管廊外径
综合管廊与地下管线的水平净距	1.0 m	综合管廊外径
综合管廊与地下管线交叉的垂直净距	0.5 m	1.0 m

8.2.4　架空敷设原则

（1）架空敷设的工程管线应与相关规划结合，节约用地，并减小对城市景观的影响，特别是与城市用地、交通、绿化和景观等规划相协调，这样既能集约用地又尽可能减少对景观的影响。

（2）沿城市道路架空敷设的工程管线，其线位应根据规划道路的横断面确定，并且不应影响道路交通、居民安全以及工程管线的正常运行，同时也要与道路分隔带、绿化带、行道树等协调，避免造成相互影响。

（3）架空线线杆宜设置在人行道上距路缘石不大于 1.0 m 的位置。在有分隔带的道路，架空线线杆可布置在分隔带内，并应满足道路建筑限界要求，以减少架空线线杆对道路通行的影响。

（4）架空电力线与架空通信线宜分别架设在道路两侧，避免相互影响。

（5）架空电力线及通信线同杆架设应符合下列规定：① 高压电力线可采用多回线同杆架设。② 中压、低压配电线可同杆架设。③ 当高压与中压、低压配电线同杆架设时，应进行绝缘配合的论证。一般情况下，高压线路尽量不与中压、低压配电线路同杆架设。④ 当中压、低压电力线与通信线同杆架设时，应采取绝缘、屏蔽等安全措施。

（6）当工程管线跨越河流时，宜采用管道桥或利用交通桥梁进行架设。

（7）架空管线之间及其与建（构）筑物之间的最小水平净距应符合表 8-6 中的规定，以保障架空管线施工及运营安全。

表 8-6　架空管线之间及其与建（构）筑物之间的最小水平净距　　　　　单位：m

名称		建（构）筑物（凸出部分）	通信线	电力线	燃气管线	其他管道
电力线	3 kV 以下边导线	1.0	1.0	2.5	1.5	1.5
	3—10 kV 边导线	1.5	2.0	2.5	2.0	2.0
	35—66 kV 边导线	3.0	4.0	5.0	4.0	4.0
	110 kV 边导线	4.0	4.0	5.0	4.0	4.0
	220 kV 边导线	5.0	5.0	7.0	5.0	5.0
	330 kV 边导线	6.0	6.0	9.0	6.0	6.0
	500 kV 边导线	8.5	8.0	13.0	7.5	6.5
	750 kV 边导线	11.0	10.0	16.0	9.5	9.5
通信线		2.0	—	—	—	—

注：架空电力线与其他管线及建（构）筑物的最小水平净距为最大计算风偏情况下的净距。

（8）架空管线之间及其与建（构）筑物之间的最小垂直净距应符合表 8-7 中的规定，以保障架空管线施工及运营安全。

表 8-7　架空管线之间及其与建（构）筑物之间的最小垂直净距　　　单位：m

名称		建（构）筑物	地面	公路	电车道（路面）	铁路（轨顶）		通信线	燃气管道 $P \leqslant 1.6$ MPa	其他管道
						标准轨	电气轨			
电力线	3 kV 以下	3.00	6.00	6.00	9.00	7.50	11.50	1.00	1.50	1.50
	3—10 kV	3.00	6.50	7.00	9.00	7.50	11.50	2.00	3.00	2.00
	35 kV	4.00	7.00	7.00	10.00	7.50	11.50	3.00	4.00	3.00
	66 kV	5.00	7.00	7.00	10.00	7.50	11.50	3.00	4.00	3.00
	110 kV	5.00	7.00	7.00	10.00	7.50	11.50	3.00	4.00	3.00
	220 kV	6.00	7.50	8.00	11.00	8.50	12.50	4.00	5.00	4.00
	330 kV	7.00	8.50	9.00	12.00	9.50	13.50	5.00	6.00	5.00
	500 kV	9.00	14.00	14.00	16.00	14.00	16.00	8.50	7.50	6.50
	750 kV	11.50	19.50	19.50	21.50	19.50	21.50	12.00	9.50	8.50
通信线		1.50	（4.50）5.50	（3.00）5.50	9.00	7.50	11.50	0.60	1.50	1.00
燃气管道 $P \leqslant 1.6$ MPa		0.60	5.50	5.50	9.00	6.00	10.50	1.50	0.30	0.30
其他管道		0.60	4.50	4.50	9.00	6.00	10.50	1.00	0.30	0.25

注：架空电力线及架空通信线与建（构）物及其他管线的最小垂直净距为最大计算弧垂情况下的净距；括号内为特指与道路平行，但不跨越道路时的高度。P 表示压力。

8.3　城市工程管线综合协调

城市工程管线综合协调是指确定道路横断面范围内各种管线的布设位置及与道路平面布置和竖向高程相协调的工作。

一般情况下，城市工程管线综合协调工作是在各专项规划平面布局基本定案后进行的。管线综合工作包括平面综合和竖向综合两个方面。

8.3.1　管线平面综合

管线平面综合是将城市道路上的工程管线通过横断面的综合设计和规划协调，形成工程管线综合规划图和管线综合横断面规划图（图 8-2）。管线平面综合的一般步骤如下：

第一，对工程管线的整体布局进行核定。应结合城市空间布局和城市道路系统等规划，按照管线综合规划的有关规范和标准，根据管线综合的基本原则，对工程管线的整体布局进行综合，尽可能使各种工程管线均衡分布于城市道路网络，并与城市发展需求相协同，确保工程管线布局的科学性、合理性和经济性。

第二，按照管线综合规划的有关规范和标准、各专业工程管线规划的规范和地方有关规定及要求等，将所有工程管线按水平位置、净距的关系，根据工程管线综合的原则，在道路横断面上进行平面综合设计。若有问题应提出调整方案，与各专业工程管线的相关规划设计人员和管理者共同研究、协调，优化调整管线平面规划。

第三，管线平面布局与道路性质、道路宽度、横断面形式及组成有着密切的联系，综合设计时可能配置不下，一般应首先调整管线的平面布置，其次考虑将个别管线调整至地上或地下敷设，然后可再考虑调整横断面形式，或者调整机动车道、非机动车道、人行道、分隔带、绿化带等宽度，乃至调整道路红线宽度。

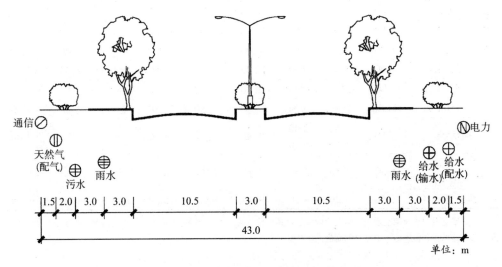

图 8-2　某道路管线综合横断面规划图

在工程管线综合相关专项时，工程管线平面综合规划主要以各单项工程管线的规划资料为依据进行总体布置。管线平面综合规划的主要任务是解决各单项工程管线在系统布置上的问题，确定各种管线的具体布局和服务范围；确定各工程管线的走向和截面大小；协调管线之间、管线与道路之间的相互关系；对管网系统的重要节点进行管控，为各单项工程的初步设计提供依据。

在详细规划时，管线平面综合的内容与工程管线综合相关规划时基本相同，而在内容的深度上有所差别，需要确定管线在平面上的具体位置，道路中心线交叉点和管线的起讫点、转折点以及工程管线的进出口需要确定和标注坐标数据。

在综合工程管线位置时，应特别注意与道路绿化的协调，在平面上易与工程管线的管位产生问题，树冠特别是高大的乔木易与电力、通信、有线电视等架空线路发生干扰，树根易与地下管线发生矛盾，要统筹考虑、统筹协调。

8.3.2　管线竖向综合

管线竖向综合一般是详细规划的工作内容。

管线竖向综合阶段是按照管线综合规划的有关规范和标准，根据工程管线综合规划的原则，检查各条道路的路段和交叉口各工程管线在竖向上的分布是否合理，各工程管线交叉时的垂直净距等是否符合有关规范和标准。若有问题，则需提出调整方案，经过与各专业相关规划设计人员和管理者共同研究、协调，优化调整管线竖向规划，确定管线竖向综合方案。

（1）道路路段的管线竖向综合通常是在道路横断面图上进行的，应逐条逐段地检核各条道路已经确定平面位置的各类工程管线竖向分布是否合理、垂直净距是否不足的问题，统筹、协调和优化规划方案。

（2）道路交叉口是工程管线交汇的区域，其情形最为密集、最为复杂，因此是管线综合的主要任务。不同功能的工程管线交汇时，应采用"立交"形式通过交叉口，管线竖向综合时应检核各类工程管线的竖向分布是否合理、垂直净距是否满足要求。同类功能的工程管线交汇时，应根据其特性和要求确定是"立交"还是"平交"通过。如采用"立交"形式，应按照上面"立交"的方式进行管线竖向综合；如采用"平交"形式，应先按照各工程管线交汇时的规划要求进行校核，再检核各类工程管线的竖向分布、垂直净距是否满足要求。其中雨水、污水管线在管线交汇前后的截面尺寸、高程是很可能发生变化的。管线竖向综合时一般首先确定深埋的污水管、雨水管的高程和浅埋的电力、通信线路的高程，然后考虑其他管线的竖向。

管线交叉点的标高设计是工程管线综合详细规划的主要规划内容。管线交叉点标高规划设计图的作用主要是检查和控制交叉管线的高程—竖向位置，并在道路的每个交叉口编号，便于查对。

管线交叉点规划设计标高的表达方式一般有"管线交叉点标高图""交叉管线垂距表""交叉口管线标高图"等。采用何种管线交叉点标高的方法较多，应根据管线种类、数量以及项目具体情况而定，要简单明了、使用方便。表示的内容不应拘泥于某种表达方式，应根据实际需要而有所增减。

1）管线交叉点标高图

直接在工程管线综合平面图上的管线交叉点处画垂距简表，详见图8-3。简表内容包括交叉点上、下管线名称，管径、管底标高，净距、地面标高及坐标；表中管线截面（管径）尺寸单位一般用mm，净距、标高采用m。这种表示方法的优点是方法明了、使用方便，缺点是管线交叉点较多时往往在图中很拥挤或绘不全。

2）交叉管线垂距表

在管线综合平面图上将各道路交叉口和管线交叉点分别编号，如图8-3中①号交叉口的各管线交叉点可分别编为1-1、1-2、1-3等，并按编号顺序分别列出各交叉点的管线垂距表（表8-8）。此法一般适用于管线交叉点较多的交叉口，由于图表分开使用，虽然详尽，但不能一目了然。

3）交叉口管线标高图

将管线交叉点的上、下管线名称及相邻外壁（即上管底和下管顶）的标高用线引注在管线综合平面图上。此法绘制简便、使用灵活，但不标明管底标高（图8-4）。

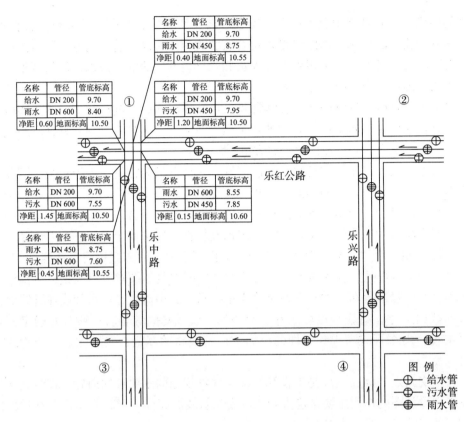

图 8-3　某城市地段管线交叉点标高图

注：管线截面（管径）尺寸单位为 mm；净距、标高单位为 m。

表 8-8　某城市地段交叉管线垂距表

道路交叉口图	交叉口编号	管线交点编号	交点处的地面标高（m）	上面			下面			垂直净距（m）	附注
				名称	管径（mm）	管底标高（m） 埋没深度（m）	名称	管径（mm）	管底标高（m） 埋没深度（m）		
	①	1	10.55	给水	DN 200	9.70　0.85	雨水	DN 450	8.75　1.80	0.40	—
		2	10.50	给水	DN 200	9.70　0.80	污水	DN 450	7.95　2.55	1.20	—
		3	10.50	给水	DN 200	9.70　0.80	雨水	DN 600	8.40　2.10	0.60	—
		4	10.60	雨水	DN 600	8.55　2.05	污水	DN 450	7.85　2.75	0.15	—
		5	10.50	给水	DN 200	9.70　0.80	污水	DN 600	7.55　2.95	1.45	—
		6	10.55	雨水	DN 450	8.75　1.80	污水	DN 600	7.60　2.95	0.45	—

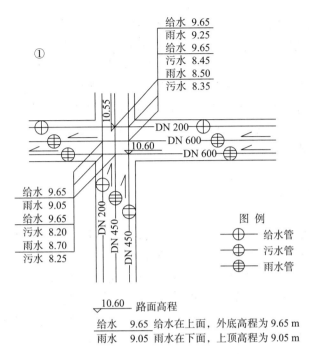

给水 9.65
雨水 9.25
给水 9.65
污水 8.45
雨水 8.50
污水 8.35

① 10.55

DN 200
10.60 DN 600
DN 600

给水 9.65
雨水 9.05
给水 9.65
污水 8.20
雨水 8.70
污水 8.25

DN 200
DN 450
DN 450

图 例

⊕—— 给水管
⊕—— 污水管
⊕—— 雨水管

▽ 10.60 路面高程
给水 9.65 给水在上面，外底高程为 9.65 m
雨水 9.05 雨水在下面，上顶高程为 9.05 m

图 8-4 某城市地段交叉口管线标高图

8.4 城市综合管廊规划

城市综合管廊是指建于城市地下用于容纳两类及以上城市工程管线的构筑物及附属设施。综合管廊内一般可敷设电力、通信、给水、热力、再生水、天然气、污水、雨水等城市工程管线；为保障综合管廊本体、内部环境、管线运行和人员安全，还配套了消防、通风、供电、照明、监控与报警、给排水和标识等附属设施。

由于传统直埋管线占用道路下方的地下空间较多，管线的敷设往往不能与道路建设同步，造成道路频繁开挖，不但影响了道路的正常通行，而且带来了噪声和扬尘等环境污染，一些城市的直埋管线还频繁出现安全事故。因而推进城市地下综合管廊建设，统筹各类工程管线规划、建设和管理，解决反复开挖路面、架空线网密集、管线事故频发等问题，有利于保障城市安全、完善城市功能、美化城市景观、促进城市集约高效和转型发展，有利于提高城市综合承载能力和城市化发展质量。

国家高度重视推进城市地下综合管廊建设。2013 年以来，出台了《国务院关于加强城市基础设施建设的意见》《国务院办公厅关于加强城市地下管线建设管理的指导意见》，并开展了城市地下综合管廊建设试点工作。2015 年，国家第一批地下综合管廊试点城市包括包头、沈阳、哈尔滨、苏州、厦门、十堰、长沙、海口、六盘水、白银 10 个城市；2016 年，第二批试点城市包括郑州、广州、石家庄、四平、青岛、威海、杭州、保山、南宁、银川、平潭、景德镇、成都、合肥、海东 15 个城市。

地下综合管廊系统建设的意义在于不仅有利于解决因道路开挖造成的城市交通拥堵等问题，而且极大地方便了电力、通信、燃气、供排水等工程设施的维护和检修，对满足民生基本需求和提高城市综合承载力发挥着重要作用。避免由于敷设和维修地下管线频繁挖掘道路而对交通和居民出行造成影响和干扰，保持路容完整和美观；降低了路面多次翻修的费用和工程管线的维修费用；保持了路面的完整性和各类管线的耐久性；便于各类管线的敷设、增减、维修和日常管理。同时，地下综合管廊管线的布置紧凑合理，有效利用了道路下方的空间，节约了城市用地；减少了道路的杆柱及各种管线的检查井等，美化了城市景观；架空管线一起入地，减少了架空线与绿化的矛盾。

8.4.1　综合管廊的构成

地下综合管廊是由干线综合管廊、支线综合管廊和缆线综合管廊组成的多级网络衔接的系统。干线综合管廊是用于容纳城市主干工程管线，采用独立分舱方式建设的综合管廊。支线综合管廊是用于容纳城市配给工程管线，采用单舱或双舱方式建设的综合管廊。缆线综合管廊是指采用浅埋沟道方式建设，设有可开启盖板但其内部空间不能满足人员正常通行要求，用于容纳电力电缆和通信线缆的管廊。

1）干线综合管廊

干线综合管廊一般设置于机动车道或道路中央下方，主要连接原站（如自来水厂、发电厂、热力厂等）与支线的综合管廊，其一般不直接服务于沿线地区。干线综合管廊内主要容纳的管线为高压电力电缆、信息主干电缆或光缆、给水主干管道、热力主干管道等，有时结合地形也将排水管道容纳在内。在干线综合管廊内，电力电缆主要从超高压变电站输送至一次、二次变电站，信息电缆或光缆主要为转接局之间的信息传输，热力管道主要为热力厂至调压站之间的输送。干线综合管廊的断面通常为圆形或多格箱形。综合管廊内一般要求设置工作通道及照明、通风等设备。

干线综合管廊的特点主要为：（1）稳定、大流量的运输；（2）高度的安全性；（3）紧凑的内部结构；（4）可直接供给到稳定使用的大型用户；（5）一般需要专用的设备；（6）管理及运营比较简单。

2）支线综合管廊

支线综合管廊主要用于将各种管线从干线综合管廊分配、输送至各直接用户。支线综合管廊一般设置在道路的两旁，容纳直接服务于沿线地区的各种管线，包括中压电力管线、通信管线、配水管线及供热支管等。支线综合管廊的截面以矩形较为常见，一般为单舱或双舱箱形结构。综合管廊内一般要求设置工作通道及照明、通风等设备。

支线综合管廊的特点主要为：（1）有效（内部空间）截面较小；（2）结构简单、施工方便；（3）设备多为常用定型设备；（4）一般不直接服务于大型用户。

3）缆线综合管廊

缆线综合管廊一般设置在道路的人行道下面，其埋深较浅。截面以矩形较为常见。一般工作通道不要求通行，管廊内不要求设置照明、通风等设备，仅设置供维护时可开启的盖板或工作手孔即可。

8.4.2 综合管廊规划的内容

综合管廊规划应包含平面布局、断面、位置、近期建设计划等内容，具体如下：

（1）分析综合管廊建设实际需求及经济技术等可行性，明确综合管廊建设的目标和规模。

（2）划定综合管廊建设区域，统筹衔接地下空间及各类管线相关规划。

（3）考虑城市发展现状和建设需求，科学、合理地确定干线管廊、支线管廊、缆线管廊等不同类型综合管廊的系统布局。

（4）确定入廊管线，对综合管廊建设区域内管线入廊的技术、经济可行性进行论证；分析项目同步实施的可行性，确定管线入廊的时序。

（5）根据入廊管线的种类及规模、建设方式、预留空间等，确定综合管廊分舱方案、断面形式及控制尺寸。

（6）明确综合管廊及未入廊管线的规划平面位置和竖向控制要求，划定综合管廊三维控制线。

（7）明确综合管廊与道路、轨道交通、地下通道、人民防空以及其他设施之间的间距控制要求，制定节点跨越方案。

（8）明确综合管廊抗震、防火、防洪、防恐等安全及防灾的原则、标准和基本措施。

（9）根据城市发展需要，合理安排综合管廊建设的近远期时序。

（10）估算工程量。

8.4.3 综合管廊规划的原则

综合管廊规划应坚持因地制宜、远近结合、统一规划、统筹建设的原则。

1）统一规划

综合管廊规划应符合国土空间总体规划的要求，规划年限应与国土空间总体规划一致，并应预留远景发展空间。应从城市发展需求和建设条件出发，合理确定综合管廊系统布局、建设规模、建设类型及建设时序，提高规划的科学性和可实施性。

综合管廊规划要遵循国土空间总体规划，不得违背总体规划中的强制性内容。由于综合管廊生命周期原则上不少于100年，因此综合管廊规划应考虑城市远景发展的需求。

2）与相关规划衔接

综合管廊规划应与城市地下空间规划、工程管线专项规划及管线综合规划相衔接。

在城市新区的综合管廊规划中，各工程管线规划和管线综合规划应与综合管廊规划相适应；在老城区的综合管廊规划中，综合管廊应满足现有管线和规划管线的需求，并应依据综合管廊规划对各工程管线规划进行反馈与优化。

综合管廊相较于传统管道直埋方式的优点之一是节省地下空间，在综合管廊规划中应按照综合管廊内管线设施优化布置的原则预留地下空间，同时与地下和地上设施相协调，避免发生冲突。

综合管廊规划应与城市给水、雨水、污水、供电、通信、燃气、供热、再生水等地下管线设施规划相协调；城市综合管廊主体采用地下布置，属于城市地下空间利用的形式之一，因此综合管廊规划建设应统筹考虑与城市地下空间尤其是轨道交通的关系；综合管廊的出入口、吊装口、进风口及排风口等均有露出地面的部分，其形式与位置等应与城市环境景观相一致。

3）与建设项目结合

综合管廊建设要针对需求强烈的城市重要地段和管线密集区，提高综合管廊实施效果；与新区建设、旧城改造、道路建设、地下主要管线改造等项目同步进行，协同推进，提高可实施性。

城市新区应高标准规划建设地下管线设施，新区主干道路往往也是地下管线设施的重要通道，宜采用综合管廊的方式。综合管廊与新区主干道路同步建设可大大减小建设难度，减少投资。城市老（旧）城区综合管廊建设应以规划为指导，结合地下空间开发利用、旧城改造、道路整治、管线升级改造等项目同步进行，避免单纯某一项目建设对地面交通、管线设施运行的影响，并减少项目投资。

8.4.4　综合管廊规划的要求

1）布局

（1）应根据城市功能分区、空间布局、土地使用、开发建设等的实际和发展需要，结合管线敷设需求及道路布局，确定综合管廊的系统布局和类型等。

（2）应结合城市地下管线现状，在城市道路、轨道交通、给水、雨水、污水、再生水、天然气、热力、电力、通信等专项规划以及地下管线综合规划的基础上，确定综合管廊的布局。

（3）应综合考虑不同路由建设综合管廊的经济性、社会性和其他综合效益。综合管廊系统布局应重点考虑以下方面：

① 交通流量大或地下管线密集的城市道路以及配合地铁、地下道路、城市地下综合体等工程建设地段；

② 高强度集中开发区域、重要的公共空间；

③ 道路宽度难以满足直埋或架空敷设多种管线的路段；

④ 道路与铁路或河流的交叉处或管线复杂的道路交叉口；

⑤ 不宜开挖路面的地段；

⑥ 管线需要集中穿越江、河、沟、渠、铁路、高速公路或国家干线公路。

（4）干线综合管廊宜在规划范围内选取具有较强贯通性和传输性的建设路由布局。如结合轨道交通、主干道路、高压电力廊道、供给主干管线等的新改扩建工程进行布局。

支线综合管廊宜在重点片区、城市更新区、商务核心区、地下空间重点开发区、交通枢纽、重点片区道路、重大管线位置等区域，选择服务性较强的路由布局，并根据城市用地布局考虑与干线综合管廊系统的关联性。

缆线综合管廊一般应结合城市电力、通信管线的规划建设进行布局。缆线综合管廊建设适于城市新区及具有架空线入地要求的老城改造区域和城市工业园区、交通枢纽、发电厂、变电站、电信局等电力、通信管线进出线较多、接线较复杂，但尚未达到支线综合管廊入廊管线规模的区域。

（5）应从全市层面统筹考虑综合管廊系统布局，在满足各区域综合管廊建设需求的同时，应注重不同建设区域综合管廊之间、综合管廊与管网之间的关联性、系统性。

（6）在满足实际规划建设需求和运营管理要求的前提下，适度考虑干线、支线和缆线综合管廊的网络联通，保证综合管廊系统区域的完整性。

（7）应与沿线既有或规划地下交通、地下商业开发、地下人防设施以及其他相关建设项目、地下设施的空间统筹布局和结构衔接，处理好综合管廊与重力流管线或其他直埋管线的空间关系。

2）断面选型

综合管廊的断面形式应根据管线种类和数量、管线尺寸、管线的相互关系以及施工方式等综合确定。

（1）断面选择原则。应根据入廊管线种类及规模、建设方式、预留空间，以及地下空间、周边地块、工程风险点等，合理确定综合管廊分舱、断面形式及控制尺寸。遵循集约原则选择综合管廊断面，统筹规划综合管廊内部空间，并为未来发展适度预留空间。

（2）管廊断面尺寸。应满足现行国家标准《城市综合管廊工程技术规范》（GB 50838—2015）等相关标准规范的规定。其中，综合管廊标准断面内部的净高应根据容纳管线的种类、规格、数量、安装要求等综合确定，不宜小于2.4 m；净宽应根据容纳的管线种类、数量、运输、安装、运行、维护等要求综合确定；通道净宽应满足管道、配件及设备运输的要求。

（3）管廊断面形式。采用明挖现浇施工时宜采用矩形断面；采用明挖预制施工时宜采用矩形、圆形或类圆形断面；采用盾构施工时宜采用圆形断面；采用顶管施工时宜采用圆形或矩形断面；采用暗挖施工时宜采用马蹄形断面。

3）断面布置

（1）干线综合管廊断面布置（图8-5）。主要容纳城市工程主干管线，包括高压电力电缆、信息主干电缆或光缆、给水主干管道、热力主干管道等，向支线管廊提供配送服务，不直接服务于两侧地块，一般根据管线种类设置分舱。

（2）支线综合管廊断面布置（图8-6）。主要容纳城市工程配给管线，包括中压电力管线、通信管线、配水管线及供热支管等，主要为沿线地块或用户提供供给服务，一般为单舱或双舱断面形式。

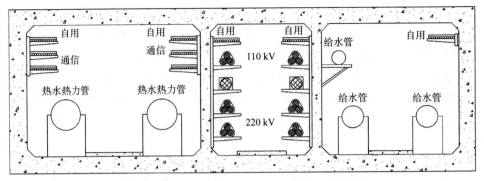

（a）单层三舱矩形断面一（其中供热管为热水管）

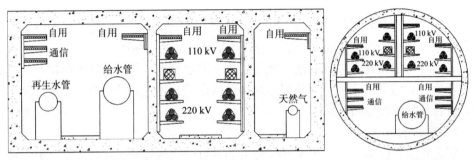

（b）单层三舱矩形断面二　　　　　（c）双层三舱圆形断面

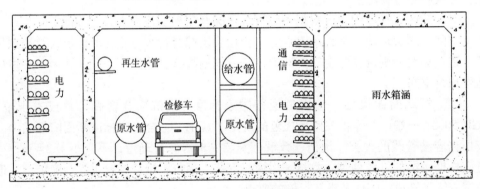

（d）单层三舱矩形断面三

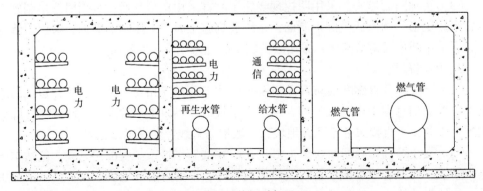

（e）单层三舱矩形断面四

图 8-5　干线综合管廊断面示意图

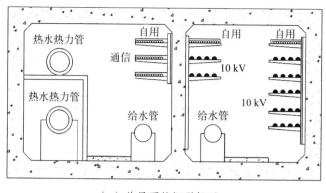 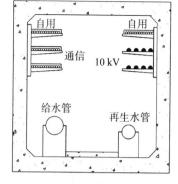

（a）单层两舱矩形断面　　　　　　　　（b）单层一舱矩形断面

图 8-6　支线综合管廊断面示意图

（3）缆线综合管廊断面布置（图 8-7）。主要容纳中低压电力、通信、广播电视、照明等管线，主要为沿线地块或用户提供供给服务。可以选用盖板沟槽或组合排管两种断面形式。采用盖板沟槽形式的，断面净高一般在 1.6 m 以内，可不设置通风、照明等附属设施，不考虑人员在内部通行。安装更换管线时，应将盖板打开，或在操作工井内完成。

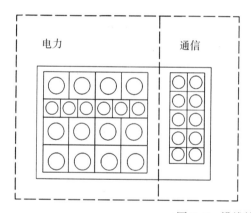 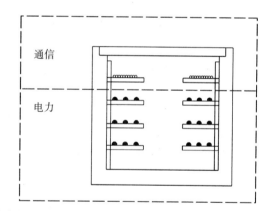

图 8-7　缆线综合管廊断面示意图

4）舱室布置

应综合考虑综合管廊空间、入廊管线种类及规模、管线相容性以及周边用地功能和建设用地条件等因素，对综合管廊舱室进行合理布置。从运营角度考虑，宜尽量整合舱室。当建设条件受限时，多舱综合管廊可采用双层或多层布置形式，各个舱室的位置应考虑各种管线的安装敷设及运行安全需求。综合管廊内的舱室布置应符合下列要求：

（1）天然气管道应在独立舱室内敷设。燃气管道与其他管道或电缆同沟敷设时，如燃气管道漏气易引起燃烧或爆炸，将会影响同沟敷设的其他管道或电缆，使其受到损坏；又如电缆漏电时，使燃气管道带电，易产生人身安全事故。当舱室采用上下层布置时，燃气舱宜位于上层。

（2）热力管道采用蒸汽介质时应在独立舱室内敷设。由于蒸汽管道发生事故时对管廊设施的影响大，应采用独立舱室布置。

（3）热力管道不应与电力电缆同舱敷设。在电缆发生火灾时，有明火时会迅速燃烧甚至发生爆炸事故，对电缆构筑物设施及人员构成严重的安全威胁。

（4）高压电力电缆可能对通信电缆的信号产生干扰，故110 kV及以上电力电缆不应与通信电缆同侧布置。

（5）当给水管道与热力管道同侧布置时，给水管道宜布置在热力管道下方，以保障给水水质和供水管道安全。

（6）进入综合管廊的排水管道应采用分流制，雨水纳入综合管廊可利用结构本体或采用管道方式。

（7）污水纳入综合管廊应采用管道排水方式，污水管道宜设置在综合管廊的底部。污水可能产生的有害气体具有一定的腐蚀性，同时考虑综合管廊的使用年限等因素，因此污水进入综合管廊时应采用管道方式。

5）三维控制线

三维控制线的划定应明确综合管廊的平面位置和竖向控制要求，引导综合管廊的工程设计和地下空间的管控与预留，具体应符合下列要求：

（1）综合管廊规划设计条件应确定综合管廊在道路下的平面位置及与轨道交通、地下空间、人民防空以及其他地下工程的平面和竖向间距控制要求。

（2）综合管廊平面线形宜与所在道路平面线形保持一致，平面位置主要考虑对地下空间的集约利用及综合管廊的施工、运行维护要求，应与河道、轨道、桥梁以及地下空间建筑物的桩、柱、基础的平面位置相协调。

①干线综合管廊宜结合道路断面布置于机动车道或道路绿化带下。对于有较宽中央绿化带的主干道，可布置于中央绿化带下。

②支线综合管廊宜结合道路断面布置于道路绿化带、人行道或非机动车道下。

③缆线综合管廊宜结合道路断面布置在人行道下。

（3）综合管廊与外部相邻工程管线及地下构筑物的最小水平净距应符合现行相关规范，且不得小于前表8-5的规定。与邻近建（构）筑物的间距应满足施工及基础安全间距要求。

（4）综合管廊竖向控制应合理确定综合管廊的覆土深度、竖向间距和交叉避让控制要求。

①覆土深度。应根据当地水文地质条件、地下设施竖向规划和道路施工、行车荷载、其他地下管线、绿化种植、冰土深度、管廊施工方式等因素综合确定。

②竖向间距。规划综合管廊需考虑避让地下空间、规划河道、规划轨道交通及横向交叉管线，同时应符合现行国家标准《城市工程管线综合规划规范》（GB 50289—2016）等的有关规定。

③交叉避让。与非重力流管线交叉，非重力流管线避让综合管廊。与重力流管线交叉，应根据实际情况，经过经济技术比较后确定解决方案。穿越河道时，综合管廊一般从河道下部穿越，对河床较深的地区可采取从河道上部跨越，经经济技术

比较后确定解决方案。

6）主要附属设施

综合管廊的消防、通风、供电、照明、监控和报警、排水、标识等相关附属设施的配置应符合现行相关规范。

附属设施配置应注重近远期结合，结合已建、在建综合管廊附属设施的设置情况，保证近期建设综合管廊的使用以及远期综合管廊附属系统的完整性。

（1）消防设施

综合管廊主体结构、各舱室分隔墙、内装修材料、防火分隔应符合现行国家标准《城市综合管廊工程技术规范》（GB 50838—2015）、《建筑防火通用规范》（GB 55037—2022）、《建筑设计防火规范》（GB 50016—2014）（2018 年版）等的有关规定。综合管廊舱室内含有两类及以上管线时，舱室火灾危险性类别应按火灾危险性较大的管线确定。

（2）供电设施

① 连片布局或长距离综合管廊宜按供电服务半径不超过 1 000 m 划分 10（20）/0.4 kV 供电分区，并在负荷中心设置变电所。

② 综合管廊分区变电所可根据当地供电部门的规定采用集中供电模式或多点就地供电模式。

③ 当采用集中供电模式时，综合管廊中压配电所向分区变电所配电，10（20）kV 供电服务半径不宜超过 8（10）km。

④ 综合管廊变配电所宜结合综合管廊主体结构设置，并应做好防洪措施。

（3）排水设施

综合管廊内的废水主要包括综合管廊清扫冲洗水、消防排水、结构渗透水、管道维护的放空水、各出入口溅入的雨水等，宜经沉淀等初步处理后排入城市排水系统。

8.4.5 综合管廊的安全防护

为保障地下综合管廊的安全稳定运行，应对其安全防护空间划定为黄线，以保障安全。

1）安全保护范围

管廊本体主体结构安全保护范围外边线距主体结构外边线不宜小于 3 m。

在安全保护范围内，不应从事排放、倾倒腐蚀性液体、气体等有害物质和挖掘岩土、堆土或堆放建筑材料、建筑垃圾等，以及其他危害综合管廊安全运行的行为。

管廊本体是指综合管廊的结构主体及人员出入口、吊装口、逃生口、通风口、管线分支口、支吊架、防排水设施、检修道及风道等构筑物。

综合管廊作为地下工程，一般先于两侧地块开发建成，当两侧地块的地下空间及上部交通设施施工时，对综合管廊的稳定会产生影响。多个工程案例表明，邻近管廊工程的基坑开挖、堆载施工，会使综合管廊产生不同程度的位移、倾斜，造成管廊本体出现裂缝，影响运行安全。

2）安全控制区

综合管廊应设置安全控制区，安全控制区外边线距主体结构外边线不宜小于 15 m，采用盾构法施工的综合管廊安全控制区外边线距主体结构外边线不宜小于 50 m。在安全控制区范围内拟从事的工程勘察、设计及施工对主体结构的影响应满足综合管廊结构安全控制指标的要求。

在安全控制区内从事深基坑开挖、降水、爆破、桩基施工、地下挖掘、顶进及灌浆作业等可能影响综合管廊安全运行的限制行为，应进行事前安全评估，对涉及的管廊本体及可能影响的管线应进行监测，并采取安全保护控制措施。

当综合管廊穿越水体时，船舶的抛锚、拖锚作业净距控制管理值应大于 100 m；当进行河道清淤疏浚作业时，综合管廊结构的上方覆土不应小于设计厚度，以确保综合管廊结构安全。

8.5 智能化城市综合管廊建设

智能化综合管廊是智慧城市核心概念在综合管廊的具体应用，是智慧城市的大动脉和智慧城市建设的重要组成部分。通过管廊与信息技术的融合应用，提升管廊服务的数字化水平，实现综合管廊安全、高效、稳定的目标。

8.5.1 建设内涵和目的

1）内涵

智能化综合管廊的内涵是采用地理信息系统（GIS）、建筑信息模型（BIM）、物联网、数据、云计算、人工智能等新一代信息技术，实现综合管廊的数据共享、环境和设备监控、管线运行监测、管廊安全监控、智能消防、智能巡检、协同管理、辅助决策、智能分析、应急指挥等智能化建设和运维管理，实现综合管廊全生命周期的自动化、智能化，极大提升综合管廊的建设科学性、建设效率、管理效率、管理质量和综合服务能力。

智能化综合管廊具有以下四个特点：

（1）标准规范化

建立智能化综合管廊工程从规划、设计、施工、竣工到运维管理全生命周期的设计标准和工程规范，使综合管廊工程的建设和管理有据可依。

（2）管理数字化

通过智能化综合管廊信息平台，将综合管廊工程从规划、设计、施工、竣工验收和运维管理的全生命周期纳入数字化管理，提升管理效能。

（3）业务协同化

打破由于地下管线多头管理产生的壁垒，实现不同建设主体、管理主体之间的联动协同，提高管理效率，促进资源共享。

（4）决策智能化

运用人工智能和大数据等分析方法，对基础空间信息、工程项目信息、设备监控信息、设备维护信息等进行准确的趋势预测，为综合管廊的规划建设和精细管理提供智慧决策支持。

2）目的

（1）简化端、网的部署，设备运行维护化繁为简

管廊内的监测感知设备包括光纤感知、机器视觉感知，以及传统的电化学传感等，可通过人工智能（AI）算法融合，实现单点传感、多场景感知识别，可同时实现作业穿戴识别、人脸识别、人员轨迹、入侵检测等，达到视频"一路多感"的效果。通过网络切片等技术实现一网多业务承载，简化网络部署和维护。通过统一运维管理平台，实现全网设备运行管理一张图。

（2）汇聚多源数据，智能决策

综合管廊涉及多种类型、多个业务来源的数据，包括建筑信息模型（BIM）数据，图像、温度、音频、气体等传感器监测数据，电力、燃气、供水、排水等业务系统数据。智能管廊能保证数据的完整性、各系统之间的数据关联性，利用大数据和人工智能等技术实现数据挖掘，建立数据分析模型，支撑综合管廊建设运营维护等的智能决策。

（3）整合业务流程，高效管理和协同

综合管廊包含众多复杂的业务流程，包括智能管控、管网运行、设备维修、应急作业、运维调度、隐患管理、应急管理等。通过统一的集成平台，把相对独立的系统合成一个管理协同平台，实现高效的管理和协同联动。

（4）融合软硬件新技术，智能化运行监测和巡检

运用物联网、5G、人工智能等新技术，实现综合管廊内部所有设施、设备运行状态的智能感知，如环境运行感知、管线运行感知、本体结构状况感知、消防状态感知等。通过自动化系统实现管廊的智能化运行监测和巡检。

（5）系统架构开放和扩展

由于管廊管理设备众多、监控内容庞杂、系统规模应用逐渐扩大，就要求系统具备开放性和扩展性，系统架构可灵活配置，监测设备可灵活配置，外围系统接口可灵活添加修改，功能应用可灵活添加，网络层级可延伸扩展等。

8.5.2 数据采集

综合管廊内部的设备设施多，数据采集以物联感知数据为主，包括管廊的基础设施数据、管廊环境数据和其他数据等。

1）基础设施数据采集

（1）管廊本体数据采集

管廊本体数据采集的主要目的是为管廊本体结构的安全监测，主要监测内容包括应力、形变、振动等。形变监测又可分为沉降、倾斜、裂缝、水平位移、变形缝

形变、断面收敛等。

（2）管线数据采集

对于入廊管线相关数据，通常是由入廊管线权属单位根据业务需要进行采集。出于管廊的综合管理需要，一些项目会通过入廊管线监测系统对管线数据进行汇聚整合，包括入廊燃气管线、供水管线的压力、流量；热力管线的压力、流量、温度。另外，对于高压输电缆，多数设置分布式感温光纤监测系统，对电缆表面温度实施监测。

（3）配套机电设施数据采集

管廊内配套机电设施相关数据的采集主要包含通风系统、配电照明系统、排水系统、自动液压井盖等，管廊的日常管理需要对各系统的运行状态、故障报警等数据进行实时采集。

2）管廊环境数据采集

（1）管廊内环境数据采集

管廊内环境数据采集主要包括温度、湿度的实时数据采集，管廊内空气成分中甲烷、硫化氢、氧气含量数据的实时采集。

（2）管廊外环境数据采集

管廊外环境数据采集主要包括管廊周边环境数据采集和管廊所在区域的气象数据采集。

管廊周边环境包括管廊所在区域的地质数据、路面积水、降雨量、温湿度、相邻管网、道路、桥梁等市政设施数据。大部分数据可结合相关部门或政府大数据平台系统对接获取数据。通过管廊安全风险模型监测，进一步保障管廊的安全运行。

3）其他数据采集

（1）人员数据采集

管廊巡检、维护作业人员分布在管廊的各个位置，主要采集管廊作业人员的实时位置数据、作业人员的生命体征数据等，服务于作业人员的安全管理和工作时效监督等。

（2）消防系统数据采集

管廊消防系统主要包括消防报警系统、消防灭火系统、消防电器火灾系统、消防电源检测系统、防火门监测系统、应急逃生系统等。消防系统统一系统接口，整合获取消防设备设施的位置信息、消防报警信息、状态信息。

（3）安防系统数据采集

管廊安防系统主要包括视频监控系统、门禁系统、入侵报警系统。视频监控系统采集管廊内的实时视频，并进行录像保存。

8.5.3　信息平台

构建智能化信息平台，可实现综合管廊数据资源的综合管理和分析应用。智能化平台集在线监测、安全预警、应急处置于一体，保障综合管廊的可靠运行。

智能化综合管廊信息平台主要由基础控制系统、智能应用系统和其他管廊子系统组成（图8-8）。

1）基础控制系统

基础控制系统为管廊的基础管理提供网络传输、管廊区域控制和监控中心的机房设备设施、值班室管理操作端。

2）智能应用系统

智能应用系统以数字孪生为应用基础，叠加管廊总控中心和分控中心的不同智慧化业务应用。管廊数字孪生系统通过建筑信息模型（BIM）、三维地理信息系统（GIS）、大数据、云计算、物联网、人工智能、可视化等先进技术，同步生成与实体管廊"孪生"的数字管廊，实现管廊从规划、建设到管理的全过程、全要素、全方位的数字化、可视化和智能化。管廊孪生系统包括数据建模与治理、多源异构数据融合、可视化渲染表达、分析计算与模拟等功能应用。

3）其他管廊子系统

其他管廊子系统包括管廊内各弱电信息化子系统，相对独立，通过基础控制系统和智能应用系统整合，实现子系统间的智能协同和联动控制。

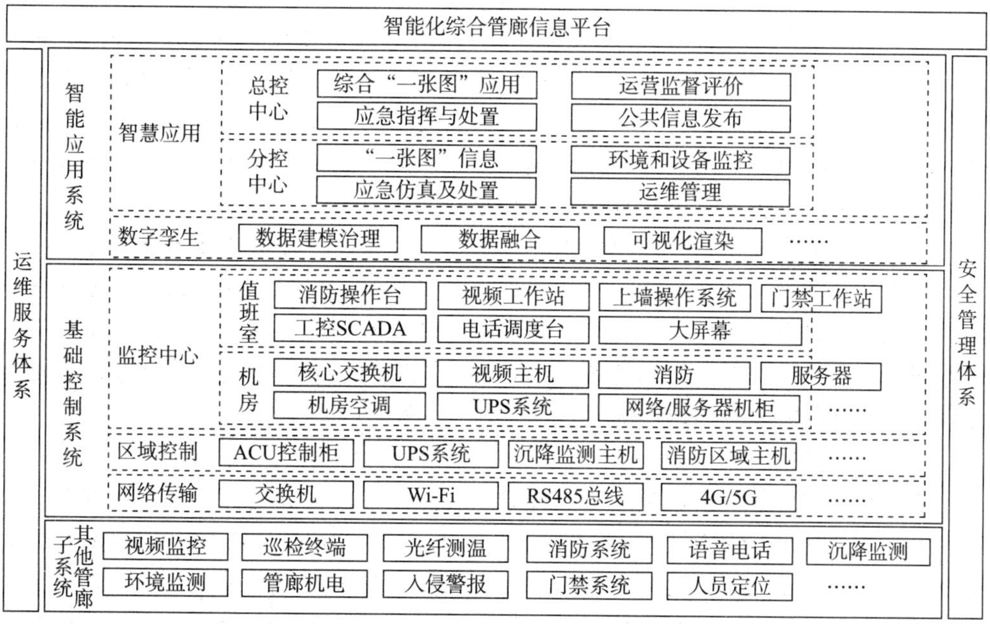

图 8-8 城市综合管廊智能化建设总体框架图

注：SCADA 指数据采集与监控系统；ACU 即 Area Control Unit，指区域控制单元；UPS 即 Uninterruptible Power System，指不间断电源；Wi-Fi 指无线网；RS485 总线是物联网应用中比较常见的通信方式，可用于不同设备间进行数据传输和通信；4G 指第四代移动通信技术；5G 指第五代移动通信技术。

8.5.4 规划应用

1）应用领域

城市地下综合管廊作为城市基础设施的重要组成部分，综合管廊的安全高效运营可提升城市防灾能力和安全等级，对保障民生和公共安全具有重大意义。

打造城市地下综合管廊安全防控智能化平台，集在线监测、安全预警、应急处置于一体，可有效应对爆管、泄漏、火灾等突发事件，对提高风险防控能力、保障城市地下安全、推进城市治理现代化起到重要作用。

2）规划反馈

综合管廊规划应充分利用其智能化综合管廊系统，特别是其中的辅助决策管理系统，获取相关分析数据，优化完善相关内容。

完善管廊布局。通过多源数据融合建立数据分析模型，评估管廊的布局、选线等情况，可为管廊的优化完善提供智能决策支持，为其他管廊的规划建设积累经验数据，提供决策参考。

优化舱室布置。通过多源数据建立分析模型，对入廊管线进行在线监测，评估管廊运行状况，可为舱室完善、管廊断面选型等提供决策支持，为其他管廊的舱室布置和安全防控积累经验数据。

3）应用价值

地下综合管廊的管线种类多样，采用现代信息技术对地下综合管廊进行管理与监控是不可或缺的手段。在信息化监控方面，可实现对运行管线安全状况的监测，以及对管廊内部环境的检测，避免内部环境因素对设备、管线造成影响及导致工作人员受到伤害。在综合管廊智能化方面，采用统一的管理平台，运用物联网、大数据、建筑信息模型（BIM）、地理信息系统（GIS）等技术，实现环境与设备监控系统、安防系统、消防系统、通信系统等系统的联动。

综合管廊智能化平台不仅可实现对管廊环境、设备、安防和廊体结构等的智能监测及各系统的智能联动，而且在管廊内外风险预警、突发事件应急模拟仿真及处置，多源数据融合实现管廊运行监测可视化管理等方面具备优势。另外，在数据共享方面，具备与政府及上级监管平台、管线权属单位平台数据的对接条件，从而支撑重大突发事件跨区域的指挥调度。

4）应用前景

随着我国综合管廊的大规模工程建设，智能化平台将成为管廊建设的重点。城市地下综合管廊安全防控智能化平台集二三维"一张图"、环境和设备监控、安全防控、应急仿真及处置、运维管理等功能于一体，基本覆盖了城市地下综合管廊运营管理的典型功能需求，具有广泛的应用性，后续还可拓展应用于城市地下基础设施的综合管理与安全监管等领域。

第 8 章思考题

1. 管线避让、地下敷设、架空敷设的原则是什么？
2. 工程管线的平面和竖向综合的基本方法是什么？
3. 建设管线综合管廊的目的与意义是什么？
4. 综合管廊的规划布局与原则、典型断面与布置要求是什么？
5. 学习和解析智能化城市综合管廊案例。

9 城市环境卫生工程系统规划

本章主要学习和掌握城市环境卫生工程系统的组成、规划编制内容和规划原则，熟悉城市环境卫生安全保障体系的构成及其价值；学习和掌握城市固体废物的分类、废物量的预测和废弃物的处置，熟悉城市环境卫生收集设施、转运设施、处理及处置设施规划；学习和了解环境卫生工程系统规划设计的现行国家标准和行业规范。

9.1 概述

环境卫生工程是指收集、处理处置、综合利用生活和生产等废弃物的工程。

环境卫生是城市公共卫生的重要组成部分。城市环境卫生体系是为有效治理城乡生活废弃物，为人民群众创造清洁、优美的生活、工作环境而进行的有关生活和生产等废弃物的清扫、保洁、收集、运输、处理、综合利用和社会治理等活动的总称。城市环境卫生工程系统的功能是收集和处理城市各种废弃物、综合利用、变废为宝、清洁市容、净化城市环境。

环境卫生是一个城市乃至一个国家的文明标识，我们要充分认识到环境卫生体系对城市高质量发展的意义。建设完善的城市环境卫生基础设施的价值是为人民创造清洁的公共卫生环境，提高生活质量。通过规划建设，从根本上提升城市公共卫生服务能力和环境卫生设施水平，创建清洁、舒适、优美、安全的卫生环境，确保城市公共卫生安全。

垃圾通常被视为无用的废弃物，但实际上是未被充分利用的资源。随着科技进步，垃圾处理技术不仅提高了垃圾处理效率，而且实现了资源的有效利用。垃圾的减量化、资源化和无害化处理，形成了循环经济模式，将垃圾转化为新产品或新能源。

9.1.1 城市环境卫生工程系统的组成

环境卫生设施是指具备从整体上改善环境卫生、限制或消除生活废弃物危害功能的设备、容器、构筑物、建筑物及场地等的统称。

城市环境卫生工程系统由环境卫生收集设施、环境卫生转运设施、环境卫生处理处置设施和其他环境卫生设施构成。

1）环境卫生收集设施

城市环境卫生收集设施包括生活垃圾收集点、生活垃圾收集站、废物箱和水域保洁及垃圾收集设施等。

2）环境卫生转运设施

城市环境卫生转运设施包括生活垃圾转运站和垃圾转运码头、粪便码头等。

3）环境卫生处理处置设施

城市环境卫生处理处置设施包括生活垃圾焚烧厂、生活垃圾卫生填埋场、生活垃圾堆肥处理设施、餐厨垃圾处理设施、建筑垃圾处理设施、粪便处理设施、其他固体废弃物处理厂（处置场）等。

4）其他环境卫生设施

其他环境卫生设施包括公共厕所、环境卫生车辆停车场、洒水（冲洗）车供水器、环卫工人作息场所等设施。

9.1.2 城市环境卫生工程系统规划的内容

城市环境卫生工程系统规划的主要内容包括：确定规划目标与原则，确定环境卫生设施体系；预测固体废物产量，确定处置方式；确定垃圾收集设施、转运设施、处理处置设施等的位置、用地及管控、防护要求等。

按照国土空间规划体系，相应的总体规划、详细规划中的环境卫生工程系统规划和环境卫生工程专项规划的主要内容有所侧重。国土空间总体规划是环境卫生工程专项规划的基础；详细规划中的环境卫生工程系统规划以国土空间总体规划为依据，与专项规划相衔接；环境卫生工程相关专项规划要遵循国土空间总体规划，不得违背总体规划中的强制性内容，其主要内容要纳入详细规划。

1）总体规划中环境卫生工程系统规划的内容

在国土空间总体规划中，环境卫生工程系统规划的主要内容包括以下方面：

（1）现状分析：分析现状环境卫生工程系统情况和使用状况；评估环境卫生工程系统规划实施情况。

（2）专题研究：结合实际，开展环境卫生支撑保障系统等重大问题和对策研究。

（3）统筹协调：落实国家和区域重大环境卫生设施项目，明确空间布局和规划要求；统筹重要环境卫生设施的区域协同问题；完善城乡环境卫生工程系统网络体系。

（4）发展目标：提出环境卫生发展目标；确定城市生活垃圾回收利用率、生活垃圾无害化处理率和农村生活垃圾处理率等发展指标；明确城市生活垃圾资源化利用率、城市建筑垃圾综合利用率等指标。

（5）空间布局：提出固体废物处理设施的规模、网络化布局要求；统筹邻避设施布局问题。

（6）用地控制：确定垃圾转运站、垃圾转运码头、垃圾堆肥厂、垃圾焚烧厂、卫生填埋场（厂）等重要环境卫生设施的用地控制范围，划定黄线。

（7）近期建设：编制近期环境卫生设施重点建设项目。

（8）政策机制：提出环境卫生工程系统规划实施的政策；提出垃圾减量化、资源化利用、无害化处理的措施等。

规划成果包括环境卫生工程规划图等图件和规划文本、附表、说明、专题研究报告等。

2）环境卫生工程专项规划的内容

环境卫生工程专项规划在国土空间总体规划相关编制内容的基础上，还应包括以下内容：

（1）研究分析现状环境卫生工程系统情况和环境卫生状况，加强基础数据分析。

（2）落实和深化国土空间总体规划确定的环境卫生工程系统规划；与相关规划相衔接和统筹协调；结合实际，开展相关专题研究。

（3）确定环境卫生工程系统的设施体系，选择相应的环境卫生设施。

（4）预测生活垃圾等固体废物产量。

（5）确定垃圾的收集、转运、处理和处置方式。

（6）确定生活垃圾收集点、生活垃圾收集站、废物箱和水域保洁等环境卫生收集设施的数量、规模、布局。

（7）确定生活垃圾转运站和垃圾转运码头、粪便码头等环境卫生转运设施的数量、规模、布局和防护要求。

（8）确定生活垃圾焚烧厂、生活垃圾卫生填埋场、生活垃圾堆肥处理设施、餐厨垃圾处理设施、建筑垃圾处理设施、粪便处理设施、其他固体废弃物处理厂（处置场）等环境卫生处理处置设施的规模、位置和防护要求。

（9）确定公共厕所、环境卫生车辆停车场、洒水（冲洗）车供水器、环卫工人作息场所等其他环境卫生设施的规划指标和要求。

规划成果主要包括环境卫生工程现状图、环境卫生工程规划图等图件和规划文本、附表、说明、专题研究报告等。

3）详细规划中城市环境卫生工程系统规划的内容

在国土空间详细规划中，环境卫生工程系统规划的主要内容有以下几个方面：

（1）分析环境卫生设施条件。

（2）估算生活垃圾等固体废物产量。

（3）落实国土空间总体规划确定的环境卫生设施及用地和防护要求等相关内容，与相关专项规划相衔接；确定环境卫生设施的黄线控制范围与管控要求。

（4）确定各项环境卫生设施的数量、具体位置、规模、用地界线等，并划定防护绿带或明确具体防护要求。

（5）估算工程量。

规划成果主要包括环境卫生工程现状图、环境卫生工程详细规划图等图件和规划文本、说明等。

9.1.3 城市环境卫生工程系统规划的原则

城市环境卫生工程系统规划应落实安全高效、以人为本、绿色低碳的理念，并坚持减量化、资源化、无害化的原则。

1）统筹组织

应结合当地的社会经济、城市建设和城市管理的实际情况及高质量发展需求，合理确定城市环境卫生工程系统的设施体系，为人民群众创造清洁、优美的生活和工作环境。应根据服务范围内的垃圾清运量、垃圾清运距离、处理设施布局以及垃圾分类要求等构建生活垃圾分类收运系统。

2）科学配置

应满足城市生活垃圾分类收集、分类转运、分类处理处置的要求，重大环境卫生设施规划宜按照"区域共享、城乡统筹"的原则进行科学配置。宜通过改善收集方式，提高分类回收、利用水平，改进处理处置工艺和方法等来落实减量化、资源化、无害化的垃圾处理处置政策。

3）合理布局

应满足城市用地布局、环境保护、市容景观、公共安全等要求。宜从环境卫生工程系统的设施体系构建、产量预测、设施选址、标准制定、规划布局、工艺选择等方面贯彻安全高效、以人为本、绿色低碳的理念。

4）集约建设

生活垃圾焚烧厂等环境卫生处理处置设施宜集中布局，条件允许时可形成综合处理园区；公共厕所等环境卫生设施在满足卫生及防疫要求的条件下，可结合城市其他建设项目设置。

9.2 城市环境卫生保障体系

随着我国社会经济的快速发展和人民生活水平的迅速提高，在城市生产与生活过程中产生的垃圾废物也随之迅速增加。城市生活垃圾的大量增加使垃圾处理越来越困难，由此带来的环境污染等问题逐渐引起社会各界的广泛关注。

城市环境卫生基础设施是城市运行和公共服务的重要组成部分，是关系民生的基础性公益事业，是推进生态文明建设、社会经济发展、人居环境改善、公共服务提升和城市安全运转的基本保障。加强环境卫生基础设施建设、维护公共卫生环境是全社会共同的责任，是建构城市环境卫生保障体系的价值所在。因此，我们构建设施完善、运行安全、处置科学的城市环境卫生基础设施体系，对于城市高质量发展具有重要意义。

9.2.1 设施完善

我国城市环境卫生工程系统的设施体系建设起步较晚，发展很快。特别是近年来，设施体系逐步建立完善，推动了城市的健康发展和社会的全面进步。

目前有许多城市的环境卫生工程系统仍存在体系不完整、设施不完善、布局不合理、质量不高、使用不便等问题，特别是部分环境卫生设施对周边环境影响较大、运行效率不够高、人性化考虑不足、用地不够集约等问题；与世界上许多城市一样有过垃圾围城，影响了生活环境和城市景观。因此，要基于安全高效、以人为本、绿色低碳的城市可持续发展理念，从环境卫生工程系统的设施体系构建、产量预测、设施选址、标准制定、规划布局、工艺选择等方面，对环境卫生工程系统进行全面落实和高质量发展。

城市环境卫生工程系统应严格按照《中华人民共和国固体废物污染环境防治法》（2020年修订）、《城市环境卫生设施规划标准》（GB/T 50337—2018）等现行国家法规、标准进行综合规划与建设，确保环境卫生工程系统完善、符合规范，满足城市发展的需要。

9.2.2 运行安全

在收集、转运、处理处置生活垃圾时，环境卫生设施存在着污染空气、水体、土壤，破坏城市市容景观等风险，因此城市环境卫生设施的设置应满足城市用地布局、环境保护、市容环境、公共安全等要求。

环境卫生设施的选址要科学合理，确保使用方便，城市环境不受影响，居民生活正常有序，安全和健康得到保障。在选址中要全面考虑区域布局、城乡空间组织和主导风向、气温及自然地形、水系等影响要素，合理布局城市环境卫生设施，以人为本、绿色低碳。

为保障城市环境卫生设施的空间安全，应根据《城市黄线管理办法》，宜将城市的垃圾转运站、垃圾码头、垃圾堆肥厂、垃圾焚烧厂、卫生填埋场（厂）等城市环境卫生设施的用地及其安全防护空间划定为黄线；在相应层次的城市规划中，确定其用地位置和具体范围，划定其用地控制界线。

为防止环境卫生设施在收集、处理和处置垃圾过程中对居民的生活、生产产生影响，各项环境卫生设施周围应按照现行相关规范和《城市绿线管理办法》（2010年修正版）等的规定，设置卫生防护带，划定绿线，保障环境卫生，保障居民生活、生产安全健康。

在收集、转运城市垃圾时，应严格执行现行国家标准《生活垃圾收集运输技术规程》（CJJ 205—2013）等的规定，做到安全卫生、保护环境、技术先进、经济合理。

9.2.3 处置科学

随着城市化的发展和人民生活水平的提升，我国城市生活垃圾等废弃物的产生量每年都在递增，其可能引起的环境污染问题越来越严重。

城市垃圾对环境的危害非常大，其对大气环境、地下水源、土壤和农作物等方面都会带来污染，而且会影响到城市居民的生活与健康，并且有些危害一旦造成就很难消除。为了更好地实现可持续发展，环境保护力度持续加大，城市生活垃圾处理就越发迫在眉睫，同时对于垃圾的无害化处理和资源化的技术要求也更高。

城市生活垃圾处理方法一般有三个：焚烧、填埋、堆肥。垃圾填埋处理带来的地质性污染和焚烧垃圾带来的空气污染是最重要的两项污染指标。垃圾由于排出量大，成分复杂多样，且具有污染性、资源性和社会性，需要无害化、资源化、减量化和社会化处理，如不能妥善处理，就会污染环境，影响环境卫生，浪费资源，破坏生产、生活安全与社会和谐。垃圾的处理和处置就是要把垃圾迅速清除，并进行无害化处理，最后加以合理利用。

减量化、资源化、无害化是垃圾处理处置的重要原则，在城市环境卫生工程系统规划中要通过改善收集方式，提高分类回收、利用的水平，对改进处理处置工艺和方法等予以贯彻落实。

9.3　城市固体废物处理

固体废物，一般是指在生产、生活和其他活动中产生的已丧失原有利用价值或者虽未丧失利用价值但被抛弃或者放弃的固态、半固态和置于容器中的气态的物品、物质以及法律、行政法规规定纳入固体废物管理的物品、物质。固体废物也通常被称为固体废弃物；此外，固体废弃物还有被废弃的固体废物之意。

9.3.1　固体废物分类

城市固体废物分为生活垃圾、工业固体废物、建筑垃圾、危险废物四类。

1）生活垃圾

生活垃圾是指在日常生活中或者为日常生活提供服务的活动中产生的固体废物，以及法律、行政法规规定视为生活垃圾的固体废物。生活垃圾一般可分为四大类：可回收垃圾、餐厨垃圾、有害垃圾和其他垃圾。常用的垃圾处理方法主要有综合利用、卫生填埋、焚烧和堆肥。

（1）可回收垃圾，包括纸类、金属、塑料、玻璃等，通过综合处理回收利用，可以减少污染、节省资源。

（2）餐厨垃圾，包括剩菜剩饭、骨头、菜根菜叶等食品类废物，可经生物技术转化为天然气、毛油等能源，或制成堆肥。根据来源不同，餐厨垃圾主要分为餐饮垃圾和厨余垃圾。餐饮垃圾产生自饭店、食堂等餐饮业的残羹剩饭，具有量大、数量相对集中、分布广的特点。厨余垃圾主要指居民日常烹调中废弃的下脚料和剩饭剩菜，来自千家万户，数量巨大但相对分散，总体产生量超过餐饮垃圾。

（3）有害垃圾，包括废电池、废日光灯管、废水银温度计、过期药品等。这类垃圾需要特殊安全处理。

（4）其他垃圾，包括除上述几类垃圾之外的砖瓦陶瓷、渣土、卫生间废纸等难以回收利用的废弃物。采取卫生填埋等处理此类垃圾，可有效减少其对地下水、地表水、土壤及空气的污染。

２）工业固体废物

工业固体废物是指在工业生产活动中产生的固体废物，通常是指一般工业废物，包括高炉渣、钢渣、赤泥、有色金属渣、粉煤灰、煤渣、硫酸渣、废石膏、脱硫灰、电石渣、盐泥等。一般工业固体废物具有一定的利用价值，可以通过各种途径进行综合利用。

３）建筑垃圾

建筑垃圾是指建设单位、施工单位新建、改建、扩建和拆除各类建筑物、构筑物、管网等，以及居民装饰装修房屋过程中产生的弃土、弃料和其他固体废物。按产生源分类，建筑垃圾可分为工程渣土、工程泥浆、工程垃圾、拆除垃圾和装修垃圾等；按组成成分分类，建筑垃圾可分为渣土、混凝土块、碎石块、砖瓦碎块、废砂浆、泥浆、沥青块、废塑料、废金属、废竹木等。建筑垃圾基本上可以得到综合利用。

４）危险废物

危险废物是指列入国家危险废物名录或者根据国家规定的危险废物鉴别标准和鉴别方法认定的具有危险特性的固体废物。危险废物应按照国家相关要求处理处置。根据《国家危险废物名录》，定义危险废物为：

（１）具有下列情形之一的固体废物（包括液态废物）：

① 具有腐蚀性、毒性、易燃性、反应性或者感染性等一种或者几种危险特性的；

② 不排除具有危险特性，可能对环境或者人体健康造成有害影响，需要按照危险废物进行管理的。

（２）医疗废物属于危险废物。

（３）列入《危险化学品目录》的化学品废弃后属于危险废物。

9.3.2 固体废物量预测

城市固体废物量预测通常是按类进行的，通常根据所在城市的历年统计数据和城市人口、产业等发展情况进行。一般情况下是对城市生活垃圾、工业固体废物、建筑垃圾、危险废物进行预测。

１）生活垃圾

（１）生活垃圾最高日产量

城市生活垃圾产量宜采用多方法比较进行预测，如增长率法、一元线性回归法、多元线性回归法等，这些预测方法与其他基础设施的容量预测原理是基本类似的，这里不再详述。预测方法的选择应充分考虑预测地区的经济发展状况、人口情况和数据可获得性及其有效性等，以提高预测的综合性和科学性。

在条件受限时，城市生活垃圾最高日产量可采用下式计算：

$$Q = RCA / 1\,000 \tag{9-1}$$

式中：Q——生活垃圾最高日产量（t）；R——规划人口数量（人）；C——预

测的平均日人均生活垃圾产量（kg），可取 0.8—1.4 kg；A——生活垃圾日产量不均匀系数，可取 1—1.5。

（2）餐饮垃圾

餐饮垃圾应根据当地实际产生量确定，也可按下式计算：

$$M_c = R'mk / 1\ 000 \tag{9-2}$$

式中：M_c——城市或区域餐饮垃圾日产生量（t）；R'——城市或区域规划人口（人）；m——人均餐饮垃圾日产生量基数（kg），宜取 0.1 kg；k——餐饮垃圾产生量修正系数，经济发达城市、旅游业发达城市或高校多的城区可取 1.05—1.15，经济发达的旅游城市、经济发达的沿海城市可取 1.16—1.30，普通城市可取 1.00。

其他生活垃圾根据当地实际情况确定。

2）工业固体废物

工业固体废物的产量与城市的产业性质和产业结构、生产管理水平等有关，其预测方法主要有以下三种：

（1）单位产品法

根据各行各业的统计数据，核定每单位原料或产品的产废量。

（2）万元产值法

根据各行各业的统计数据，核定每万元工业产值的产废量。

（3）增长率法

根据历年统计数据和城市产业发展规划，核定工业固体废物产量的增长率。

3）建筑垃圾

建筑垃圾产生量宜按照工程渣土、工程泥浆、工程垃圾、拆除垃圾和装修垃圾分类统计，无统计数据时，可按下列原则进行计算：

（1）工程渣土、工程泥浆可结合现场地形、设计资料及施工工艺等综合确定。

（2）工程垃圾产生量可按下式计算：

$$M_g = R_g m_g \tag{9-3}$$

式中：M_g——工程垃圾产生量（t/a）；R_g——新增建筑面积（$10^4\ \mathrm{m^2/a}$）；m_g——单位建筑面积工程垃圾产生量基数 $[(\mathrm{t}/(10^4\ \mathrm{m^2})]$，可取 300—800 $\mathrm{t}/(10^4\ \mathrm{m^2})$。

（3）拆除垃圾产生量可按下式计算：

$$M_c = R_c m_c \tag{9-4}$$

式中：M_c——拆除垃圾产生量（t/a）；R_c——拆除面积（$10^4\ \mathrm{m^2/a}$）；m_c——单位面积拆除垃圾产生量基数 $[(\mathrm{t}/(10^4\ \mathrm{m^2})]$，可取 8 000—13 000 $\mathrm{t}/(10^4\ \mathrm{m^2})$。

（4）装修垃圾产生量可按下式计算：

$$M_z = R_z m_z \tag{9-5}$$

式中：M_z——装修垃圾产生量（t/a）；R_z——居民户数（户）；m_z——单位户数装修垃圾产生量基数（t/a），可取 0.5—1.0 t/a。

4）危险废物

危险废物的产量宜根据医疗水平和产业性质、产业结构预测，可采用分类预测法等方法进行。

9.3.3 固体废物处置

1）固体废物的危害

固体废弃物的危害成分主要包括有毒有害化学物质，如汞、镉、铅、铬等重金属，多氯联苯等有机污染物，化学品等持久性有机污染物；生物性污染物，如细菌、病毒等病原微生物；以及废油、废溶剂等易燃易爆物质，废酸、废碱等腐蚀性物质等。这些危害成分对环境构成了直接威胁，需采取措施减少其对环境的危害。

（1）侵占土地资源

通常固体废物需要占用大量的土地进行堆放或填埋。随着城市化进程的加速，城市固体废物的产生量不断增加，导致土地资源的浪费和侵占。这不仅影响了城市的美观和卫生，而且可能对城市的可持续发展造成威胁。

（2）污染城市环境

固体废物的堆放如处置不当，将对城市环境产生一定影响。第一，土壤污染。固体废物在堆放过程中，其中的有害物质会随雨水沥滤进入土壤，导致土壤被污染，进而影响城市植物生长。第二，水体污染。固体废物中的有害物质通过地表径流或渗透作用进入水体，污染地表水和地下水，这不仅影响了居民的用水安全，而且可能会对水生态系统造成破坏。第三，大气污染。固体废物在堆放和焚烧过程中会产生大量的废气、粉尘和有毒气体，会对大气环境造成污染，进而降低城市的空气质量。

（3）影响市容和卫生

固体废物在城市里大量堆放而又处理不妥时，不仅影响市容，而且有碍城市卫生。城市堆放的生活垃圾容易发酵腐化，产生恶臭并招引蚊蝇、老鼠等的滋生繁衍，可能成为疾病传播的源头，对城市居民的健康和生活质量造成威胁。

（4）产生安全隐患

固体废物在堆放和处理过程中存在大量的安全隐患。不稳定的废弃物堆可能会发生滑坡或坍塌，危及附近居民的生命财产安全。固体废物中的易燃物质如木材、纸张等一旦发生火灾，将迅速蔓延并造成严重后果。

2）固体废物的处置

城市固体废物的处置应坚持减量化、资源化和无害化的原则，逐步实现分类收集、分类运输、分类贮存和分类处置；收集储运和处理处置设施的建设应遵循统筹规划、分期实施、区域协调和共建共享的原则。

城市固体废物的处理处置设施不得布置在自然保护区、风景名胜区、饮用水水源保护区和其他需要特别保护的区域。

固体废物的处理处置应遵循"减量化、资源化、无害化"的原则，以减少固体废物对环境的污染，同时实现废物的资源化利用。减量化是固体废物处理处置的首要原则，旨在通过改革生产工艺、推行清洁生产、合理选择和利用原材料等措施，从源头上减少固体废物的产生量。资源化是指对已产生的固体废物进行回收加工、循环利用或其他再利用等，实现废物的资源化利用。无害化是通过安全填埋、焚烧处理、生物处理等方法，对固体废物进行对环境无害或低危害的安全处理、处置。此外，应采取全过程控制方法，即对固体废物的处理与处置应贯穿于废物的产生、收集、运输、处理和最终处置的全过程。随着固体废物处理技术的不断发展，要积极推广新技术、新工艺和新设备的引用，提高固体废物处理与处置的效率和效果，实现固体废物的有效处理与处置。

从垃圾生命全周期来看，垃圾处理还应包括源头减量与排放控制环节，严格意义上的减量化系指源头减量，即通过改变产品设计习惯、改变原料采购习惯、改变消费者购买与消费习惯、改变商业模式等方法，减少生产、生活过程的资源浪费与废弃物产量。一般而言，垃圾处理应坚持先源头减量和排放控制，再物质利用，后能量利用和最后填埋处置的分级处理与逐级利用理念，均衡发展垃圾处理的各个环节，充分发挥各种垃圾处理方式的作用，尤其是要加强分类垃圾的物质利用，减少垃圾的产生量，并减少每级处理后的垃圾排放量。

垃圾处理的一般方法可概括为物质利用、能量利用和填埋处置三种方法：物质利用又称物质回收利用，指通过物理转换、化学转换和生物转换，实现垃圾的物质属性的重复利用、再造利用和再生利用，包括传统的物质资源回收利用和将易腐有机垃圾转换成高品质物质资源。能量利用又称能量回收利用，指将垃圾的内能转换成热能、电能，包括焚烧发电、供热和热电联产。填埋处置，指对不能进行资源化处理的无用垃圾进行填埋处置。

（1）生活垃圾

生活垃圾按照分类投放、分类收集、分类运输、分类处理的原则，实行综合利用、卫生填埋、焚烧和堆肥等处置方式。

① 综合利用

生活垃圾的分类收集、处理能大大提高其综合利用率。纸类、金属、塑料、玻璃等可回收垃圾通过综合处理回收利用，减少污染，节省资源。餐厨垃圾经生物技术制成生物燃气、生物柴油、有机肥料等。

② 卫生填埋

填埋是大量消纳城市生活垃圾的有效方法，也是所有垃圾处理工艺剩余物的最终处理方法。垃圾在填埋场通过卫生填埋发生生物、物理、化学变化，分解有机物，达到减量化和无害化的目的。

填埋法虽节约了建厂和运行成本，但占用了大量的土地资源；同时处理过程中所带来的渗滤液、沼气和腐臭会给周边的水体、土壤、大气带来环境危害，在一定程度上会影响周边居民的正常生活，危害人体健康。

③ 焚烧

焚烧法是将城市生活垃圾中的可燃成分与空气中的氧气进行燃烧反应，使其变成无机物的方法，焚烧处理可减容80%—90%。发达国家处理城市生活垃圾普遍选取焚烧法，相对来说此方法的效果比较好。

焚烧法可以将城市生活垃圾减量化、无害化、资源化，使得土地占用量大大降低。但建厂费用高、垃圾单位处理成本较高；焚烧会产生致癌物二噁英等污染物。此外，焚烧要求垃圾具有一定的热值。

④ 堆肥

堆肥法是微生物将垃圾中易腐蚀的有机质分解并转化成有机肥的方法。堆肥法的优势在于将生活垃圾无害化、资源化，转化后的有机肥也可作为土壤改良剂。

我国城市生活垃圾由于成分复杂、分选难度大，导致堆肥效果差和肥料质量不高，未分类垃圾中的重金属成分等还会产生二次污染等问题。

（2）工业固体废物

根据《中华人民共和国固体废物污染环境防治法》（2020年修订），产生工业固体废物的单位应当建立健全工业固体废物产生、收集、贮存、运输、利用、处置全过程的污染环境防治责任制度，建立工业固体废物管理台账……实现工业固体废物可追溯、可查询，并采取防治工业固体废物污染环境的措施。禁止向生活垃圾收集设施中投放工业固体废物。

工业固体废物种类繁多，应根据每类特点选择处理方法，尽可能地综合利用、化废为宝。工业废物经过适当的工艺处理可成为工业原料或能源，实现资源化。一些工业废物可制成多种产品，如制成水泥、混凝土骨料、砖瓦等建筑材料；提取铁、铝、铜、铅、锌等金属和钒、铀、锗、钼、钪、钛等稀有金属；制造肥料、土壤改良剂等。随着工业废物排放量的增长，部分发达国家实行专业化承包处理，以最终处理为目标。

（3）建筑垃圾

建筑垃圾按照分类收集、分类运输、分类处置的原则，实行资源化利用、堆填、填埋等处置方式。

资源化利用是建筑垃圾经处理转化成为有用物质的方法，可采用就地利用、分散处理、集中处理等模式，宜优先就地利用。建筑垃圾通常按成分进行资源化利用，土类建筑垃圾可作为制砖和道路工程等原料；废旧混凝土、碎砖瓦等宜作为再生建材用原料；废沥青宜作为再生沥青原料；废金属、木材、塑料、纸张、玻璃、橡胶等，宜由有关专业企业作为原料直接利用或再生。

堆填是利用现有低洼地块或即将开发利用但地坪标高低于要求的地块，经有关部门认可，用符合条件的建筑垃圾进行回填或堆高的行为。

填埋处置是采用防渗、铺平、压实、覆盖等对建筑垃圾进行处理和对污水等进行治理的处理方法。

建筑垃圾宜优先考虑资源化利用，处理和利用的优先次序宜按表9-1中的规定确定。

（4）危险废物

随着工业的发展，工业生产过程排放的危险废物日益增多。由于危险废物带来的严重污染和潜在的严重影响，公众对危险废物问题十分敏感，反对在自己居住的地区设立危险废物处置场，加上危险废物的处置费用高昂，一些公司甚至国家极力试图向工业不发达国家和地区转移危险废物。

表 9-1　建筑垃圾处理及利用优先次序

类型		处理及利用优先次序
建筑垃圾	工程渣土、工程泥浆	资源化利用；堆填；作为生活垃圾填埋场覆盖用土；填埋处置
	工程垃圾、拆除垃圾	资源化利用；堆填；填埋处置
	装修垃圾	资源化利用；填埋处置

产生危险废物的单位，应按照国家有关规定制订危险废物管理计划：建立危险废物管理台账，向所在地生态环境主管部门申报危险废物的种类、产生量、流向、贮存、处置等有关资料。产生危险废物的单位，应按国家有关规定和环境保护目标要求贮存、利用、处置危险废物，不得擅自倾倒、堆放。

危险废物的处理按照国家相关规定，应由专业机构进行收集、贮存、利用和处置。应统筹布局危险废物的处理、处置场所。

9.4　城市环境卫生收集设施规划

环境卫生收集设施一般包括生活垃圾收集点、生活垃圾收集站、废物箱、水域保洁及垃圾收集设施。

垃圾收集设施应满足垃圾分类投放、分类收集的要求，与分类运输方式相适应；设施规模应根据服务区域人口规模、分类垃圾清运量、收集频次等综合确定；设施位置应便于垃圾分类投放和收运车辆安全作业，不应占用消防通道和盲道，不影响城市卫生和景观环境。

9.4.1　生活垃圾收集点

生活垃圾收集点是指按照规定存放垃圾桶（箱）、构建固定垃圾池或投放袋装垃圾的垃圾集散地。生活垃圾收集点是垃圾集中投放的地点，是垃圾收集系统最前端的环节，也是收集系统的重要组成部分。

1）布局要求

生活垃圾收集点主要适用于人工直接投放，服务半径不宜太大，其布局应根据垃圾产生分布、投放距离、收集模式、周边环境等因素综合确定。一般情况下，城市生活垃圾收集点的服务半径不宜超过 70 m；城镇住宅小区、新农村集中居住点的生活垃圾收集点的服务半径应不超过 120 m。封闭式住宅小区应设置生活垃圾收集点，应满足居民投放生活垃圾不穿越城市道路的要求；市场、交通客运枢纽以及其他生活垃圾产量较大的场所应单独设置生活垃圾收集点。

生活垃圾收集点的设置及运行应满足日常生活垃圾的分类收集要求，并应与后续分类运输、分类处理方式相适应；应符合景观要求，不影响环境卫生和景观环境。

2）形式

生活垃圾收集点的类型包括生活垃圾收集房（间）、垃圾桶/箱、废物箱、垃圾池、袋装生活垃圾投放点等。

生活垃圾收集点的类型应根据垃圾的清运量、类别和生活习惯、垃圾收运模式及地形、气候等因素选用，垃圾收集容器的容纳量应满足使用需要。如北方大部分地区对生活垃圾收集房（间）有较强的排斥，宜采用单独放置垃圾桶/箱；实施生活垃圾定时定点分类收集的地区，为便于垃圾桶清洁及可回收物暂存，可采用生活垃圾收集房（间）；部分地区因垃圾清运量较多且垃圾压缩车及侧装车缺乏时，可采用垃圾箱；严寒山区的农村因气候寒冷及交通原因，垃圾难以及时清运，可采用垃圾池；有害垃圾常采用定制收集设备，以便于收集灯管、电池等。

考虑到生活垃圾暴露带来的环境和景观影响，生活垃圾收集点宜采用密闭方式，可采用放置垃圾分类收集容器或建造垃圾容器间；当采用垃圾容器间时，建筑面积不宜小于 10 m²。垃圾分类收集容器应清楚地标明收集的垃圾类型。

3）规划指标

生活垃圾收集点的设置应执行现行国家标准等的有关规定，其主要指标应根据实际情况，宜符合表 9-2 中的规定。

表 9-2　生活垃圾收集点主要指标

类型	占地面积（m²）	与相邻建筑间距（m）	绿化隔离带宽度（m）
垃圾桶（箱）	5—10	≥3	—
固定垃圾池	5—15	≥10	≥2
袋装垃圾投放点	5—10	≥5	—

注：占地面积不含垃圾分类、资源回收等其他功能用地。占地面积含绿化隔离带用地。表中的绿化隔离带宽度包括收集点外道路的绿化隔离带宽度。与相邻建筑间隔自收集容器外壁起计算。袋装垃圾投放点仅用于不适合设置垃圾桶（箱）、垃圾池等的地区；垃圾袋的材质应统一、标准化。

9.4.2　生活垃圾收集站

生活垃圾收集站是指将分散收集的垃圾集中后由运输车清运出去的小型垃圾收集设施，主要起到垃圾集中和暂存的功能。它数量大、分布广，收集站的建设、运行与管理水平直接影响到居民的生活环境。

1）布局要求

采用人力收集的，收集站的服务半径宜为 0.4 km，最大不宜超过 1 km；采用小型机动车收集的，服务半径不宜超过 2 km。

大于 5 000 人的居住小区（或组团）及规模较大的商业综合体可单独设置收集站。为便于管理，封闭式小区和学校、企事业等社会单位宜单独设置收集站。当垃坂产量超过 4 t/d 时，设置收集站较为合理；当小于 4 t/d 时，可联合设置或单独设置收集点。

收集站在服务区域内设置宜满足以下要求：市政设施较完善，具有道路、供电、上下水等基本条件；方便环卫车辆安全作业，满足作业空间需求；运输通道应畅通，应便于安排垃圾收集和运输线路。

垃圾收集站应与周边环境相协调，不影响环境卫生和景观环境。一般情况下，规模在 20 t/d 以上的垃圾收集站，其用地内沿边界应设置不小于 3 m 宽的绿化隔离带；规模在 20 t/d 以下的，应设置不小于 2 m 宽的绿化隔离带。

垃圾收集站是城市居民居住区的公共服务设施，其布置不仅会影响收集站的运营和作业安全，而且会影响居住小区的交通与环境，应合理布局。另外收集站与居民住房及公共建筑物距离较近，其建筑物设计及外部装饰应与周围环境相协调，并且由于收集站作业时会产生一定的噪声及臭气，宜设置绿化隔离带以减小对周围环境的影响。

2）规划指标

生活垃圾收集站的设计规模应考虑远期发展的需要，设计收集能力不宜大于 30 t/d。设计规模和作业能力应满足其服务区域内生活垃圾"日产日清"的要求。

收集站的用地指标应根据实际情况，宜符合表 9-3 中的规定。

表 9-3　收集站用地指标

规模（t/d）	用地面积（m²）	与相邻建筑间距（m）
20—30	300—400	≥10
10—20	200—300	≥8
<10	120—200	≥8

注：带有分类收集功能或环卫工人休息功能的收集站，应适当增加占地面积；与相邻建筑间距自收集站外墙起计算。

9.4.3　废物箱

废物箱是指设置于道路和公共场所等处供人们丢弃废物的容器。设置废物箱主要是为了解决流动人员的垃圾投放，将其设在路旁也是为了便于人们丢弃垃圾；同时，由于设在路旁，废物箱的造型美观、风格与周围环境协调也十分重要。

1）设施要求

（1）应按垃圾分类方式设置相应的废物箱；分类废物箱应有明显标识并应易于识别和分类投放。公共场所的废物箱，由于其接纳的垃圾成分不同于居民的生活垃圾，因而其分类也不同于生活垃圾的分类方式，应根据所在场所的流动人员活动特征，有针对性地设置分类收集废物箱，并有明显易懂的标志。

（2）废物箱由于设在公共场所，应美观、卫生，风格要与周围环境协调；并应防雨、防腐、耐用、阻燃、抗老化。

2）布局要求

（1）在各类交通客运设施、文体设施、广场、旅游景点、步行街和公交站点、地铁站、社会停车场、公厕等人流密集的公共场所应设置废物箱，宜采用分类收集的方式。

（2）根据实际需要，可在道路两侧设置废物箱。废物箱之间的间距与步行活动密集程度密切相关，宜按道路功能划分。

① 在人流密集的城市中心区、大型公共设施周边、主要交通枢纽、城市核心功能区、市民活动聚集区等地区的主干路，人流量较大的次干路，人流活动密集的支路，以及沿线土地使用强度较高的快速路辅路，设置间距为 30—100 m。

② 在人流较为密集的中等规模公共设施周边、城市一般功能区等地区的次干路和支路，设置间距为 100—200 m。

③ 在以交通性为主、沿线土地使用强度较低的快速路辅路、主干路，以及城市外围地区、工业区等人流活动较少的各类道路，宜根据实际需求设置。

9.4.4 水域保洁及垃圾收集设施

水域保洁是指对水面、堤岸临水侧及水上公共设施等水域整体环境进行全面清理和维护水域整洁而进行的环境卫生工作。城市水域保洁作业应做到安全、环保、文明和高效，减少环境污染，避免对公众生活及水上交通产生影响。

水域保洁打捞垃圾上岸及驳运设施目前主要有两类：一是水域保洁管理站，具有水域保洁打捞垃圾上岸及驳运、保洁及监察船舶停靠、水域保洁监管办公等功能，需有岸线及陆上用地；二是水域垃圾上岸点，仅作为水域保洁打捞垃圾上岸及驳运设施，无须单独占用地。

1）布局要求

（1）城市中的江河、湖泊、海洋可按需设置清除水生植物、漂浮垃圾和收集船舶垃圾的水域保洁管理站，以及相应的岸线和陆上用地。

（2）根据河流走向、水流变化规律，宜在水面垃圾易聚集处设置水面垃圾拦截设施。水面垃圾易聚集处主要为水流平缓有弯道的地方、桥洞下等河段。拦截设施应采取遮盖措施，避免垃圾暴露影响周边环境。

（3）打捞的垃圾可通过设置水域保洁管理站或水域垃圾上岸点驳运。水域垃圾上岸点宜结合转运站设置，应配备垃圾收集容器及滤水设施。

2）规划指标

水域保洁管理站应有满足水域保洁打捞垃圾上岸转运、保洁及监察船舶停靠、水域保洁监管办公及保洁工人休息等功能所需的岸线和陆上用地。

水域保洁管理站应按河道分段设置，宜按每 12—16 km 河道长度设置 1 座。水域保洁管理站所需要的岸线长度应根据船只长度、河道允许船只停泊档数确定，使用岸线一般每处不宜小于 50 m。陆上用地面积不宜少于 800 m²，包括垃圾转运设施等用地。

水域垃圾上岸点应根据垃圾废物量的情况确定，一般情况下宜按每 6—8 km 设置 1 处。每处垃圾上岸转运点一般需 30—50 m 岸线。水域垃圾上岸点一般设置在河道等水域岸边，可根据河道等水域面积大小、宽窄及保洁方式等确定其设置位置。

9.5　城市环境卫生转运设施规划

垃圾转运是指将各收集点清运来的垃圾集中，再换装到大型的或其他运费较低的运载车辆或船舶中继续运往处理处置场的行为和过程。环境卫生转运设施是指用于转运城市生活垃圾、粪便、建筑垃圾、餐厨垃圾等不同垃圾的工程设施，一般包括生活垃圾转运站和垃圾转运码头、粪便码头。

环境卫生转运设施在选址上既要具备便捷的交通运输条件，也要满足经济运距、环境保护等方面的要求。转运设施宜布局在服务区域内并靠近生活垃圾产量多且交通运输方便的场所；为避免垃圾转运作业时的二次污染影响，以及潜在的环境污染所造成的社会或心理上的负面影响，环境卫生转运设施不宜设在公共设施集中区域和靠近人流、车流集中区段。转运设施的布置应满足作业要求，并与周边环境协调，便于垃圾分类收运、回收利用。

垃圾转运系统可分为一级转运和二级转运，一般情况下，使用一级转运系统，如图 9-1 所示。

当垃圾转运量很大、运距较远时（通常 ≥30 km），可建立二级转运系统；运输距离超过 50 km 时，应采用二次转运。在该系统中，垃圾经由数个中小型垃圾转运站转运至一个大型转运站，再次集中运往垃圾处理厂（场）。二级转运系统的基本技术路线如图 9-2 所示。

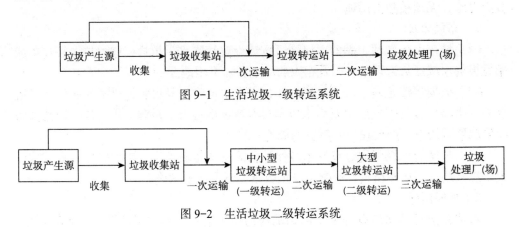

图 9-1　生活垃圾一级转运系统

图 9-2　生活垃圾二级转运系统

9.5.1　生活垃圾转运站

生活垃圾转运站是当垃圾产生量较大，而垃圾产地到集中处理处置设施的距离较远，为了减少垃圾长距离清运的运输费用而在垃圾产地（或集中地点）至处置设施之间所设的垃圾压缩和中转设施，以提高垃圾清运效率，降低垃圾运输成本。

1）规模分类

生活垃圾转运站按照设计日转运能力分为大型、中型、小型三大类和Ⅰ、Ⅱ、Ⅲ、Ⅳ、Ⅴ五小类（表9-4）。

表9-4　生活垃圾转运站用地标准

类型		设计转运量（t/d）	用地面积（m²）	与站外相邻建筑间距（m）
大型	Ⅰ	1 000—3 000	≤20 000	≥30
	Ⅱ	450—1 000	10 000—15 000	≥20
中型	Ⅲ	150—450	4 000—10 000	≥15
小型	Ⅳ	50—150	1 000—4 000	≥10
	Ⅴ	≤50	500—1 000	≥8

注：表内用地面积不包括垃圾分类和堆放作业用地；与站外相邻建筑间距自转运站用地边界起计算；Ⅱ、Ⅲ、Ⅳ类含下限值不含上限值，Ⅰ类含上、下限值。

转运站的建设规模和数量应与生活垃圾收集、处理设施相协调。对于生活垃圾处理设施集中建设且远离城市的地区，可建设大型的转运站对垃圾进行集中转运；对于生活垃圾处理设施分区建设的城市，可建设满足相应服务区域要求的垃圾转运站。

2）选址与布局要求

生活垃圾转运站的选址应符合国土空间总体规划的要求；综合考虑服务区域、服务人口、转运能力、转运模式、运输距离、污染控制、配套条件等因素的影响。生活垃圾转运站宜设在交通便利，易安排清运线路的地方；并应满足供水、供电、污水排放、通信和环境卫生、市容景观、公共安全等方面的要求。

垃圾转运站布局应按垃圾产生分布、处理设施布局、垃圾收运模式等综合确定。一般是根据垃圾产生和处理设施分布情况对垃圾收运模式进行分析，从经济和环境优化角度合理安排生活垃圾物流组织，最终确定运输方式和转运方式及相应的垃圾转运站布局。

生活垃圾转运站不宜设在大型商场、影剧院出入口等繁华地段，避免造成交通混乱或拥挤；不宜邻近学校、商场、餐饮店等群众日常生活聚集场所和其他人流密集区域，避免垃圾转运作业时的二次污染影响甚至危害，以及潜在的环境污染所造成的社会或心理上的负面影响。

当生活垃圾运输距离超过经济运距且运输量较大时，宜设置垃圾转运站。在服务范围内，当垃圾运输的平均距离超过10 km时，宜设置垃圾转运站；当平均距离超过20 km时，宜设置大型、中型垃圾转运站。在采用小型转运站转运的城镇区域，宜按每2—3 km²设置一座小型垃圾转运站。

当具备铁路运输和水路运输条件，且铁路运输运距大于100 km、水路运输运距大于50 km时，可设置铁路或水路运输转运站（码头），其规模类型应是大型的，其设计建造必须服从特定设施有关行业标准的规定与要求。

生活垃圾转运站宜与公共厕所、环卫作息点、工具房等环卫设施合建在一起。

3）规划指标

（1）服务半径。当采用人力方式运送垃圾时，生活垃圾转运站的收集服务半径宜小于 0.4 km，不得大于 1.0 km；当采用小型机动车运送垃圾时，收集服务半径宜在 3.0 km 以内，城市范围内最大不应超过 5.0 km，农村地区可合理增大运距；当采用中型机动车运送垃圾时，可根据实际情况扩大服务半径。

（2）用地面积。生活垃圾转运站的用地指标应根据实际情况，应符合前表 9-4 中的规定。

9.5.2 垃圾转运码头和粪便码头

垃圾转运码头、粪便码头是连接陆上收集和水上运输的环境卫生转运设施。在水运条件优于陆运条件的城市，可设置水上生活垃圾转运码头或粪便码头。垃圾转运码头、粪便码头需有保证正常运转所需的岸线。

1）布局要求

垃圾转运码头、粪便码头应设置在人流活动较少及距居住区、商业区和客运码头等人流密集区较远的地方，不应设置在城市上风方向、城市中心区域和用于旅游观光的主要水面岸线上，并重视环境保护，与周围环境相协调。码头应有防尘、防臭、防散落滴漏下河的设施。

2）规划指标

垃圾转运码头设置所需要的岸线应满足船舶停泊、调档以及装卸作业的需要，并有车辆进出、计量装置和装卸机械作业以及仓储、管理等所需的陆上用地。

垃圾转运码头、粪便码头综合用地按每米岸线配备不少于 15 m^2 的陆上作业场地，垃圾转运码头周边应设置宽度不少于 5 m 的绿化隔离带，粪便码头周边应设置宽度不少于 10 m 的绿化隔离带。

垃圾转运码头所需要的岸线长度应根据装卸量、船只吨位、河道允许停泊档数确定。

9.6 城市环境卫生处理处置设施规划

生活垃圾处理是指对生活垃圾采用技术和工程手段进行物理、化学或生物加工的行为和过程，又称中间处理。生活垃圾处置是指将生活垃圾置于符合环境保护规定要求的场所或设施并不再取回的行为，又称最终处理。

环境卫生处理处置设施指用于对城市生活垃圾，包括餐厨垃圾、建筑垃圾、粪便等各类垃圾进行无害化处理处置的工程设施。

环境卫生处理处置设施的种类较多、适用性各有不同，在规划中应根据各地区的实际情况，在综合分析技术、经济、管理及环境影响等方面因素的基础上，选择确定各类垃圾的处理处置方式，并对处理处置设施进行规划。

环境卫生处理处置设施应设置在交通运输方便及市政配套齐全，对周边居民影响较小的地区，并应根据其对环境影响情况设置卫生防护距离。

城市环境卫生处理处置设施的规模应根据服务范围内垃圾的现状产生量及其预测量，处理处置技术的可行性、经济性和可靠性等因素综合考虑确定。

城市环境卫生处理处置设施的选址应与城乡功能结构相协调，满足城乡建设发展、环境卫生行业发展等需要。选址距居民居住区、人畜供水点等敏感目标的卫生防护距离，应通过环境影响评价确定，且不应设在生活饮用水水源保护区、供水远景规划区；洪泛区和泄洪道；尚未开采的地下蕴矿区和岩溶发育区；自然保护区；文物古迹区，考古学、历史学及生物学研究考察区等地区。

9.6.1 生活垃圾焚烧厂

1）分类

生活垃圾焚烧厂的规模宜按下列规定分类：

（1）特大类垃圾焚烧厂：全厂总焚烧能力在 2 000 t/d 及以上。

（2）Ⅰ类垃圾焚烧厂：全厂总焚烧能力为 1 200—2 000 t/d（含 1 200 t/d）。

（3）Ⅱ类垃圾焚烧厂：全厂总焚烧能力为 600—1 200 t/d（含 600 t/d）。

（4）Ⅲ类垃圾焚烧厂：全厂总焚烧能力为 150—600 t/d（含 150 t/d）。

2）布局要求

生活垃圾焚烧厂厂址应选择在生态资源、地面水系、机场、文化遗址、风景区等敏感目标少的区域。生活垃圾焚烧厂宜位于城镇集中建设区的边缘、特别用途区等地段，且应位于城市主导风向的下风向；不宜邻近城市生活区布局，其用地边界距城乡居住用地及学校、医院等公共设施用地的距离一般不应小于 300 m。生活垃圾焚烧厂应根据环境影响评价提出合理的环境防护距离。

生活垃圾焚烧厂不同于一般意义上的工厂，也不同于火力发电厂，在选址时要考虑相关的社会文化背景，应避免生活垃圾焚烧厂对地面、水系造成污染，避免对重点保护的文化遗址或风景区产生不良影响。

厂址条件应符合下列要求：

（1）应满足工程建设的工程地质条件和水文地质条件，不应选在发震断层、滑坡、泥石流、沼泽、流沙及采矿陷落区等地区。

（2）不应受洪水、潮水或内涝的威胁，其防洪标准应符合现行国家标准《防洪标准》（GB 50201—2014）等的有关规定，并满足表 9-5 中的要求。

表 9-5　生活垃圾焚烧厂防洪标准推荐指标

焚烧厂规模	重现期（a）
特大类、Ⅰ类垃圾焚烧厂	50—100
Ⅱ类垃圾焚烧厂	30—50
Ⅲ类垃圾焚烧厂	20—30

（3）与服务区之间应有良好的道路交通条件；厂址应有满足生产、生活的供水水源和污水排放条件。

（4）厂址选择时，应同时确定灰渣处理与处置的场所。

（5）厂址附近应有必需的电力供应。对于利用垃圾焚烧热能发电的垃圾焚烧厂，其电能应易于接入地区电力网。

（6）对于利用垃圾焚烧热能供热的垃圾焚烧厂，厂址选择应考虑热用户分布、供热管网的技术可行性和经济性等因素。

3）规划指标

垃圾焚烧厂处理规模应根据环境卫生专业规划或垃圾处理设施规划、服务区范围的垃圾产生量现状及其预测和经济性、技术可行性、可靠性等因素确定。

生活垃圾焚烧厂综合用地指标应根据实际情况确定，并符合表 9-6 中的规定。

表 9-6　生活垃圾焚烧厂综合用地指标

类型	日处理能力（t）	用地指标（m^2）
Ⅰ类	1 200—2 000	40 000—60 000
Ⅱ类	600—1 200	30 000—40 000
Ⅲ类	150—600	20 000—30 000

注：日处理能力超过 2 000 t 的生活垃圾焚烧厂，超出部分用地面积按 30 m^2/t 递增计算；日处理能力不足 150 t 时，用地面积不应小于 1 hm^2。

为减轻对周边环境的不利影响，生活垃圾焚烧厂单独设置时，用地内沿边界应设置宽度不小于 10 m 的绿化隔离带，具体宽度应根据环境影响评价要求做出。

9.6.2　生活垃圾卫生填埋场

城市生活垃圾卫生填埋场的设置宜从区域统一考虑配置，做到联建共享、区域共享、城乡共享，符合所在地区的国土空间总体规划和环境卫生工程专项规划的要求，并根据城市的规模、垃圾产生量等进行规划和建设，避免建设小而散的填埋场，以减少污染点。

1）布局要求

（1）选址。生活垃圾卫生填埋场应设置在城镇集中建设区的边缘、特别用途区等地段，地质情况较为稳定、符合防洪要求、取土条件方便、具备运输条件、人口密度低、土地及地下水利用价值低的地区；不得设置在饮用水水源保护区、地下蕴矿区及影响城市安全的区域内，距农村居民点及人畜供水点不应小于 0.5 km。

生活垃圾卫生填埋场在运行过程中产生的次生污染危害性大、影响因素多、涉及面广，加之使用年限长、占地面积大，其规划选址应从社会、环境、经济、环保、工程可行性等多方面慎重考虑。同时，生活垃圾卫生填埋场还需进行环境影响评价后才能确定场址。

（2）与城市空间发展相协调。应综合考虑协调城市发展空间、选址的经济性和环境要求。新建生活垃圾卫生填埋场不应位于城市主导发展方向上，且用地边界距20万人口以上城市的规划建成区不宜小于 5 km，距 20 万人口以下城市的规划建成区不宜小于 2 km。

（3）防渗。填埋场必须具备防渗功能，以保护地下水和地表水不受污染，同时还应防止地下水进入填埋场，避免对周围环境造成影响。垃圾填埋后会产生甲烷等易燃易爆气体，必须采取有效的工程措施杜绝安全隐患。

由于垃圾卫生填埋场易滋生蚊、蝇、鼠等，并且会产生灰尘、发散臭气，尤其在夏天情况会更加严重，为防止其对周围环境的影响，需要采取喷洒药物、覆土、设置防护区等措施。

2）规划指标

（1）库容。生活垃圾卫生填埋场的使用年限不应小于 10 年，在对其进行规划选址时应考虑足够的库容条件。

（2）卫生防护。为降低生活垃圾卫生填埋场对周边的影响，其用地内沿边界应设置宽度不小于 10 m 的绿化隔离带，外沿周边宜设置宽度不小于 100 m 的防护绿带。

9.6.3 堆肥处理设施

生物降解有机垃圾可采用堆肥处理。各地应根据实际情况，在严格控制产生臭气的前提下，选择堆肥作为生活垃圾的处理手段。对于生活垃圾混合收集的地区，应审慎采用堆肥等生物处理技术。

生活垃圾堆肥处理工程应采用先进、成熟、可靠的技术和设备，做到安全卫生、控制污染、节约用地、维修方便、经济合理和管理科学。

1）布局要求

生活垃圾堆肥处理场所应设置在城镇集中建设区的边缘、特别用途区等地带，用地边界距城乡居住用地不应小于 0.5 km，地形、地貌、工程和水文地质条件应满足处理设施建设要求，符合气象、防洪要求，具备交通运输、供电、给水排水条件，人口密度低、土地利用价值低的地区还应考虑产品应用出路等因素。

堆肥处理过程中散发的气味、产生的渗沥液等会对环境造成影响，因此堆肥处理设施的选址需要考虑与居住区有一定的卫生防护距离，宜位于居住区和主要环境保护区的全年最小频率风向的上风侧。

2）规划指标

（1）规模与用地。堆肥处理设施的建设规模，应根据其服务范围内需要堆肥处理的垃圾量确定。考虑生活垃圾来源及垃圾堆肥产品市场特点等因素，参照国内外现有的城市生活垃圾堆肥处理厂的运作经验，集中建设垃圾堆肥处理场的规模一般不宜过大。

堆肥处理设施的用地面积应根据日处理能力确定，并应符合表 9-7 中的规定。

表 9-7　堆肥处理设施用地指标

类型	日处理能力（t）	用地面积（m²）
Ⅰ型	300—600	35 000—50 000
Ⅱ型	150—300	25 000—35 000
Ⅲ型	50—150	15 000—25 000
Ⅳ型	≤50	≤15 000

注：表中指标不含堆肥产品深加工处理及堆肥残余物后续处理用地。

（2）卫生防护。堆肥处理设施在单独设置时，其用地内沿边界应设置宽度不小于 10 m 的绿化隔离带。

9.6.4　餐厨垃圾集中处理设施

餐厨垃圾应进行源头单独分类收集、密闭运输，餐厨垃圾总产生量大于 50 t/d 的地区宜建设集中餐厨垃圾处理设施。

1）布局要求

为集约用地、污染集中控制，餐厨垃圾集中处理设施宜与生活垃圾处理设施或污水处理设施集中布局。餐厨垃圾集中处理设施的用地边界距城乡居住用地等区域不应小于 0.5 km。

餐厨垃圾集中处理设施的选址应综合考虑餐厨垃圾处理厂的服务区域、服务单位、垃圾收集运输能力、运输距离、预留发展空间等因素。厂址的工程地质与水文地质条件应满足处理设施建设和运行的要求；有良好的交通、电力、给水和排水条件；应避开环境敏感区、洪泛区、重点文物保护区等。

2）规划指标

（1）处理能力。根据处理能力将餐厨垃圾处理厂分为四类（表 9-8）。

（2）用地指标。餐厨垃圾集中处理设施综合用地指标不宜小于 $85\ m^2/(t\cdot d)$，并不宜大于 $130\ m^2/(t\cdot d)$，具体应根据实际情况合理选用。

（3）卫生防护。餐厨垃圾集中处理设施在单独设置时，用地内沿边界应设置宽度不小于 10 m 的绿化隔离带。

表 9-8　餐厨垃圾处理厂处理能力分类

类型	日处理能力（t）
Ⅰ	>300
Ⅱ	150—300
Ⅲ	50—150
Ⅳ	≤50

9.6.5 粪便处理设施

目前国内外粪便处理主要采用两种模式：三格化粪池＋污水处理＋粪便处理模式和管道收集＋污水处理模式。随着我国城市污水处理厂的建设、排水管网的普及，将粪便经污水管网输送到城市污水处理厂进行集中处理在国内已成为主要方式；而粪便处理厂仅作为污水管网未覆盖地区及化粪池使用较为普遍的旧城、城中村等地区粪便处理的补充。

粪便处理设施规划应根据服务年限、粪便收集量和综合效益等，协调近期与远期、处理与利用、粪便处理与生活污水和生活垃圾处理之间的关系；应采用节约能源、节省用地的新工艺、新技术、新材料和新设备，做到保护环境、安全适用、技术可靠、经济合理。

1）布局要求

粪便应逐步纳入城市污水管网统一处理。在城市污水管网未覆盖的地区及化粪池使用较为普遍的地区，未纳入城市污水管网统一处理的粪便与化粪池的粪渣污泥应单独设置粪便处理设施进行处理。

粪便处理设施应优先选择在污水处理厂或污水主干管网、生活垃圾卫生填埋场的用地范围内或附近。

2）规划指标

（1）规模。粪便处理设施的规模不宜小于 50 t/d。

（2）用地指标。粪便处理设施的用地指标应根据粪便日处理量和处理工艺确定，并应符合表 9-9 中的规定。

表 9-9 粪便处理设施用地指标

处理方式	厌氧消化（m^2/t）	絮凝脱水（m^2/t）	固液分离预处理（m^2/t）
用地指标	20—25	12—15	6—10

（3）卫生防护。粪便处理设施与住宅、公共设施等的间距不应小于 50 m。粪便处理设施在单独设置时用地内沿边界应设置宽度不小于 10 m 的绿化隔离带。

9.6.6 建筑垃圾处理处置设施

建筑垃圾的处理应优先考虑资源化利用，在此基础上进行堆填处理和填埋处置。建筑垃圾的处理应采用技术可靠、经济合理的技术工艺，鼓励采用新工艺、新技术、新材料和新设备。

建筑垃圾中的工程弃土一般可以通过回填、造景等方式在城市建设中进行直接利用，拆除垃圾和装修垃圾等则可通过综合利用厂回收利用，用于生产建筑材料。为促进建筑垃圾的资源化利用，对于建筑垃圾产生量较大的城市，宜集中设置建筑垃圾综合利用厂，对建筑垃圾进行回收利用。

1）布局要求

建筑垃圾填埋场应与当地的大气保护、水土资源保护、自然保护及生态平衡要求相一致；宜在城市建成区外设置，应选择具有自然低洼地势的山坳、采石场废坑；地质情况较为稳定、符合防洪要求，不受洪水、潮水、内涝的威胁；具备运输和电力、给水、排水条件，土地及地下水利用价值低的地区；不得设置在饮用水水源保护区、地下蕴矿区及影响城市安全的区域内；距农村居民点及人畜供水点不应小于 0.5 km。

建筑垃圾综合利用厂宜结合建筑垃圾填埋场集中设置，以减小对环境的影响、降低运输成本。

2）规划指标

（1）建筑垃圾填埋场。目前，国内建筑垃圾填埋场的库容差别较大，大型的填埋场库容达到上千万立方米，小型的填埋场库容仅数十万立方米，为了集约用地、便于管理，建筑垃圾填埋场的库容不宜过小。一般情况下，建筑垃圾填埋场的使用年限不应小于 10 年，库容利用系数不宜小于 8 m^3/m^2。

（2）建筑垃圾综合利用厂。建筑垃圾综合利用厂的发展规模应综合其服务区域、建筑垃圾收集运输能力、产品出路、预留发展等因素确定。

9.6.7 其他环境卫生处理处置设施

1）一般工业固体废弃物处理处置设施

一般工业固体废弃物贮存、处置场应布置在工业区和居民区主导风向的下风向，场界距居民区的控制间距应符合现行国家标准《一般工业固体废物贮存和填埋污染控制标准》（GB 18599—2020）中的规定，严禁选在江河、湖泊、水库最高水位以下的滩地和洪泛区。

2）危险废物处理处置设施

危险废物焚烧厂规划布局应符合现行国家标准《危险废物焚烧污染控制标准》（GB 18484—2020）中的选址规定。危险废物填埋、贮存场规划布局应符合现行国家标准《危险废物填埋污染控制指标》（GB 18598—2019）和《危险废物贮存污染控制标准》（GB 18597—2023）中的选址规定。

3）医疗废物处理处置设施

医疗废物的处理处置应遵循环境健康、风险预防、安全无害、废物减量的原则。医疗废物处置厂的规划布局应符合现行国家标准的相关规定。城市应规划设置医疗废物焚烧处理设施，其服务范围可为一个城市或地区，也可是多个城市或地区共同设置、共建共享。

4）电子废物处理处置设施

城市应建立电子废物回收系统，规划布局相应的再生资源工厂。

9.7 其他环境卫生设施规划

9.7.1 公共厕所

公共厕所是指在道路两旁或公共场所等处设置的供公众使用的厕所。

公共厕所是城市居民公共使用的卫生设施，位置应选择在明显、易找之处；在公共厕所邻近的道路旁，应设置明显、统一的公共厕所标志。

1）类型

公共厕所分为固定式和活动式两种。固定式公共厕所包括独立式和附属式。公共厕所的设计和建设应根据其位置和服务对象按相应类别的设计要求进行。

独立式公共厕所应按周边环境和建筑设计要求分为一类、二类和三类，其设置应符合表 9-10 中的规定。一类平均每厕位建筑面积指标为 5—7 m², 二类为 3—4.9 m², 三类为 2—2.9 m²。

表 9-10　独立式公共厕所类别

设置区域	类别
商业区、重要公共设施、重要交通客运设施、公共绿地及其他环境要求高的区域	一类
城市主、次干路及行人交通量较大的道路沿线	二类
其他街道	三类

注：独立式公共厕所二类、三类分别为设置区域的最低标准。

附属式公共厕所应按场所和建筑设计要求分为一类和二类，其设置应符合表 9-11 中的规定。

表 9-11　附属式公共厕所类别

设置场所	类别
大型商场、宾馆、饭店、展览馆、机场、车站、影剧院、大型体育场馆、综合性商业大楼和二级、三级医院等公共建筑	一类
一般商场（含超市）、专业性服务机关单位、体育场馆和一级医院等公共建筑	二类

注：附属式公共厕所二类为设置场所的最低标准。

2）规划布局

在商业街区、市场、客运交通枢纽、体育文化场馆、游乐场所、广场、大中型社会停车场、公园及风景名胜区等人流集散场所内或附近，应按流动人群需求设置公共厕所。公共厕所设置应符合下列要求：

（1）设置在人流较多的道路沿线、大型公共建筑及公共活动场所附近；

（2）公共厕所应以附属式公共厕所为主，独立式公共厕所为辅，移动式公共厕所为补充；

（3）附属式公共厕所不应影响主体建筑的功能，宜在地面层临道路设置，并单独设置出入口；

（4）公共厕所宜与其他环境卫生设施合建；

（5）在满足环境及景观要求的条件下，城市公园绿地内应设置公共厕所。

3）规划指标

（1）公共厕所密度

根据城市性质和人口密度，城市公共厕所平均设置密度应按每平方千米规划建设 3—5 座选取；人均规划建设用地指标偏低、居住用地及公共设施用地指标偏高的城市、山地城市、旅游城市可适当提高。

在城市各类工作场所及人流聚集的公共场所，公共厕所的服务半径不应大于 300 m。

（2）公共厕所设置标准

各类城市用地的公共厕所设置标准应符合表 9-12 中的规定。

沿道路设置的公共厕所间距宜符合表 9-13 中的规定。

表 9-12　公共厕所设置标准

用地类型	设置密度（座 /km²）	建筑面积（m²/ 座）	独立式公共厕所用地面积（m²/ 座）
居住用地	3—5	30—80	60—120
公共管理与公共服务用地、商业服务业用地、交通场站用地	4—11	50—120	80—170
绿地与开放空间用地	5—6	50—120	80—170
工业用地、物流仓储用地、公用设施用地	1—2	30—60	60—100

注：公共厕所用地面积、建筑面积应根据现场用地情况、人流量和区域重要性确定。特殊区域或具有特殊功能的公共厕所可突破本标准面积上限。交通场站用地、工业用地、物流仓储用地为二级类用地类型，其余为一级类用地类型。绿地与开放空间用地指标不包括防护绿地。

表 9-13　公共厕所设置间距指标

设置位置	设置间距（m）
商业区周边道路	<400
生活区周边道路	400—600
其他区周边道路	601—1 200

（3）公共厕所建筑标准

商业街区、重要公共设施、重要交通客运设施、公共绿地以及其他环境要求高的区域的公共厕所建筑标准不应低于一类标准；主、次干路和交通量较大的道路沿线的公共厕所不应低于二类标准；其他街道及区域的公共厕所不应低于三类标准。

9.7.2　环境卫生车辆停车场

1）布局要求

为了减少对城市交通和生活环境的影响，并提高环境卫生车辆的工作效率，环境卫生车辆停车场应设置在环境卫生车辆的服务范围内，并避开人口稠密和交通繁忙的区域。鼓励环境卫生车辆采用新能源汽车，并在环境卫生车辆停车场内设置相应的能源供给设施。

2）规划指标

环境卫生车辆数应根据服务区域规划人口数确定，可按 2.5—5 辆 / 万人估算，环境卫生车辆停车场的用地指标为 50—150 m²/ 辆，可采用立体形式建设。有清雪需求城市的环境卫生车辆停车场的用地面积指标可适当提高。

9.7.3 环卫工人作息场所

环卫工人作息场所主要供环卫工人休息、更衣、洗浴和停放小型车辆、工具等。

环卫工人作息场所宜结合城市其他公共服务设施设置，可结合公共厕所、垃圾收集站、垃圾转运站、环境卫生车辆停车场等设施设置。为集约用地、方便环卫工作，环卫工人作息场所可结合其他环卫设施设置，并鼓励结合城市其他公共服务设施设置。场所的建筑面积主要与该作息场所的功能配置、环卫工人数量等有关；设置标准宜符合表 9-14 中的规定。

表 9-14 环卫工人作息场所设置标准

作息场所设置密度（座 /km²）	建筑面积（m²）
0.3—1.2	20—150

注：商业区、重要公共设施、重要交通客运设施等人口密度大的区域取上限，工业仓储区等人口密度小的区域取下限。

第 9 章思考题

1. 城市环境卫生工程系统的组成是什么？
2. 如何理解城市环境卫生安全保障体系的构成及其价值？
3. 实施垃圾分类的意义是什么？
4. 城市固体废物的分类、废物量的预测方法是什么？
5. 城市环境卫生收集设施、转运设施、处理处置设施的规划要求是什么？
6. 学习和解析典型城市环境卫生现状和环境卫生工程系统规划。

10 城市综合防灾规划

本章主要学习和掌握城市综合防灾系统的组成、规划编制内容和规划方针与原则，熟悉城市综合防灾安全保障体系的构成及其价值；学习和掌握城市灾害防御重点、设定防御标准和防御要求，熟悉城市防灾的用地安全布局、防灾分区、防灾设施和重要公共设施规划；学习和掌握应急保障基础设施的保障级别与设防标准、设防要求与措施，掌握应急服务设施的规划要求和抗灾设防标准与要求、设施布置与要求；学习和了解城市综合防灾系统规划的现行国家标准。

10.1 概述

城市综合防灾是指为应对地震、洪涝、火灾及地质灾害等各种灾害，增强对事故灾难和重大危险源的防范能力，并考虑人民防空、地下空间安全、公共安全、公共卫生安全等要求而开展的城市防灾安全布局整体组织、防灾资源统筹整合、防灾体系优化健全和防灾设施建设整治等综合防御部署和行动。

防灾减灾救灾工作事关人民群众的生命财产安全，事关社会的和谐稳定。全面提高全社会抵御自然灾害的综合防范能力，保障人民群众的生命财产安全，任务艰巨，意义十分重大。

中国是世界上自然灾害最为严重的国家之一，灾害种类多、分布地域广、发生频率高、造成损失大。近年来，南方低温雨雪冰冻、汶川地震、玉树强烈地震、舟曲特大山洪泥石流、郑州特大暴雨等特大灾害接连发生，严重洪涝、干旱和地质灾害以及台风、风雹、高温热浪、海冰、雪灾、森林火灾等灾害多发并发，给经济社会发展带来严重影响。在全球气候变化背景下，自然灾害风险进一步加大，防灾减灾工作形势严峻。

城市综合防灾规划应贯彻落实"预防为主，防、抗、避、救相结合"的方针，坚持以人为本、尊重生命、保障安全、因地制宜、平灾结合，科学论证及全面评估城市灾害风险，整合协调城市防灾资源，坚守防灾安全底线，统筹防灾战略与任务，综合落实防灾要求，建立健全具备多道防线的城市防灾体系，提高综合防灾减灾能力，最大限度地减轻自然灾害的损失。所谓安全底线是指人民群众的生命和财产安全，城市综合防灾要坚守安全底线，坚持人民至上、生命至上。

城市防灾体系是指按照预定设防标准所采取的抗灾设防、防灾安全布局、防灾设施部署及相应的防灾措施和减灾对策，减缓、消除或控制灾害的长期风险和危害效应，以全面有效地应对城市设定防御标准的灾害影响，增强应急响应能力，保障抢险救灾行动的开展。城市防灾体系建设的根本目的是通过综合防灾和工程抗灾设防，保障安全。其中工程抗灾设防的内容将在下一章讲述。

10.1.1　城市综合防灾系统的组成

城市综合防灾系统是为应对各种灾害，增强对事故灾难和重大危险源的防范能力，保障公共安全而采取的城市防灾安全布局、灾害防御设施、应急保障基础设施、应急服务设施的工程系统。其中灾害防御设施、应急保障基础设施和应急服务设施统称为防灾设施。

1）防灾安全布局

城市防灾安全布局以用地安全使用为原则，以形成有利于增强城市防灾能力、提高城市安全水平、可有效应对重大或特大灾害的城市防灾体系为目标的空间布局。防灾安全布局通常包括用地安全布局规划，统筹协调城市防灾设施用地，合理进行防灾分区，构建由灾害防御设施、应急保障基础设施和应急服务设施相互协调、相互支撑的网络空间体系，并符合灾害及其次生灾害防护与蔓延防止要求。

2）灾害防御设施

灾害防御设施是指为防御、控制灾害而修建的，具有明确防护标准与防护范围或防护能力的，对灾害实施监测预警、可控制或降低灾害致灾风险的建设工程与配套工程，如防洪设施、内涝防治设施、防灾隔离带、滑坡坍塌防治工程、重大危险源防护设施等。灾害防御设施是工程抗灾设防的重要内容，将在下一章讲述。

3）应急保障基础设施

应急保障基础设施是指属于交通、供水、供电、通信等基础设施的关键组成部分，具有高于一般基础设施的综合抗灾能力，灾时可立即启用或很快恢复功能，为应急救援、抢险救灾和避难疏散提供保障的工程设施。

4）应急服务设施

应急服务设施是指具有高于一般工程的综合抗灾能力，灾时可用于应急抢险救援、避险避难和过渡安置，提供临时救助等应急服务场所和设施，通常包括应急保障医院等应急医疗卫生设施，紧急、固定和中心避难场所等防灾避难场所，救灾物资储备库等应急物资储备与分发设施，以及应急指挥、消防救援等设施。

10.1.2　城市综合防灾系统规划的内容

城市综合防灾规划的主要内容包括：确定防灾体系建设目标与原则，完善防灾设施体系；设定防御标准，明确灾害防御重点、灾害防御标准；确定防灾安全布局，明确用地安全布局、防灾分区、防灾设施及重要公共设施布局和要求；确定应急保障基础设施和应急服务设施的建设标准和要求等。

按照国土空间规划体系，相应的总体规划、详细规划中的综合防灾规划和综合防灾专项规划的主要内容有所侧重。国土空间总体规划是综合防灾专项规划的基础；详细规划中的综合防灾规划以国土空间总体规划为依据，与相关专项规划相衔接；综合防灾专项规划要遵循国土空间总体规划，不得违背总体规划中的强制性内容，其主要内容要纳入详细规划。

1）总体规划中综合防灾规划的内容

在国土空间总体规划中，综合防灾规划的主要内容包括以下方面：

（1）现状分析：分析现状综合防灾体系和设施状况；评估综合防灾规划实施情况；进行灾害和风险评估。

（2）专题研究：结合实际，开展自然灾害对空间开发保护的影响和对策、灾害风险防控等重大问题研究。

（3）发展目标：确定主要灾害类型的防灾减灾目标和设防标准，划分灾害风险区；确定重大防灾设施标准、要求；明确人均应急避难场所面积。

（4）空间布局：统筹城市用地安全布局和防灾设施布局，明确控制要求；预留一定的应急用地和大型危险品存储用地，科学划定安全防护和缓冲空间。

（5）用地控制：明确地质灾害隐患区和用地管控要求、重大危险源布局和安全防护要求；划定防灾控制线，明确城市防灾管控空间，制定规划管控措施。

（6）近期建设：编制近期综合防灾设施及重点防灾建设项目。

（7）政策机制：提出综合防灾规划实施的政策；提出防灾减灾的措施等。

规划成果包括自然灾害风险分布图、综合防灾减灾规划图等图件和规划文本、附表、说明、专题研究报告等。

2）综合防灾专项规划的内容

综合防灾专项规划在国土空间总体规划相关编制内容的基础上，还应包括以下内容：

（1）分析现状综合防灾系统和防灾减灾情况；进行综合防灾评估。

（2）落实和深化国土空间总体规划确定的综合防灾规划；与相关规划相衔接和统筹协调；结合实际开展相关专题研究。

（3）提出城市综合防灾减灾与公共安全保障体系的规划目标。

（4）确定城市灾害防御重点、设定防御标准和防御要求。

（5）协调城市空间布局，确定城市防灾安全布局及要求。

（6）确定重要应急保障基础设施和应急服务设施，明确重要防护对象、重要应急保障对象、重要设防对象及规划管控措施。

（7）明确防灾设施建设标准和重大防灾设施空间布局要求。

（8）提出涉及城市安全的生产、仓储用地的布局要求和防护范围。

（9）提出防洪（潮）、消防、人防、抗震、地质灾害防治等规划措施。

（10）划定对城市发展全局有影响的、必须控制的防洪排涝和防灾（减灾）设施用地控制界线（黄线）。

规划成果主要包括综合防灾减灾现状图、综合防灾减灾规划图等图件和规划文本、附表、说明、专题研究报告等。

3）详细规划中综合防灾规划的内容

在国土空间详细规划中，综合防灾规划的主要内容有以下几个方面：

（1）分析灾害预防情况。

（2）落实国土空间总体规划确定的综合防灾减灾规划要求，与相关专项规划相衔接；明晰防灾控制线，确定城市防灾管控空间与管控要求。

（3）进行城市用地防灾安全评定；确定影响用地安全布局的因素及影响范围线和影响等级，限制建设和禁止建设范围，限制建设需要配套的防灾设施和防灾措施。

（4）确定应急服务设施布局、规模、功能服务指标和设防标准，应急保障基础设施布局、建设标准和保障措施，灾害防御设施布局、防护标准、规模和防护措施。

（5）确定防灾设施用地控制界线和控制要求，周边建设用地控制要求和工程防灾措施。

（6）确定防灾规划管控措施和管理控制要求。

灾害的风险评估是采取一定的技术方法，识别存在的灾害危险，分析抗灾能力、抗灾薄弱环节及可能的灾害后果，确定风险防范和控制能力，聚焦存在问题的过程。

设定防御标准是指在确定防灾安全布局、用地防灾管控措施和防灾设施部署时，与所依据灾害影响水平相对应的高于工程抗灾设防标准的灾害设防水准。

灾害防御指引通常需要对消防、抗震、防洪、内涝防治、地质灾害防治、重大危险源防御、抗风、地下空间防灾与人防等规定其专门防御要求、防灾措施和减灾对策的指引。

防灾设施是指城市防灾体系中直接用于灾害控制、防治和应急所必需的建设工程与配套设施。防灾设施是灾害防御设施、应急保障基础设施和应急服务设施的总称。

防灾措施是指为减低各种灾害的直接危害效应所采取的用地安全规划管控措施、防灾设施应急保障措施及建筑工程抗灾措施。

10.1.3 城市综合防灾系统规划的方针与原则

1）综合防灾系统规划的方针

城市综合防灾规划应贯彻落实"预防为主，防、抗、避、救相结合"的方针，统筹协调各类防灾资源与防灾设施，形成支撑城市综合防灾减灾能力的防灾空间结构体系，建立健全以安全底线和多道防线为基础的城市防灾工程系统。

（1）"防"。通过综合防灾评估，厘清灾害类型和危险源，坚持以防控为主，在不断改善和提高建筑工程抗灾设防能力的基础上，从布局上采取预防措施，规定责任分区，统筹完善防灾资源布局与利用。

（2）"抗"。实施建筑工程抗灾能力提升和风险降低，落实防灾设施建设要求。

（3）"避"。采取分割高风险片区、划定防护距离、设置工程防护措施、划定风险控制界线、管控易损功能布局等综合措施，降低高风险、防范重大危险源和灾害源。

（4）"救"。预先规划建设应急保障基础设施和应急服务设施，为应急抢险救援、避难安置、救助救护和恢复重建提供支撑与保障。

2）综合防灾系统规划的思路

"多道防线"是防灾减灾的基本思想。城市防灾体系是在以工程抗灾为主体的城市防灾第一道防线的基础上，统筹各单灾种防灾规划，重点是基于统一的防灾战略和防御目标，综合防御体系的建立，统一防灾空间的建构，形成城市的空间防线对灾害防御设施的有效防护，对应急服务设施和应急保障基础设施的有效支撑，形成城市防灾的保障防线，并以城市减灾体系和应急体系为补充防线。规划的基本思路如下：

（1）城市综合防灾规划需要根据城市发展的安全保障需求，科学地评估城市所面临的实际灾害风险，全面实施综合防灾评估；坚持防灾安全底线，保证防灾设施的基本保障、服务和防护能力；确定城市灾害综合防御目标和设防标准，促进城市发展与防灾减灾的有机统一，优化防灾安全布局；建立完善的城市防灾体系，防御灾害加剧发生与减少灾害造成的损失，提高城市和社区的综合防灾能力。

（2）城市综合防灾规划通常以地震、洪涝、火灾和地质灾害等中对城市影响较大、影响范围较广的重大和特大规模灾害防御为主线，综合次生灾害和重大危险源的重点防御，并兼顾发生其他灾害时城市的防灾安全要求和民众的疏散避难需求。

（3）城市综合防灾规划依据平时功能和多灾种应急功能协调共用、综合共享的原则，整合各类可利用的防灾资源，统筹灾害防御设施、应急保障基础设施和应急服务设施等防灾设施布局，综合保障应急救灾和疏散避难。

（4）城市防灾安全布局控制以及应急保障基础设施、应急服务设施和灾害防御设施等防灾设施的规模和空间布局确定的依据是设定最大灾害效应，据此评估防灾需求规模。设定最大灾害效应不得低于设定防御标准下的灾害影响。

设定最大灾害效应是指通过对各灾种设定灾害风险进行综合防灾评估确定的，作为确定防灾安全布局、用地防灾管控措施和防灾设施部署设计依据的最大灾害影响和受灾规模。

3）综合防灾系统规划的原则

（1）以综合防灾评估为依据，根据城市规模、发展布局以及灾害类型、严重程度、危急程度，以设定最大灾害效应为基准，合理设定城市灾害综合防御目标和防御标准，分析城市防灾需求及安全防护和应急保障服务要求，统筹完善城市防灾安全布局，划分防灾分区，系统规划防灾设施。

（2）以最严重灾害类型、危害严重程度确定设定最大灾害效应，综合考虑采取防护距离、防灾设施、加强设防等防灾举措的可行性，合理规划、选择防灾举措。重要灾害风险应采取多种举措综合预防。

（3）以工程抗灾和各专业的防灾规划为基础，遵照常态功能和防灾功能协调共用、多灾种防灾功能综合共享的原则，统筹防灾设施，协调防灾管控措施，整合防灾资源。

（4）以专业性评估为基础，统筹安排对既有重大危险源的预防，提出搬迁、除险、防控等规划管控要求，合理安排重大危险源防护距离及周边用地功能和建设时序。

（5）应按照各单灾种防灾规划、城市生命线系统和应急救援系统建设等要求，统筹规划布局避难场所、应急救援通道和应急指挥、医疗卫生、消防、救灾物资储备等设施，明确供水、电力、通信、供热、排水、环卫等基础设施防灾建设要求。

（6）应鼓励和引导各类城市公共服务设施、基础设施、场所的多功能使用或兼容。承担防灾功能的上述设施和场所的规划建设与管理应满足城市防灾减灾和应急功能的需要。

10.2 城市灾害的类型与特点

城市灾害是指由于自然或人为的原因，对城市功能和人民生命财产造成损害的事件。由于城市人口和财富高度集中，灾害对城市的破坏和影响巨大。

10.2.1 城市灾害的类型

灾害是对能够给人类和人类赖以生存的环境造成破坏性影响的事件总称。城市灾害按发生的原因可分为自然灾害与人为灾害两类；按发生的时序可分为主灾和次生灾害；按社会危害程度、影响范围可分为特别重大、重大、较大和一般四级。

1）自然灾害与人为灾害

自然灾害与人为灾害在成因、特点以及影响范围上存在显著差异。自然灾害主要由自然力量和自然变异引起，具有突发性、广泛性和巨大的破坏性；而人为灾害则由人类活动和行为引起，具有可预测性、受害范围相对较小的特点。

（1）自然灾害

根据《自然灾害分类与代码》（GB/T 28921—2012），再结合当下自然灾害的工程防治情形，将自然灾害分为气象灾害、海洋灾害、洪水灾害、地震灾害和地质灾害五类。

①气象灾害，包括暴雨、雨涝、干旱、干热风、热带气旋、龙卷风、冻害、雹害、浓雾、低空风切变、沙尘暴等。我国气象灾害种类多、范围广、频率高、强度大，对人民生命财产和经济社会造成严重影响。如1998年中国长江流域发生大洪水，多地受灾严重，经济损失巨大。

②海洋灾害，包括风暴潮、灾害性海浪、海冰、海啸、赤潮、厄尔尼诺现象等。我国比较严重的海洋灾害有多种，其中风暴潮和海浪灾害尤为突出。如2023年7月28日台风"杜苏芮"在福建登陆，引发了严重的风暴潮灾害。海水冲破海堤，侵入内陆，造成了巨大的直接经济损失。

③洪水灾害，包括暴雨灾害、山洪、融雪洪水、冰凌洪水、溃坝洪水等。我国洪水灾害具有季节性明显、地域分布广泛、损失严重等特点。如2023年我国河南郑州等地特大暴雨导致的城市内涝和河流溃堤事件，严重影响了城市的交通和居民生活。

④地震灾害，包括构造地震、火山地震、陷落地震、诱发地震等。我国地震灾害分布范围广，地震活动主要分布在5个地区的23条地震带上，包括台湾省及其附近海域、西南地区、西北地区、华北地区、东南沿海地区等。如1976年7月28日的唐山大地震，地震震级达7.8级，共造成约24.2万人死亡，约16.4万人受重伤；对唐山的各类建筑和工业企业、公共设施、基础设施、道路交通等造成了巨大破坏。

⑤地质灾害，包括滑坡、泥石流、地面下降、地面塌陷等。我国地质灾害分布广泛，对社会经济造成严重危害和广泛影响，毁坏城市和村庄，造成人口伤亡，破坏国土资源和生态环境等。如2010年8月7日，甘肃省舟曲县发生了特大山洪泥石流灾害，滑坡泥石流堵塞了嘉陵江上游支流白龙江，形成堰塞湖，导致县城部分被淹，电力、交通、通信中断。

（2）人为灾害

城市人为灾害是指由于人或社会集团的行为失控或不恰当的改造自然行为，导致城市设施破坏、人员伤亡与财产损失、生态环境失衡等现象的发生。人为灾害可以分为以下几类：

①战争。如2011年起始的叙利亚战事，其设施遭受严重破坏，道路、桥梁等交通设施损毁严重，城市无法正常运转，多个古老城市几乎被完全毁灭。

②火灾。如2019年法国巴黎圣母院发生火灾，对这座世界文化遗产造成了严重损害，整座建筑损毁严重。

③化学灾害。此类灾害包括爆炸、中毒等事故。如2015年的天津港爆炸事故，对周边建筑和居民安全构成了严重威胁

④交通事故。2023年，我国共发生道路交通安全事故约175万起，死亡人数约50万人，这显示出交通事故对公共安全构成了严重威胁。

⑤传染病流行。如2019年的新型冠状病毒感染在全球范围内大规模爆发，给城乡居民的生产、生活造成了极大影响。

2）主灾与次生灾害

主灾是指直接由自然因素或人为因素引发的原发性灾害，这些灾害在发生时，会对人类社会和自然环境造成直接的破坏和影响。例如，地震、火山暴发、洪水、飓风、台风等都是主灾的例子。这些灾害具有强大的破坏力，能够导致人员伤亡、财产损失以及生态环境的破坏。

次生灾害则是指由主灾引发的进一步灾害，通常是主灾的间接后果或连锁反应。次生灾害可能包括火灾、滑坡、泥石流、海啸、疾病暴发等。这些灾害在主灾发生后的一段时间内出现，有时甚至会对受灾地区造成更大的破坏和人员伤亡（表10-1）。例如，在地震后，可能会引发火灾、滑坡和泥石流等次生灾害；在洪水过后，可能会出现疾病爆发和卫生问题。

我国"5·12"汶川特大地震、"4·14"玉树地震的灾损调查表明，地震引发的崩塌、滑坡、泥石流等次生灾害，可造成大量的人员伤亡和巨大的经济损失；有的灾区因崩塌、滑坡等次生灾害导致人员伤亡的数量，甚至会超过在地震中因房屋倒塌伤亡的数量。

表 10-1　主灾与次生灾害

主灾	次生灾害
地震	工程结构、设施火灾、爆炸、有毒有害物质污染等；自然环境破坏而引发的海啸、滑坡、泥石流、堰塞湖及后续引发的洪水等；由人员伤亡和医疗设施的破坏引发的疫病蔓延等
洪水	山体滑坡、泥石流以及堰塞湖等地质灾害
雪灾	融雪型洪水，山洪、泥石流、山体滑坡等地质灾害
战争	火灾、爆炸、有毒有害物质污染、饥荒、暴乱等

主灾所能引发的次生灾害是因时因地而不同的，有些次生灾害在其主灾处理及时的情况下是可以避免的或可以大大降低灾害的危险程度。

3）灾害分级

根据《中华人民共和国突发事件应对法》，按照社会危害程度、影响范围等因素，自然灾害、事故灾难、公共卫生事件分为特别重大、重大、较大和一般四级。

应急响应等级按照突发事件发生的紧急程度、发展势态和可能造成的危害程度分为一级、二级、三级和四级，分别用红色、橙色、黄色和蓝色标示，一级为最高级别。

10.2.2　城市灾害的危害特征

灾害对城市发展的影响深远，这些影响涉及经济、环境、社会等多个方面。灾害往往暴露出城市规划与建设中的不足和问题，因此，需要不断总结和反思，采取积极的应对措施，加强防灾减灾能力建设，提高城市的整体韧性，实现可持续发展。

1）人员伤亡严重

城市灾害，特别是地震、洪水、爆炸和火灾等，往往会造成大量的人员伤亡。城市人口众多、建筑密集，一旦发生灾害，逃生和救援的难度都相对较大，容易导致人员伤亡的惨重后果。

2）经济损失巨大

城市灾害会带来巨大的经济损失。灾害会严重破坏城市的基础设施、建筑物、交通设施等，导致直接经济损失。同时，灾害还可能会影响城市的正常运转，如电力中断、交通瘫痪等，进而造成间接经济损失。

3）生态环境遭受破坏

地震、洪水等自然灾害和火灾、爆炸等人为灾害，可能会严重破坏城市的生态环境。例如，地震可能会引发山体滑坡、泥石流等地质灾害，破坏植被和土壤结构；洪水则可能会冲毁绿地、湿地等自然生态系统，影响生态平衡。

4）社会影响深远

灾害对人类造成的伤害不仅是物质上的，还有精神上的。灾害会破坏城市的社会秩序，影响居民的心理状态，甚至可能导致社会不安。同时，灾害还可能会影响城市的形象，对城市的未来发展产生不利影响。

5）恢复难度大

城市灾害的恢复工作往往难度很大。由于城市人口密集、建筑密集，灾害造成的破坏往往非常严重，灾后的灾民安置与恢复重建工作需要投入大量的人力、物力和财力。同时，由于城市系统的复杂性，恢复难度大。

10.3　城市综合防灾安全保障体系

城市综合防灾体系是人类社会为了消除和减轻自然灾害对生命财产的威胁，增强抗御、承受灾害的能力，为灾后尽快恢复生产、生活秩序而建立的灾害管理、防御、救援等组织体系与防灾工程技术设施体系，包括灾害研究、监测、灾害信息处理、灾害预报、预警、防灾、抗灾、救灾、灾后援建等系统，是社会、经济可持续发展必不可少的安全保障体系。

城市综合防灾体系建设的根本目的是通过工程抗灾设防、防灾安全布局和防灾设施体系规划建设，减轻人民生命财产损失、保障灾后民众的基本生活和城市的基本秩序，有效支撑城市重要功能的基本运行和其他功能的有序恢复，增强应急响应能力，支持抢险救灾活动的顺利开展，这是建构城市综合防灾安全保障体系的价值所在。

建立和完善城市综合防灾体系，其主要内容应包括：防灾安全布局和防灾设施部署等城市空间防灾体系，改善或提高建设工程及设施设备抗灾能力的工程抗灾体系，控制、减缓或消除灾害风险的防灾减灾对策体系等。

10.3.1　防灾工程系统完善

防灾工程是指城市综合防灾体系中直接用于灾害控制、防治和应急所必需的建设工程与配套设施。城市的防灾设施应系统完善、设施齐全，并具有较高的能力和质量。

防洪设施、内涝防治设施、防灾隔离带、滑坡崩塌泥石流防治工程、重大危险源防护设施等灾害防御设施是为防御、控制灾害而修建的，应具有明确的防护标准与防护范围或防护能力。灾害防御设施须齐全、完善、高标准、高质量、保障灾害的可控制、能防御、保安全。

应急保障基础设施属于交通、供水、供电、通信等基础设施的关键组成部分，设施应高标准、高质量、安全可靠，应能保障灾时人民基本生活的正常有序进行。

应急指挥、医疗救护和卫生防疫、消防救援、物资储备分发、避难安置等应急服务设施具有高于一般工程的综合抗灾能力，灾时可用于应急抢险救援、避险避难和过渡安置，提供临时救助等应急服务场所和设施。

10.3.2 防御目标守住底线

城市灾害综合防御目标按照"中灾正常、大灾可控、巨灾可救"的设防理念进行设置。城市综合防灾规划的最低灾害防御目标应满足下述要求：

（1）当遭受相当于工程抗灾设防标准的较大灾害影响时，城市应能够全面应对灾害，应无重大人员伤亡；防灾设施应有效发挥作用，城市功能基本不受影响，城市可保持正常运行。

（2）当遭受相当于设定防御标准的重大灾害影响时，城市能有效减轻灾害，城市不应发生特大灾害效应，应无特大人员伤亡；防灾设施应能基本发挥作用，重大危险源以及可能发生特大灾难性事故后果的设施和地区应能得到有效控制。

（3）当遭受高于设定防御标准的特大灾害影响时，应能保证对外疏散和对内救援可有效实施。

10.3.3 设定防御标准可靠

设定防御标准的目的是保障城市综合防灾的安全可靠。城市综合防灾规划应依据城市灾害综合防御目标，以灾害风险评估为基础，综合评估城市发展条件、灾害环境、工程设防情况、历史灾害情况等因素，采用上限原则分别确定各主要灾种的设定防御标准。

设定防御标准可分区、分系统确定。由于城市空间防线和保障防线在城市防灾体系中的重要作用，需要采用比一般工程抗灾设防水准高一档的设防水准，或采用历史最大灾害影响、最大可能灾害影响，在评估可能遭受灾害的种类和规模的基础上确定，通常不低于与应急管理中重大灾害影响相当的灾害水平。

"上限原则"是指设定防御标准对应的是作为城市防灾体系的最后保障，在其确定过程中，需要考虑城市或分区的重要性，按照风险控制原则，针对各种最大灾害影响分析，按就高不就低的原则选定。

10.3.4 工程抗灾设防科学

城市综合防灾是基于多道防线的防御理念进行的，工程抗灾设防是城市综合防灾的基础。为保障工程设施抗灾的安全、可靠，国家已建立了完善的工程抗灾设防标准体系，各项工程建设依据国家工程抗灾设防标准进行规划、设计、建设和维护，以保障工程抗灾设防的安全。

工程抗灾设防基于各类工程结构的可靠性要求，采用增强承灾体本身抗灾能力的方式，以实现减轻灾害带来的伤害的目的。这也是减轻自然灾害最直接、最有效的途径和方法。

工程抗灾设防标准是指量大、面广的一般性建设工程的抗灾设防标准。对于防灾设施而言，所采用的设定防御标准，通常要高于工程抗灾中的一般工程抗灾设防标准，并与重要建筑工程的抗灾设防标准相衔接。

10.3.5　防灾安全布局合理

城市防灾安全布局包括合理划分防灾分区，配置防灾资源，构建有效的防灾设施体系。城市防灾安全布局规划应以用地安全使用为原则，以形成有利于增强城市防灾能力、提高城市安全水平、可有效应对重大或特大灾害的城市防灾体系为目标。

城市防灾安全布局需要统筹协调城市防灾设施用地，合理进行防灾分区，构建由应急保障基础设施、灾害防御设施和应急服务设施相互协调、相互支撑的网络空间体系，并符合灾害及其次生灾害防护与蔓延防止的要求。

防灾安全布局的主要思路是，基于建设用地的安全避让与防护和合理选择使用，以建设工程抗灾能力为基础，通过采取危险源 / 区和灾害高风险区的有效防护和控制，防灾分区与组织，灾害防御设施和应急服务设施的合理布设，应急保障设施的有效支撑，适宜的建筑工程防灾间距和形态等规划措施，使城市形成具有重大或特大灾害应对能力的空间结构形态。

10.3.6　防灾工程设施安全

城市综合防灾应严格按照现行国家标准《城市综合防灾规划标准》（GB/T 51327—2018）等进行综合规划设计与建设，确保城市综合防灾工程设施系统完善、符合规范，进而能保障安全。

为保障城市综合防灾系统设施的空间安全，宜将城市消防指挥调度中心、消防站等城市消防设施，防洪堤墙、排洪沟与截洪沟、防洪闸等城市防洪设施、避震疏散场地、气象预警中心等城市抗震防灾设施的用地及其安全防护空间划定为黄线；在各层次城市规划中，确定其用地位置和具体范围，划定其用地控制界线。

在城市规划区内的调洪水库、具有调蓄功能的湖泊和湿地、行洪通道、排洪渠等地表水体保护和控制的地域界线，应被划入城市蓝线进行严格保护。

城市规划应将下述要求列为强制性内容：

（1）设定防御标准，工程抗灾设防标准。

（2）限制建设和不宜建设的用地范围，限制使用要求和用地防灾管控措施。

（3）重大危险源、灾害高风险区、应急保障服务薄弱片区、可能造成特大灾难性后果的设施和地区的规划措施。

（4）防灾设施布局、规划用地控制要求。

（5）城市重要防护对象、重要应急保障对象与重要设防对象的防灾设施配置要求和空间安全保障的规划控制要求。

（6）防灾规划管控要求和措施。

10.4 设定防御标准

10.4.1 城市灾害防御重点

城市综合防灾规划宜以主要灾害防御为主线，综合考虑其他灾害和突发事件影响，统筹考虑公共安全应对、人防工程建设，建立完善的城市防灾和应急体系。城市灾害防御的重点如下：

1）自然灾害防御重点

（1）抗震防灾；

（2）受江河洪水、风暴潮、暴雨山洪或内涝威胁城市的防洪治涝；

（3）遭受地质灾害威胁地区的泥石流、滑坡、崩塌等地质灾害防治；

（4）可能遭受台风、龙卷风、暴风雪、雨雪冰冻等极端天气灾害影响地区的对应类型的气象灾害防御。

2）事故灾难防御重点

（1）统筹考虑火灾、重大危险源和其他灾害次生灾害的综合防御；

（2）可能发生特大灾害损失或特大灾难性事故后果的设施和地区的防范；

（3）易发生重大或特大事故后果的地下管线、地下综合管廊等地下空间设施的防范。

3）灾害风险管控重点

综合防灾的管控重点是对灾害高风险片区、重大灾害源、重大危险源及重要防护对象的防护。

（1）灾害高风险片区。在灾害风险评估时，可从评价因素及风险控制和减缓措施等对灾害高风险片区的辨识要求进行研判。应重点从灾害危险性、工程抗灾能力、人口与经济分布、后果严重程度、风险控制和减缓能力等方面辨识灾害高风险片区。灾害高风险片区对城市规划布局的影响较大。

（2）重大灾害源。重大灾害源是指灾害等级为重大或特大的各类灾害的发生地。

（3）重大危险源。重大危险源是指长期或临时生产、使用、储存或经营危险物质，且危险物质的数量等于或超过临界量的单元。单元分为生产单元与储存单元：生产单元按照切断阀来判断；储存单元是根据防火堤来判断分类。所谓防火堤是指在油罐和其他液态危险品储罐发生泄漏事故时，防止液体外流和火势蔓延的构筑物。

（4）重要防护对象。危险化学品重大危险源防范的重要防护对象可划分为特殊类、一类、二类和三类。

① 特殊类包括国家安全监督管理部门规定的高敏感防护场所和重要防护场所。

高敏感防护场所包括中小学校、幼儿园、托儿所、残障人员康复设施、养老院、疗养院、医院的门诊楼和住院楼等医疗、卫生、教育、民政和监狱等场所类别（有围墙者从围墙边算起）。

重要防护场所包括县级及以上党政机关办公用房，重要的通信、指挥调度和金融机构，具有历史文化保护价值的设施，公共博物馆、科技馆、展览馆、档案馆、会展中心和图书馆等重要公共设施，军事管理区等场所类别。

②人数不低于100人的特殊高密度场所应被划为一类重要防护对象；人数大于或等于30人且小于100人的居住类高密度场所和公众聚集类高密度场所应被划为二类重要防护对象；其他低密度人员场所可被划为三类重要防护对象。

10.4.2 灾害设定防御标准

设定防御标准是控制城市防灾安全布局、用地防灾管控措施和防灾设施规模的依据，是确定城市防灾安全布局和防灾设施规模的最低标准。

1）地震灾害的设定防御标准

设定防御标准所对应的地震影响不应低于本地区抗震设防烈度所对应的罕遇地震影响。

我国建筑工程的抗震设防标准按照小震、中震、大震三个水准进行规定。在中震（相当于遭受本地区抗震设防烈度地震）影响下，按照工程建设标准设计建造的建筑工程一般不会发生中等以上的破坏，因此确定防灾安全布局（如建筑间距）、根据破坏规模确定防灾设施规模时需要按大震水准（本地区抗震设防烈度所对应的罕遇地震影响）进行，这在我国城市抗震防灾规划的长期实践中也得到了很好的实施和验证。重要工程（特殊设防类和重点设防类）按照现行国家标准《建筑工程抗震设防分类标准》（GB 50223—2008）中的规定，需要提高1度进行抗震设计或采取抗震措施。

2）风灾的设定防御标准

设定防御标准所对应的风灾影响不应低于重现期为100年的基本风压所对应的风灾影响；临灾时期和灾时的应急救灾和避难的安全防护时间对龙卷风不应低于3 h，对台风不应低于24 h。

我国建筑工程的抗风设计按现行国家标准《建筑结构荷载规范》（GB 50009—2012）中的规定均采取不小于50年重现期的基本风压，因此城市发生重大或特大风灾的设定防御标准需要高于此标准，应采取重现期为100年的基本风压作为设定防御标准，这也与国际上风灾避难建筑的设防标准相一致。通常需要在城市规划中考虑风灾的地区是我国沿海台风频发地区和新疆、内蒙古一带强风频发地区，上述地区基本上都属于重现期为50年的基本风压大于0.5 kN/m² 以上的地区。

3）洪涝灾害的设定防御标准

（1）城市防洪标准应按现行国家标准《防洪标准》（GB 50201—2014）中的规定确定。一般情况下，处于防洪保护区之外的应急服务设施场地地面标高的确定宜按该地区历史最大洪水水位考虑，其安全超高Ⅰ级不宜低于0.5 m，Ⅱ级不宜低于0.3 m。

（2）城市内涝防治标准应按现行国家标准《城市排水工程规划规范》（GB 50318—2017）、《室外排水设计标准》（GB 50014—2021）中的规定确定，具体参见前表3-8至表3-10。城市Ⅰ级应急保障基础设施的排涝设施设计降雨重现期不宜低于5年，

Ⅱ级不宜低于3年。下列设施的排涝设施设计降雨重现期，Ⅰ级应急保障不宜低于10年，Ⅱ级不宜低于5年：

①应急服务设施。

②应急交通设施中的疏散救援出入口、承担重大抗灾救灾任务的机场、港口、交通车站，立体交叉道路、桥梁、隧道等关键节点。

③电力调度中心、发电厂、变电所、换流站、通信调度中心、热电站。

④应急保障水厂。

4）火灾的设定防御标准

火灾通常没有类似地震、洪涝等灾害那样的设防参数。一般是以消防站为主要防灾设施的火灾防御概念，普通消防站的布局应以消防队接到出动指令后5 min 内可到达其辖区边缘为原则确定。这也可以认为是用时间来表示的一种设定防御标准。

10.4.3 高于设定防御标准灾害的防御要求

为保障城市的安全运行，应对城市的重要地区和重要设施提出更高的设防标准或防灾要求。

（1）城市发展建设特别重要的地区。

（2）可能导致特大灾害损失或特大灾难性事故后果的设施和重点地区。

（3）保障城市基本运行，灾时需启用或功能不能中断的工程设施。

（4）承担应急救援和避难疏散任务的防灾设施，城市重要公共空间，公共建筑和公共绿地等重要公共设施。

10.5 城市防灾安全布局

10.5.1 规划要求

1）防灾安全布局主要内容和要求

（1）应提出重要地区和重大设施空间布局的灾害防御要求、灾害防御重点规划措施和减灾对策，统筹完善城市用地安全布局和防灾设施布局，分析确定规划控制要求和技术指标，指引并协调城市建设用地和防灾设施建设用地布局。

（2）应对防灾设施、灾害高风险片区、防灾有条件适宜地段和不适宜地段、可能造成特大灾难性后果的设施及地区、应急保障服务薄弱片区等提出规划管控要求、防灾措施和减灾对策。

（3）合理划分防灾分区，配置防灾资源，构建有效的防灾设施体系。

（4）城市各类设施的防火间距、外部防护距离、卫生防护距离、安全距离等应符合国家现行有关规定及技术标准的规定。

2）防灾设施体系统筹建设原则

城市综合防灾规划应以"平灾结合、多灾共用、分区互助、联合保障"为原则，统筹协调和综合安排防灾设施，保障城市用地安全，应对防灾设施进行空间整治和有效整合，满足灾害防御和应急救灾的需求。

"平灾结合"是指防灾设施具备平时功能与灾时功能，尽量避免单独建设仅仅具有灾时功能的防灾设施；"多灾共用"是指防灾设施需尽可能考虑各种突发事件的需要，尽量把各类防灾设施整合利用，从根本上改变各灾种各自规划与建设各自防灾设施体系的做法；"分区互助"是指防灾设施应加强区域共享、城乡共享，城市分区之间要相互支撑、相互支持；"联合保障"是指防灾设施要形成一个网络体系，是城市防灾体系的基本支撑系统，要按照区域联防、多对象联防的原则，不断提高网络体系的保障可靠性。

（1）统筹对城市重要设施的安全防护要求，协调监测预警设施、防洪工程设施、公共消防设施、防灾分隔带、排水防涝工程、抗震防灾设施、地质灾害防治工程等防灾设施。

（2）统筹应急服务设施规模、布局、功能服务指标和设防标准，协调应急保障基础设施布局、建设标准和保障措施，协调灾害防御设施规模、布局、防护标准和防护措施。

（3）统筹确定防灾设施用地的控制界线和控制要求，协调周边建设用地的控制要求和工程防灾措施。

3）应急保障基础设施和应急服务设施体系建构

城市应急保障基础设施和应急服务设施体系的构建应分析评估城市要害系统、重要工程设施、关键空间节点、防灾分区划分和应急保障服务需求，形成点、线、面相互结合、相互支撑的工程体系。

（1）选择具有基本抗灾能力的道路，通过采取工程措施和管理措施，保障灾时道路通行能力。

（2）选择具备基本抗灾能力的供水、供电、通信和供暖设施，通过抗灾强化改造和应急设备配置，保障灾时应急供应能力。

（3）选择符合避灾条件的场地，采取安全防护措施，配置所需要的应急保障基础设施，使其达到避难场地要求。

（4）选择具备避灾条件的中小学校、体育设施和大型场馆，按避难使用需求进行建设或改造，配置所需要的应急保障基础设施，使其达到避难建筑要求。

（5）选择具备基本抗灾能力的医疗卫生设施，采取抗灾强化建设或改造和应急医疗设备配置，使其具备灾时应急医疗救护能力。

（6）选择或新建具备抗灾能力、便于救灾物资调配的城市物资储备设施作为救灾物资储备库，使其具备救灾物资储备、调配和发放的能力。

城市要害系统是指对国家、区域和城市至关重要，一旦被破坏或功能受损会对国土安全、国民经济、公众健康和安全产生一方面或多方面损害的系统和资产（包括物质的和虚拟的）。城市要害系统一旦因灾害被破坏，致使功能受损或中断，会对城市的正常运行产生连锁性影响，其影响范围会超出系统本身所在区域，会对城市和社会运行产生超出其系统直接损失的显著性损失。

重要工程设施一般是指在城市乃至本地区和全国经济社会发展中起重要作用的工程设施，如交通、供水、供电等，一旦遭受破坏，可能会造成重大的人员伤亡和经济损失，会对一个地区乃至全国的经济、政治、社会稳定产生巨大影响。

关键空间节点是指对维持城市正常运行和应急救灾起重要作用的城市点状工程设施或节点。

4）防灾设施整合

从综合防灾出发，城市规划宜通过统筹协调，整合各类设施，完善防灾体系，提高防灾效能。

（1）整合应急通道和绿地、生态设施，连接应急服务设施，形成安全廊道。

强化城市防灾体系中的"点""线""面"体系的系统性，形成以线连点带面的安全走廊，可充分发挥防灾设施体系的防灾效能。

（2）应急指挥、消防、避难、医疗卫生、物资储备、综合演练等设施可综合设置或毗邻布局。

城市应急指挥备用场地、消防培训演练设施和消防备用地、大型防灾用地、应急物资储备分发设施、综合演练教育培训设施和中心避难场所等防灾设施的防灾功能较强或具有专用特点，而这些设施对一个城市通常只需要设置很少几处，可把这些设施用地统筹考虑在一起，并赋予平时灾害演练、教育、培训甚至科研、指挥的功能，便于发挥这些设施的最大效益。

（3）以防灾设施为支撑，整合应急服务设施周边公共服务场所和设施，进行空间整治，形成防灾分区的安全据点和应急服务体系。

作为防灾设施周边防灾空间的整合要求，"安全岛"是城市综合防灾的重要理念。在城市中依托避难场所等应急服务设施，有效整合应急服务设施周边的场地空间和建筑工程，形成相对独立、有效、安全的防灾空间，并以灾害防御设施和应急保障基础设施为支撑，形成城市的"安全岛链"体系，可以作为增强城区防灾能力的重要规划对策；城市消防站、避难场所、医院、物资共用储备场所等防灾设施以及公安、教育、园林、停车等公共设施，均有相应的设置要求和周边空间保障要求，规划时可以考虑将这些设施进行整合，既便于经济合理地统筹配置应急保障基础设施，又有利于综合保障。

10.5.2 用地安全布局

用地安全布局规划是针对城市功能分区、用地布局、建设用地选择和重大项目建设提出控制或减缓用地风险的规划要求和防灾措施。

城市综合防灾的用地安全布局主要是基于建设用地的安全避让与防护和合理选择使用，以建设工程抗灾能力为基础，通过对危险源、危险区和灾害高风险区的有效防护和控制，采取适宜的建筑工程防灾间距和形态等规划措施，使城市形成具有重大或特大灾害应对能力的空间布局形态。

保证用地布局安全的基本对策还包括：对城市重大危险源、重大火灾风险源、重大次生灾害源的防护，对用地灾害的防御，对各类灾害高风险区的防治，应对特大灾难性事故影响的规划安排和特别防灾措施等。

1）城市用地防灾适宜性评估

在国土空间总体规划时必须进行城市建设用地的适用性评价，同时应开展城市用地防灾适宜性评估（表10-2），确定城市未来的用地发展方向和进行现状用地布局调整，其中地形、地貌、地质、水系等评价因子决定了地区未来可能遭受的灾害及其影响的程度，在用地布局规划中应避开灾害易发地区。

一般根据城市用地评定结果，按照用地的防灾适宜性程度及建设工程的重要性和特点进行用地防灾适宜性划分，综合考虑社会与经济发展要求，分析建设条件，提出城市功能分区、用地布局、建设用地选址和重大项目建设的防御要求、防灾措施等用地风险控制或减缓对策。

通过城市用地防灾适宜性评估，识别和划定灾害高风险片区、有条件适宜地段和不适宜地段、可能造成特大灾难性事故的设施和地区，并应确定相应的规划管控要求和防灾措施。

2）城市用地防灾安全布局

城市用地防灾安全布局规划应以用地安全使用为原则，符合消防、防洪、抗震等防灾安全要求和地质灾害防治要求，满足现行国家标准、行业规范等的有关规定。

（1）城市用地防灾安全布局的重点区域

城市发展主导方向、城镇密集区、城镇走廊、新建城镇及区域重大设施布局等，应避开灾害风险高、用地防灾适宜性差的区域和地段，优先选择灾害风险低、用地防灾适宜性好的区域和地段；工程项目选址要避免因工程建设诱发新的灾害。

（2）城市用地防灾安全布局的对策措施

① 对于灾害危险性大、用地防灾适宜性差的区域和地段，城乡规划应优先将其作为生态保护区或控制开发区进行空间管制与引导，严格控制既有城市建设用地的扩展。

② 有条件适宜地段和不适宜地段确需利用时，应明确灾害防治措施、适应或控制用地破坏效应的防灾措施及安全防护措施。

③ 重大危险源和灾害源应采取设防标准、安全间距、防灾隔离带和风险控制区等相结合的管控措施。

④ 灾害高风险片区应根据其薄弱环节的特征，采取有针对性的规划控制要求和防灾措施。

在灾害高风险片区中，工程抗灾能力严重不足的，应采取抗灾加固或综合改造的规划对策；灾害损失密度高的，应采取提高灾害设防标准和防灾设施配置标准及加强防灾措施的规划对策；灾害的耦合影响、耦合效应或连锁效应突出的，应提高重要设施防护标准及应急保障基础设施和应急服务设施配置标准。

⑤ 具有连锁性次生、衍生或蔓延影响特征的灾害高风险片区，应根据灾害危险性和影响规模、灾害的蔓延方式设置防灾隔离带，控制灾害规模效应。

表 10-2 城市用地防灾适宜性评估分类

类别	地质、地形、地貌等适宜性条件和用地特征	说明
适宜	不存在或存在轻微影响的场地破坏因素，一般无须采取场地整治措施或仅需简单整治： 1. 稳定基岩，坚硬土场地，开阔、平坦、密实、均匀的中硬土场地；土质均匀、地基稳定的场地；土质较均匀、密实，地基较稳定的中硬土或中软土场地。 2. 地质环境条件简单，无地质灾害影响或影响轻微，易于整治；地震震陷和液化危害轻微、无明显其他地震破坏效应；地质环境条件复杂、稳定性差、地质灾害影响大，较难整治但预期整治效果较好。 3. 无或轻微不利地形灾害放大影响。 4. 地下水对工程建设无影响或影响轻微。 5. 地形起伏较大但排水条件好或易于整治形成完善的排水条件	建筑抗震有利地段、一般地段；无地质灾害破坏作用影响或影响轻微，易于整治地段。其他灾害影响轻微地段；无其他防灾限制使用条件
较适宜	存在严重影响的场地不利或破坏因素，整治代价较大但整治效果可以保证，可采取工程抗灾措施减轻其影响到可接受程度： 1. 场地不稳定：动力地质作用强烈，环境工程地质条件严重恶化，不易整治。 2. 土质极差，地基存在严重失稳的可能性。 3. 软弱土或液化土大规模发育，可能发生严重液化或软土震陷。 4. 条状突出的山嘴和高耸孤立的山丘；非岩质的陡坡、河岸和边坡的边缘；成因、岩性、状态在平面分布上明显不均匀的土层（如故道、疏松的断层破碎带、暗埋的塘浜沟谷和半填半挖地基）；高含水量的可塑黄土，地表存在结构性裂缝等地质环境条件复杂、潜在地质灾害危害性较大。 5. 地形起伏大，易形成内涝。 6. 洪水或地下水对工程建设有严重威胁	场地地震破坏效应影响严重的建筑抗震不利地段，地质灾害规模较小且整治效果可以保证地段
有条件适宜	存在尚未查明或难以查明、整治困难的危险性场地破坏因素或存在其他限制使用条件： 1. 存在潜在危险性但尚未查明或不太明确的滑坡、崩塌、地陷、地裂、泥石流、地震地表断错等。 2. 地质灾害破坏作用影响严重，环境工程地质条件严重恶化，难以整治或整治效果难以预料。 3. 具严重潜在威胁的重大灾害源的直接影响范围。 4. 稳定年限较短或其稳定性尚未明确的地下采空区。 5. 地下埋藏有待开采的矿藏资源。 6. 过洪滩地、排洪河渠用地、河道整治用地。 7. 液化等级为中等液化和严重液化的故河道、现代河滨、海滨的液化侧向扩展或流滑及其影响区。 8. 存在其他方面对城市用地的限制使用条件	潜在危险性较大或后果严重的地段
不适宜	存在可能产生重大或特大灾害影响的场地破坏因素，通常难以整治的危险地段或存在其他不适宜使用条件： 1. 存在可能发生滑坡、崩塌、地陷、地裂、泥石流等地质灾害，地震地表断错等。 2. 难以整治和防御的地震、洪涝、地质灾害等灾害高危害影响区。 3. 存在其他方面对城市用地的不适宜使用条件	危险地段

注：根据该表划分每一类防灾适宜性类别，从不适宜开始向适宜依次推定，其中一项属于该类即划为该类地段。表中未列条件，可按《城市综合防灾规划标准》（GB/T 51327—2018）规定，根据其对工程建设的影响程度比照推定。

防灾隔离带是应对由于灾害蔓延造成特大灾害影响的主要措施，其设置重点是考虑控制灾害的规模效应和防止灾害的大规模蔓延，可利用应急交通设施、防灾绿地、铁路、高压走廊和水体、山体等其他天然界限作为分隔，有效利用各类开敞空间和防灾设施，分级设置重大灾害及其次生灾害防护及蔓延防止的空间分隔，并提出相应的防灾技术要求。

⑥应急保障服务能力薄弱片区应制定改造前的应对措施，其中应急保障基础设施和应急服务设施不足的，应依据配置标准安排近期建设项目；救灾疏散困难的，应制定跨区疏散等远距离疏散方案，配置相应的应急通道和应急服务设施。

（3）防灾适宜性不同类别用地的管控

较适宜地段、有条件适宜地段和不适宜地段采取工程措施后方可作为城乡建设用地。建设项目选址应优先考虑适宜地段、较适宜地段，对于有条件适宜地段和不适宜地段，应明确限制或禁止使用要求，并应符合下列规定：

①城乡建设用地选址必须坚持突变型地质灾害危险排除或得到有效控制，并将地质灾害防治工程作为规划管控条件。

从灾害发生过程来看，对人类影响最严重的是灾害的活动过程。根据灾害活动过程把地质灾害划分为突变型地质灾害和缓变型地质灾害两类。突然发生的，并在较短时间内完成灾害活动过程的地质灾害为突变型地质灾害。发生、发展过程缓慢，随时间延续累进发展的地质灾害为缓变型地质灾害。

②地震地质灾害影响地段，应划定有条件适宜和不适宜用地，并提出抗震防灾措施。

③城市用地布局必须满足行洪需要，留出行洪通道。严禁在行洪用地空间范围内进行有碍行洪的城乡建设活动。

此外，防灾安全布局时还要考虑以下方面：城市规划建设用地的安排应充分考虑竖向设计，不宜将重要设施布置在易发生内涝、积水的低洼地带。城市规划应根据流域防洪规划有关要求分类分区建设和管理蓄滞洪区，城乡建设不得减少蓄滞洪总量；滞洪区应保留足够的开敞空间面积，留有洪水通道，并保持畅通。城市与森林、草原相邻的区域，应根据火灾风险和消防安全要求，划定并控制城市建设用地边缘与森林、草原边缘的安全距离。

3）地质灾害隐患地区用地管控

（1）在城市规划与建设时，应避开滑坡、崩塌、泥石流等地质灾害危险地段，并应制定规划管控措施。存在滑坡、崩塌、泥石流等地质灾害易发区，其建设用地适宜性由地质环境条件的复杂程度、工程建设引发和建设工程遭受地质灾害的危险性、地质灾害的防治难度三个方面确定。

在城市规划时，对存在滑坡、崩塌、泥石流等地质灾害隐患地段进行城市地质灾害调查和评价时，可按表10-3中的规定，综合有关基础资料进行识别，划分地质灾害规模等级；地质灾害易发区建设用地适宜性评价的相关内容在本书第11.6节中介绍。

表 10-3　地质灾害规模等级划分

灾种	指标		灾害等级			
			特大型	大型	中型	小型
崩塌	体积（$10^4 m^3$）		>100	10—100	1—10	<1
滑坡	体积（$10^4 m^3$）		>1 000	100—1 000	10—100	<10
泥石流	一次堆积总量（$10^4 m^3$）		>100	10—100	1—10	<1
	洪峰量（m^3/s）		>200	100—200	50—100	<50
岩溶塌陷及采空塌陷	影响范围（km^2）		>20	20—10	10—1	<1
地裂缝	影响范围（km^2）		>10	10—5	5—1	<1
	地面影响宽度（m）	长度≥1 km	>20	10—20	3—10	<3
		长度<1 km	—	>20	10—20	3—10
地面沉降	沉降面积（km^2）		>500	100—500	10—100	<10
	累计沉降量（m）		2.0—1.0	1.0—0.5	0.1—0.5	<0.1
海水入侵	入侵范围（km^2）		>500	100—500	10—100	<10
	地下水氯离子最高含量（mg/L）		>1 000	800—1 000	500—800	50—500

存在滑坡、崩塌、泥石流等地质灾害隐患的地区，城市建设项目选址应识别并避开下列危险地段：

①稳定性较差和差的特大型、大型滑坡体或滑坡群地段及其直接影响区。

②发生可能性大和中等的特大型、大型崩塌地段，治理难度极大、治理效果难以预测的危岩、落石和崩塌地段。

③发育旺盛的特大型、大型泥石流或泥石流群地段，淤积严重的泥石流沟地段，泥石流可能堵河严重地段。

（2）存在滑坡、崩塌、泥石流等地质灾害隐患的地区，城市建设项目选址尚应符合下列规定：

①在滑坡地区建设用地，当滑坡规模小、边界条件清楚，整治技术方案可行、经济合理时，宜选择有利于坡地稳定的规划布局方案，并确定滑坡防治工程建设方案或要求；具有滑坡产生条件或因工程建设可能导致滑坡的地段，应确保坡地稳定条件不受到削弱或破坏。

②在崩塌地区建设用地，当落石或潜在崩塌体规模小、危岩边界条件或个体清楚，防治技术方案可行、经济合理时，宜选择有利部位利用。

③泥石流地区建设用地，应远离泥石流可能堵河严重地段的河岸；采用跨越泥石流沟的方式进行工程利用时，应把绕避沟床纵坡由陡变缓的变坡处和平面上急弯部位的地段作为规划强制性要求。

（3）城市建设用地选址应对抗震不利地段提出避让要求，当无法避让时应采取有效的规划管控措施；对于抗震危险地段，应禁止规划建设特殊设防类和重点设防类建筑工程，不应规划建设标准设防类建筑工程，并应制定规划管控措施。

（4）城市建设用地选址应避开洪涝灾害高风险地区，应将行洪滩地、排洪河渠用地、河道整治用地划为有条件适宜地段，并应制定规划管控要求。

4）重大危险源布局安全防护

危险化学品重大危险源应根据其危险程度，依据现行国家标准《危险化学品重大危险源辨识》（GB 18218—2018），划分为一级、二级、三级和四级。

涉及危险物品的生产、加工、处置、储藏和运输的生产经营活动，按其操作本质，对周围地区普通公众的安全存在固有的危险。关于城市重大危险源的安全和卫生防护，城市规划需按照现行国家标准《危险化学品重大危险源辨识》（GB 18218—2018）等要求和相关管理规定进行重大危险源辨识，设置符合防御要求、安全距离的防灾隔离带等灾害防御设施，与城市中的重点防护对象保持安全、卫生的隔离距离或布置在不同区域，并提出防护措施。对重大危险源的可能危害范围划定风险控制区，根据防护目标可接受风险水准的不同，区分重要防护对象，实施外部安全防护距离等规划管控措施。重大危险源区和次生灾害高危险区，应单独作为防灾分区采取防护措施。

在城市规划时，重大危险源的安全防护应符合国家有关规定和技术标准的要求，并应符合下列规定：

（1）重大危险源厂址应避开不适宜地段，与重要防护对象和周边工程设施应满足安全距离、外部安全防护距离和卫生防护距离要求，同时应采取防止泄漏和扩散的有效安全防护措施。

（2）易燃易爆危险品场所或设施等重大危险源应按国家现行有关标准的规定控制规模，并应根据综合防灾和公共安全的要求合理布局。

（3）对周边地区有重大安全影响的易燃易爆危险品场所或设施，应单独划分防灾分区，依据相关标准设置防灾隔离带和可靠的安全设施，划定安全距离防护控制界线，并应根据外部防护距离要求划定风险控制区界线，制定规划协调管控措施。

（4）在城市建设用地范围内，新建易燃易爆危险品的生产、储存、装卸、经营场所或设施的安全距离，应控制在其总用地范围内。

（5）重大危险源，应设置在城市建设用地边缘的独立安全地区，不得设置在城市常年主导风向的上风向、主要水源的上游或其他危及公共安全的地区。

（6）城市规划应对用于集中发展危险化学品相关产业的化工园区或化工集中区进行风险评估。城市化工园区或化工集中区应采取安全一体化管理措施，防范和遏制多米诺重特大事故发生。设置化工园区或化工集中区的城市，新建生产危险化学品的建设项目应进入化工园区或化工集中区，禁止在化工园区或化工集中区外建设。

（7）新建、改建和扩建重大危险源建设项目，应与人员密集场所、重要设施和敏感目标之间保持足够的距离，应符合现行相关规范。

（8）高压输油、输气管道走廊，不应穿越城市中心区、公共建筑密集区、水源地或其他的人口密集区，架空高压电力走廊不宜进入城市中心区。城市确实无法避免时，应采取有效防护措施。

（9）应按照有关法律法规规定，重大危险源的生产使用单位需要具备完善的应急体系。在城市规划时，要为应急预案运行提供消防、供水、疏散、交通等必要的保障条件，通常包括消防供水系统、应急救援行动支援场地、人员避难场地、应急救援和疏散通道以及应急救援装备配置要求。

5）防灾隔离带

为保障安全，城市火灾高风险区宜利用道路、绿地、广场等开敞空间设置防灾隔离带，设置要求应符合表10-4中的规定。

城市应在综合评估建筑物的防火性能、消防救灾能力、灾后建筑物的破坏情况和城市气候情况的基础上，确定火灾及次生火灾高风险区，设置防灾隔离带。从国内外的研究和标准规定来看，防灾隔离带为28 m宽，一般风速下可有效阻隔重大规模火灾4—6 h；14 m宽是在现行国家标准《建筑防火通用规范》（GB 55037—2022）的有关规定中对民用建筑间距规定的最大值，相当于火灾阻隔1 h左右。在国内外灾害调查中，40 m宽是对于中低层房屋一般风速下可有效阻隔的安全距离。

表10-4　火灾高风险区防灾隔离带设置要求

级别	最小宽度（m）	设置条件
一	40	防止特大规模次生火灾蔓延； 需保护建设用地规模 7—12 km^2
二	28	防止重大规模次生火灾蔓延； 需保护建设用地规模 4—7 km^2
三	14	一般街区分隔

注：根据该表划分火灾防灾隔离带级别，从一级开始向三级依次推定。表中"设置条件"为多项时，其中一项属于该类即划为该级别。

6）防灾管控空间

对于城市灾害风险较高地区，城市用地安全布局宜通过划定防灾控制线，明确城市防灾管控空间，制定规划管控措施，促进灾害风险的有效控制。

防灾控制界线是城市规划确定的对防灾要素进行规划管控的界线，包括确保防灾设施安全的防灾设施控制界线，以及为保障防灾功能有效发挥，减缓、消除或控制灾害的长期风险和危害效应，采取特定规划管控措施的风险控制区界线。

（1）防灾设施控制界线与管控要求

①防灾设施控制界线

防灾设施控制界线包括：应急通道的有效宽度界线，防灾避难场所的有效避难范围界线和市区级防灾功能用地范围界线；重大危险设施的安全距离范围界线；不适宜用地范围界线。

②防灾设施控制线范围内的管控要求

应严格控制各类防灾设施的用地性质和规模，其他用途不得占用；在防灾设施控制界线范围以内不得进行影响防灾设施功能的建设安排，应符合现行国家相关规范中的防灾设施规划控制要求。

防灾设施用地控制界线应划入红线或黄线进行保护与控制，城市建设应符合国家《城市红线管理办法》《城市黄线管理办法》的有关规定。调洪水库、具有调蓄功能的湖泊和湿地、行洪通道、排洪渠等地表水体保护和控制的地域界线应划入蓝线进行严格保护，各项建设活动应符合国家《城市蓝线管理办法》的有关规定。

（2）城市风险控制区界线与管控要求

① 城市风险控制区

城市风险控制区宜根据城市实际情况选择下列不同类型分别划定：重大危险源安全防护距离之外的可能影响或波及片区；可能发生特大灾难性事故影响设施的可能影响或波及片区；存在场地高危险因素，但难以整治或其影响范围与程度因经济技术原因尚难以查明的片区；灾害高风险片区；应急保障服务能力薄弱片区。

② 城市风险控制区界线

城市风险控制区界线包括：应急通道两侧建筑控制范围界线，应急通道关键节点（主要出入口、交叉口、桥梁、隧道等）的通行保障措施实施范围的界线；防灾避难场所周边邻近设施控制范围的界线；应急保障医院、应急保障水厂、应急保障水源、应急指挥中心、救灾物资储备库、应急物资储备分发场所等重要防灾设施出入口、缓冲场地、连接通道及周边与两侧建筑控制范围的界线；重大危险设施事故可能危害和波及范围的界线或外部防护距离的界线；有条件适宜用地范围的界线；避让的滑坡、泥石流等可能危害影响范围的界线；行洪滩地、排洪河渠用地、河道整治用地范围的界线。抗震不利地段范围的界线；灾害高风险片区范围的界线；可能发生特大灾难性事故影响的设施或地区可能危害影响范围界线。

③ 风险控制区界线范围内的管控要求

风险控制区界线范围内的防灾管控应符合现行国家相关规范中的灾害设定防御标准、用地安全布局等的控制要求。

10.5.3　防灾分区

城市的防灾分区应与城市的用地功能布局相协调，宜根据城市规模、结构形态、灾害影响场特征等因素合理分级与划定，并应针对高风险控制、防灾设施配置制定规划控制内容及防灾措施和减灾对策。所谓灾害影响场是指灾害破坏影响在地表的分布情况，一般常指地震影响场。

防灾分区的主要目的是防范化解重特大安全风险、控制灾害扩散和减少次生灾害的发生，提高防灾减灾救灾能力，确保人民群众生命财产安全和社会稳定。

1）防灾分区单元划定

（1）防灾分区单元划定考虑的主要因素

① 防灾分区单元的基本功能。一是与规划建设管理相衔接，便于规划管控和建设实施；二是作为承担灾后应急救援和维持基本生活、进行灾后应急管理和灾后恢复、控制灾害规模效应的基本单元。防灾分区根据级别和应急保障服务要求的不同，需要配置应急保障基础设施和应急服务设施，确保防灾分区灾后应急救灾和维持灾民基本生活的必要保障。

② 灾后生活和恢复重建的组织。在防灾避难场所和应急医疗卫生、应急物资储备分发场所配置应急取水和储水等应急服务设施，形成城市基本救灾单元。

③ 防灾保障服务的范围。应急保障基础设施布局作为防灾分区单元的支撑骨架，合理划定应急保障基础设施和应急服务设施的保障服务范围。在防灾分区单元设置开敞空间、高防灾能力建筑工程，形成防御重大和特大灾害蔓延的基础防线。

④ 灾害环境的差异。防灾分区需要统筹考虑重大危险源防护、灾害高风险区防治及应急保障服务薄弱片区整治。

（2）防灾分区单元划定的原则

① 防灾分区可依据灾后应急状态时的行政事权分级管理划分。宜考虑综合防灾规划协调、防灾设施工程建设及其运营维护的日常管理要求。应考虑与基层行政辖区（街道、社区）相结合，以便于灾时组织和日常管理或演练、灾后生活和恢复重建等的组织。

② 防灾分区单元的划分应凸显和准确识别灾害高风险区、用地有条件适宜地段及不适宜地段、可能发生特大灾难性事故影响的设施与地区、应急保障服务能力薄弱区等城市防灾薄弱环节。当防灾分区单元属于灾害高风险区时，应按国家规范要求确定防灾分区单元的防护措施、应急保障措施和相应防灾措施。如在城市内涝易发的地区，应采取综合对策积极推进雨洪蓄滞与渗透设施的建设，建筑工程应采取防涝排水措施；地下空间应综合采取有效防护措施；在受洪涝威胁地区，不宜设置可起连续阻水作用的实体围墙，以免在洪水侧压力作用下倒塌伤人。

③ 水体、山体等天然界线宜作为防灾分区的分界，防灾分区划分尚应考虑道路、铁路、桥梁等工程设施的分隔作用与影响。另外还需要充分考虑道路的应急通行能力，特别是桥梁的应急通行可靠性。

2）防灾分区空间控制要求

防灾分区的规模和范围需要与应急服务设施的服务范围相协调。在规划时，把服务与灾后固定避难和生活的防灾分区作为主要控制内容，对以居住区为主的防灾分区单元可按照城市居住区的布局进行合理划分和规模控制。

（1）防灾分区的分级设置及其防灾设施配置。

① 人口规模为3万—10万人级别的防灾分区，宜设置固定避难场所、应急取水和储水设施、不低于Ⅱ级的应急通道、应急医疗救护场地、应急物资储备分发场地。此级别的防灾分区宜与城市规划管理单元相衔接，协调落实规划控制内容和防灾措施。

② 人口规模为20万—50万人级别或区级的防灾分区，宜设置中心避难场所、市区级应急指挥中心、Ⅰ级应急保障医院、救灾物资储备库、应急保障水源及应急保障水厂、Ⅰ级应急疏散通道、市区级应急医疗救护场地和应急物资储备分发场所。

（2）通往每个防灾分区的应急通道不应少于2条。缺少应急通道的，应增加城市广场，预留直升机起降场地。

（3）防灾分区间应满足防止灾害蔓延的要求。

（4）防灾分区应制定应急保障水厂、应急保障医院、避难场所等重要防灾设施与城市主要应急通道、供电设施、通信设施的连接设施的规划要求。

（5）防灾分区应针对人员密集公共设施的紧急避险、紧急避难提出应急保障基础设施、应急服务设施配置及安全保障空间的规划要求和防灾措施。

3）城市居住区防灾要求

我国现行国家标准《城市居住区规划设计标准》（GB 50180—2022）按居住规模分 15 min 生活圈、10 min 生活圈、5 min 生活圈和居住街坊四级进行规划设计控制。城市居住区规划建设应落实防灾分区的综合防灾要求。居住区是城市常住人口居住生活的基本单元，通过配置相应的防灾设施、规划布局和工程方案，满足安全疏散要求是确保公众生命及财产安全的最根本措施。居住区的综合防灾要求主要是紧急避险和疏散两个方面。

（1）居住区应符合突发灾害避险时的紧急疏散和临时避难要求，宜按小区安排紧急避难用地，并划定满足安全要求的有效避难区，满足所有常住人口和流动人口的避难要求，疏散半径不大于 500 m。居住区用于紧急避难的平均有效避难用地面积按 0.7—1.0 m^2/ 人控制，且不得小于 0.45 m^2/ 人。任何居住街坊的紧急避难面积不得低于 0.2 m^2/ 人。

（2）居住区内的疏散道路应确保内部人员安全有效疏散。居住街坊应有确保灾时安全的出入口，并与应急通道有效相连。

（3）绿地、广场宜兼顾避难用地功能。新建或改造的居住区宜考虑选择中小学校、居民运动场馆、公共服务或活动中心等设施作为避难建筑。避难用地和避难建筑相应的避难规模、设防标准和建设要求应纳入规划控制内容。

10.5.4　防灾设施和重要公共设施布局

1）应急交通

根据城市合理的救援方向，规划城市的出入方向、设置出入口，连接区域性救援通道，是保证城市防灾能力的重要方面，同时也需要保障与城市疏散救援出入口相连接的城市主干路的通行能力。

城市应急交通应考虑主要灾害源及重大危险源的分布和区域救援情况，分散设置多个疏散救援出入口，综合利用水、陆、空等交通方式，规划设置相互衔接的应急通道，采取有效的应急保障措施，提出应急通道防灾管控措施和建设要求，并应符合下列规定：

（1）城市应保证当一个主要灾害源发生最大可能灾害影响时可有效通行的疏散救援出入口数量：大城市不得少于 4 个，中等城市和小城市不得少于 2 个，特大城市、超大城市应按城市组团分别考虑疏散救援出入口设置。

（2）城市疏散救援出入口应与城市内的救灾干道和区域高等级公路连接，并宜与航空、铁路、航运等交通设施连接，形成高冗余度相互支撑的交通走廊形式，保障对内救援和对外疏散可有效实施。

（3）100万人口及以上的城市组团应考虑灾害规模效应和组团内部的应急通行，提高救灾干道、疏散主通道的有效宽度设置标准，并宜分别考虑救援和疏散要求分开设置。

（4）沿海、沿江河的城市以及山地城市宜采取建设应急码头、直升机起降场地等措施来增强应急交通能力。

（5）城市应急通道应与应急保障对象和城市重要公共设施的出入口相衔接。如的确不能直接相连时，应设置局部连接通道，并满足应急通道的相关规定。

（6）应急通道的设置要求应符合表10-5中的规定。应急功能保障级别是指根据灾害设定防御标准，直接服务于城镇应急救灾的交通、供水、供电、通信等应急保障基础设施的应急功能要求应达到的等级标准。

表10-5 应急通道的设置要求

应急功能保障级别	应急通道可选择形式
Ⅰ	救灾干道 两个方向及以上的疏散主通道
Ⅱ	救灾干道 疏散主通道 两个方向及以上的疏散次通道
Ⅲ	救灾干道 疏散主通道 疏散次通道

2）应急供水

城市应急供水保障基础设施规模应按照基本生活用水和救灾用水需要进行核算，按照市政应急供水为主、应急储水或取水保障为补充的原则进行布局，对各应急供水保障对象采取有效的保障措施，并应符合下列规定：

（1）应急供水期间的人均需水量可按表10-6中的规定，考虑城市自然环境条件综合确定。

表10-6 应急供水期间的人均需水量

应急阶段	时间（d）	需用水量［L/（人·d）］	水的用途
紧急或临时	3	3—5	维持基本生存的生活用水
短期	15	10—20	维持饮用、清洗等基本生活最低限度用水，医用水
中期	30	20—30	维持饮用、清洗、浴用等基本生活用水，医疗用水
长期	100	>30	维持生活较低用水量以及关键空间节点用水
伤病人员	100	20—50	维持基本生存的生活用水和医疗抢救用水
医疗人员	100	10—20	维持基本生存的生活用水和医疗抢救用水

注：表中应急供水定额未考虑消防等救灾需求。

（2）核算应急供水量宜考虑一定的冗余。核算应急市政供水量时，应考虑因灾后管线被破坏而造成的漏水损失。

（3）城市应急保障水源应采用多水源形式。应急保障对象的应急供水来源至少采用以下方式中的两种：应急市政供水保障设施、设置应急储水装置或设置应急取水设施。

（4）应急供水管道宜采用环状连接，以保障供水的可靠性。

（5）应急储水装置或应急取水设施一般可按照市政供水中断或外部救援空窗期的紧急供水措施安排。应急储水装置或取水设施应保障不少于紧急或临时阶段维持基本生存的生活用水和医疗用水的需水量。

3）应急服务设施规模和配置指标

（1）应急服务设施规模

城市应急服务设施规模的确定，应考虑不同水准灾害和不同应急阶段的要求，满足根据城市预估的破坏情况所确定的应急服务规模。以影响规模大的灾害为主，兼顾其他灾害的综合要求。

① 应急服务设施的规模应考虑建筑工程可能被破坏和潜在的次生灾害影响因素，按满足其服务范围内设定最大灾害效应下所核算的需提供应急服务人口的需要来确定。

② 固定避难人口数量应以避难场所服务责任区范围内的常住人口为基准核定，且不宜低于常住人口的15%，其中长期固定避难人口数量不宜低于常住人口的5%。紧急避难人口数量应包括常住人口和流动人口，核算单元不宜大于 $2\ km^2$。当人流集中的公共场所周边地区核算时，宜按不小于年度日最大流量的80%核算流动人口数量。

③ 应急医疗卫生救助人口数量宜按总人口核算，其中受伤及疫病人员数量不宜低于城市常住人口的2%。

城市可根据设定最大灾害效应所确定的受伤人数在中心避难场所和长期固定避难场所集中设置应急医疗卫生区和重症救治场所。

对于婴幼儿、高龄老人、残疾人及行动困难、需要卧床的伤员和病人等特定人群，必要时可安排特定避难场所或在避难场所中安排特定避难区。

④ 救灾物资储备库可按辐射区域内灾害救助应急预案中三级应急响应启动条件规定的紧急转移安置人口规模进行物资储备。当需要紧急转移安置 1 万人以上、5 万人以下的安全生产事故灾难时，应启动三级应急响应。大型救灾备用地、市区级应急物资储备分发设施应满足本地区设定最大灾害效应下需救助人口物资临时储存和分发需求；避难场所应急物资储备分发设施应考虑场所服务范围内所有人员的需求。

通常当灾情达到一级、二级时，上一级自然灾害救助应急预案就要启动，而三级以下灾情往往由本地区自行响应。三级灾情通常对应较大规模灾害水平。因此，城市应急物资储备分发系统中救灾物资储备库的规模需满足三级以下灾情紧急转移安置人口的救助需要，一级、二级灾情城市应急物资储备分发设施需满足外来救灾物资的临时储备需要。当灾害发生时，救灾物资的分发体系是必须考虑的，分发用地的布局需要满足受灾人员的分布。

（2）应急服务设施配置指标

应急服务设施的配置指标应符合下列规定：

① 避难人员人均有效避难面积应按不低于表10-7中规定的数值乘以表10-8中规定的人员集聚规模修正系数核算。

表10-7　不同避难期人均有效避难面积

避难期	紧急	临时	短期	中期	长期
人均有效避难面积（m²）	0.5	1.0*	2.0*	3.0	4.5

注：*表示对位于建成区人口密集地区的避难场所可适当降低，但按表10-8修正后不应低于临时 0.8 m²/ 人、短期 1.5 m²/ 人。

表10-8　人均有效避难面积修正系数

避难单元内人员集聚规模（人）	1 000	5 000	10 000	20 000	40 000
修正系数	0.90	0.95	1.0	1.05	1.10

② 紧急避难期需医疗救治人员的有效使用面积不应低于 15 m²/ 床，固定避难期不应低于 25 m²/ 床。当安排简单应急治疗时，紧急避难期不宜低于 7.5 m²/ 床，固定避难期不宜低于 15 m²/ 床。

4）避难场所布局和规模

避难场所的设置应满足其服务责任区范围内受灾人员的避难需求，分级控制和设置。按照服务范围的大小，避难场所中通常可能存在四种级别的应急设施，即服务于市区级应急功能或人员的，服务于责任区范围应急功能或人员的，仅服务于场所内部应急功能或人员的，仅服务于场所避难单元内部应急功能或人员的，可分别称之为城市级、责任区级、场所级、避难单元级。避难场所配置应急指挥、医疗和物资储备区时，其服务范围通常是城市级的。避难场所的应急物资储备分发、医疗卫生服务通常是责任区级的。

确定避难场所配置规模与其最长开放时间关系密切，而不同灾种各应急阶段的时间长短各有其固有规律，统筹考虑这些要求，合理确定短期、中期和长期避难场所的比例。

（1）紧急和固定避难场所的分级控制要求应符合表10-9中的规定。

表10-9　紧急和固定避难场所分级控制要求

类别	有效避难面积（hm²）	疏散距离（km）	短期避难人口规模（万人）	责任区内用地规模（km²）	责任区内常住人口规模（万人）
长期固定避难场所	5.0—20.0	1.5—2.5	2.3—9.0	3.0—15.0	5.0—20.0
中期固定避难场所	1.0—5.0	1.0—1.5	0.5—2.3	1.0—7.0	3.0—15.0
短期固定避难场所	0.2—1.0	0.5—1.0	0.1—0.5	0.8—3.0	0.2—3.5
紧急避难场所	不限	0.5	根据城市规划建设情况确定		

注：表中各指标的适用，对于紧急和固定避难场所是以满足疏散人员的避难要求为前提，中心避难场所是以满足城市的应急功能配置要求为前提。表中给出范围值的项，"有效避难面积"一列前面的数值为下限，其余各列后面数值为上限，不宜超过。

（2）避难场所的避难容量不应小于其避难服务责任区范围内需疏散避难人口的总量。

（3）中心避难场所一般包括市区级应急指挥、医疗卫生、救灾物资储备分发、专业救灾队伍驻扎等市区级功能，市区级功能的用地规模不宜小于 20 hm²，服务范围宜按建设用地规模 20.0—50.0 km²、人口 20 万—50 万人控制。中心避难场所受灾人员避难功能区应按长期固定避难场的所要求设置。

（4）中心和固定避难场所的防灾设施配置应满足次生灾害防护、消防扑救和卫生防疫等要求。

5）灾害防御设施规划

（1）统筹灾害设施。城市综合防灾规划应考虑对城市重大危险源、应急保障基础设施、应急服务设施和城市重要公共设施的安全防护要求，统筹协调防洪排涝工程、消防工程、防灾分隔带、地质灾害防治工程等灾害防御设施。

（2）协调防护要求。城市综合防灾规划要针对消防、防洪、抗震、地质灾害防治等各专业规划灾害防御设施的设置情况，从综合防灾的角度，重点考虑对应急保障基础设施、应急服务设施和城市重要公共设施的防护要求，分析防护标准的合理性和适用性，协调各类防灾设施的用地布局。

6）重要公共设施综合防灾规划

城市重要公共设施应考虑对突发灾害、事故灾难、恐怖袭击和群体性事件等突发事件的防范要求，与防灾设施布局相协调，对所需配置的防灾设施及安全保障空间制定规划控制措施。

就综合防灾规划而言，重要公共设施主要包括：行政办公、商业金融、文化娱乐、体育、医疗卫生、教育科研设计、社会福利等类型的重要公共建筑，交通枢纽，大型广场，市政公用设施的重要场站，大型公园等。

（1）城市重要公共设施应合理设置出入门、缓冲空间、连接通道等设施。

（2）城市重要公共设施应对恐怖袭击和群体性事件宜采取结合市政和道路设施设置隔离障碍物、结合出入口和交通流线采取建筑后退或设置广场等措施预留缓冲空间、沿交通流线方向采取不同高差设计等防护措施，必要时制定防爆防撞设计条件。

（3）人员密集重要公共设施应对紧急避险和紧急避难宜在建筑出入口和场地出入口之间设置缓冲空间，场地出入口宽度应满足人员疏散要求，场地出入口两侧的市政道路不宜设置路内停车场地。

（4）城市人员密集公共开敞空间的平面和竖向设计应充分考虑防范由于人员拥挤造成的踩踏等伤亡事故，不宜设置台阶、固定隔离墩等设施。

10.6 城市应急保障基础设施规划

城市中的应急指挥、医疗、消防、物资储备、避难场所、重大工程设施、重大次生灾害危险源等应急保障对象需要规划安排应急交通、供水、供电、通信等应急保障基础设施。

应急保障基础设施的设防标准可针对其防灾安全和在应急救灾中的重要作用，根据城市规模以及基础设施的重要性、使用功能、修复难易程度、发生次生灾害的可能性和危害程度等进行确定。

10.6.1 规划要求

综合防灾规划应结合城市基础设施建设情况及相关专业的规划，提出城市应急保障基础设施的规划布局和防灾措施。

（1）应分析城市需提供应急保障基础设施的各类应急功能保障对象的实际情况，根据综合防灾用地安全布局、防灾分区等，确定应急供水、供电、通信等设施的保障规模和布局，明确应急功能保障级别、灾害设防标准和防灾措施。

（2）应根据综合防灾用地安全布局、防灾分区、防灾设施和重要公共设施布局确定城市疏散救援出入口、应急通道布局和防灾空间整治措施。

（3）应根据综合防灾用地安全布局等，提出防灾适宜性差的地段的应急保障基础设施的限制建设条件和保障对策。

（4）应根据防灾分区、防灾设施和重要公共设施布局等，统筹组织应急保障基础设施中需要加强安全的重要建筑工程，并针对其薄弱环节提出规划和建设改造要求。

10.6.2 保障级别与设防标准

1）保障级别

将城市应急交通、供水、供电、通信等应急保障基础设施的应急功能保障级别划分为Ⅰ级、Ⅱ级和Ⅲ级。

（1）Ⅰ级：为区域和城市应急指挥、医疗卫生、供水、物资储备、消防等特别重大应急救援活动所必需的设施以及涉及国家、区域公共安全的设施提供应急保障，受灾时功能不能中断或灾后需立即启用的应急保障基础设施。

（2）Ⅱ级：为大规模受灾人群的集中避难和重大应急救援活动提供应急保障，受灾时功能基本不能中断或灾后需迅速恢复的应急保障基础设施。

（3）Ⅲ级：除Ⅰ级、Ⅱ级之外，为避难生活和应急救援提供应急保障和服务，受灾时需尽快设置或短期内恢复的其他应急保障基础设施。

2）设防标准

城市应急交通、供水、供电等应急保障基础设施的应急功能保障级别应按表10-10划定。

表 10-10　应急保障级别最低配置要求

重要保障对象 （需提供应急功能保障的各类设施）		应急保障基础设施 最低应急功能保障级别			
类别	分项	交通	供水	供电	通信
应急 指挥	市级应急指挥中心	Ⅰ级	Ⅰ级	Ⅰ级	Δ
	设置市、区级应急指挥区的避难场所	Ⅰ级	Ⅰ级	Ⅰ级	Δ
	区级或市属部门应急指挥中心	Ⅱ级	Ⅱ级	Ⅱ级	Δ
交通 设施	城市疏散救援出入口	Ⅰ级			
	承担重大抗灾救灾任务的机场、港口、交通车站	Ⅰ级	Ⅰ级	Ⅰ级	Δ
	其他城市出入口	Ⅱ级			
	城市交通网络中占关键地位、承担交通量大的大跨度桥	Ⅰ级			
	高速铁路、客运专线（含城际铁路）、客货共线Ⅰ级、Ⅱ级干线和货运专线的铁路枢纽，高速公路、一级公路及城市交通网络中的交通枢纽	Ⅱ级	Ⅱ级		
供水 设施	应急保障水源地	Ⅱ级		Ⅰ级	Δ
	应急保障水厂	Ⅰ级	Ⅰ级	Ⅰ级	Δ
	承担保障基本生活和救灾应急供水的主要取水设施和输水管线	Ⅰ级	Ⅰ级	Ⅰ级	
	承担保障基本生活和救灾应急供水的主要配水管线及配套设施	Ⅱ级	Ⅱ级	Ⅱ级	
	城市供水系统中服务人口超过 30 000 人的供水主干管线及配套设施	Ⅲ级	Ⅲ级	Ⅲ级	
	长期设置的应急储水设施	Ⅱ级	Ⅱ级	Ⅱ级	
电力 设施	国家和区域的电力调度中心	Ⅰ级	Ⅰ级	Ⅰ级	Δ
	省、自治区、直辖市的电力调度中心	Ⅰ级	Ⅰ级	Ⅰ级	Δ
	作为城市双重电源的发电设施	Ⅰ级	Ⅰ级		Δ
	330 kV 及以上的变电所、换流站	Ⅱ级	Ⅱ级		Δ
	220 kV 及以下的枢纽变电所	Ⅱ级	Ⅱ级		Δ
	通信调度中心	Ⅱ级	Ⅱ级		Δ
	承担城市集中供热的热电站	Ⅱ级	Ⅱ级		Δ
消防 设施	消防指挥中心、特勤消防站	Ⅰ级	Ⅰ级	Ⅰ级	Δ
	其他消防站	Ⅱ级	Ⅱ级	Ⅱ级	Δ
避难 设施	中心避难场所	Ⅰ级	Ⅰ级		Δ
	中长期固定避难场所	Ⅱ级	Ⅱ级		
	短期固定避难场所	Ⅲ级	Ⅲ级		
	需要确保机械通风的中心避难场所的避难建筑			Ⅰ级	
	需要确保机械通风的固定避难场所的避难建筑			Ⅱ级	
医疗 卫生 设施	设置市、区级应急医疗卫生设施的避难场所	Ⅰ级	Ⅰ级	Ⅰ级	Δ
	市、区级应急保障医院	Ⅰ级	Ⅰ级	Ⅰ级	Δ
	承担重症人员救治任务的应急医疗卫生场所	Ⅱ级	Ⅱ级	Ⅱ级	Δ
	疾病预防与控制中心	Ⅱ级	Ⅱ级	Ⅱ级	Δ
	县级及以上的独立采供血机构的建筑	Ⅱ级	Ⅱ级	Ⅱ级	Δ
	承担应急任务的其他医疗卫生设施	Ⅲ级	Ⅲ级	Ⅲ级	Δ

重要保障对象 （需提供应急功能保障的各类设施）		应急保障基础设施 最低应急功能保障级别			
类别	分项	交通	供水	供电	通信
应急物资储备分发设施	中央级和省级救灾物资储备库	Ⅰ级	Ⅰ级	Ⅰ级	△
	市级应急物资储备分发场地	Ⅱ级	Ⅱ级		△
	市、县级救灾物资储备库	Ⅱ级	Ⅱ级	Ⅱ级	△
	区级应急物资储备分发场地	Ⅱ级	Ⅱ级		△
	其他应急物资储备分发场地	Ⅲ级	Ⅲ级		
	需确保机械通风要求的市级物资储备场所			Ⅰ级	
	需确保机械通风要求的区级物资储备场所			Ⅱ级	
外援救灾用地	大型救灾备用地	Ⅰ级	Ⅰ级		
	设置专业救援队伍驻扎区的避难场所	Ⅰ级	Ⅰ级		△
重大危险源	重大危险品仓库	Ⅱ级	Ⅱ级	Ⅰ级	△
	中等及以上城市燃气管网运营调度指挥中心、门站、应急储备实施	Ⅱ级	Ⅱ级	Ⅰ级	△
	一级重大危险源	Ⅱ级	Ⅱ级	Ⅱ级	△
	燃气管网中高压 B 以上的供气厂站、区级储气设施	Ⅲ级	Ⅲ级	Ⅱ级	
	二级重大危险源	Ⅲ级	Ⅲ级	Ⅱ级	

注：表中"△"表示应配置应急通信设施。

10.6.3 设防要求与措施

1）抗灾能力保障要求

（1）应急保障基础设施应采用增强抗灾能力、冗余设置或多种保障方式组合来保证满足城市灾害综合防御目标和应急功能保障性能要求。

应急保障基础设施应急功能保障性能目标的实现，与建筑工程的抗灾可靠性和应急保障途径的冗余程度直接相关，因此可通过提高建筑工程的抗灾能力和多途径应急保障的方式来保证建筑工程达到应急功能保障性能的目标（表 10-11）。

表 10-11 应急保障途径和方式分类

应急保障途径	应急保障方式	适用的基础设施
冗余设置类	增设一种独立来源	—
	增配一个备份	—
	通过采取加密环状网络、提高网络的容量、提高骨干网段抗灾可靠性等提高网络可靠度	供水、供电、通信、交通等
增强抗灾能力类	提高设防标准等级	—
	提高抗灾措施等级	—
	采用保证性能目标的设计方法和抗灾措施	—
	消除危险类方式，清除或避开所有可能影响应急功能的因素	—

（2）应急保障基础设施及其保障对象，其主要建筑工程应具有一致水平的抗灾可靠性。

应急保障对象本身的抗灾能力是进行应急保障的根本目的，应急保障对象的主要建筑工程也应按照设定防御标准确定抗灾设防标准，与其配置的应急保障基础设施应具有相应水平的抗灾设防能力，以保证其发挥预期作用。

（3）新建应急保障基础设施宜采取增强抗灾能力的方式。

城市规划建设需要加强应急保障基础设施在用地灾害条件下的基本防灾措施和应急保障对策。应急保障基础设施一般应避让不适宜用地；跨越或穿过适宜性差用地的应急保障基础设施，需要采取可有效防御用地灾害形变的灾害设防要求，或者采取能够有效适应用地灾害形变的防灾措施。

当线状基础设施难以避让适宜性差的用地时，必须采取有效防灾措施和减灾对策或安排其他的替代方式，保证在发生场地破坏位移和其他灾害效应时的可靠性。而应急保障基础设施的关键空间节点则必须避让危险地段。

（4）采用增强抗灾能力方式的应急保障基础设施应按设定防御标准确定其抗灾设防标准。当无法采用增强抗灾能力方式时，应采取增设冗余设置确保应急保障性能的可靠性。

（5）应急保障基础设施应满足抗震设防、防洪、内涝防治及地质灾害防治的选址和建设要求。

（6）位于防灾适宜性差地段的应急保障基础设施，其所采取的防灾措施应能满足防御或适应设定最大灾害效应场地破坏的要求。

2）抗灾设防技术要求

（1）应急供水

应急取水和应急储水设施宜与市政给水设施连接参与平时运行，并采取灾时可紧急切断分开独立运行，以确保水质的措施。

城市应急保障水源地和取水输水设施应满足抗灾和灾后迅速恢复供应的要求，符合防止污染、保障水质的要求，并应进行应急电源和应急储备安排。

应急市政给水管线应采取抗灾性能好的管材和接头形式。应急保障Ⅰ级和Ⅱ级宜采用共同沟方式设置。

（2）应急通道

应急通道的有效宽度应满足以下要求：救灾干道不应小于 15.0 m；疏散主通道不应小于 7.0 m；疏散次通道不应小于 4.0 m。

跨越应急通道的各类工程设施，应保证通道净空高度不小于 4.5 m。

（3）应急供电

Ⅰ级应急保障供电应采用双重电源供电，并应配置应急电源系统。

Ⅱ级应急保障供电应采用双重电源或两回线路供电。当采用两回线路供电时，应配置应急电源系统。

双重电源的任一电源及两回线路的任一回路应均可独立工作，并应满足灾时一级负荷、消防负荷和不小于 50% 的正常照明负荷用电需求；应急电源系统应设置应急发电机组，并应满足灾时一级、二级电力负荷的需求。

消防负荷是用于防火、灭火用电设备的统称，平时处于待命状态，是属于短时连续工作的特殊负荷。

（4）应急通信

城市应急指挥和通信设施应满足各类指挥中心的应急通信要求，并应与上级应急指挥系统保持互联互通。城市可整合公安、消防、地震、防汛、市政、气象等应急指挥专用通信平台，协调共享应急通信专线和数据通道等资源。

10.7 城市应急服务设施规划

应急指挥、避难、医疗卫生、物资保障、消防救援等应急服务设施规划的主要内容包括确定其服务范围和布局，建设规模、建设指标、灾害设防标准和防灾措施，对可能影响应急服务设施功能发挥的周边设施和用地空间提出规划控制要求等。

应急服务设施规划时，满足灾时应急服务需要是根本要求，其布局应体现普遍服务和重点保障相结合的原则，需要保证应急服务设施体系应急功能的可靠性。

消防救援设施规划的内容在下一章讲述。

10.7.1 抗灾设防标准与要求

城市应急服务设施应根据应急功能保障级别，按设定最大灾害效应确定灾害作用、抗灾措施等抗灾设防要求，符合城市灾害综合防御目标的规定，并满足防洪和内涝防治要求。

影响应急服务设施抗灾设防标准的主要因素有三点：第一，设施的重要性。特别是在所属工程系统中的地位和等级，其使用功能失效后，对全局的影响范围和规模、抗灾救灾影响及恢复的难易程度。第二，设施的功能性。需要发挥应急功能的时段，特别是是否需要在临灾时或灾害发生过程中发挥作用。第三，设施的社会性。一旦破坏可能造成的危害范围和规模、人员伤亡、直接和间接经济损失及社会影响的大小。

根据城市灾害综合防御目标，应急服务设施的抗灾设防目标需达到：在遭受相当于设定防御标准的灾害影响时，与重要应急功能相关的主体结构不发生中等及以上破坏；在遭受超过相当于设定防御标准灾害影响时，不得发生危及人员生命安全的破坏。

1）防洪避难场所的设防标准

（1）承担城市防洪疏散避难场所的设定防洪标准应高于城市防洪标准，并且避洪场地应急避难区的地面标高宜按该地区历史最大洪水水位考虑，其安全超高不宜低于 0.5 m。避洪建筑的安全超高还需考虑风浪因素，并应按照现行国家标准等的有关规定确定。

（2）避难场所内涝防治的目标是保证应急避难区不被水淹。应急避难区的内涝防治可按城市重点地区对待，内涝防治可考虑调蓄水体、雨洪蓄滞、渗透设施和排水工程系统等采取综合防治措施。关于排涝工程规划设计降雨重现期，中心避难场所的场地按特别重要地区取不低于10年，固定避难场所按重点地区上限要求不低于5年。对于可能造成排涝工程系统功能丧失的地震等灾害避难场所，需要同时考虑淹没水位进行标高控制，并考虑适当的安全超高。

（3）避难场所内的河、湖水体的最高水位必须保证应急避难功能区不被水淹。防洪保护区内的避难场所，其场地标高应控制在不低于20年一遇洪涝水位，当其范围内存在与城市主要江河流域相连的河、湖水体时，水工建筑物、构筑物的进水口、排水口和溢水口及闸门的标高，需要综合考虑上下游排涝措施，保证适宜的水位和泄洪、清淤的需要，确保重要的避难功能区要高于淹没水位；当下游标高较高致使排水不畅时，需要采取避难场地标高控制措施，对于降雨量较多地区，尚需考虑适当的安全超高。

2）应急服务设施的抗震设防标准

应急服务设施的抗震要求应符合下列规定：

（1）承担特别重要医疗任务且具有Ⅰ级应急功能保障医院的门诊、医技、住院等用房，其抗震设防类别应划为特殊设防类；之外具有Ⅰ级、Ⅱ级应急功能保障医院的门诊、医技、住院用房，承担外科手术或急诊手术的医疗用房，其抗震设防类别不应低于重点设防类。大城市、特大城市和超大城市的Ⅰ级应急保障医院按特殊设防类抗震要求制定规划控制措施。

根据现行国家标准《建筑工程抗震设防分类标准》（GB 50223—2008）中的规定，建筑抗震设防分为特殊设防类、重点设防类、标准设防类、适度设防类四个类别。相关内容在下一章讲述。

（2）中央级救灾物资储备库应划为特殊设防类，省、市、县级救灾物资储备库的抗震设防类别不应低于重点设防类。

（3）避难建筑的抗震设防类别不应低于重点设防类。大城市、特大城市和超大城市的大型避难建筑按特殊设防类抗震要求制定规划控制措施。

（4）大城市、特大城市和超大城市的消防指挥中心、特勤消防站按特殊设防类抗震要求制定规划控制措施。消防车库、消防值班用房的抗震设防类别应划为重点设防类。

（5）市区级应急指挥中心主要建筑的抗震设防类别不应低于重点设防类。

10.7.2 设施布置要求

城市应急服务设施应分类分级进行规划，与应急交通、供水等应急保障基础设施共同协调布局，确定其建设、维护和管理要求与防灾措施。

1）应急医疗卫生设施

（1）分类与规划要求

应急医疗卫生设施规划应满足危重伤员救治、应急医疗救援、外来应急医疗支援保障等功能布局要求，可按应急保障医院、临时应急医疗卫生场所和其他应急医疗卫生设施分类安排，并应确定需进行卫生防疫的重点场所和地区。

临时医疗卫生场所宜与避难场所合并设置，其他应急医疗卫生设施、卫生防疫临时场地宜结合避难场所及人员密集区安排。

（2）应急保障医院设置

Ⅰ级应急保障医院的服务人口规模宜为20万—50万人，Ⅱ级应急保障医院的服务人口规模宜为10万—20万人。

应急保障医院应考虑灾后建筑破坏条件下，安排临时应急医疗卫生场地。因此，医院的规划布局应合理，建筑密度和容积率等建设指标应严格管控。

城市规划宜对急救、手术等重要医疗救护功能基本不中断的应急保障医院提出建设目标和规划要求。建设具有突发灾害时急救功能不中断或基本不受影响的医院是发达国家突发灾害应急的重要经验。在2013年四川雅安地震中，芦山县人民医院成为我国第一个震后即可投入使用的医疗建筑，逐步增加这类医院的比例是城市规划需要做出的安排。

（3）交通保障

应急保障医院和市区级临时应急医疗场所宜设置直升机起降场地。直升机作为城市重要应急救灾装备，已逐渐成为增强城市应急救灾能力的重要要求。

应急保障医院、市区级临时应急医疗场所应确保灾后通行。承担急救功能的建筑出入口及医院出入口应具备急救车辆和人员出入的缓冲场地，并应对影响出入口到城市应急通道通行安全的各类设施采取有效抗灾措施。应急功能保障医院需要按照突发灾害时急救功能不中断或基本不受影响的目标进行建设改造；达到急救功能不受影响或不中断的目标，不仅仅是建筑主体结构的安全，还包括应急救援车辆的通行安全，医疗设备的安全，建筑供电、供水等系统的安全保障，应做到从应急通道到急救建筑出入口整个交通流线上各类交通设施的安全有保障。

2）防灾避难场所

防灾避难场所是指配置应急保障基础设施、应急服务设施及应急保障设备和物资，用于因灾害产生的避难人员生活保障及集中救援的避难场地和避难建筑。

（1）分类

防灾避难场所宜按照紧急、固定和中心避难场所三种类型分别规划安排，并应划分避难场所责任区。

① 紧急避难场所，指用于避难人员就近紧急或临时避难的场所，也是避难人员集合并转移到固定避难场所的过渡性场所。

② 固定避难场所，是指具备避难宿住功能和相应配套设施，用于避难人员固定避难和进行集中性救援的避难场所。

③ 中心避难场所，指具备服务于城市或城市分区的城市级救灾指挥、应急物资储备分发、综合应急医疗卫生救护、专业救灾队伍驻扎等功能的固定避难场所。

④ 避难场所责任区，指避难场所的应急避难宿住功能指定服务范围，该服务范围内的避难人员被指定使用场所内的应急避难宿住设施和相应的配套应急设施。

防灾避难场所规划，重点是要解决针对各类不同灾害的避难场所资源的统筹利用问题。不同灾害对应的避难场所空间布局要求和场所类型要求均有所不同，城市规划应通过针对各灾种的分析，合理统筹避难场所的选择和整合利用。如地震避难场所通常选择绿地或避难建筑，需要适度规模和开敞空间；洪水灾害包括就地避洪场所和转移避洪场所，场所类型多为高地或避洪建筑，并对场所高程和转移路线有特定要求；台风灾害一般选择避难建筑，通常要求有较高的抗风和排水防涝能力。另外，为应对战争空袭，城市应配套建设有相当数量和规模的人防地下工程。

（2）控制指标

避难场所应满足其责任区范围内避难人员的避难需求以及城市级应急功能配置要求，并应符合下列规定：

① 紧急、固定避难场所责任区范围应根据其避难容量，确定其有效避难面积、避难疏散距离、短期避难容量、责任区建设用地和责任区应急服务总人口等控制指标宜符合表 10-12 中的规定；居住区生活圈防灾避难场所可纳入其公共服务设施进行统筹配置和管理。

表 10-12　紧急、固定避难场所责任区范围的控制指标

类别	有效避难面积（hm²）	避难疏散距离（km）	短期避难容量（万人）	责任区建设用地（km²）	责任区应急服务总人口（万人）
长期固定避难场所	≥5.0	≤2.5	≤9.0	≤15.0	≤20.0
中期固定避难场所	≥1.0	≤1.5	≤2.3	≤7.0	≤15.0
短期固定避难场所	≥0.2	≤1.0	≤0.5	≤2.0	≤3.5
紧急避难场所	—	≤0.5	—	—	—

② 中心避难场所和中期及长期固定避难场所配置的城市级应急功能服务范围，宜按建设用地规模不大于 30 km²、服务总人口不大于 30 万人控制，并不应超过建设用地规模 50 km²、服务总人口 50 万人。

③ 中心避难场所的城市级应急功能用地规模按总服务人口 50 万人不宜小于 20 hm²、总服务人口 30 万人不宜小于 15 hm² 控制。承担固定避难任务的中心避难场所的控制指标尚应满足长期固定避难场所的要求。

在估算疏散避难人口时，紧急避难需要考虑城市所有人口，包括常住人口和流动人口，并需要考虑全年最大流量的变化。固定避难场所通常要考虑短期及更长时间的避难，城市流动人口会有转移，因此可按照常住人口进行评估。

疏散避难人口数量和分布一般可根据灾害危害程度，考虑使用建筑物的破坏情况分区估计。对于地震灾害，不应低于本地区抗震设防烈度所对应的罕遇地震影响下的评价结果；对于防洪区、行洪区、蓄滞洪区，应按照防洪标准所确定的水位超高不低于 0.5 m 确定淹没范围，核算避难规模，确定避难需求。

（3）人均（床均）控制指标

① 不同避难期的人均有效避难面积不应低于表 10-13 中的规定。

表 10-13　不同避难期的人均有效避难面积

避难期	紧急	临时	短期	中期	长期
人均有效避难面积（m²）	0.5	1.0	2.0	3.0	4.5

② 避难场所内应急医疗卫生救护区的有效避难面积应按病床数进行确定，且床均有效避难面积不宜低于表 10-14 中的规定；当安排重伤病人员救治时，不宜低于表 10-14 规定数值的 1.5 倍。

表 10-14　应急医疗卫生救护区的床均有效避难面积

规模（病床）	30	60	100	200
有效避难面积（m²/病床）	40	30	20	15

（4）避难建筑比例指标

采用避难建筑逐步替代避难场地用于灾时人员避难是我国社会经济高质量发展的必然要求和趋势。采用避难建筑也更有利于综合利用，更有利于不断改善避难生活条件，提高避难安全水平。

避难场所宜逐步增加避难建筑的比例。城市应制定中小学校及各类大型公共场所避难功能的建设目标和规划要求，并应安排避难利用所需配套设施。在固定避难场所中避难建筑所占有效避难面积的比重不宜低于 30%。

（5）规划要求

避难场所的选址应符合现行国家标准《防灾避难场所设计规范》（GB 51143—2015）（2022 年版）、《建筑抗震设计标准》（GB/T 50011—2010）（2024 年版）、《城市抗震防灾规划标准》（GB 50413—2007）等的有关规定，优先选择适宜地段，应有利于避难人员顺畅进入和向外疏散。场所选址应符合以下要求：

① 中心避难场所应与城市救灾干道有可靠通道连接，并与周边避难场所有应急通道联系，满足应急指挥和救援、伤员转运和物资运送的需要。

② 城市固定避难宜采取以居住地为主、就近疏散的原则，紧急避难宜采取就地疏散的原则。

③ 固定避难场所设置可选择城市公园绿地、学校、广场、停车场和大型公共建筑，并确定避难服务范围；紧急避难场所设置可选择居住小区内的绿地和空地等设施。

④ 固定避难场所出入口及应急避难区与周边危险源、次生灾害源以及其他存在潜在火灾高风险建筑工程之间的安全间距不应小于 30 m。

⑤ 防风避难场所应选择避难建筑。洪灾避难场所可选择避洪房屋、安全堤防、安全庄台和避水台等形式。

⑥ 中心避难场所、长期固定避难场所及具有特定消防扑救要求地区的避难场所宜设置直升机起降场地。

避难场所不应规划建设在不适宜用地上，以保障避难场所的安全可靠性。

①雨洪调蓄区、危险源防护带、高压走廊等用地不宜作为避难场地。避难场所应避开可能发生滑坡、崩塌、地陷、地裂、泥石流、地震地表位错等危险用地，应避开行洪区、指定的分洪口门附近、洪水期间进洪或退洪主流区及山洪威胁区。

②避难场所应避开易燃易爆危险物品存放点、严重污染源以及其他易发生次生灾害的地区；距次生灾害危险源的距离应满足有关重大危险源和防火的现行国家标准要求；有火灾或爆炸危险源时，应设防火隔离带；对于有毒危险品重大危险源，避难场所应设置在危险源所在城市主导风向的上风向。

③避难场所距易燃易爆工厂仓库、供气厂、储气站等重大次生火灾或爆炸危险源的距离不应小于1 000 m。

④避难建筑避开已知发震断裂主断裂的距离不应小于500 m。

⑤非洪灾和非台风内涝型避难场所需要通过各种防洪措施保证不被水淹。避难场所的排水工程应能迅速、及时地将场所内的雨水排出，并可通过高程控制或排水系统等措施来实现其防灾目标，以免避难场所周边区域的积水影响其应急功能的发挥。

城市避难场所的布局可根据不同水准灾害和不同应急阶段要求，满足根据城市预估的破坏情况所确定的避难规模，与城市建设、经济发展相协调，兼顾应急交通、供水等应急保障基础设施和医疗、物资储备等应急服务设施的布局；估算需避难人口数量及其分布，合理安排避难场所与应急通道，配置应急保障基础设施，提出规划要求和防灾措施；与城市经济建设相协调，符合各类防灾规划的要求；与城市规划相衔接，与园林绿地、广场、室内场馆等建设相结合，并统筹考虑场所建设和管理的要求。

3）应急物资储备与分发设施

应急物资储备与分发设施可按照救灾物资储备库和大型救灾备用地、市区级应急物资储备分发设施、避难场所应急物资储备分发设施，分类进行安排。

救灾物资储备库分为中央级（区域性）、省级、市级、县级四类。我国幅员辽阔、地形复杂、灾害种类多、地区差异大、灾害救助需要各异，因此各地救灾物资储备库的建设规模也不尽相同，必须分类建设。

（1）控制指标

①用地指标。城市应急物资储备分发系统用地指标包括物资储备库、灾时应急物资储备区和分发用地。城市的应急物资储备分发用地规模可根据应急储备分发的物资类别，按照0.12—0.15 m²/人进行配置。救灾物资储备库的建设用地应根据节约用地的原则和总平面布置的实际需要合理确定；建筑系数宜为35%—40%。建筑系数是指项目中建筑物和构筑物等所占土地面积和土地总面积之比。

②建筑指标。救灾物资储备库的建筑指标应根据其等级和紧急转移安置人口规模确定，并应符合表10-15中的要求。

救灾物资储备库的规模大小与其储存物资的规模有着直接关系。根据相关法规，将各类救灾物资储备库辐射区域内自然灾害救助应急预案中三级响应启动条件规定的紧急转移安置人口数量作为确定储备物资规模的依据。

表 10-15 救灾物资储备库规模分类表

规模分类		紧急转移安置人口数（万人）	总建筑面积（m²）
中央级 （区域性）	大	72.0—86.0	21 800—25 700
	中	54.0—65.0	16 700—19 800
	小	36.0—43.0	11 500—13 500
省级		12.0—20.0	5 000—7 800
市级		4.0—6.0	2 900—4 100
县级		0.5—0.7	630—800

注：使用本表时每类规模上限取大值，规模下限取小值，规模的中间值采用插入法取值。建设规模小于县级库下限的，宜设置救灾物资储备点或与其他民政设施合建；建设规模因实际需要突破本表的，另行报批。

除了救灾物资储备库外，城市还有应对各类突发事件的应急处置设备、物资、装备等储备场所或储备库，医疗、粮食、能源等行业的储备场所或储备库，城市规划可根据城市具体情况针对此类需求进行统筹安排。

（2）规划要求

救灾物资储备库的选址应遵循储存安全、调运方便的原则。应具有地势较高、地形平坦，工程地质和水文地质条件好，市政设施条件好，远离火源、易燃易爆厂房和库房等；宜邻近铁路货站或高速公路入口。

救灾物资储备库对外通道应保持通畅，市级及以上救灾物资储备库和大型救灾备用地的对外连接道路应能满足大型货车双向通行的要求；宜设置直升机起降场地，库址应便于紧急情况下的直升机起降。

4）应急指挥场所

城市应急指挥中心布局应按照相互备份、相互支援的原则，整合各类应急指挥要求，综合协调各类应急指挥中心设置。

应急指挥中心宜分散设置。相互备份的应急指挥中心宜位于不同灾害影响区，按照遭遇特大灾害时不会同时破坏的要求确定。

市、区级临时应急指挥机构一般与应急医疗救护、专业救灾队伍驻扎等功能优先安排在中心避难场所，其次安排在长期固定避难场所。

第 10 章思考题

1. 城市综合防灾建设的意义是什么？

2. 如何理解城市综合防灾安全保障体系的构成及其价值？

3. 城市灾害防御重点、设定防御标准和防御要求是什么？

4. 城市防灾的用地安全布局规划要求是什么？

5. 城市防灾分区的单元划定和空间控制规划要求是什么？

6. 城市居住区防灾规划要求是什么？

7. 城市防灾设施和重要公共设施综合防灾的规划要求是什么？

8. 城市应急保障基础设施的保障级别与设防标准、设防要求与措施是什么？

9. 城市应急服务设施的抗灾设防标准与要求、设施布置与要求是什么？

10. 学习和解析典型城市综合防灾现状情况和综合防灾规划。

11 城市防灾工程系统规划

本章主要学习和掌握城市防灾工程系统的组成、规划编制内容和规划原则；掌握城市消防安全布局和消防站、消防给水、消防车道规划；熟悉城市防洪标准、城市用地防洪安全布局和防洪体系、防洪工程设施规划；掌握城市抗震设防对策、抗震设防标准、重要建筑与设施抗震设防、避震疏散规划，了解城市用地抗震适宜性评价；了解城市人防工程建设标准，熟悉平战结合人防工程规划要求和工程设施规划；掌握地质灾害防治措施，了解地质灾害易发区建设用地适宜性评价，掌握城市生命线系统防灾规划；学习和了解城市防灾工程系统规划设计的现行国家标准和行业规范。

11.1 概述

城市防灾工程是指为抵御、减轻各种自然灾害和人为灾害及由此而引起的次生灾害，对城市居民生命财产和各项工程设施造成危害及损失所采取的各种预防工程措施，也被称为工程抗灾设防。

防灾工程系统是城市防灾体系的重要组成部分，承担着为应对地震、洪涝、火灾及地质灾害、极端天气等灾害而采取的防灾减灾工程措施之职，保障城市安全。由于城市人口集中，建筑密度大，次生灾害的隐患较多，各种灾害对城市经济和人民生命财产造成的损失越来越大。因此，防灾是人们普遍关注的一项重要议题，完善的防灾工程系统对城市可持续发展具有十分重要的意义。

城市防灾工程系统与国家经济社会发展关系密切，它不仅是关系国家经济安全的战略大问题，而且与人们的日常生活、社会稳定密切相关。城市发展应根据城市的性质、规模、国民经济和社会发展计划及工程设防现状等情况，按照城市发展高质量要求，因地制宜地编制防灾工程系统规划。

11.1.1 城市防灾工程系统的组成

城市防灾工程系统由消防工程系统、防洪工程系统、抗震工程系统、人防工程系统、地质灾害防治工程系统、生命线系统等组成。

1) 消防工程系统

城市消防工程系统包括消防安全布局和消防站、消防供水、消防车通道等设施配置。消防工程系统的功能是控制火灾风险，消除重大隐患，阻止火灾蔓延；提供避难场地，改善消防条件，降低火灾危害；强化火灾预警机制，确保及时发现火情，并迅速采取灭火措施，最大限度地避免或减轻火灾造成的损失。

2）防洪工程系统

城市防洪工程系统包括防洪安全布局和堤防、防洪闸、排洪渠、截洪沟等设施配置。城市防洪工程系统的功能是采用水土保持、水库蓄洪与滞洪等以蓄为主和修筑堤防、整治河道等以排为主等方法，抗御洪水的侵袭，排除城市洪水，保障城市居民和设施安全。

3）抗震工程系统

城市抗震工程系统主要是城市布局避震减灾设防和建构筑物抗震处理。避震减灾设防包括用地抗震适宜性评价、城市空间安全和建筑安全间距、避震疏散；建构筑物抗震处理包括地基抗震处理、结构抗震加固、节点抗震处理等。抗震工程系统的功能是减轻地震破坏、避免人员伤亡、减少经济损失。

4）人防工程系统

城市人防工程系统包括人防安全布局和指挥工程、医疗救护工程、防空专业队工程、人员掩蔽工程和配套工程等设施配置。人防工程设施在确保其安全要求的前提下，平战结合，合理利用地下空间，尽可能为城市日常活动使用。人防工程系统的功能是提供战时市民掩蔽、救护等工事和物资供应空间，保障生命安全。

5）地质灾害防治工程系统

地质灾害防治工程系统是应对滑坡、崩塌、泥石流、地裂缝、地面沉降、地面塌陷等地质现象，而采取的综合防治与工程措施和非工程措施。地质灾害防治工程系统的功能是通过有效的地质工程技术手段，改变这些地质灾害产生的过程，以达到防止灾害发生或减轻灾害风险的目的。

6）生命线系统

城市生命线系统包括交通、水、能源、通信等城市工程系统，由道路与交通设施、给水排水设施、供电供燃气供热设施、邮政通信设施和医疗、卫生及消防救灾设施等组成。生命线系统防灾工程的功能是在发生各种城市灾害时，保障居民生活和城市机能正常运转。

11.1.2 城市防灾工程系统规划的内容

防灾工程系统规划内容主要包括：确定各类防灾工程的设防标准；明确防灾安全布局和要求；确定防灾工程体系和防灾工程措施。

按照国土空间规划体系，相应的总体规划、详细规划中的防灾工程系统规划和防灾工程专项规划的主要内容有所侧重。国土空间总体规划是防灾工程专项规划的基础；详细规划中的防灾工程系统规划以国土空间总体规划为依据，与专项规划相衔接；防灾工程相关专项规划要遵循国土空间总体规划，不得违背总体规划中的强制性内容，其主要内容要纳入详细规划。

1）总体规划中防灾工程系统规划的内容

在国土空间总体规划中，防灾工程系统规划的主要内容包括以下方面：

（1）现状分析：分析现状防灾工程系统状况；评估防灾工程系统规划实施情况。

（2）专题研究：结合实际，开展防洪（潮）、抗震、消防、人防、防疫等安全保障系统的重大问题和对策研究。

（3）统筹协调：落实国家和区域重大防灾工程设施项目，明确空间布局和规划要求；统筹重要防灾工程设施的区域协同问题；完善城乡防灾工程设施网络体系。

（4）发展目标：制定各类防灾工程系统的发展目标和要求。

（5）空间布局：明确中心城区的消防、防洪（潮）、抗震、地质灾害防治等的安全布局和管控要求。

（6）用地控制：明确防洪（潮）、抗震、消防、人防、防疫等各类重大防灾设施标准、布局要求与防灾减灾措施，适度提高生命线工程的冗余度。

针对气候变化影响，结合城市自然地理特征，优化防洪排涝通道和蓄滞洪区，划定洪涝风险控制线，修复自然生态系统，因地制宜地推进海绵城市建设，增加城镇建设用地中的渗透性表面。沿海城市应强化因气候变化造成海平面上升的灾害应对措施。洪涝风险控制线是指为保障防洪排涝系统的完整性和通达性，为雨洪水蓄滞和行泄划定的自然空间和重大调蓄设施用地范围，包括河湖湿地、坑塘农区、绿地洼地、涝水行泄通道等，以及具备雨水蓄排功能的地下调蓄设施和隧道等预留空间。

确定消防指挥调度中心、消防站等城市消防设施和防洪堤墙、排洪沟与截洪沟、防洪闸等城市防洪设施，以及避震疏散场地、气象预警中心等城市抗震防灾设施的用地控制范围，划定黄线。

（7）近期建设：编制近期防灾工程重点建设项目。

（8）政策机制：提出防灾工程系统规划实施的政策；提出消防、防洪（潮）、抗震、地质灾害防治等的措施等。

防灾工程系统规划的相关成果是国土空间总体规划中综合防灾减灾规划的重要组成，规划成果包括图件和规划文本、附表、说明、专题研究报告等。

2）防灾工程专项规划的内容

防灾工程专项规划在国土空间总体规划相关编制内容的基础上，还应包括以下内容：

（1）分析现状防灾工程系统和防灾情况。

（2）落实和深化国土空间总体规划确定的防灾工程规划；与相关规划相衔接和统筹协调；结合实际，开展相关专题研究。

（3）确定城市用地的消防、防洪、抗震、地质灾害防治等的安全布局。

（4）确定城市消防、防洪、抗震、人防、地质灾害防治、生命线系统防灾工程等的设防标准。

（5）布局城市消防、防洪、抗震、人防等防灾设施。

（6）制定城市消防、防洪、抗震、人防、地质灾害防治等防灾对策与措施。

（7）制定生命线系统防灾保障的对策与措施。

规划成果主要包括防灾工程现状图、防灾工程规划图等图件和规划文本、附表、说明、专题研究报告等。

3）详细规划中防灾工程系统规划的内容

在国土空间详细规划中，防灾工程系统规划的主要内容有以下方面：

（1）分析防灾条件。

（2）落实国土空间总体规划确定的防灾工程设施及用地和防护要求等相关内容，与相关专项规划相衔接；落实和确定防灾工程设施的黄线控制范围与管控要求。

（3）确定各类消防设施的布局、消防通道间距等。

（4）确定防洪堤标高、排涝泵站位置等。

（5）确定疏散通道、疏散场地布局等。

（6）确定平战结合的人防工程设施布局等。

（7）确定建设工程的地质灾害防治工程方案等。

（8）确定生命线系统防灾的布局，以及保障和维护措施。

规划成果主要包括防灾工程详细规划图等图件和规划文本、说明等。

11.1.3　城市防灾工程系统规划的原则

为了提供城市发展的良好环境，保障安全，城市防灾工程系统规划应遵循以下原则：

（1）应按照国家有关法律、规范、标准和国家与地方的相关发展战略、发展规划等编制城市防灾工程设施规划。近年来，国家及地方、行业部门出台和修订了一系列关于防洪、消防、抗震等防灾减灾救灾的法律、规范和标准，出台了消防、防洪、抗震、人防、地质灾害防治等相关发展规划，这些是制定城市防灾工程系统规划的依据。

（2）城市防灾工程系统的规划编制应贯彻"预防为主，防、抗、避、救相结合"的方针，结合实际、因地制宜、突出重点。

（3）国土空间总体规划应通过对城市建设用地的适建性评价，合理选择城市建设用地，科学确定城市空间发展方向，实现避灾目的。

（4）防灾工程系统规划应与城市布局和公共设施、道路交通、绿地系统等规划，以及给水、排水、电力、通信等相关规划及各专业规划相协调，保障城市防灾安全。

（5）防灾工程系统规划应结合当地的实际情况，综合进行城市现状防灾设施的分析，开展气象、水文与工程地质、自然环境条件等的研究；根据国家和地区防灾规划，结合城市的发展目标和性质、规模等，确定防灾工程设防标准、制定防灾对策和措施，合理布置各项防灾工程设施，并应近远期相结合。

11.2 城市消防工程规划

11.2.1 概述

1）火灾的危害与成因

火灾是指在时间或空间上失去控制的燃烧所造成的灾害。在各种灾害中，火灾是最经常、最普遍威胁公众安全和社会发展的主要灾害之一。

火灾造成的危害主要是危害生命安全、造成经济损失、破坏生态环境。城市由于人口和社会财富高度集中，一旦发生火灾，损失将十分严重，会给城市生产、居民生活带来严重影响。如果火灾发生在文化古迹、历史保护建筑等地段，将对人类文明历史造成无法挽回的损失。

就城市规划与建设而言，我国的城市发生大火及其造成的危害原因主要有以下方面：城市布局的消防安全不足、建设中存在盲目性、乱搭乱建情况比较严重；城市公共消防设施布局的科学性和配置水平有待提高；易燃易爆的工厂、仓库等设施布置在居民居住区域、公共建筑附近，一旦发生火灾爆炸事故，危害极大；易燃建筑相距很近，一旦起火，就会形成大面积火灾；有些易燃易爆的工厂、仓库原先布置在城市边缘，但随着城市建设的发展，建成区范围逐步扩大，建筑与易燃易爆工厂等间距越来越小，不安全因素逐步增多，甚至成了重大火险隐患。

2）消防工程规划的内容

编制城市消防工程规划，应结合当地实际对城市火灾风险、消防安全状况进行分析评估；应按适应城市经济社会发展、满足火灾防控和灭火应急救援的实际需要，合理确定城市消防安全布局，优化配置消防站、消防供水、消防车通道等公共消防设施和消防装备。

由于我国地域辽阔，各地的自然资源、环境条件和经济社会发展等方面差异较大，所面临的消防安全问题存在较大差异。消防规划应根据城市的特点，针对城市消防安全的突出问题和重大火险隐患增加相应的规划内容。

3）消防工程规划的原则

城市消防规划应贯彻执行预防为主、防消结合的消防工作方针；遵循科学合理、经济适用、适度超前的规划原则。

城市各类建设用地及城市地下空间开发利用都与消防安全相关。供水、通信、供电等市政公用设施和对外交通、道路广场、绿地、水域和其他用地，既有其客观存在的消防安全需求，同时也包含着相关公共消防设施、防火隔离带、防灾避难场地的规划建设条件。因此，城市消防规划应与有关规划相互衔接、统筹协调。

公共消防设施应充分利用城市基础设施、综合防灾设施，实现资源共享和优化配置，并符合消防安全要求；市政消火栓、消防车通道等公共消防设施应与城市供水、道路等基础设施同步规划、同步建设。

11.2.2 城市消防安全布局

城市消防安全布局是指符合消防安全要求的城市建设用地布局和采取的安全措施。城市消防安全布局是"预防为主"的关键所在，是城市消防安全的基础。

1）城市消防安全布局规划对策

城市消防安全布局应按照城市消防安全和综合防灾要求，结合城市火灾风险评估，对易燃易爆危险品场所或设施及影响范围，建筑耐火等级低或灭火救援条件差的建筑密集区、历史城区、历史文化街区、城市地下空间、防火隔离带、防灾避难场地等进行综合部署和具体安排，制定消防安全措施和规划管制措施。

易燃易爆危险品类型主要包括爆炸品、易燃气体、易燃液体、氧化性物质和有机过氧化物、易燃固体、易于自燃的物质，以及遇水放出易燃气体的物质。

（1）消防安全布局基本要求

城市消防安全布局的基本要求是控制火灾风险，消除重大隐患，阻止火灾蔓延，提供避难场地，改善消防条件，降低火灾危害。

（2）消防安全布局基本措施

在城市消防安全布局中，控制各类易燃易爆危险品场所或设施、建筑物、周围环境及其相互关系的主要安全措施有：规模控制措施、设置方式和选址控制措施、用地控制措施、功能分区和空间分区措施、布点密度控制措施、建筑密度控制措施、安全距离控制措施、防火隔离措施、应急避难措施、建筑结构控制措施等。

（3）消防安全布局标准

现行有关消防安全的国家标准、行业标准和工程项目建设标准比较多，如《城市消防规划规范》（GB 51080—2015）、《建筑防火通用规范》（GB 55037—2022）、《建筑设计防火规范》（GB 50016—2014）（2018 年版）、《石油化工企业设计防火标准》（GB 50160—2008）（2018 年版）、《汽车库、修车库、停车场设计防火规范》（GB 50067—2014）等，在控制各类易燃易爆危险品场所或设施的容积、规模、设置方式和方位、布点密度、安全距离、周围环境及影响范围，控制各类建筑物的耐火等级、建筑密度、高度、层数、面积和防火分区，设置防火隔离带和避难场所，设置消防设施，制定消防安全措施等方面，一般都有明确的规定和相关的技术指标，城市消防安全布局应执行现行相关规范的规定。

2）易燃易爆危险品场所或设施的设置与布局

（1）易燃易爆危险品场所或设施的规模控制

易燃易爆危险品场所或设施应按现行国家标准的有关规定控制规模，并应根据消防安全的要求合理布局。在现行国家标准《建筑防火通用规范》（GB 55037—2022）、《建筑设计防火规范》（GB 50016—2014）（2018 年版）、《危险化学品经营企业安全技术基本要求》（GB 18265—2019）、《石油天然气工程设计防火规范》（GB 50183—2015）等的有关消防安全要求中，对各类易燃易爆危险品场所或设施的容积或面积、规模等有明确规定、要求的技术指标，在规划设计时应严格执行。

（2）易燃易爆危险品场所或设施的设置位置

易燃易爆危险品场所或设施的设置位置应严格按照现行国家标准《城市消防规划规范》（GB 51080—2015）、《建筑防火通用规范》（GB 55037—2022）、《建筑设计防火规范》（GB 50016—2014）（2018年版）、《城镇燃气设计规范》（GB 50028—2006）（2020年版）等的有关规定执行。易燃易爆危险品场所或设施应位于城镇集中建设区的边缘或相对独立的安全地带。大中型易燃易爆危险品场所或设施应设置在城镇集中建设区边缘的独立安全地区或相对独立的城镇集中建设区，不得设置在城市常年主导风向的上风向、主要水源的上游或其他危及公共安全的地区。对周边地区有重大安全影响的易燃易爆危险品场所或设施，应设置防灾缓冲地带和可靠的安全设施。

城市建成区内影响消防安全的既有厂房、仓库等应迁移或改造。既有建筑改造应根据建筑的现状和改造后的建筑规模、火灾危害性和使用用途等因素确定相应的防火技术要求，且要符合相关规范要求。

（3）易燃易爆危险品场所或设施的安全距离

易燃易爆危险品场所或设施与相邻建筑、设施、交通线等的安全距离应符合现行国家标准《建筑防火通用规范》（GB 55037—2022）、《建筑设计防火规范》（GB 50016—2014）（2018年版）、《输气管道工程设计规范》（GB 50251—2015）、《石油库设计规范》（GB 50074—2014）等的有关规定。为了节约用地、合理使用土地、有效实施用地管理、确保安全距离，在城市建设用地范围内新建易燃易爆危险品生产、储存、装卸、经营场所或设施的安全距离，应控制在其总用地范围内；相邻布置的易燃易爆危险品场所或设施之间的安全距离，可按安全距离规定的最大值予以控制。

（4）城市加油加气加氢站的规模与布局控制

在城镇集中建设区内应控制汽车加油站、加气站、加氢和加油加气合建站的规模和布局，并应符合现行国家标准《汽车加油加气加氢站技术标准》（GB 50156—2021）、《建筑防火通用规范》（GB 55037—2022）、《建筑设计防火规范》（GB 50016—2014）（2018年版）中的有关规定。城市加油加气加氢站与站外建（构）筑物的安全间距应符合现行相关规范。

在城市建成区不应建设压缩天然气加气母站，一级汽车加油站、加气站和加油加气合建站、加油加气加氢合建站。

（5）城市燃气输油管线布局控制

城市燃气系统应统筹规划，区域性输油管道和压力大于1.6 MPa的高压燃气管道不得穿越城市中心区、国家重点文物保护单位、易燃易爆危险品场所或设施用地、机场（机场专用输油管除外）、非危险品车站和港口码头、军事设施。城市输油、输气管线与周围建筑和设施之间的安全距离应符合现行国家标准《建筑防火通用规范》（GB 55037—2022）、《建筑设计防火规范》（GB 50016—2014）（2018年版）、《城镇燃气规划规范》（GB/T 51098—2015）、《输油管道工程设计规范》（GB 50253—2014）等的有关规定。

对于现有影响城市消防安全的易燃易爆危险品场所或设施，应结合城市更新改造进行规模调整、技术改造、搬迁或拆除等。构成重大隐患的，应采取停用、搬迁或拆除等措施，并应纳入城市近期建设规划。

3）建筑耐火等级与防火间距

城市应建造一级、二级耐火等级的建筑，控制三级耐火等级的建筑，严格限制四级耐火等级的建筑，满足建筑防火间距的要求，并符合现行国家标准《建筑防火通用规范》（GB 55037—2022）、《建筑设计防火规范》（GB 50016—2014）（2018年版）等的有关规定。

城市耐火等级低的既有建筑密集区，应采取防火分隔措施、设置消防车通道、完善消防水源和市政消防给水与市政消火栓系统。应将现有耐火等级为三级及以下或灭火救援条件差的建筑密集区（如棚户区、城中村、简易市场等）纳入近期改造规划，采取开辟防火间距、设置防火隔离带或防火墙、打通消防通道、提高建筑耐火等级、改造供水管网、增设消火栓和消防水池等措施，改善消防安全条件，降低火灾风险。

4）历史城区及历史文化街区消防安全布局要求

（1）历史城区及历史文化街区是城市消防安全的薄弱区域。在尽量保持这些区域传统风貌的同时，应建立消防安全体系，因地制宜地配置消防设施、装备和器材，严格控制危险源，消除火灾隐患，改善消防安全环境。

（2）历史城区不得设置生产、储存易燃易爆危险品的工厂和仓库，不得保留或新建输气、输油管线和储气、储油设施，不宜设置配气站；低压燃气调压设施宜采用小型调压装置。

（3）历史城区的道路系统在保持或延续原有道路格局和原有空间尺度的同时，应充分考虑必要的消防通道。

（4）历史城区及历史文化街区应配置小型、适用的消防设施、装备和器材；不符合消防车通道和消防给水要求的街巷，应设置水池、水缸、沙池、灭火器等消防设施和器材。

（5）历史文化街区外围宜设置环形消防车通道。

（6）历史文化街区不得设置汽车加油站、加气站。

5）城市地下空间的消防安全要求

城市地下空间应严格控制规模，避免大面积的相互贯通连接，并应配置相应的消防和应急救援设施。地下交通设施、公共设施等城市地下空间发生火灾的危害性、严重性要高于地面建筑，且疏散和扑救非常困难。因此，城市地下空间的开发利用应严格控制规模，严格执行《城市地下空间开发利用管理规定》（2011年修正）、《城市地下空间规划标准》（GB/T 51358—2019）等现行法规、标准、规范的消防安全有关规定，采取切实可行的措施，保护人身和财产安全。

城市大型地下空间经技术经济论证后，可设置专用的地下式消防站和消防车通道，配置适用的轻型消防装备和器材。

6）防火隔离带和防灾避难场地

（1）防火隔离带。防火隔离带是指阻止火灾大面积延烧的隔离空间，是为阻止易燃易爆危险品场所或设施、火灾危险性和危害性较大的其他场所或设施发生火灾时可能的火灾大面积延烧，在其设施、场所等单位内部或用地界线处设置的隔离空间。防火隔离带可利用道路、广场、水域等进行设置。防火隔离带的设置宽度应符合相关规范的规定。

（2）火灾的防灾避难场地应根据城市综合防灾要求，结合道路、广场、运动场、绿地、公园、居住区公共场地等开敞空间设置，并符合消防安全要求。

7）城市与森林、草原之间的安全距离

城市与森林、草原相邻的区域，应根据火灾风险和消防安全要求，划定并控制城市建设用地边缘与森林、草原边缘的安全距离。城市用地边缘与森林、草原边缘的安全距离应不小于300 m。

11.2.3 消防站

消防站是城市公共消防设施的重要组成部分，是专职消防队或其他类型消防队的驻扎基地。

根据消防站的服务对象和任务，城市消防站分为陆上消防站、水上消防站和航空消防站。陆上消防站按照业务类型，分为普通消防站、特勤消防站和战勤保障消防站。普通消防站按建设规模、装备水平以及灭火与应急救援的能力，分为一级普通消防站和二级普通消防站。

普通消防站是指有明确辖区，主要承担火灾扑救和一般灾害事故抢险救援任务的消防站。

特勤消防站主要承担特种灾害事故应急救援和特殊火灾扑救任务的消防站，有明确的辖区要求，同时承担普通消防站的任务。

战勤保障消防站是主要承担消防装备、器材和物资的储备、运输、维修、保养等职能，并为普通消防站和特勤消防站执行任务提供应急综合保障的消防站。

1）陆上消防站

（1）陆上消防站的设置

① 在城市建设用地范围内应设置一级普通消防站。因用地紧张，设置一级普通消防站确有困难的区域，经论证可设二级普通消防站。

② 在地级及以上城市、经济较发达的县级城市应设置特勤消防站和战勤保障消防站，在经济发达且有特勤任务需要的城镇可设置特勤消防站。

③ 消防站应独立设置。消防站不宜设在综合性建筑物中，一般均独立设置。在特殊情况下，设在综合性建筑物中的消防站应有独立的功能分区，应与其他使用功能完全隔离，并应有专用出入口，其交通组织应便于消防车应急出入。

普通消防站是城市扑救火灾和处置灾害事故的主体，在消防保卫实践中发挥着决定性的作用。各地在国土空间总体规划中，都应围绕一级普通消防站的建设进行规划布局。为满足灭火救援的需要，所有城市必须设立一级普通消防站。

在商业密集区、耐火等级低的建筑密集区、老城区、历史地段，因土地资源紧缺设置二级站确有困难的地区，可设小型普通消防站。考虑到小型普通消防站的灭火力量有限，灭火时还需要周围其他消防站增援，因此小型普通消防站的辖区至少应与一个一级普通消防站、二级普通消防站或特勤消防站辖区相邻。小型普通消防站属于普通站的一种特殊形式，应具有独立的消防辖区。

（2）陆上消防站的布局

① 在城市建设用地范围内的普通消防站的布局，应以消防队接到出动指令后5 min 内可到达其辖区边缘为原则确定。

② 普通消防站的辖区面积不宜大于 7 km²；设在城市建设用地边缘地区、新区且道路系统较为畅通的普通消防站，应以消防队接到出动指令后 5 min 内可到达其辖区边缘为原则确定其辖区面积，其面积不应大于 15 km²；也可通过城市或区域火灾风险评估确定消防站的辖区面积。

小型普通消防站的辖区面积不宜大于 2 km²。

③ 特勤消防站应根据其特勤任务服务的主要对象，设在靠近其辖区中心且交通便捷的位置。特勤消防站同时兼有其辖区灭火救援任务的，其辖区面积宜与普通消防站的辖区面积相同。

④ 消防站的辖区划定应结合城市地域特点、地形条件和火灾风险等因素综合考虑，并应兼顾现状消防站辖区，不宜跨越高速公路、城市快速路、铁路干线和较大的河流。当受地形条件限制，被高速公路、城市快速路、铁路干线和较大的河流分隔，年平均风力在 3 级以上或相对湿度在 50% 以下的地区，应适当缩小消防站的辖区面积。

（3）陆上消防站的建设用地面积指标

陆上消防站的建设用地面积指标应根据实际情况，符合表 11-1 的规定。

表 11-1　陆上消防站的建设指标

陆上消防站类型	建设用地面积指标（m²）	建筑面积指标（m²）
一级普通消防站	3 900—5 600	2 700—4 000
二级普通消防站	2 300—3 800	1 800—2 700
小型消防站	1 200—1 500	650—1 000
特勤消防站	5 600—7 200	4 000—5 600
战勤保障消防站	6 200—7 900	4 600—6 800

注：上述指标未包含站内消防车道、绿化用地的面积，按 0.5—0.6 的容积率进行测算。

（4）陆上消防站的选址

① 消防站应设置在辖区内的适中位置和便于消防车辆迅速出动的主、次干路的临街地段，并应尽量靠近城市应急救援通道。

② 消防站执勤车辆的主出入口与医院、学校、幼儿园、托儿所、影剧院、商场、体育场馆、展览馆等人员密集的大型公共建筑的主要疏散出口和公交站台的距离不应小于 50 m。

③ 消防站应位于易燃易爆危险品场所或设施全年最小频率风向的下风侧，其用

地边界距离加油站、加气站、加油加气合建站不应小于 50 m，距离甲类、乙类厂房和易燃易爆危险品储存场所不应小于 200 m。

④ 消防车主出入口处的城市道路两侧宜设置可控交通信号灯、标志标线或隔离设施等，30 m 以内的路段应禁止停车。

⑤ 消防站车库门直接临街的应朝向城市道路，且后退道路红线不应小于 15 m。

2）水上消防站

有水上消防任务的水域应设置水上消防站。随着经济社会发展，水上消防站的服务职能也在不断拓展，其抢险救援功能和作用不断提升。

（1）水上消防站的设置和布局

① 水上消防站应设置供消防艇靠泊的岸线，岸线长度不应小于消防艇靠泊所需长度，河流、湖泊的消防艇靠泊岸线长度不应小于 100 m。

② 水上消防站应设置陆上基地，陆上基地的用地面积应与陆上二级普通消防站的用地面积相同。

③ 水上消防站的布局，应以消防队接到出动指令后 30 min 内可到达其辖区边缘为原则确定，消防队至其辖区边缘的距离不大于 30 km。

（2）水上消防站的选址

① 水上消防站应靠近港区、码头，避开港区、码头的作业区，避开水电站、大坝和水流不稳定的水域。内河水上消防站宜设置在主要港区、码头的上游位置。

② 当水上消防站的辖区内有危险品码头或沿岸有危险品场所或设施时，水上消防站及其陆上基地边界距危险品部位不应小于 200 m；如属化学危险品时，一般不宜小于 300 m。

③ 水上消防站的趸船与陆上基地之间的距离不应大于 500 m，且不得跨越高速公路、城市快速路、铁路干线。

3）航空消防站

航空消防站的设置应符合下列规定：

（1）在人口规模为 100 万人及以上的城市和确有航空消防任务的城市，宜独立设置航空消防站，并应符合当地空管部门的要求。

（2）除消防直升机站场外，航空消防站的陆上基地用地面积应与陆上一级普通消防站的用地面积相同。

（3）结合其他机场设置消防直升机站场的航空消防站，其陆上基地建筑应独立设置；当独立设置确有困难时，消防用房可与机场建筑合建，但应有独立的功能分区。

（4）航空消防站的飞行员、空勤人员训练基地宜结合城市现有资源设置。

航空消防站的功能宜多样化，并应综合考虑消防人员执勤备战、迅速出动、技能和体能训练、学习、生活等多方面的需要。

4）消防直升机起降点

消防直升机起降点的设置应符合下列规定：

（1）结合城市综合防灾体系、避难场地规划，在高层建筑密集区、城市广场、运动场、公园、绿地等处设置消防直升机的固定或临时地面起降点，以便在灾害事故状态下，消防直升机能实施救援作业、提高效能。

（2）消防直升机地面起降点场地应开阔、平整，场地的短边长度不应小于22 m；在场地周边20 m范围内不得栽种高大树木，不得设置架空线路。

11.2.4 消防供水

1）消防水源

（1）水质应满足水基消防设施的功能要求；水量应满足水基消防设施在设计持续供水时间内的最大用水量要求。水基消防设施既包括以水为介质的消防设施，也包括水与其他介质混合使用的消防设施，如泡沫灭火设施等。

（2）城市消防用水可由城市给水系统、消防水池及符合要求的其他人工水体、天然水体、再生水等供给。只有多样性地配置城市消防水源，才能保障城市消防用水量、水压和可靠性。当使用再生水作为消防用水时，水质应符合现行国家相关标准。

（3）每个消防站的辖区内至少应设置一个为消防车提供应急水源的消防水池，或设置一处天然水源或人工水体的取水点；应采取保障消防车安全取水与通行的技术措施，并应设置消防车取水通道等设施；消防车取水的最大吸水高度应满足消防车可靠吸水的要求。

（4）雨水清水池、中水清水池、水景和游泳池可作为备用消防水源。

2）消防用水量

城市消防用水量应按同一时间内的火灾起数和一次灭火用水量确定（前表2-10），并应符合现行国家标准《建筑防火通用规范》（GB 55037—2022）、《建筑设计防火规范》（GB 50016—2014）（2018年版）等的有关规定；当城市给水系统为分片区供水且管网系统未可靠联网时，城市消防用水量应分片区核定。相关知识在第2章中已做了介绍，此处不再赘述。

3）消防用水供给和水压要求

消防给水系统应满足给水消防系统在设计持续供水时间内所需水量、流量和水压的要求。相关知识在第2章中已做了介绍，此处不再赘述。

我国各地一般采用生产用水、生活用水和消防用水合用的城市给水系统，消防供水管道与城市生产、生活供水管道合并使用，以节约建设投资和管道走廊，便于日常维护管理，并使管网内的水处于经常流动状态，有利于火场供水。设有消火栓的市政给水管网属于低压消防给水系统，可给市政消火栓或室外消火栓供水。部分城市的局部地区使用高压或临时高压消防供水系统，则设置独立的消防供水管道。

当利用城市给水系统作为消防水源时，必须保障城市供水高峰时段消防用水的水量和水压要求。接有市政消火栓或消防水鹤的消防给水管道，应保证市政消火栓用于消防救援时的出水流量大于或等于15 L/s、供水压力大于或等于0.1 MPa，其布置、管网管径和供水压力应符合现行国家标准《消防设施通用规范》（GB 55036—2022）、《消防给水及消火栓系统技术规范》（GB 50974—2014）、《建筑防火通用规范》（GB 55037—2022）、《建筑设计防火规范》（GB 50016—2014）（2018年版）等的有关规定。

消防水鹤是寒冷地区采用的为消防车供水的设施，功能类似于市政消火栓。

4）市政消火栓和消防水鹤

（1）市政消火栓的设置应符合现行国家标准《消防设施通用规范》（GB 55036—2022）、《消防给水及消火栓系统技术规范》（GB 50974—2014）的有关规定。相关知识在第2章中已做了介绍，此处不再赘述。

消火栓的流量应满足相应建构筑物在火灾延续时间内的要求。当室外消火栓直接用于灭火且室外消防给水的设计流量大于30 L/s时，应采用高压或临时高压消防给水系统。

（2）市政消火栓宜采用地上式；采用地下式的消火栓应有明显标志。寒冷地区设置的市政消火栓应采取防冻措施。

（3）寒冷地区可设置消防水鹤，其服务半径不宜大于1 000 m。

（4）在火灾风险较高的区域可适当增加市政消火栓或消防水鹤的设置密度，加大供水量和水压。

5）消防水池

当有下列情况之一时，应设置城市消防水池：

（1）无市政消火栓或消防水鹤的城市区域。

（2）无消防车通道的城市区域。

（3）消防供水不足的城市区域或建筑群。

消防水池的有效容量应根据保护对象计算确定，建议消防水池不宜少于100 m³。寒冷地区的消防水池应采取防冻措施。

11.2.5 消防车通道

1）消防车通道组成

消防车通道包括城市各级道路、居住区和企事业单位内部道路、消防车取水通道、建筑物消防车通道等。消防车通道应符合消防车辆安全、快捷通行的要求；城市各级道路、居住区和企事业单位内部道路宜设置成环状，以减少尽端路。

2）消防车通道设置要求

（1）在工业与民用建筑周围、工厂厂区内、仓库库区内、城市轨道交通的车辆基地内、其他地下工程的地面出入口附近，均应设置可通行消防车并与外部公路或街道连通的道路。

（2）高层厂房、占地面积大于3 000 m²的单层、多层甲类、乙类、丙类厂房和占地面积大于1 500 m²的乙类、丙类仓库，以及飞机库建筑，应至少沿建筑的两条长边设置消防车道。

（3）除受环境地理条件限制只能设置1条消防车道的公共建筑外，其他高层公共建筑和占地面积大于3 000 m²的其他单层、多层公共建筑应至少沿建筑的两条长边设置消防车道。住宅建筑应至少沿建筑的一条长边设置消防车道。当建筑仅设置1条消防车道时，该消防车道应位于建筑的消防车登高操作场地一侧。

（4）供消防车取水的天然水源、消防水池以及其他人工水体应设置消防车通道，天然水源和消防水池的最低水位应满足消防车可靠取水的要求。

（5）消防车通道或兼作消防车通道的设置应符合下列规定：

① 消防车通道之间中心线的间距不宜大于160 m。

② 环形消防车通道至少应有2处与其他车道连通；长度大于40 m的尽端式消防车通道应设置满足消防车回转要求的场地或道路。

③ 消防车通道的净宽度和净空高度均不应小于4 m，满足消防车安全、快速通行的要求。

④ 转弯半径应符合消防车转弯的通行要求。

⑤ 消防车通道的坡度不宜大于8%，且不应大于10%。举高消防车停靠和作业场地坡度不宜大于3%，并应满足消防车停靠和消防救援作业的要求。

⑥ 消防车通道与建筑外墙面的水平距离应满足消防车安全通行的要求，一般宜大于5 m。位于建筑消防扑救面一侧兼作消防救援场地的消防车道应满足消防救援作业的要求。建筑的消防扑救面指的是登高消防车能够靠近高层主体建筑，便于消防车作业和消防人员进入高层建筑进行抢救人员和扑救火灾的建筑立面，也称消防登高面。

⑦ 消防车通道与建筑消防扑救面之间不应有妨碍消防车操作的障碍物，不应有影响消防车安全作业的架空高压电线。

⑧ 消防车通道边缘距离作为消防车取水的天然水源、消防水池以及其他人工水体的取水点不宜大于2 m，消防车距离吸水水面高度不应超过6 m。

11.3 城市防洪工程规划

11.3.1 概述

1）洪灾的类型

洪水灾害是洪灾和涝灾的总称。由于暴雨、急剧的融冰化雪、水库垮坝、风暴潮等原因，江河、湖泊及海洋的水流增大或水面升高超过了一定限度，威胁着有关地区人民的生命财产安全或造成不同程度的灾害，一般将这种自然现象称为洪水。

洪灾一般是指因河流泛滥所引起的灾害；涝灾是因过量降雨所引起的地面大量积水并伴有一定损失的现象。两者往往是同时发生的，区别在于水的来源不同，而且水量也不同。

洪水灾害的形成受气候、下垫面等自然因素与人类活动因素的影响。按成因不同，洪水可分为暴雨洪水、山洪、泥石流、融雪洪水、冰凌洪水、溃坝洪水和天文潮、风暴潮、海啸等。

（1）暴雨洪水。暴雨洪水是由较大强度的降雨而形成的洪水，简称雨洪。此类洪水的主要特点是峰高量大，持续时间长，洪灾波及范围广。在我国，它是最主要的洪水类型，长江、黄河、淮河、海河、珠江、松花江、辽河七大江河均受其严重威胁。大江大河的流域面积大，且有河网、湖泊和水库的调蓄，不同场次的雨在不同支流所形成的洪峰汇集到干流时，各支流的洪水往往相互叠加，组成历时较长、涨落较平缓的洪峰。小河的流域面积和河网的调蓄能力较小，一次暴雨就可能会形成一次涨落迅猛的洪峰。

（2）山洪。山洪是山区溪沟中发生的暴涨暴落洪水。由于地面和河床坡降较陡，降雨后产流、汇流快，形成急剧涨落的洪峰。山洪具有突发性、水量集中、流速大、冲刷破坏力强、水流中挟带泥沙甚至石块等特点，常造成局部性洪灾。

（3）泥石流。泥石流是在表层地质疏松、山坡岸壁容易崩塌和堆积物较多的山区，遇到暴雨或大量融化的冰雪而形成的局部性洪水。暴雨引起山坡或岸壁的崩坍，大量泥石连同水流下泄而形成泥石流。泥石流暴发突然，运动快速，历时短暂，破坏力极大。泥石流是特殊的固体径流，固体物质含量很高，流体做直线惯性运动，遇障碍物不绕流而产生阻塞、堆积等正面冲击作用。

（4）融雪洪水。融雪洪水是在高纬度地区和高山地区，冬季积雪较厚，春季气温大幅度升高时，积雪大量融化而形成。

（5）冰凌洪水。冰凌洪水是在中高纬度地区内，由较低纬度地区流向较高纬度地区的河流，由于气温下降时河水结冰封冻和气温回升后解冻开河时，冰凌阻塞河槽而形成的洪水，包括冰坝洪水与冰塞洪水两种类型。

（6）溃坝洪水。溃坝洪水是指水坝或其他挡水建筑物突然崩溃，大量蓄水突然下泄而造成的洪水。

（7）天文潮。天文潮是地球上海洋受月球和太阳引潮力作用所产生的潮汐现象。海面一次涨落过程中的最高位置称之为高潮，最低位置称之为低潮，相邻高低潮间的水位差称之为潮差。它的高低潮位和出现时间具有规律性。

（8）风暴潮。风暴潮是由强烈大气扰动，如热带气旋（台风、飓风）、温带气旋（寒潮）等引起的海面异常升降现象。通常是气压、大风等气象因素的急剧变化而造成海岸和河口水位异常升降。风暴潮根据风暴的性质，通常分为由温带气旋引起的温带风暴潮和由台风引起的台风风暴潮两大类。温带风暴潮多发生于春秋季节，夏季也时有发生；其特点是增水过程比较平缓，增水高度低于台风风暴潮；我国主要发生在北方海区沿岸为多。台风风暴潮多见于夏秋季节；其特点是来势猛、速度快、强度大、破坏力强。凡是有台风影响的沿海地区均有台风风暴潮发生。如果风暴潮和天文潮叠加，并且这种叠加恰好是强烈的低气压风暴涌浪形成的高涌浪与天文高潮叠加，则会形成更强的破坏力。

（9）海啸。海啸是由海底地震、火山爆发、海底滑坡或气象变化产生的破坏性海浪。海啸波速可高达700—800 km/h，到达海岸浅水地带时，波高急剧增高，可达数十米，形成含有巨大能量的"水墙"，它会摧毁堤岸，淹没陆地，夺走生命财产，破坏力极大。

2）洪灾的成因

（1）降雨强度。降雨强度是指单位时段内的降雨量，以mm/min或mm/h计。

暴雨洪水历史资料显示，一般情况下，3天降雨量小于30 mm时不大可能引发洪水，而大于200 mm时基本上都会引发洪水。

（2）汇水面积。汇水面积是指河流支流所流经的区域，其是根据一系列分水线的连线确定的。

（3）植被条件。森林覆盖率高的流域拦水能力较强，能显著地削减洪峰，延缓洪水过程。

（4）地形。我国是个多山的国家，山地、高原和丘陵占国土面积的65%，山脉体系有各种走向，总体上西高东低，呈三级阶梯的独特地势。三大地形阶梯的结合部都是地理单元的过渡区，是洪涝灾害的主要地区。尤其是喇叭口谷地，山高坡陡地区形成的径流，以极快的速度汇集到河谷中，在阶梯结合部与相对平坦的区域极易形成洪水。在山高坡陡地区，水流湍急，河道狭窄，洪水的影响范围小；而到了平原地区，水流渐缓，河道开阔，洪水的影响范围变大。尤其是在一些大江大河的下游地区，由于洪水排泄不畅，极易形成洪灾。

（5）流域形状。江河中下游平原区从北向南包括松花江中下游平原、辽河中下游平原、华北平原（海河）、黄河中下游平原、淮河流域平原地区、长江中下游宜昌以下地区、珠江流域平原地区。构成该地区的边界大体上和100 m等高线一致，是我国地形阶梯的第三级，是开阔的平原地区，这些区域河道比降小，上游来水和下泄能力矛盾突出，是我国洪水的重灾区，历来是防洪的重点地区。

3）防洪工程规划的内容

城市防洪工程规划是国土空间总体规划的主要内容之一，其规划内容包括：确定城市防洪标准；根据城市用地布局、设施布点方面的差异性，进行城市用地防洪安全布局；确定城市防洪体系和防洪工程措施。

4）防洪工程规划的原则

（1）防洪工程规划应以国土空间总体规划及所在江河流域防洪规划为依据。

城市防洪工程是国土空间总体规划的组成部分，是城市建设的重要基础设施，因此，必须满足总体规划的要求。同时，城市防洪工程又是流域防洪规划的一部分，有些洪水必须依赖于流域性的洪水调度才能确保城市的安全，因而城市的防洪规划必须以流域规划为依据，全面规划、综合治理，同时与农田水利规划、水土保持及植树造林规划等结合起来统一考虑。

（2）城市防洪规划方案、防洪构筑物选型应因地制宜、统筹兼顾、防治结合、预防为主。

平原地区、河网地区城市应以提高城市防洪设施标准为主，泄蓄兼顾、以泄为主；山地丘陵城市应重视工程措施与植被措施相结合，控制水土流失；滨海城市应充分考虑海潮与河洪的遭遇，合理选择防潮工程的结构形式和消浪设施。

（3）城市防洪规划应在加强工程措施建设的同时，重视发挥非工程措施功能，构建工程措施与非工程措施相结合的城市防洪安全保障体系。

城市防洪非工程措施是指应用政策、法令、经济手段和除兴修工程以外的其他技术，规范人的防洪行为和洪水风险区内的开发行为，协调人与洪水之间的关系，减轻或缓解洪水灾害影响，减小洪灾损失。防洪非工程措施一般包括防洪法规、洪水预报、洪水调度、洪水警报、洪泛区管理、河道清障、超标准洪水防御措施等。由于洪水的发生及其量值都有随机性，单纯靠工程防洪既不经济，也不完善，而防洪非工程措施正在不断发展完善，并日益受到重视。城市防洪应在加强工程措施建设的同时，重视发挥非工程措施功能，构建工程措施与非工程措施相结合的城市防洪安全保障体系。

（4）注重城市防洪工程措施综合效能，充分协调好城市防洪工程与城市市政建设、涉水交通建设以及滨水景观建设的关系。

城市防洪工程应在国家城市建设方针和技术经济政策的指导下，注重城市防洪工程措施综合效能研究，以获取最大的社会、经济和环境效益为目的，充分协调好城市防洪工程与城市市政建设、涉水交通建设（如港口、码头、桥梁、堤路、道路闸口等）以及滨水景观（如观景平台、栈道等）建设的关系。

（5）除害与兴利相结合，注重雨洪利用，削减或控制城市暴雨所产生的径流和污染。

城市防洪规划应将除害与兴利相结合，转变对雨洪的传统认识，注重雨洪利用。雨洪利用是解决防洪问题的重要手段，当前雨洪利用技术主要是基于低影响开发理念的源头控制机制和设计技术，强调分散、小规模的源头控制，通过因地制宜地采取入渗、调蓄、收集回用等各种雨洪利用手段，削弱或控制暴雨所产生的径流和污染，在减少暴雨带来的城市洪涝灾害和水质污染的同时，还可达到净化空气、减轻热岛效应、促进自然水力循环、优化生态环境等功效。

11.3.2 防洪措施与对策

1）防洪措施

对于洪水的防治，应从流域的整体出发统筹考虑治理入手。一般来说，我国对于河流洪水防治有"上蓄水、中固堤、下利泄"的原则，其主要内涵为：上蓄水，即在河流的上游地区建造水库、滞洪区或采取其他蓄水措施，以拦蓄洪水，减少下游洪峰流量，延迟洪峰到达的时间。中固堤，即在河流的中游地区加固或新建堤防等措施，以抵御洪水的冲击，防止洪水泛滥，保护沿岸地区的安全。下利泄，即在河流的下游地区采取疏通下游河道、拓宽过窄河段、建设排涝设施等措施，增强河道的排泄能力，使洪水能够迅速、顺畅地排入海洋或湖泊等低洼地带。

总体上，良好的水土保持和完善的排水设施是洪水治理的基础。在此基础上，根据防洪的具体情形，洪水治理对策主要包括以蓄为主和以排为主两种。

（1）洪水治理的基本措施

无论采用何种方式防洪，水土保持、充分利用自然或人工水体、完善排水设施都是治理洪水的基本措施。

① 水土保持滞蓄雨洪。水土保持是一种长期有效的防洪措施。通过植树造林、种草等方式增加地表植被覆盖，减少水土流失，从而减缓洪水汇流速度，降低洪峰

流量。特别是在山区和丘陵地区广泛开展水土保持工作，修建梯田、拦水沟埂、水平沟、水平阶等山坡治理工程，以及植树种草等生物措施，可以有效拦截和滞蓄雨水，减少山洪暴发的可能性。

② 自然或人工水体充分利用。湖泊、池塘、河道、湿地等天然或人工水体本身具有较大的容积，要充分利用水体对雨水径流的调节能力，发挥其降低城市内涝灾害的作用，确保城市排涝的安全。

③ 排水系统完善。在防洪系统中，建立完善的排水系统对于防洪至关重要。现代城市雨水系统由源头减排系统、雨水排放系统和防涝系统三个部分组成。从原先单纯依靠排水管渠的快速排水方式，已逐渐发展为涵盖源头减排、排水管渠和排涝除险的全过程雨水综合管理。

（2）以蓄为主的防洪措施

以蓄为主的防洪措施主要侧重于通过滞、蓄来快速排除洪涝积水。在山区、处于大江大河中上游地区的城市，一般采用以蓄为主的防洪措施。

① 水库蓄洪

水库蓄洪是基本的防洪措施。在城市防泛区上游通过建造拦河坝拦截径流，抬高水位，在坝上形成蓄水体或人工湖泊等水库，从而具备调蓄洪水的能力。水库在防洪时，会在汛期前将水位降至限制水位以下，使限制水位到溢洪道堰顶高程间的库容能够蓄洪；当洪水到来时，水库可以拦蓄部分洪水，削减洪峰流量，减轻下游防洪负担。

② 蓄水设施滞洪防涝

城市蓄水设施是可以有效应对短历时强降雨所引发的内涝和暴发洪水问题。城市蓄水设施是指城区采取低影响开发，通过修建蓄水湖、蓄水池等工程设施，防止内涝发生。如将城市绿地建成下凹式绿地，大量储蓄雨水；利用露天公园、运动场等作为临时蓄水场所；在房顶、地下修建蓄水池滞留雨水等。

（3）以排为主的防洪措施

以排为主的防洪措施主要侧重于通过排水系统来快速排除洪涝积水。在平原地区、处于大江大河中下游地区和沿海的城市，一般采用以排为主的防洪措施。

① 整治河网水系。利用地势低洼的江河、湖泊作为自然排水通道；通过修建河道、排水沟渠等基础设施，使洪水能够排出。河网水系应区分"内河"和"外河"，雨水直接排入"内河"水系，"内河"水利用地形高差直接或设排涝站宣泄至"外河"（渠、湖泊、海等），以排除城市的洪涝积水。"外河"是一定区域的行洪通道，需要修建防洪堤防。

② 修筑防洪堤防。堤防是指沿行洪通道河、渠和湖、海岸或行洪区、分洪区、围垦区的边缘修筑的挡水设施，修筑的堤防高程应不低于防洪标准，宽度和形状要满足防洪要求，以保证河道的泄洪能力和保障堤防的防洪安全，旨在防止河水、湖水、海潮等的漫溢及泛滥造成灾害。在平原地区的行洪通道上多采用筑堤防洪。

③ 建立排涝泵站。在内河、外河交汇处除了筑堤外，还通常设置排涝泵站，以便及时将内河水宣泄至外河，降低内河水位，防止发生内涝，保障城市防洪安全。

经验表明，处在江河上游、中游的城市，河道坡度较大，多采用以蓄为主的防洪措施。处在江河下游的城市，河道坡度比较平缓，多采用以排为主的防洪措施。山区城市应采取以蓄为主的防洪措施，构筑城市山洪防治体系，整治山洪沟，加强排洪沟、防洪堤防等建设。平原地区的城市应有可靠的雨水排放系统和防涝系统。

2）防灾对策

防洪是一个综合性的系统工程，旨在减少洪水灾害所带来的损失，保护人民生命财产安全。根据城市所处自然环境等的不同，其工程防灾的对策主要有以下方面：

（1）沿江河城市

沿江河城市，即坐落于大江大河沿岸的城市，它们因河流而生，依河流而兴，与河流之间存在着千丝万缕的联系，面临着越来越严重的洪涝灾害威胁。当城市的地面高程低于江河洪水位时，应在江河的两岸修筑防洪堤防洪。如沿长江的武汉、南京等城市，沿黄河的开封、济南等城市，沿淮河的蚌埠、淮南等城市，沿松花江的哈尔滨、佳木斯等城市。在防洪堤的基础上，应提升沿江河泵站的排涝能力，及时排出涝水，降低内河水位。此外，在江河两岸设置港口码头、休闲场所等时，可采用挡水墙（防洪墙）或路（城市道路）堤（防洪堤）合一的方式组织防洪。

（2）沿海城市

沿海城市，即依海而建的城市。如大连、宁波等城市。沿海城市一般应设海堤，当城市的地面高程低于设计高潮位时，修筑的海堤应防暴潮、抗风浪。海堤是沿海岸修建的挡潮防浪的堤，作为防浪建筑物，除承受波浪作用外，还要挡潮。海堤一般不允许越浪，其堤顶高程应符合防洪标准。

（3）沿湖城市

沿湖城市，即城区临湖的城市。如合肥、昆明等城市。沿湖城市的防洪对策一般是沿湖岸设防洪堤，提高堤防的抗洪能力；提升沿湖泵站的排涝能力，及时排出涝水，降低内河水位，有效减少内河对城市排水系统的顶托影响；从流域视角加强城市洪涝防控体系建设，加强与周边地区的协作，共同应对洪水灾害。

（4）水库下游城市

水库下游城市，即地处水库下游的城市。如河南平顶山、山西长治等城市。这类城市的防灾对策一般是提高水库的设计标准和防灾能力；加强水库的调度和管理，确保在洪水期间能够合理拦蓄和调节水流；必要时设立滞洪区及行洪河道，对沿河堤防进行加固和整治，提高行洪能力。

（5）山城（依山城市）

山城（依山城市），即依托山地修筑建设的城市。如重庆、攀枝花等城市。这类城市的防灾对策一般是设置排洪沟和截洪沟，以形成防洪体系；必要时，在山城上游地区建设水库，或设立蓄滞洪区，以拦蓄和调节洪水。

（6）城市低洼地区

城市低洼地区，即城市中地势相对较低的区域。这类城市的防灾对策一般是用"高地高用、低地低用"的原则组织空间布局；在低洼地区设置挡洪工程（如堤防、防洪闸等）和泄洪工程（如河道整治、排洪河道、截洪沟等）；建立完善的雨水收集和利用体系，提高排水系统的排水能力。

11.3.3 防洪标准

防洪标准是指各种防洪保护对象或工程本身要求达到的防御洪水的标准。城市的防洪标准应综合考虑城市的规模、社会经济地位、洪水类型特点、自然及技术经济条件和流域防洪规划要求等因素确定。

防洪保护对象简称防护对象，是指受到洪（潮）水威胁需要进行防洪保护的对象。

防洪标准是防洪规划、设计、建设和运行管理的重要依据。防护对象的防洪标准应以防御的洪水或潮水的重现期表示；对于特别重要的防护对象，可采用可能最大洪水表示。防洪标准可根据不同防护对象的需要，采用设计一级或设计、校核两级。

防洪标准所涉及的防洪保护对象可分为城市防护区、乡村防护区，包括工矿企业、交通运输、动力、通信、环保、文物等设施及水利水电工程等的"点"或"线"。城市和乡村往往是包含了上述多个或多类"点"或"线"在内的"面"的对象，具有平面区域的特征。各防洪保护对象的防洪标准应根据实际情况，依据现行国家有关标准确定。

防洪保护区是指洪（潮）水泛滥可能淹及需要防洪工程设施保护的区域。在江河防洪的总体布局中，防洪保护区占有十分重要的地位。

1）城市防护区

城市防洪以防洪保护区为单元进行设防。各防洪保护区的防洪标准应按各自防洪保护区域内的城市常住人口规模确定。城市中心城区用地布局既有集中成片形式，也有因山体、河流分隔、地形起伏等原因形成的分散组团形式，应形成集中防洪保护区或独立防洪保护区。

（1）影响城市防洪标准的因素

①人口规模。国土空间总体规划确定的中心城区集中防洪保护区或独立防洪保护区内的常住人口规模是确定防洪标准的重要因素。人口规模越大，防洪标准就越高。

②城市的社会经济地位。城市防洪标准的重要性不仅体现在城市规模上，而且反映在城市社会经济地位方面。如国家级历史文化名城，其城市规模不一定大，但社会经济地位很高；某些独立设防的工业区，其人口很少，但用地较大，一旦遭遇洪水，灾害损失巨大。单纯按人口规模确定防洪标准将会出现较大的不合理性，因此在制定城市防洪标准时，需要兼顾规划期末保护的人口规模，考察城市社会经济地位，合理确定。

③洪水类型及其对城市安全的影响。城市除受到主要外河洪水的威胁外，还可能遭受城区内部河流洪水的威胁，特别是山洪或泥石流的威胁，沿海城市还可能有风暴潮的影响。防洪标准不仅要考虑城市抵御主要外河的防洪标准，而且应考虑城区内部河流洪水，特别是山洪、泥石流的防洪标准，沿海城市还要考虑抵御风暴潮的标准。当城市受到两种或两种以上的洪水威胁时，洪水形成条件可能会发生变

化，引起较为不利的灾害影响，在防洪标准选择时应全面考虑。

此外，城市防洪标准的确定还应综合考虑城市历史洪灾成因、自然及技术经济条件，还要全面研判流域防洪规划对城市防洪的安排等情况。

（2）规划标准

城市防护区应根据政治、经济地位的重要性、常住人口或当量经济规模指标分为四个防护等级，其防护等级和防洪标准应按表11-2确定。

表11-2　城市防护区的防护等级和防洪标准

防护等级	重要性	常住人口（万人）	当量经济规模（万人）	防洪标准［重现期（a）］
Ⅰ	特别重要	≥150	≥300	≥200
Ⅱ	重要	<150，≥50	<300，≥100	200—100
Ⅲ	比较重要	<50，≥20	<100，≥40	100—50
Ⅳ	一般	<20	<40	50—20

注：当量经济规模为城市防护区人均国内生产总值（GDP）指数与人口的乘积，人均国内生产总值（GDP）指数为城市防护区人均国内生产总值（GDP）与同期全国人均国内生产总值（GDP）的比值。

位于平原、湖洼地区的城市防护区，当需要防御持续时间较长的江河洪水或湖泊高水位时，其防洪标准可取表11-2的较高值。

位于滨海地区的防护等级为Ⅲ等及以上的城市防护区，当按表11-2的防洪标准确定的设计高潮位低于当地历史最高潮位时，还应采用当地历史最高潮位进行校核。

2）乡村防护区

乡村防护区应根据人口或耕地面积分为四个防护等级，其防护等级和防洪标准应按表11-3确定。

表11-3　乡村防护区的防护等级和防洪标准

防护等级	人口（万人）	耕地面积（万亩）	防洪标准［重现期（a）］
Ⅰ	≥150	≥300	100—50
Ⅱ	<150，≥50	<300，≥100	50—30
Ⅲ	<50，≥20	<100，≥30	30—20
Ⅳ	<20	<30	20—10

在人口密集、乡镇企业较发达或农作物高产的乡村防护区，可提高其防洪标准。在地广人稀或淹没损失较小的乡村防护区，可降低其防洪标准。

3）工矿企业

工矿企业的类型较多，特点各异，对防洪的要求也不尽相同，因此对于一些特殊的工矿企业，还应根据行业相关规定，结合自身特点，经分析论证确定防洪标准。

（1）冶金、煤炭、石油、化工、电子、建材、机械、轻工、纺织、医药等工矿企业应根据规模分为四个防护等级，其防护等级和防洪标准应按表11-4确定。

表 11-4　工矿企业的防护等级和防洪标准

防护等级	工矿企业规模	防洪标准［重现期（a）］
I	特大型	200—100
II	大型	100—50
III	中型	50—20
IV	小型	20—10

注：各类工矿企业的规模按国家现行规定划分。

（2）滨海区中型及以上的工矿企业，当按表 11-4 中的防洪标准确定的设计高潮位低于当地历史最高潮位时，还应采用当地历史最高潮位进行校核。

我国滨海地区开发力度大，工矿企业多，稀遇风暴潮造成的海水淹没损失大，为保障沿海的中型和中型以上工矿企业的防洪安全，防洪标准应经设计、校核后确定。

（3）工矿企业还应根据遭受洪灾后的损失和影响程度确定防洪标准。当工矿企业遭受洪水淹没后，损失巨大，影响严重，恢复生产所需时间较长时，其防洪标准可取表 11-4 规定的上限或提高一个等级；当工矿企业遭受洪灾后，其损失和影响较小，很快可恢复生产时，其防洪标准可按表 11-4 规定的下限确定；地下采矿业的坑口、井口等重要部位，应按表 11-4 规定的防洪标准提高一个等级进行校核，或采取专门的防护措施。

（4）当工矿企业遭受洪水淹没后，可能爆炸或导致毒液、毒气、放射性等有害物质大量泄漏、扩散时，其防洪安全应比一般的工矿企业更为重要。这类工矿企业的防洪标准为：中小型工矿企业应采用表 11-4 中 I 等的防洪标准；特大型、大型工矿企业除采用 11-4 中 I 等的上限防洪标准外，还应采取专门的防护措施；核工业和与核安全有关的厂区、车间及专门设施，应采用高于 200 年一遇的防洪标准。

核工业企业和与核安全有关的厂区、车间及专门设施，一旦失事，将会给周围居民和环境带来异常严重的放射性污染，因此应确保其防洪安全。

4）文物古迹和旅游设施

（1）文物古迹

不耐淹的文物古迹应根据文物保护的级别分为三个防护等级，其防护等级和防洪标准应按表 11-5 确定。

表 11-5　文物古迹的防护等级和防洪标准

防护等级	文物保护的级别	防洪标准［重现期（a）］
I	世界级、国家级	≥100
II	省（自治区、直辖市）级	100—50
III	市级、县级	50—20

注：世界级文物指列入《世界遗产名录》的世界文化遗产以及世界文化和自然双遗产中的文化遗产部分。

（2）旅游设施

受洪水威胁的旅游设施应根据景源的级别、旅游价值、知名度和受淹损失程度分为三个防护等级，其防护等级和防洪标准应按表11-6确定。

表11-6　旅游设施的防护等级和防洪标准

防护 等级	景源级别	旅游价值、知名度和受淹损失程度	防洪标准 ［重现期（a）］
Ⅰ	特级、一级	世界或国家保护价值，知名度高，受淹后损失巨大	100—50
Ⅱ	二级	省级保护价值，知名度较高，受淹后损失较大	50—30
Ⅲ	三级、四级	市县级或一般保护价值，知名度较低，受淹后损失较小	30—10

5）交通运输、电力、通信、环保等设施及水利水电工程

交通运输、电力、通信、环保等设施及水利水电工程等防洪保护对象的防护等级和防洪标准，应依据现行国家标准《防洪标准》（GB 50201—2014）等的有关规定，根据实际情况按表11-7至表11-16的相关要求确定，并且不应低于所在城市的防洪标准，还应根据有关规范要求进行校核。

表11-7　河港主要港区陆域的防护等级和防洪标准

防护 等级	重要性和受淹损失程度	防洪标准［重现期（a）］	
		河网、平原河流	山区河流
Ⅰ	直辖市、省会、首府和重要城市的主要港区陆域，受淹后损失巨大	100—50	50—20
Ⅱ	比较重要城市的主要港区陆域，受淹后损失较大	50—20	20—10
Ⅲ	一般城镇的主要港区陆域，受淹后损失较小	20—10	10—5

注：码头的防洪标准根据相关行业标准确定。

表11-8　海港主要港区陆域的防护等级和防洪标准

防护等级	重要性和受淹损失程度	防洪标准［重现期（a）］
Ⅰ	重要的港区陆域，受淹后损失巨大	200—100
Ⅱ	比较重要的港区陆域，受淹后损失较大	100—50
Ⅲ	一般港区陆域，受淹后损失较小	50—20

表11-9　民用机场的防护等级和防洪标准

防护等级	重要程度	飞行区指标	防洪标准［重现期（a）］
Ⅰ	特别重要的国际机场	4D及以上	≥100
Ⅱ	重要的国内干线机场及一般的国际机场	4C、3C	≥50
Ⅲ	一般的国内支线机场	3C以下	≥20

注：飞行区指标有两项。第一个指标是飞机基准飞行场地长度（m），分为1、2、3、4四个等级，其中，1级＜800 m；800 m≤2级＜1 200 m；1 200 m≤3级＜1 800 m；4级≥1 800 m。第二个指标是翼宽（m）和主起落架外轮外侧间距（m），分为A、B、C、D、E、F 6个等级。3C是指"3级和C级"的机场，其他依此类推。

表 11-10　输油、输气等管道工程的防护等级和防洪标准

防护等级	工程规模	防洪标准［重现期（a）］
I	大型	100
II	中型	50
III	小型	20

表 11-11　火电厂厂区的防护等级和防洪标准

防护等级	规划容量（MW）	防洪标准［重现期（a）］
I	＞2400	≥100
II	400—2 400	≥100
III	＜400	≥50

注：对于风暴潮影响严重地区的海滨 I 级火电厂厂区，防洪标准取 200 年一遇。

表 11-12　高压、超高压和特高压架空输电线路的防护等级和防洪标准

防护等级	电压（kV）	防洪标准［重现期（a）］
I	1 000、±800	100
II	750、±660、±500	50
III	500、330	30
IV	≤220，≤35	20—10

表 11-13　高压和超高压变电设施的防护等级和防洪标准

防护等级	电压（kV）	防洪标准［重现期（a）］
I	≥500	≥100
II	＜500，≥220	100
III	＜220，≥35	50

表 11-14　公用通信局、所的防护等级和防洪标准

防护等级	重要程度和设施内容	防洪标准［重现期（a）］
I	省会（首府、直辖市）及省会以上城市的电信枢纽楼，重要市内电话局，长途干线郊外站，海缆登录局	100
II	省会（首府、直辖市）以下城市的电信枢纽楼，一般市内电话局	50

表 11-15　公用通信台、站的防护等级和防洪标准

防护等级	重要程度和设施内容	防洪标准［重现期（a）］
I	国际通信短波无线电台，大型和中型卫星通信地球站，1 级和 2 级光缆和微波通信干线链路接力站（包括终端、中继站、郊外站等）	100
II	国内通信短波无线电台，小型卫星通信地球站，光缆和微波中继站	50

表 11-16　城市生活垃圾卫生填埋工程的防护等级和防洪标准

防护等级	填埋场建设规模（万 m³）	防洪标准［重现期（a）］	
		设计	校核
I	＞500	50	100
II	200—500	20	50
III	＜200	10	20

11.3.4　城市用地防洪安全布局

城市用地防洪安全布局应以满足城市防洪要求、保护城市安全为前提，根据可能遭受洪涝灾害损害的程度和概率提出用地和设施布局的合理区划与有利区位，并对现状不合理的用地布局或设施布点提出调整或安全保障对策。

1）城市建设用地应优先选择没有洪灾危害的区域

城市建设用地应优先选择地势高、没有洪灾危害的区域，必须避开洪涝、泥石流灾害高风险区域。

在国土空间总体规划进行城市建设用地的适用性评价时，应开展城市用地的防洪安全性评估。城市建设用地应优先选择地势高、没有洪灾危害或洪水灾害风险低的区域；应避开洪灾风险高、用地防洪适宜性差的区域。

洪涝、泥石流灾害高风险区域是指受洪涝、泥石流灾害威胁严重的地区，这些地区灾害发生概率较大，灾害损害程度较高，防御代价往往较高或修复难度较大，甚至难以修复，城市建设必须避开这些区域。

2）城市用地规划宜按高地高用与低地低用的原则进行布局

城市防洪安全性较高的地区应布置城市中心区、居住区、重要的工业仓储区及重要的公共设施和公用设施；城市易涝低地可用作生态湿地、公园绿地、广场、运动场等。

3）城市规划与建设应保护自然水系和保持必要的水面率

城市发展建设应加强自然水系保护，保持城市水系的完整性，禁止随意缩小河道过水断面，并保持必要的水面率，充分发挥水系在城市排水防涝和防洪中的作用，确保城市防洪排涝安全。

城市水系的改造应尊重自然、尊重历史，应保持现有水系结构的完整性。水系改造不得减少现状水域面积总量和跨排水系统调剂水域面积指标。水系改造应有利于提高城市排水防涝和城市防洪减灾能力，江河、沟渠的断面和湖泊的形态应保证过水流量和调蓄库容的需要，并预留超标径流的蓄滞空间。

4）城市易涝低地区域应合理采用防洪排涝安全措施

当城市建设用地难以避开易涝低地时，应根据用地性质，采取相应的防洪排涝安全措施。

当城市建设用地难以避免选择易涝低地时，用地竖向规划应充分考虑不同性质用地的防洪、排水要求，努力保护天然湖泊、池塘和湿地等低洼场地用于调节、储存雨洪，保持与控制一定的调蓄水面率；同时分析河道设计水位、规划区现状地面高程、取土条件、经济代价、地基处理因素等，经技术经济比较确定规划区排水方案后，选择填高建设用地、建设调蓄设施、筑堤保护、应急排水等工程措施或工程措施的组合，确定合理的建设用地竖向控制高程。

5）受洪涝灾害威胁区域应高标准设防

当城市受用地限制，只能选择受洪涝灾害威胁的区域时，应采取高标准的防御措施，且防御范围不宜过大。

城市用地与空间布局应优先考虑城市防洪安全性较高的区域，若用地限制只能选择在受洪涝灾害威胁程度和概率较大的区域，则应采取高标准的防御措施；必要时应提高重现期标准，并相应提高防洪工程设施能力或填高建设用地，注重布置避险空间与疏散通道，制定预警救援措施等；同时应结合城市经济条件，尽量控制保护范围不宜过大，以节省投资及管理、维护等费用，做到技术经济合理。

6）城市用地布局应保障行洪空间满足行洪需要

城市用地布局必须满足行洪需要，留出行洪通道。严禁在行洪用地空间范围内进行有碍行洪的城市建设活动。

防治江河洪水应当蓄泄兼施，充分发挥河道的行洪能力和水库、洼地、湖泊调蓄洪水的功能，加强河道防护，因地制宜地采取定期清淤疏浚等措施，保持行洪通道畅通。城市用地布局必须考虑行洪需要，为洪水出路留出用地空间。禁止在行洪用地空间范围内进行有碍行洪的城市建设活动，城市确需在行洪用地空间范围内进行土地开发利用和设施建设时，必须就洪水对建设活动可能产生的影响和建设活动对防洪可能产生的影响做出评价，编制洪水影响评价报告，并提出安全防御与保障行洪的措施。

7）区域性交通设施和公用设施的布置应避开洪泛区和蓄滞洪区

城市防洪规划范围内的区域性交通设施主要指铁路、公路、机场、港口等交通运输及其附属设施，区域性公用设施主要指为区域服务的重要通信、能源、供水、排水、垃圾处理等公用设施，它们一般服务范围较大，对城市社会经济的可持续发展起支撑作用，一旦遭遇洪水危害，将会给城市带来重大损失。为保障城市安全和社会经济稳定，城市防洪规划范围内的区域性交通设施和公用设施布置应尽量避开洪泛区、蓄滞洪区；若基于技术经济原因难以避开，应根据其各自规模和地位，按照现行国家标准等的有关规定确定相应的设防标准，采取工程措施与非工程措施，实现自保及应急避险。

11.3.5 城市防洪体系

1）防洪体系构成

城市防洪体系由工程措施和非工程措施构成。

城市防洪是流域防洪的组成部分，因此，城市防洪体系应与流域防洪体系相协调，城市应利用所在流域的防洪体系，提高自身防洪能力。

（1）城市防洪工程措施

城市防洪工程措施是指为控制和抗御洪水以减免洪水灾害损失而修建的各种工程措施，主要分为挡洪、泄洪、蓄滞洪及泥石流防治四类。挡洪工程主要包括堤防、防洪闸等设施；泄洪工程主要包括河道整治工程、排洪渠、截洪沟、非常溢洪道等设施；蓄滞洪工程主要包括蓄滞洪区划定、蓄滞洪区堤防、分洪口、吐洪口、安全区围堤、安全台、安全楼及疏散通道等设施；泥石流防治工程主要包括拦挡坝、排导沟、停淤场等设施。

（2）城市防洪非工程措施

城市防洪非工程措施是贯彻"全面规划、统筹兼顾、预防为主、综合治理"原则的重要组成部分，是通过法令、政策、经济和防洪工程措施以外的技术手段来减少灾害损失的重要措施，主要包括水库调洪、蓄滞洪区管理、暴雨与洪水预警预报、超设计标准暴雨和超设计标准洪水应急措施、防洪工程设施保护、行洪通道管理保护等，以确保人民生命财产安全。

2）防洪工程总体布局

城市防洪工程总体布局应根据城市自然条件、洪水类型、洪水特征、用地布局、技术经济条件及流域防洪体系合理确定。不同类型地区的城市防洪工程构建应符合下列规定：

（1）山地丘陵地区的城市防洪工程措施主要由护岸工程、河道整治工程、堤防等组成。

山地丘陵地区河流的平面形态十分复杂，河道曲折多变，河岸线和河床面都极不规整，既影响河道泄流能力，又威胁到沿岸城市的防洪安全。对河道进行整治是山地丘陵地区河流沿岸城市防洪的主要工程措施之一，同时应加强岸坡防护，特别是地质条件不利地段，应确保岸线稳定。

山地丘陵地区河流沿岸城市多沿河流两岸阶地布置，部分地面往往会低于洪水淹没线，会受洪水上涨影响而受淹，因此，堤防建设是山地丘陵地区河流沿岸城市防御洪水的重要工程措施。

（2）平原地区河流沿岸城市防洪应采取以堤防为主体，河道整治工程、蓄滞洪区相配套的防洪工程措施。

平原地区河流沿岸城市，其建设用地往往存在地面高程低于河道设计洪水位的区域，防洪采取的主要工程措施是修建堤防，同时应进行河道整治，稳定河势，保护沿岸堤防的稳定，维持或扩大河道泄流能力。遇大洪水时，依靠堤防、河道整治工程及水库等仍不能满足防洪要求，则需开辟蓄滞洪区以蓄纳超额洪水。

（3）河网地区城市防洪应根据河流分割形态，分片建立独立防洪保护区，其防洪工程措施由堤防、防洪（潮）闸等组成。

在河网地区，城市内部或周围有多条河流，每条河流的洪水都可能对城市构成威胁，应根据城市被河流分割的形态分别进行堤防建设，形成独立、封闭的防洪保护区。为削减各河流之间的串流及相互顶托等抬高洪水位的影响，在支流交汇处应设置防洪闸，并配建排洪渠、泵站等，以便在防洪闸关闭期间及时排出内水。

（4）滨海城市防洪应形成以海堤、挡潮闸为主，消浪措施为辅的防洪工程措施。

沿海城市防洪（潮）应建立以海堤、挡潮闸为主，消浪措施为辅的防洪工程总体布局。海堤的首要任务是保证受风暴潮侵袭和影响的地区的防洪（潮）安全，减免风暴潮灾害损失及其风暴潮增水带来的影响，为沿海地区的社会经济发展提供防洪安全保障。挡潮闸是用来阻挡潮水倒灌的挡潮建筑物，一般建在河口附近，在涨潮时关闭闸门挡潮，在落潮时开启闸门排泄河水。沿海城市的内河水系往往与海连通，在多数情况下内河水可以自排入海，但是当海水位高不能自排时，就必须通过泵站解决排洪问题。消浪措施主要指方形混凝土桩列、桩基透空堤、矩形浮箱式防浪堤、桩式离岸堤、幕墙式消浪结构等工程。应大力推广以防浪林为代表的生物消浪措施，其具有较好的生态环境效益和综合效益，在具备种植条件的海岸，应优先考虑这种消浪方式。

城市应根据自身自然条件和洪水特点等因素确定防洪工程总体布局。每个城市的防洪工程总体布局不尽相同，应根据城市可能遭受的不同洪灾类型、城市本身的自然条件、用地布局及城市发展的需要，经技术经济比较综合确定。

3）高风险洪灾防治体系

（1）山洪防治

山洪防治应在山洪沟上游采用水土保持和截流沟及调洪水库等措施，在下游采用疏浚排泄措施。

山洪的特点往往是暴涨暴落，历时短暂，水流速度快，冲刷力强，破坏性大。在山洪沟上游采用水土保持和截洪沟分流，有上游调洪水库的地区可利用水库调节或减小洪水下泄流量，削减洪峰和拦截泥沙，减少下游段的排洪压力。在上游段采取各种措施充分减小下泄洪水流量的情况下，下游段应尽可能地保障行洪通道畅通，保障城市安全。

（2）泥石流防治体系

泥石流防治应采取工程措施与非工程措施相结合的综合治理措施，在上游区宜植树造林、稳定边坡；在中游区宜设置拦挡坝等拦截措施；在下游区宜修建排泄设施或停淤场。

泥石流是一种特殊的山洪，其防治原则与山洪基本相同。应根据泥石流的成因、类型、规模及危害程度等，采取上游、中游、下游相配合，工程措施与非工程措施相结合的综合治理体系。典型的泥石流沟谷，其上游区为泥石流的形成区，主要应采取减轻或避免泥石流发生的预防措施，预防措施包括：治水，即减少上游水源，如用截洪沟将水流引向其他小流域，利用小的塘坝进行蓄水，上游有条件时修建水库是十分有效的方法；治泥，即采用种草、植树等水土保持方法减少泥沙流失，采用平整坡地、沟头防护等措施稳定边坡，防止沟壁、沟道滑坍。中游区是泥石流的流通区，在中游应修建拦挡坝等拦蓄泥石流，拦挡坝在一般情况下大多成群建筑。下游区则应修建排导沟将泥石流泄排导入下游；下游区如果有较开阔的平坦地面，可修建泥石流停淤场。在城市防洪中，泥石流的防治可根据自然、经济条件和沟谷区位选用不同的类型组合。

11.3.6 城市防洪工程设施

为确保防洪工程设施安全稳定、发挥效用，防洪工程设施的用地选择应避开不良地质区域，满足防洪工程设施的建设与安全运行要求。

城市防洪工程布局应充分利用流域防洪工程，并与流域防洪工程相配合；应与城市排水工程、相关的区域农村水利工程及流域水土保持工程等规划相协调。随着治水思路的发展，城市防洪越来越提倡人与自然协调共处，城市防洪工程布局还应注重保护城市河湖水系，与城市园林绿地、景观系统等规划相协调。

1）堤防布置

（1）城市堤防布置应考虑城市的社会经济及空间特点，形成独立封闭的城市防洪保护区，以满足城市防洪要求。同时，城市防洪保护区往往形成城市用地空间的边界，因此，在城市防洪保护区划定时，除了满足防洪要求外，还应为城市空间发展留有余地。

（2）堤线应平顺，避免出现急弯和局部突出，以减小水流阻力，降低洪水位；堤防布置应尽可能利用有利地形，避开软弱地基、古河道、强透水地基，应尽量利用现有堤防工程，少占耕地。

（3）在保证城市防洪安全的基础上，中心城区范围内的堤型应充分考虑城市沿河公用设施的布设情况以及城市景观效果合理确定。中心城区堤型应结合现有堤防设施，根据设计洪水主流线、地形与地质、沿河公用设施布置情况确定；其堤型可利用挡水墙适当调低堤高，减少占地，改善沿江景观环境，提供更多的亲水空间。

2）河道整治

天然河流因河道自然演变，其河道主流线的变化易冲刷河岸引起崩岸，有可能危及城市安全，并危及城市航线与港口码头的布局与运营，破坏城市取水或排水泵站的工作条件等，因而必要时应采取工程措施对河道进行整治。

（1）河道整治应保持河道的自然形态，在稳定河势、维持或扩大河道泄流能力的基础上，兼顾城市航线选择、港口码头布局及相关公用设施建设要求。确需裁弯取直及疏浚（挖槽）时，应与上下游河道平顺连接。

（2）河道若为蜿蜒型河道，发展到一定程度后可能发生自然裁弯。如我国长江下荆江河段近100年来发生过多处自然裁弯，其中在1972年发生了沙滩子自然裁弯。自然裁弯难免会产生一些不利影响，因此当河道过度弯曲时应采取人工裁弯或加强守护，避免河道朝不利方向发展。在人工裁弯取直及疏浚挖槽时，新河河道的选择应根据地质、新河平面形态及其与原河上下游河段的衔接统筹考虑，宜形成新河导流、下游河弯迎流的河势。

3）排洪渠布置

城市排洪渠的作用是将洪水安全排至城市下游河道，渠线选择应在安全排除雨洪的基础上，与城市用地、道路及生态景观规划密切配合，综合考虑城市用地布局后统筹确定。

（1）排洪渠渠线选择应在保障雨洪安全排除的前提下，结合城市用地布局综合考虑，做到渠线平顺、地质稳定、拆迁量少。渠线选择应尽量遵循天然沟渠走势，利用原沟渠，减少工程量，高水高排；可适当改线取直，沿路布设。当排洪渠改线时，除注意渠线平顺外，应选择地形简单、地势平缓、地质稳定、拆迁少的地带，应尽量避免或减少拆迁和新建交叉建筑物，尽量避开人口密集地段。

（2）排洪渠出口受洪水或潮水顶托时，为防止洪水或潮水倒灌，应在排洪渠出口处设置挡洪（潮）闸；必要时应配置泵站，在关闸时采取泵站提排排洪渠内的洪水。

4）泥石流防治

（1）拦挡坝是拦截、消减泥石流危害的重要工程措施。拦挡坝坝址应选择在沟谷宽敞段的下游卡口处，以保证有较大的库容和减少拦挡坝的工程量。一般情况下，拦挡坝大多分级设置，条件合适时也可单个建筑。

（2）排导沟是排导泥石流的构筑物，以快速排除和消化泥石流为原则。排导沟应布置在长度短、沟道顺直、坡降大和出口处具有堆积场地的地带。

（3）泥石流停淤场是利用面积较大的平坦区域来滞留泥石流的措施。停淤场宜布置在坡度小、场地开阔的沟口扇形地带。泥石流流经停淤场时因流速减小及地面黏附作用而沉积，可采用拦坝或导流坝引导泥石流，尽量疏解扩散到较大范围。

11.4 城市抗震工程规划

11.4.1 概述

地震是指地球内部运动累积的能量突然释放或地壳中空穴顶板塌陷，使岩体剧烈振动，并以波的形式传播而引起的地面颠簸和摇晃。地震危害极为严重，不仅会直接影响人类的生命安全，导致巨大的经济损失，而且对环境和基础设施会造成巨大破坏。地震可能会导致建筑物倒塌，破坏道路、桥梁等基础设施，给人们的生命安全带来严重威胁，还可能会导致地面开裂、塌陷、山体滑坡等，对自然环境造成严重破坏。地震可能引发火灾、水灾、爆炸和危险品泄漏等，对环境造成严重污染。除此之外，地震还会对人们的心理造成长期影响，如地震带来的恐惧、焦虑等负面情绪会影响人们的心理健康。

我国的地震活动主要分布在五个地区：台湾省及其附近海域；西南地区，包括西藏、四川中西部和云南中西部；西部地区，主要在甘肃河西走廊、青海、宁夏以及新疆天山南北麓；华北地区，主要在太行山两侧、汾渭河谷、阴山—燕山一带、山东中部和渤海湾；东南沿海地区，主要是在广东、福建等地。

1）地震的分类与成因

（1）按地震形成的原因，分为构造地震、火山地震、陷落地震、诱发地震等。

① 构造地震。构造地震是指由于岩层断裂发生变位错动，在地质构造上发生巨

大变化而产生的地震，也叫断裂地震。

②火山地震。火山地震是指由火山爆发时所引起的能量冲击而产生的地壳振动。这类地震所波及的地区通常只限于火山附近方圆几十千米内。

③陷落地震。陷落地震是指由地层陷落引起的地震。这类地震震级很小，影响范围有限，破坏也较小。

④诱发地震。诱发地震是指在特定的地区因某种地壳外界因素诱发（如陨石坠落、水库蓄水、深井注水）而引起的地震。

（2）按震源深度，分为浅源地震、中源地震、深源地震。

①浅源地震。浅源地震是指震源深度小于70 km的地震。大多数破坏性地震是浅源地震。

②中源地震。中源地震是指震源深度为60—300 km的地震。

③深源地震。深源地震是指震源深度在300 km以上的地震。到目前为止，世界上有记录的最深地震的震源深度为786 km。

一年中，全球所有地震释放的能量约有85%来自浅源地震，12%来自中源地震，3%来自深源地震。

（3）按震级大小，分为弱震、有感地震、中强震、强震。地震烈度划分为12个等级。

①弱震。弱震是指震级<3级的地震。

②有感地震。有感地震是指3级≤震级≤4.5级的地震。

③中强震。中强震是指4.5级<震级<6级的地震。

④强震。强震是指震级≥6级的地震，其中震级≥8级的为巨大地震。

2）地震的危害

强烈地震能损毁大量的建筑物和基础设施，使城市陷于瘫痪；造成重大人员伤亡和财产损失；严重破坏城市的生态环境、自然资源，引发地质灾害；社会管理面临巨大的压力和挑战，对城市居民造成严重的心理创伤。

3）抗震工程规划的内容

城市抗震防灾规划是国土空间总体规划的重要内容和重要的专项规划。在抗震设防区的城市，编制国土空间总体规划时必须包括城市抗震防灾规划。城市抗震防灾规划的范围应当与国土空间总体规划相一致，并与公共空间总体规划同步实施。

城市抗震防灾规划的内容主要包括以下方面：

（1）城市抗震防灾现状分析与震害预测评估

城市抗震防灾现状分析与震害预测评估包括地震的危害程度估计，城市抗震防灾现状、易损性分析和防灾能力评价，不同强度地震下的震害预测等。

（2）城市抗震防灾规划目标与抗震设防标准

城市抗震防灾规划目标与抗震设防标准包括城市总体布局中的减灾策略和对策；抗震设防标准和防御目标；城市抗震设施建设、基础设施配套等抗震防灾规划要求与技术指标。

（3）城市建设用地评价与要求

①城市抗震环境综合评价，包括发震断裂、地震场地破坏效应的评价等；

②抗震设防区划，包括场地适宜性分区和危险地段、不利地段的确定，城市规划建设用地的选择，提出用地布局要求；

③各类用地上工程设施建设的抗震性能要求。

（4）城市抗震防灾主要措施

①市级、区级避震通道及避震疏散场地（如绿地、广场等）和避难中心的设置与人员疏散的措施。

②城市基础设施的规划建设要求：城市交通、通信、给排水、燃气、电力、热力等生命线系统，以及消防、供油网络、医疗等重要设施的规划布局要求。

③防止地震次生灾害要求：对地震可能引起水灾、火灾、爆炸、放射性辐射、有毒物质扩散或者蔓延等次生灾害的防灾对策。

④重要建（构）筑物、超高建（构）筑物、人员密集的教育、文化、体育等设施的布局、间距和外部通道要求。

4）抗震工程规划的原则

城市抗震防灾规划应贯彻"预防为主，防、抗、避、救相结合"的方针，根据城市抗震防灾实际，平灾结合、因地制宜、突出重点、统筹规划。

5）抗震防灾规划的编制

（1）编制模式

根据现行国家标准，城市抗震防灾规划按照城市规模、重要性和抗震防灾要求，分为甲、乙、丙三种编制模式，具体应符合如下规定：

①位于地震基本烈度7度及7度以上地区（地震动峰值加速度≥0.10 g的地区。地震动峰值加速度是表征地震作用强弱程度的指标，对应于规准化地震动加速度反应谱最大值的水平加速度）的大城市应当按照甲类模式编制。

②中等城市和位于地震基本烈度6度地区（地震动峰值加速度等于0.05 g的地区）的大城市按照乙类模式编制。

③其他在抗震设防区的城市按照丙类模式编制。

抗震设防区是指地震基本烈度在6度及6度以上的地区（地震动峰值加速度≥0.05 g的地区）。

（2）城市规划区的抗震防灾规划工作区划分

规划工作区是进行城市抗震防灾规划时根据不同区域的重要性和灾害规模效应以及相应评价和规划要求对城市规划区所划分的不同级别的研究区域。划分工作区的目的主要是区分不同地区抗震防灾工作的重要性差异、不同需求及轻重缓急。

根据现行国家标准，甲类模式城市规划区内的建成区和近期建设用地应为一类规划工作区；乙类模式城市规划区内的建成区和近期建设用地应不低于二类规划工作区；丙类模式城市规划区内的建成区和近期建设用地应不低于三类规划工作区；城市的中远期建设用地应不低于四类规划工作区。不同工作区的主要工作项目应不低于表11-17中的要求。

表 11-17　不同工作区的主要工作项目

主要工作项目			规划工作区类别			
分类	序号	项目名称	一类	二类	三类	四类
城市用地	1	用地抗震类型分区	√*	√	#	#
	2	地震破坏和不利地形影响估计	√*	√	#	#
	3	城市用地抗震适宜性评价及规划要求	√*	√	√	√
基础设施	4	基础设施系统抗震防灾要求与措施	√	√	√	√
	5	交通、供水、供电、供气建筑和设施抗震性能评价	√*	√	#	×
	6	医疗、通信、消防建筑抗震性能评价	√*	√	#	×
城区建筑	7	重要建筑抗震性能评价及防灾要求	√*	√	√	√
	8	新建工程抗震防灾要求	√	√	√	√
	9	城区建筑抗震建设与改造要求和措施	√*	√	#	×
其他专题	10	地震次生灾害防御要求与对策	√*	√	√	√
	11	避震疏散场所及疏散通道规划布局与安排	√*	√	√	×

注：表中的"√"表示应做的工作项目；"#"表示宜做的工作项目；"×"表示可不做的工作项目；*表示宜开展专题控制防灾研究的工作内容。

（3）抗震防灾规划的依据与要求

城市抗震防灾规划中的抗震防灾目标、抗震设防标准、建设用地评价与要求、抗震防灾措施应根据城市的防御目标、抗震设防烈度和《建筑抗震设计标准》（GB/T 50011—2010）（2024 年版）、《建筑与市政工程抗震通用规范》（GB 55002—2021）等现行国家标准确定。

当城市规划区的防御目标为基本防御目标时，抗震设防烈度与地震基本烈度相当。一般情况下，建筑的抗震设防烈度应采用根据现行国家标准《中国地震动参数区划图》（GB 18306—2015）确定的地震基本烈度（设计基本地震加速度值所对应的烈度值）；同时抗震设防标准、城市用地评价与选择、抗震防灾要求和措施等还应符合其他现行国家标准的有关规定。

当城市规划区或局部地区、特定行业系统的防御目标高于基本防御目标时，应给出设计地震动参数、抗震措施等抗震设防要求，并按照现行国家标准《建筑抗震设计标准》（GB/T 50011—2010）（2024 年版）中的抗震设防要求的分类分级原则进行调整；相应的抗震设防烈度应不低于所处地区的地震基本烈度，设计基本地震加速度值应不低于现行国家标准《中国地震动参数区划图》（GB 18306—2015）确定的地震动峰值加速度值；其抗震设防标准、用地评价与选择、抗震防灾要求和措施应高于现行国家标准《建筑抗震设计标准》（GB/T 50011—2010）（2024 年版），并达到满足其防御目标的要求。

11.4.2　抗震防灾对策

地震的发生具有极大的突然性，因此城市抗震工作的重点应放在震前与震后；在城市规划与建设层面，抗震防灾对策主要包括城市布局避震减灾设防和建构筑物抗震处理两个方面。

1）城市布局避震减灾设防

城市布局的避震减灾设防旨在通过科学合理的布局设计，提高城市的抗震减灾能力。城市布局中的避震减灾对策主要包括以下三个方面：

（1）城市用地抗震适宜性评价。在城市建设用地选址时，应根据国家规范标准进行城市用地的抗震适宜性评价。新增城市建设用地布局需避让地质灾害高风险区域，确实无法避让的需采取消除或预防地质灾害风险的措施。

（2）城市空间安全和建筑安全间距。在进行国土空间详细规划和建设项目规划时，应根据现行国家标准，控制必要的建筑间距，使建筑物一旦震时损毁，不致影响相邻建筑物的安全，并确保疏散通道的畅通。

（3）避震疏散。在规划与建设中，应保障道路宽度，使之在灾时确保满足救灾与疏散需要，特别是避震疏散主通道两侧的建筑应能保障疏散通道的安全畅通。避震疏散场所的设置应符合相关规范要求，应充分组织各类绿地、广场、公园等开阔地带，作为紧急避震疏散场所，并明确规划建设要求。

2）建构筑物抗震处理

建构筑物在地震时的损坏是导致地震直接损害和发生次生灾害的主要因素之一。因此，提高建构筑物的抗震性能，减少地震时的损坏是减轻地震损害、保障人民生命财产安全的重要措施。

建构筑物的抗震处理一般包括地基与基础抗震处理、结构抗震加固、抗震构造措施等方面。抗震处理的依据是本地区的抗震设防烈度和现行国家标准。抗震处理的目的旨在提高建构筑物在地震中的稳定性和耐久性。

（1）建构筑物抗震设防目标

根据现行国家标准，各类建筑与市政工程的抗震设防目标应符合下列规定：

①当遭遇低于本地区设防烈度的多遇地震影响时，各类工程的主体结构和市政管网系统不受损坏或不需修理可继续使用。

②当遭遇相当于本地区设防烈度的设防地震影响时，各类工程中的建筑物、构筑物、桥梁结构、地下工程结构等可能发生损伤，但经一般性修理可继续使用；市政管网的损坏应控制在局部范围内，不应造成次生灾害。

③当遭遇高于本地区设防烈度的罕遇地震影响时，各类工程中的建筑物、构筑物、桥梁结构、地下工程结构等不致倒塌或发生危及生命的严重破坏；市政管网的损坏不致引发严重次生灾害，经抢修可快速恢复使用。

多遇地震、设防地震和罕遇地震，一般按地震基本烈度区划或地震动参数区划对当地的规定采用，分别为 50 年超越概率为 63%、10% 和 2%—3% 的地震，或重现期分别为 50 年、475 年和 1 600—2 400 年的地震。超越概率是指某场地遭遇大于或等于给定的地震动参数值的概率。

（2）建构筑物抗震处理措施

对于建筑来说，一般可以按以下主要措施进行抗震处理：

①结构体系应利于抗震防灾。房屋建筑抗震体系选择的合适与否直接决定着其

抗震能力的高低。对于混凝土结构、钢结构、钢—混凝土组合结构、木结构的房屋，应根据设防类别、设防烈度、房屋高度、场地地基条件、使用要求和建筑形体等因素综合分析选用合适的结构体系。

② 建筑形体应规则。不规则的建筑应按规定采取加强措施；特别不规则的建筑应进行专门的研究和论证，采取特别的加强措施；不应采用严重不规则的建筑方案。宏观震害经验表明，在同一次地震中，形体复杂的房屋比形体规则的房屋容易破坏，甚至倒塌。建筑方案的规则性对建筑结构的抗震安全性来说十分重要。

所谓规则，包含了对建筑平面、立面外形，抗侧力构件布置、质量分布，直至承载力分布等诸多因素的综合要求，很难一一用若干个简化的定量指标来划分。

③ 尽量选择有利于抗震防灾的场地和地基。地震造成建筑的破坏，除了地震动直接引起结构破坏外，还有场地条件的原因，比如地表错动和断裂、地基不均匀沉降、滑坡、液化、震陷等。山区建筑工程应依据地形、地质条件和使用要求，从总体规划、选址、勘察、边坡工程、地基基础设计、建筑施工等各个方面给予特别重视。建造于山地和复杂地形的建筑布置应符合下列规定：

第一，应根据地质、地形条件和使用要求，因地制宜地设置符合抗震设防要求的边坡工程。

第二，建筑基础与土质、强风化岩质边坡的边缘应留有足够的距离。

④ 建筑非结构构件及附属机电设备应进行抗震设防。建筑非结构构件是指建筑中除承重骨架体系以外的固定构件和部件，主要包括非承重墙体，附着于楼面和屋面结构的构件、装饰构件和部件、固定于楼面的大型储物架等，其安装部位应采取加强措施，以承受由非结构构件传递的地震作用。非结构构件在抗震设计时往往容易被忽略，但从震害调查来看，非结构构件处理不当往往会在地震时倒塌伤人，砸坏设备财产，破坏主体结构。

建筑附属机电设备是指为现代建筑使用功能服务的附属机械、电气构件、部件和系统，主要包括电梯、照明和应急电源、广播电视设备、通信设备、管道系统、供暖和空气调节系统、烟火监测和消防系统等。建筑附属机电设备在抗震设计时往往容易被忽略，但附属机电设备会直接影响建筑的使用功能，同时，被破坏时也容易导致次生灾害。

⑤ 建筑装饰构件应符合抗震设防要求。建筑装饰构件应能承受地震附加作用；构件应与主体结构连接安全可靠；构件的抗震构造应符合抗震设防类别和烈度的要求。在汶川、玉树等地震中，建筑顶棚等建筑装饰构件出现大量损坏，严重影响了建筑使用功能，甚至造成人员伤亡。

建构筑物抗震处理涉及方方面面，应贯彻执行国家有关建筑和市政工程防震减灾的法律法规，落实预防为主的方针，使建筑与市政工程经抗震设防后达到减轻地震破坏、避免人员伤亡、减少经济损失的目的。

此外，地震震前预报是重要的抗震防灾对策，但地震震前预报是一项复杂而艰巨的任务，需要地震学家们不断深入研究和探索。随着大数据、人工智能的超级应用和科学技术的创新发展，地震的预报是有可能的。

11.4.3 抗震设防标准

抗震设防标准是衡量抗震设防要求高低的尺度，由抗震防御目标、抗震设防烈度或设计地震动参数及建筑抗震设防分类确定。

城市抗震防灾规划中的抗震设防标准、城市建设用地评价与要求、抗震防灾措施等应根据城市的防御目标、抗震设防烈度和《建筑抗震设计标准》（GB/T 50011—2010）（2024年版）等现行国家标准确定。

1）抗震防御目标

按照现行国家相关法规进行的城市抗震防灾规划，应达到以下基本防御目标：

（1）当遭受多遇地震时，城市一般功能正常；

（2）当遭受相当于抗震设防烈度的地震时，城市一般功能及生命系统基本正常，重要工矿企业能正常或者很快恢复生产；

（3）当遭受罕遇地震时，城市功能不瘫痪，要害系统和生命线工程不遭受破坏，不发生严重的次生灾害。

地震是一种具有很大不确定性的突发灾害，城市抗震防灾的基本防御目标是在总结以往抗震经验的基础上对于可能遭遇的不同概率水准的地震灾害提出的最低要求。在具体进行城市抗震防灾规划时，应根据城市建设与发展的实际情况，确定城市的防御目标或对城市的局部地区、特定行业、系统提出更高的要求。

2）抗震设防烈度

抗震设防烈度是指按国家规定的权限批准作为一个地区抗震设防依据的地震烈度。一般情况下，取50年内超越概率为10%的地震烈度。地震基本烈度是指一个地区今后一段时期内，在一般场地条件下可能遭遇的最大地震烈度，即现行国家标准《中国地震动参数区划图》（GB 18306—2015）中规定的烈度，在建设项目的抗震设计和已建项目的抗震加固均应遵照执行。

在抗震设防区的城市，应该编制与实施抗震防灾规划。抗震设防区是指地震基本烈度在6度及6度以上的地区（地震动峰值加速度≥0.05g的地区）。

我国工程建设从地震基本烈度6度开始设防。抗震设防烈度有6度、7度、8度、9度、10度五个等级，6度以下的城市一般为非重点抗震防灾城市，但并不是说这些城市不需要考虑抗震问题。

3）抗震设防分类

抗震设防分类是指根据建筑遭遇地震破坏后，可能造成人员伤亡、直接和间接经济损失、社会影响的程度及其在抗震救灾中的作用等因素，对各类建筑所做的设防类别划分。

建筑工程抗震设防类别划分的影响因素主要包括：从性质来看有人员伤亡、经济损失、社会影响等；从范围来看有国际、国内和地区、行业、小区及单位；从程度来看有对生产、生活和救灾影响的大小，导致次生灾害的可能，恢复重建的快慢等。

（1）抗震设防分类

按照遭受地震破坏后可能造成的人员伤亡、经济损失、社会影响程度及其在抗震救灾中的作用等因素将建筑与市政工程划分为四个抗震设防类别：需要特殊设防的、需要提高设防要求的、按标准要求设防的和允许适度设防的。

① 特殊设防类，指使用上有特殊要求的设施，涉及国家公共安全的重大建筑工程和地震时可能发生严重次生灾害等特别重大灾害后果，需要进行特殊设防的建筑，简称甲类。

② 重点设防类，指地震时使用功能不能中断或需尽快恢复的生命线相关建筑，以及地震时可能导致大量人员伤亡等重大灾害后果，需要提高设防标准的建筑，简称乙类。

③ 标准设防类，指除甲类、乙类、丁类以外按标准要求进行设防的建筑，简称丙类。

④ 适度设防类，指使用上人员稀少且震损不致产生次生灾害，允许在一定条件下适度降低设防要求的建筑，简称丁类。

（2）各抗震设防类别建筑的抗震设防标准

划分抗震设防类别是为了体现抗震防灾对策的区别对待原则，其主要体现在抗震设防标准的差别上。就建筑工程而言，抗震设防标准是指衡量工程结构所应具有的抗震防灾能力高低的尺度。结构的抗震防灾能力取决于结构所具有的承载力和变形能力两个不可分割的因素，因此，工程结构抗震设防标准具体体现为抗震设计所采用的抗震措施的高低和地震作用取值的大小。这个要求的高低应依据抗震设防类别的不同，在当地设防烈度的基础上分别予以调整。

抗震措施指的是除地震作用计算和抗力计算以外的所有抗震设计内容，即包括设计规范对各类结构抗震设计的一般规定、地震作用效应（内力）调整、构件的尺寸、最小构造配筋等细部构造要求等设计内容。

① 标准设防类抗震设防标准。应按本地区抗震设防烈度确定其抗震措施和地震作用，达到在遭遇高于当地抗震设防烈度的预估罕遇地震影响时不致倒塌或发生危及生命安全的严重破坏的抗震设防目标。

② 重点设防类抗震设防标准。应按本地区抗震设防烈度提高1度的要求加强其抗震措施；但抗震设防烈度为9度时应按比9度更高的要求采取抗震措施；地基基础的抗震措施应符合现行国家标准的有关规定。同时，应按本地区抗震设防烈度确定其地震作用。

③ 特殊设防类抗震设防标准。应按本地区抗震设防烈度提高1度的要求加强其抗震措施；但抗震设防烈度为9度时应按比9度更高的要求采取抗震措施。同时，应按批准的地震安全性评价的结果且高于本地区抗震设防烈度的要求确定其地震作用。

④ 适度设防类抗震设防标准。允许根据本地区抗震设防烈度的要求适当降低其抗震措施，但抗震设防烈度为6度时不应降低。一般情况下，仍应按本地区抗震设防烈度确定其地震作用。

（3）建筑场地抗震类别划分

根据现行国家标准，在选择建筑场地时，应按表11-18划分对建筑抗震有利、一般、不利和危险的地段。对不利地段应提出避开要求；当无法避开时应采取有效措施。规划不应在危险地段建造抗震设防类别为甲类、乙类、丙类的建筑。

表 11-18　有利、一般、不利和危险地段的划分

地段类别	地质、地形、地貌
有利地段	稳定基岩，坚硬土，开阔、平坦、密实、均匀的中硬土等
一般地段	不属于有利、不利和危险的地段
不利地段	软弱土，液化土，条状突出的山嘴，高耸孤立的山丘，陡坡，陡坎，河岸和边坡的边缘，平面分布上成因、岩性、状态明显不均匀的土层（如故河道、疏松的断层破碎带、暗埋的塘浜沟谷和半挖半填地基），高含水量的可塑黄土，地表存在结构性裂缝等
危险地段	地震时可能发生滑坡、崩塌、地陷、地裂、泥石流等及发震断裂带上可能发生地表位错的部位

11.4.4　用地抗震适宜性评价

1）用地地震潜在危险地段划定

根据国家相关标准，城市用地的地震破坏及不利地形影响应包括对场地液化、地表断错、地质滑坡、震陷及不利地形等影响的估计，划定潜在危险地段。

规划时，划定城市用地的危险地段是一项很重要的工作，可根据工作区地震、地质、地貌和岩土特征，采用定性和定量相结合的多种方法进行。

2）用地抗震适宜性评价与抗震设防要求

城市用地抗震适宜性评价应按表 11-19 进行分区，包括适宜、较适宜、有条件适宜和不适宜四类。应综合考虑国土空间布局、社会经济状况、城市发展水平等因素，提出城市规划建设用地选择与相应的城市建设抗震防灾要求。

表 11-19　城市用地抗震适宜性评价要求

类别	适宜性地质、地形、地貌描述	城市用地选择抗震防灾要求
适宜	不存在或存在轻微影响的场地地震破坏因素，一般无需采取整治措施： （1）场地稳定； （2）无或轻微地震破坏效应； （3）用地抗震防灾类型为Ⅰ类或Ⅱ类； （4）无或轻微不利地形影响	应符合国家相关标准要求
较适宜	存在一定程度的场地地震破坏因素，可采取一般整治措施满足城市建设要求： （1）场地存在不稳定因素； （2）用地抗震防灾类型为Ⅲ类或Ⅳ类； （3）软弱土或液化土发育，可能发生中等及以上液化或震陷，可采取抗震措施消除； （4）条状突出的山嘴，高耸孤立的山丘，非岩质的陡坡，河岸和边坡的边缘，平面分布上成因、岩性、状态明显不均匀的土层（如故河道、疏松的断层破碎带、暗埋的塘浜沟谷和半填半挖地基）等地质环境条件复杂，存在一定程度的地质灾害危险性	工程建设应考虑不利因素影响，应按照国家相关标准采取必要的工程治理措施，对于重要建筑尚应采取适当的加强措施

类别	适宜性地质、地形、地貌描述	城市用地选择抗震防灾要求
有条件适宜	存在难以整治场地地地震破坏因素的潜在危险性区域或其他限制使用条件的用地，由于经济条件限制等各种原因尚未查明或难以查明： （1）存在尚未明确的潜在地震破坏威胁的危险地段； （2）地震次生灾害源可能有严重威胁； （3）存在其他方面对城市用地的限制使用条件	作为工程建设用地时，应查明用地危险程度，属于危险地段时，应按照不适宜用地相应规定执行，危险性较低时，可按照较适宜用地规定执行
不适宜	存在场地地震破坏因素，但通常难以整治： （1）可能发生滑坡、崩塌、地陷、地裂、泥石流等的用地； （2）地震断裂带上可能发生地表位错的部位； （3）其他难以整治和防御的灾害高危害影响区	不应作为工程建设用地。基础设施管线工程无法避开时，应采取有效措施减轻场地破坏作用，满足工程建设要求

注：根据该表划分每一类场地抗震适宜性类别，从适宜性最差开始向适宜性好依次推定，其中一项属于该类即划为该类场地。表中未列条件，可按其对工程建设的影响程度比照推定。

城市用地抗震的适宜性分类主要依据灾害的影响程度、治理的难易程度和工程建设的要求进行规定，其中的"有条件适宜"主要是指潜在的不适宜用地，但由于某些限制，场地地震破坏因素未能明确确定，若要进行开发使用，则需要查明用地危险程度和消除限制性因素。

城市用地抗震的适宜性评价是以安全和充分发挥土地资源的价值为目标，提出今后建设用地的防灾减灾要求以及相应的建议。通过评价，可对不同用地提出适用条件、用地选择原则、指导意见和具体的配套措施。

11.4.5　重要建筑与设施抗震设防

1）防灾救灾设施

防灾救灾建筑主要是地震时应急的医疗设施、消防设施和防灾应急指挥中心等。防灾救灾建筑应根据其社会影响及在抗震救灾中的作用划分抗震设防类别。

城市防灾救灾建筑的抗震设防烈度应高于本地区的地震基本烈度，至少应按高于本地区抗震设防烈度提高1度的要求加强其抗震措施。

城市防灾救灾建筑的抗震设防类别一般应划为重点设防类。其中三级医院中承担特别重要医疗任务的建筑，承担研究、中试和存放剧毒的高危险传染病病毒任务的疾病预防与控制中心的建筑或其区段，抗震设防类别应划为特殊设防类。县级及以上防灾应急指挥中心、作为应急避难场所的建筑，抗震设防类别不应低于重点设防类。

2）基础设施

进行抗震防灾规划时，基础设施应根据城市实际情况，按照抗震防御目标、抗震设防烈度、抗震设防类别等要求进行抗震防灾规划。

当遭受多遇地震影响时，城市的基础设施应保障城市功能的正常运行，满足城市生活和生产的有序进行。

供电、供水、供气、供热和交通等城市基础设施和对抗震救灾起重要作用的指挥、通信、医疗、消防、物资供应及保障等设施是城市的动脉，一旦遭受严重破坏，会直接影响抢险救灾和城市基本的生产、生活秩序，乃至使整个城市瘫痪，陷入完全混乱和失控状态。因此，基础设施的防震减灾是城市防震减灾安全保障体系的关键。

在编制抗震防灾规划时，应结合城市基础设施各系统的专业规划，针对其在抗震防灾中的重要性和薄弱环节，提出基础设施规划布局、建设和改造的抗震防灾要求及措施。

城市基础设施的抗震设防烈度一般高于地震基本烈度，应按高于本地区抗震设防烈度提高 1 度的要求加强其抗震措施。

城市基础设施的抗震设防类别不低于标准设防类。其中的重要建筑物、构筑物应划为重点设防类，如供水的取水设施和输水管线、水质净化处理厂的主要水处理建构筑物等设施；排水建筑工程中的污水干管，污水处理厂的主要水处理建构筑物，以及城市排涝泵站、城市主干路立交处的雨水泵房等设施；供燃气的燃气厂主厂房、贮气罐、调压站，高压和次高压输配气管道等主要设施；供电的省级电力调度中心、火力发电厂、变电所重要生产建筑等主要设施；铁路枢纽的行车调度、运转、通信、信号、供电、供水建筑以及特大型站和最高聚集人数很多的大型站的客运候车楼等铁路建筑，高速公路、国道公路监控室和一级长途汽车站客运候车楼等公路建筑，水运通信和导航等重要设施的建筑和国家重要客运站、海难救助打捞等部门的重要建筑，国际或国内主要干线机场中的航空站楼等建筑，城市交通中处于交通枢纽的桥梁、城市轨道交通的地下隧道、枢纽建筑等主要设施；邮政通信的省中心及省中心以上的邮政枢纽和通信枢纽楼、长途传输一级干线枢纽站、国内卫星通信地球站、本地网通枢纽楼及通信生产楼、应急通信用房等，广播电视的国家级、省级广播中心、电视中心和电视调频广播发射台的主体建筑，发射总功率不小于 200 kW 的中波和短波广播发射台、广播电视卫星地球站、国家级和省级广播电视监测台与节目传送台的机房建筑和天线支承物等。

对抗震救灾起重要作用的指挥、通信、消防、物资供应及保障等设施，如供电设施中的国家和区域的电力调度中心，电信工程中的国际出入口局、国际无线电台和国家卫星通信地球站、国际海缆登陆站和国家级、省级的电视调频广播发射塔，在交通网络中占关键地位、承担交通量大的大跨度桥梁等，抗震设防类别宜划为特殊设防类。

3）居住建筑

居住建筑应根据其人员密集程度、规模、建筑高度、地震破坏所造成的社会影响和直接经济损失的大小划分抗震设防类别。

住宅、宿舍、公寓等居住建筑的抗震设防类别不应低于标准设防类。在高层建筑中，当结构单元内经常使用人数超过 8 000 人时，抗震设防类别宜划为重点设防类。

4）公共建筑

公共建筑应根据其人员密集程度、使用功能、规模、地震破坏所造成的社会影响和直接经济损失的大小划分抗震设防类别。

城市公共建筑的抗震设防烈度不低于本地区的地震基本烈度，重要公共设施应按高于本地区抗震设防烈度提高1度的要求加强其抗震措施。

体育建筑、影剧院、博物馆、档案馆、商场、展览馆、会展中心、教育建筑、旅馆、办公建筑、科学实验建筑等城市重要公共建筑的抗震设防类别一般应划为重点设防类。其中，在教育建筑中，幼儿园、小学、中学的教学用房以及学生宿舍和食堂，抗震设防类别应不低于重点设防类；在科学实验建筑中，研究、中试生产和存放具有高放射性物品以及剧毒的生物制品、化学制品、天然和人工细菌、病毒的建筑，抗震设防类别应划为特殊设防类；国家级信息中心建筑的抗震设防标准应高于重点设防类。

5）工业建筑

工业建筑，一般应根据其规模、修复难易程度和地震破坏所造成的社会影响及直接、间接经济损失的大小划分抗震设防类别。

城市工业建筑的抗震设防类别应不低于标准设防类。其中，采煤、采油和天然气、采矿的重要生产建筑，冶金、化工、石油化工、建材和轻工业原材料等工业原材料的重要生产建筑，机械、船舶、航空、航天、电子信息、纺织、轻工、医药等工业的重要生产建筑，抗震设防类别应划为重点设防类。

6）仓库类建筑

仓库类建筑应根据其存放物品的经济价值和地震破坏所产生的次生灾害划分抗震设防类别。

城市仓库类建筑的抗震设防类别应为标准设防类。其中，储存高、中放射性物质或剧毒物品的仓库不应低于重点设防类；储存易燃、易爆物质等具有火灾危险性的危险品仓库应划为重点设防类；一般储存物品价值低、人员活动少、无次生灾害的单层仓库等可划为适度设防类。

11.4.6 避震疏散

避震疏散是临震预报发布后或地震灾害发生时把需要疏散的人员从灾害程度高的场所安全撤离，通过安全通道集结到预定的、满足抗震安全的避震疏散场所。避震疏散的安排应坚持"平灾结合"的原则，其场所平时可用于教育、体育、文娱和其他生活、生产活动，在临震预报发布后或地震灾害发生时用于避震疏散；避震疏散通道、消防通道和防火隔离带平时作为城市交通、消防和防火设施，在避震疏散时启动防灾机能。按国家相关标准，避震疏散场所、避震疏散规划的要求主要有以下方面：

1）避震疏散场所的类别

避震疏散场所是用作地震时受灾人员疏散的场地和建筑，可划分为紧急避震疏散场所、固定避震疏散场所和中心避震疏散场所三类。

（1）紧急避震疏散场所，是供避震疏散人员临时或就近避震疏散的场所，也是避震疏散人员集合并转移到固定避震疏散场所的过渡性场所，通常可选择城市内的小公园、小花园、小广场、专业绿地、高层建筑中的避难层（间）等。

（2）固定避震疏散场所，是供避震疏散人员较长时间避震和进行集中性救援的场所，通常可选择面积较大、人员容置较多的公园、广场、体育场地、体育馆、大型人防工程、停车场、空地、绿化隔离带以及抗震能力强的公共设施、防灾据点等。

（3）中心避震疏散场所，是规模较大、功能较全、起避难中心作用的固定避震疏散场所。场所内一般设抢险救灾部队营地、医疗抢救中心和重伤员转运中心等。

城市避震疏散场所应按照紧急避震疏散场所和固定避震疏散场所分别进行安排。抗震防灾规划编制甲类、乙类模式的城市应根据需要安排中心避震疏散场所。

2）避震疏散规划的要求

（1）城市的出入口数量宜符合以下要求：中小城市不少于4个，大城市和特大城市不少于8个。与城市出入口相连接的城市主干路两侧应保障建筑一旦倒塌后不会阻塞交通。

（2）避震疏散场所和避震疏散主通道应符合抗震防灾安全要求，避震疏散场所应具有畅通的周边交通环境和配套设施。

（3）应充分利用城市的绿地和广场作为避震疏散场所；明确设置防灾据点和防灾公园的规划建设要求，改善避震疏散条件。防灾据点是指采用较高抗震设防要求、有避震功能、可有效保证内部人员抗震安全的建筑。

（4）避震疏散场所不应规划建设在城市用地抗震不适宜用地的范围内。

（5）避震疏散场所距次生灾害危险源的距离应满足现行国家重大危险源和防火的有关标准规范要求。避震疏散场所防火安全带的距离应符合防灾避难场所的相关要求，即与周围一般地震次生火灾源之间的距离不应小于30 m；距易燃易爆工厂仓库、燃气厂站等重大次生火灾或爆炸危险源的距离应能够保障避难场所安全。

（6）避震疏散场所每位避震人员的平均有效避难面积，应符合防灾避难场所的相关要求，即紧急避震疏散场所人均最低有效避难面积不小于0.5 m²，固定避震疏散场所人均最低有效避难面积不小于2.0 m²，中心避震疏散场所最低有效避难面积不小于3.0 m²。

（7）避震疏散场地的规模：紧急避震疏散场地的用地面积不宜小于0.1 hm²；固定避震疏散场地不宜小于1 hm²；中心避震疏散场地不宜小于50 hm²。

（8）紧急避震疏散场所的服务半径宜为500 m，步行大约10 min之内可以到达；固定避震疏散场所的服务半径宜为2—3 km，步行大约1 h之内可以到达。

（9）避震疏散场地人员进出口与车辆进出口宜分开设置，并应有多个不同方向的进出口。人防工程应按照有关规定设立进出口，防灾据点至少应有一个进口与一个出口。其他固定避震疏散场所至少应有两个进口与两个出口。

（10）紧急避震疏散场所内外的避震疏散通道的有效宽度不宜低于4 m，固定避震疏散场所内外的避震疏散主通道的有效宽度不宜低于7 m。与城市出入口、中心避震疏散场所、市政府抗震救灾指挥中心相连的救灾主干路的有效宽度不宜低于

15 m。避震疏散主通道两侧的建筑应能保障疏散通道的安全畅通。

在计算避震疏散通道的有效宽度时，道路两侧建筑倒塌后的瓦砾废墟的影响可通过仿真分析确定；在简化计算时，对于救灾主干道两侧建筑倒塌后的废墟的宽度可按建筑高度的 2/3 计算，其他情况可按 1/2—2/3 计算。

11.5 城市人防工程规划

11.5.1 概述

人民防空特指我国动员和组织人民群众防备敌人空中袭击、消除空袭后果所采取的措施和行动，简称人防。人民防空工程也称人防工程，是指为保障战时人员与物资掩蔽、人民防空指挥、医疗救护等而单独修建的地下防护建筑，以及结合地面建筑修建的战时可用于防空的地下室。

人防工程是防备敌人突然袭击，有效地掩蔽人员和物资，保障居民就近掩蔽，减少伤亡损失，保存战争潜力的重要设施；是坚持战斗，长期支持反侵略战争直至胜利的工程保障。

人防工程设施建设不仅是国家安全战略的需要，而且也是城市防灾减灾、增强民众安全感的重要举措。人防工程作为城市防护体系的重要组成部分，对于提高国家整体防御能力和应对突发事件具有重要意义。通过加强人防工程建设，我们可以更好地应对未来可能发生的挑战和威胁，保障人民群众的生命安全和国家的长治久安。

1）规划内容

城市规划层面的人防工程规划，主要是平战结合的人防工程系统规划和人防工程设施布局，合理利用地下空间。规划内容主要包括以下方面：

（1）综合分析城市人防工程的现状条件。

（2）确定城市总体防护布局。合理城市设防分区、人口疏散比例、工程防护标准、人防工程设施布局等。

（3）交通、基础设施的防空防灾规划，储备设施布局等。

2）规划方针与原则

（1）规划方针

人民防空实行长期准备、重点建设、平战结合的方针。

长期准备是指在和平时期要居安思危，有计划、有步骤地进行人民防空的基础建设、长远建设和全面建设，做好各项防护准备；确保在战时迅速有效地组织人民防空，最大限度地减少人员伤亡和财产损失。

重点建设是指在服从经济建设大局的前提下，区分轻重缓急，有重点、分层次地实施人民防空建设；应根据城市的战略地位、人口分布、经济重要性等因素，确定重点建设区域和项目。

平战结合是指在确保战备效益的前提下，兼顾社会效益、经济效益，这要求人民防空工程在战时能够迅速转换为防护设施，同时在平时也能够服务于经济社会发展；通过平战结合，实现人民防空工程的多功能利用。

（2）规划原则

人防工程贯彻与经济建设协调发展、与城市建设相结合的原则。人防工程建设必须与国家经济发展战略相协调，应充分考虑国家经济发展的总体布局和长远规划，确保人防工程既能满足战时防护的需求，又能适应经济发展的需要。

① 优化配置。人防工程的建设需要投入大量的人力、物力和财力。为了实现与经济建设的协调发展，必须优化资源配置，提高资源使用效率，包括合理规划人防工程的建设规模和布局，避免重复建设和资源浪费。

② 规划融合。人防工程建设必须纳入总体规划，与城市基础设施建设相协调。人防工程规划应充分考虑城市的空间布局、交通网络、地下管线等因素，确保人防工程与城市基础设施的无缝对接和有机融合。具体来说主要有以下三个方面：

第一，城市的地下交通干线以及其他地下工程的建设，应当兼顾人民防空的需要。在地铁、隧道等城市地下空间的开发利用中，同步规划、建设人防工程，实现地下空间的综合利用。

第二，为战时储备粮食、医药、油料和其他必需物资的工程，应当建在地下或者其他隐蔽地点。

第三，对重要的工矿企业、科研基地、交通枢纽、通信枢纽、桥梁、水库、仓库、电站等重要的经济目标，应采取有效防护措施，并制定应急抢险抢修方案。

③ 功能互补。人防工程不仅具有战时防护功能，而且可以在平时发挥多种社会效益和经济效益。通过与城市建设相结合，可以实现人防工程的功能互补和多元利用。例如，将人防工程用作地下停车场、商业设施、应急避难所等。

3）设施分类

人防工程是一种有防护要求的特殊地下建筑，其常见的分类方式有以下几种：

（1）按构筑方式分为明挖和暗挖工程。

明挖工程按上部有无地面建筑又分为单建掘开式工程和附建式工程（图11-1）。暗挖工程可分为坑道式工程和地道式工程（图11-2）。

（2）按防护特性分为甲类和乙类。

① 甲类人防工程，战时能抵御预定的核武器、常规武器和生化武器的袭击。

② 乙类人防工程，战时能抵御预定的常规武器和生化武器的袭击。

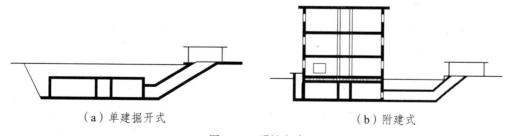

（a）单建掘开式　　　　　　　　　　　（b）附建式

图11-1　明挖方式

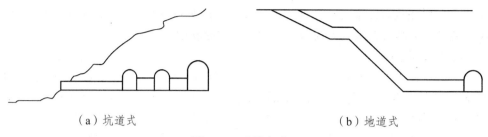

（a）坑道式　　　　　　　　　　　　（b）地道式

图 11-2　暗挖方式

（3）按战时使用功能分为指挥工程、医疗救护工程、防空专业队工程、人员掩蔽工程和配套工程。

① 指挥工程，是指保障人防指挥机关战时工作的人防工程。

② 医疗救护工程，是指保障战时对伤员独立进行早期救治工作的人防工程。按照医疗分级和任务的不同，医疗救护工程可分为中心医院、急救医院和救护站。

③ 防空专业队工程，是指保障防空专业队掩蔽和执行某些勤务的人防工程，也称之为防空专业队掩蔽所。一个完整的防空专业队掩蔽所一般包括专业队队员掩蔽部和专业队装备（车辆）掩蔽部两个部分，在目前的人防工程建设中，也可以将这两个部分分开单独修建。防空专业队系指按专业组成、担负人民防空勤务的组织，其中包括抢险抢修、医疗救护、消防、防化防疫、通信、运输、治安等专业队。

④ 人员掩蔽工程，是指主要用于保障人员掩蔽的人防工程。按照战时掩蔽人员的作用，人员掩蔽工程共分为两等：一等人员掩蔽所，指供战时坚持工作的政府机关、城市生活重要保障部门（电信、供电、供气、供水、食品等）、重要厂矿企业和其他战时有人员进出要求的人员掩蔽工程；二等人员掩蔽所，指战时留城的普通居民掩蔽所。

⑤ 配套工程，是指除指挥工程、医疗救护工程、防空专业队工程和人员掩蔽工程以外的战时保障性人防工程，主要包括区域电站、区域供水站、人防物资库、人防汽车库、食品站、生产车间、人防交通干（支）路、警报站、核生化监测中心等工程。

11.5.2　人防工程规划建设标准

1）城市防护分类分级

（1）防护类别

城市是人防的重点。国家对城市实行分类防护。城市的防护类别分为Ⅰ类、Ⅱ类、Ⅲ类，由国家有关部门做出规定。

（2）人防工程的抗力分级

防核武器抗力级别包括1、2、2B、3、4、4B、5、6、6B 九个等级。其中人防地下室的防核武器抗力级别为4、4B、5、6、6B 五个等级。

防常规武器抗力级别包括1、2、3、4、5、6 六个等级。其中人防地下室的防常规武器抗力级别为5级、6级。

（3）人防工程的防化分级

防化级别是以人防工程对化学武器的不同防护标准和防护要求划分的，可分为甲、乙、丙、丁四个等级。

人防指挥、防化专业队队员掩蔽工程的防化级别为甲级，医疗救护、防空专业队和一等人员掩蔽所的防化级别为乙级，二等人员掩蔽所的防化级别为丙级，物资库、防空专业队装备掩蔽部等的防化级别为丁级。

2）城市人防工程规划指标

国家对新建民用建筑的防空地下室修建面积标准和抗力等级要求做出了规定。各地根据当地城市的人民防空防护类别，对人防地下室的修建标准做出了明确而具体的要求。人防工程建设指标一般根据建筑高度、基础埋深、总建筑面积等因素确定防空地下室的建设比例。

3）城市居住区人防工程配建要求

居住区人防工程在战时能就近为居民提供安全的避难场所，保护居民免受伤害。在居住区规划设计中，应按照国家和地方有关标准配建人防工程，具体应根据城市类别和城市居住区规模来确定。居住区防空地下室战时用途应以居民掩蔽为主，布局应满足服务半径的要求，功能应配套齐全。

城市居住区人防工程的功能应包括人员掩蔽工程、医疗救护工程、防空专业队工程和配套工程。

4）医疗救护工程和城市防空专业队工程配置

医疗救护工程和防空专业队工程的规模要求见表11-20。

表11-20　医疗救护工程和防空专业队工程规模要求

名称		使用面积（m²）	参考标准
医疗救护工程	中心医院	3 000—3 500	200—300病床
	急救医院	2 000—2 500	100—150病床
	救护站	1 000—1 300	10—30病床
防空专业队工程	救护	600—700	救护车8—10台
	消防	1 000—1 200	消防车8—10台、小车1—2台
	防化	1 500—1 600	大车15—18台、小车8—10台
	运输	1 800—2 000	大车25—30台、小车2—3台
	通信	800—1 000	大车6—7台、小车2—3台
	治安	700—800	摩托车20—30台、小车6—7台
	抢险抢修	1 300—1 500	大车5—6台、小车8—10台

11.5.3　平战结合人防工程规划要求

人防工程的平战结合是指人防工程要立足备战、着眼平时、服务社会、造福人民。人防工程平战结合的基本内涵主要是人防工程建设应与城市建设相结合；人防工程设施应纳入城市建设的国土空间规划之中,做到地上与地下统一安排;人防工程规划设计应整体考虑地下空间的综合开发利用,遵循统筹安排、合理利用的要求。在城市建设中,可通过地下空间的开发利用,将一部分地面设施转入地下,结合人防工程建设开发利用,统筹完善城市功能,改善城市地面环境。

1)规划原则

(1)综合利用

人民防空工程与地下空间开发利用的平面布局、空间处理,应在不影响战时功能的前提下,尽量满足平时使用要求。人防工程的平时功能应以完善城市功能为目的,将人防工程纳入城市总体发展规划,在工程选址、交通组织等方面应与地面设施相协调;人防工程的开发利用应优先安排城市生产和人民生活急需项目;人防工程建设与城市地下空间开发利用应紧密结合,综合利用城市地下空间;要建立和完善由不同功能的地下设施组成的地区性综合体,提高城市的总体防护能力。

(2)统筹组织

人防工程规划和城市地下空间规划是城市总体规划的组成部分。人防工程建设与城市地下空间开发利用应与城市规划相结合;人防工程与地下空间的建设,应根据城市发展需要,与城市地面建筑和生活服务设施相适应、相配套,以保证城市地面上下以及各地下空间设施间的协同发展;应提高人防工程与城市地下空间的整体性、系统性,统筹组织,提高综合效益。

(3)合理布局

要合理确定人防工程及地下空间开发的时序、重点,统一规划、分期建设。平战结合的人防工程主要是结合城市广场、绿地、车站、住区等修建地下停车场、商场、娱乐场所。如结合人防工程建设,在人流、车流密集地段或商业中心修建地下街,在车流密集的主干道上修建地下立交等,既可缓解城市交通压力,战时这些地下交通系统也将起到防护、疏散的作用;结合高层建筑地下室修建地下停车场,平时可缓解地面停车压力,改善地面环境,战时可作为人员掩蔽所、交通运输专业队工程或物资库。

为改善城市环境,未来可考虑将城市中必需的供水站、变配电站等建在地下,充分发挥地下空间的优势,增强城市功能,同时能提高城市的抗灾和防空袭能力。

2)地下空间开发的人防要求

城市地下空间是城市宝贵的资源,应充分利用地下空间,构建立体城市。随着城市空间开发力度的加大,地下空间开发兼顾人防要求的建设和设计呈现多元化趋势,因此在城市地下空间开发中人防工程建设应明确定位,使人防工程战时功能得到充分保证,平时功能得到充分利用。

人防地下室分为甲、乙两类。甲类防空地下室的设计必须满足其预定的战时对核武器、常规武器和生化武器的各项防护要求,乙类防空地下室的设计必须满足其预定的战时对常规武器和生化武器的各项要求。

(1)兼顾

地下空间的开发项目应依照人防标准进行建设,布局与人防体系相衔接。城市地下交通设施兼顾人防要求，与就近的重要人防工程和疏散干道合理连通；城市的中心区、副中心区的地下空间开发应兼顾人防要求，统筹组织；城市应结合工程建设的需要和可能，有计划地修建平战两用的物资库、车库、医疗设施和生产车间；城市交通密集区、人口稠密区，宜修建平战两用的地下街、过街地道、停车场和旅游、服务等地下公共设施；专供平时使用的地下建筑应根据人防要求，制定战时使用方案或应急加固措施。

（2）衔接

地下空间应结合地面的城市空间格局和建筑性质，优先布局指挥工程、医疗救护工程、运输专业队工程、医疗救护专业队工程、抢险抢修专业队工程，使不同战时功能的专业队工程配套更加协调，平战转换措施更加完善；要结合城市住区开发、重点工程配套建设，落实人员掩蔽工程、物资储备工程。地下空间开发利用应兼顾人防要求，统筹推进城市人防工程防护建设；同时，应充分开发利用地下空间及人防资源，积极参与城市建设和经济建设，人防工程不仅可用于地下停车场，而且可用于餐饮、娱乐、仓储等城市配套服务。

（3）协调

防空地下室的位置、规模，战时及平时的用途，应根据人防建设与城市建设相结合规划，地上与地下综合考虑，统筹协调。防空地下室距生产、储存易燃易爆物品的厂房、库房的距离不应小于50 m；距有害液体、重毒气体的贮罐不应小于100 m。根据战时及平时的使用需要，邻近的防空地下室之间以及防空地下室与邻近的城市地下建筑之间宜在一定范围内连通。

3）人防工程的平时利用规划

人防工程作为城市建设和地下空间开发的一部分，在保证人防工程能够保证战时功能的前提下，平时功能的利用应尽可能与战时功能接近。人防工程防护功能平战转换技术是解决人防工程平战结合的关键。我国人防工程建设执行"长期准备、重点建设、平战结合"的建设方针，形成平时与战时、平时与灾时功能可以置换或转换的地下空间。平战结合既可提高战时城市的总体防护能力，具有防空、抗毁的功能，又能充分发挥平时为城市经济和防灾服务的功能，提高城市综合防护能力。

11.5.4 平战结合人防工程设施规划

1）指挥通信工事

指挥通信工事包括中心所和各专业队指挥所，要求有完善的通信联络系统和坚固的掩蔽工事。

（1）布局。指挥通信工事应从保障指挥、通信联络顺畅出发，合理布局。应尽量避开交通枢纽、通信枢纽等城市重要目标。

（2）位置。市级、区级指挥通信工事宜选址在政府所在地附近，便于临战转入地下指挥；街道社区指挥所应结合住区布置，便于就近组织居民防护。

（3）建筑形式。宜建掘开式工事和结合地面建筑修建防空地下室。

2）医疗救护工事

医疗救护包括中心医院、急救医院、救护站三种。

（1）布局。应从城市所处的战略地位、城市人口构成和分布情况、人员掩蔽条件以及现有地面医疗设施及其发展情况等因素进行综合布局。中心医院宜结合地面综合医院建设；急救医院宜结合地面区级医院或专科医院建设；救护站应根据居住人口分布情况，结合地面社区卫生服务机构或居住区、功能园区配套建设。

（2）位置。中心医院和急救医院应避开城市重点目标，并宜结合地面医院进行建设。救护站宜根据城市战时留城人口的分布情况合理布局。

（3）交通。宜设置在交通方便，且地面开阔的地方。医疗救护工事主要出入口通道的出地面段（亦称敞开段）宜布置在地面建筑的倒塌范围以外。

（4）建筑形式。医疗救护工事在地面建筑密集区宜采用附建式；在平原空旷地带可采用单建式或地道式；在丘陵和山区可采用坑道式。

3）专业队工事

防空专业队工程应邻近战时保障的目标和区域，结合相关建设项目或大型居住区进行建设。专业队队员掩蔽工程宜与专业队车辆掩蔽工程相邻设置。在专业队工事中，车库的布局应遵循以下原则：

（1）布局。队员掩蔽工程与车辆掩蔽工程宜结合设置。专业队队员掩蔽工程宜与专业队车辆掩蔽工程相邻设置，且相互连通，车辆掩蔽工程应尽可能与可通行机动车的人防疏散干道或支干道相通。各级指挥所直属的车辆掩蔽部的车辆应能直接到达指挥所门前。

（2）位置。车辆掩蔽部宜布置在其服务范围的中心，并应兼顾平时经济社会活动的需要。消防队车辆掩蔽工程的位置应尽可能选择有较充分地下水源的地段。运输队的客运车辆掩蔽部宜充分利用社会地下停车库统筹设置。货运车辆掩蔽部宜布置在城市边缘地带，与区域公路运输线网和城市货运站场相衔接，与城市公共交通相连通。运输队工事设置应充分考虑平战结合，宜根据平时使用的需要设置相应的服务设施。

（3）交通。车辆掩蔽部的位置宜邻近比较宽阔、不易被堵塞的道路，其出入口宜与道路直接相通，出入通道应在地面建筑倒塌范围以外。

（4）出入口。队员掩蔽部与车辆掩蔽部的主要出入口应分开设置，战时主要出入口的出地面段宜布置在地面建筑倒塌范围以外。消防专业队车辆掩蔽部的室外车辆出入口不应少于两个，且两个室外车辆出入口的最小间距不得小于 15.0 m，宜朝向不同方向。

4）后勤保障工事

后勤保障工事主要是物资仓库、车库、电站、给水设施等，为战时人防设施提供后勤保障。在后勤保障工事中，各类仓库应遵循以下布局原则：

（1）位置。为战时储备粮食、医药、油料和其他必需物资的工程，应当建在地下或者其他隐蔽地点。粮食库、食油库、燃油库的设置位置应避开城市重点目标和重度破坏区，位置相对掩蔽。

（2）与地面或人防相应设施结合。粮食库、食油库、给水工程、药品及医疗器械工程应结合地面相应设施建设统筹协同，即地下粮食库结合地面粮库进行布局，地下食油库结合地面食油库修建，人防药品及医疗器械工程应结合地下医疗救护工程建造；人防给水工程应结合城市常规自来水厂或给水水源地统筹建设，人防等级高的城市应建设地下水池。

5）人员掩蔽工事

人员掩蔽工事主要用于保障人员掩蔽的人防工程。城市人员掩蔽工事应根据城市的实际情况由若干防护单元组成，防护单元形式多样，有各种单建或附建的地下室和坑道、隧道等。防护单元是指在人防工程中，其防护设施和内部设备均能自成体系的空间。

（1）人员掩体应以就地分散掩蔽为原则，尽量避开地方重要袭击点，均匀布局，避免过分集中。

（2）掩蔽人员的防空地下室应布置在人员居住、工作场所的适中位置，其服务半径不宜大于200 m。人员掩蔽工事应根据城市布局和人防工程技术、人口密度、服务半径进行配置，一般结合各类公共设施、厂房、住宅和人防疏散干道等进行配置，并宜通过地下通道等方式加强各掩体间的联系。

（3）城市重大建设项目应兼顾人民防空人员掩蔽工事的建设需要，如地下轨道交通车站及区间段、地下商业街、综合管廊、隧道等设施的建设，应考虑人员掩蔽工事的需要，在空间布局、设施规模、出入口组织等方面统筹协调。

（4）各类新建民用建筑应当按照国家和地方相关标准修建人防地下室，作为人员掩蔽工事，以便人员就近掩蔽。民用建筑是指非生产性的居住建筑和公共建筑。

（5）消防、抢修、救灾等人防专业队掩体应结合各类专业队车库和指挥通信设施布置。

6）人防疏散干道

人防疏散干道主要用于战时疏散人员或调动机动车辆的通道。

人防疏散干道包括地铁、人防坑道、大型管廊、城市道路或公路隧道、人行地道等，承担人员的掩蔽疏散和转移，负责各战斗人防片区之间的交通联系。

（1）疏散干道网络体系：人防疏散干道包括疏散主干道、支干道。疏散干道连通全市性的各项人防工程设施和各分区的人民防空工程群，与疏散支干道连接成网；疏散干道应经过城市人口稠密区域；城市各区应设置疏散支干道，重要的人民防空工程、居民区人员掩蔽工程应通过支干道彼此相连。

（2）与城市建设统筹兼顾。城市地下交通干线以及其他地下工程的规划与建设，应兼顾人民防空的需要，统筹协调。人防通道规划建设应当考虑与地下交通干线、地下疏散通道、地下商业设施等地下建筑的连通。

（3）疏散干道规划组织。人防疏散干道应充分结合城市的地下轨道交通线网、干线和支线综合管廊系统、隧道和人防坑道等的建设，统筹规划，形成干道网络，衔接人防工程设施。

11.6 城市地质灾害防治工程规划

11.6.1 概述

地质灾害是指包括自然因素或者人为活动引发的危害人民生命、财产和地质环境安全的滑坡、崩塌、泥石流、地裂缝、地面沉降、地面塌陷等与地质作用有关的灾害。

1）类型与特征

（1）分类

① 从成因来看，地质灾害可分为自然地质灾害和人为地质灾害两大类。主要由自然变异导致的地质灾害称之为自然地质灾害，包括由降雨、融雪、地震等因素诱发的自然灾害。主要由人为作用诱发的地质灾害则称之为人为地质灾害，包括由工程开挖、堆载、爆破、弃土等引发的地质灾害。

② 从地质环境或地质体变化的速度来看，地质灾害可分突发性地质灾害与缓变性地质灾害两大类。前者如崩塌、滑坡、泥石流、地面塌陷、地裂缝，即习惯上的狭义地质灾害；后者如水土流失、土地沙漠化等，也称环境地质灾害。

③ 从地质灾害发生区的地理或地貌特征来看，地质灾害可分为山地地质灾害，如崩塌、滑坡、泥石流等，平原地质灾害，如地质沉降等。

④ 根据我国《地质灾害防治条例》规定，常见的地质灾害主要指危害人民生命和财产安全的山体崩塌、滑坡、泥石流、地面塌陷、地裂缝、地面沉降等与地质作用有关的危害。

（2）特点

① 崩塌，指陡倾斜坡上的岩土体在重力作用下突然脱离母体崩落、滚动、堆积在坡脚（或沟谷）的地质现象。崩塌的运动速度极快，常造成严重的人员伤亡。崩塌的规模大到数亿立方米（山崩），小到数十立方厘米（落石），崩落距离可达数千米。

② 滑坡，指在山坡岩体或土体顺斜坡向下滑动的现象，一般由降雨、河流冲刷、地震、融雪等自然因素引起。近年来，斜坡前缘切坡、后缘弃土加载、庄稼灌溉等人为工程活动引发的滑坡比例明显增加。在农村，滑坡也俗称"地滑""走山""垮山""山剥皮"等。滑坡的规模小到几立方米，大到十多亿立方米，滑动距离可达数千米。

③ 泥石流，指在山区沟谷中，由暴雨、冰雪融水或库塘溃坝等水源激发而形成的一种夹带大量泥沙、石块等固体地质的特殊洪流。泥石流往往爆发突然，流体沿着陡峻的山体奔腾而下，在很短时间内将大量泥沙、石块冲出沟外，在宽阔的堆积区横冲直撞，给人类生命、财产造成巨大危害。

④ 地面塌陷，指地表岩、土体在自然或人为因素的作用下向下陷落，并在地面形成塌陷坑（洞）的一种地质现象。当这种现象发生在有人类活动的地区时，便可能成为一种地质灾害。地面塌陷主要包括岩溶塌陷和采空塌陷两类。岩溶塌陷是岩溶洞隙上方的岩土体在自然或人为因素的作用下发生变形破坏，并在地面形成塌陷的地质现象。采空塌陷是指地下矿体采空后，矿层上部及周边的岩层失去支撑，平

衡条件被破坏，随之产生弯曲、塌落，以致形成的地表下沉变形和塌陷的地质现象。

⑤ 地裂缝，指地表岩层、土体在自然因素（地壳活动、水的作用等）或人为因素（抽水、灌溉、开挖等）的作用下产生开裂，并形成一定长度、宽度和深度裂缝的地表被破坏的地质现象。有时地裂缝活动同地震活动有关，或为地震前兆现象之一，或为地震在地面的残留变形。地裂缝常常直接影响城乡经济建设和群众生活。

⑥ 地面沉降，通常是指在人类工程经济活动的影响下，由于地下松散地层固结压缩，地壳表面标高降低的一种局部的下降运动或工程地质现象。

崩塌、滑坡、泥石流广泛分布于山区，是对城市影响比较严重的地质灾害。我国西南山区的城市一般依地势而建，在青藏高原隆升和季风气候的背景下，降雨集中，地质构造复杂，地形起伏大，这些地区的岩层经过长期的构造、风化作用，节理、裂隙发育，加之城市建设中不合理的人工扰动，会加速地质环境的恶化，从而改变地质体的稳定性，极易造成崩塌、滑坡、泥石流等城市地质灾害的发生，进而危害城市、工矿、铁路、公路、航运、农业、水利、电力、通信和国防等社会、经济的各个方面。

地面沉降、地面塌陷和地面裂缝等常分布于地矿资源开采地区和城市有一定规模、经济发达，但地表水水资源不足的地区。我国工矿企业的发展与建设，一方面促进了国民经济的发展，形成了一大批规模较大的城市。另一方面在这些城市周围的矿产资源开发和隧道等工程建设中，形成了大面积的地下采空区。如果采空区域上有建筑物存在，在上覆荷载的作用下，岩土层易发生不均匀沉降，产生地裂缝，甚至突然塌陷。此外，沿海和内陆城市地下水超采严重，长期的过量开采造成地下水位下降，土体在上层自重荷载的作用下压缩孔原，发生沉降固结变形。在地面变形强烈区域，往往会伴随着地表较大的垂直和水平位移的发生，如深井管上升、井台破坏、桥墩的不均匀下沉等，对地面建筑及市政建设造成严重威胁。不仅如此，地面沉降还常伴随着地裂缝的发生，造成建筑物破坏、道路损毁、管网错断，严重制约着城市建设的发展。

2）成因与对策

地质灾害与地质环境条件有着密切的关联。地质环境条件是指与人类生存、生活和工程设施依存有关的地质要素，包括地形地貌、水文气象、地层岩性、地质构造、水文地质、工程地质以及人类活动的影响等。

地质灾害是在一定的动力诱发（破坏）下发生的。诱发动力有的是天然的，有的是人为的。自然地质灾害发生的地点、规模和频度受自然地质条件控制，不以人类历史的发展为转移；人为地质灾害受人类工程开发活动的制约，常随社会经济发展而日益增多。

（1）成因

引发地质灾害的自然因素主要包括以下方面：

① 降雨、融雪和地下水位。降雨、融雪的渗透水作用使得土石的抗剪强度低，是促发滑坡、崩塌、泥石流的首要因素；降雨、融雪补充地下水，致使地下水位或水压增加，对岩土体产生浮托作用，也造成抗剪强度的降低，进而引发地质灾害。

② 气温。昼夜的温差、季节的温度变化促使岩石风化，降低其抗剪强度；夏季炎热干燥，使黏土层龟裂，如遇暴雨水会沿裂缝渗入，斜坡土体湿化，重量增大，

黏聚力低，易引发崩塌和滑坡。

③地表水。地表水的冲刷、淘蚀、溶解和软化裂隙充填物；地表水下渗使土达到塑性状态；当水渗入不透水层上时，接触面润湿，减少其摩擦力和黏聚力，促使崩塌、滑坡的产生。

④地下水。地下水量的增加使岩土体含水量增大，地下水位增高，地下水流速加大，促使崩塌和滑坡的产生。地下水的动水压力、静水压力是崩塌、滑坡的动力破坏因素。

⑤水流。水库、河道水流冲刷、侵蚀坡脚，削弱斜坡的支撑部分；河水涨落引起地下水位的升降，均能引起崩塌和滑坡。

⑥地震。地震是诱发滑坡的重要因素之一，特别是地震产生裂缝和断崖，助长了以后降雨和融雪的渗透，震后常因降雨、融雪而发生滑坡或山崩。

引发地质灾害的人为因素主要包括以下方面：

①采矿。采掘矿产资源不规范，预留矿柱少，乱采滥挖，造成采空坍塌、山体开裂，继而发生滑坡。

②开挖边坡。修建铁路、公路、依山建房等工程，开挖边坡，使斜坡下部失去支撑部分，形成人工陡边坡，易造成滑坡、崩塌。

③水库蓄水、泄水与渠道渗漏。水库蓄水会浸润和软化岩土体，加大岩土体中的静水压力、动水压力；水库泄水会使水位急剧下降，加大边坡体的动水压力；渠道渗漏增加了浸润和软化作用。这些均能导致崩塌、滑坡的发生。

④其他破坏地质环境的活动。如随意改变河网水系和河道、冲沟走向，采石放炮，堆填加载、乱砍滥伐等活动，也可能会导致地质灾害的发生。

（2）对策

根据地质灾害的成因，地质灾害防治应采取的对策如下：

①进行地质灾害调查，摸清地质灾害的具体情况。

②在城市规划和工程项目建设前、工程建设中及建成后应开展地质灾害危险性评估预测，并采取科学的地质灾害防治措施。

③少开挖、少扰动自然边坡；开挖边坡，必须要做好合理支护。

④杜绝在冲沟内排放垃圾，杜绝在坡顶堆弃土石。

⑤管控好行洪通道，禁止占用；管理好滑坡体上的排水管道，保障排水沟渠的畅通。

3）规划内容

地质灾害防治规划是根据目前地质灾害的现状和所面临的形势，提出未来一段时期内对地质灾害防灾减灾工作的部署及保障措施。编制的依据是地质环境和地质灾害调查的结果，并综合考虑国民经济和社会发展计划、生态保护规划以及其他防灾减灾规划等的相关内容。

地质灾害防治规划是预防和治理地质灾害的长远计划。规划的内容主要包括：开展地质灾害的现状分析和发展趋势预测；提出地质灾害的防治原则和目标；划定地质灾害易发区、重点防治区；制定地质灾害防治的项目、措施等。

4）规划原则

地质灾害的防治工作应坚持预防为主、避让与治理相结合和全面规划、突出重点的原则。

（1）统筹规划，保障安全

应围绕国家高质量发展战略，科学规划，重点开展地质灾害调查评价、监测预警、综合治理、应急防治和基层防灾能力建设，服务社会经济发展大局。要统筹组织，通过综合防治与工程措施和非工程措施相结合，长远规划、分步实施、区域防治与重点防治相结合；防治地质灾害与流域综合治理以及资源保护和生态环境建设相结合，保护和改善地质环境，保障人民生命财产安全。

（2）预防为主，避让与治理相结合

坚持预防为主，预防与治理相结合。以常规治理为主，常规治理与应急治理相结合；坚持监测预警为主，监测预警与工程治理相结合。城市规划建设用地应尽量避开已有或易发生地质灾害的地段，寻求城市建设与地质环境间的最有利结合，使建设用地及其工程项目充分利用有利的地质环境条件，尽可能避免或减少地质灾害的发生。在城市建设和工程选址中，应关注地质条件和工程地基等情况，同时也要踏勘和分析外围有无可能危及工程安全的崩塌、滑坡等地质灾害情况，还要看城市建设项目本身是否会给当地或外围地质环境造成不良影响。

（3）加强地质保护，减少人为诱发

从事生产、建设等活动的单位和个人，应当采取必要措施防止诱发或加重地质灾害。城市规划应加强对地质环境的保护，在工程设计和施工中要注意避免因开挖、弃土、排水等因素而诱发崩塌、滑坡等地质灾害。只要在规划、设计和施工建设中加强地质环境保护，减少或杜绝人为破坏，就可以防止一些地质灾害的发生。

（4）依法依规地规划，科学减灾

要进一步加强和完善地质灾害防治的法律法规、标准规范体系建设，依法依规进行城市规划和项目选址与施工建设等工作，充分认识地质灾害突发性、隐蔽性、破坏性和动态变化性的特点，强化基础研究与分析，把握地质灾害的发生、发展规律，促进新技术的应用和推广，科学防灾减灾。

11.6.2　地质灾害防治措施

地质灾害防治是指对不良地质现象进行评估，通过有效的地质工程技术手段，改变这些地质灾害产生的过程，以达到防止或减轻灾害发生的目的。城市规划层面的地质灾害防治包括建成系统完善的地质灾害调查与评估、地质灾害综合治理等方面内容。

1）地质灾害调查与评估

（1）地质灾害调查

在城市规划与建设中，实施地质灾害调查评价机制，查清地质灾害发生的地质背景，建构完善的调查评价体系，是有效管控地质灾害风险的基础性工作。地质灾害调查这项基础工作是极其重要的，是地质灾害有效防治的起点。

地质灾害调查是指用专业技术方法调查分析地质灾害状况和形成发展条件的各项工作的总称。地质灾害调查主要调查了解灾区地质灾害分布情况、形成条件、活动历史与变化特点；灾区社会经济条件、受灾人口和受灾财产数量、分布及抗灾能力；地质灾害防治途径、措施及其可行性。地质灾害调查的目的是为评价与防治地质灾害提供基础依据。

（2）地质灾害危险性评估

地质灾害危险性评估是指对工程建设诱发和建设工程遭受地质灾害的危险性做出评估，并对建设用地适宜性做出评价，提出地质灾害防治措施建议的技术工作。

实施地质灾害危险性评估的目的是防治地质灾害，避免和减轻地质灾害造成的损失，维护人民生命财产的安全，促进经济社会的可持续发展。

地质灾害危险性评估是在查明各种致灾地质作用的性质、规模和承灾对象社会经济属性的基础上，从致灾体稳定性和致灾体与承灾对象遭遇的概率分析入手，对其潜在的危险性进行客观评价。

在地质灾害易发区内进行工程建设，应在国土空间总体规划对规划区进行地质灾害危险性评估，评估通常由相关专业规划部门做出。

2）地质灾害分级

地质灾害分级是根据地质灾害事件的危害程度划分地质灾害的等级，包括地质灾害灾情和地质灾害险情两种情形。各地应根据地质灾害的分级情况，开展地质灾害防治工作；对于特大型、大型地质灾害，应将其作为地质灾害防治的重点，消除地质灾害的隐患。

（1）地质灾害灾情

地质灾害灾情指已发生地质灾害造成的危害情况，包括地质灾害造成的人员伤亡情况、财产损失情况等。地质灾害灾情等级应根据人员伤亡和经济损失的大小进行划分（表11-21）。

表11-21　地质灾害灾情等级划分表

灾情等级	特大型	大型	中型	小型
死亡人数 n（人）	$n \geqslant 30$	$10 \leqslant n < 30$	$3 \leqslant n < 10$	$n < 3$
直接经济损失 S（万元）	$S \geqslant 1\,000$	$500 \leqslant S < 1\,000$	$100 \leqslant S < 500$	$S < 100$

（2）地质灾害险情

地质灾害险情指潜在地质灾害发生后可能造成的危害情况，包括地质灾害可能造成的人员伤亡情况、财产损失情况等。地质灾害险情等级应根据直接威胁人数和潜在经济损失的大小进行划分（表11-22）。

表11-22　地质灾害险情等级划分

险情等级	特大型	大型	中型	小型
直接威胁人数 n（人）	$n \geqslant 1\,000$	$500 \leqslant n < 1\,000$	$100 \leqslant n < 500$	$n < 100$
潜在经济损失 S（万元）	$S \geqslant 10\,000$	$5\,000 \leqslant S < 10\,000$	$500 \leqslant S < 5\,000$	$S < 500$

3）灾害防治分区

城市地质灾害防治首先要进行灾害防治分区，包括地质灾害易发区、地质灾害重点防治区。

（1）地质灾害易发区，指具备地质灾害的地质环境条件，容易发生地质灾害的区域。地质灾害易发区必须经过地质灾害基础调查才能划定。易发区是一个相对的概念，并且可按照灾害种类划定，不同灾种其地质灾害易发的范围也各不相同。

（2）地质灾害重点防治区，指根据地质灾害现状和需要保护的对象而提出的给予重点防护的区域。如人口集中居住的城区、城镇以及生命线工程和重要基础设施等，都是应当给予重点防护的地质灾害防治区。

地质灾害的防治工作需要巨大的资金投入，其治理范围往往与国家经济社会发展水平相联系。考虑到我国目前的社会经济发展水平和各级财政的承担能力，国家《中华人民共和国地质灾害防治条例》明确规定，县级以上人民政府应当将城镇、人口集中居住区、风景名胜区、大中型工矿企业所在地和交通干线、重点水利电力工程等基础设施作为地质灾害重点防治区中的防护重点。

根据建设工程重要性，将地质灾害易发区建设工程类别划分为重要、较重要和一般三类（表11-23）。

表11-23　建设工程重要性分类表

建设工程重要性	工程类别
重要	城市总体规划区、村庄集镇规划区、放射性设施、军事和防空设施、核电、高速铁路、二级（含）以上公路、铁路、城市轨道交通、机场、大型水利工程、电力工程、港口码头、矿山、集中供水水源地、跨度>30 m或高度>50 m的建设工程、垃圾处理场、水处理厂、油气管道工程、储油气库、学校、医院、剧院、体育场馆、娱乐场所等
较重要	新建村庄集镇、三级（含）以下公路、中型水利工程、电力工程、港口码头、矿山、集中供水水源地、24 m<跨度≤30 m或24 m<高度≤50 m的建设工程、垃圾处理场、水处理厂等
一般	小型水利工程、电力工程、港口码头、矿山、集中供水水源地、跨度≤24 m或高度≤24 m的建设工程、垃圾处理场、水处理厂等

4）地质灾害综合治理

根据地质灾害危险性预测评估，实施地质灾害综合治理，通过采取搬迁、避让或工程治理来消除地质灾害隐患。

（1）主动避让

对于地质灾害结构复杂、变形剧烈等情形，实施防治工程措施在经济上不合理，或在目前的技术水平下实施难度较大的地质灾害体，宜采取避让方案。特别是对存在地质灾害危险性大的滑坡、崩塌、泥石流等地质灾害区域，应实行主动避让。

① 避开陡崖与陡坡。按照自然界物质由高处向低处的运动规律，陡崖、陡坡一般是崩塌、滑坡的危险地段，即便有的情况下能够维持一段时间的稳定，但最终人类也无法抵御自然界的运动规律。不管是陡坡坡脚处，还是陡崖上，都是危险性大的区域。

② 避开沟谷出口处。山区沟谷是一定范围内的主要泄洪通道，也是大量土石的搬运、堆积场所。上游汇水面积愈大，产生的洪水和泥石流愈迅猛，在下泄惯性力的作用下，沟谷出口处的洪水和泥石流的冲击力达到顶峰，对沟谷出口处的建筑物将造成毁灭性的破坏。

③ 避开沟谷低洼处。由于山区汛期暴雨产生的洪水排泄不畅，沟谷内容易积蓄大量的洪水，山坡上的大量土石也被冲入沟谷。沟谷低洼处不仅易受洪水灾害，还容易被大量土石埋没。

④ 避开松软土层。在山坡下的松软土层一般是陡坡上的崩塌堆积物，土层不密实，影响房屋基础的稳定性，随着时间推移，在雨水下渗的侵蚀下容易造成土层的不均匀沉陷，导致房屋墙体开裂，甚至倒塌。

⑤ 避开"马刀树"地形。"马刀树"是滑坡体没有稳定前的典型植物特征，是指滑坡体在缓慢滑动过程中使坡上树木变成歪斜状，许多树木向某个方向有规律地倾斜，如同马刀状。这种地形很有可能发生滑坡，在城乡规划与建设时应避开。

（2）工程措施

对存在发生中小型滑坡、崩塌、泥石流等地质灾害隐患，但适宜采用工程措施治理，并能取得较好防灾效果的，可通过一定的工程治理，防治地质灾害。工程措施包括卸载、挡墙、抗滑桩、清除、锚固和护堤、改河（沟）道、引流以及改址等措施。

（3）严格限控

在地面沉降、地裂缝等地质灾害区域，必须采取措施减少地下水的使用量，增加地面水补给量；应严格控制地下水的开采，实施地下水超采区的综合治理，通过地表水回灌、降低需水强度、采用节水政策及其节水技术，实现地下水合理开发利用和地面沉降风险可控。

（4）生物治理

实施生物工程来保护水土、削弱泥石流等地质灾害活动条件，保护森林植被，合理耕牧，严禁乱砍滥伐，提高植被覆盖率。利用农业、林牧业技术，如退耕还林还草，营造涵养林、防护林等，对城市周边的陡坡耕地、荒地荒坡进行人工改造，以控制其面蚀作用和水土流失强度，固定表层土。在一些滑坡、崩塌等地质灾害重点防治区域，需要生物措施与工程措施相结合才可产生显著的防治效果。

11.6.3 地质灾害易发区建设用地适宜性评价

在地质灾害易发区开展建设用地适宜性评价的目的是评定其土地作为城市建设用地的安全适宜性程度。建设用地适宜性评价是防治地质灾害、维护人民生命财产安全、进行土地利用决策、科学地编制土地利用规划的基本依据。

地质灾害易发区建设用地的适宜性评价是通过地质灾害危险性评估实现的。地质灾害危险性评估包括现状评估、预测评估、综合评估、建设用地适宜性评价及防治措施建议等为主要内容的技术工作，一般由相关专业规划部门做出，在城市规划时应将相关内容纳入，并与规划编制内容相衔接，统筹协调。

1）地质灾害调查及危险性现状评估

地质灾害调查及危险性现状评估是在基本查明评估区及周边已发生（或潜在）的各种地质灾害的形成条件、分布类型、活动规模、变形特征、诱发因素与形成机制等基础上，对其发育程度进行初步评价。

地质灾害评估区是指地质灾害危险性评估的范围，它由建设工程用地及规划区范围、地质环境条件、地质灾害类型及其影响范围确定。

根据地质灾害发育程度、危害程度、诱发因素，按灾种进行地质灾害危险性现状评估。评价目的是查明评估区地质灾害对生命财产和工程设施造成的危害程度。

地质灾害发育程度是指地质体在天然或人为因素的作用下形成的变形和破坏特征。

地质灾害危害程度是指地质灾害造成或可能造成的人员伤亡、经济损失与生态环境破坏的水平。

（1）地质灾害发育程度

地质灾害的发育程度根据地质体的变形和破坏特征确定，分为强发育、中等发育和弱发育三级。

（2）地质灾害危害程度

地质灾害危害程度与地质灾害分级基本相对应，根据灾情和险情分为危害大、危害中等和危害小三级（表11-24）。

表11-24　地质灾害危害程度分级表

危害程度	灾情		险情	
	死亡人数（人）	直接经济损失（万元）	受威胁人数（人）	可能直接经济损失（万元）
危害大	>10	>500	>100	>500
危害中等	3—10	100—500	10—100	100—500
危害小	<3	<100	<10	<100

注：危害程度采用"灾情"或"险情"指标评价时，满足一项即应定级。灾情指已发生的地质灾害，采用"死亡人数""直接经济损失"指标评价。险情指可能发生的地质灾害，采用"受威胁人数""可能直接经济损失"指标评价。

（3）地质灾害的诱发因素

地质灾害诱发因素是指引起地质体发生变化的自然和人为活动要素（表11-25）。

表11-25　地质灾害诱发因素分类表

分类	滑坡	崩塌	泥石流	岩溶塌陷	采空塌陷	地裂缝	地面沉降
自然因素	地震、降水、融雪、融冰、地下水位上升、河流侵蚀、新构造移动	地震、降水、融雪、融冰、温差变化、河流侵蚀、树木根劈	降水、融雪、融冰、堰塞湖溢流、地震	地下水位变化、地震、降水	地下水位变化、地震	地震、新构造运动	新构造运动
人为因素	开挖扰动、爆破、采矿、加载、抽排水、沟渠溢流或渗水	开挖扰动、爆破、机械震动、抽排水、加载、沟渠溢流或渗水	水库溢流或垮坝、沟渠溢流、弃渣加载、植被破坏	抽排水、开挖扰动、采矿、机械震动、加载	采矿、抽排水、开挖扰动、震动、加载	抽排水	抽排水、油气开采

（4）地质灾害危险性分级

地质灾害的危险性是指一定发育程度的地质体在天然或人为因素作用下可能造成的危害。地质灾害危险性根据地质灾害发育程度、危害程度和诱发因素三个指标确定，分为危险性大、危险性中等和危险性小三级（表 11-26）。

表 11-26　地质灾害危险性分级表

发育程度			危害程度	诱发因素
强发育	中等发育	弱发育		
危险性大	危险性大	危险性中等	危害大	自然、人为 （见前表 11-25）
危险性大	危险性中等	危险性中等	危害中等	
危险性中等	危险性小	危险性小	危害小	

2）工程建设中、建成后引发地质灾害危险性预测评估

工程建设中、建成后引发地质灾害危险性预测评估应在现状评估的基础上，结合建设类型和工程建设特点进行地质灾害预测评估。应对工程建设中、建成后可能引发或加剧滑坡、崩塌、泥石流、塌陷、地裂缝、地面沉降等地质灾害发生的可能性、危险性做出预测评估。

3）建设工程遭受地质灾害危险性预测评估

在地质灾害易发区，应分析建设工程竣工后在运营期间对地质环境条件改变可能引发的地质灾害，应结合建设工程建设类型和建设工程运营特点进行地质灾害危险性预测评估，应对建设工程和规划区遭受地质灾害的危险性进行预测评估（表 11-27）。

表 11-27　城市总体规划、村庄和集镇规划区遭受地质灾害危险性预测评估分级表

建设工程与地质灾害体的位置关系	建设工程遭受地质灾害的可能性	发育程度	危害程度	危险性等级
位于地质灾害体影响范围内	可能性大	强发育	危害大	危险性大
		中等发育		危险性大
		弱发育		危险性中等
邻近地质灾害体影响范围	可能性中等	强发育	危害中等	危险性大
		中等发育		危险性中等
		弱发育		危险性中等
位于地质灾害体影响范围外	可能性小	强发育	危害小	危险性中等
		中等发育		危险性小
		弱发育		危险性小

4）地质灾害危险性综合评估

地质灾害区的建设用地适宜性评价是以地质灾害的危险性评估为基础的。地质灾害的危险性综合评估是依据地质灾害危险性现状评估和预测评估结果，充分考虑评估区地质环境条件的差异和潜在地质灾害隐患点的分布、危害程度，确定判别区

段危险性的量化指标。根据"区内相似，区际相异"的原则，对评估区的地质灾害危险性等级进行分区（段）。

在地质灾害危险性综合评估中，危险性等级划分为危险性大、危险性中等、危险性小三级。

地质灾害危险性综合评估，应根据各（区）段存在的和可能引发的灾种多少、规模、发育程度和承灾对象的社会经济属性等，按"就高不就低"的原则综合判定评估区地质灾害危险性的等级区（段）。

5）建设用地适宜性评价

建设用地适宜性由地质环境条件复杂程度、工程建设引发和建设工程遭受地质灾害的危险性、地质灾害防治难度三个方面确定。

地质环境条件的复杂程度根据区域地质背景、地形地貌、地层岩性和岩土工程地质性质、地质构造、水文地质条件、地质灾害及不良地质现象、人类活动对地质环境的影响划分为复杂、中等和简单三类（表11-28）。

表 11-28　地质环境条件复杂程度分类表

地质环境条件	复杂程度		
	复杂	中等	简单
区域地质背景	区域地质构造条件复杂，建设场地有全新世活动断裂，地震基本烈度＞Ⅷ度，地震动峰值加速度＞0.20 g	区域地质构造条件较复杂，建设场地附近有全新世活动断裂，地震基本烈度为Ⅶ—Ⅷ度，地震动峰值加速度为0.10—0.20 g	区域地质构造条件简单，建设场地附近无全新世活动断裂，地震基本烈度≤Ⅵ度，地震动峰值加速度＜0.10 g
地形地貌	地形复杂，相对高差＞200 m，地面坡度以＞25°为主，地貌类型多样	地形较简单，相对高差50—200 m，地面坡度以8°—25°为主，地貌类型较单一	地形简单，相对高差＜50 m，地面坡度＜8°，地面类型单一
地层岩性和岩土工程地质性质	岩性岩相复杂多样，岩土体结构复杂，工程地质性质差	岩性岩相变化较大，岩土体结构较复杂，工程地质性质较差	岩性岩相变化小，岩土体结构较简单，工程地质性质良好
地质构造	地质构造复杂，褶皱断裂发育，岩体破碎	地质构造较复杂，有褶皱、断裂分布，岩体较破碎	地质构造较简单，无褶皱、断裂，裂隙发育
水文地质条件	具三层以上含水层，水位年际变化＞20 m，水文地质条件不良	有二至三层含水层，水位年际变化5—20 m，水文地质条件较差	单层含水层，水位年际变化＜5 m，水文地质条件良好
地质灾害及不良地质现象	发育强烈，危害较大	发育中等，危害中等	发育弱或不发育，危害小
人类活动对地质环境的影响	人类活动强烈，对地质环境的影响、破坏严重	人类活动较强烈，对地质环境的影响、破坏较严重	人类活动一般，对地质环境的影响、破坏小

地质灾害易发区的建设用地适宜性分为适宜、基本适宜、适用性差三个等级（表11-29）。

表 11-29　建设用地适宜性分级表

级别	分级说明
适宜	地质环境复杂程度简单，工程建设引发地质灾害的可能性小，建设工程遭受地质灾害的可能性小，危险性小，易于处理
基本适宜	不良地质现象中等发育，地质构造、地层岩性变化较大，工程建设引发地质灾害的可能性中等，建设工程遭受地质灾害的可能性中等，危险性中等，但可采取措施予以处理
适用性差	地质灾害发育强烈，地质构造复杂，软弱结构成发育区，工程建设引发地质灾害的可能性大，建设工程遭受地质灾害的可能性大，危险性大，防治难度大

地质灾害危险性小、基本不涉及防治工程的，土地适宜性为适宜；地质灾害危险性中等、防治工程简单的，土地适宜性为基本适宜；地质灾害危险性大，防治工程复杂的，土地适宜性为适宜性差。

6）建设工程与建设用地地质灾害防治工程措施

建设工程的地质灾害防治措施应根据工程建设中、建成后引发地质灾害危险性预测评估、建设工程遭受地质灾害危险性预测评估和地质灾害危险性综合评估，综合考虑地质环境条件复杂程度、地质灾害防治难度，因地制宜地提出具体的工程防治措施。城市建设用地的地质灾害防治措施应根据建设用地适宜性评价，结合城市经济与社会发展情况，因地制宜提出防治措施。避免和减轻地质灾害造成的损失，维护人民生命财产安全，促进经济社会的可持续发展（表 11-30）。

表 11-30　地质灾害防治措施建议表

分类	工业与民用建筑	城市和村镇规划区
滑坡	卸载、挡墙、抗滑桩、改址	清除、卸载、挡墙、抗滑桩、改址
崩塌	清除、锚固、挡墙、改址	清除、护坡、挡墙、锚固、改址
泥石流	护堤、改河（沟）道、引流、改址	改址、改河（沟）道、引流
岩溶塌陷	改址、充填注浆	改址、固体物充填、充填注浆
采空塌陷	改址、充填注浆	改址、固体物充填、充填注浆
地裂缝	改址、换应变基础	改址、固体物充填、充填注浆
地面沉降	桩加长、换应变基础	充填注浆、换应变基础、改址

注：按顺序，第一位为首先采取的措施，以后为单项或组合措施。

11.7　城市生命线系统防灾工程规划

11.7.1　概述

城市生命线系统包括交通、水、能源、通信等城市工程系统，是保证居民生活和城市机能正常运转的重要基础设施，是维系区域经济功能和城市功能的基础性工程系统。

生命线系统主要包括道路交通设施、给水排水设施、供电供燃气供热设施、邮政通信设施和医疗、卫生及消防救灾等子系统。

（1）道路交通，包括城市交通运输（道路、桥梁、地铁、公共交通场站等）和城市对外交通（航空、水运、公路、铁路等）设施。

（2）给水排水，包括城市水资源开发利用设施，自来水的生产、供应设施，雨水排放设施，污水排放及其处理设施等。

（3）能源供应，包括城市电力生产和输变电设施，天热气、液化石油气、人工煤气的供应设施，城市供热热源和供应设施等。

（4）信息传播，包括邮政设施、电信设施、网络设施等。

（5）生态环境，包括环境卫生收集设施、转运设施、处理处置设施等。

（6）医疗卫生，包括医疗、卫生、防疫、康复、保健和急救等设施。

（7）消防救灾，包括消防指挥中心、消防站等设施。

随着城市化水平的不断提高和城市规模的日益扩大，城市对生命线系统的依赖程度也越来越高，生命线系统的安全保障问题直接影响了城市功能的正常运转，其重要性日显突出。

11.7.2 城市生命线系统防灾规划要求

我国对城市生命线系统安全减灾防灾的认识还很有限，采取的安全措施还远远不够，城市生命线系统的抗灾能力尚显脆弱，新的影响城市安全的问题还依然层出不穷。因此，提高我国城市生命线系统的防灾安全问题十分迫切。

城市生命线系统有其自身的规划原则，但由于与城市防灾关系密切，其防灾的要求应予以特别强调。在以上各章节中，我们已经提到过工程设施的布局要求、防护要求，在此不再赘述。对于城市生命线系统，一般都应在普通建构筑物的防灾标准基础上，具有较高的防御标准，确保安全性。

提高生命线系统的规划和建设的措施主要有以下几个方面：

1）建设用地适宜性评价

在城市规划中，应首先做好城市建设用地的选择，科学开展用地适宜性评价。城市建设用地必须避开地质灾害易发区，使城市的建设空间具有较高的安全性；城市的生活居住、公共服务、工程系统等远离危险，免遭灾害的侵扰；城市生命线系统设施的用地及其关联区域应具有良好的工程地质、水文地质等条件，具有较高的防灾能力。生命线系统设施不应在地质灾害区选址。

2）空间安全布局

城市规划应充分考虑城市用地的安全布局问题，确保城市的健康发展。城市生命线系统是保障城市功能正常的基础性工程，因此在城市规划中宜优先考虑城市生命线系统设施的安全布局和合理分布，保障其功能作用的充分发挥和使用方便，保障交通、水、能源、通信系统对其的有效支撑，以确保生命线系统设施的有序运行。

城市的供电、供气、供水、通信等系统的关键部位或设施，医院、粮库等生命线系统以及中小学校、幼儿园、养老院等弱势群体建筑，应设置在安全地带或场所，并应保障生命线系统在灾害期间能正常运转和使用。

3）高标准安全设防

在我国各项规范标准中，关于城市生命线系统设施的设防标准均普遍高于一般建筑。在城市规划和建筑设计中，城市生命线系统的设施都应采用较高的防御标准进行安全设防。

如给水、排水、燃气、供热系统的主要管线和建筑，其抗震设防标准一般为重点设防类；省级及以上的广播电视和邮电通信等建筑，一般都为特殊设防类或重点设防类抗震设防建筑。大型输油、输气、输水管道工程和高速公路、一级公路路基及城市重要的市话局、电信枢纽等的防洪设防按Ⅰ级防护、百年一遇防洪标准；大型火电厂的设防标准为Ⅰ级防护、超百年一遇防洪标准。

城市规划要充分考虑生命线系统设施的较高设防要求，并应将其布局在较为安全的地带。当灾害发生时，保障生命线系统供应不受破坏，能基本正常运行。

4）地下空间统筹开发

生命线系统设施的建设充分利用地下空间是现代城市发展的必然趋势，它有助于提高工程管线等设施的安全性，便于维护，增强城市防灾能力。生命线系统设施地下化后，可不受地面火灾和强风的影响，大大减轻洪灾和地震的影响。

一些原来通常是地上敷设的电力电信等线路，被改为地下敷设或采用综合管廊后，其安全性能大大提高。相比较而言，地下管线或综合管廊在灾害发生时不易受损，能够保障设施的连续运行，提高城市的防灾减灾能力；地下管线避免了自然因素（如台风、雷电、地震）和人为因素（如火灾、施工破坏）的直接影响，提高了管线的安全性和可靠度。

5）设施节点的防灾处理

城市生命线系统中的一些关键节点，如桥梁、变电站、管线接口等，都必须进行重点防灾处理。这些节点是构成生命线系统网络的枢纽，一旦受损，可能导致整个系统的破坏。

国家高速公路和一级公路的特大桥，其防洪标准应达到300年一遇，保障其有足够的安全性；工程管线的接口采用柔性连接，以增强管网的安全韧性和抗灾能力；在供燃气、供热设施的管道出入口处，应设置控制阀门，以便在情况紧急时断开气源或热源；防灾指挥中心、消防、重要控制室和给水、电力、通信等设施，其防灾设防标准较一般设施要高，以提高其抗震、抗洪等防灾能力。

6）提高设施的备用率

要保证城市生命线系统设施在灾时发生部分损毁时，仍能保持相当的服务能力，就必须要保证设施有一定的备用。在生命线系统设施规划与建设时，应考虑设置备用系统或冗余设施。如在供电系统中设置多个电源点或备用发电机，在供水系统中设置多个水源地或储水设施等。这样，在主系统出现故障时，备用系统可以迅速接替工作，保障城市的基本需求。

城市生命线系统的规划应考虑城市发展及其生命线系统的建设情况，还要充分考虑生命线系统的供应容量，以保证其拥有充足的供应能力。在规划中，应按较高标准，核定其需求容量、负荷大小等；同时，应根据时代发展要求和生命线各子系统规划标准的完善，充分考虑其科学性，增强系统匹配，提高其抗灾能力和安全可靠性。

第 11 章思考题

1. 城市消防安全布局和消防站、消防给水、消防车通道的规划要求是什么？

2. 城市防洪标准、抗震设防标准的作用和意义是什么？

3. 城市用地防洪安全布局、城市防洪体系、防洪工程设施的规划要求是什么？

4. 城市布局避震减灾设防规划的要求是什么？

5. 城市重要建筑与设施的抗震设防规划要求是什么？

6. 城市避震疏散场所的类别与规划布局要求是什么？

7. 城市平战结合人防工程设施规划的要求是什么？

8. 地质灾害综合治理的基本方式有哪些？

9. 地质灾害易发区的建设用地适宜性分级与规划要求是什么？

10. 城市生命线系统防灾规划的要求是什么？

11. 学习和解析典型城市的防灾现状和防灾工程系统规划。

参考文献

第1章参考文献

［1］《住房和城乡建设行业信息化发展报告（2022）新型城市基础设施建设与发展》编委会.住房和城乡建设行业信息化发展报告（2022）：新型城市基础设施建设与发展［M］.北京：中国建筑工业出版社，2022.

［2］戴慎志.城市工程系统规划［M］.3版.北京：中国建筑工业出版社，2015.

［3］吴小虎，李祥平.城乡市政基础设施规划［M］.北京：中国建筑工业出版社，2016.

［4］中共中央办公厅，国务院办公厅.关于推动基础设施高质量发展的意见［Z］.北京：中共中央办公厅，2020.

［5］中共中央国务院.中共中央国务院关于建立国土空间规划体系并监督实施的若干意见［M］.北京：人民出版社，2019.

［6］中华人民共和国国家质量监督检验检疫总局，中国国家标准化管理委员会.城市基础设施管理：GB/T 32555—2016［S］.北京：中国标准出版社，2016.

［7］中华人民共和国住房和城乡建设部.城市信息模型基础平台技术标准：CJJ/T 315—2022［S］.北京：中国建筑工业出版社，2022.

［8］朱建达，苏群.村镇基础设施规划与建设［M］.南京：东南大学出版社，2008.

［9］住房和城乡建设部，国家发展和改革委员会.住房和城乡建设部国家发展改革委关于印发"十四五"全国城市基础设施建设规划的通知［Z］.北京：住房和城乡建设部，2022.

［10］自然资源部办公厅.省级国土空间规划编制指南（试行)［Z］.北京：自然资源部办公厅，2020.

［11］自然资源部办公厅.市级国土空间总体规划编制指南（试行)［Z］.北京：自然资源部办公厅，2020.

第2章参考文献

［1］《住房和城乡建设行业信息化发展报告（2022）新型城市基础设施建设与发展》编委会.住房和城乡建设行业信息化发展报告（2022）：新型城市基础设施建设与发展［M］.北京：中国建筑工业出版社，2022.

［2］陈春光，等.城市给水排水工程［M］.成都：西南交通大学出版社，2017.

［3］戴慎志.城市工程系统规划［M］.3版.北京：中国建筑工业出版社，2015.

［4］国家环境保护总局，国家质量监督检验检疫总局.地表水环境质量标准：GB 3838—2002［S］.北京：中国环境科学出版社，2002.

［5］国家环境保护总局.污水综合排放标准：GB 8978—1996［S］.北京：中国标准出版社，1998.

［6］国家市场监督管理总局，国家标准化管理委员会.生活饮用水卫生标准：GB 5749—

2022［S］.北京：中国标准出版社，2022.

［7］国务院.中华人民共和国城市供水条例（2020年修正）［Z］.北京：国务院，2020.

［8］吴小虎，李祥平.城乡市政基础设施规划［M］.北京：中国建筑工业出版社，2016.

［9］中华人民共和国国家质量监督检验检疫总局，中国国家标准化管理委员会.地下水质量标准：GB/T 14848—2017［S］.北京：中国标准出版社，2017.

［10］中华人民共和国建设部.城市居民生活用水量标准：GB/T 50331—2002（2023年版）［S］.北京：中国建筑工业出版社，2023.

［11］中华人民共和国建设部.生活饮用水水源水质标准：CJ 3020—93［S］.北京：中国标准出版社，1994.

［12］中华人民共和国住房和城乡建设部，国家市场监督管理总局.建筑防火通用规范：GB 55037—2022［S］.北京：中国计划出版社，2022.

［13］中华人民共和国住房和城乡建设部，国家市场监督管理总局.建筑给水排水与节水通用规范：GB 55020—2021［S］.北京：中国建筑工业出版社，2021.

［14］中华人民共和国住房和城乡建设部，国家市场监督管理总局.室外给水设计标准：GB 50013—2018［S］.北京：中国计划出版社，2019.

［15］中华人民共和国住房和城乡建设部，中华人民共和国国家质量监督检验检疫总局.水资源规划规范：GB/T 51051—2014［S］.北京：中国计划出版社，2015.

［16］中华人民共和国住房和城乡建设部，中华人民共和国应急管理部.建筑防火通用规范：GB 55037—2022［S］.北京：中国计划出版社，2022.

［17］中华人民共和国住房和城乡建设部.城市工程管线综合规划规范：GB 50289—2016［S］.北京：中国建筑工业出版社，2016.

［18］中华人民共和国住房和城乡建设部.城市供水应急和备用水源工程技术标准：CJJ/T 282—2019［S］.北京：中华人民共和国住房和城乡建设部，2019.

［19］中华人民共和国住房和城乡建设部.城市给水工程规划规范：GB 50282—2016［S］.北京：中国计划出版社，2017.

［20］中华人民共和国住房和城乡建设部.建筑给水排水设计标准：GB 50015—2019［S］.北京：中国计划出版社，2019.

［21］中华人民共和国住房和城乡建设部.建筑设计防火规范：GB 50016—2014（2018年版）［S］.北京：中国计划出版社，2018.

［22］中华人民共和国住房和城乡建设部.消防给水及消火栓系统技术规范：GB 50974—2014［S］.北京：中国计划出版社，2014.

［23］中华人民共和国住房和城乡建设部.消防设施通用规范：GB 55036—2022［S］.北京：中国计划出版社，2022.

［24］朱建达，苏群.村镇基础设施规划与建设［M］.南京：东南大学出版社，2008.

第3章参考文献

［1］《住房和城乡建设行业信息化发展报告（2022）新型城市基础设施建设与发展》编委会.住房和城乡建设行业信息化发展报告（2022）：新型城市基础设施建设与发

展［M］．北京：中国建筑工业出版社，2022．

［2］陈春光，等．城市给水排水工程［M］．成都：西南交通大学出版社，2017．

［3］戴慎志．城市工程系统规划［M］．3版．北京：中国建筑工业出版社，2015．

［4］国务院．城镇排水与污水处理条例［Z］．北京：国务院，2013．

［5］国务院．水污染防治行动计划［Z］．北京：国务院，2015．

［6］王通．城市雨水管理：理论、方法与措施［M］．武汉：华中科技大学出版社，2017．

［7］吴小虎，李祥平．城乡市政基础设施规划［M］．北京：中国建筑工业出版社，2016．

［8］中华人民共和国国家质量监督检验检疫总局，中国国家标准化管理委员会．污水排入城镇下水道水质标准：GB/T 31962—2015［S］．北京：中国标准出版社，2016．

［9］中华人民共和国住房和城乡建设部，国家市场监督管理总局．城乡排水工程项目规范：GB 55027—2022［S］．北京：中国建筑工业出版社，2022．

［10］中华人民共和国住房和城乡建设部，国家市场监督管理总局．海绵城市建设评价标准：GB/T 51345—2018［S］．北京：中国建筑工业出版社，2018．

［11］中华人民共和国住房和城乡建设部，国家市场监督管理总局．建筑给水排水设计标准：GB 50015—2019［S］．北京：中国计划出版社，2019．

［12］中华人民共和国住房和城乡建设部，国家市场监督管理总局．建筑给水排水与节水通用规范：GB 55020—2021［S］．北京：中国建筑工业出版社，2021．

［13］中华人民共和国住房和城乡建设部，国家市场监督管理总局．室外排水设计标准：GB 50014—2021［S］．北京：中国计划出版社，2021．

［14］中华人民共和国住房和城乡建设部，中华人民共和国国家质量监督检验检疫总局．城市排水工程规划规范：GB 50318—2017［S］．北京：中国建筑工业出版社，2017．

［15］中华人民共和国住房和城乡建设部，中华人民共和国国家质量监督检验检疫总局．城镇污水再生利用工程设计规范：GB 50335—2016［S］．北京：中国建筑工业出版社，2017．

［16］中华人民共和国住房和城乡建设部，中华人民共和国国家质量监督检验检疫总局．城镇雨水调蓄工程技术规范：GB 51174—2017［S］．北京：中国计划出版社，2017．

［17］中华人民共和国住房和城乡建设部，中华人民共和国国家质量监督检验检疫总局．建筑与小区雨水控制及利用工程技术规范：GB 50400—2016［S］．北京：中国建筑工业出版社，2017．

［18］中华人民共和国住房和城乡建设部．城镇内涝防治技术规范：GB 51222—2017［S］．北京：中国计划出版社，2017．

［19］中华人民共和国住房和城乡建设部．海绵城市建设技术指南：低影响开发雨水系统构建（试行）［M］．北京：中国建筑工业出版社，2015．

［20］朱建达，费忠民，等．小城镇基础设施规划［M］．南京：东南大学出版社，2002．

［21］朱建达，苏群．村镇基础设施规划与建设［M］．南京：东南大学出版社，2008．

第4章参考文献

［1］北京市规划和国土资源管理委员会，北京市质量技术监督局．电动汽车充电基础设

施规划设计标准：DB11/T 1455—2017［S］. 北京：北京市规划和国土资源管理委员会，2017.

［2］戴慎志. 城市工程系统规划［M］. 3 版. 北京：中国建筑工业出版社，2015.

［3］戴慎志. 城市基础设施工程规划手册［M］. 北京：中国建筑工业出版社，2000.

［4］国家电网公司. ±500 kV 直流架空输电线路设计技术规定：Q/GDW 181—2008［S］. 北京：国家电网公司，2008.

［5］国家技术监督局，中华人民共和国建设部. 35—110 kV 变电所设计规范：GB 50059—92［S］. 北京：中国标准出版社，1992.

［6］国家能源局. 20kV 配电设计技术规定：DL 5449—2012［S］. 北京：中国电力出版社，2012.

［7］华中科技大学建筑城规学院，四川省城乡规划设计研究院. 城市规划资料集（三）：小城镇规划［M］. 北京：中国建筑工业出版社，2006.

［8］环境保护部，国家质量监督检验检疫总局. 环境空气质量标准：GB 3095—2012［S］. 北京：中国环境科学出版社，2016.

［9］吴小虎，李祥平. 城乡市政基础设施规划［M］. 北京：中国建筑工业出版社，2016.

［10］中国城市规划设计研究院，沈阳市城市规划设计研究院. 城市规划资料集（十一）：工程规划［M］. 北京：中国建筑工业出版社，2005.

［11］中华人民共和国国家质量监督检验检疫总局，中国国家标准化管理委员会. 标准电压：GB/T 156—2017［S］. 北京：中国标准出版社，2017.

［12］中华人民共和国国家质量监督检验检疫总局，中国国家标准化管理委员会. 电动汽车充电站通用要求：GB/T 29781—2013［S］. 北京：中国标准出版社，2014.

［13］中华人民共和国卫生部. 工业企业设计卫生标准：GBZ 1—2010［S］. 北京：人民卫生出版社，2010.

［14］中华人民共和国住房和城乡建设部，中华人民共和国国家质量监督检验检疫总局. ±800 kV 直流换流站设计规范：GB/T 50789—2012（2022 年版）［S］. 北京：中国计划出版社，2022.

［15］中华人民共和国住房和城乡建设部，中华人民共和国国家质量监督检验检疫总局. ±800 kV 直流架空输电线路设计规范：GB 50790—2013（2019 年版）［S］. 北京：中国计划出版社，2019.

［16］中华人民共和国住房和城乡建设部，中华人民共和国国家质量监督检验检疫总局. 1 000 kV 架空输电线路设计规范：GB 50665—2011［S］. 北京：中国计划出版社，2012.

［17］中华人民共和国住房和城乡建设部，中华人民共和国国家质量监督检验检疫总局. 110 kV—750 kV 架空输电线路设计规范：GB 50545—2010［S］. 北京：中国计划出版社，2010.

［18］中华人民共和国住房和城乡建设部，中华人民共和国国家质量监督检验检疫总局. 66 kV 及以下架空电力线路设计规范：GB 50061—2010［S］. 北京：中国计划出版社，2010.

［19］中华人民共和国住房和城乡建设部，中华人民共和国国家质量监督检验检疫总局.城市电力规划规范：GB/T 50293—2014［S］.北京：中国建筑工业出版社，2015.

［20］中华人民共和国住房和城乡建设部，中华人民共和国国家质量监督检验检疫总局.城市配电网规划设计规范：GB 50613—2010［S］.北京：中国计划出版社，2011.

［21］中华人民共和国住房和城乡建设部，中华人民共和国国家质量监督检验检疫总局.大中型火力发电厂设计规范：GB 50660—2011［S］.北京：中国计划出版社，2012.

［22］中华人民共和国住房和城乡建设部，中华人民共和国国家质量监督检验检疫总局.电动汽车充电站设计规范：GB 50966—2014［S］.北京：中国计划出版社，2014.

［23］中华人民共和国住房和城乡建设部，中华人民共和国国家质量监督检验检疫总局.高压直流换流站设计规范：GB/T 51200—2016［S］.北京：中国计划出版社，2017.

［24］中华人民共和国住房和城乡建设部，中华人民共和国国家质量监督检验检疫总局.供配电系统设计规范：GB 50052—2009［S］.北京：中国计划出版社，2010.

［25］中华人民共和国住房和城乡建设部，中华人民共和国国家质量监督检验检疫总局.小型火力发电厂设计规范：GB 50049—2011［S］.北京：中国计划出版社，2011.

［26］中华人民共和国住房和城乡建设部，中华人民共和国国家质量监督检验检疫总局.小型水力发电站设计规范：GB 50071—2014［S］.北京：中国计划出版社，2015.

［27］中华人民共和国住房和城乡建设部，中华人民共和国应急管理部.建筑防火通用规范：GB 55037—2022［S］.北京：中国计划出版社，2022.

［28］中华人民共和国住房和城乡建设部.电力工程电缆设计标准：GB 50217—2018［S］.北京：中国计划出版社，2018.

［29］朱建达，费忠民，等.小城镇基础设施规划［M］.南京：东南大学出版社，2002.

［30］朱建达，苏群.村镇基础设施规划与建设［M］.南京：东南大学出版社，2008.

第 5 章参考文献

［1］《住房和城乡建设行业信息化发展报告（2022）新型城市基础设施建设与发展》编委会.住房和城乡建设行业信息化发展报告（2022）：新型城市基础设施建设与发展［M］.北京：中国建筑工业出版社，2022.

［2］戴慎志.城市工程系统规划［M］.3 版.北京：中国建筑工业出版社，2015.

［3］华中科技大学建筑城规学院，四川省城乡规划设计研究院.城市规划资料集（三）：小城镇规划［M］.北京：中国建筑工业出版社，2006.

［4］内蒙古自治区质量技术监督局.液化天然气（LNG）汽车加气站设计与施工规范：DB15/T 471—2010［S］.呼和浩特：内蒙古自治区质量技术监督局，2010.

［5］吴小虎，李祥平.城乡市政基础设施规划［M］.北京：中国建筑工业出版社，2016.

［6］中国城市规划设计研究院，沈阳市城市规划设计研究院.城市规划资料集（十一）：工程规划［M］.北京：中国建筑工业出版社，2005.

［7］中国城市燃气协会.液化天然气：T/CGAS 019—2022［S］.北京：中国标准出版社，2022.

［8］中华人民共和国国家质量监督检验检疫总局，中国国家标准化管理委员会.城镇燃

气分类和基本特性：GB/T 13611—2018［S］．北京：中国标准出版社，2018.

［9］中华人民共和国建设部，中华人民共和国国家质量监督检验检疫总局．城镇燃气设计规范：GB 50028—2006（2020年版）［S］．北京：中国建筑工业出版社，2020.

［10］中华人民共和国住房和城乡建设部，国家市场监督管理总局．燃气工程项目规范：GB 55009—2021［S］．北京：中国建筑工业出版社，2021.

［11］中华人民共和国住房和城乡建设部，国家市场监督管理总局．天然气液化工厂设计标准：GB 51261—2019［S］．北京：中国建筑工业出版社，2019.

［12］中华人民共和国住房和城乡建设部，中华人民共和国国家发展和改革委员会．城镇液化天然气厂站建设标准：建标 151—2011［S］．北京：中国计划出版社，2011.

［13］中华人民共和国住房和城乡建设部，中华人民共和国国家质量监督检验检疫总局．城镇燃气工程基本术语标准：GB/T 50680—2012［S］．北京：中国建筑工业出版社，2012.

［14］中华人民共和国住房和城乡建设部，中华人民共和国国家质量监督检验检疫总局．城镇燃气规划规范：GB/T 51098—2015［S］．北京：中国建筑工业出版社，2015.

［15］中华人民共和国住房和城乡建设部，中华人民共和国国家质量监督检验检疫总局．人工制气厂站设计规范：GB 51208—2016［S］．北京：中国计划出版社，2017.

［16］中华人民共和国住房和城乡建设部，中华人民共和国国家质量监督检验检疫总局．压缩天然气供应站设计规范：GB 51102—2016［S］．北京：中国建筑工业出版社，2017.

［17］中华人民共和国住房和城乡建设部，中华人民共和国国家质量监督检验检疫总局．液化石油气供应工程设计规范：GB 51142—2015［S］．北京：中国建筑工业出版社，2016.

［18］中华人民共和国住房和城乡建设部，中华人民共和国应急管理部．建筑防火通用规范：GB 55037—2022［S］．北京：中国计划出版社，2022.

［19］中华人民共和国住房和城乡建设部．建筑设计防火规范：GB 50016—2014（2018年版）［S］．北京：中国计划出版社，2018.

［20］中华人民共和国住房和城乡建设部．输气管道工程设计规范：GB 50251—2015［S］．北京：中国计划出版社，2015.

［21］朱建达，费忠民，等．小城镇基础设施规划［M］．南京：东南大学出版社，2002.

［22］朱建达，苏群．村镇基础设施规划与建设［M］．南京：东南大学出版社，2008.

第6章参考文献

［1］《住房和城乡建设行业信息化发展报告（2022）新型城市基础设施建设与发展》编委会．住房和城乡建设行业信息化发展报告（2022）：新型城市基础设施建设与发展［M］．北京：中国建筑工业出版社，2022.

［2］戴慎志．城市工程系统规划［M］．3 版．北京：中国建筑工业出版社，2015.

［3］华中科技大学建筑城规学院，四川省城乡规划设计研究院．城市规划资料集（三）：小城镇规划［M］．北京：中国建筑工业出版社，2006.

［4］吴小虎，李祥平．城乡市政基础设施规划［M］．北京：中国建筑工业出版社，2016.

［5］中国城市规划设计研究院，沈阳市城市规划设计研究院．城市规划资料集（十一）：工程规划［M］．北京：中国建筑工业出版社，2005.

［6］中华人民共和国国家质量监督检验检疫总局，中国国家标准化管理委员会．地热资源地质勘查规范：GB/T 11615—2010［S］．北京：中国标准出版社，2011.

［7］中华人民共和国住房和城乡建设部，国家市场监督管理总局．供热工程项目规范：GB 55010—2021［S］．北京：中国建筑工业出版社，2021.

［8］中华人民共和国住房和城乡建设部，中华人民共和国国家发展和改革委员会．城镇供热厂工程项目建设标准：建标 112—2018［S］．北京：中国计划出版社，2018.

［9］中华人民共和国住房和城乡建设部，中华人民共和国国家质量监督检验检疫总局．城市供热规划规范：GB/T 51074—2015［S］．北京：中国建筑工业出版社，2015.

［10］中华人民共和国住房和城乡建设部，中华人民共和国应急管理部．建筑防火通用规范：GB 55037—2022［S］．北京：中国计划出版社，2022.

［11］中华人民共和国住房和城乡建设部．城镇供热管网设计标准：CJJ/T 34—2022［S］．北京：中国计划出版社，2022.

［12］中华人民共和国住房和城乡建设部．燃气冷热电联供工程技术规范：GB 51131—2016［S］．北京：中国建筑工业出版社，2017.

［13］朱建达，费忠民，等．小城镇基础设施规划［M］．南京：东南大学出版社，2002.

［14］朱建达，苏群．村镇基础设施规划与建设［M］．南京：东南大学出版社，2008.

第 7 章参考文献

［1］《住房和城乡建设行业信息化发展报告（2022）新型城市基础设施建设与发展》编委会．住房和城乡建设行业信息化发展报告（2022）：新型城市基础设施建设与发展［M］．北京：中国建筑工业出版社，2022.

［2］戴慎志．城市工程系统规划［M］．3 版．北京：中国建筑工业出版社，2015.

［3］国家发展和改革委员会办公厅．国家发展改革委办公厅关于组织实施 2018 年新一代信息基础设施建设工程的通知［Z］．北京：国家发展和改革委员会办公厅，2017.

［4］国家广播电视总局．有线电视网络光纤到户万兆单向 IP 广播系统技术规范：GY/T 327—2019［S］．北京：国家广播电视总局，2019.

［5］国家广播电影电视总局．城市有线广播电视网络设计规范：GY 5075—2005［S］．北京：国家广播电影电视总局，2006.

［6］国家广播电影电视总局．有线广播电视网络管理中心设计规范：GY 5082—2010［S］．北京：国家广播电视总局，2010.

［7］国家邮政局．邮政普遍服务：YZ/T 0129—2016［S］．北京：中国标准出版社，2016.

［8］国务院．关键信息基础设施安全保护条例［Z］．北京：国务院，2021.

［9］华中科技大学建筑城规学院，四川省城乡规划设计研究院．城市规划资料集（三）：小城镇规划［M］．北京：中国建筑工业出版社，2006.

［10］环境保护部，国家质量监督检验检疫总局．电磁环境控制限值：GB 8702—2014［S］．

北京：中国环境科学出版社，2015.

［11］吴小虎，李祥平．城乡市政基础设施规划［M］．北京：中国建筑工业出版社，2016.

［12］中华人民共和国工业和信息化部．电信基础设施共建共享工程技术暂行规定：YD 5191—2009［S］．北京：北京邮电大学出版社，2009.

［13］中华人民共和国工业和信息化部．通信建筑工程设计规范：YD 5003—2014［S］．北京：人民邮电出版社，2014.

［14］中华人民共和国住房和城乡建设部，国家市场监督管理总局．通信工程建设环境保护技术标准：GB/T 51391—2019［S］．北京：中国计划出版社，2019.

［15］中华人民共和国住房和城乡建设部，国家市场监督管理总局．移动通信基站工程技术标准：GB/T 51431—2020［S］．北京：中国计划出版社，2020.

［16］中华人民共和国住房和城乡建设部，中华人民共和国国家质量监督检验检疫总局．城市通信工程规划规范：GB/T 50853—2013［S］．北京：中国建筑工业出版社，2013.

［17］中华人民共和国住房和城乡建设部，中华人民共和国国家质量监督检验检疫总局．互联网数据中心工程技术规范：GB 51195—2016［S］．北京：中国计划出版社，2017.

［18］中华人民共和国住房和城乡建设部，中华人民共和国国家质量监督检验检疫总局．数据中心设计规范：GB 50174—2017［S］．北京：中国计划出版社，2017.

［19］中华人民共和国住房和城乡建设部，中华人民共和国国家质量监督检验检疫总局．通信局站共建共享技术规范：GB/T 51125—2015［S］．北京：中国计划出版社，2016.

［20］中华人民共和国住房和城乡建设部，中华人民共和国国家质量监督检验检疫总局．通信线路工程设计规范：GB 51158—2015［S］．北京：中国计划出版社，2016.

［21］中华人民共和国住房和城乡建设部，中华人民共和国国家质量监督检验检疫总局．有线电视网络工程设计标准：GB/T 50200—2018［S］．北京：中国计划出版社，2018.

［22］中华人民共和国住房和城乡建设部，中华人民共和国应急管理部．建筑防火通用规范：GB 55037—2022［S］．北京：中国计划出版社，2022.

［23］朱建达，费忠民，等．小城镇基础设施规划［M］．南京：东南大学出版社，2002.

［24］朱建达，苏群．村镇基础设施规划与建设［M］．南京：东南大学出版社，2008.

第8章参考文献

［1］《住房和城乡建设行业信息化发展报告（2022）新型城市基础设施建设与发展》编委会．住房和城乡建设行业信息化发展报告（2022）：新型城市基础设施建设与发展［M］．北京：中国建筑工业出版社，2022.

［2］戴慎志．城市工程系统规划［M］．3版．北京：中国建筑工业出版社，2015.

［3］吴小虎，李祥平．城乡市政基础设施规划［M］．北京：中国建筑工业出版社，2016.

［4］中华人民共和国住房和城乡建设部，国家市场监督管理总局．城市地下综合管廊运行维护及安全技术标准：GB 51354—2019［S］．北京：中国建筑工业出版社，2019.

［5］中华人民共和国住房和城乡建设部，中华人民共和国国家质量监督检验检疫总局．城市综合管廊工程技术规范：GB 50838—2015［S］．北京：中国计划出版社，2015.

［6］中华人民共和国住房和城乡建设部，中华人民共和国应急管理部．建筑防火通用规范：GB 55037—2022［S］．北京：中国计划出版社，2022.

［7］中华人民共和国住房和城乡建设部．城市工程管线综合规划规范：GB 50289—2016［S］．北京：中国建筑工业出版社，2016.

［8］中华人民共和国住房和城乡建设部．建筑设计防火规范：GB 50016—2014（2018年版）［S］．北京：中国计划出版社，2018.

［9］中华人民共和国住房和城乡建设部办公厅．城市地下综合管廊建设规划技术导则［Z］．北京：中华人民共和国住房和城乡建设部办公厅，2019.

［10］朱建达，费忠民，等．小城镇基础设施规划［M］．南京：东南大学出版社，2002.

［11］朱建达，苏群．村镇基础设施规划与建设［M］．南京：东南大学出版社，2008.

第9章参考文献

［1］戴慎志．城市工程系统规划［M］．3 版．北京：中国建筑工业出版社，2015.

［2］国务院．城市市容和环境卫生管理条例（2017 年修订）［Z］．北京：国务院，2017.

［3］吴小虎，李祥平．城乡市政基础设施规划［M］．北京：中国建筑工业出版社，2016.

［4］中华人民共和国住房和城乡建设部，国家市场监督管理总局．城市环境规划标准：GB/T 51329—2018［S］．北京：中国建筑工业出版社，2019.

［5］中华人民共和国住房和城乡建设部，国家市场监督管理总局．城市环境卫生设施规划标准：GB/T 50337—2018［S］．北京：中国计划出版社，2018.

［6］中华人民共和国住房和城乡建设部，国家市场监督管理总局．生活垃圾处理处置工程项目规范：GB 55012—2021［S］．北京：中华人民共和国住房和城乡建设部，2021.

［7］中华人民共和国住房和城乡建设部，国家市场监督管理总局．市容环卫工程项目规范：GB 55013—2021［S］．北京：中国建筑工业出版社，2021.

［8］中华人民共和国住房和城乡建设部．餐厨垃圾处理技术规范：CJJ 184—2012［S］．北京：中国建筑工业出版社，2013.

［9］中华人民共和国住房和城乡建设部．城市公共厕所设计标准：CJJ 14—2016［S］．北京：中国建筑工业出版社，2016.

［10］中华人民共和国住房和城乡建设部．城市水域保洁作业及质量标准：CJJ/T 174—2013［S］．北京：中国建筑工业出版社，2014.

［11］中华人民共和国住房和城乡建设部．环境卫生设施设置标准：CJJ 27—2012［S］．北京：中国建筑工业出版社，2013.

［12］中华人民共和国住房和城乡建设部．建筑垃圾处理技术标准：CJJ/T 134—2019［S］．北京：中国建筑工业出版社，2019.

［13］中华人民共和国住房和城乡建设部．生活垃圾产生量计算及预测方法：CJ/T 106—2016［S］．北京：中国标准出版社，2016.

［14］中华人民共和国住房和城乡建设部．生活垃圾堆肥处理技术规范：CJJ 52—2014［S］.

北京：中国建筑工业出版社，2015.

［15］中华人民共和国住房和城乡建设部．生活垃圾焚烧处理工程技术规范：CJJ 90—
2009［S］．北京：中国建筑工业出版社，2009.

［16］中华人民共和国住房和城乡建设部．生活垃圾收集运输技术规程：CJJ 205—2013［S］.
北京：中国建筑工业出版社，2014.

［17］中华人民共和国住房和城乡建设部．生活垃圾收集站技术规程：CJJ 179—2012［S］.
北京：中国建筑工业出版社，2012.

［18］中华人民共和国住房和城乡建设部．生活垃圾转运站工程项目建设标准：建标
117—2009［S］．北京：中国计划出版社，2009.

［19］朱建达，费忠民，等．小城镇基础设施规划［M］．南京：东南大学出版社，2002.

［20］朱建达，苏群．村镇基础设施规划与建设［M］．南京：东南大学出版社，2008.

第 10 章参考文献

［1］戴慎志．城市工程系统规划［M］．3 版．北京：中国建筑工业出版社，2015.

［2］戴慎志．城市综合防灾规划［M］．2 版．北京：中国建筑工业出版社，2015.

［3］吴小虎，李祥平．城乡市政基础设施规划［M］．北京：中国建筑工业出版社，2016.

［4］中华人民共和国建设部．城市抗震防灾规划标准：GB 50413—2007［S］．北京：中
国建筑工业出版社，2007.

［5］中华人民共和国住房和城乡建设部，国家市场监督管理总局．城市综合防灾规划标
准：GB/T 51327—2018［S］．北京：中国建筑工业出版社，2018.

［6］中华人民共和国住房和城乡建设部，国家市场监督管理总局．建筑防火通用规范：
GB 55037—2022［S］．北京：中国计划出版社，2022.

［7］中华人民共和国住房和城乡建设部，中华人民共和国国家发展和改革委员会．救灾
物资储备库建设标准：建标 121—2009［S］．北京：中华人民共和国住房和城乡建
设部，2009.

［8］中华人民共和国住房和城乡建设部，中华人民共和国国家质量监督检验检疫总局.
防灾避难场所设计规范：GB 51143—2015（2022 年版）［S］．北京：中国建筑工业
出版社，2022.

［9］中华人民共和国住房和城乡建设部，中华人民共和国应急管理部．建筑防火通用规
范：GB 55037—2022［S］．北京：中国计划出版社，2022.

［10］朱建达，费忠民，等．小城镇基础设施规划［M］．南京：东南大学出版社，2002.

［11］朱建达，苏群．村镇基础设施规划与建设［M］．南京：东南大学出版社，2008.

第 11 章参考文献

［1］北京市规划和自然资源委员会，北京市市场监督管理局．平战结合人民防空工程设
计规范：DB11/ 994—2021［S］．北京：北京市规划和自然资源委员会，2021.

［2］戴慎志．城市工程系统规划［M］．3 版．北京：中国建筑工业出版社，2015.

［3］戴慎志．城市综合防灾规划［M］．2 版．北京：中国建筑工业出版社，2015.

［4］国家市场监督管理总局，国家标准化管理委员会.地质灾害危险性评估规范：GB/T 40112—2021［S］.北京：中国标准出版社，2021.

［5］吴小虎，李祥平.城乡市政基础设施规划［M］.北京：中国建筑工业出版社，2016.

［6］中国地质灾害防治工程行业协会.地质灾害分类分级标准（试行）：T/CAGHP 001—2018［S］.北京：中国地质灾害防治工程行业协会，2018.

［7］中华人民共和国建设部，中华人民共和国国家质量监督检验检疫总局.人民防空地下室设计规范：GB 50038—2005（2023年版）［S］.北京：中华人民共和国建设部，2023.

［8］中华人民共和国建设部.城市抗震防灾规划标准：GB 50413—2007［S］.北京：中国建筑工业出版社，2007.

［9］中华人民共和国住房和城乡建设部，国家市场监督管理总局.城市综合防灾规划标准：GB/T 51327—2018［S］.北京：中国建筑工业出版社，2018.

［10］中华人民共和国住房和城乡建设部，国家市场监督管理总局.建筑防火通用规范：GB 55037—2022［S］.北京：中国计划出版社，2022.

［11］中华人民共和国住房和城乡建设部，中华人民共和国国家质量监督检验检疫总局.城市防洪规划规范：GB 51079—2016［S］.北京：中国计划出版社，2017.

［12］中华人民共和国住房和城乡建设部，中华人民共和国国家质量监督检验检疫总局.城市消防规划规范：GB 51080—2015［S］.北京：中国建筑工业出版社，2015.

［13］中华人民共和国住房和城乡建设部，中华人民共和国国家发展和改革委员会.城市消防站建设标准：建标152—2017［S］.北京：中国计划出版社，2017.

［14］中华人民共和国住房和城乡建设部，中华人民共和国国家质量监督检验检疫总局.城市消防站设计规范：GB 51054—2014［S］.北京：中国计划出版社，2015.

［15］中华人民共和国住房和城乡建设部，中华人民共和国国家质量监督检验检疫总局.防洪标准：GB 50201—2014［S］.北京：中国标准出版社，2015.

［16］中华人民共和国住房和城乡建设部，中华人民共和国国家质量监督检验检疫总局.防灾避难场所设计规范：GB 51143—2015（2022年版）［S］.北京：中国建筑工业出版社，2022.

［17］中华人民共和国住房和城乡建设部，中华人民共和国国家质量监督检验检疫总局.建筑工程抗震设防分类标准：GB 50223—2008［S］.北京：中国建筑工业出版社，2008.

［18］中华人民共和国住房和城乡建设部，中华人民共和国应急管理部.建筑防火通用规范：GB 55037—2022［S］.北京：中国计划出版社，2022.

［19］中华人民共和国住房和城乡建设部.工程抗震术语标准：JGJ/T 97—2011［S］.北京：中国建筑工业出版社，2011.

［20］中华人民共和国住房和城乡建设部.建筑抗震设计标准：GB/T 50011—2010（2024年版）［S］.北京：中华人民共和国住房和城乡建设部，2024.

［21］中华人民共和国住房和城乡建设部.建筑设计防火规范：GB 50016—2014（2018年版）［S］.北京：中国计划出版社，2018.

［22］中华人民共和国住房和城乡建设部.建筑与市政工程抗震通用规范：GB 55002—2021［S］.北京：中华人民共和国住房和城乡建设部，2021.

［23］中华人民共和国住房和城乡建设部.消防设施通用规范：GB 55036—2022［S］.北京：中国计划出版社，2022.

［24］朱建达，费忠民，等.小城镇基础设施规划［M］.南京：东南大学出版社，2002.

［25］朱建达，苏群.村镇基础设施规划与建设［M］.南京：东南大学出版社，2008.

［26］邹亮，陈志芬，谢映霞，等.城市综合防灾规划［M］.北京：中国建筑工业出版社，2016.

图片来源

第 1 章图片来源

图 1-1 源自：笔者绘制.

第 2 章图片来源

图 2-1 至图 2-7 源自：笔者绘制.

图 2-8 源自：戴慎志.城市工程系统规划［M］.3 版.北京：中国建筑工业出版社，2015.

图 2-9 至图 2-11 源自：笔者绘制.

图 2-12 源自：笔者根据吴小虎，李祥平.城乡市政基础设施规划［M］.北京：中国建筑工业出版社，2016 绘制.

图 2-13 源自：吴小虎，李祥平.城乡市政基础设施规划［M］.北京：中国建筑工业出版社，2016.

图 2-14 源自：笔者根据《住房和城乡建设行业信息化发展报告（2022）新型城市基础设施建设与发展》编委会.住房与城乡建设行业信息化发展报告（2022）：新型城市基础设施建设与发展［M］.北京：中国建筑工业出版社，2022 绘制.

第 3 章图片来源

图 3-1 源自：笔者绘制.

图 3-2 源自：笔者根据戴慎志.城市工程系统规划［M］.3 版.北京：中国建筑工业出版社，2015 绘制.

图 3-3 源自：笔者绘制.

图 3-4、图 3-5 源自：笔者根据戴慎志.城市工程系统规划［M］.3 版.北京：中国建筑工业出版社，2015 绘制.

图 3-6、图 3-7 源自：笔者绘制.

图 3-8 源自：笔者根据戴慎志.城市工程系统规划［M］.3 版.北京：中国建筑工业出版社，2015 绘制.

图 3-9 源自：戴慎志.城市工程系统规划［M］.3 版.北京：中国建筑工业出版社，2015.

图 3-10 源自：笔者根据戴慎志.城市工程系统规划［M］.3 版.北京：中国建筑工业出版社，2015 绘制.

图 3-11 源自：中华人民共和国建设部，中华人民共和国科学技术部.城市污水再生利用技术政策［Z］.北京：中华人民共和国建设部，2006.

图 3-12 至图 3-17 源自：中华人民共和国住房和城乡建设部.海绵城市建设技术指南：低影响开发雨水系统构建（试行）［Z］.北京：中国建筑工业出版社，2015.

图 3-18 源自：笔者绘制.

图 3-19 源自：笔者根据朱建达，苏群.村镇基础设施规划与建设［M］.南京：东南大学出版社，2008 绘制.

图 3-20 至图 3-22 源自：笔者绘制.

图 3-23 源自：笔者根据张智.排水工程：上册［M］.5 版.北京：中国建筑工业出版社，2015 绘制.

图 3-24、图 3-25 源自：戴慎志.城市工程系统规划［M］.3 版.北京：中国建筑工业出版社，2015.

图 3-26 源自：笔者根据《住房和城乡建设行业信息化发展报告（2022）新型城市基础设施建设与发展》编委会.住房与城乡建设行业信息化发展报告（2022）：新型城市基础设施建设与发展［M］.北京：中国建筑工业出版社，2022 绘制.

第 4 章图片来源

图 4-1 源自：笔者绘制.

图 4-2 至图 4-8 源自：笔者根据中华人民共和国住房和城乡建设部，中华人民共和国国家质量监督检验检疫总局.城市配电网规划设计规范：GB 50613—2010［S］.北京：中国计划出版社，2011；国家电网公司.城市电力网规划设计导则［Z］.北京：国家电网公司，2015 绘制.

图 4-9 至图 4-13 源自：笔者根据中华人民共和国住房和城乡建设部，中华人民共和国国家质量监督检验检疫总局.城市配电网规划设计规范：GB 50613—2010［S］.北京：中国计划出版社，2011 绘制.

图 4-14 源自：笔者根据国家电网公司.城市电力网规划设计导则［Z］.北京：国家电网公司，2015；中华人民共和国住房和城乡建设部，中华人民共和国国家质量监督检验检疫总局.城市配电网规划设计规范：GB 50613—2010［S］.北京：中国计划出版社，2011 绘制.

图 4-15 至图 4-17 源自：笔者根据中华人民共和国住房和城乡建设部，中华人民共和国国家质量监督检验检疫总局.城市配电网规划设计规范：GB 50613—2010［S］.北京：中国计划出版社，2011 绘制.

图 4-18 至图 4-23 源自：笔者根据朱建达，苏群.村镇基础设施规划与建设［M］.南京：东南大学出版社，2008 绘制.

第 5 章图片来源

图 5-1 至图 5-5 源自：笔者绘制.

图 5-6 源自：笔者根据《住房和城乡建设行业信息化发展报告（2022）新型城市基础设施建设与发展》编委会.住房与城乡建设行业信息化发展报告（2022）：新型城市基础设施建设与发展［M］.北京：中国建筑工业出版社，2022 绘制.

第 6 章图片来源

图 6-1 至图 6-7 源自：笔者根据朱建达，苏群.村镇基础设施规划与建设［M］.南京：

东南大学出版社，2008 绘制.

图 6-8 源自：笔者根据《住房和城乡建设行业信息化发展报告（2022）新型城市基础设施建设与发展》编委会. 住房与城乡建设行业信息化发展报告（2022）：新型城市基础设施建设与发展［M］. 北京：中国建筑工业出版社，2022 绘制.

第 7 章图片来源

图 7-1 源自：笔者根据李联宁. 网络工程［M］. 3 版. 北京：清华大学出版社，2020 绘制.

第 8 章图片来源

图 8-1 源自：笔者根据朱建达，苏群. 村镇基础设施规划与建设［M］. 南京：东南大学出版社，2008 绘制.

图 8-2 源自：笔者绘制.

图 8-3、图 8-4 源自：笔者根据朱建达，苏群. 村镇基础设施规划与建设［M］. 南京：东南大学出版社，2008 绘制.

图 8-5 源自：中华人民共和国住房和城乡建设部办公厅. 城市地下综合管廊建设规划技术导则［Z］. 北京：中华人民共和国住房和城乡建设部办公厅，2019；中华人民共和国住房和城乡建设部，中华人民共和国国家质量监督检验检疫总局. 城市综合管廊工程技术规范：GB 50838—2015［S］. 北京：中国计划出版社，2015.

图 8-6、图 8-7 源自：中华人民共和国住房和城乡建设部办公厅. 城市地下综合管廊建设规划技术导则［Z］. 北京：中华人民共和国住房和城乡建设部办公厅，2019.

图 8-8 源自：笔者根据《住房和城乡建设行业信息化发展报告（2022）新型城市基础设施建设与发展》编委会. 住房与城乡建设行业信息化发展报告（2022）：新型城市基础设施建设与发展［M］. 北京：中国建筑工业出版社，2022 绘制.

第 9 章图片来源

图 9-1、图 9-2 源自：中华人民共和国住房和城乡建设部. 生活垃圾转运站工程项目建设标准：建标 117—2009［S］. 北京：中国计划出版社，2009.

第 11 章图片来源

图 11-1、图 11-2 源自：笔者根据陈立新. 人民防空工程建筑设计百问百答［M］. 北京：中国建筑工业出版社，2022 绘制.

第 2 章表格来源

表 2-1、表 2-2 源自：中华人民共和国住房和城乡建设部 . 城市给水工程规划规范：GB 50282—2016［S］. 北京：中国计划出版社，2017.

表 2-3 源自：笔者根据自然资源部《国土空间调查、规划、用途管制用地用海分类指南》；中华人民共和国住房和城乡建设部 . 城市给水工程规划规范：GB 50282—2016［S］. 北京：中国计划出版社，2007 整理绘制 .

表 2-4 至表 2-6 源自：中华人民共和国住房和城乡建设部，国家市场监督管理局 . 室外给水设计标准：GB 50013—2018［S］. 北京：中国计划出版社，2019.

表 2-7、表 2-8 源自：中华人民共和国住房和城乡建设部 . 建筑给水排水设计标准：GB 50015—2019［S］. 北京：中国计划出版社，2019.

表 2-9 源自：中华人民共和国住房和城乡建设部 . 消防给水及消火栓系统技术规范：GB 50974—2014［S］. 北京：中国计划出版社，2014.

表 2-10 源自：笔者根据中华人民共和国住房和城乡建设部 . 消防给水及消火栓系统技术规范：GB 50974—2014［S］. 北京：中国计划出版社，2014 整理绘制 .

表 2-11、表 2-12 源自：中华人民共和国住房和城乡建设部 . 消防给水及消火栓系统技术规范：GB 50974—2014［S］. 北京：中国计划出版社，2014.

表 2-13 源自：笔者根据《中华人民共和国水污染防治法》（2017 年修正）；国家环境保护总局，国家质量监督检验检疫总局 . 地表水环境质量标准：GB 3838—2002［S］. 北京：中国环境科学出版社，2002；国家环境保护总局 . 污水综合排放标准：GB 8978—1996［S］. 北京：中国标准出版社，1998 等整理绘制 .

表 2-14 源自：笔者根据戴慎志 . 城市工程系统规划［M］. 3 版 . 北京：中国建筑工业出版社，2015；朱建达，苏群 . 村镇基础设施规划与建设［M］. 南京：东南大学出版社，2008 整理绘制 .

表 2-15 源自：中华人民共和国住房和城乡建设部 . 城市给水工程规划规范：GB 50282—2016［S］. 北京：中国计划出版社，2017.

表 2-16 源自：中华人民共和国住房和城乡建设部 . 城市供水应急和备用水源工程技术标准：CJJ/T 282—2019［S］. 北京：中国建筑工业出版社，2019.

第 3 章表格来源

表 3-1 源自：中华人民共和国住房和城乡建设部，中华人民共和国国家质量监督检验检疫总局 . 城市排水工程规划规范：GB 50318—2017［S］. 北京：中国建筑工业出版社，2017.

表 3-2 至表 3-4 源自：中华人民共和国住房和城乡建设部，中华人民共和国国家质量监督检验检疫总局 . 室外排水设计标准：GB 50014—2021［S］. 北京：中国计划出版

社，2021.

表 3-5、表 3-6 源自：朱建达，苏群.村镇基础设施规划与建设［M］.南京：东南大学出版社，2008.

表 3-7 源自：中华人民共和国住房和城乡建设部，中华人民共和国国家质量监督检验检疫总局.室外排水设计标准：GB 50014—2021［S］.北京：中国计划出版社，2021.

表 3-8、表 3-9 源自：中华人民共和国住房和城乡建设部，中华人民共和国国家质量监督检验检疫总局.城市排水工程规划规范：GB 50318—2017［S］.北京：中国建筑工业出版社，2017.

表 3-10 源自：中华人民共和国住房和城乡建设部.城镇污水再生利用技术指南（试行）［Z］.北京：中华人民共和国住房和城乡建设部，2012.

表 3-11 至表 3-13 源自：中华人民共和国住房和城乡建设部.海绵城市建设技术指南：低影响开发雨水系统构建（试行）［Z］.北京：中国建筑工业出版社，2015.

表 3-14 至表 3-19 源自：中华人民共和国住房和城乡建设部，中华人民共和国国家质量监督检验检疫总局.室外排水设计标准：GB 50014—2021［S］.北京：中国计划出版社，2021.

表 3-20、表 3-21 源自：中华人民共和国住房和城乡建设部，中华人民共和国国家质量监督检验检疫总局.城市排水工程规划规范：GB 50318—2017［S］.北京：中国建筑工业出版社，2017.

表 3-22 源自：中华人民共和国住房和城乡建设部，中华人民共和国国家质量监督检验检疫总局.室外排水设计标准：GB 50014—2021［S］.北京：中国计划出版社，2021.

表 3-23 源自：《住房和城乡建设行业信息化发展报告（2022）新型城市基础设施建设与发展》编委会.住房和城乡建设行业信息化发展报告（2022）：新型城市基础设施建设与发展［M］.北京：中国建筑工业出版社，2022.

第 4 章表格来源

表 4-1、表 4-2 源自：中华人民共和国住房和城乡建设部，中华人民共和国国家质量监督检验检疫总局.城市电力规划规范：GB/T 50293—2014［S］.北京：中国建筑工业出版社，2015.

表 4-3 源自：笔者根据自然资源部《国土空间调查、规划、用途管制用地用海分类指南》；中华人民共和国住房和城乡建设部，中华人民共和国国家质量监督检验检疫总局.城市电力规划规范：GB/T 50293—2014［S］.北京：中国建筑工业出版社，2013 整理绘制.

表 4-4 源自：中华人民共和国住房和城乡建设部，中华人民共和国国家质量监督检验检疫总局.城市电力规划规范：GB/T 50293—2014［S］.北京：中国建筑工业出版社，2015.

表 4-5 至表 4-8 源自：朱建达，苏群.村镇基础设施规划与建设［M］.南京：东南大学出版社，2008.

表 4-9 源自：中华人民共和国住房和城乡建设部，中华人民共和国国家质量监督检验检

疫总局.城市电力规划规范：GB/T 50293—2014［S］.北京：中国建筑工业出版社，2015.

表4-10源自：中华人民共和国住房和城乡建设部，中华人民共和国国家质量监督检验检疫总局.城市配电网规划设计规范：GB 50613—2010［S］.北京：中国计划出版社，2011.

表4-11、表4-12源自：中华人民共和国住房和城乡建设部，中华人民共和国国家质量监督检验检疫总局.城市电力规划规范：GB/T 50293—2014［S］.北京：中国建筑工业出版社，2015.

表4-13源自：中国城市规划设计研究院，沈阳市城市规划设计研究院.城市规划资料集（十一）：工程规划［M］.北京：中国建筑工业出版社，2005.

表4-14至表4-16源自：中华人民共和国住房和城乡建设部，中华人民共和国国家质量监督检验检疫总局.城市电力规划规范：GB/T 50293—2014［S］.北京：中国建筑工业出版社，2015.

表4-17至表4-21源自：笔者根据中华人民共和国住房和城乡建设部，中华人民共和国国家质量监督检验检疫总局.66 kV及以下架空电力线路设计规范：GB 50061—2010［S］.北京：中国计划出版社，2010；中华人民共和国住房和城乡建设部，中华人民共和国国家质量监督检验检疫总局.110 kV—750 kV架空输电线路设计规范：GB 50545—2010［S］.北京：中国计划出版社，2010；中华人民共和国住房和城乡建设部.1 000 kV架空输电线路设计规范：GB 50665—2011［S］.北京：中国计划出版社，2012；中华人民共和国住房和城乡建设部，中华人民共和国国家质量监督检验检疫总局.城市电力规划规范：GB/T 50293—2014［S］.北京：中国建筑工业出版社，2015；国家电网公司. ± 500 kV直流架空输电线路设计技术规定：Q/GDW 181—2008［S］.北京：国家电网公司，2008；中华人民共和国住房和城乡建设部，中华人民共和国国家质量监督检验检疫总局. ± 800 kV直流架空输电线路设计规范：GB 50790—2013（2019年版）［S］.北京：中国计划出版社，2019整理绘制.

表4-22源自：笔者根据北京市规划和国土资源管理委员会，北京市质量技术监督局.电动汽车充电基础设施规划设计标准：DB11/T 1455—2017［S］.北京：北京市规划和国土资源管理委员会，2017整理绘制.

第5章表格来源

表5-1、表5-2源自：中华人民共和国住房和城乡建设部，中华人民共和国国家质量监督检验检疫总局.城镇燃气规划规范：GB/T 51098—2015［S］.北京：中国建筑工业出版社，2015.

表5-3源自：中华人民共和国国家质量监督检验检疫总局，中国国家标准化管理委员会.城镇燃气分类和基本特性：GB/T 13611—2018［S］.北京：中国标准出版社，2018.

表5-4源自：中华人民共和国住房和城乡建设部，国家市场监督管理总局.燃气工程项目规范：GB 55009—2021［S］.北京：中国建筑工业出版社，2021.

表5-5源自：中华人民共和国住房和城乡建设部，中华人民共和国国家质量监督检验检

疫总局.城镇燃气规划规范：GB/T 51098—2015 ［S］.北京：中国建筑工业出版社，2015.

表 5-6、表 5-7 源自：中华人民共和国住房和城乡建设部.建筑设计防火规范：GB 50016—2014（2018 年版）［S］.北京：中国计划出版社，2018.

表 5-8 源自：中华人民共和国建设部，中华人民共和国国家质量监督检验检疫总局.城镇燃气设计规范：GB 50028—2006（2020 年版）［S］.北京：中国建筑工业出版社，2020.

表 5-9、表 5-10 源自：中华人民共和国住房和城乡建设部，中华人民共和国国家质量监督检验检疫总局.城镇燃气规划规范：GB/T 51098—2015 ［S］.北京：中国建筑工业出版社，2015.

表 5-11 源自：中华人民共和国住房和城乡建设部，国家市场监督管理总局.燃气工程项目规范：GB 55009—2021 ［S］.北京：中国建筑工业出版社，2021.

表 5-12 源自：中华人民共和国建设部，中华人民共和国国家质量监督检验检疫总局.城镇燃气设计规范：GB 50028—2006（2020 年版）［S］.北京：中国建筑工业出版社，2020.

表 5-13 源自：中华人民共和国住房和城乡建设部，中华人民共和国国家质量监督检验检疫总局.城镇燃气规划规范：GB/T 51098—2015 ［S］.北京：中国建筑工业出版社，2015.

表 5-14、表 5-15 源自：笔者根据中华人民共和国住房和城乡建设部.城市工程管线综合规划规范：GB 50289—2016 ［S］.北京：中国建筑工业出版社，2016 整理绘制.

表 5-16 源自：中华人民共和国住房和城乡建设部，中华人民共和国国家质量监督检验检疫总局.压缩天然气供应站设计规范：GB 51102—2016 ［S］.北京：中国建筑工业出版社，2017.

表 5-17 至表 5-19 源自：中华人民共和国住房和城乡建设部，中华人民共和国国家质量监督检验检疫总局.城镇燃气规划规范：GB/T 51098—2015 ［S］.北京：中国建筑工业出版社，2015.

表 5-20 源自：中华人民共和国住房和城乡建设部，中华人民共和国国家发展和改革委员会.城镇液化天然气厂站建设标准：建标 151—2011 ［S］.北京：中国计划出版社，2011.

表 5-21 源自：国家能源局.液化天然气（LNG）汽车加气站技术规范：NB/T 1001—2011 ［S］.北京：国家能源局，2011.

表 5-22、表 5-23 源自：中华人民共和国住房和城乡建设部，中华人民共和国国家质量监督检验检疫总局.城镇燃气规划规范：GB/T 51098—2015 ［S］.北京：中国建筑工业出版社，2015.

表 5-24 源自：中华人民共和国住房和城乡建设部，中华人民共和国国家质量监督检验检疫总局.液化石油气供应工程设计规范：GB 51142—2015 ［S］.北京：中国建筑工业出版社，2016.

表 5-25 源自：中华人民共和国建设部，中华人民共和国国家计划委员会.液化石油气

储配站建设标准［S］.北京：中华人民共和国建设部，1994.

表5-26源自：戴慎志.城市工程系统规划［M］.3版.北京：中国建筑工业出版社，2015.

表5-27至表5-29源自：中华人民共和国住房和城乡建设部，中华人民共和国国家质量监督检验检疫总局.城镇燃气规划规范：GB/T 51098—2015［S］.北京：中国建筑工业出版社，2015.

第6章表格来源

表6-1至表6-5源自：中华人民共和国住房和城乡建设部，中华人民共和国国家质量监督检验检疫总局.城市供热规划规范：GB/T 51074—2015［S］.北京：中国建筑工业出版社，2015.

表6-6源自：笔者根据戴慎志.城市工程系统规划［M］.3版.北京：中国建筑工业出版社，2015；朱建达，苏群.村镇基础设施规划与建设［M］.南京：东南大学出版社，2008整理绘制.

表6-7源自：中华人民共和国住房和城乡建设部，中华人民共和国国家质量监督检验检疫总局.城市供热规划规范：GB/T 51074—2015［S］.北京：中国建筑工业出版社，2015.

表6-8源自：中华人民共和国国家质量监督检验检疫总局，中国国家标准化管理委员会.地热资源地质勘查规范：GB/T 11615—2010［S］.北京：中国标准出版社，2011.

表6-9至表6-12源自：中华人民共和国住房和城乡建设部.城镇供热管网设计标准：CJJ/T 34—2022［S］.北京：中国计划出版社，2022.

表6-13至表6-15源自：中国城市规划设计研究院，沈阳市城市规划设计研究院.城市规划资料集（十一）：工程规划［M］.北京：中国建筑工业出版社，2005.

第7章表格来源

表7-1源自：中华人民共和国邮电部.通信工程项目建设用地指标［Z］.北京：中华人民共和国建设部，1995.

表7-2、表7-3源自：中华人民共和国住房和城乡建设部，中华人民共和国国家质量监督检验检疫总局.城市通信工程规划规范：GB/T 50853—2013［S］.北京：中国建筑工业出版社，2013.

表7-4源自：笔者根据《2021年通信业统计公报》等相关资料整理绘制.

表7-5源自：中华人民共和国住房和城乡建设部，中华人民共和国国家质量监督检验检疫总局.城市通信工程规划规范：GB/T 50853—2013［S］.北京：中国建筑工业出版社，2013.

表7-6、表7-7源自：笔者根据自然资源部《国土空间调查、规划、用途管制用地用海分类指南》；中华人民共和国住房和城乡建设部，中华人民共和国国家质量监督检验检疫总局.城市通信工程规划规范：GB/T 50853—2013［S］.北京：中国建筑工业出版社，2013整理绘制.

表7-8至表7-19源自：中华人民共和国住房和城乡建设部，中华人民共和国国家质量

监督检验检疫总局.城市通信工程规划规范：GB/T 50853—2013［S］.北京：中国建筑工业出版社，2013.

表7-20源自：笔者根据相关资料整理绘制.

表7-21源自：笔者根据中华人民共和国住房和城乡建设部，中华人民共和国国家质量监督检验检疫总局.数据中心设计规范：GB 50174—2017［S］.北京：中国计划出版社，2017整理绘制.

第8章表格来源

表8-1源自：朱建达，苏群.村镇基础设施规划与建设［M］.南京：东南大学出版社，2008.

表8-2至表8-4源自：中华人民共和国住房和城乡建设部.城市工程管线综合规划规范：GB 50289—2016［S］.北京：中国建筑工业出版社，2016.

表8-5源自：中华人民共和国住房和城乡建设部，中华人民共和国国家质量监督检验检疫总局.城市综合管廊工程技术规范：GB 50838—2015［S］.北京：中国计划出版社，2015.

表8-6、表8-7源自：中华人民共和国住房和城乡建设部.城市工程管线综合规划规范：GB 50289—2016［S］.北京：中国建筑工业出版社，2016.

表8-8源自：朱建达，苏群.村镇基础设施规划与建设［M］.南京：东南大学出版社，2008.

第9章表格来源

表9-1源自：中华人民共和国住房和城乡建设部.建筑垃圾处理技术标准：CJJ/T 134—2019［S］.北京：中国建筑工业出版社，2019.

表9-2源自：中华人民共和国住房和城乡建设部.生活垃圾收集运输技术规程：CJJ 205—2013［S］.北京：中国建筑工业出版社，2014.

表9-3、表9-4源自：中华人民共和国住房和城乡建设部，国家市场监督管理总局.城市环境卫生设施规划标准：GB/T 50337—2018［S］.北京：中国计划出版社，2018.

表9-5源自：中华人民共和国住房和城乡建设部.生活垃圾焚烧处理工程技术规范：CJJ 90—2009［S］.北京：中国建筑工业出版社，2009.

表9-6、表9-7源自：中华人民共和国住房和城乡建设部，国家市场监督管理总局.城市环境卫生设施规划标准：GB/T 50337—2018［S］.北京：中国计划出版社，2018.

表9-8源自：中华人民共和国住房和城乡建设部.餐厨垃圾处理技术规范：CJJ 184—2012［S］.北京：中国建筑工业出版社，2013.

表9-9源自：中华人民共和国住房和城乡建设部，国家市场监督管理总局.城市环境卫生设施规划标准：GB/T 50337—2018［S］.北京：中国计划出版社，2018.

表9-10、表9-11源自：中华人民共和国住房和城乡建设部.城市公共厕所设计标准：CJJ 14—2016［S］.北京：中国建筑工业出版社，2016.

表9-12源自：笔者根据自然资源部《国土空间调查、规划、用途管制用地用海分类指

南》；中华人民共和国住房和城乡建设部，国家市场监督管理总局.城市环境卫生设施规划标准：GB/T 50337—2018［S］.北京：中国计划出版社，2018 整理绘制.

表 9-13、表 9-14 源自：中华人民共和国住房和城乡建设部，国家市场监督管理总局.城市环境卫生设施规划标准：GB/T 50337—2018［S］.北京：中国计划出版社，2018.

第 10 章表格来源

表 10-1 源自：笔者根据戴慎志.城市综合防灾规划［M］.2 版.北京：中国建筑工业出版社，2015 整理绘制.

表 10-2 至表 10-11 源自：中华人民共和国住房和城乡建设部，国家市场监督管理总局.城市综合防灾规划标准：GB/T 51327—2018［S］.北京：中国建筑工业出版社，2018.

表 10-12 至表 10-14 源自：中华人民共和国住房和城乡建设部，中华人民共和国国家质量监督检验检疫总局.防灾避难场所设计规范：GB 51143—2015（2022 年版）［S］.北京：中国建筑工业出版社，2022.

表 10-15 源自：中华人民共和国住房和城乡建设部，中华人民共和国国家发展和改革委员会.救灾物资储备库建设标准：建标 121—2009［S］.北京：中华人民共和国住房和城乡建设部，2009.

第 11 章表格来源

表 11-1 源自：笔者根据中华人民共和国住房和城乡建设部，中华人民共和国国家发展和改革委员会.城市消防站建设标准：建标 152—2017［S］.北京：中国计划出版社，2017 整理绘制.

表 11-2 至表 11-16 源自：中华人民共和国住房和城乡建设部，中华人民共和国国家质量监督检验检疫总局.防洪标准：GB 50201—2014［S］.北京：中国标准出版社，2015.

表 11-17 源自：中华人民共和国建设部.城市抗震防灾规划标准：GB 50413—2007［S］.北京：中国建筑工业出版社，2007.

表 11-18 源自：中华人民共和国住房和城乡建设部.建筑抗震设计标准：GB/T 50011—2010（2024 年版）［S］.北京：中华人民共和国住房和城乡建设部，2024.

表 11-19 源自：中华人民共和国建设部.城市抗震防灾规划标准：GB 50413—2007［S］.北京：中国建筑工业出版社，2007.

表 11-20 源自：戴慎志.城市工程系统规划［M］.3 版.北京：中国建筑工业出版社，2015.

表 11-21、表 11-22 源自：中国地质灾害防治工程行业协会.地质灾害分类分级标准（试行）：T/CAGHP 001—2018［S］.北京：中国地质灾害防治工程行业协会，2018.

表 11-23 至表 11-29 源自：国家市场监督管理总局，国家标准化管理委员会.地质灾害危险性评估规范：GB/T 40112—2021［S］.北京：中国标准出版社，2021.

表 11-30 源自：笔者根据国家市场监督管理总局，国家标准化管理委员会.地质灾害危险性评估规范：GB/T 40112—2021［S］.北京：中国标准出版社，2021 整理绘制.

本书作者

朱建达，男，苏州科技大学建筑与城市规划学院教授、硕士生导师。一直从事城乡规划的教学、科研与规划实践活动，长期讲授"城市工程系统规划""城市详细规划"等课程。研究方向主要为城乡规划技术科学、城乡规划设计与理论。获华夏建设科学技术奖一等奖、江苏省教学成果奖一等奖、江苏省研究生教育教学改革研究成果奖一等奖等奖项。主持完成国家、省部级重大科研项目3项，主持完成省部级以上教学改革与研究项目7项。出版专著6部，主编高校教材2部。出版的专著中有2部（《村镇基础设施规划与建设》《小城镇基础设施规划》）与本教材相关。

吕飞，男，苏州科技大学建筑与城市规划学院城乡规划系主任、教授、博士生导师。兼任中国建筑学会城市街区建设和空间治理专业委员会常务委员、中国城市科学研究会健康城市专业委员会委员、历史文化名城委员会城市设计学部委员等。研究方向主要为社区发展与更新、城市安全与防灾、健康城市等。主要参与国家自然科学基金、国家科技支撑计划等国家级课题5项，主持省部级教学科研课题8项。获高等教育国家级教学成果奖二等奖、全国优秀城乡规划设计奖二等奖、黑龙江省科学技术奖一等奖等奖项。发表论文100余篇，出版专著2部、主编2部、译著5部。

苏群，女，苏州科技大学地理科学与测绘工程学院副教授，兼任苏州市湿地保护专家委员会副主任委员。一直从事城乡规划、人文地理与城乡规划专业的教学教研和规划实践活动，长期讲授"城乡基础设施规划""城乡规划原理""居住区规划设计"等课程。主要研究方向为城乡规划设计与理论、城市防灾减灾、韧性城市。主持完成多项省市科研项目。获江苏省高等学校二类精品课程、苏州市科技进步奖三等奖等奖项。出版专著1部、主编1部。